全国现代制造技术应用软件课程远程培训教材

数控工艺培训教程
（数控铣部分）

（第二版）

杨伟群　主编
宋放之　主审

清华大学出版社
北　京

内容简介

本书是国家劳动保障部“全国现代制造技术应用软件课程远程培训系列教材”之一的《数控工艺培训教程(数控铣部分)》的升级版。为了和新颁布的课程教学和考试大纲相对应,全书做了重大修改,涵盖了数控基础知识、数控编程和数控机床操作三部分内容,重点讲解现代数控镗铣工艺和编程知识。和本书第一版相比,内容更加全面和系统,技术更加先进。本书的数控编程以国内目前最流行的数控系统和新版的CAXA制造工程师CAD/CAM软件为背景,并引入了劳动保障部推荐的VNUC数控仿真软件辅助教学,所以本书具有很强的实用性。本书的出版对数控工艺员职业培训的教学改革和优化具有重要意义。

本书读者对象主要是全国各类职业技术院校、高等工科院校的师生和数控加工从业人员,同时也可以作为相关从业人员的技术参考书。

图书在版编目(CIP)数据

数控工艺培训教程.数控铣部分/杨伟群主编.—2版.—北京:清华大学出版社,2006.8(2024.11重印)
(全国现代制造技术应用软件课程远程培训教材)
ISBN 978-7-302-13153-3

Ⅰ.数… Ⅱ.杨… Ⅲ.①数控机床—程序设计—远距离教育—教材 ②数控机床:铣床—程序设计—远距离教育—教材 Ⅳ.①TG659 ②TG547

中国版本图书馆CIP数据核字(2006)第059595号

责任编辑:郑寅堃
责任印制:刘海龙

出版发行:清华大学出版社
网　　址:https://www.tup.com.cn,https://www.wqxuetang.com
地　　址:北京清华大学学研大厦A座　　**邮　　编**:100084
社 总 机:010-83470000　　**邮　　购**:010-62786544
投稿与读者服务:010-62776969,c-service@tup.tsinghua.edu.cn
质量反馈:010-62772015,zhiliang@tup.tsinghua.edu.cn
印 装 者:三河市人民印务有限公司
经　　销:全国新华书店
开　　本:185mm×260mm　　**印　　张**:25.5　　**字　　数**:630千字
版　　次:2006年8月第2版　　**印　　次**:2024年11月第26次印刷
印　　数:64701～65000
定　　价:65.00元

产品编号:021306-02

全国现代制造技术远程培训工作委员会

本书作者	杨伟群　熊军权　张向京　陈　鸿

序

我国是制造业大国。在新一轮国际产业结构变革中，我国正逐步成为全球制造业的重要基地之一。“以信息化带动工业化，发挥后发优势，推动社会生产力的跨越式发展”是国家发展战略；应用高新技术，特别是信息技术改造传统产业、促进产业结构优化升级，将成为今后一段时间制造业发展的主题之一。

我国 CAD/CAM 等现代制造技术的研发与应用起步晚、基础差。“九五”期间科技部会同国家经贸委等部门实施“CAD 应用工程”和“863 计划 CIMS 应用示范工程”，成功地实现了“甩图板”，并在部分企业进行了 CAD/CIMS 应用试点与示范，现代制造技术的开发和应用有了良好的起步和发展。“十五”期间国家投入 8 亿元实施制造业信息化工程，我国制造业发展开始进入了一个更好更快的新阶段。

“CAD 应用工程”的一条基本经验就是“培训先行”；“制造信息化工程”四大目标之一就是要培养一批应用人才，推进和打造一支掌握现代制造技术的人才队伍；同时在我国加入 WTO 的新形势下，面对激烈的国际竞争，培养和造就大批掌握现代制造技术的应用人才，更为重要、紧迫。

在劳动和社会保障部、科技部、教育部等有关方面大力支持下，由劳动和社会保障部中国就业培训技术指导中心与北航海尔软件有限公司（CAXA）在“CAXA 大学”培训体系基础上共同组织、由北京斐克科技有限公司承办实施的“ CETTIC 全国现代制造技术应用软件课程远程培训”项目，就是在新形势下针对我国制造业实际应用需求，使用自主版权的国产 CAD/CAM 软件，配合制造业信息化工程，通过政府指导、产学结合、市场化运作等各方面努力，加速现代制造技术的技能培训。

本着上述宗旨，这次编写的这套数控工艺培训教材将包括：数控铣（加工中心）编程培训教程；三维实体设计培训教程；数控车编程培训教程；注塑模具设计培训教程；线切割编程培训教程。这套教材是针对制造业第一线的技术工人适应信息技术技能要求而进行培训所用，势必对今后制造业信息化发展打下扎实而广泛的基础。但由于时间急促，难免有遗漏之处，容今后实践中不断充实提高。

我们相信，在社会各界的关心、支持和参与下，“全国现代制造技术应用软件课程远程培训教材”的问世及其相应培训工作的开展，一定能够为我国制造业信息化工程和制造业的大发展做出积极的贡献！

梁训瑄

2002 年 8 月 8 日

第二版前言

由劳动和社会保障部中国就业培训技术指导中心主办的“CETTIC全国现代制造技术应用软件数控工艺员课程远程培训”项目，是在新形势下针对我国制造业的实际应用需求，使用国产自主版权的CAD/CAM软件，配合国家高技能人才培训工程和企业制造业信息化工程进行的紧缺技能人才的职业培训。通过三年多的探索与实践，共举办了13期全国的师资培训班，组织了7次全国统考。通过各地高等院校、职业院校和培训机构的共同努力，该培训课程为我国制造业培养了三万多名高技能数控紧缺人才，同时也有力地促进了高等院校和职业院校数控应用专业的课程建设与教学改革。由于从目前数控工艺员考试反映出的培训内容深度和广度已远远超过原教材，CAD/CAM软件已多次升级，各企业数控加工技术进步的步伐加快，且国家已经颁布了新的数控职业标准，原有的教材内容和结构已显陈旧，因此在中国就业培训技术指导中心有关部门的指导下，在充分收集各地培训院校意见的基础上，为了更好地把握今后的数控工艺员培训方向，便于学员的考前培训与复习，本书作者对第1版教材做了重大修改。第2版教材的编写思路主要体现在以下几方面：

(1) 教学内容和安排上更加贴合“数控工艺员”这一职业定义。数控工艺员按照工艺类别，可以由数控车、数控铣/加工中心、特种加工、数控钣金等专业模块组合而成。数控工艺员的数控加工基础知识和基本技能的系统性和全面性要求远高于中高级操作工。数控工艺员的主要特征是具有一定的“设计”能力，重点突出加工的程序编制和工艺设计能力。由于数控工艺员充当的是产品设计者和制作者的纽带，故教材突出了全面扎实的数控加工基础理论和基本技能，熟练应用CAD/CAM软件进行数控加工程序编制、工艺设计以及一定的数控机床操作与维护能力的培养。

(2) 数控机床是典型的机电一体化设备，数控工艺员应该具有一定的机电综合基础知识，所以第2版教材增加了机床机械结构、数控系统原理和机电功能组件方面的知识。考虑到不同职业院校的生源水平差距较大，建议在教学时可以根据学生的接受能力有所取舍，目录中带*的内容为选学章节。

(3) 数控加工编程是数控工艺员的核心技能，但数控加工编程和数控系统的选择有关。针对企业的实际情况，本书除了详细介绍了FANUC系统编程外，还对SIEMENS系统做了适当介绍。

(4) 数控技术发展很快，本书用较多的篇幅来跟踪先进技术，如高速加工工艺、新型旋转刀具/刀柄、新型功能件(直线电机、电主轴)等，这些技术可能尚未在大多数职业院校的实训教学中应用，但在实际生产中的应用已越来越多。数控工艺员了解这些新技术是非常必要的。

(5) 重点加强加工工艺方面的例题和内容。对于软件应用部分，减少了对软件具体功能命令的罗列与解释，主要通过实例讲解来说明自动编程方法。最新版的CAXA制造工程师2006版软件中的加工功能非常丰富，由于篇幅限制，本书主要针对常用的基本功能来举例讲解，对于一些高级功能（如优化加工、高速加工）仅做一般性的概念介绍。为了便于学员练习手工编程，降低机床实操的培训成本，第8章增加了VNUC数控加工仿真软件的内容简介。

使用本书的读者必须已经具备金属切削加工基础和计算机应用方面的入门知识，并已接受过2D/3D CAD软件的入门培训。从本书的内容结构上来看，本书既可以作为"数控工艺员"职业鉴定考证前的培训教材，同时也可以用做高等院校和职业院校的数控专业课程教材。

为了降低成本，本书没有配备光盘。为了配合学习，课程主办单位计划开发配套的网络课程来进一步提高教学质量，购买本书的培训单位或学员可以登录www.cmmtt.com网站免费下载教学用途的软件、源文件、文档资料、模拟考试等内容。

本书由北京航空航天大学杨伟群主编，北京化工学校熊军权、北京建材工业学校张向京、北京金瑞华科技有限公司总工程师陈鸿参加编写，北京航空航天大学机械学院的宋放之老师审阅了全稿，北京航空航天大学工程训练中心的陈乐光老师、李丹同学帮助绘制了部分插图，北京斐克科技有限公司的张军辅工程师提供了数控仿真软件的插图和内容，在此一并表示感谢。由于编写时间及作者的专业水平和生产经验有限，书中难免有错误和欠妥之处，恳请读者指正。

编　者

2006年5月

前　　言

制造业是我国入世后为数不多的有竞争优势的行业之一。当前世界上正在进行着新一轮的产业调整，一些产品的制造逐渐向发展中国家转移，中国已经成为许多跨国公司的首选之地。中国正在成为世界制造大国，这已经成为不争的事实。党中央明确地提出要以信息化带动工业化。“十五”期间，实施制造业信息化工程，希望达到四个目标：一是要突破重大关键技术，形成一批具有自主知识产权的制造业信息化产品；二是要建立一批制造业信息化示范企业和示范工程，并且通过辐射效应形成整个制造业的竞争力；三是要结合实施制造业信息化工程，培育若干相关的新型软硬件产业和新型服务；四是培养一批人才，推进和打造一支信息化的基本队伍。

本书是数控工艺培训课程数控铣工种的指定教材，是按全国“现代制造技术应用软件课程远程培训”工作委员会审定的教材编写大纲组织编写的，并由劳动和社会保障部培训就业司组织评审认定，可作为技校、中高等职业技术院校、大专院校的工程训练用书，同时也可供有关从业人员作为技术参考。

本书分两篇共8章，第一篇是基础篇，包括第1～3章，介绍数控加工基本工艺知识和手工编程；第二篇是应用篇，是本课程的重点部分，以CAXA制造工程师的XP版本为软件工具，介绍现代机械制造业中的自动编程和自动加工方法和应用，并有实际加工操作的内容。全书以数控加工工艺为教学主体，以CAM软件为工具，既有理论基础又有实例应用，内容中融入了国内最新的CAM技术，旨在培养具有现代先进加工制造技能的人才，满足市场的需求。

本书由杨伟群主编，其中第1,4,5章由清华大学的洪亮和北京航空航天大学的杨伟群编写，第2,7章由北京建材工业学校的关亮编写，第3章由北京化工学校的熊军权编写，第6章由北京航空航天大学杨伟群和谢小星编写，第8章习题由熊军权和杨伟群编写，习题是按题目类型来编排的，读者可根据教学实际情况来选用。全书由杨伟群负责统稿和定稿，由南京航空航天大学廖文和教授担任本书主审。

本书经北航海尔软件公司授权，随书附赠CAXA制造工程师的XP学习版软件，随书光盘内还有书中例题和加工模型的源文件，所以本书也是该软件自学或培训的教材。

另外，读者如需要了解和教材学习配套的相关知识内容(如答疑、习题解答等)请登录www.cmmtt.com网站查询，以帮助学习。

由于时间仓促，加上编者的水平和经验有限，书中欠妥和错误之处在所难免，恳请读者指正。

编　者

2002年8月

目　录

第1章 数控铣床/加工中心机械结构与功能

数控机床均由机械和电器控制两大部分组成。数控铣床和加工中心具有相似的用途和工艺特点,从机械部分来看,两者均由如下几大构件组成:

- 主轴箱:包括主轴和主轴传动系统,用于装夹刀具并带动刀具旋转,主轴转速范围和输出扭矩对加工有直接的影响。
- 电器柜:用于安装强电、弱电电工电子元件和布线。
- CNC控制装置:机床的运动控制中心,集成了用户控制机床的界面和各种控制按钮,属于机电一体化集成单元。
- 机床基础件:通常是指底座、立柱、横梁等,是整个机床的基础和框架。
- 辅助装置:如液压、气动、润滑、冷却系统和排屑、防护等装置。
- 对于加工中心,还有刀库机构用来执行自动换刀动作。

1.1 数控机床机械组成与技术参数

本节主要以北京机电研究院生产的BV-75加工中心为实例来说明其机械组成和主要功用(见图1-1)。

1.1.1 组成与加工特点

1. 立柱

立柱装在床身后部,刀库和主轴箱装在立柱上。

Z轴直线滚动导轨及Z轴滚珠丝杠都装在立柱的前面。Z轴伺服电机装在立柱的顶部。Z轴滚珠丝杠副的安装结构见图1-2。立柱的前面靠近一侧导轨附近装有上下两个行程挡块,与行程开关配合控制Z轴校准点位置($Z=712$mm)和Z轴行程的极限位置。立柱顶部装有两个吊环,起吊机床时,和床身上的两个吊环配合使用。

立柱空腔内有一个重量平衡块,通过链条、链轮等反吊于主轴箱的上端面,用于平衡主轴箱重量,以提高Z轴定位精度。新机床安装后使用过程中应检查或经常检查链条的完好情况,运行中不能有障碍物,以防止链条破断造成恶性事故。

2. 主轴箱

主轴箱通过直线滚动导轨装在立柱上。Z轴滚珠丝杠螺母座装在主轴箱的后部。Z轴伺服电机旋转,可使主轴箱沿Z轴做上下运动。Z轴的两个行程开关分别位于主轴箱上端

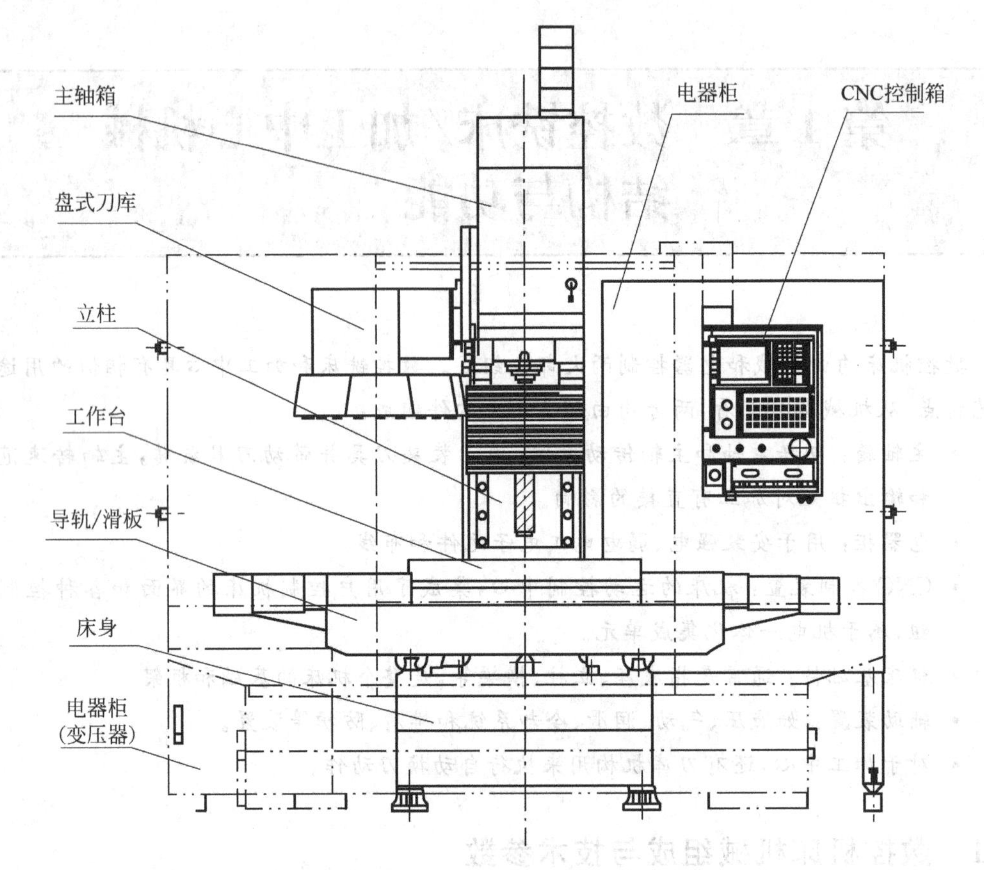

图 1-1 BV-75 加工中心机械部分组成

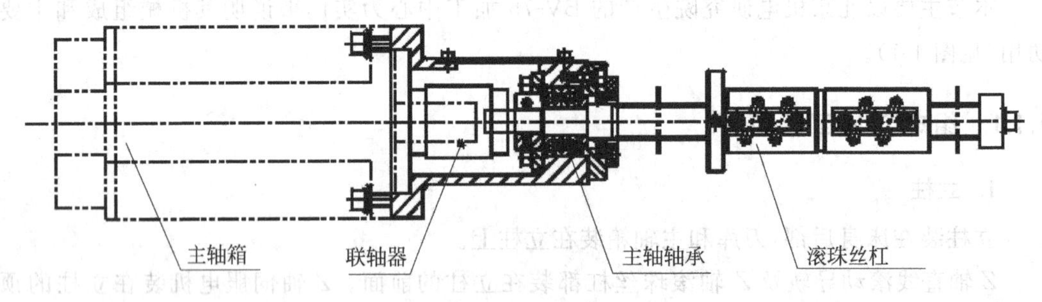

图 1-2 *Z* 轴滚珠丝杠副的安装结构图

左右两侧。主轴箱下部是挂帘式防护罩,主轴部件结构见图 1-3。

机床主轴通过一组精密轴承装在主轴箱上。主轴电机通过同步齿形带带动主轴进行正、反向旋转。机床主轴旋转能力最高可达 8000r/min,而主轴电机有最高 6000r/min 和 8000r/min 的区分,用户可根据实际需要和经济状况进行选择。

主轴为空心结构,下部有 7∶24 的锥孔,端面有一个矩形端面键,换刀时刀柄的锥柄插入主轴锥孔中,刀柄键槽与主轴端面键必须对正。在换刀过程中,若刀库是盘式刀库,则主轴端面键位于右侧(准停位置),若刀库是机械手刀库,则主轴端面键位于左前侧(准停位置)。主轴中间装有拉杆,通过碟形弹簧把刀柄最上端的拉钉牢固地拉紧在主轴锥孔内。在

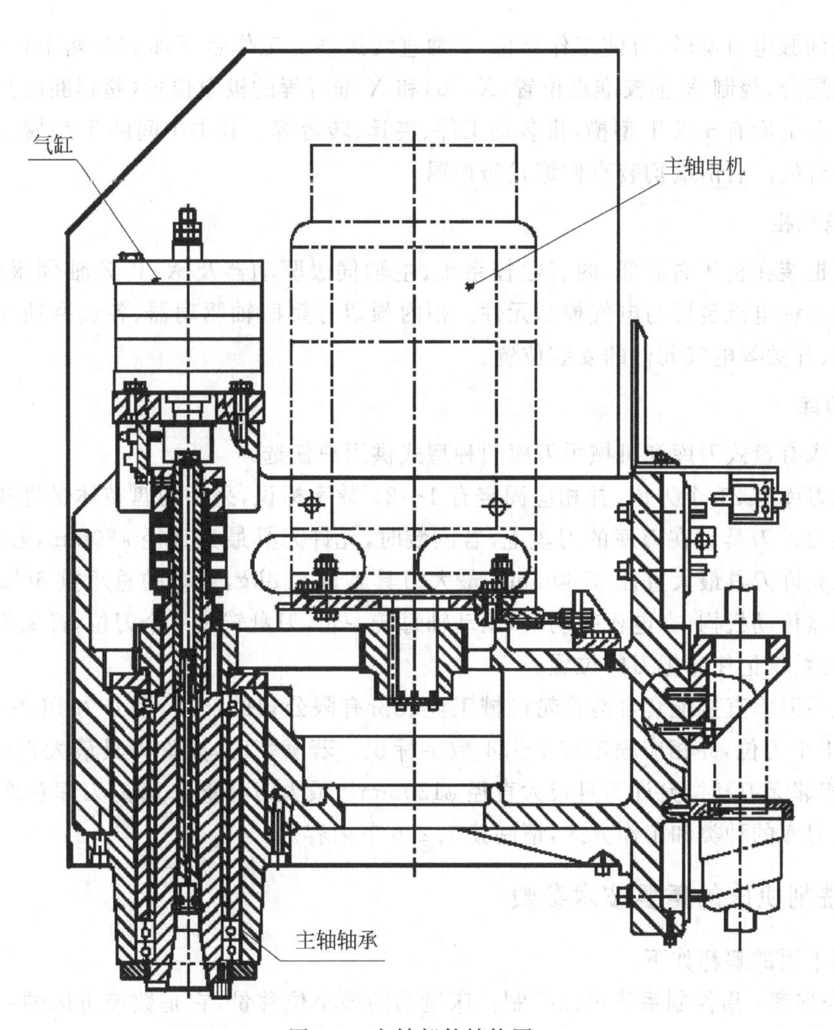

图 1-3 主轴部件结构图

主轴箱的上部装有气缸，活塞向下运动时，压缩碟形弹簧，推动拉杆向下并压迫拉钉尾端，使刀柄从主轴上松脱退出。

机床主传动系统传动方式为同步齿形带传动，传动比 1∶1。齿形为圆弧齿。由于加工中心有自动交换刀具的功能要求，所以主轴停位要求必须准确，且每次停位必须有严格的一致性，这就是主轴准停的概念。关于主轴准停请阅读 2.4.5 节的内容。

3. 滑板

滑板通过直线滚动导轨装在床身上，滑板底部与 *Y* 轴直线导轨的滑块固联。滑板下部还安装有 *Y* 轴滚珠丝杠螺母座。*Y* 轴伺服电机带动丝杠旋转，可使滑板沿 *Y* 轴方向做直线运动。滑板的上面与 *Y* 轴垂直的方向，安装 *X* 轴的直线滚动导轨、*X* 轴滚珠丝杠和 *X* 轴伺服电机。*X* 轴滚珠丝杠也采用双向消除轴向间隙结构，用户不得自行调整。滑板的前面和后面分别装有伸缩式和抽拉式防护罩。

4. 工作台

工作台装在滑板的上面，工作台底面安装 *X* 轴直线滚动导轨的滑块及滚珠丝杠螺母座。X 轴伺服电机旋转，可使工作台沿 X 轴直线运动。工作台下面装有两个行程挡块，和行程开关配合，控制 X 轴校准点位置（$X=0$）和 X 轴行程的极限位置（超程断电）。

工作台上面有5条T型槽，供装夹工件、夹具、转台等。其中中间的T型槽为基准T型槽。工作台的左右两端均装有伸缩式防护罩。

5. 电气柜

电气柜装在机床右后部，内有数控系统、主轴伺服驱动器及 X、Y、Z 轴伺服驱动器，以及机床的各种电源装置与电气控制元件。柜内预留有第四轴驱动器、各选择项功能所必需的接触器、开关等电气元件的安装位置。

6. 刀库

本机床有盘式刀库和机械手刀库两种型式供用户任选。

盘式刀库有21个刀位，并相应固定有1～21数字标识，采用刀盘整体送进和退回的方式直接换刀。刀具装在刀库的刀盘上，若满装时，允许刀具最大直径 ϕ80mm，若间装（相邻无刀）时，允许刀具最大直径 ϕ160mm。最大刀具重量6.8kg，刀盘的总承重68kg。刀盘上部装有间歇传动机构，在电机带动下，驱动轴每转一转，刀盘转过一个刀位，开关发出一个信号，使数控系统记住每把刀的位置。

机械手刀库直接配套台湾首轮机械工业股份有限公司的产品，型号为BCN4024T。该刀库有24个刀位，并相应固定有1～24数字标识。若满装时，允许刀具最大直径 ϕ75mm，若间装（相邻无刀）时，允许刀具最大直径 ϕ120mm。最大刀具重量6kg，刀库总承重80kg。

有关刀库的种类和工作方式，请阅读1.2.6节内容。

1.1.2 铣削机床的重要技术参数

常用术语的解释如下。

- 分辨率：指控制系统可以控制机床运动的最小位移量，它是数控机床的一个重要技术指标。一般为0.0001～0.01mm，视具体机床而定。
- 脉冲当量：对应于每一个脉冲指令（最小位移指令）机床位移部件（如步进电机）的运动量。脉冲当量是衡量数控机床精度的重要参数。数控装置输出一个脉冲信号（一个移位节拍指令）使机床工作台移动的位移量叫做脉冲当量，用mm/P表示。进给伺服驱动系统定位精度越高，脉冲当量越小。常用的脉冲当量有0.01mm/P、0.05mm/P、0.001mm/P，精密数控机床要求达到0.0001mm/P。
- 加工精度：机床加工精度是指被加工零件的尺寸、形状和位置精度。数控机床本身的精度主要是几何精度、运动精度和定位精度。

几何精度：是指机床在不运动或运动速度较低时的精度，它是由机床各主要部件的几何精度和它们之间的相对位置与相对运动轨迹的精度决定的；

运动精度：是指机床的主要部件以工作状态的速度运动时的精度；

定位精度：是指机床主要部件在运动终点所达到的实际位置的精度。

进给伺服驱动系统是控制数控机床工作台或移动刀架的位置控制系统。为了保证数控机床的加工精度，一般要求定位精度为0.01～0.001mm，精密数控机床要求达到0.0001mm；要求响应要快，稳定性要好；为保证系统的跟踪精度，要求动态过程在200ms

甚至几十毫秒以内，同时超调量要小；要求进给速度在0～24m/min能正常工作，高性能数控机床要求在0～240m/min可以连续调整；要求在低速进给时输出较大的扭矩。

数控机床各坐标轴的进给运动精度主要是运动精度和定位精度。开环系统的进给精度主要取决于传动件的精度、伺服系统的分辨率、导轨的导向精度等。在闭环和半闭环系统中由于检测元件的反馈作用，使进给运动的定位精度和运动精度大幅度提高。低档数控系统的分辨率为10μm，中档为1μm，高档为0.1μm。在理想的情况下定位精度等于分辨率，但由于存在进给传动误差以及加减速惯性、热变形、刚度、振动、摩擦等因素的影响，使定位精度低于分辨率。

按照系统的观点，数控机床主要由三大系统构成。

- 数控装置：完成NC(Numerical Control)程序的接收、将NC程序翻译为机器码、将机器码分解为电脉冲信号并发送到相应的执行器件等功能。
- 伺服系统：包括伺服电动机及检测装置。数控机床的进给运动，是由数控装置经伺服系统控制的，数控机床的进给传动属伺服进给传动。所谓伺服，是指有关的传动或运动参数，均严格依照数控装置的控制指令实现的。
- 机床本体：指与普通机床相同或相似的部分，如机床床身、工作台等。

目前绝大多数数控机床采用半闭环或闭环控制系统。不论数控机床与普通机床在整体布局上有多少相似之处，对任何一种数控机床都必须具备普通机床不具有的两大部分：一是数控机床的“指挥系统”——数控系统；二是使数控机床执行运动的驱动系统——伺服系统。

这三大系统必须综合协调工作才能发挥机床整体效能。对于如何评价一台机床的整体效能或者使用性能，一般来讲有一套完整的指标体系，对于不同的行业，用户对指标体系的关心侧重点有所差别，但对于一般用户若要采购机床或选型，需要首先了解机床的档次分类、性能指标和重要技术参数。

按照机床性能的高低、功能的强弱、加工的范围来看，目前通常分三个档次：

1. 经济型数控机床

一般用一个微处理器作为主控单元，伺服系统大多使用步进电动机驱动，采用开环控制方式，脉冲当量为0.01～0.005mm/P，机床快速移动速度为5～8m/min，精度较低，功能较简单，用数码管或简单的CRT字符显示，具备数控机床的基本功能。

2. 全功能型数控机床

采用2～4个微处理器进行控制，其中一个是主控微处理器，其余为从属微处理器。主控微处理器完成用户程序的数据处理、粗插补运算、文本和图形显示等，从属微处理器在主控微处理器管理下，完成对外围设备，主要是伺服控制系统的控制和管理，从而实现同时对各坐标轴的连续控制。全功能型数控机床允许最大速度一般为8～24m/min，脉冲当量为0.01～0.001mm/P，采用交、直流伺服电动机，广泛用于加工形状复杂或精度要求较高的工件。

3. 精密型数控机床

精密型数控机床采用闭环控制，它不仅具有全功能型数控机床的全部功能，而且机械系统的动态响应较快。其脉冲当量一般小于0.001mm/P，适用于精密和超精密加工。

数控机床的性能指标一般有精度指标、坐标轴指标、运动性能指标及加工能力指标几种,详细内容及其含义与影响可参见表1-1。

表1-1 数控机床常用性能指标

种类	项目	含义	影响
精度指标	定位精度	数控机床工作台等移动部件在确定的终点所达到的实际位置的水平	直接影响加工零件的位置精度
	重复定位精度	同一数控机床上,应用相同程序加工一批零件所得连续质量的一致程度	影响一批零件的加工一致性、质量稳定性
	分度精度	分度工作台在分度时,理论要求回转的角度值和实际回转角度值的差值	影响零件加工部位的空间位置及孔系加工的同轴度等
	分辨率	指数控机床对两个相邻的分散细节间可分辨的最小间隔,即识别的最小单位的能力	决定机床的加工精度和表面质量
	脉冲当量	执行运动部件的移动量	决定机床的加工精度和表面质量
坐标轴	可控轴数	机床数控装置能控制的坐标数目	影响机床功能、加工适应性和工艺范围
	联动轴数	机床数控装置控制的坐标轴同时到达空间某一点的坐标数目	影响机床功能、加工适应性和工艺范围
运动性能指标	主轴转速	机床主轴转动速度(目前普遍达到5000～10000r/min)	可加工小孔和提高零件表面质量
	进给速度	机床进给线速度	影响零件加工质量、生产效率、刀具寿命等
	行程	数控机床坐标轴空间运动范围	影响零件加工大小(机床加工能力)
	摆角范围	数控机床摆角坐标的转角大小	影响加工零件的空间大小及机床刚度
	刀库容量	刀库能存放加工所需的刀具数量	影响加工适应性及加工效率
	换刀时间	带自动换刀装置的机床将主轴用刀与刀库中下工序用刀交换所需时间	影响加工效率
加工能力指标	每分钟最大金属切除率	单位时间内去除金属余量的体积	影响加工效率

对数控铣床和加工中心的评价技术参数见表1-2和表1-3。

表1-2 数控铣床主要技术参数

类别	主要内容	作用
尺寸参数	工作台面积(长×宽)、承重	影响加工工件的尺寸范围(重量)、编程范围及刀具、工件、机床之间的干涉
	各坐标最大行程	
	主轴套筒移动距离	
	主轴端面到工作台距离	
接口参数	工作台T形槽数、槽宽、槽间距	影响工件及刀具安装
	主轴孔锥度、直径	

续表

类　别	主 要 内 容	作　用
运动参数	主轴转速范围	影响加工性能及编程参数
	工作台快进速度、切削进给速度范围	
动力参数	主轴电机功率	影响切削负荷
	伺服电机额定扭矩	
精度参数	定位精度、重复定位精度	影响加工精度及其一致性
	分度精度(回转工作台)	
其他参数	外形尺寸、重量	影响使用环境

表 1-3 加工中心主要技术参数

类　别	主 要 内 容	作　用
尺寸参数	工作台面积(长×宽)、承重	影响加工工件的尺寸范围(重量)、编程范围及刀具、工件、机床之间的干涉
	主轴端面到工作台距离	
	交换工作台尺寸、数量及交换时间	
接口参数	工作台T形槽数、槽宽、槽间距	影响工件、刀具安装及加工适应性和效率
	主轴孔锥度、直径	
	最大刀具尺寸及重量	
	刀库容量、换刀时间	
运动参数	各坐标行程及摆角范围	影响加工性能及编程参数
	主轴转速范围	
	各坐标快进速度、切削进给速度范围	
动力参数	主轴电机功率	影响切削负荷
	伺服电机额定扭矩	
精度参数	定位精度、重复定位精度	影响加工精度及其一致性
	分度精度(回转工作台)	
其他参数	外形尺寸、重量	影响使用环境

1.2 数控机床机械结构与重要功能介绍

为了保证加工过程的安全和零件质量,对数控机床机械结构必须满足如下基本要求。

1. 有良好的静刚度、动刚度

良好的静刚度、动刚度是数控机床保证加工精度及其精度保证特性的关键因素之一。与普通机床相比,其静刚度、动刚度应提高50%以上。

为使数控机床具有良好的静刚度,应注意合理选择构件的结构形式,如基础件采用封闭的完整箱体结构,构件采用封闭式截面,合理选择及布局隔板和筋条。提高数控机床动刚度,一方面可通过改善机床阻尼特性(如填充阻尼材料)来提高抗震性,另一方面可在床身表面喷涂阻尼涂层,采用新材料(如人造花岗石,混凝土等)等方法实现。

2. 有更小的热变形

数控机床加工中的摩擦等均会引起温升及变形而影响加工精度。为确保加工精度,在数控机床结构布局设计中可考虑尽量采用对称结构(如对称立柱等),进行强制冷却(如采用空冷机),使排屑通道对称布置等措施。

3. 有良好的高低速运动性能

机床的速度包括主轴转速、进给速度、换刀时间等,速度是效率指标。为缩短制造周期提高效率,适应高速切削的要求,数控机床速度越来越高,有些机床主轴转速的 $D_m \times n$ 值(前轴承中径和转速的乘积)已达到(1.5～2)×10^6mm·r/min,进给速度达 100m/min 以上,有的达到 240m/min,换刀时间缩短为 0.5s,所以高速电主轴、大导程高速滚珠丝杠、直线导轨、直线电机等都是适应高速加工而发展起来的。

低速运动的平稳性也是影响运动精度的重要因素。由于数控机床的定位精度要求高,有时需要单步微量运动,因而坐标轴运动部件不能产生爬行现象。为减少爬行,数控机床常采用动静压摩擦系数之差几乎为零的贴塑导轨、滚动导轨、液体静压导轨、气浮导轨等。

4. 有更好的宜人性

从使用数控机床的操作使用角度出发,机床结构布局应有良好的人机关系(如面板、操作台位置布置等)和较高的环保标准。

1.2.1 数控机床的运动坐标系与原点

数控机床的坐标系统,包括坐标系、坐标原点和运动方向,对于数控加工及编程,是一个十分重要的概念。数控工艺员和数控机床的操作者,都必须对数控机床的坐标系有一个完整、正确的理解,否则,程序编制将发生混乱,操作时更容易发生事故。机床的运动形式是多种多样的,为了描述刀具与零件的相对运动、简化编程,我国已根据 ISO 标准统一规定了数控机床坐标轴的代码及其运动方向。

1. 坐标系建立的原则

数控机床坐标系是为了确定工件在机床中的位置、机床运动部件的特殊位置(如换刀点、参考点等)以及运动范围(如行程范围)等而建立的几何坐标系。

(1) 刀具相对于静止的零件而运动的原则　由于机床的结构不同,有的是刀具运动,零件固定;有的是刀具固定,零件运动等。为了编程方便,一律规定为零件固定,刀具运动。

(2) 标准坐标系采用右手直角笛卡儿坐标系　大拇指的方向为 X 轴的正方向;食指为 Y 轴的正方向;中指为 Z 轴的正方向。

2. 坐标系的建立

数控机床的坐标系采用右手直角笛卡儿坐标系(如图 1-4(a)所示)。它规定直角坐标 X、Y、Z 三轴正方向用右手定则判定,围绕 X、Y、Z 各轴的回转运动及其正方向 $+A$、$+B$、$+C$ 用右手螺旋法则判定。与 $+X$、$+Y$、$+Z$、$+A$、$+B$、$+C$ 相反的方向相应用带"′"的 $+X'$、$+Y'$、$+Z'$、$+A'$、$+B'$、$+C'$ 表示。图 1-4(b)所示为立式铣床的标准坐标系。

不论机床的具体结构是工件静止、刀具运动,还是工件运动、刀具静止,数控机床的坐标运动指的均是刀具相对于工件的运动。

ISO 对数控机床的坐标轴及其运动方向均有一定的规定,图 1-5 描述了三坐标数控镗铣床(或加工中心)的坐标轴及其运动方向。

Z 轴定义为平行于机床主轴的坐标轴,如果机床有一系列主轴,则选尽可能垂直于工件

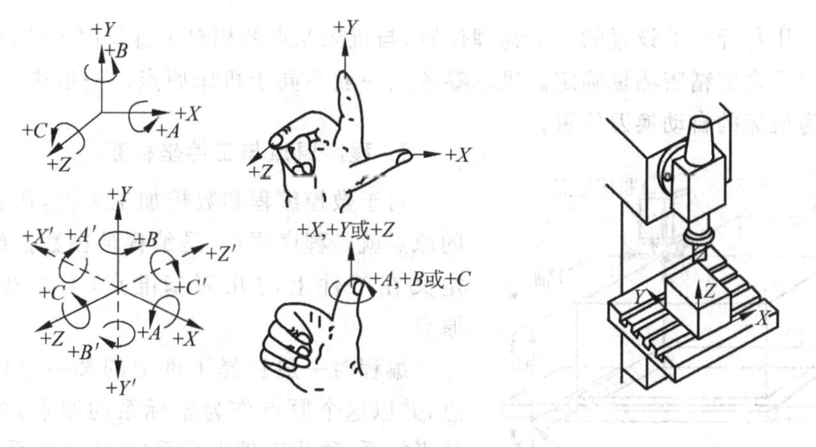

(a) 右手直角笛卡儿坐标系　　(b) 立式铣床坐标系

图 1-4 数控机床坐标系的建立

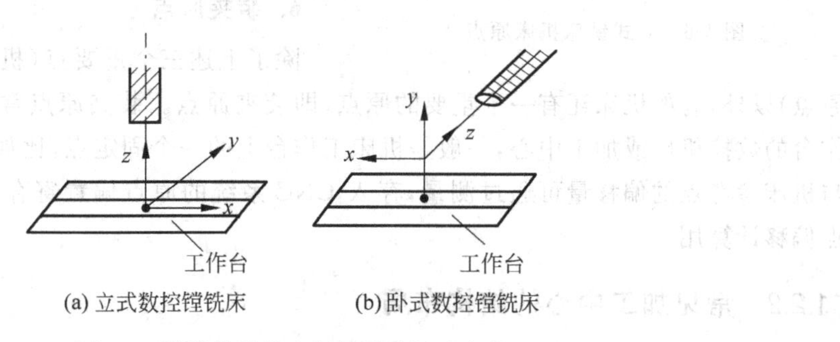

(a) 立式数控镗铣床　　(b) 卧式数控镗铣床

图 1-5 数控机床的坐标轴及其运动方向

装夹面的主要轴为 Z 轴，其正方向定义为从工作台到刀具夹持的方向，即刀具远离工作台的运动方向。

X 轴为水平的、平行于工件装夹平面的坐标轴，它平行于主要的切削方向，且以此方向为正方向。Y 轴的正方向则根据 X 和 Z 轴按右手法则确定。

旋转坐标轴 A、B 和 C 的正方向相应地在 X、Y、Z 坐标轴正方向上，按右手螺纹前进的方向来确定。

有关附加直线轴和附加旋转轴，ISO 均有相应的规定，读者可查阅有关参考资料。

3. 附加运动坐标

一般我们称 X、Y、Z 为主坐标或第一坐标，如有平行于第一坐标的第二组或第三组坐标，则分别指定为 U、V、W 和 P、Q、R。

4. 机床原点与机床坐标系

现代数控机床一般都有一个基准位置，称为机床原点(Machine Origin 或 Home Position)或机床绝对原点(Machine Absolute Origin)，是机床制造商设置在机床上的一个物理位置，其作用是使机床与控制系统同步，建立测量机床运动坐标的起始点。机床坐标系建立在机床原点之上，是机床上固有的坐标系。机床坐标系的原点位置在各坐标轴的正向最大极限处，用 M 表示，如图 1-6 所示。

与机床原点相对应的还有一个机床参考点(Reference Point)，用 R 表示，它是机床制造商在机床上用行程开关设置的一个物理位置,与机床原点的相对位置是固定的,由机床制造商在机床出厂之前精密测量确定。机床参考点一般不同于机床原点。一般来说,加工中心的参考点为机床的自动换刀位置。

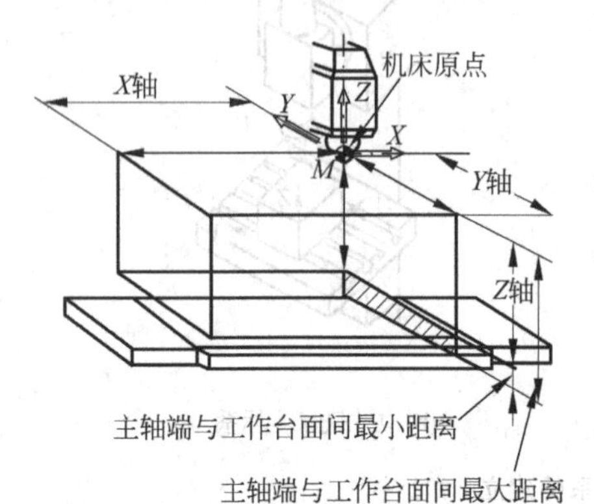

图 1-6 立式铣床机床原点

5. 程序原点与工件坐标系

对于数控编程和数控加工来说,还有一个重要的原点就是程序原点,是编程员在数控编程过程中定义在工件上的几何基准点,有时也称为工件原点。

编程时一般选择工件上的某一点作为程序原点,并以这个原点作为坐标系的原点,建立一个新的坐标系,称为工件坐标系(编程坐标系)。

程序原点与工件坐标系建立方法在第 5 章介绍。

6. 装夹原点

除了上述三个重要点(机床原点、参考点、编程原点)以外,有的机床还有一个重要的原点,即装夹原点。装夹原点常用于带回转或摆动工作台的数控机床或加工中心,一般是机床工作台上的一个固定点,比如回转中心。装夹原点与机床参考点的偏移量可通过测量,存入 CNC 系统的原点偏置寄存器中,供 CNC 系统原点偏移计算用。

*1.2.2 常见加工中心的结构布局

1. 十字工作台结构布局

有些加工中心是在普通铣床结构的基础上发展而来的,其布局也与普通铣床类似,十字工作台结构类似于普通铣床工作台的布局。由于加工中心都带有刀库,刀库的形式也影响机床的布局,因此带有十字工作台结构的加工中心有多种布局形式。图 1-7 是一种立式加工中心,刀库位于机床侧面。立柱、底座和工作台、主轴箱的布局与普通铣床区别不大。

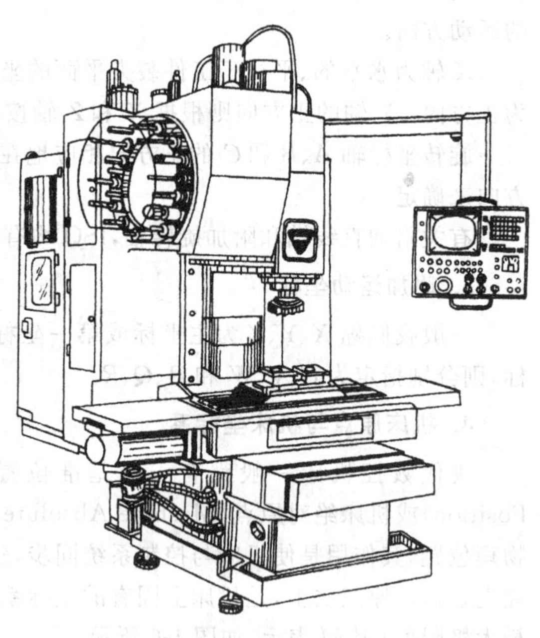

图 1-7 刀库装在侧面的立式加工中心

2. 满足多坐标联动要求的布局

一般数控镗铣床或加工中心都有 X、Y、Z 三个方向的坐标运动。有些还有 U、V、W、A、B、C 中的一个、两个或多个坐标运动,通常可分别实现 X、Y、Z、U、V、W、A、B、C 任何方向的三坐标、四坐标、五坐标轴联动,甚至可实现更多坐标轴联动。

图 1-8(a)是五坐标轴联动的加工中心,有立卧两个主轴,交替地进行加工。卧式加

工时立式主轴退回，立式加工时卧式主轴先退回、然后立式主轴前移进行加工。工作台不但可以上下、左右移动，还可以在两个坐标方向上转动。多盘式刀库位于立柱的侧面。该机床在一次装卡工件时可完成五个面的加工，适用于模具、壳体、箱体、叶轮和叶片等复杂零件加工。

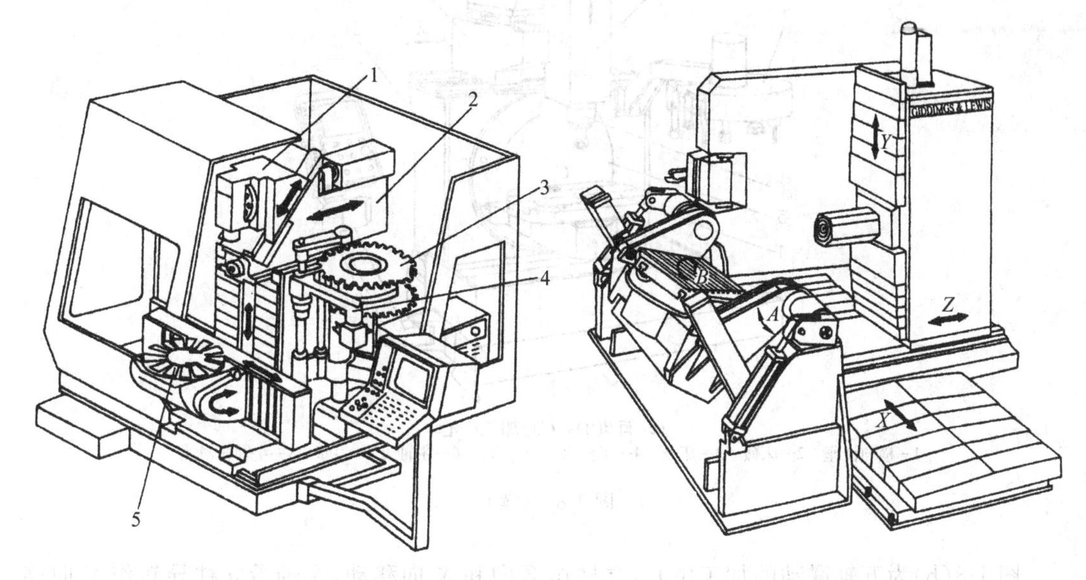

(a) 有立、卧两主轴的五坐标联动加工中心

1—立轴主轴箱　2—卧轴主轴箱　3—刀库
4—机械手　5—工作台

(b) 工作台可作A、B轴旋转的五轴联动加工中心

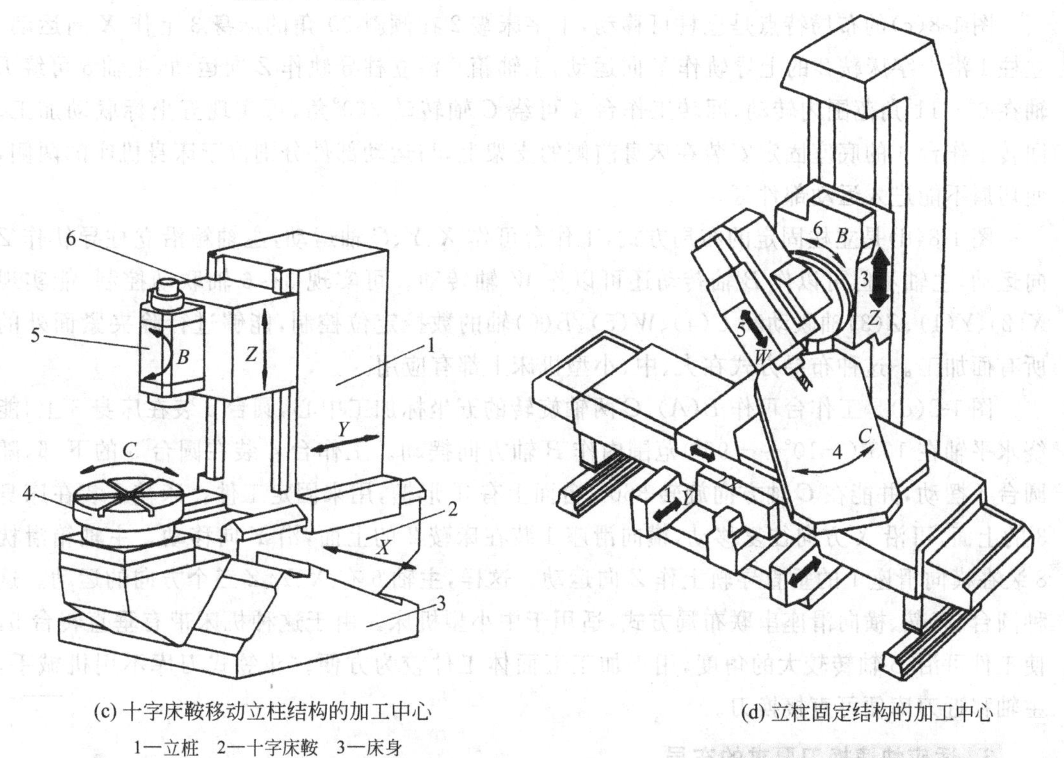

(c) 十字床鞍移动立柱结构的加工中心

1—立柱　2—十字床鞍　3—床身
4—回转工作台　5—主轴　6—主轴箱

(d) 立柱固定结构的加工中心

图 1-8　多坐标联动的加工中心结构布局

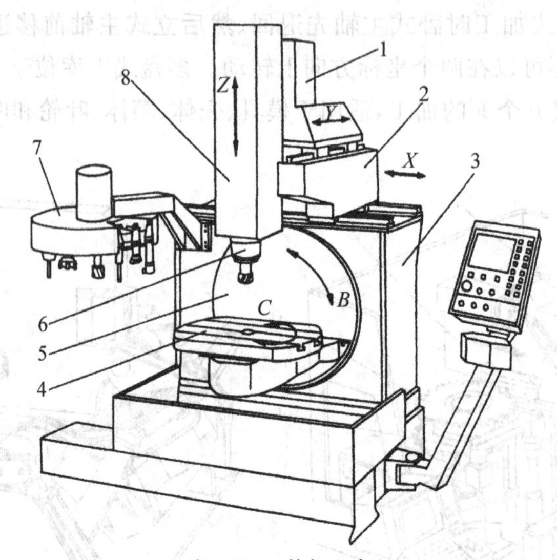

(e) 有$B(A)$、C的加工中心

1—横向滑座 2—床鞍 3—床身 4—工作台 5—圆台 6—主轴 7—刀库 8—主轴箱滑枕

图 1-8 (续)

图 1-8(b)为五轴联动的加工中心,立柱作 Z 向和 X 向移动,主轴沿立柱导轨作 Y 向移动,工作台可绕 A、B 两个坐标轴方向转动,实现五轴联动。除装夹面外,可对其他各面(包括任意斜面)进行加工。

图 1-8(c)的布局特点是立柱可移动,十字床鞍 2 在倾斜 30°角的床身 3 上作 X 向运动,立柱 1 沿十字床鞍 2 的上导轨作 Y 向运动,主轴箱 6 沿立柱导轨作 Z 向运动,主轴 5 可绕 B 轴在 0°～11°角范围内转动,回转工作台 4 可绕 C 轴转动 360°角,可实现五坐标联动加工。回转工作台 4 的底座固定安装在床身前侧的支架上,与运动部件分别位于床身机座的两侧,使切屑不能进入运动部件区。

图 1-8(d)是立柱固定的布局方式,工作台可作 X、Y、C 轴运动,主轴箱沿立柱导轨作 Z 向运动,主轴不但可以作 B 轴转动还可以作 W 轴转动。可实现 3～6 轴联动控制,能实现 X(2)、Y(1)、Z(3)轴联动和 C(4)、W(5)、B(6)轴的数控定位控制,能够进行除夹紧面外的所有面加工。这种布局方式在大、中、小型机床上都有应用。

图 1-8(e)是工作台可作 $B(A)$、C 两轴旋转的五坐标加工中心,圆台 5 装在床身 3 上,能绕水平轴在 105°(−10°～+95°)范围内作 B 轴方向摆动。工作台 4 装在圆台 5 的下部,随圆台 5 摆动,并能在 C 轴方向旋转 360°,台面上有 T 形槽,用来固定工件。床鞍 2 装在床身 3 的上面,可沿 X 方向往复移动,横向滑座 1 装在床鞍 2 的上面,沿 Y 向移动。主轴箱滑枕 8 装在横向滑座 1 的垂直导轨上作 Z 向运动。这样,主轴 6 有 X、Y、Z 三个方向的运动。这种圆台、床鞍、横向滑座串联布局方式,适用于中小型机床。由于这种机床带有垂直转台 5,使工件可沿 B 轴转较大的角度,用于加工五面体工件较为方便。斗笠式刀库不用机械手,主轴移近刀库便可直接换刀。

3. 适应快速换刀要求的布局

图 1-9 所示的加工中心无机械手,换刀时刀库移向主轴,直接换刀。刀具轴线与主轴轴

线平行。不用机械手可减少换刀时间，提高生产率。

4. 适应多工位加工要求的布局

图 1-10 所示的机床为多工位加工的加工中心，它有一个四工位回转工作台，三个工位为加工工位，一个工位为装卸工件工位，该机床可实现多面加工，因而生产率较高。

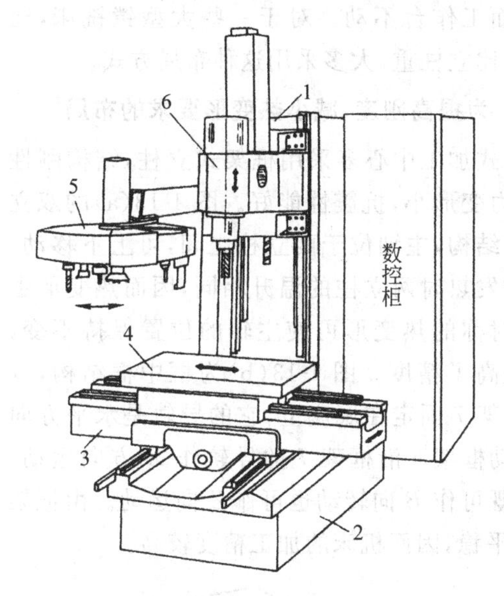

图 1-9 无机械手直接换刀的加工中心

1—立柱 2—底座 3—横向工作台

4—纵向工作台 5—刀库 6—主轴箱

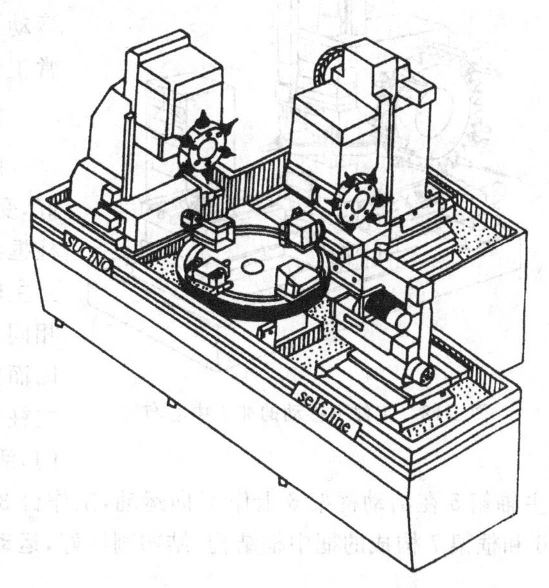

图 1-10 多工位加工的加工中心

5. 适应可交换工作台要求的布局

图 1-11 是可交换工作台的加工中心，机床上装有 5 和 6 两个工作台，一个工作台上的零件在加工时，另一个工作台可装卸工件，工件加工完成后，两个工作台互相换位，这样就使装卸工件的时间和加工时间重合，减少了辅助时间，提高了生产率。

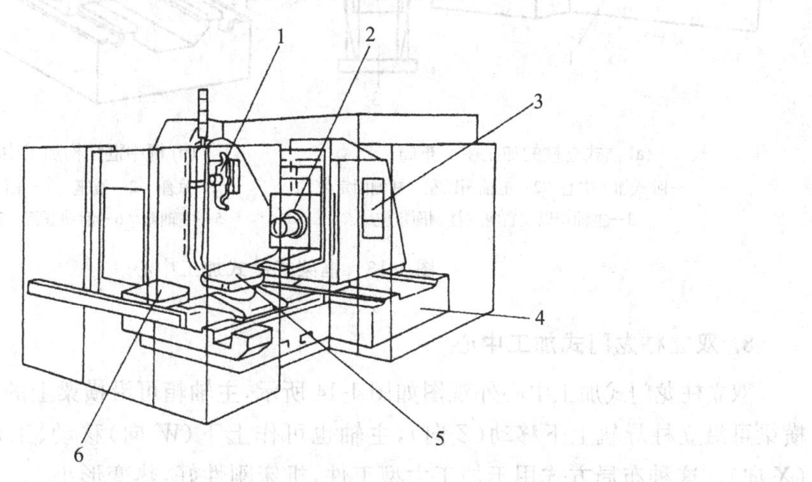

图 1-11 可交换工作台的加工中心

1—机械手 2—主轴头 3—操作面板 4—底座 5、6—可交换的工作台

6. 工件不移动的机床布局

当工件较大、移动不方便时，可使工件不动，让机床立柱移动，移轻避重。图 1-12 所示机床的布局是底座、床鞍与立柱串联安装形式，立柱可作 X、Z 方向移动，主轴在立柱上作 Y 向运动，而工作台不动。对于一些大型镗铣床，通常工件比立柱重，大多采用这种布局方式。

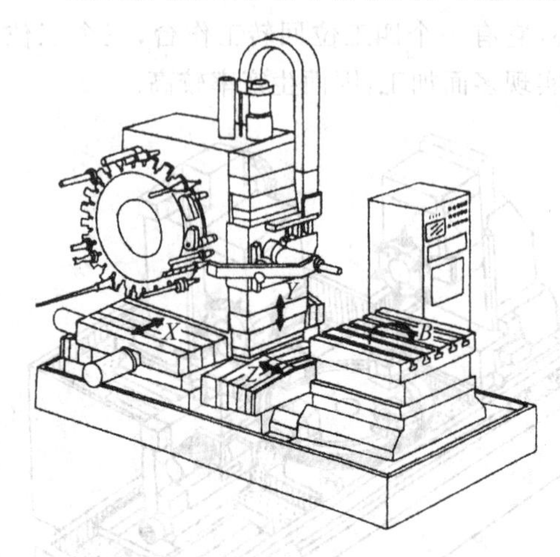

图 1-12　工件不移动的加工中心布局

7. 为提高刚度、减小热变形要求的布局

卧式加工中心多采用框架式立柱，结构刚性好，受力变形小，抗震性能好。图 1-13(a)的双立柱框架结构，主轴位于两立柱之间，可上下移动。当主轴发热时两立柱的温升相同，因而热变形也相同，对称的热变形可使主轴的位置保持不变，因而提高了精度。图 1-13(b)为框中框结构，双立柱框架 7 固定在底座上，它的导轨是水平方向的，活动框架 6 沿框架 7 的导轨作 X 方向运动，主轴箱 5 在活动框架 6 上作 Y 向运动，工作台 3 既可作 B 向转动也可作 Z 向运动。由框架 6 和框架 7 构成的框中枢结构，结构刚性好，运动平稳，因而机床的加工精度较高。

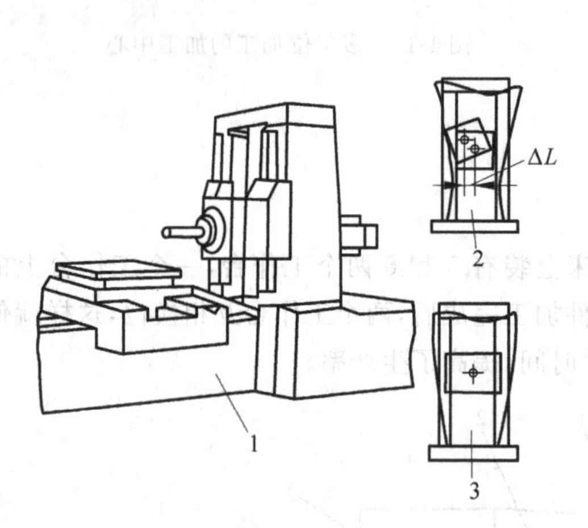

(a) 框式立柱的加工中心布局

1—卧式加工中心　2—主轴箱以左立柱侧面定位

3—主轴箱以左右两立柱侧面定位

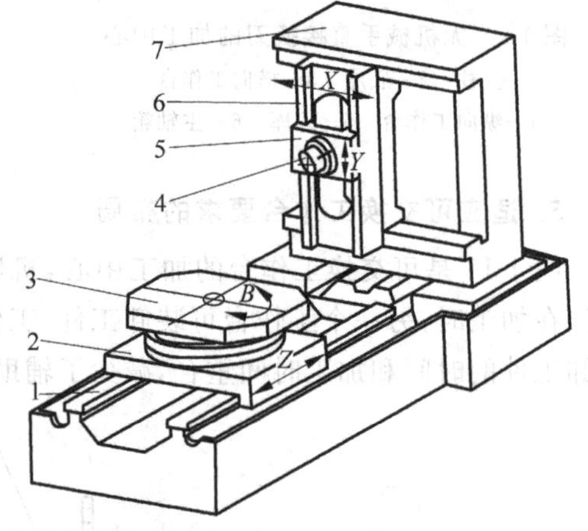

(b) 框中框结构加工中心的布局

1—底座　2—滑座　3—工作台　4—主轴

5—主轴箱　6—活动框架　7—双立柱框架

图 1-13　框架式卧式加工中心

8. 双立柱龙门式加工中心

双立柱龙门式加工中心外观图如图 1-14 所示，主轴箱可沿横梁上的导轨左右移动(Y 向)，横梁可沿立柱导轨上下移动(Z 向)，主轴也可作上下(W 向)移动、工作台前后方向的移动(X 向)。这种布局方式用于加工大型工件，机床刚性好，热变形小。

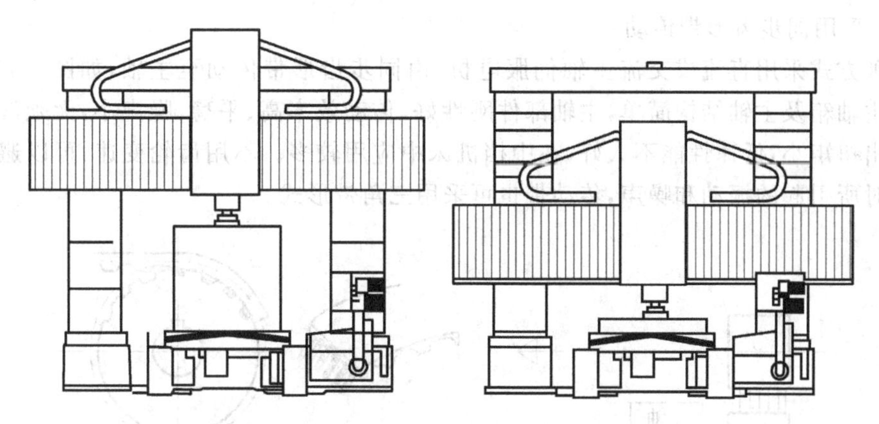

图 1-14 双立柱龙门式加工中心

1.2.3 数控机床主传动系统

数控机床主传动系统的作用就是产生不同的主轴转速和扭矩以满足不同的加工条件要求。对主传动系统的基本要求是：

• 有较宽的调速范围

可增加数控机床加工适应性，便于选择合理的切削速度使切削过程始终处于最佳状态。

• 有足够的功率和扭矩

使数控加工方便实现低速时大扭矩、高速时恒功率，以保证加工的高效率。

• 主轴的旋转精度和运动精度

主轴的旋转精度是指在无载荷、低速转动条件下测量主轴前端和在 300mm 处的径向和轴向跳动值。主轴在工作速度旋转时所测量的上述两项精度称为运动精度。

各零部件应具有足够的精度、刚度和抗震性，以使主轴高精度运动，从而保证高精度数控加工。

• 主轴的静刚度和抗震性

由于加工精度高，主轴转速高，因此对主轴的静刚度和抗震性要求较高。主轴的轴颈尺寸、轴承类型及配置方式、轴承预紧量大小、主轴组件的重量分布是否均匀及主轴组件的阻尼等因素对主轴组件的静刚度和抗震性都会产生影响。

1. 主传动系统的变速方式

(1) 采用变速齿轮主传动

如图 1-15 所示，这是较常用的配置方式。由于电动机在额定功率以上的恒功率调速范围为 2～5，当需要扩大这个调速范围时常用变速滑移齿轮的办法来实现；为获得主轴低速大扭矩的性能要求，常用齿轮降速办法，采用少数几对齿轮降速，滑移齿轮位移采用液压拨叉或直接由液压缸带动齿轮来实现。电机主轴仍为无级变速，并实现主轴的正反向启动、停止与制动。该方式扭矩大、噪声大，一般用于较低速加工。

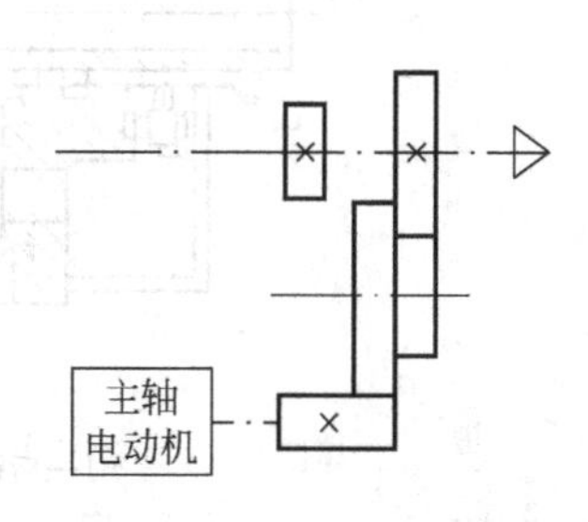

图 1-15 采用变速齿轮传动

（2）采用同步齿形带传动

这种方式采用直流或交流主轴伺服电机，由同步齿形带传动至主轴，如图 1-16 所示。该方式主轴箱及主轴结构简单，主轴部件刚性好，传动效率高、平稳、噪声小，无须润滑。但由于输出扭矩小，低速性能不太好，在中档机床中应用较多。不用齿轮变速，可以避免由齿轮传动时所引起的振动和噪声，传动带也可采用三角带形式。

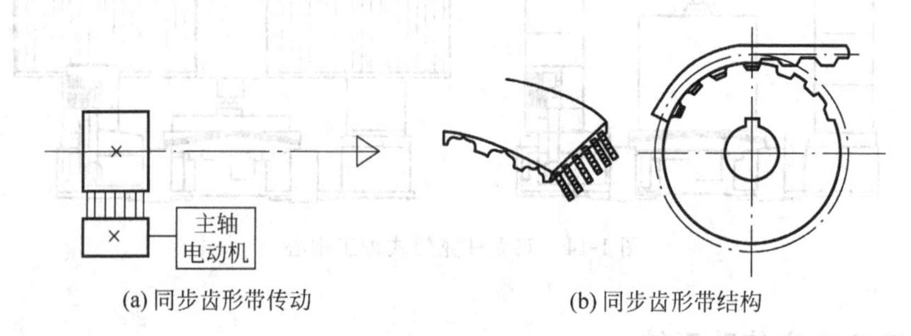

(a) 同步齿形带传动　　(b) 同步齿形带结构

图 1-16　采用同步齿形带传动

（3）内装电主轴的传动机构

这种结构亦称一体化主轴、电主轴，由主轴电机直接驱动，电机、主轴合二为一。主轴为电机的转子，省去了电机和主轴间的传动件，主轴只承受扭矩而没有弯矩，用电动机变速来实现主轴变速。它在低速时恒扭矩变速，功率随转速的降低而减小，主要用于高速加工，如图 1-17 所示。该方式对处理好散热、润滑非常关键，需要特殊的冷却装置。

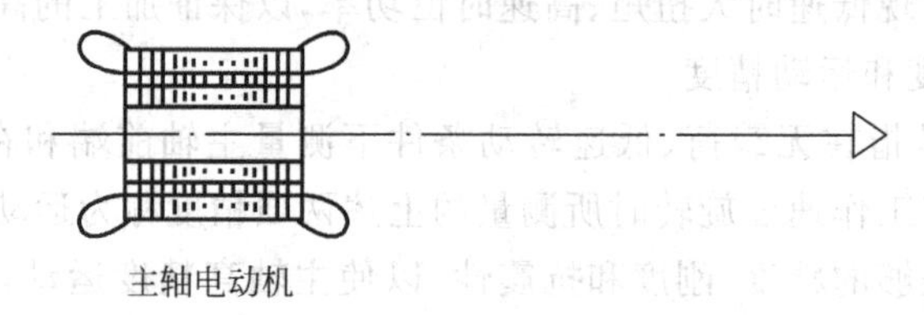

(a) 主轴电机直接驱动

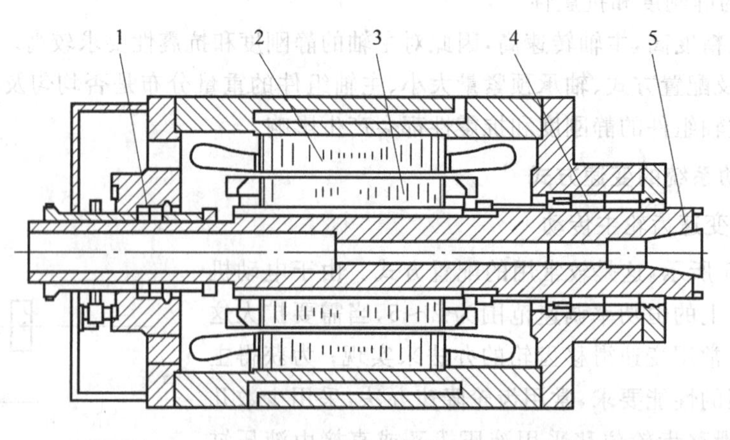

(b) 电主轴结构

1—后轴承　2—定子磁极　3—转子磁极　4—前轴承　5—主轴

图 1-17　采用主轴电机直接驱动

2. 主轴部件

数控机床的主轴部件一般包括主轴、主轴轴承和传动件等。对于加工中心，主轴部件还包括刀具自动夹紧装置、主轴准停装置和主轴孔的切屑消除装置。在主轴的结构上必须处理好卡盘或刀具的安装、主轴的卸荷、主轴轴承的定位、间隙调整、主轴部件的润滑和密封等问题。对于某些立式数控加工中心，还必须处理好主轴部件的平衡问题。

(1) 主轴轴承

数控机床主轴轴承的支承形式、轴承材料、安装方式均不同于普通机床，其目的是保证足够的主轴精度。数控机床主轴轴承主要有以下几种配置形式：

图 1-18(a)为锥孔双列圆柱滚子轴承，承载能力大，刚性好，但只能承受径向载荷。

图 1-18(b)为双列推力向心球轴承，接触角为 60°，能承受双向轴向载荷。该种轴承常用做主轴前支承，与双列圆柱滚子轴承(作为后支承)配套使用。主轴刚性好，可以满足强力切削的要求，广泛用于各类数控机床的主轴。

图 1-18(c)为双列圆锥滚子轴承。轴承可以同时承受径向载荷和轴向载荷，通常用作主轴的前支承，后支承采用单列圆锥滚子轴承。该种配置的承载能力强，安装和调整方便，但主轴的转速不能太高，适用于中等精度、低速和重载的数控机床。

图 1-18(d)为带凸肩的双列圆锥空心滚子轴承。滚子被做成空心的，故能进行有效的润滑和冷却。

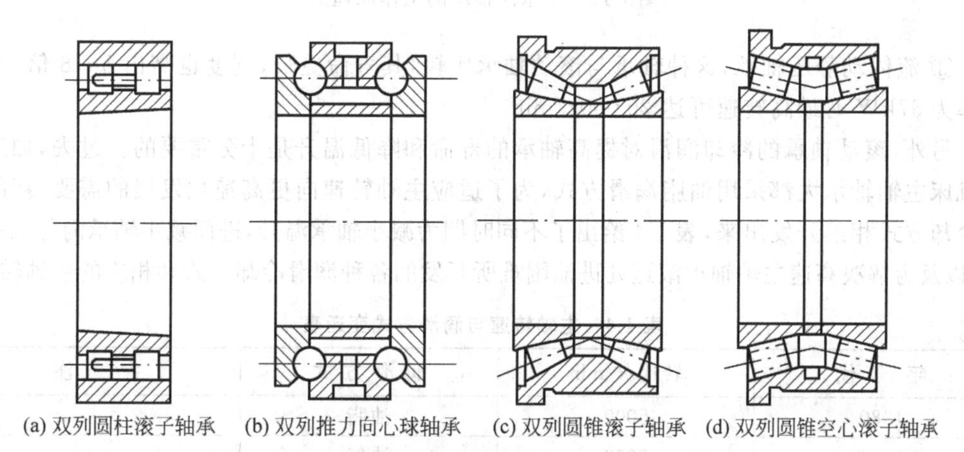
(a) 双列圆柱滚子轴承　(b) 双列推力向心球轴承　(c) 双列圆锥滚子轴承　(d) 双列圆锥空心滚子轴承

图 1-18　主轴轴承形式

主轴轴承的选用对提高主轴转速至关重要。主轴的转速与主轴轴承的中径 d_m 有关，d_m 与其转速 n 的乘积称为 $d_m n$ 值，它是评定主轴旋转速度的惟一标准。$d_m n$ 值相同时中径越小转速越高。目前主轴的最高 $d_m n$ 值可达(1.5～2)$\times 10^6$mm·r/min。当主轴轴承中径 d_m 为 100mm 时，主轴的最高转速可达 20 000r/min。主轴的最高转速，有时受主轴轴承的极限转速限制。目前的高速主轴常采用以下几种新型轴承。

① 小球轴承，它是球轴承的一种，因其滚珠直径较小故重量轻，使它的极限转速比普通球轴承高，可用来提高主轴轴承的极限转速。

采用重量轻的陶瓷球轴承可使主轴轴承的极限转速进一步提高。如陶瓷轴承，这种轴承的滚动体是用 Si_3N_4 陶瓷材料制成，而内、外圈仍用轴承钢制造。其优点是重量轻，为轴承钢的40%;热膨胀系数小,是轴承钢的25%;弹性模量大,是轴承钢的15倍。采用的陶瓷滚动体,可大大减小离心力和惯性滑移,有利于提高主轴转速。

② 磁悬浮轴承(见图1-19),它靠电磁力将转子悬浮在中心位置,由于轴心的位置靠电子反馈控制系统进行自动调节,因此其刚度值可以设定得很高,主轴的轴向尺寸变化也很小。这种轴承温升低,回转精度很高(可达0.1μm)。由于转子和定子不接触,因此没有磨损,无须润滑,转速高,寿命很长,多用于高速电机主轴。其$d_m n$值可高出滚动轴承1~4倍,最高线速度可达200m/s(陶瓷轴承为80m/s),是一种很有前途的轴承。

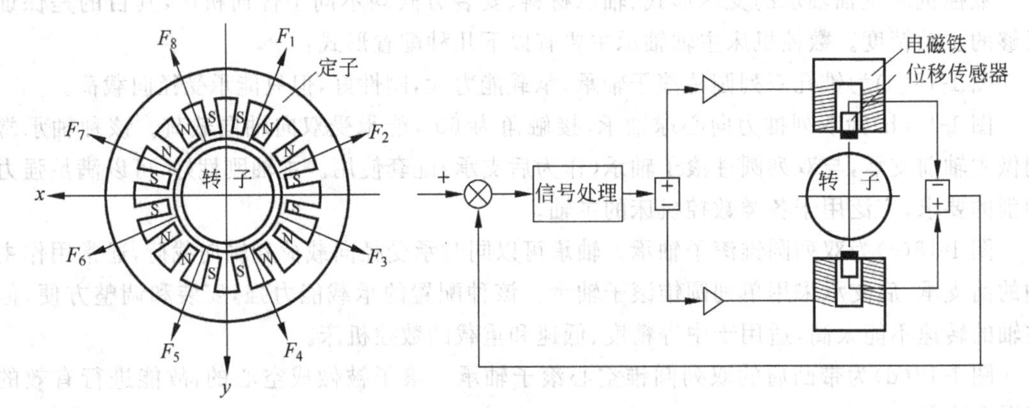

图1-19 磁悬浮轴承的工作原理图

③ 流体动静压轴承,这种轴承与滚动轴承比较,其寿命更长,刚度也高出5~6倍,主轴功率为57kW时最高转速可达20 000r/min。

另外,滚动轴承的冷却润滑对提高轴承的寿命和降低温升是十分重要的。过去,加工中心机床主轴轴承大都采用油脂润滑方式,为了适应主轴转速向更高速化发展的需要,新的润滑冷却方式相继开发出来,表1-4给出了不同时期为减小轴承温升,进而减小轴承内外圈的温差,以及为解决高速主轴轴承滚道处进油困难所开发的各种润滑冷却方式和相应的主轴转速。

表1-4 主轴转速与润滑方式变迁表

年 代	转速/r/min	润滑方式	备 注
1980	5000	油脂	
1984	7000	油气	
1986	10 000	油脂	
	15 000	油气	陶瓷轴承(滚动体)
1988	20 000	喷注	陶瓷轴承(滚动体)
1990	25 000~30 000	喷注	全陶瓷轴承

(2) 主轴准停装置

加工中心的主轴部件上设有准停装置,其作用是使主轴每次都准确地停在固定不变的周向位置上,以保证自动换刀时主轴上的端面键槽对准刀柄上的键槽,同时使每次装刀时刀柄与主轴的相对位置不变,以提高刀具的重复安装精度,从而可提高孔加工时孔径的一致性。另外,一些特殊工艺,如在通过前壁小孔镗内壁的同轴大孔,或进行反倒角等加工时,也要求主轴实现准停,使刀尖停在一个固定的方位上,以便主轴偏移一定尺寸后,使大刀刃能通过前壁小孔进入箱体内对大孔进行镗削。

(3) 自动夹紧和切屑清除装置

自动夹紧一般由液压或气压装置予以实现,而切屑清除则通过设于主轴孔内的压缩空气喷嘴来实现,其孔眼分布及其角度是影响清除效果的关键。BV-75 的主轴中心吹气装置的气路工作压力为 0.4MPa,专用于换刀过程中吹去主轴锥孔及刀柄表面可能有的异物颗粒等并防止外界异物侵入,保持其表面清洁。

(4) 润滑与冷却

低速主轴采用油脂、油液循环润滑;高速主轴采用油雾、油气润滑方式。主轴的冷却以减少轴承及切割磁力线发热,有效控制热源为主。

例如 BV-75 机床配有成套油气润滑系统,专门用于对主轴轴承进行周期性自动润滑。该系统利用压缩气体进行工作,工作压力为 0.5MPa。压缩气体为其气动泵提供动力,并通过混合阀为油/气的形成提供条件。各出口的润滑油必须在流动气流的推动下才能送达各润滑点,所以主轴轴承端盖上开有出气孔,油/气经过轴承时,其中的油附着在轴承滚子及沟道上,气体则通过出气孔排出。使用中应保证气孔通畅清洁。使用较长时间后,废油会沿主轴外圆渗出,这是正常的,堆积较多时用干净棉布擦去即可。

1.2.4 数控机床进给传动系统

数控机床进给传动系统的作用是负责接受数控系统发出的脉冲指令,经放大和转换后驱动机床运动执行件实现预期的运动。为保证数控机床高的加工精度,要求其进给传动系统有高的传动精度、高的灵敏度(响应速度快),工作稳定,有高的构件刚度及使用寿命、小的摩擦及运动惯量,并能清除传动间隙。

1. 进给传动系统种类

(1) 步进伺服电机伺服进给系统

一般用于经济型数控机床。

(2) 直流伺服电机伺服进给系统

功率稳定,但因采用电刷,其磨损会导致在使用中须进行更换。一般用于中档数控机床。

(3) 交流伺服电机伺服进给系统

应用较为普遍,主要用于中高档数控机床。

(4) 直线电机伺服进给系统

无中间传动链,精度高、进给快,无长度限制,但散热差,防护要求特别高,主要用于高速机床。

现代数控机床的进给伺服电动机,调速范围足够宽,其转速从每分钟不到一转至几千转;扭矩足够大,可达到几十甚至百牛·米以上,因此可以把进给伺服电动机与滚珠丝杠直连,不需要齿轮降速机构,从而使进给系统的机械传动机构简单而可靠。

2. 滚珠丝杠的结构

滚珠丝杠传动是数控机床伺服驱动的重要传动形式之一。它的优点是摩擦系数小,传动精度高,传动效率高达 85%~98%,是普通滑动丝杠传动的 2~4 倍。滚珠丝杠副的摩擦角小于1°,因此不能自锁,用于立式升降运动则必须有制动装置。由于动、静摩擦系数之差很小,有利于防止爬行和提高进给系统的灵敏度,而采用消除反向间隙和预紧措施,有助于提高定位精度和刚度。

图1-20为滚珠丝杠的原理图。在丝杠和螺母之间装有钢珠,使丝杠和螺母之间为滚动摩擦运动。三者均用轴承钢制成,经淬火、磨削达到足够高的精度。螺纹的截面为圆弧形,其半径略大于钢球半径。依回珠方式分为内循环和外循环两种。

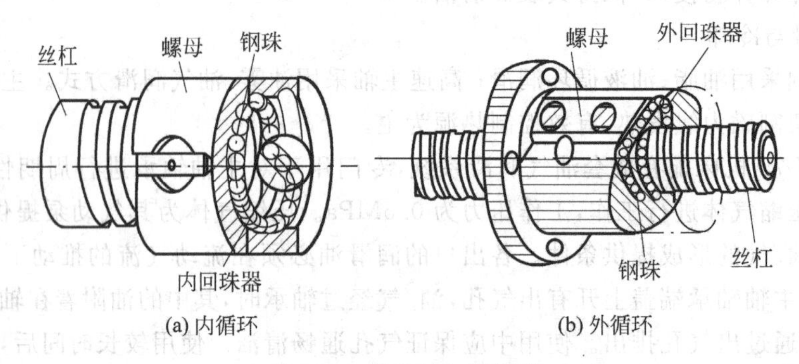

图1-20 滚珠丝杠螺母副

3. 滚珠丝杠副的消除间隙和预加载荷

滚珠丝杠的传动不允许存在轴向间隙,不仅因为它会造成反向冲击,更主要的是会产生定位误差,影响机床的精度稳定性。为了提高进给系统的刚度,应使滚珠丝杠在过盈条件下工作,即预加载荷或称为预紧。

消除间隙和预紧的方法有多种。机床上常用双螺母法预加载荷。如图1-21所示,装在一个共同的螺母体内的左右螺母,在 F_0 的预加载荷下,向相反的方向把滚珠挤紧到丝杠上,接触角为45°,使丝杠螺母处于过盈状态而提高接触刚度。图1-21(a)为把左右螺母往两头撑开,图1-21(b)为往中间挤紧。

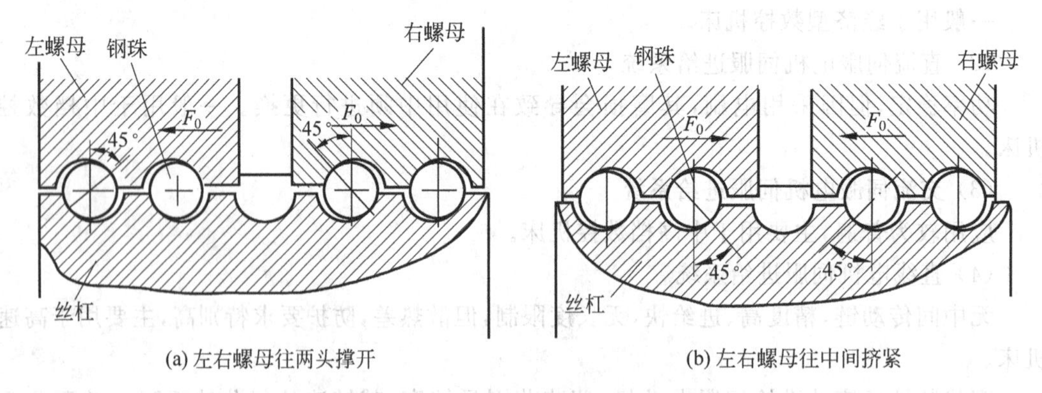

图1-21 滚珠丝杠副的消除间隙和预加载荷

还有采用垫片法消除间隙和预加载荷,如图1-22所示。图1-22(a)、图1-22(c)中,垫片比两螺母端面间的距离厚 δ,把左右螺母向外撑开;图1-22(b)的垫片则略薄,靠螺钉把左右螺母压紧。

4. 滚珠丝杠的预拉伸

滚珠丝杠在工作时会发热,其温度高于床身。丝杠的热膨胀将使导程加大,影响定位精

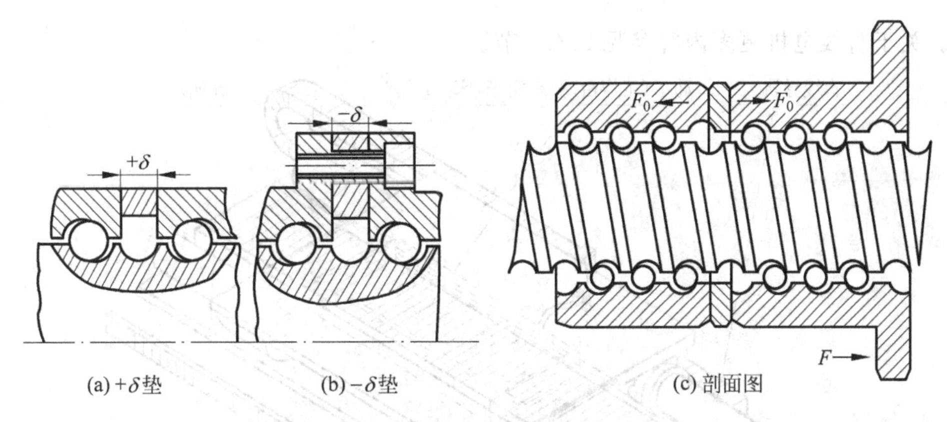

图 1-22　消除间隙和预加载荷的方法

度。为了补偿热膨胀，可将丝杠预拉伸。预拉伸量应略大于热膨胀量。发热后，热膨胀量由部分预拉伸量抵消，使丝杠内的拉应力下降，但长度却没有变化。要进行预拉伸的丝杠在制造时应使其目标行程(螺纹部分在常温下的长度)等于公称行程(螺纹部分的理论长度，等于公称导程乘以丝杠上的螺纹圈数)减去预拉伸量。拉伸后为公称行程值。减去的预拉伸量也称为“行程补偿值”。

5. 如何提高进给速度

提高进给速度主要体现在采用高速精密滚珠丝杠、直线电动机和计算机快速数据处理等几个方面。采用一般滚珠丝杠的最高进给速度只有 20～30m/min，加速度小于 0.3g。新型高速滚珠丝杠的进给速度可提高 60～120m/min，加(减)速度可达 1～2g，其特点主要体现在以下几方面：采用多头大导程大直径丝杠，增大导程可提高进给速度，但使丝杠的螺旋角增大，为使丝杠的螺旋角不增加太大，必须增加丝杠的直径。提高丝杠和螺母之间的相对速度，有的线速度已达 100～120m/min，$d_m n$(丝杠滚道中径和转速的乘积)值达 200 000mm・r/min。为减小回珠器对提高丝杠速度的影响，采用三维型导珠管，沿内螺纹导程角方向插入螺母体内并与滚道相切。有的在螺母内设置封闭槽，改进滚珠的反向循环。为减小滚动体的惯量，采用重量小的陶瓷滚珠或小直径滚珠。为减少滚动体间的摩擦，在滚珠链各相邻滚珠之间加入隔圈。为防止细长杆高速回转时失稳，让丝杠固定而由螺母回转，把螺母与伺服电动机的转子刚性地连接在一起，螺母在旋转的同时也移动。还有的用螺母与丝杠互为反向回转来实现高速直线运动，最大移动速度可达 120m/min，最大加速度小于 3g。为减小丝杠传动副的温升，高速滚珠丝杠都采用空心内冷结构。

6. 直线电机传动

直线电动机使移动件和支承件间没有传动件(见图 1-23)，靠电磁力驱动移动部件，称为“零传动”。采用直线电动机的机床的进给速度可达 60～200m/min，加速度达 2～10g。早期直线电动机多用永磁同步电动机，其传动品质好，但防磁难度大。近来多用矢量控制的异步电动机，传动品质好，防磁难度降低。直线电动机使机械结构简化而电气控制复杂化，比如高速进给要求数控系统的运算速度快、采样周期短，还要求数控系统具有足够的超前路径加(减)速优化预处理能力，即应具有超前程序段预处理能力，有些系统可提前处理 2500 个程序段，在多轴联动控制时，可根据预处理缓冲区里的 G 代码规定的内容进行加(减)速优化处理。为保证加工速度，第六代数控系统可在每秒钟内进行 2000～1000 次进给速度的改变。关于直线电机更多内容参见 2.4.4 节。

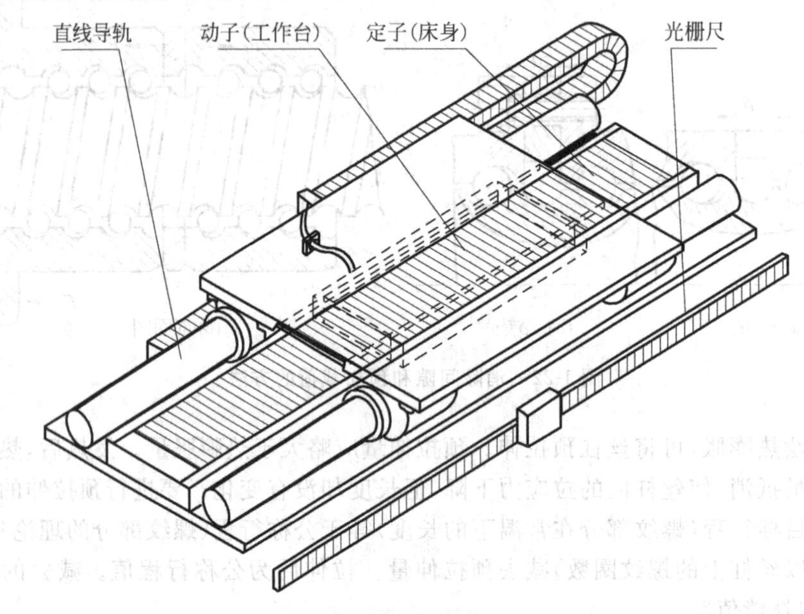

图 1-23　直线电机组成

1.2.5　数控机床支承件

机床支承件即机床的基础构件，包括床身、立柱、横梁、底座、刀架、工作台、箱体和升降台等。这些支撑件一般也称为“大件”。

机床的各种支承件有的互相固定连接，有的在导轨上运动。切削时它们将承受外力并产生变形。机床承受的变动切削力、运动件的惯性、旋转件的不平衡等动态力都会引发支承件和整机的振动。支承件的热变形会改变执行机构的正确位置或运动轨迹，影响加工精度和表面质量，因此必须重视支承件的设计。对机床支承件的基本要求是：

- 应具有足够的静刚度和较高的刚度—重量比。后者在很大程度上反映了设计的合理性。设计时力求在满足刚度的基础上，减轻机床重量，以节约原材料，降低机床造价。
- 应有较好的动态特性。这包括有较大的动刚度和阻尼；与其他部件相配合，使整机的各阶固有频率不与激振频率重合而防止产生共振；不发生薄壁振动而产生噪声等。
- 应具有较好的热变形特性。使整机的热变形较小或热变形对加工精度、表面质量的影响较小。
- 应考虑到便于排屑、清砂，吊运安全，合理地布置液压、电气等器件，并具有良好的工艺性，便于制造和装配。

1. 床身的结构

为提高静刚度和抗震性，应合理的设计床身横截面的形状与尺寸，合理地布置筋板结构。图 1-24 所示的结构是用于某一加工

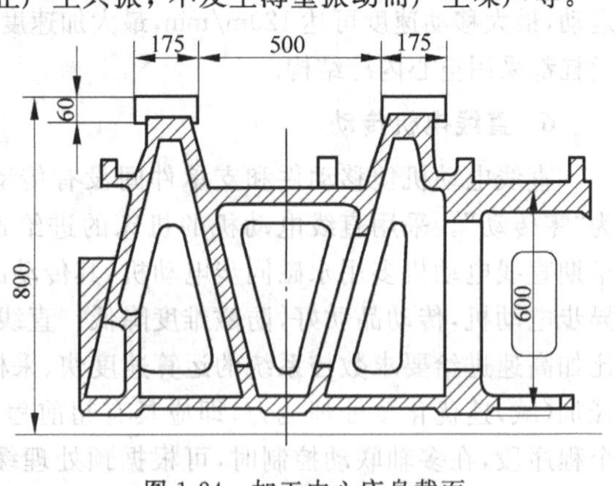

图 1-24　加工中心床身截面

中心的床身，在箱形床身的内部增加两条斜筋支承导轨，形成三个三角形框架，具有较好的静刚度和抗震性。

图 1-25 是用于加工中心、数控镗铣床等的立柱横截面，图 1-25(a)是矩形外壁与菱形内壁组合的双层壁结构，图 1-25(b)是矩形外壁内用对角线加强筋组成多个三角形箱形结构，二者的抗弯、抗扭刚度都很高。

图 1-26 是在大件腔内用填充泥芯的办法来增加阻尼，减少振动。在底座内填充混凝土，使之具有较高的抗震性。床身四面封闭，在它的纵向，每隔 250mm 有一横隔板，可提高床身刚度。封闭床身内充满泥芯，不仅刚度高，且抗震性能也好。

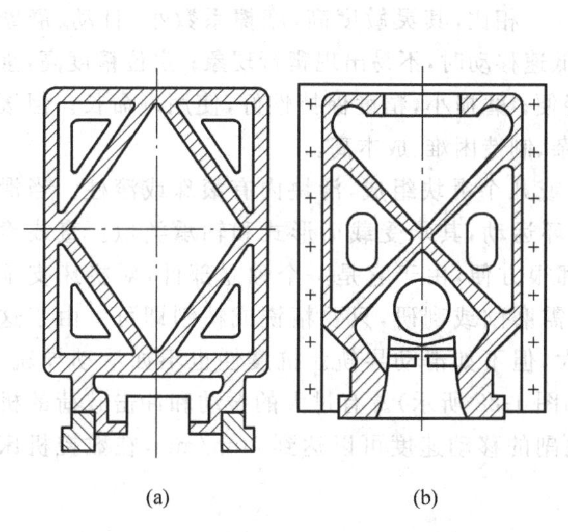

图 1-25 立式加工中心立柱横截面

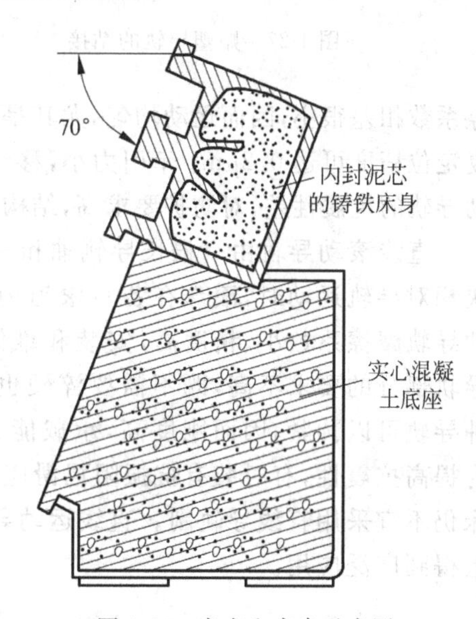

图 1-26 底座和床身示意图

2. 导轨

机床导轨起导向和支承作用，同时也是进给传动系统的重要环节，是机床基本结构的要素之一，它在很大程度上决定数控机床的刚度、精度与精度保持性。在导轨副中，与运动部件连成一体的运动一方叫做动导轨，与支承件连成一体固定不动一方叫做支承导轨，动导轨对于支承导轨通常是只有一个自由度的直线运动或回转运动。目前，数控机床上的导轨形式主要有滑动导轨、滚动导轨和液体静压导轨等。

(1) 滑动导轨

滑动导轨具有结构简单、制造方便、刚度好、抗震性高等优点，在数控机床上应用广泛。目前多数使用金属对塑料形式，称为贴塑导轨。

贴塑导轨副是一种金属对塑料的摩擦形式，属滑动摩擦导轨，它是在动导轨的摩擦表面上贴上一层由塑料和其他材料组成的塑料薄膜软带，而支承导轨则是淬火钢。贴塑导轨的优点是：摩擦系数低，在 0.03～0.05 范围内，动静摩擦系数接近，不易产生爬行现象；接合面抗咬合磨损能力强，减振性好；耐磨性高，与铸铁—铸铁摩擦副比可提高 1～2 倍；化学稳定性好，耐水、耐油；可加工性能好、工艺简单、成本低；当有硬粒落入导轨面上时可挤入塑料内部，避免了磨粒磨损和撕伤导轨。塑料软带是以聚四氟乙烯为基体，

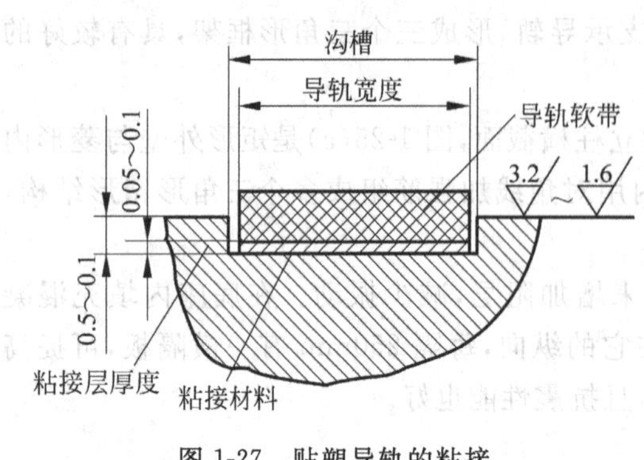

图 1-27 贴塑导轨的粘接

并与青铜料、铅粉等填料经混合、模压、烧结等工艺,最终形成实际需要尺寸的软带,如图 1-27 所示。贴塑滑动导轨的特点:摩擦特性好、耐磨性好、运动平稳、工艺性好、速度较低。

(2) 滚动导轨

滚动导轨是在导轨面之间放置滚珠、滚柱或滚针等滚动体,使导轨面之间为滚动摩擦而不是滑动摩擦。滚动导轨与滑动导轨相比,其灵敏度高,摩擦系数小,且动、静摩擦系数相差很小,因而运动均匀,尤其是在低速移动时,不易出现爬行现象;定位精度高,重复定位精度可达 0.2μm;牵引力小,移动轻便;磨损小,精度保持性好,使用寿命长。但滚动导轨的抗震性差,对防护要求高,结构复杂、制造困难、成本高。

直线滚动导轨由一根长导轨轴和一个或几个滑块组成,滑块内有滚珠或滚柱。当滑块相对导轨运动时,滚珠在各自滚道内循环运动,其承受载荷形式和轴承类似。直线滚动导轨摩擦系数小、精度高,安装和维修都很方便,由于它是一个独立部件,对机床支承导轨部分的要求不高,既不需要淬硬也不需磨削或刮研,只要精铣或精刨即可。由于这种导轨可以预紧,因而刚度高,承载能力大,但不如滑动导轨。抗震性也不如滑动导轨。为提高抗震性,有时装有抗振阻尼滑座(如图 1-28 所示)。有过大的振动和冲击载荷的机床仍不宜采用直线导轨副。直线运动导轨副的移动速度可以达到 60m/min,在数控机床上得到广泛应用。

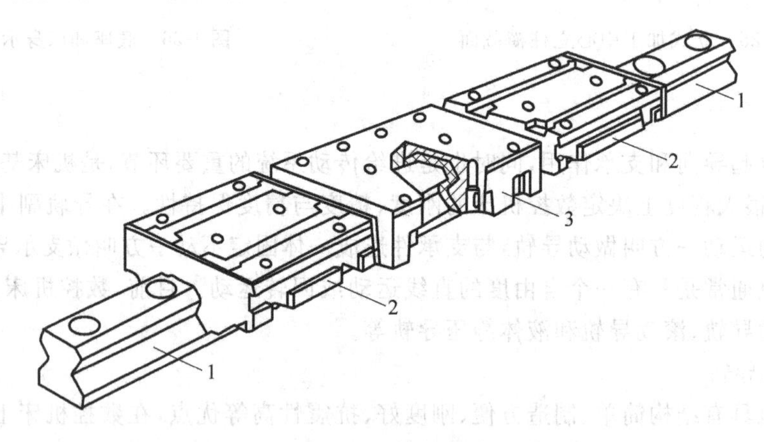

图 1-28 带阻尼器的滚动直线导轨副

1—导轨条 2—循环滚柱滑座 3—抗振阻尼滑座

图 1-29 是带保持器的直线滚动导轨。像滚动轴承一样,在滚动体之间装有保持器,因而消除了滚动体之间的摩擦,使滚动效率大幅度提高。与不带保持器的直线滚动导轨相比,它的寿命可提高 2.4 倍,滚动阻力仅为前者的 1/10,噪声也降低了 9.6dB。这种导轨的移动速度可达 300m/min,是近年来出现的一种新型高速导轨。

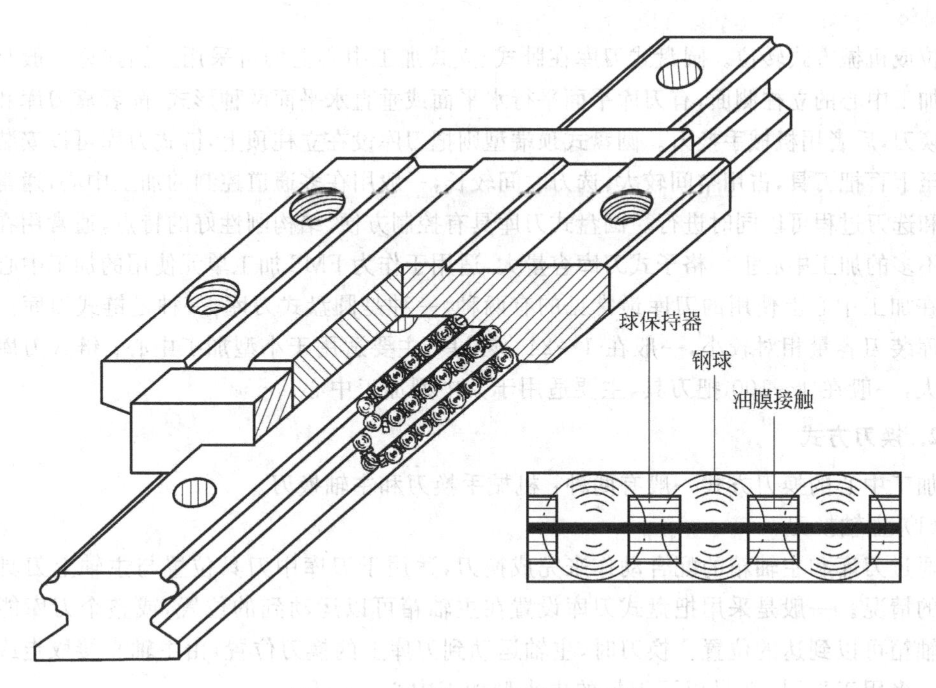

图 1-29　带保持器的直线滚动导轨

1.2.6　刀库和换刀装置

刀库的功能是储存加工所需的各种刀具，并按程序指令把将要用到的刀具迅速准确地送到换刀位置，并接受从主轴送来的已用刀具。换刀装置常用机械手或机械转位机构。

1. 刀库种类

常见的刀库结构形式有转塔式刀库、圆盘式刀库、链式刀库、圆盘式轴向取刀、圆盘式顶端型刀库、格子式刀库等，如图 1-30 所示。转塔式刀库主要用于小型车削加工中心，用伺服电动

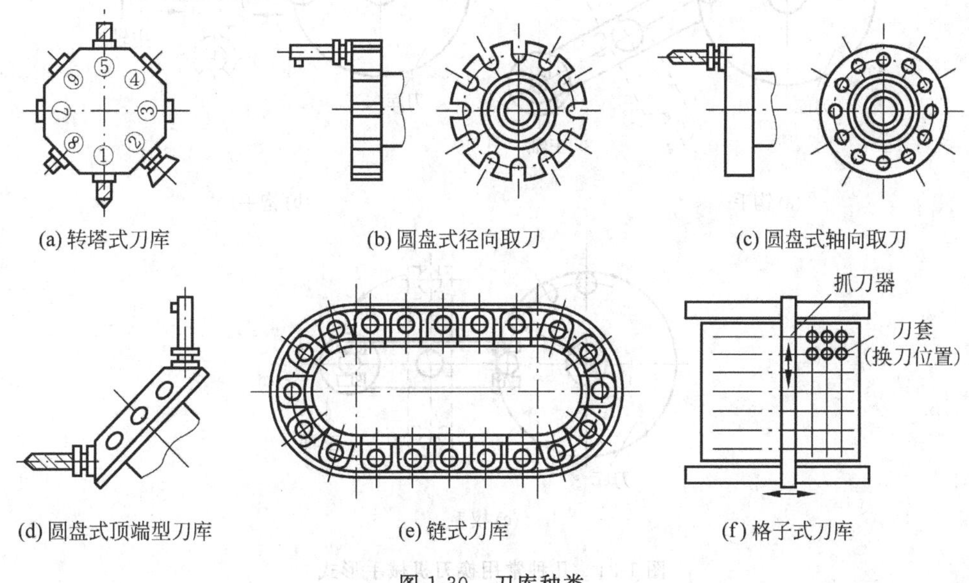

图 1-30　刀库种类

机转位或机械方式转位。圆盘式刀库在卧式、立式加工中心上均可采用。侧挂型一般是挂在立式加工中心的立柱侧面,有刀库平面平行水平面或垂直水平面两种形式,前者靠刀库和轴的移动换刀,后者用机械手换刀。圆盘式顶端型则把刀库设在立柱顶上,链式刀库可以安装几十把甚至上百把刀具,占用空间较大,选刀时间较长,一般用在多通道控制的加工中心,通常加工过程和选刀过程可以同时进行。圆盘式刀库具有控制方便、结构刚性好的特点,通常用在刀具数量不多的加工中心上。格子式刀库容量大,适用于作为 FMS 加工单元使用的加工中心。

在加工中心上使用的刀库最常见的有两种,一种是圆盘式刀库,一种是链式刀库。圆盘式刀库装刀容量相对较小,一般在 1~24 把刀具,主要适用于小型加工中心;链式刀库装刀容量大,一般在 1~100 把刀具,主要适用于大中型加工中心。

2. 换刀方式

加工中心的换刀方式一般有两种:机械手换刀和主轴换刀。

(1) 主轴换刀

通过刀库和主轴箱的配合动作来完成换刀,适用于刀库中刀具位置与主轴上刀具位置一致的情况。一般是采用把盘式刀库设置在主轴箱可以运动到的位置,或整个刀库能移动到主轴箱可以到达的位置。换刀时,主轴运动到刀库上的换刀位置,由主轴直接取走或放回刀具。多用于采用 40 号以下刀柄的中小型加工中心。

(2) 机械手形式

由刀库选刀,再由机械手完成换刀动作,这是加工中心普遍采用的形式。机床结构不同,机械手的形式及动作均不一样。

根据刀库及刀具交换方式的不同,换刀机械手也有多种形式。图 1-31 所示为常用的几种形式,它们均为单臂回转机械手,能同时抓取和装卸刀库及主轴(或中间搬运装置)上的刀具,

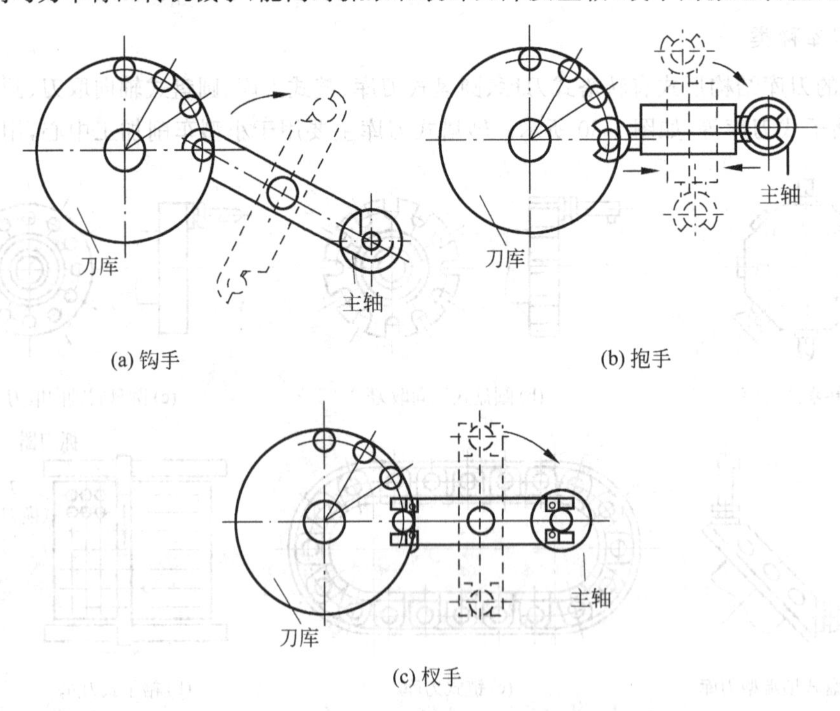

图 1-31 几种常用换刀机械手形式

动作简单,换刀时间少。机械手抓刀运动可以是旋转运动,也可以是直线运动。图 1-31(a)为钩手,抓刀运动为旋转运动;图 1-31(b)为抱手,抓刀运动为两个手指旋转;图 1-31(c)为杈手,抓刀运动为直线运动。

3. 刀具识别方法

加工中心刀库中有多把刀具,要从刀库中调出所需刀具,就必须对刀具进行识别。刀具识别的方法有两种。

(1) 刀座编码

在刀库的刀座上编有号码,在装刀之前,首先对刀库进行重整设定,设定完后,就变成了刀具号和刀座号一致的情况,此时一号刀座对应的就是一号刀具。经过换刀之后,一号刀具并不一定放到一号刀座中(刀库采用就近放刀原则),此时数控系统自动记忆一号刀具放到了几号刀座中,数控系统采用循环记忆方式。

(2) 刀柄编码

刀柄上编有号码,将刀具号首先与刀柄号对应起来,把刀具装在刀柄上,再装入刀库,在刀库上有刀柄感应器,当需要的刀具从刀库中转到装有感应器的位置时,被感应到后,从刀库中调出交换到主轴上。

*1.2.7 液压/气动辅助功能组件

数控机床机械机构的正常工作离不开液压/气动等功能单元。以 BV-75 加工中心为例,加工中心在换刀时刀库的摆动或刀套的翻转、主轴孔内刀具拉杆的向下运动、主轴中心吹气、油气油雾润滑单元排送润滑油、数控转台的刹紧等功能均由气动或液压控制与传动机构实现。为此车间须给机床提供压力不低于 0.7MPa 的气源,机床有一个气源处理装置如图 1-32所示,此装置向所有气动元件提供气体动力。

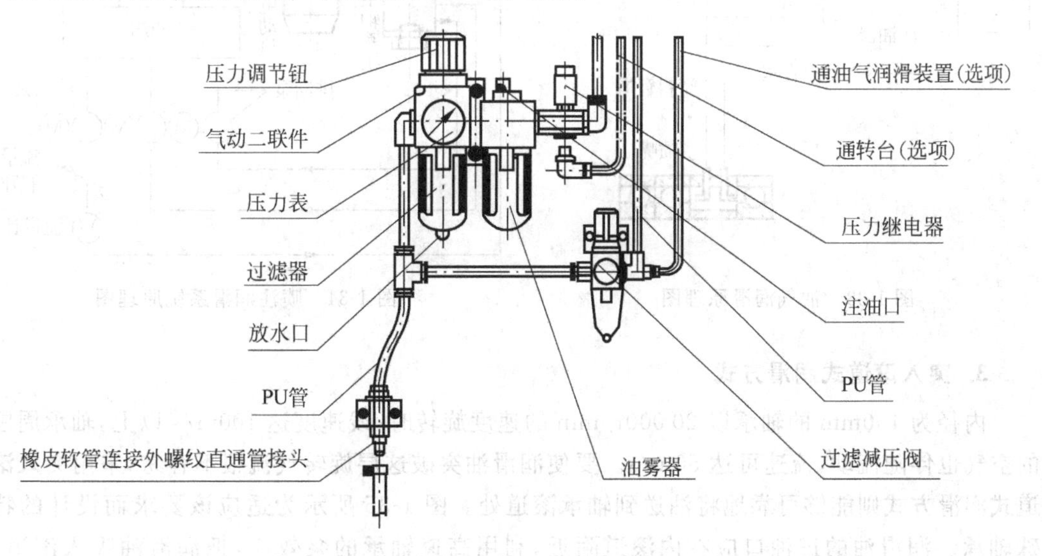

图 1-32 气源处理装置

机床的冷却、润滑、排屑等辅助功能几乎都是靠气动液压方式实现的。过去,加工中心机床主轴轴承大都采用油脂润滑方式,为了适应主轴转速向更高速化发展的需要,新的润滑冷却方式相继开发出来，例如为减小轴承温升，进而减小轴承内外圈的温差，以及为解决高速主轴轴承滚道处进油困难而专门开发的新的润滑冷却方式。

1. 油气润滑方式

这种润滑方式不同于油雾润滑方式，油气润滑是用压缩空气把小油滴送进轴承空隙中，油量大小可达最佳值，压缩空气有散热作用，润滑油可回收，不污染周围空气。图 1-33 是油气润滑原理图。根据轴承供油量的要求，调节定时器的循环时间，可从 1min 到 99min 定时，每次定时时间到，二位二通气阀开通一次，压缩空气进入注油器，把少量油带入混合室；经节流阀的压缩空气，也进入混合室，并把混合室内的油带进塑料管道内；油液沿管道壁被压缩空气吹过喷嘴，形成小油滴，进入轴承内。

2. 喷注润滑方式

这是最近开始采用的一种新型润滑方式。其原理如图 1-34 所示。它用较大流量的恒温油（每个轴承 3～4L/min）喷注到主轴轴承，以达到冷却润滑的目的。回油则不是自然回流，而是用两台排油泵强制排油。

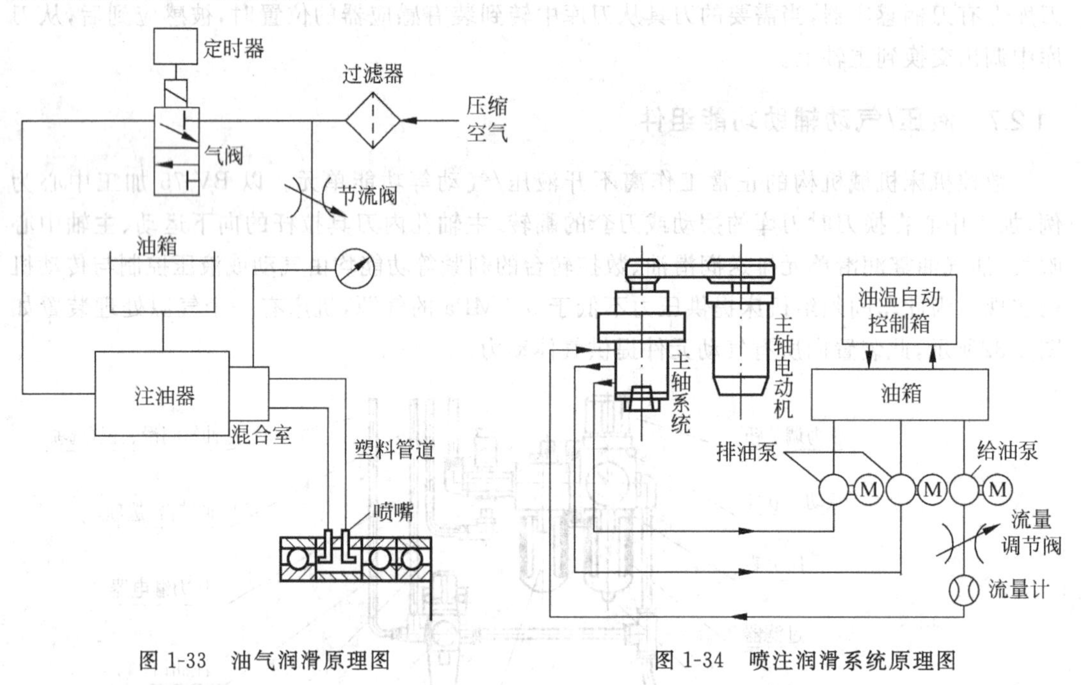

图 1-33 油气润滑原理图　　图 1-34 喷注润滑系统原理图

3. 突入滚道式润滑方式

内径为 100mm 的轴承以 20 000r/min 的速度旋转时，线速度达 100m/s 以上，轴承周围的空气也伴随流动，流速可达 50m/s。要使润滑油突破这层旋转气流很不容易，采用突入滚道式润滑方式则能够可靠地将油送到轴承滚道处。图 1-35 所示为适应该要求而设计的特殊轴承。润滑油的进油口应在内滚道附近，利用高速轴承的泵效应，把润滑油吸入滚道。若进油口较高，则泵效应差，当进油口接近外滚道时则成为排放口了，油液不能进入轴承内部。

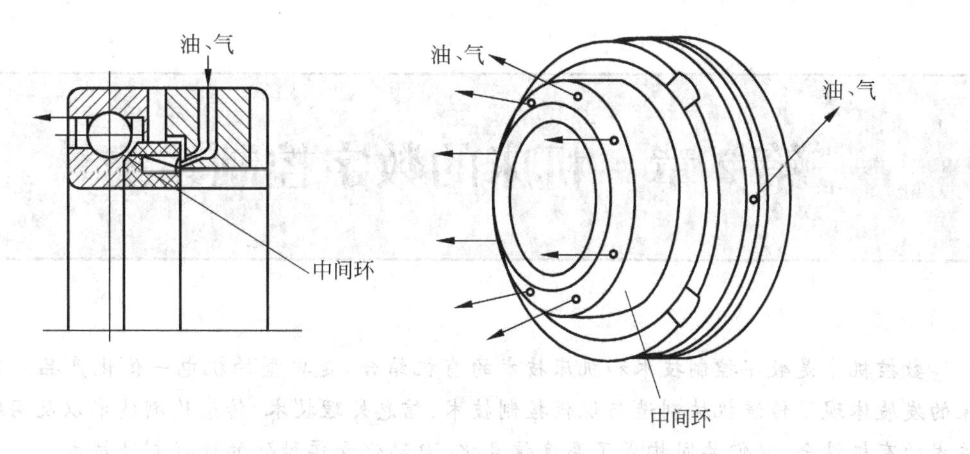

图 1-35　突入滚道润滑所用的特殊轴承

思考与练习题

1. 简要说明数控机床的组成及各部分作用，评价机床的主要性能指标有哪些？
2. 解释下列名词术语：分辨率、脉冲当量、加工精度、运动精度、定位精度。
3. 什么是机床坐标系和机床原点？什么是工件坐标系和工件原点？
4. 数控机床对主传动系统有哪些要求？
5. 数控机床的主轴变速方式有哪几种？试述其特点及应用场合。
6. 常用的主轴轴承有哪几种？它们在性能上有何区别？
7. 试述滚珠丝杠副轴向间隙调整和预紧的基本原理，常用的有哪几种结构型式？
8. 在数控机床上实现主传动的无级变速方式主要有哪几种？
9. 数控机床对进给系统的机械传动部分的要求是什么？如何实现这些要求？
10. 数控机床对进给传动系统的基本要求是什么？进给传动系统的基本形式有哪几种？它们各有什么优点？
11. 数控机床对支承件的基本要求是什么？如何提高机床刚性？
12. 简述立式加工中心换刀方式、换刀种类以及刀具识别方式。
13. 简述滑动导轨和滚动导轨的作用和形式。
14. 数控机床为什么常采用滚珠丝杠副作为传动元件，它的特点是什么？
15. 滚珠丝杠副中的滚珠循环方式可分为哪两类？试比较其结构特点及应用场合。
16. 举例说明机床液压气动辅助功能件的作用和原理。

第2章 机床的数字控制系统

数控机床是数字控制技术和机床技术的有机结合，是典型的机电一体化产品。数控机床的发展体现了传统机械制造与现代控制技术、信息处理技术、传感检测技术以及网络通信技术的有机结合，它们共同构成了高度信息化、自动化和柔性化的现代制造技术。

数控机床的加工原理是机床刀具沿理想运动轨迹的直线或圆弧作插补运动，从而以指定精度切削出零件形状。这里所谓的插补是指将自由曲线近似地以一组离散的简单曲线段（称为刀具插补运动轨迹，简称刀具轨迹）替代。

数控机床的加工过程必须包括以下3步：

(1) 由数控系统接收从计算机发来的数控程序（NC代码）。NC代码是由编程人员用CAM软件生成或手工编制的一个文本数据，也就是说它的表达比较直观，可以较容易地被编程人员直接理解，但却无法为硬件直接使用。

(2) 由数控系统将NC代码"翻译"为机器码。机器码是一种由0和1组成的二进制文件，对一般的编程人员而言，它是难以理解的，但却可以直接为硬件所理解和使用。

(3) 由数控系统将机器码转换为控制 X、Y、Z 三个方向运动的电脉冲信号，以及其他辅助处理信号。机器码中包含了NC程序的各种指令信息，包括主轴及工作台的平动或转动信息和其他辅助信息（如冷却液开关等），必须将这些信息进行分解并分别传送到相应的执行元器件中才能获得所需要的动作。伺服系统（主要是伺服电机）根据 X、Y、Z 三个运动方向的电脉冲信号执行相应的运动并将伺服电机的转动变为机床主轴和工作台的平动或转动完成加工操作。

在学习了前一章关于数控机床机械部分的基础上，本章重点学习机床的电器控制原理及系统，这些内容是一个数控工艺员必备的基础知识。

2.1 数控技术概述

数字控制(numerical control)技术，简称数控技术，是用数字化信号对机床运动及其加工过程进行自动控制的一种方法。它是近代发展起来的一种自动控制技术。用数字控制技术实现自动控制的系统称为数控系统。数控系统中的控制信息是数字量，其硬件基础是数字逻辑电路。最初的数控系统是由数字逻辑电路构成的，因此也被称为硬件数控系统。随着微机技术的发展，现代数控系统采用存储程序的专用计算机或通用计算机来实现部分或全部的基本数控功能，这类数控系统就称为计算机数控(Computer Numerical Control，CNC)系统。计算机数控系统是在硬件和软件的共同作用下完成数控任务的。

数控系统对机床的控制包括顺序控制和数字控制两个方面。顺序控制是指对刀具交换、主轴调速、冷却液开关、工作台的极限位置等一系列开关量的控制；数字控制是指对机床进给运动的控制，用于实现对工作台或刀架的位移、速度这一类数字量的控制。为了实现这样的控制，数控机床都由图 2-1 所示的系统或装置组成。

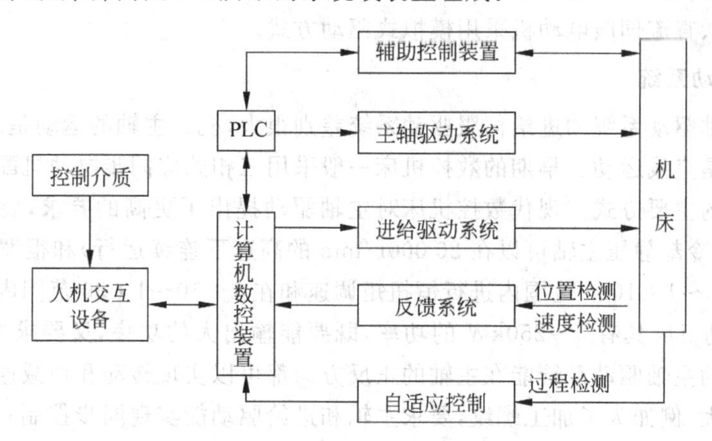

图 2-1　数控机床的组成框图

1. 控制介质

要对数控机床进行控制，就必须在人与数控机床之间建立某种联系，这种联系的中间媒介物就是控制介质，又称为信息载体。根据零件的尺寸、形状和技术条件，编制出工件的加工程序，将加工工件时刀具相对于工件的位置和机床的全部动作顺序，按照规定的格式和代码记录在信息载体上，然后把信息载体上存放的信息（即工件加工程序）输入计算机控制装置。常用的控制介质有穿孔纸带、磁盘和磁带、移动存储器等。

2. 人机交互设备

键盘和显示器是数控系统不可缺少的人机交互设备，操作人员可通过键盘和显示器输入简单的加入程序、编辑修改程序和发送操作等命令，即进行手工数据输入（Manual Data Input，MDI）。数控系统通过显示器提供必要的信息。根据数控系统所处的状态和操作命令的不同，显示的信息可以是正在编辑的程序或是机床的加工信息。最简单的显示器可由若干个数码管构成，现代数控系统一般都配有 CRT 显示器或点阵式液晶显示器，显示字符信息和加工轨迹图形。

3. 计算机数控（CNC）装置

数控装置是数控机床的中枢，目前，绝大部分数控机床采用微型计算机控制。数控装置由硬件和软件组成。没有软件，计算机数控装置就无法工作；没有硬件，软件也无法运行。其硬件通常由运算器、控制器（运算器和控制器构成 CPU）、存储器、输入接口、输出接口等组成。

4. 进给伺服驱动系统

进给伺服驱动系统由伺服控制电路、功率放大电路和伺服电动机组成。进给伺服系统的性能，是决定数控机床加工精度和生产效率的主要因素之一。

伺服驱动的作用，是把来自数控装置的位置控制移动指令转变成机床工作部件的运动，使工作台按规定轨迹移动或精确定位，加工出符合图样要求的工件。因为进给伺服驱动系统是数控装置和机床本体之间的联系环节，所以它必须把数控装置送来的微弱指令信号，放大成能驱动伺服电动机的大功率信号。常用的伺服电动机有步进电动机、直流伺服电动机和交流伺服电动机。根据接收指令的不同，伺服驱动有脉冲式和模拟式，步进电动机采用脉冲驱动方式，交、直流伺服电动机采用模拟式驱动方式。

5. 主轴驱动系统

机床的主轴驱动系统和进给伺服驱动系统差别很大，机床主轴的运动是旋转运动，机床进给运动主要是直线运动。早期的数控机床一般采用三相感应同步电动机配上多级变速箱作为主轴驱动的主要方式。现代数控机床对主轴驱动提出了更高的要求，要求主轴具有很高的转速（液压冷却静压主轴可以在 20 000r/min 的高速下连续运行）和很宽的无级调速范围，能在 1：100～1：1000 范围内进行恒扭矩调速和在 1：10～1：30 范围内进行恒功率调速；主传动电动机应具有 2～250kW 的功率，既要能输出大的功率，又要求主轴结构简单，同时数控机床的主轴驱动系统能在主轴的正反方向都可以实现转动和加减速。主轴对加工工艺的影响很大，例如为了加工螺纹，要求主轴和进给驱动能实现同步控制；在加工中心上为了能自动换刀，还要求主轴能实现正反方向和加速、减速控制；在加工中心上为了保证每次自动换刀时刀柄上的键槽对准主轴上的端面键，以及精镗孔后退刀时不会划伤已加工表面，要求主轴能进行高精度的准停控制；为了保证端面加工质量，要求主轴具有恒线速度切削功能。有的数控机床还要求主轴具有角度分度控制功能。现代数控机床绝大部分主轴驱动系统采用交流主轴驱动系统，由可编程控制器进行控制。

6. 辅助控制装置

辅助控制装置包括刀库的转位换刀，液压泵、冷却泵等控制接口电路，电路含有的换向阀电磁铁，接触器等强电电气元件。现代数控机床采用可编程控制器进行控制，所以辅助装置的控制电路变得十分简单。

7. 可编程控制器(PLC)

可编程控制器的作用是对数控机床进行辅助控制，即把计算机送来的辅助控制指令，经可编程控制器处理和辅助接口电路转换成强电信号，用来控制数控机床的顺序动作、定时计数，主轴电机的启动、停止，主轴转速调整，冷却泵启停以及转位换刀等动作。可编程控制器本身可以接受实时控制信息，与数控装置共同完成对数控机床的控制。

CNC 和 PLC 协调配合共同完成对数控机床的控制，其中 CNC 主要完成与数字运算和管理有关的功能，如工件程序的编辑、插补运算、译码、位置伺服控制等，PLC 主要完成与逻辑运算有关的动作，如工件的装夹，刀具的更换，冷却液的开停等辅助动作，另外它还接收机床操作面板的控制信息，一方面直接控制机床的动作，另一方面将一部分指令送往 CNC 用于加工过程的控制。

8. 反馈系统

反馈系统的作用是通过测量装置将机床移动的实际位置、速度参数检测出来，转换成电信号，并反馈到 CNC 装置中，使 CNC 能随时判断机床的实际位置、速度是否与指令一致，并发出相应指令，纠正所产生的误差。

测量装置安装在数控机床的工作台或丝杠上，相当于普通机床的刻度盘和人的眼睛。根据检测装置，CNC 反馈系统可分为开环与闭环系统；而按测量装置安装的位置不同又可分为闭环与半闭环数控系统。开环数控系统的控制精度取决于步进电动机和丝杠的精度，闭环数控系统的精度取决于测量装置的精度。

9. 自适应控制

在闭环控制的数控机床中，位置反馈系统主要监控机床和刀具的相对位置或移动轨迹的精度。数控机床严格按照加工前编制的程序自动进行加工，但有一些因素，如工件毛坯余量不均匀、材料硬度不一致、刀具磨损或破损、工件变形、机床热变形以及化学亲和力、润滑和冷却液等因素，在编程序时难以预测，往往根据可能出现的最坏情况估算，在实际加工时，很难实现以最佳参数进行切削，这样就没有充分发挥数控机床的能力。如果能在加工过程中，根据实际参数的变化值，自动改变机床切削进给量，使数控机床能自动适应任一瞬时的变化，始终保持在最佳加工状态，这种控制方法叫自适应控制。图 2-2 是自适应控制结构框图。其工作过程是通过各种传感器测得加工过程参数的变化信息并传送到适应控制器，与预先存储的有关数据进行比较分析，然后发出校正指令送到数控装置，自动修正程序中的有关数据。

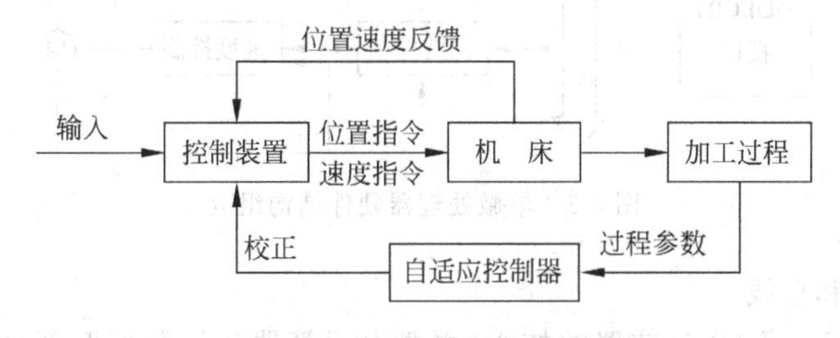

图 2-2　自适应控制结构框图

目前自适应控制仅用于高效率和加工精度高的数控机床，一般中低档数控机床很少采用。

2.2　CNC 装置

CNC 装置负责将加工零件图上的几何信息和工艺信息数字化，同时进行相应的运算、处理，然后发出控制信号，使刀具实现相对运动，完成零件的加工过程。CNC 装置是数控系统的核心，从技术的发展历史来看，数控装置经历了两种类型：一种是完全由硬件逻辑元件（开关、继电器等）组成的专用电路的数控装置即 NC 装置；另一种是由计算机硬件和软件组成的计算机数控装置即 CNC 装置。NC 装置已被淘汰，现代数控机床均使用 CNC 装置，所以 CNC 装置工作过程是在硬件支持下执行系统软件的过程。

2.2.1　CNC 装置的组成结构（硬件和软件）与作用

1. CNC 装置的硬件结构

CNC 装置的硬件结构按照控制复杂程度可分为单微处理器结构和多微处理器结构。前者常用于低档的经济型数控机床；后者多用于高档全功能型 CNC 机床，可实现复杂的加工功能，能满足高速和高精度加工要求。

（1）单微处理器结构

在单微处理机硬件结构中，只有一个微处理器，以集中控制方法分时处理系统的各个任务。有些CNC装置虽然有两个以上的微处理器，但只有其中一个微处理器能够控制系统总线，而其他微处理器只作为专用的智能部件，不能控制系统总线，不能访问主存储器，它们组成主从结构，也被归于单微处理机硬件结构。图2-3所示为单微处理机硬件结构框图，由图可见，单微处理机硬件结构包括了微型计算机系统的基本结构：微处理器和总线、存储器和接口等。接口包括I/O接口、串行接口、MDI/CRT接口，还包括数控技术中的控制单元部件接口电路以及其他选件接口等。

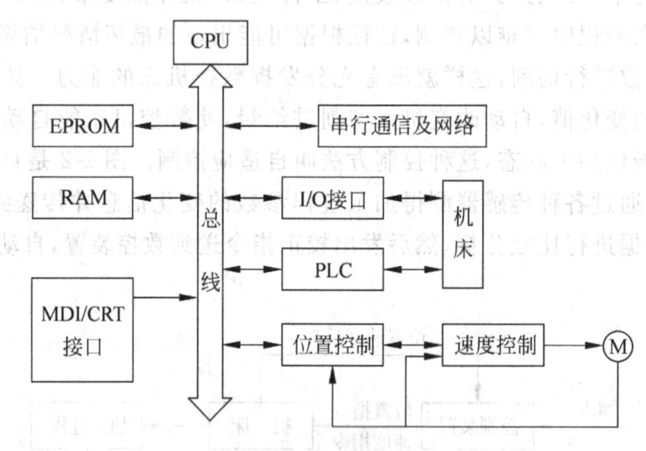

图2-3 单微处理器硬件结构组成

① 微处理器和总线

微处理器(CPU)是CNC装置的核心，主要由运算器和控制器两部分组成。运算器包含算术逻辑运算器、寄存器和堆栈等部件，可对数据进行算术和逻辑运算。在运算过程中，运算器将运算结果存放在存储器中，通过对运算结果的判断，设置状态寄存器的相应状态。控制器从存储器中依次取出程序指令，经过译码，向CNC装置各部分按顺序发出执行操作的控制信号，使指令得以执行，与此同时接收执行部件发回来的反馈信息，决定下一步命令操作。目前CNC装置中常用的有8位、16位和32位微处理器。

总线可分为数据总线、地址总线和控制总线三组。数据总线为各部件传送数据，数据总线的位数和传送的数据宽度相等，采用双方向线。地址总线传送的是地址信号，与数据总线结合使用，以确定数据总线上传输的数据来源或目的地，采用单方向线。控制总线传输的是管理总线的某些控制信号，采用单方向线。

② 存储器

存储器用于存放数据、参数和程序等，它包括可编程只读存储器(ROM)和随机存储器(RAM)两类。CNC系统控制程序存放在可擦除可编程只读存储器(EPROM)中，即使系统断电控制程序也不会丢失。该程序只能被CPU读出，不能随机写入，必要时可用紫外线擦除EPROM，再重写程序。运算的中间结果、需显示的数据、运行中的状态、标志信息等存放在随机存储器(RAM)中，它可以随时读出和写入，断电后信息消失。加工的零件程序、机床参数等存放在有后备电池的CMOS RAM或磁泡存储器中，这些信息能被随机读出，还可以根据操作需要写入和修改，断电后信息仍保留。

CNC系统控制程序是为实现CNC系统各项功能而编制的专用软件，又称系统软件，分为管理软件和控制软件两大部分，如图2-4所示。在系统软件的控制下，CNC装置对输入的加工程序自动进行处理并发出相应的控制指令，使机床加工工件。

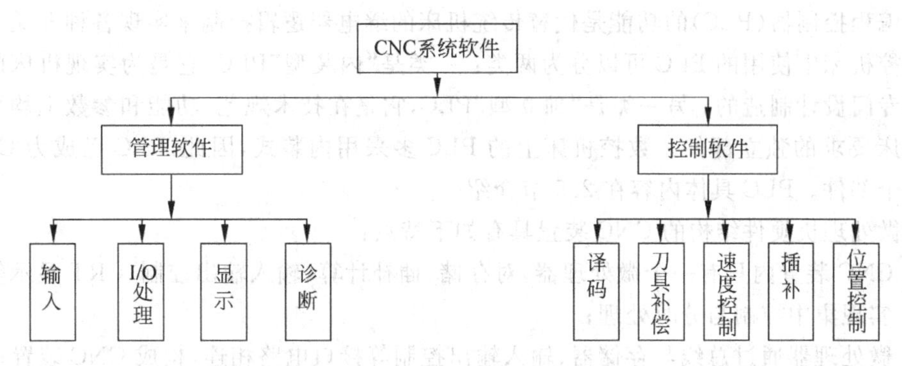

图 2-4 CNC 装置系统软件框图

③ I/O 接口

CNC 装置和机床之间一般不直接连接，需要通过输入和输出 I/O 接口电路连接。接口电路的主要作用有两个：一是进行必要的电器隔离，防止电磁干扰信号引起误动作。主要是用光电耦合器或继电器将 CNC 装置和机床间的信号在电气上加以隔离。二是进行电平转换和功率放大。一般 CNC 装置的信号是 TTL 电平，而机床控制信号通常不是 TTL 电平，负载较大，须进行必要的信号电平转换和功率放大。

④ MDI/CRT 接口

MDI(手动数据输入)通过数控面板上的键盘操作。当扫描到有键按下时，将数据送入移位寄存器，经数据处理判别该键的属性及其有效性，并进行相关的监控处理。CRT 接口在 CNC 装置软件的控制下，在单色或彩色 CRT 上实现字符和图形的显示，可对数控代码程序、参数、各种补偿数据、零件图形和动态刀具轨迹等进行实时显示。

⑤ 位置控制模块

CNC 装置中的位置控制模块又称为位置控制单元。位置控制模块的主要功能是对数控机床的进给运动坐标轴的位置进行控制。进给坐标轴的位置控制硬件一般采用大规模专用集成电路位置控制芯片和位置控制模板。

图 2-5 为采用位置控制模板的 CNC 装置结构框图。位置控制功能由软件和硬件共同实现，软件负责跟随误差和进给速度指令数值的计算。硬件由位置控制输出模板和位置测量模板组成，接收进给指令并进行 D/A 变换，为速度单元提供指令电压，同时位置反馈信号被处理，送往“跟随误差计数器”与指令值进行比较。

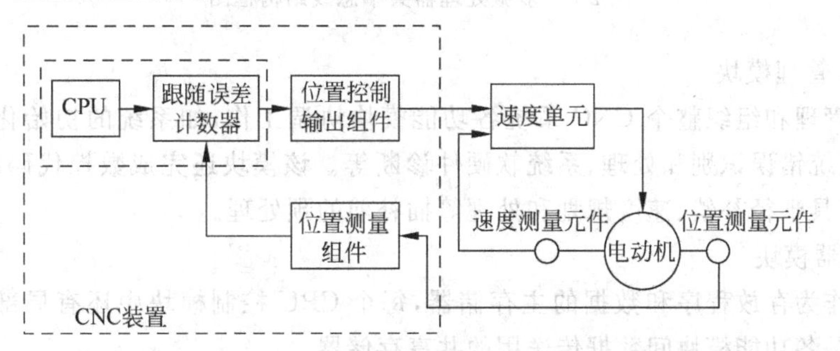

图 2-5 位置控制模板的 CNC 装置结构框图

⑥ 可编程控制器

可编程控制器(PLC)的功能是代替传统机床的继电器逻辑控制来实现各种开关量的控制。数控机床中使用的PLC可以分为两类：一类是“内装型”PLC，它是为实现机床的顺序控制而专门设计制造的；另一类是“独立型”PLC，它是在技术规范、功能和参数上均可满足数控机床要求的独立部件。数控机床上的PLC多采用内装式，因此，PLC已成为CNC装置的一个部件。PLC具体内容在2.5节介绍。

单微处理机硬件结构的CNC装置具有如下特点：

- CNC装置内只有一个微处理器，对存储、插补计算、输入输出控制、CRT显示等功能实现集中控制与分时处理；
- 微处理器通过总线与存储器、输入输出控制等接口电路相连，构成CNC装置；
- 结构简单，容易实现。

单微处理机硬件结构因为只有一个微处理器集中控制，对实时性要求较高的插补计算受到微处理器字长、数据宽度、寻址能力和运算速度等因素的影响和限制。为了提高处理速度，增强数控功能，可以采用带微处理器的PLC、CRT等部件，甚至采用多微处理机硬件结构。

(2) 多微处理器机硬件结构

在多微处理器CNC装置中，有两个或两个以上的微处理器，各处理器之间可以采用紧耦合共享资源，具有集中的操作系统；也可采用松耦合，将各处理器组成独立部件，具有多层操作系统，实行并行处理。多微处理器CNC装置采用如图2-6所示的共享总线的多模块技术，一般情况下由6个基本功能模块组成。通过增加功能模块，可实现某些特殊功能。

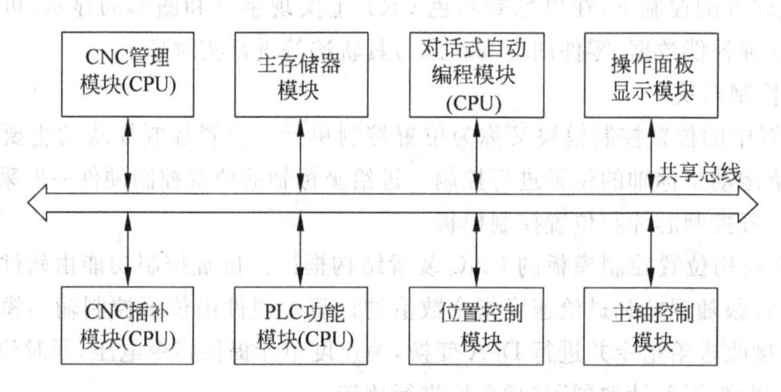

图2-6　多微处理器共享总线结构框图

① CNC管理模块

该模块管理和组织整个CNC系统各功能模块协调工作，如系统的初始化、中断管理、总线裁决、系统错误识别和处理、系统软硬件诊断等。该模块还完成数控代码编译、坐标计算和转换、刀具半径补偿、速度规划和处理等插补前的预处理。

② 存储器模块

该模块作为存放程序和数据的主存储器，每个CPU控制模块中还有局部存储器。主存储器模块是各功能模块间数据传送用的共享存储器。

③ CNC 插补模块

该模块根据前面的编译指令和数据进行插补计算，按规定的插补类型通过插补计算为各个坐标提供位置给定值。

④ 位置控制模块

插补后的坐标作为位置控制模块的给定值，而实际位置通过相应的传感器反馈给该模块，经过一定的控制算法，实现无超调、无滞后、高性能的位置闭环。

⑤ 操作面板监控和显示模块

零件程序、参数、各种操作命令和数据的输入（如软盘、硬盘、键盘、各种开关量和模拟量的输入与上级计算机输入等）、输出（如通过软盘、硬盘、键盘、各种开关量和模拟量的输出、打印机输出）、显示（如通过 LED、CRT、LCD 等）所需要的各种接口电路。

⑥ PLC 模块

零件程序中的开关功能和由机床传来的信号在这个模块中做逻辑处理，实现各功能和操作方式之间的连锁，机床电器设备的启停、刀具交换、转台分度、工件处置和运转时间的计数等。

图 2-6 中的共享总线结构是以系统总线为中心的多微处理器 CNC 装置，把组成 CNC 装置的各个功能部件划分为带有 CPU 或 DMA 器件的主模块和不带 CPU 或 DMA 器件的从模块（如各种 RAM、ROM 模块及 I/O 模块）两大类。所有主从模块都在配有总线插座的机柜内，共享标准系统总线。系统总线的作用是把各个模块有效地连接在一起，按照标准协议交换各种数据的控制信息，构成完整系统，实现各种预定功能。

多微处理机硬件结构的 CNC 装置具有以下特点：

- 计算处理速度高。多微处理机硬件结构中每一个微处理器完成系统指定的一部分功能，独立执行程序，并行运行，因而相比单微处理机硬件结构，提高了计算处理速度。
- 可靠性高。多微处理机硬件结构采用模块化结构，每个模块完成自己的任务。模块拆装方便，将故障对系统的影响减到最小。共享资源不仅节省了重复机构，降低了成本，而且也提高了系统可靠性。
- 有良好的适应性和扩展性。多微处理机的硬件结构按其功能可由各种基本功能的硬件模块组成，其相应的软件也是模块结构，固化在硬件结构中。功能模块间有明确定义的接口，接口是固定的，已成为工业标准，彼此可以进行信息交换。模块化结构使系统不仅设计简单，而且有良好的适应性和扩展性。

2. CNC 装置对 CPU 的要求

作为 CNC 装置的核心，CPU 应满足软件执行的实时性要求，最主要的要求是 CPU 字长、运算速度等。

(1) 字长

由于 CNC 装置的主要任务是完成机床的位置控制及坐标控制，而 CNC 的发展趋势是精度不断提高，这就要求 CNC 装置设置的脉冲当量越来越小，因此，CNC 装置就需要更长位数的数字表示坐标值。例如，当最小脉冲当量是 0.001mm 时，用 16 位二进制数所能表示的最大数值为 $2^{16}=65.536$mm，若最高位是符号位，则最大坐标范围为 -32.768mm～$+32.767$mm，而即便是普通车床的导轨长度也在 1m 以上，不能满足机床长度控制要求。若采用 32 位二进制数时，2^{32} = 4 294 967. 296mm，坐标范围可达 −2 147 483. 648～2 147 483. 648mm，大约为 −2000～+2000m，完全能满足大型机床的控制要求。又如，CNC 装置设置的脉冲当量为 0. 0001mm 时，最好采用 32 位的微处理器，如果采用 8 位 CPU 用 24 位二进制数表示坐标值，这时最大坐标值是 2^{24} = 16. 777 216m，需要 3 个字节表示并进行三字节运算，运算速度慢，只能满足一般要求。

（2）速度

机床数控的实时性要求很高，在控制刀具按给定速度移动时，还要进行其他辅助控制。因此，CPU 不但要进行插补运算，还应能对各种信息及时响应，这就要求 CPU 具有很高的运算速度与存取速度，一般用时钟频率来衡量。例如 Intel 8086 的时钟频率为 5MHz，80186 为 8MHz，80286 为 12. 5MHz。而 80386 高达 33MHz 以上，很适合于实时控制领域。

此外，微型计算机的内存容量、寻址能力、中断服务能力等也很重要。

2.2.2 数控系统的工作过程

如图 2-7(a)所示（图中的虚线框为 CNC 单元），一个零件的加工程序首先要输入到 CNC 装置中，经过译码、数据处理、插补、位置控制，由伺服系统执行 CNC 输出的指令以驱动机床完成加工。其加工过程中的数据转换过程如图 2-7(b)所示。

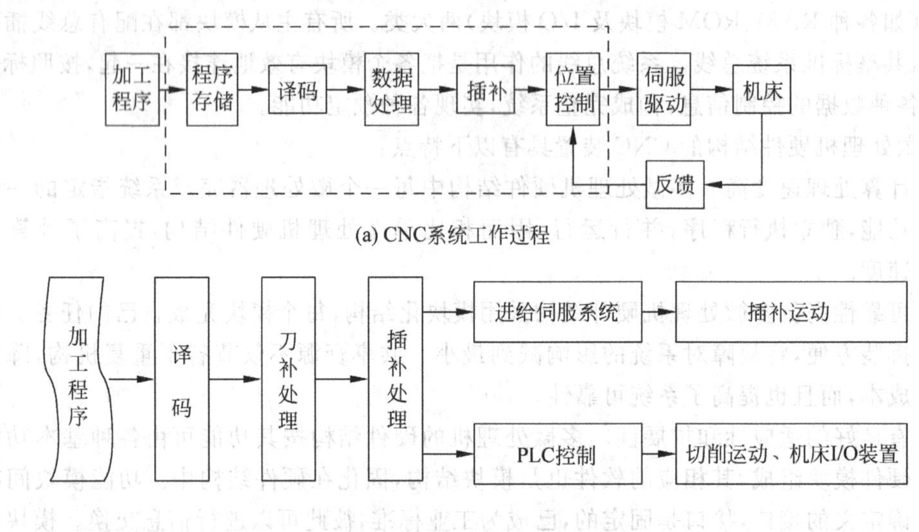

图 2-7 CNC 工作过程框图

1. CNC 系统的主要工作内容

（1）输入——零件程序及控制参数、补偿量等数据的输入，可采用光电阅读机、键盘、磁盘、连接上级计算机的 DNC 接口、网络等多种形式。CNC 装置在输入过程中通常还要完成无效码删除、代码校验和代码转换等工作。

（2）译码——不论系统工作在 MDI 方式还是存储器方式，都是将零件程序以一个程序段为单位进行处理，把其中的各种零件轮廓信息（如起点、终点、直线或圆弧等）、加工速度信息（F 代码）和其他辅助信息（M、S、T 代码等）按照一定的语法规则解释成计算机能够识别的数据形式,并以一定的数据格式存放在指定的内存专用单元。在译码过程中,还要完成对程序段的语法检查,若发现语法错误便立即报警。

(3) 刀具补偿——刀具补偿包括刀具长度补偿和刀具半径补偿。通常CNC装置的零件程序以零件轮廓轨迹来编程,但CNC实际控制的是刀具中心(刀架中心点或刀具中心点)轨迹而不是刀尖轨迹,刀具补偿的作用是把零件轮廓轨迹转换成刀具中心轨迹。目前在比较好的CNC装置中,刀具补偿的工作还包括程序段之间的自动转接和过切削判别,这就是所谓的C刀具补偿。

(4) 进给速度处理——编程所给的刀具移动速度,是在各坐标的合成方向上的速度。速度处理首先要做的工作是根据合成速度来计算各运动坐标的分速度。在有些CNC装置中,对于机床允许的最低速度和最高速度的限制、软件的自动加减速等也在这里处理。

(5) 插补——插补的任务是在一条给定起点和终点的曲线上进行"数据点的密化"。插补程序在每个插补周期运行一次,在每个插补周期内,根据指令定义的进给速度计算出一个微小的直线数据段。通常,经过若干次插补周期后,插补加工完一个程序段轨迹,即完成从程序段起点到终点的"数据点密化"工作。

(6) 位置控制——位置控制处在伺服回路的位置环上,这部分工作可以由软件实现,也可以由硬件完成。它的主要任务是在每个采样周期内,将理论位置与实际反馈位置相比较,用其差值去控制伺服电动机。在位置控制中通常还要完成位置回路的增益调整、各坐标方向的螺距误差补偿和反向间隙补偿,以提高机床的定位精度。

(7) I/O处理——I/O处理主要处理CNC装置面板开关信号以及机床电气信号的输入输出和控制(如换刀、换挡、冷却等)。

(8) 显示——CNC装置的显示主要为操作者提供方便,通常用于零件程序的显示、参数显示、刀具位置显示、机床状态显示、报警显示等。有些CNC装置中还有刀具加工轨迹的静态和动态图形显示。

(9) 诊断——对系统中出现的不正常情况进行检查、定位,包括联机诊断和脱机诊断。

2. CNC装置的功能

CNC装置的功能是指它满足不同控制对象各种要求的能力,通常包括基本功能和选择功能。基本功能是数控系统必备的功能,如控制功能、准备功能、插补功能、进给功能、主轴功能、辅助功能、刀具功能、字符显示功能和自诊断功能等。选择功能是供用户根据不同机床的特点和用途进行选择的功能,如补偿功能、固定循环功能、通信功能和人机对话编程功能等。下面简要介绍CNC装置的基本功能和选择功能。

(1) 基本功能

① 控制功能

控制功能是指CNC装置控制各类转轴的功能,其功能的强弱取决于能控制的轴数以及能同时控制的轴数(即联动轴数)多少。控制轴有移动轴和回转轴、基本轴和附加轴。一般数控车床只须同时控制两个轴;数控铣床、镗床以及加工中心等需要有3个或3个以上的控制轴;加工空间曲面的数控机床需要3个以上的联动轴。控制轴数越多,尤其是联动轴数越多,CNC装置就越复杂,编制程序也越困难。

② 准备功能

准备功能也称G功能,用来指定机床的动作方式,包括基本移动、程序暂停、平面选择、坐标设定、刀具补偿、基准点返回、固定循环、公英制转换等指令。它用字母G和其后的两位数字表示。ISO标准中准备功能有G00至G99共100种，数控系统可以从中选用。

③ 插补功能

现代CNC装置将插补分为软件粗插补和硬件精插补两步进行：先由软件算出每一个插补周期应走的线段长度，即粗插补，再由硬件完成线段长度上的一个个脉冲当量逼近，即精插补。由于数控系统控制加工轨迹的实时性很强，插补计算的程序要求不能太长，采用粗精二级插补能满足数控机床高速度和高分辨率的发展要求。

④ 进给功能

进给功能用F指令直接指定各轴的进给速度，包括：

- 切削进给速度　以每分钟进给距离的形式指定刀具切削速度，用字母F和其后的数字指定。ISO标准中规定字母F后代表进给速度的数字位数是1～5位。
- 同步进给速度　以主轴每转进给量规定的进给速度，单位为mm/r。
- 快速进给速度　数控系统规定了快速进给速度，它通过参数设定，用G00指令执行快速，还可用操作面板上的快速倍率开关分档。
- 进给倍率　操作面板上设置了进给倍率开关，倍率一般可在0%～200%之间变化，每档间隔10%。使用进给倍率开关不用修改程序中的F代码，就可改变机床的进给速度。

⑤ 主轴功能

主轴功能是指定主轴转速的功能，用字母S和其后的数值表示，单位为r/min或mm/min。主轴转向用M03（正向）和M04（反向）指定。机床操作面板上设置主轴倍率开关，可以不修改程序改变主轴转速。

⑥ 辅助功能

辅助功能是用来指定主轴的启停转向、冷却泵的通和断、刀库的启停等的功能，用字母M和其后的两位数字表示。ISO标准中辅助功能有M00～M99，共100种。

⑦ 刀具功能

刀具功能指选择刀具的功能，用字母T和其后的2位或4位数字表示。

⑧ 字符图形显示功能

CNC装置可配置不同尺寸的单色或彩色CRT或液晶显示器，通过软件和接口实现字符和图形显示。可以显示程序、参数、补偿值、坐标位置、故障信息、人机对话编程菜单、零件图形等。

⑨ 自诊断功能

CNC装置中设置了故障诊断程序，可以防止故障的发生或扩大。在故障出现后可迅速查明故障类型及部位，减少故障停机时间。不同的CNC装置诊断程序的设置不同，可以设置在系统程序中，在系统运行过程中进行检查和诊断，也可作为服务性程序，在系统运行前或故障停机后诊断故障的部位，还可以进行远程通信完成故障诊断。

（2）选择功能

① 补偿功能

在加工过程中，由于刀具磨损或更换刀具，以及机械传动中的丝杠螺距误差和反向间隙等，将使实际加工出的零件尺寸与程序规定的尺寸不一致，造成加工误差。CNC装置的补偿功能是把刀具长度或半径的补偿量、螺距误差和反向间隙误差的补偿量输入它的存储器，存储器就按补偿量重新计算刀具运动的轨迹和坐标尺寸，加工出符合要求的零件。

② 固定循环功能

用数控机床加工零件，一些典型的加工工序，如钻孔、镗孔、深孔钻削、攻螺纹等，所需完成的动作循环十分典型，将这些典型动作预先编好程序并存储在内存中，用G代码进行指定，形成固定循环功能。固定循环功能可以大大简化程序编制。

③ 通信功能

CNC装置通常具有RS—232C接口，有的还配置有DNC接口，可以连接多种输入、输出设备，实现程序和参数的输入、输出和存储。有的CNC装置可以与MAP(制造自动化协议)相连，接入工厂的通信网络，以适应FMS、CIMS的要求。

④ 人机对话编程功能

有的CNC装置可以根据蓝图直接编程，编程员只须输入图样上表示几何尺寸的简单命令，就能自动地计算出全部交点、切点和圆心坐标，生成加工程序。有的CNC装置可根据引导图和说明显示进行对话式编程。有的CNC装置还备有用户宏程序，用户宏程序是用户根据CNC装置提供的一套编程语言——宏程序编程指令，自己编写的一些特殊加工子程序，使用时由零件主程序调入，可以重复使用。受过基本编程训练的操作工人都能用此很快进行编程。

2.2.3 CNC的插补原理

1. 插补的基本概念

在CNC数控机床上，各种轮廓加工都是通过插补计算实现的。插补计算的任务就是对轮廓线(函数曲线或样条曲线)从起点到终点密集地计算出有限个坐标点，刀具沿着这些坐标点移动来逼近理论轨迹(轮廓)，使其实际轨迹和理论轨迹之间的误差小于一个脉冲当量，这个过程称为插补。

根据插补原理和计算方法的不同，可分两大类：脉冲增量插补和数字增量插补(又称数据采样插补)。

脉冲增量插补是控制单个脉冲输出规律的插补方法。每输出一个脉冲，移动部件都要相应地移动一定距离，这个距离称为脉冲当量，因此，脉冲增量插补也叫做行程标量插补。根据加工精度的不同，脉冲当量可取0.01～0.001mm。移动部件的移动速度与脉冲当量和脉冲输出频率有关，假如脉冲输出频率最高为几万赫兹，则当脉冲当量为0.001mm时，最高移动速度也只有2m/min左右。脉冲增量插补通常用于以步进电动机为驱动装置的开环控制系统。脉冲增量插补在计算过程中不断向各个坐标轴发出相互协调的进给脉冲，驱动坐标轴的步进电机运动。常用的脉冲增量插补算法有逐点比较法和数字积分法，本章仅介绍逐点比较法。

数字增量插补(又称数据采样插补)，其特点是插补运算分两步完成。第一步是粗插补，即在给定起点和终点的曲线之间插入若干个点，用若干条微小直线段来逼近给定曲线，每一微小直线段的长度相等，且与给定的进给速度有关。粗插补在每个插补周期中计算一次，因此，每一微小直线段的长度，即进给量f与进给速度F和插补周期T有关，即$f=FT$。粗插补的特点是把给定的一条曲线用一组直线段来逼近。第二步是精插补,它是在粗插补时算出的每一条微小直线段上再做“数据点的密化”的工作,这一步相当于对直线的脉冲增量插补。粗、精二次插补的方法,适用于以直流或交流伺服电动机为驱动装置的闭环或半闭环位置采样控制系统,常用的数字增量插补有时间分割法和扩展数字积分法等。

数字增量插补法能满足加工速度和精度的要求。本章仅介绍时间分割法。

2. 脉冲增量插补——逐点比较法的直线和圆弧插补原理

逐点比较法的基本思想是计算机在控制加工过程中,能逐点地计算和判别加工偏差,以控制坐标进给,按规定的图形加工出所需要的工件。用步进电动机驱动机床,其进给是步进式的。插补器控制机床每走一步要完成四个工作节拍:

偏差判别:判别加工点对规定图形的偏离位置,决定进给方向。

坐标进给:控制工作台沿某个坐标进给一步,缩小偏差,趋近规定图形。

偏差计算:计算新的加工点对规定图形的偏差,作为下一步判别的依据。

终点判别:判断是否到达终点,若到达终点则停止插补,否则再回到第一拍重复上述循环过程。

这种算法的特点是运算直观,插补误差小于一个脉冲当量,输出脉冲均匀,且输出脉冲的速度变化小,调节方便,因此在两坐标数控机床中应用较为普遍。逐点比较法既可作直线插补,也可进行圆弧插补。

(1) 逐点比较法直线插补

① 偏差判别

在直线插补时,以第一象限直线 OE 为例,直线的起点 O 在坐标原点,终点坐标为$E(x_e, y_e)$,如图 2-8 所示,对直线上任一点(x, y),则有直线方程

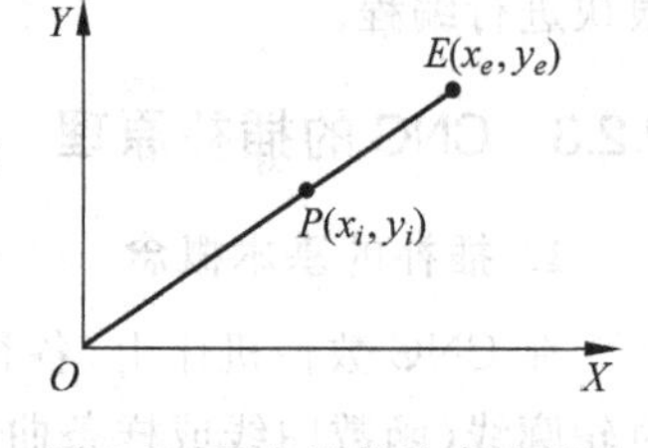

图 2-8 逐点比较法直线插补

$$\frac{x}{y} = \frac{x_e}{y_e}$$

即

$$x_e y - x y_e = 0$$

设 $P(x_i, y_i)$为加工动点,则

若 P 位于该加工直线上,有 $x_e y_i - x_i y_e = 0$;

若 P 位于该加工直线上方,有 $x_e y_i - x_i y_e > 0$;

若 P 位于该加工直线下方,有 $x_e y_i - x_i y_e < 0$。

由此定义偏差判别函数 F_i 为:$F_i = x_e y_i - x_i y_e$。

当 $F_i = 0$ 时,加工动点在直线上;当 $F_i > 0$ 时,加工动点在直线上方;$F_i < 0$ 时,加工动点在直线下方。

② 坐标进给

坐标进给是向使偏差减小的方向进给一步,由插补装置发出一个进给脉冲,控制向某一方向进给。

当 $F_i > 0$ 时,向$+X$ 方向进给一步,使加工动点接近直线 OE;当 $F_i < 0$ 时,向$+Y$ 方向进给一步,使加工动点接近直线 OE;当 $F_i = 0$ 时,可任意走$+X$ 方向或$+Y$ 方向,但通常归于 $F_i > 0$ 处理。

③ 偏差计算

若直接根据偏差函数的定义公式进行偏差计算,则要进行乘法和减法计算,还要对动点

P 的坐标进行计算。为了便于计算机的计算，在插补运算的新偏差计算中，通常采用偏差函数的递推公式来进行。即设法找出相邻两个加工动点偏差值之间的关系，每进给一步后，新加工动点的偏差可用前一加工动点的偏差推算出来。起点是给定直线上的点，即 $F_0=0$。这样所有加工动点的偏差可以从起点开始一步步地推算出来。

若 $F_i \geqslant 0$，加工动点向 $+X$ 方向进给一步，则有

$$F_{i+1} = x_e y_{i+1} - x_{i+1} y_e = F_i - y_e$$

$$x_{i+1} = x_i + 1$$

$$y_{i+1} = y_i$$

若 $F_i < 0$，加工动点向 $+Y$ 方向进给一步，则有

$$F_{i+1} = x_e y_{i+1} - x_{i+1} y_e = F_i + x_e$$

$$x_{i+1} = x_i$$

$$y_{i+1} = y_i + 1$$

上述公式就是第一象限直线插补的偏差递推公式。由此可见，偏差 F_{i+1} 计算只用到了终点坐标值 (x_e, y_e)，不必计算每一加工动点的坐标值。

④ 终点判别

直线插补的终点判别采用两种方法。

一是根据 X、Y 坐标方向所要走的总步数 Σ 来判断，即 $\Sigma = x_e + y_e$，每走一步，均进行 $\Sigma - 1$ 计算，当 Σ 减为零时即到终点。

二是比较 x_e 和 y_e，取其中的大值为 Σ，当沿该方向进给一步时，进行 $\Sigma - 1$ 计算，直至 $\Sigma = 0$ 时停止插补。注意：在终点判别中均用坐标的绝对值进行计算。

⑤ 逐点比较法直线插补举例

设欲加工第一象限直线 OE，起点在原点，终点坐标 $x_e=5$，$y_e=4$，试写出插补计算过程并绘制插补轨迹。

其插补运算过程如表 2-1 所示，插补轨迹如图 2-9 所示。

表 2-1　逐点比较法直线插补过程

步　数	偏差判别	坐标进给	偏差计算	终点判别
			$F_0=0$	$\Sigma=9$
1	$F_0=0$	$+\Delta x$	$F_1=F_0-y_e=0-4=-4$	$\Sigma=9-1=8$
2	$F_1<0$	$+\Delta y$	$F_2=F_1+x_e=-4+5=1$	$\Sigma=8-1=7$
3	$F_2>0$	$+\Delta x$	$F_2=F_2-y_e=1-4=-3$	$\Sigma=7-1=6$
4	$F_3<0$	$+\Delta y$	$F_4=F_3+x_e=-3+5=2$	$\Sigma=6-1=5$
5	$F_4>0$	$+\Delta x$	$F_5=F_4-y_e=2-4=-2$	$\Sigma=5-1=4$
6	$F_5<0$	$+\Delta y$	$F_6=F_5+x_e=-2+5=3$	$\Sigma=4-1=3$
7	$F_6>0$	$+\Delta x$	$F_7=F_6-y_e=3-4=-1$	$\Sigma=3-1=2$
8	$F_7<0$	$+\Delta y$	$F_8=F_7+x_e=-1+5=4$	$\Sigma=2-1=1$
9	$F_8>0$	$+\Delta x$	$F_9=F_8-y_e=4-4=0$	$\Sigma=1-1=0$

(2) 逐点比较法圆弧插补

① 偏差判别

如图 2-10 所示,设加工半径为 R 的第一象限逆时针圆弧为 AB,将坐标原点定在圆心上,$A(x_0,y_0)$为圆弧起点,$B(x_e,y_e)$为圆弧终点,$P(x_i,y_i)$为加工动点。若 P 点在圆弧上,则

$$(x_i^2+y_i^2)-(x_0^2+y_0^2)=0$$

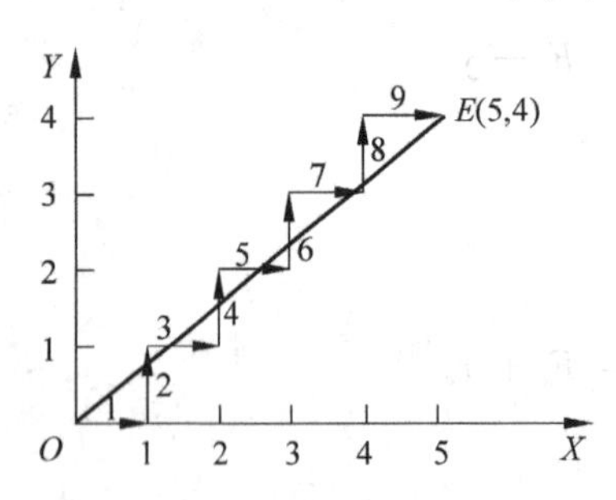

图 2-9 逐点比较法直线插补轨迹

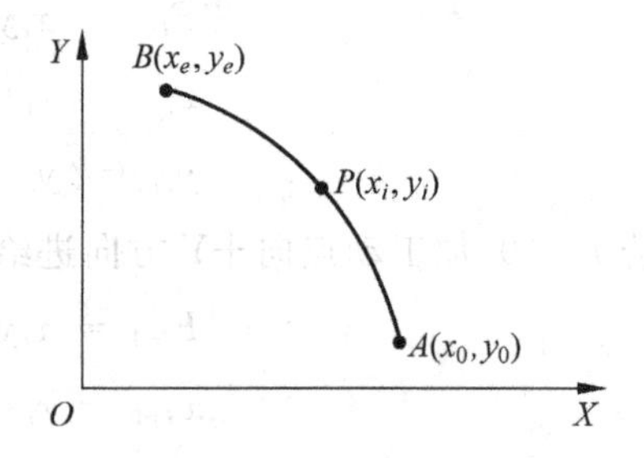

图 2-10 逐点比较法圆弧插补

定义偏差函数 F_i 为:

$$F_i=(x_i^2+y_i^2)-(x_0^2+y_0^2)$$

若 $F_i=0$,表示加工动点位于圆弧上;$F_i>0$,表示加工动点位于圆弧外;$F_i<0$,表示加工动点位于圆弧内。

② 坐标进给

把 $F_i=0$ 和 $F_i>0$ 合在一起考虑,当 $F_i\geqslant0$ 时,向 $-X$ 方向进给一步;当 $F_i<0$ 时,向 $+Y$ 方向进给一步。

③ 偏差计算

每进给一步后,计算一次偏差函数 F_i,以 F_i 符号作为下一步进给方向的判别标准。显然,直接按偏差函数的定义公式计算偏差很麻烦,为了便于计算,使用偏差函数的递推公式,如下:

若 $F_i\geqslant0$,向 $-X$ 方向进给一步,加工点由 $P_i(x_i,y_i)$移动到 $P_{i+1}(x_{i+1},y_i)$,则新加工点 P_{i+1}的偏差为

$$x_{i+1}=x_i-1$$
$$F_{i+1}=F_i-2x_i+1$$

若 $F_i<0$,向 $+Y$ 方向进给一步,则新加工点 P_{i+1}的偏差为

$$y_{i+1}=y_i+1$$
$$F_{i+1}=F_i+2y_i+1$$

以上就是第一象限逆圆插补加工时偏差计算的递推公式。

对于第一象限顺圆,当 $F_i\geqslant0$ 时,应向 $-Y$ 方向进给一步;当 $F_i<0$ 时,应向 $+X$ 方向进给一步。加工动点向 $-Y$ 方向进给一步时,新加工点 P_{i+1}的偏差为

$$y_{i+1}=y_i-1$$
$$F_{i+1}=F_i-2y_i+1$$

加工动点向 $+X$ 方向进给一步时,新加工点 P_{i+1}的偏差为

$$x_{i+1}=x_i+1$$
$$F_{i+1}=F_i+2x_i+1$$

以上是第一象限顺圆插补加工时偏差计算的递推公式。

④ 终点判别

根据 X,Y 方向应进给的总步数之和Σ判断，每进给一步，进行$\Sigma-1$计算，直至$\Sigma=0$停止插补。

分别判断各坐标轴的进给步数：$\Sigma_X=|X_e-X_0|$，$\Sigma_Y=|Y_e-Y_0|$。向坐标轴进给一步，相应的进给步数$\Sigma-1$，直至$\Sigma_X=0$，$\Sigma_Y=0$时停止插补。

⑤ 逐点比较法圆弧插补举例

设欲加工第一象限逆时针圆弧 AB，起点 $A(5,0)$，终点 $B(0,5)$，如图 2-11 所示。试写出插补计算过程并绘制插补轨迹。

其插补计算过程如表 2-2 所示，插补轨迹如图 2-11 所示。

表 2-2 逐点比较法圆弧插补过程

序号	偏差判别	坐标进给	计算	终点判别
			$F_0=0, x_0=5, y_0=0$	$\Sigma=5+5=10$
1	$F_0=0$	$-X$	$F_1=0-2\times5+1=-9, x_1=5-1=4, y_1=0$	$\Sigma=10-1=9$
2	$F_1=-9<0$	$+Y$	$F_2=-9+2\times0+1=-8, x_2=4, y_2=0+1=1$	$\Sigma=9-1=8$
3	$F_2=-8<0$	$+Y$	$F_3=-8+2\times1+1=-5, x_3=4, y_3=1+1=2$	$\Sigma=8-1=7$
4	$F_3=-5<0$	$+Y$	$F_4=-5+2\times2+1=0, x_4=4, y_4=2+1=3$	$\Sigma=7-1=6$
5	$F_4=0$	$-X$	$F_5=0-2\times4+1=-7, x_5=4-1=3, y_5=3$	$\Sigma=6-1=5$
6	$F_5=-7<0$	$+Y$	$F_6=-7+2\times3+1=0, x_6=3, y_6=3+1=4$	$\Sigma=5-1=4$
7	$F_6=0$	$-X$	$F_7=0-2\times3+1=-5, x_7=3-1=2, y_7=4$	$\Sigma=4-1=3$
8	$F_7=-5<0$	$+Y$	$F_8=-5+2\times4+1=4, x_8=2, y_8=4+1=5$	$\Sigma=3-1=2$
9	$F_8=4>0$	$-X$	$F_9=4-2\times2+1=1, x_9=2-1=1, y_9=5$	$\Sigma=2-1=1$
10	$F_9=1>0$	$-X$	$F_{10}=1-2\times1+1=0, x_{10}=1-1=0, y_{10}=5$	$\Sigma=1-1=0$

(3) 四个象限直线与圆弧的插补计算

上面讨论的是第一象限直线的插补问题，对于其他象限的直线进行插补时，因为终点坐标(x_e,y_e)和加工点坐标均取绝对值，所以它们的计算公式与计算程序和第一象限相同，归纳为表 2-3 所示。

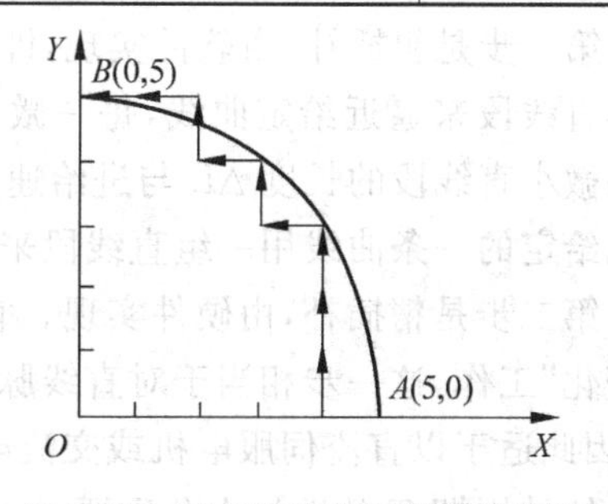

图 2-11 逐点比较法圆弧插补轨迹

表 2-3 四个象限直线的逐点比较插补公式

象限	坐标进给 $F\geqslant0$	坐标进给 $F<0$	偏差计算 $F\geqslant0$	偏差计算 $F<0$
Ⅰ	$+\Delta x$	$+\Delta y$	$F_{i+1}=F_i-y_e$	$F_{i+1}=F_i+x_e$
Ⅱ	$-\Delta x$	$+\Delta y$		
Ⅲ	$-\Delta x$	$-\Delta y$		
Ⅳ	$+\Delta x$	$-\Delta y$		

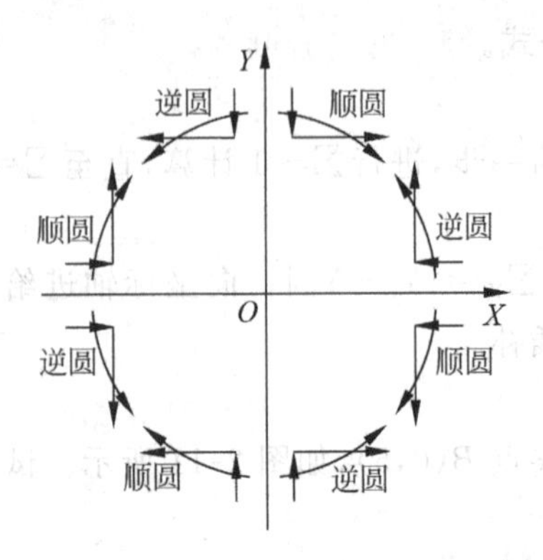

图 2-12 不同象限圆弧的逐点比较插补

上面讨论了第一象限逆圆插补问题,同时也给出了第一象限顺圆的插补计算公式。由图 2-12 所示的 8 种圆弧坐标进给方向可推知,用第一象限逆圆插补的偏差函数进行第三象限逆圆和第二、四象限顺圆插补的偏差计算,用第一象限顺圆插补的偏差函数进行第三象限顺圆和第二、四象限逆圆插补的偏差计算。

另外,脉冲增量插补还有数字积分法,又称数字微分分析器(Digital Differential Analyzer,DDA),具有运算速度快,逻辑功能强,脉冲分配均匀的特点,可以实现一次、二次甚至更高次曲线插补,适合多坐标联动控制。

脉冲增量插补亦称行程增量插补,它适用于以步进电机为驱动装置的开环数控系统。这种插补的实现方法较简单,只须进行加法和移位就能完成插补,易用硬件实现,算法只适合于一些低精度(0.01mm)和低速度(1～3m/min)的机床控制。

3. 数字增量插补简介

数字增量插补可分为时间分割法插补(直线和圆弧插补)和扩展 DDA 法插补。在以直流伺服电机或交流伺服电机为驱动元件的闭环 CNC 系统中,一般都会采用软硬件两种类型的数据采样插补算法,用软件粗插补计算出一定时间内加工动点应该移动的距离,送到硬件插补器内,再经硬件精插补,控制电机驱动运动部件,达到预定的要求。

相邻两次插补之间的时间间隔称为插补周期 T。

向硬件插补器送入插补位移的时间间隔称为采样周期。

微小的进给直线段(进给步长)为 ΔL,ΔL 与进给速度 F 和插补周期 T 密切相关,即 $\Delta L=FT$。

数据采样插补一般分粗、精两步完成插补运算:

第一步是粗插补,由软件实现,即在给定起点和终点的曲线之间插入若干点,用若干条微小直线段来逼近给定曲线,每一微小直线段的长度 ΔL 相等,且与给定的进给速度有关。每一微小直线段的长度 ΔL 与进给速度 F 和插补周期 T 有关,即 $\Delta L = FT$。粗插补的特点是把给定的一条曲线用一组直线段来逼近;

第二步是精插补,由硬件实现。它是在粗插补时算出的每一微小直线段上再做"数据点的密化"工作,这一步相当于对直线脉冲增量的插补,这种插补算法可以实现高速、高精度控制,因此适于以直流伺服电机或交流电机为驱动装置的半闭环或闭环数控系统。

插补周期 T 的选择十分重要。正确选择插补周期,要考虑许多因素,主要有插补运算时间、位置反馈采样周期、插补精度和速度三个影响因素。

*2.2.4 CNC 装置的刀具补偿与加减速控制

CNC 装置的刀具补偿就是将刀具垂直于刀具轨迹进行偏移,用来修正刀具实际半径或直径与其程序规定的值之差。数控系统对刀具的控制是以刀架参考点为基准的,零件加工程序给出零件轮廓轨迹,如不做处理,则数控系统仅能控制刀架的参考点实现加工轨迹,但实际上是要用刀具的尖点实现加工的,这需要在刀架的参考点与加工刀具的刀尖之间进行位置偏置。这种位置偏置由两部分组成:刀具长度补偿及刀具半径补偿。不同类型的机床与刀具，需要考虑的刀补参数也不同。对于轮廓铣刀而言，只需刀具半径补偿；对于打孔钻头，只要一个坐标长度补偿；然而对于车刀，需要两个坐标长度补偿和刀具半径补偿。

1. 刀具长度补偿

刀具长度补偿用来实现刀尖圆弧中心轨迹与刀架中心轨迹之间的转换，即如图 2-13 中 F 与 S 之间的转换。实际上不能直接测得这两个中心点之间的距离矢量，而只能测得理论刀尖 P 与刀架参考点 F 之间的距离。根据是否考虑刀尖圆弧半径补偿，刀具长度补偿可以分为两种情况。

没有考虑刀具半径补偿时，刀具长度补偿如图 2-13 所示，此种情况 $R_s=0$，理论刀尖 P 相对于刀架参考点的坐标 XPF 和 ZPF 可由刀具长度测量装置测出，将 XPF 和 ZPF 的值存入刀具参数寄存器中，XPF 和 ZPF 定义如下：

$$\mathrm{XPF} = x_P - x$$

$$\mathrm{ZPF} = z_P - z$$

式中：x_P、z_P——理论刀尖 P 点的坐标；

x，z——刀架参考点 F 的坐标。

则没有刀具半径补偿时，刀具长度补偿的公式为

$$x = x_P - \mathrm{XPF}$$

$$z = z_P - \mathrm{ZPF}$$

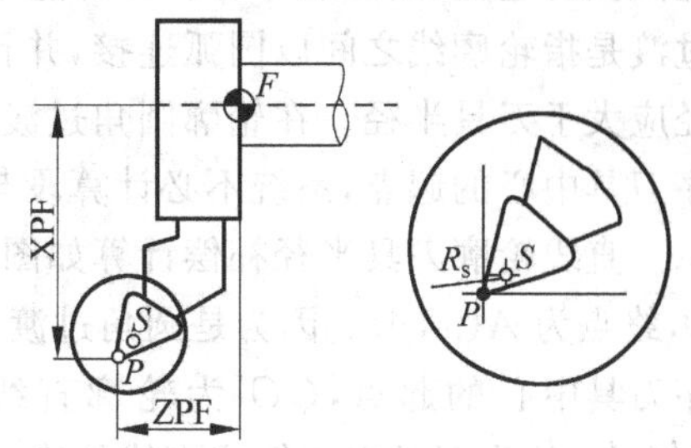

图 2-13 刀具结构参数

式中理论刀尖 P 点的坐标（x_P、z_P）即为加工零件轨迹坐标，可由零件加工程序获得。零件轮廓轨迹经上式补偿后，就能由刀尖 P 点实现零件轨迹加工。

2. 刀具半径补偿

在轮廓加工过程中，由于刀具有一定的半径，刀具中心的运动轨迹与工件轮廓是不一致的。若不考虑刀具半径，直接按照工件轮廓编程是比较方便的，但此时刀具中心轨迹是零件轮廓，加工出来的零件尺寸比图纸小了一圈（外表面加工）或大了一圈（内表面加工）。因此必须使刀具沿工件轮廓的法向偏移一个刀具半径 r，这种偏移通常称为刀具半径补偿。具有刀具半径补偿功能的数控系统，能够根据按零件轮廓编制的加工程序和输入系统的刀具半径值进行刀具偏移计算，自动地加工出符合图纸要求的零件。

根据 ISO 标准，当刀具中心轨迹在程序轨迹前进方向右侧时称为右刀具补偿，用 G42 表示；在左侧时用 G41 表示，称为左刀具补偿；当取消刀具半径补偿时用 G40 表示。实际的刀具半径补偿是在 CNC 装置内部由计算机自动完成的。CNC 装置根据零件轮廓尺寸和刀具运动的方向指令（G41、G42、G40），以及实际加工中所用的刀具半径自动地完成刀具半径补偿计算。

(1) 刀具半径的补偿过程

在实际轮廓加工过程中，刀具半径补偿的执行过程分为刀补的建立、刀补的进行和补偿撤销。

① 刀具补偿建立　刀具由起刀点接近工件，由于建立刀补，所以本段程序执行后，刀具中心轨迹的终点不在下一段程序指定的轮廓起点，而是在法线方向上偏移一个刀具半径的距离。偏移的左右方向取决于 G41 还是 G42。

② 刀具补偿进行　建立刀补后，刀补状态一直维持到刀补撤销。在刀补进行期间，刀具中心轨迹始终偏离程序轨迹一个刀具半径的距离。

③ 刀具补偿撤销　刀具撤离工件，回到起刀点。此时应按编程的轨迹和上段程序末刀具的位置，计算出运动轨迹，使刀具回到起刀点。刀补撤销命令用 G40 指令，刀补仅在指定的二维坐标平面内进行。

(2) B 功能刀具半径补偿

B 功能刀具半径补偿为基本的刀具半径补偿，它只根据本段程序的轮廓尺寸进行刀具半径补偿，计算刀具中心的运动轨迹。一般数控系统的轮廓控制通常仅限于直线和圆弧。对于直线而言，刀补后的刀具中心轨迹为平行于轮廓直线的一条直线。因此只要计算出刀具中心轨迹的起点和终点坐标，刀具中心轨迹即可确定。对于圆弧而言，刀补后的刀具中心轨迹为与指定轮廓圆弧同心的一段圆弧。因此圆弧的刀具半径补偿需要计算出刀具中心轨迹圆弧的起点、终点和半径。B 功能半径补偿要求编程轮廓的过渡为圆角过渡。所谓圆角过渡是指轮廓线之间以圆弧连接，并且连接处轮廓线必须相切。切削内角时，过渡圆弧的半径应大于刀具半径。在轮廓圆角过渡编程时，前一段程序刀具中心轨迹终点即为后一段程序刀具中心的起点，系统不必计算段与段之间刀具轨迹交点。

直线轮廓刀具半径补偿计算如图 2-14(a)所示。设要加工直线 OA，其起点在坐标原点 O，终点为 $A(x,y)$。因为是圆角过渡，上一段程序的刀具中心轨迹终点 $O(x_0,y_0)$为本段程序刀具中心的起点，OO'为轮廓直线 OA 的垂线，且 O'点与 OA 的距离为刀具半径 r。$A'(x',y')$为刀具中心轨迹直线的终点，AA'也必然垂直于 OA，A'点与 OA 的距离也为刀具半径 r。A'点同时也为下一段程序刀具中心轨迹的起点。由于起点为已知，即由上一段程序的终点决定，OA'与 OA 斜率和长度都相同，因此从 O'点到 A'点的坐标增量与从 O 点到 A 点的坐标增量相等，即

$$x = x' - x_0$$
$$y = y' - y_0$$

式中 x_0，y_0 为已知，本段的增量 x，y 由本段轮廓直线确定，也为已知，因此通过下式就可求得刀具中心轨迹终点(x',y')：

$$x' = x + x_0$$
$$y' = y + y_0$$

圆弧轮廓刀具半径补偿计算如图 2-14(b)所示。设被加工圆弧的圆心在坐标原点，圆弧半径为 R，圆弧起点为 $A(x_0,y_0)$，终点为 $B(x_e,y_e)$，刀具半径为 r。设 $A'(x_0',y_0')$为前一

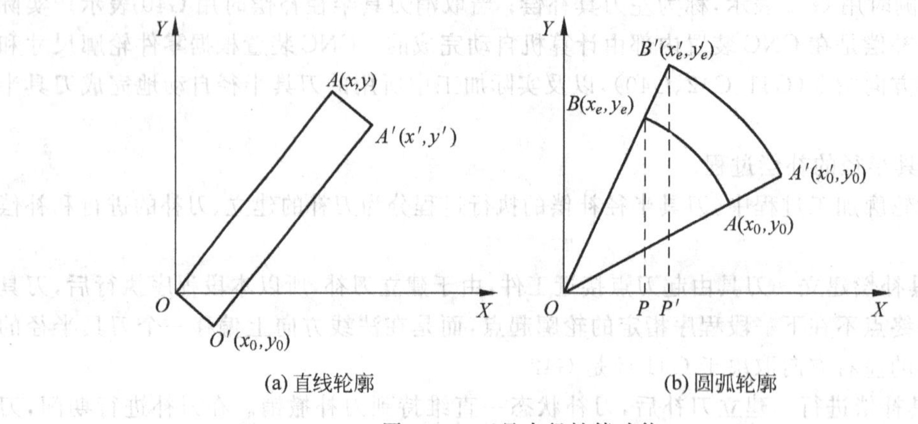

图 2-14　刀具半径补偿功能

段程序刀具中心轨迹的终点，为已知。由于是圆角过渡，A'点一定在半径 OA 或其延长线上，与 A 点距离为 r。A'点即为本段程序刀具中心轨迹的起点。圆弧刀具半径补偿计算的目的，是要计算刀具中心轨迹的终点 $B'(x_e', y_e')$ 和半径 R'。因为 B'在半径 OB 或其延长线上，$\triangle OBP$ 与$\triangle OB'P'$相似。根据三角形相似原理有

$$\frac{x_e'}{x_e}=\frac{y_e'}{y_e}=\frac{R+r}{R}$$

即

$$x_e'=\frac{x_eR'}{R},\quad y_e'=\frac{y_eR'}{R},\quad R'=R+r$$

式中：R、r、x_e、y_e 均为已知，因而可求得 x_e'、y_e'。以上为刀具偏向圆弧外侧的情况。如刀具偏向圆弧内侧，则有

$$x_e' = \frac{x_eR'}{R},\quad y_e' = \frac{y_eR'}{R},\quad R' = R - r$$

刀具偏移方向由圆弧的顺、逆以及刀补方向 G41 或 G42 确定。

(3) C 功能刀具半径补偿

B 功能刀具补偿在确定刀具中心轨迹时，采用了读一段，算一段，再走一段的控制方法。这样无法预计到由于刀具半径所造成的下一段加工轨迹对本段加工轨迹的影响。对于给定的加工轮廓轨迹，尤其在加工内轮廓时，为了避免刀具干涉，合理地选择刀具半径以及在相邻加工轨迹转接处选择恰当的过渡圆弧等问题，就必须在编程时考虑和处理。

所谓 C 功能刀具补偿，主要是要解决下一段加工轨迹对本段加工轨迹的影响问题。在计算完本段加工轨迹后，应提前将下一段程序读入，然后根据两段轨迹之间转接的具体情况，再对本段的加工轨迹做适当的修正，得到本段的正确加工轨迹。

(4) 轮廓拐角处刀具中心的圆弧连接

在有刀补的情况下，轮廓拐角处刀具中心的连接方式可以是尖角和圆弧两种方式，图 2-15所示的是尖角拐弯时的 3 种轨迹。另外一种是圆弧方式，如图 2-16 所示。由于圆弧

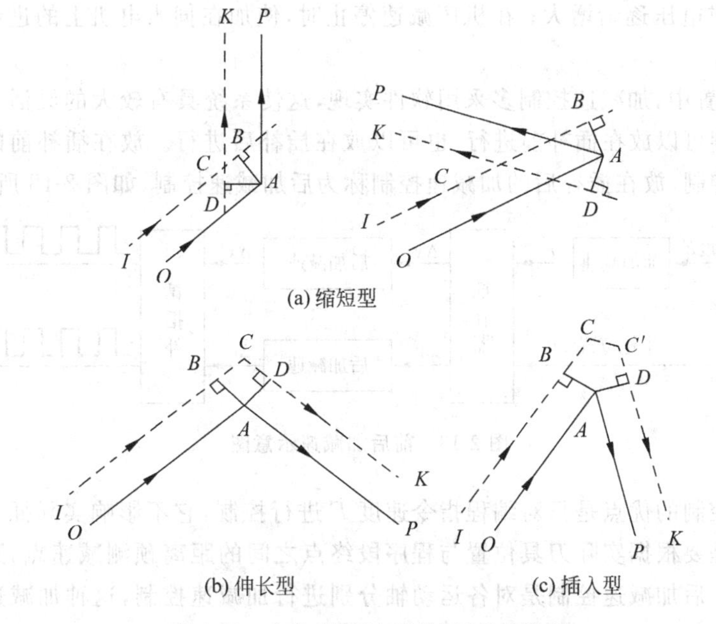

图 2-15　尖角拐弯(左刀补)刀具轨迹图

连接不需要计算转接交点,因而简单方便,但对于缩短型轨迹,插入的圆弧将使刀具产生过切现象,如图 2-17(a)所示,所以利用圆弧连接编程时,应把编程轨迹改成有过渡圆弧的形式,如图 2-17(b)所示。过渡圆弧要大于或等于刀具半径,并且与原来的工件轮廓线相切。

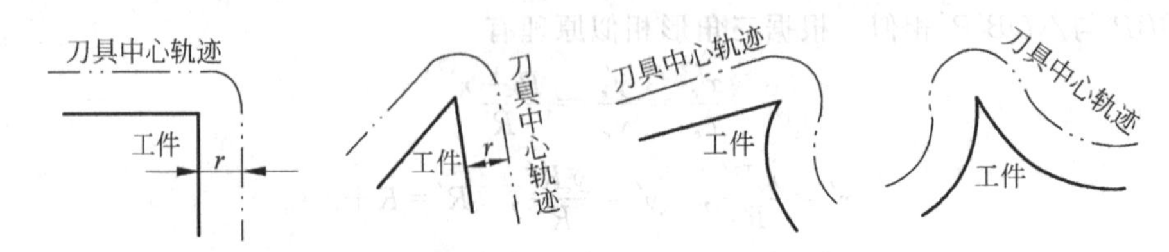

图 2-16 拐角的圆弧连接

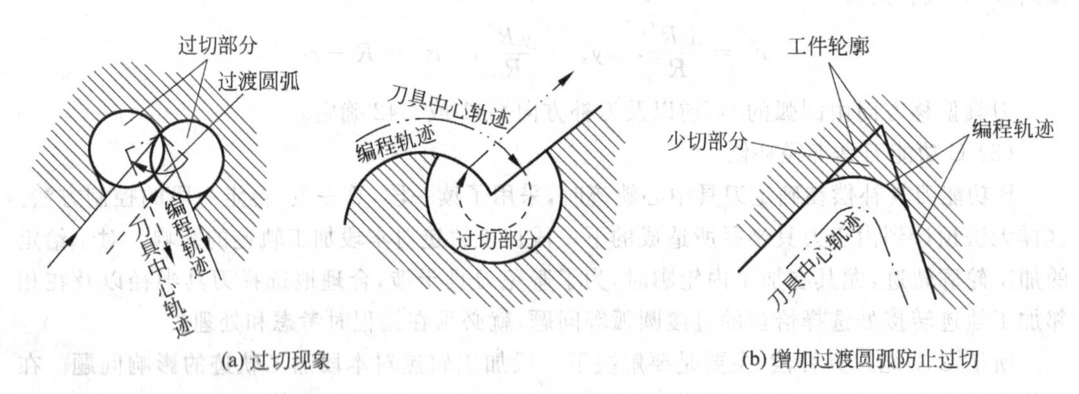

图 2-17 圆弧过渡与过切

3. CNC 装置的加减速控制

在 CNC 装置中,为保证机床在启、停时不产生冲击、失步、超程和振荡等现象,必须对进给脉冲频率或电压进行加减速控制。也就是在机床加速启动时,要使加在伺服电机上的进给脉冲频率或电压逐渐增大;在机床减速停止时,使加在伺服电机上的进给脉冲频率或电压逐渐减小。

在 CNC 装置中,加减速控制多采用软件实现,这使系统具有较大的灵活性。由软件实现的加减速控制可以放在插补前进行,也可以放在插补后进行。放在插补前的加减速控制称为前加减速控制,放在插补后的加减速控制称为后加减速控制,如图 2-18 所示。

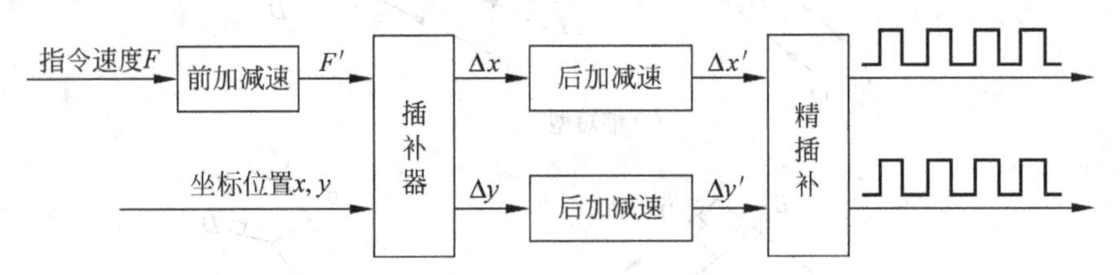

图 2-18 前后加减速示意图

前加减速控制的优点是只对编程指令速度 F 进行控制,它不影响实际插补输出的位置精度。其缺点是要根据实际刀具位置与程序段终点之间的距离预测减速点,这种预测工作的计算量很大。后加减速控制是对各运动轴分别进行加减速控制,这种加减速控制不需要专门预测减速点，而是在插补输出为零时开始减速，并通过一定的时间延迟逐渐靠近程序段的终点。其缺点是由于它对各运动轴分别进行加减速控制，所以在加减速控制中各运动轴的实际合成位置可能不准确，但这种影响只在加速、减速过程中才存在，当系统进入匀速状态时，就不会有这种影响了。

*2.2.5 CNC 装置的接口电路

1. CNC 的接口分类

数控装置是数控机床的核心，它通过多种输入输出接口与外界进行信息交换，其中有开关量输入输出接口、模拟量输入输出接口、数字通信接口和一些其他标准计算机输入输出设备接口等。这些接口电路的作用是：进行电平转换和功率放大；将 CNC 装置和机床之间的信号在电气上加以隔离，防止噪声引起误操作；在 CNC 装置和机床电气设备间进行 D/A 和 A/D 转换。根据国际标准《ISO 4336—1982(E)机床数字控制——数控装置和数控机床电气设备之间的接口规范》的规定，数控装置与机床及机床电器之间的接口分为四类，如图 2-19所示。

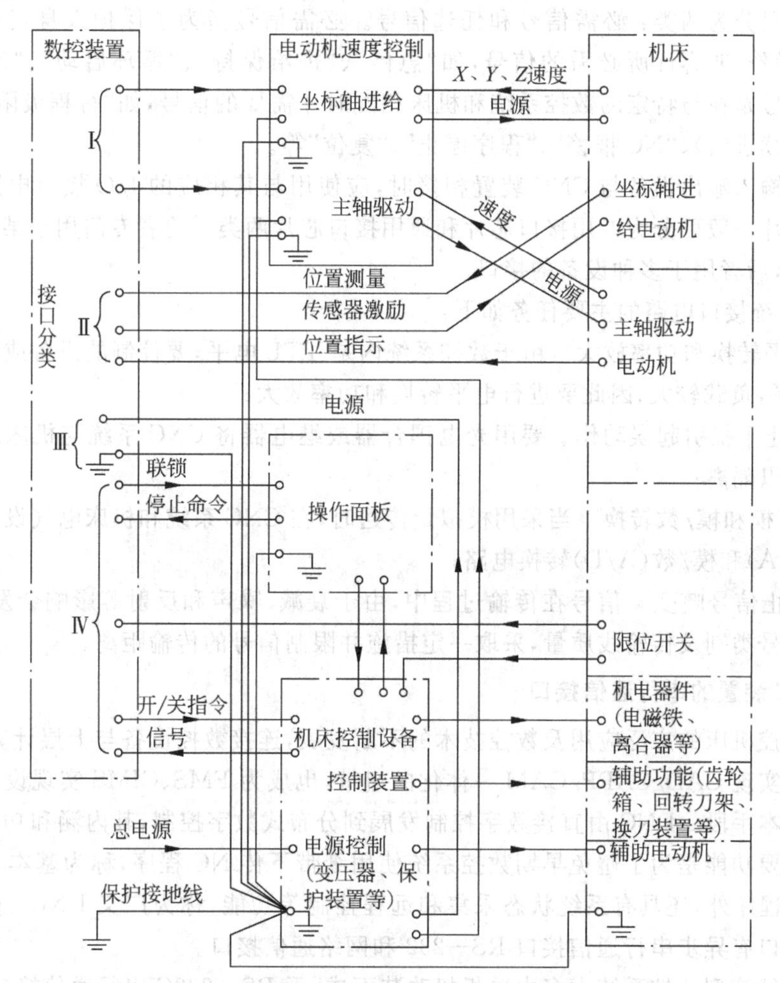

图 2-19　CNC 装置、控制设备和机床之间的连接

第Ⅰ类：与驱动有关的连接电路，主要是指与坐标轴进给驱动和主轴驱动的连接电路。

第Ⅱ类：数控装置与检测系统和检测传感器之间的连接电路。

第Ⅲ类：电源及保护电路。

第Ⅳ类：开/关信号和代码信号连接电路。

第Ⅰ类和第Ⅱ类接口传送的信息是数控装置与伺服驱动单元、伺服电动机、位置检测和速度检测之间的控制信息。它们属于数字控制、伺服控制和检测控制。

第Ⅲ类电源及保护电路由数控机床强电线路中的电源控制电路构成。强电线路由电源变压器、控制变压器、各种断路器、保护开关、接触器、熔断器等连接而成，为辅助交流电动机（如风扇电动机、冷却泵电动机等）、电磁铁、离合器、电磁阀等功率执行元件供电。强电线路不能与低压下工作的控制电路或弱电线路直接连接，只能通过断路器、热动开关、中间继电器等器件转换成在直流低电压下工作的触点的开合动作，才能成为继电器逻辑电路、可编程控制器（PLC）可以接受的电信号，反之亦然。

第Ⅳ类开关信号和代码信号是数控系统与外部传送的输入输出控制信号。当 CNC 系统带有 PLC 时，除极少数高速信号外，信号都通过 PLC 传送。第Ⅳ类接口信号根据其功能的必要性可以分为两类：必需信号和任选信号。必需信号指为了保护人身安全和设备安全，或为了操作、兼容性所必需的信号，如“急停”、“进给保持”、“循环启动”、“NC 准备好”等。任选信号是在与特定的数控系统和机床相配时才需要的信号，如“行程极限”、“JOG 命令”（手动连续进给）、“NC 报警”、“程序停止”、“复位”等。

不同的输入输出设备与 CNC 装置相接时，应使用与其相应的 I/O 接口电路和接口芯片。接口芯片一般可分为专用接口芯片和通用接口芯片两类。前者专门用于某种输入输出设备的接口，后者用于多种设备的接口。

CNC 系统接口电路的主要任务如下：

(1) 电平转换和功率放大　由于数控系统内是 TTL 电平，要控制的设备或电路不一定是 TTL 电平，负载较大，因此要进行电平转换和功率放大；

(2) 防止干扰引起误动作　要用光电耦合器或继电器将 CNC 系统与机床之间的信号在电气上加以隔离；

(3) 数/模和模/数转换　当采用模拟量传送时，在 CNC 系统和机床电气设备之间要接入数/模（D/A）和模/数（A/D）转换电路；

(4) 防止信号畸变　信号在传输过程中，由于衰减、噪声和反射等影响会发生畸变，因此要根据信号类别及传输线质量，采取一定措施并限制信号的传输距离。

2. CNC 装置的串行通信接口

随着数控机床的广泛应用及数控技术的不断发展，连接数控设备与上层计算机的 DNC 技术已成为实现 CAD/CAPP/CAM 一体化的纽带，也成为 FMS、CIMS 实现设计集成和信息集成的基本手段。DNC 由直接数字控制发展到分布式数字控制，其内涵和功能都有了扩展。前者主要功能是为了避免早期数控系统使用纸带下传 NC 程序，称为基本 DNC；后者除传送 NC 程序外，还具有系统状态采集和远程控制等功能，称为广义 DNC。数控装置常用的通信接口有异步串行通信接口 RS—232 和网络通信接口。

早期的经济型数控系统大多由单板机改装而成，无 RS—232C 串行通信接口，但大多数配有纸带阅读机和磁带录音机接口，这类数控系统只能实现基本 DNC 功能，且须外接一块

DNC 接口板。早期的 FANUC7M 等数控系统，由于生产年代早，未配 RS—232C 串行通信接口，其纸带阅读机和穿孔机的输入输出口是并行的，对这类系统实施 DNC，可以外加 DNC 接口板。这种系统根据需要可实现基本 DNC、狭义 DNC(NC 程序的上下传送)和广义 DNC 三种方式。

目前使用的数控系统大多带有 RS—232C 串行通信接口，通过 RS—232C 接口可直接实现狭义 DNC，要实现广义 DNC 的系统状态采集和远程控制功能，需要外接 DNC 通信接口板以增加 I/O 控制功能。

20 世纪 90 年代国外各大数控公司生产的数控系统多带有 DNC 通信接口，如 FANUC 0，FANUC 15 系统等，有的甚至可配置 MAP3.0 等网络接口。这些数控系统只要配置了相应的 DNC 接口软硬件就可实现广义 DNC 功能。这种 DNC 通信接口的物理层有 RS—232C，RS—485，RS—422 和 RS—449 等，有时需要外加一块接口转换板。

MAP 是美国 CM 公司研究和开发的应用于工厂车间环境的通用网络通信标准，目前它已成为工厂自动化的通信标准，被许多国家和企业所接受。

3. 异步串行通信 RS—233 接口

异步串行通信接口在数控装置中应用非常广泛，主要实现一台计算机与一台数控机床的连接，进行信息的交换。

在串行通信中，广泛使用的接口标准是 RS—232C 标准。它是美国电子工业协会在 1969 年公布的数据通信标准。RS 是推荐标准的英文缩写，232C 是标准号。该标准定义了数据终端设备(DTE)和数据通信设备(DCE)之间的连接信号的含义及其电压信号规范等。

RS—232C 串行信息格式如图 2-20 所示，由空位、起始位、数据位、校验位和停止位组成，其中空位表示时间间隔，没有一定限制；起始位通常使用 1 位表示；数据位使用(5～8)位表示一个字符内容；校验位用于奇偶校验，可以检查代码传输是否出错；停止位可以是 1 位或 2 位。传送的波特率可为 9600、4800、2400、1200、600、300、150、110、75、50。波特率(baud)是每秒所传送的数据位数，即表示每一秒内有多少 1 或者 0 被传送。

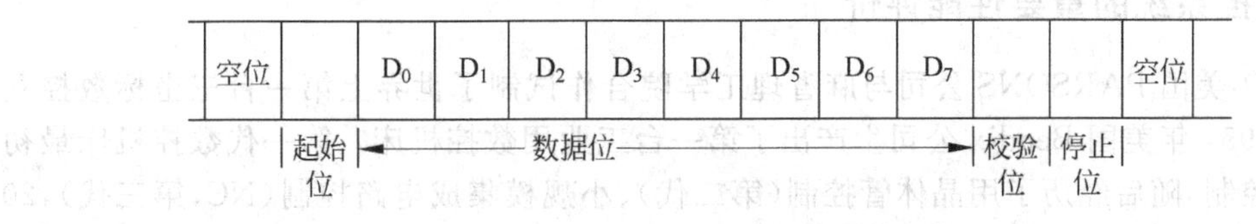

图 2-20　RS—232C 串行信息格式

RS—232C 共有 25 条线，大多采用 DB—25 型 25 针的连接器，常用信号的作用见表 2-4。

表 2-4　RS—232C 常用信号的作用

插针号	说　明	插针号	说　明
1	保护地	6	数据装置准备好 DSR
2	发送数据 TXD	7	信号地
3	接收数据 RXD	8	载波检测 DCD
4	请求发送 RTS	20	数据终端准备好 DTR
5	允许发送 CTS 或清除发送	22	振铃指示

RS—232电平与TTL逻辑电平不同,逻辑0电平规定为+5~+15V之间,逻辑1电平为-5~-15V之间。因此,RS—232C与TTL电路连接必须经过电平转换。常用的电平转换芯片有MC1488(发送端)和MC1489(接收端)。

异步串行通信的特点是:安装、调试简单方便,软硬件投资少,最大传输距离不超过15m,通信速率不超过20KB/s。

4. 网络通信接口

随着机械制造业的发展和竞争的激烈,对生产自动化提出了更高的要求,生产要有极高的灵活性并能充分利用制造设备资源。因此将计算机和数控设备通过工业局域网连接在一个信息系统中,构成柔性制造系统(FMS)或计算机集成制造系统(CIMS)。联网时应能保证高速和可靠地传送数据和程序,因此一般采用同步串行传送方式,在数控装置中设有专用的通信微处理器接口来完成通信任务。其通信协议都采用以ISO开放式系统互连参考模型的7层结构为基础的有关协议,或IEEE 802局域网络的有关协议。近年来制造自动化协议MAP已很快成为应用于工厂自动化的标准工业局域网的协议。

从计算机网络技术看,计算机网络是通过通信线路并根据一定的通信协议互联起来的。数控装置可以看作是一台具有特殊功能的专用计算机。计算机的互联是为了交换信息,共享资源。工厂范围内应用的主要是局域网络,具有较高的传输速率,较低的误码率和可以采用各种传输介质,通常它有距离限制(几千米)。

一台计算机同时与多台数控机床进行信息交换通常需要以下硬件:网线(双绞线+RJ45水晶头)、交换机(或集线器)、带网卡的计算机。所需软件为:支持网络的专业DNC软件包,如DNC—MAX或EXTREME DNC等。

这类通信方式的优点是:管理计算机的数量少(通常一台上位管理计算机最多可以同时与256台数控机床进行通信),通信内容(一般指NC程序和参数)便于管理,操作简便(加工程序传输的操作只须在数控机床端进行,而管理机端完全是自动的)而且通信距离较远。在硬件方面可以实现热插拔。

2.2.6 数控系统的重要性能评价

1952年美国PARSONS公司与麻省理工学院合作试制了世界上第一台三坐标数控立式铣床。1954年美国Bendix公司生产出了第一台工业用数控机床。第一代数控机床最初由电子管控制,随后经历了用晶体管控制(第二代)、小规模集成电路控制(NC,第三代),20世纪70年代小型计算机开始用于数控系统,叫CNC阶段(第四代),直到1974年微处理器开始用于数控系统(MNC,第五代),数控技术到现在已经发展到了第六代。从20世纪末到今天,在生产中使用较多的数控系统还是第五代数控系统。随着个人计算机的飞速发展,芯片的集成度越来越高,功能越来越强,成本也越来越低,软件和外围器件又越来越好,出现了以个人计算机(PC机)为平台的数控系统,进入了第六代数控系统。第五代数控系统的CPU采用80286、80386芯片,用DOS 3.3、DOS 6.2系统软件。第六代数控系统采用现代个人计算机(PC机)、用Windows 95、Windows 98或Windows 2000操作系统。第五代数控系统的存储量小,只有32KB、64KB,为解决存储量小的问题而采用RS—232、RS—485接口,与计算机通信传输。由于受到通信瓶颈的限制,不能进行高速进给,当插补线段长度小于0.05mm时进给速度只有每分钟几百毫米,不能满足高速进给的需要。而第六代数控系统的存储量可达120GB以上,CAD、CAM的加工代码可通过网络传到硬盘上,网络速度比

RS—232 接口速度提高了几千倍，加工数据可在加工前全部存储到硬盘上，避免了边加工边传送数据的缺点，解决了高速高精度加工的问题，也不需要曲线和样条插补。第五代数控系统的显示器分辨率低、价格高、维修困难。第六代数控系统用标准的计算机显示器，分辨率高、价格低、可靠性好。第六代数控系统具有网络通信功能。

现代数控系统应具备下列性能要求：

(1) 高效性　要求数控系统有较高的工作速度，能迅速进行复杂信息、数据的处理与计算，以适应高效的数控加工要求；

(2) 稳定性　数控系统应有稳定的工作过程，使数据处理、运算正确无误，从而保证正常且高精度的数控加工；

(3) 可靠性　数控系统的工作应有高的可靠性，使其长时期连续工作而不出现故障；

(4) 开放性　数控系统应具有良好开放性，使其具备功能的修改、扩充和好的适应性，即功能的开发与升级能方便地实现。

1. 数控系统类型

PC 嵌入式 CNC 装置：属于专用 CNC，通过通信装置和 PC 相连，用户无法介入系统的核心。如 FANUC 18*i*，16*i*，SIEMENS 840，NUM 1060，AB 9/360 等系统。

NC 嵌入式 PC 装置：在标准的工业 PC 上嵌入专用的运动控制卡，如中国华中数控的 HNC- I，日本 MAZATROL-640，美国 DELTA TAU 公司的 PMAC-NC 系统。

2. 数控系统性能评价指标

数控系统的性能评价指标是指数控系统的主要参数、功能指标及关键部件的功能水平等方面，可参见表 2-5。

表 2-5 数控系统性能指标评价表

项　目	含　义
分辨率	与数控机床中的含义相同，该性能直接影响机床性能
进给速度	与数控机床中的含义相同，它与机床相关结构相匹配
可控轴与联动轴数	与数控机床中的含义相同
显示功能	反映提供何类信息、多少内容等方面的能力
通信功能	反映与外部的沟通能力、多少、方式及接口等能力
主 CPU 性能	反映数控系统执行程序时的表现并与进给系统相协调
自诊断功能	反映数控机床提供出现故障时相关信息的能力

2.3 位置检测装置

常用的位置检测装置有：感应同步器、旋转变压器、磁尺位置检测装置、光栅位置检测装置、激光干涉仪、脉冲编码器、测速发电机等。其中光栅位置检测装置可用于测量长度、角度、速度、加速度、振动和爬行，目前广泛应用于闭环数控机床。

2.3.1 概述

闭环系统的数控机床中，检测装置对机床运动部件的位置及速度进行检测，把测量信号作为反馈信号，并将其转换成数字信号送回计算机与脉冲指令信号进行比较，若有偏差，经信号放大后控制执行部件,使其向着消除偏差的方向运动,直到偏差为零。为了提高加工精度,必须提高测量元件和测量系统的精度,不同数控机床对测量元件和测量系统的精度要求、允许的最高移动速度各不相同,检测装置的精度直接影响数控机床的定位精度和加工精度。数控机床对位置检测装置有如下要求:

(1) 受温度、湿度的影响小,工作可靠,能长期保持精度,抗干扰能力强;

(2) 在机床执行部件移动范围内,能满足精度和速度的要求;

(3) 使用维护方便;

(4) 成本低。

位置检测装置的分类如表 2-6 所示。

表 2-6 位置检测装置分类

位置检测装置	按检测方式分类	直接测量	光栅,感应同步器,磁栅
		间接测量	脉冲编码器,旋转变压器,测速发电机
	按测量装置编码方式分类	增量式测量	光栅,增量式光电编码盘
		绝对式测量	接触式码盘,绝对式光电编码盘
	按检测信号的类型分类	数字式测量	光栅,光电码盘,接触式编码盘
		模拟式测量	旋转变压器,感应同步器,磁栅

1. 直接测量与间接测量

按形状可分为直线型和回转型测量传感器。若测量传感器所测量的指标就是所要求的指标,即直线型传感器测量直线位移,回转型传感器测量角位移,则该测量方式为直接测量。若回转型测量的角位移只是中间值,由它再推算出与之相对应的工作台直线位移,则该方式为间接测量,该方法使用方便又无长度限制,但精度要受机床传动链精度的影响。

2. 增量式与绝对式测量

增量式测量是指只测位移增量,即工作台每移动一个测量单位,测量装置便发出一个测量脉冲信号,由系统所发脉冲量累计计算位移。

绝对式测量是指被测任一点均从固定的零点起算,每一测量点都有一对应的测量值,即被测点均有对应编码。

3. 数字式测量和模拟式测量

数字式测量以量化后的数字形式表示被测的量。数字式测量的特点是测量装置简单,信号抗干扰能力强,且便于显示处理。模拟式测量是将被测的量用连续的变量表示,如用电压变化、相位变化来表示。数控机床检测元件的种类很多,在数字式位置检测装置中,采用较多的有光电编码器、光栅等。在模拟式位置检测装置中,多采用感应同步器、旋转变压器和磁尺等。随着计算机技术在工业控制领域的广泛应用,目前感应同步器、旋转变压器和磁尺在国内已很少使用,许多公司已不再生产经营此类产品。然而旋转变压器由于其抗震、抗干扰性好,在欧美一些国家仍有较多的应用。数字式的传感器应用方便,因而应用最为广泛。

除了位置检测装置用来对运动部件的位置做测量外,还有速度检测装置如测速发电机是对运动部件做速度测量。常用位置检测元件及其特点、应用详见表 2-7。

表 2-7　常用位置检测元件

	类　型	特点及应用
直线型	直线感应同步器	精度高，抗干扰能力强，工作可靠，可测量长距离位置，但安装调试要求高
	光栅尺	响应速度快，精度仅次于激光式测量
	磁栅尺	精度高，安装调试方便，对使用条件要求较低，稳定性好，但使用寿命有限制
	激光干涉仪	使用干涉原理测量，分辨率高，速度快，工作可靠，超高精度，多用于三坐标测量机
旋转型	脉冲编码器	应用广泛，以光电式最为常见
	旋转变压器	多采用无刷式，结构简单，动作灵敏，对环境无特殊要求，维护方便，工作可靠
	圆感应同步器	测量角位移，同直线型
	圆光栅	测量角位移，同直线型
	圆磁栅	测量角位移，同直线型

2.3.2　光电脉冲编码器

脉冲编码器是一种旋转式脉冲发生器。它通常安装在被测轴上，与被测轴一起转动，将机械转角转变成电脉冲信号，是一种常用的角位移检测元件。

脉冲编码器分为光电式、接触式和电磁感应式三种，就精度和可靠性来讲，光电式脉冲编码器优于其他两种。数控机床上主要使用光电式脉冲编码器，它的型号由每转发出的脉冲数来区分。光电式脉冲编码器又称为光电码盘，按其编码方式的不同可分为增量式和绝对式两种。

1. 增量式光电编码器

增量式光电编码器的结构最为简单，它的特点是每产生一个输出脉冲信号，就对应一个增量角位移。

(1) 基本结构

光电编码器由 LED(带聚光镜的发光二极管)、光栏板、码盘、光敏元件及印制电路板(信号处理电路)组成，如图 2-21 所示。图中码盘与转轴连在一起，它一般是由真空镀膜的玻璃制成的圆盘，在圆周上刻有间距相等的细密狭缝和一条零标志槽，分为透光和不透光两部分；光栏板是一小块扇形薄片，制有和码盘相同的三组透光狭缝，其中 A 组与 B 组条纹彼此错开 1/4 节距，狭缝 A、$\overline{A}$ 和 B、$\overline{B}$ 在同一圆周上，另外一组透光狭缝 C、$\overline{C}$ 称为零位狭缝，用以每转产生一个脉冲，光栏板与码盘平行安装且固定不动；LED 作为平行光源与光敏元件分别置于码盘的两侧。

(2) 工作过程

当码盘随轴一起，每转过一个缝隙就发生一次光线的明暗变化，由光敏元件接收后，变成一次电信号的强弱变化，这一变化规律近似于正弦函数。光敏元件输出的信号经信号处理电路的整形、放大和微分处理后，便得到脉冲输出信号，脉冲数就等于转过的缝隙数(即转过的角度)，脉冲频率就表示了转速。

由于A组与B组的狭缝彼此错开1/4节距，故此两组信号有90°相位差，用于辨向，即光电码盘正转时A信号超前B信号90°，反之，B信号超前A信号90°，如图2-21所示。而A、$\overline{A}$和B、$\overline{B}$为差分信号，用于提高传输的抗干扰能力。C、$\overline{C}$也为差分信号，对应于码盘上的零标志槽，产生的脉冲为基准脉冲，又称零点脉冲，它是轴旋转一周在固定位置上产生的一个脉冲，可用于机床基准点的找正。

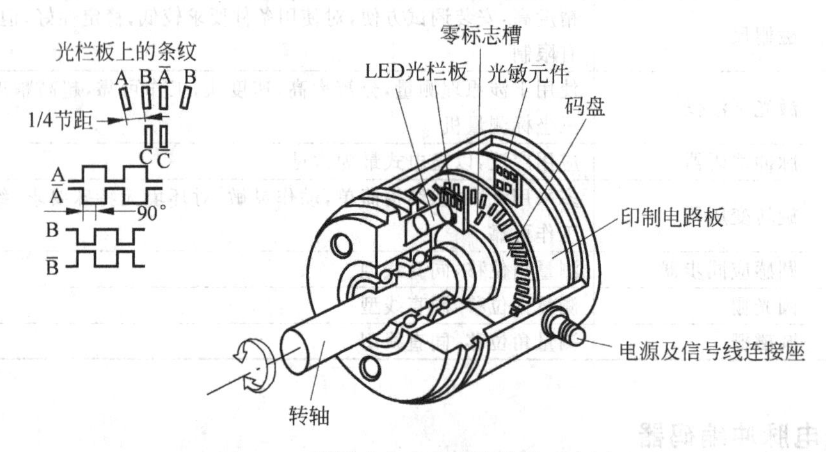

图 2-21 增量式光电编码器结构示意图

增量式光电编码器的测量精度取决于它所能分辨的最小角度，这与码盘圆周内的狭缝数有关，其分辨角 $\alpha=360°/$狭缝数。

2. 绝对式脉冲编码器

绝对式脉冲编码器可直接将被测角用数字代码表示出来，且每一个角度位置均有对应的测量代码，因此这种测量方式即使断电也能测出被测轴的当前位置，即具有断电记忆功能。绝对式编码器可分为接触式、光电式和电磁式三种。

(1) 接触式码盘

图2-22所示为一个4位二进制编码盘的示意图，图2-22(a)中码盘与被测转轴连在一起，涂黑的部分是导电区，其余是绝缘区，码盘外四圈按导电为1、绝缘为0组成二进制码。通常把组成编码的各圈称为码道，对应于四个码道并排安装有四个固定的电刷，电刷经电阻

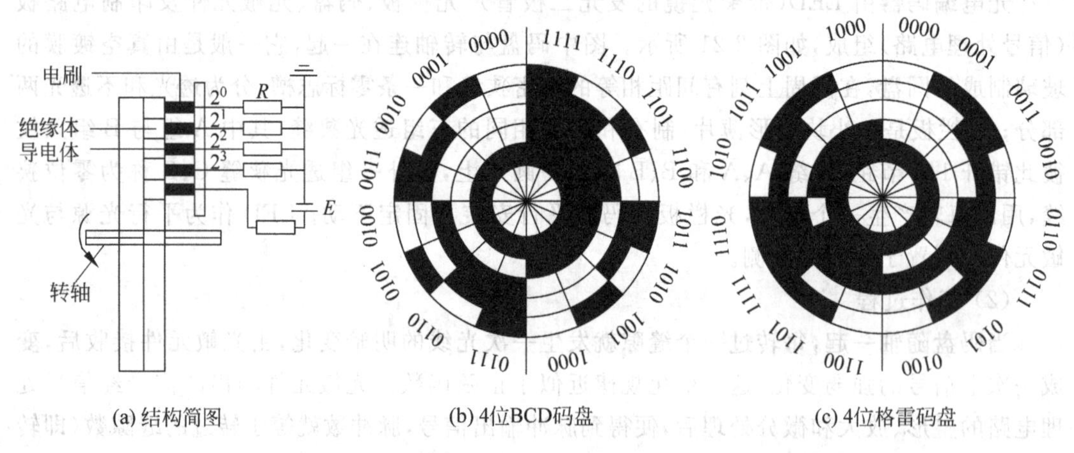

图 2-22 接触式码盘

接电源负极。码盘最里面的一圈是公用的，它和各码道所有导电部分连在一起接电源正极。当码盘随轴一起转动时，与电刷串联的电阻上将出现两种情况：有电流通过，用 1 表示；无电流通过，用 0 表示。出现相应的二进制代码，其中码道的圈数为二进制的位数，高位在内、低位在外，编码方式如图 2-22(b)所示。

图 2-22(c)所示为 4 位格雷码盘，其特点是任何两个相邻数码间只有一位是变化的，它可减少因电刷安装位置或接触不良造成的读数误差。

通过上述分析可知，对于一个 n 位二进制码盘，就有 n 圈码道，且圆周均分 2^n 等分，即共用 2^n 个数据来表示其不同的位置，其能分辨的角度为 $\alpha=360°/2^n$。显然，位数越大，测量精度越高。

(2) 绝对式光电码盘

绝对式光电码盘与接触式码盘结构相似，只是将接触式码盘导电区和绝缘区改为透光区和不透光区，由码道上的一组光电元件接收相应的编码信号，即受光输出为高电平，不受光输出为低电平。光电码盘的特点是没有接触磨损、码盘寿命高、允许转速高、精度高，但结构复杂、光源寿命短。

3. 脉冲编码器在数控机床上的应用

光电式脉冲编码器在数控机床中可用于工作台或刀架的直线位移的测量；在数控回转工作台中，通过在回转轴末端安装编码器，可直接测量回转台的角位移；在数控车床的主轴上安装编码器后，可实现 C 轴控制，用以控制自动换刀时的主轴准停和车削螺纹时的进刀点和退刀点的定位；在交流伺服电动机中的光电编码器可以检测电动机转子磁极相对于定子绕组的角度位置，控制电动机的运转，并可以通过频率/电压(f/U)转换电路，提供速度反馈信号等。此外，在进给坐标轴中，还应用一种手摇脉冲发生器，用于慢速对刀和手动调整机床。

2.3.3 光栅测量装置

光栅就是用真空镀膜的方法在透明玻璃或金属镜面上光刻平行等间距的线纹，是一种目前数控机床上最常见的位置测量装置，具有精度高、响应速度快等优点，属非接触式测量。光栅是利用光的透射、衍射现象制成的光电检测元件，按形状可分为圆光栅和尺光栅。圆光栅用于角位移的检测，尺光栅用于直线位移的检测。光栅的检测精度较高，可达 1μm 以上。二者原理相似，这里仅介绍透射式直尺光栅的结构和检测原理。

图 2-23 所示的光栅位置测量装置主要由光源、聚光镜、指示光栅(短光栅)、标尺光栅(长光栅)、硅光电池组等光电元件组成。通常标尺光栅固定在机床活动部件(如工作台)上，指示光栅连同光源、聚光镜及光电池组等安装在机床的固定部件上，标尺光栅和指示光栅间保持一定的间隙，重叠在一起，并在自身的平面内转一个很小的角度 θ。图 2-23 中指示光栅和标尺光栅上均刻有很多等距的条纹，形成透光和不透光两个区域，通常情况下光栅刻线的透光和不透光宽度相等。当光源的光线经聚光镜呈平行光线垂直照射到标尺光栅上时，在与两块光栅线纹相交的钝角角平分线上，出现粗大条纹，并随标尺光栅的移动而上下明暗交替地运动，此条纹称为莫尔条纹，如图 2-23 所示。图中相邻两条明条(或暗条)之间的距离称为莫尔条纹的节距 W，由于光栅线纹相互平行，各线纹之间的距离相等，称此距离为栅距 λ。

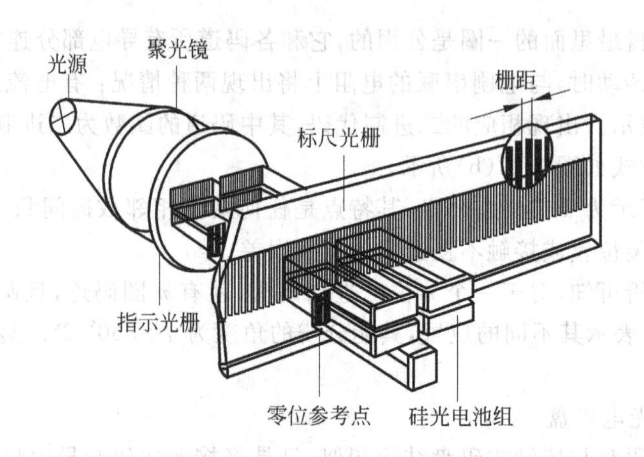

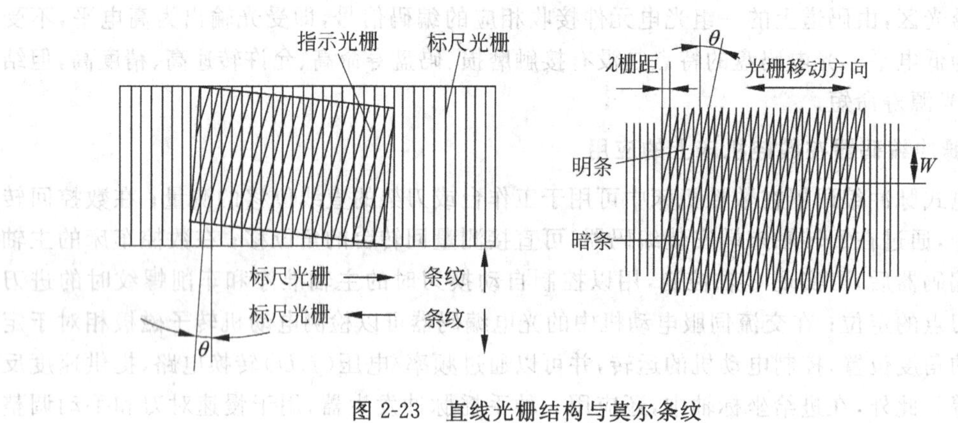

图 2-23 直线光栅结构与莫尔条纹

则 W 与光栅的栅距 λ、两光栅线纹间的夹角 θ(θ 较小时)之间的关系可近似地表示成:

$$W = \lambda/\theta$$

这表明,莫尔条纹的节距是栅距的 $1/\theta$ 倍。当标尺光栅移动时,莫尔条纹就沿与光栅移动方向垂直的方向移动。当光栅移动一个栅距 λ 时,莫尔条纹就相应准确地移动一个节距 W,也就是说,两者一一对应。因此,只要读出移过莫尔条纹的数目,就可知道光栅移过了多少个栅距。而栅距在制造光栅时是已知的,所以光栅的移动距离就可以通过光电检测系统对移过的莫尔条纹进行计数、处理后自动测量出来。

常见的尺光栅的线纹密度为 25 条/mm、50 条/mm、100 条/mm、250 条/mm。同一个光栅元件,其标尺光栅和指示光栅的线纹密度必须相同。如光栅的刻线为 100 条/mm 时,即栅距为 0.01mm 时,人们是无法用肉眼来分辨的,但它的莫尔条纹却清晰可见。所以莫尔条纹是一种简单的放大机构,其放大倍数取决于两光栅刻线的交角 θ,如 $\lambda=0.01$mm,$W=5$mm,则其放大倍数为 $1/\theta=W/\lambda=500$ 倍。这种放大特点是莫尔条纹系统独具的特性。

*2.3.4 磁栅测量装置

磁栅又称磁尺,是一种录有等节距磁化信号的磁性标尺或磁盘,其录磁和拾磁原理与普通磁带相似。在拾磁过程中,磁头读取磁性标尺上的磁化信号并把它转换成电信号,然后通过检测电路将磁头相对于磁性标尺的位置送入计算机或数显装置。它具有调整方便、对使用环境的条件要求低、对周围电磁场的抗干扰能力强，在油污、粉尘较多的场合下使用有较好的稳定性的特点，故在数控机床、精密机床上得到广泛应用。

磁栅按其结构可分为直线型磁栅（带状和线状，如图 2-24(a)、(c)所示）和圆型磁栅，见图 2-24(b)，分别用于直线位移和角位移的测量，如图 2-24(d)所示为磁栅组成框图，它由磁性标尺、磁头和检测电路组成。

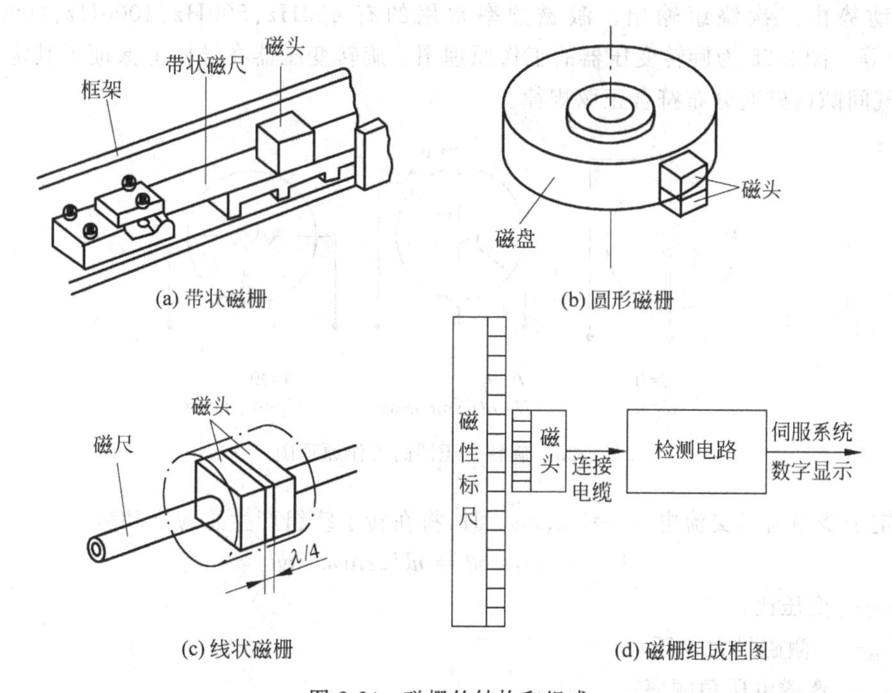

图 2-24 磁栅的结构和组成

磁性标尺常采用不导磁材料做基体，在上面镀上一层 10～30μm 厚的高导磁材料，形成均匀磁膜；再用录磁磁头在尺上记录相等节距的周期性磁化信号，用以作为测量基准。信号可为正弦波、方波等，节距通常为 0.05mm，0.1mm，0.2mm 及 1mm 等几种。最后在磁尺表面涂上一层 1～2μm 厚的保护层，以防磁头与磁尺频繁接触而形成磁膜磨损。

拾磁磁头是一种磁电转换器，用来把磁尺上的磁化信号检测出来变成电信号送给检测电路。拾磁磁头可分为动态磁头与静态磁头。

动态磁头又称为速度响应型磁头，它只有一组输出绕组，所以只有当磁头和磁尺有一定相对速度时才能读取磁化信号，并有电压信号输出。这种磁头用于录音机、磁带机的拾磁磁头，不能用于测量位移。

由于用于位置检测用的磁栅要求当磁尺与磁头相对运动速度很低或处于静止时亦能测量位移或位置，所以应采用静态磁头。静态磁头又称磁通响应型磁头，它在普通动态磁头上加有带励磁线圈的可饱和铁芯，从而利用了可饱和铁芯的磁性调制的原理。静态磁头可分为单磁头、双磁头和多磁头。

由于单个磁头输出的信号较小，为了提高输出信号的幅值，同时降低对录制的磁化信号正弦波形和节距误差的要求，在实际使用时，常将几个或几十个磁头以一定的方式连接起来,组成多间隙磁头。多间隙磁头中的每一个磁头都以相同的间距放置,相邻两磁头的输出绕组反向串联,这样,输出信号为各磁头输出信号的叠加。

*2.3.5 旋转变压器测量装置

旋转变压器是一种角位移检测元件,在结构上与两相绕线式异步电机相似,由定子和转子组成。定子绕组为变压器的一次绕组,转子绕组为二次绕组。激磁电压接到的一次绕组,感应电动势由二次绕组输出。激磁频率常用的有 400Hz、500Hz、1000Hz、2000Hz 和 5000Hz 等。图 2-25 为旋转变压器的工作原理图。旋转变压器在结构上保证了其定子和转子在空气间隙内磁通分布符合正弦规律。

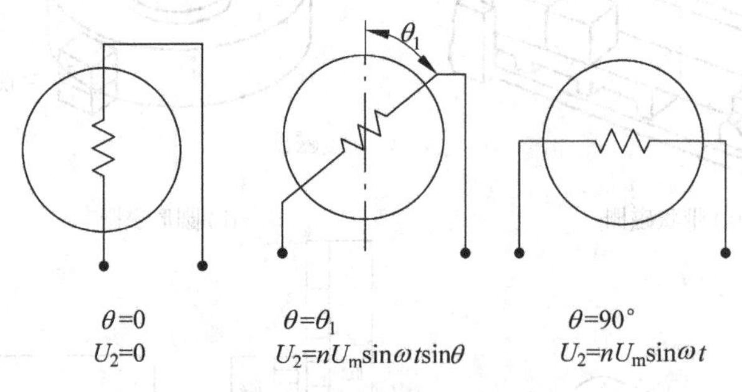

图 2-25 旋转变压器的工作原理图

当定子绕组通以交流电 $U_1=U_m\sin\omega t$ 时,将在转子绕组产生感应电动势

$$U_2 = nU_1\sin\theta = nU_m\sin\omega t\sin\theta$$

式中:n——变压比;

U_m——激磁最大电压;

ω——激磁电压角频率;

θ——转子与定子相对角位移,当转子磁轴与定子磁轴垂直时,$\theta=0°$;当转子磁轴与定子磁轴平行时 $\theta=90°$。

因此,旋转变压器转子绕组输出电压的幅值,是严格按转子偏转角的正弦规律变化的。数控机床正是利用这个原理来检验伺服电机轴或丝杠的角位移的。

通常应用的旋转变压器为二极旋转变压器,其定子和转子绕组中各有互相垂直的两个绕组。它的控制系统通常有两种控制方式,一种是鉴相控制,一种是鉴幅控制。

*2.3.6 感应同步器测量装置

感应同步器是由旋转变压器演变而来的,它相当于一个展开的多极旋转变压器。它利用滑尺上的励磁绕组和定尺上的感应绕组之间相对位置变化而产生电磁耦合的变化,从而发出相应的位置电信号来实现位移检测。根据用途和结构特点分为直线式和旋转式两类,分别用于测量直线位移和旋转角度。数控铣床常用直线式的感应同步器。

1. 感应同步器的结构

图 2-26(a)所示为直线式感应同步器的外观及安装示意图。由图可知,直线式感应同步器由相对平行移动的定尺和滑尺组成,定尺安装在床身上,滑尺安装在移动部件上与定尺保持 0.2~0.3mm 间隙平行放置,并随工作台一起移动。定尺上的绕组是单向、均匀、连续

的；滑尺上有两组绕组，一组为正弦绕组 u_s，另一组为余弦绕组 u_c，其节距均与定尺绕组节距相同，为 2mm，用 τ 表示。当正弦绕组与定尺绕组对齐时，余弦绕组与定尺绕组相差 1/4 节距，即 90°相位角，如图 2-26(b)所示。

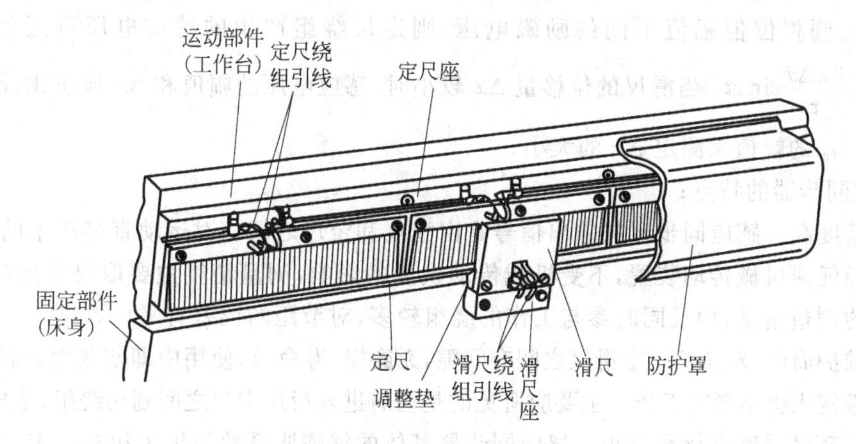

(a) 直线式感应同步器的安装示意图

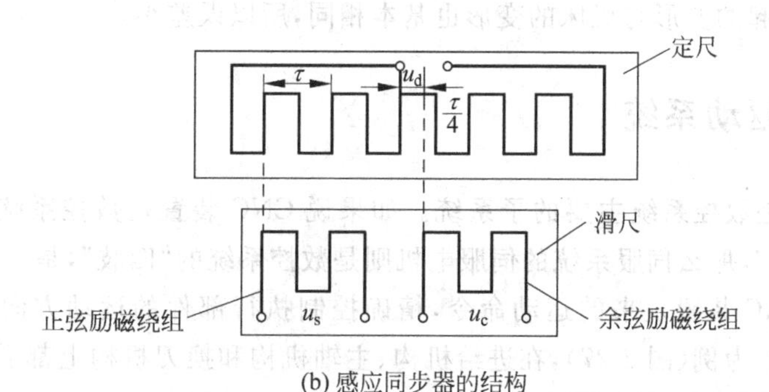

(b) 感应同步器的结构

图 2-26　直线式感应同步器

2. 感应同步器的工作过程

感应同步器的工作原理和旋转变压器相似，当滑尺相对定尺移动时，定尺上感应电压的大小取决于定尺和滑尺的相对位置，且呈周期性变化。滑尺移动一个节距 τ，感应电压变化一个周期。当定尺和滑尺的相对位移是 x，定子绕组感应电压因机械位移引起的相位角的变化为 θ 时定尺绕组中的感应电压

$$u_d = kU_m \cos\theta \sin\omega t = kU_m \cos\frac{2\pi x}{\tau}\sin\omega t$$

只要测出 u_d 值，便可得出 θ 角和滑尺相对于定尺移动的距离 x。

3. 感应同步器的应用

同旋转变压器一样，根据励磁绕组中励磁方式的不同，感应同步器也有相位和幅值两种工作方式。

(1) 处于相位工作方式时，滑尺的正弦绕组和余弦绕组分别通以与旋转变压器相同的同频率、同幅值而相位差相差 90°的励磁电压，则滑尺移动 x 时，定子绕组的感应电压

$$u_d = kU_m \sin(\omega t - \theta) = kU_m \sin\left(\omega t - \frac{2\pi x}{\tau}\right)$$

说明定尺绕组上感应电压的相位与滑尺的位移严格对应，只要测出定尺感应电压的相位，即可测得滑尺的位移量。

（2）处于幅值工作方式时，滑尺的正弦绕组和余弦绕组分别通以与旋转变压器相同的同频率、同相位但幅值不同的励磁电压，则定尺绕组产生的感应电压可近似表示为 $u_d = kU_m \frac{2\pi\Delta x}{\tau}\sin\omega t$。当滑尺的位移量 Δx 较小时，感应电压的幅值和 Δx 成正比，因此可以通过测量 u_d 的幅值来测定 Δx 的大小。

感应同步器的特点：

- 精度高　感应同步器的输出信号是由滑尺和定尺之间相对运动直接产生的，中间不经任何机械传动装置，不受机械传动误差的影响，测量精度主要取决于感应同步器的制造精度，而且同时参与工作的绕组较多，对节距的误差有平均效应。
- 维护简单、寿命长　定滑尺之间有间隙，无磨损，寿命长，使用中即使灰尘、油污和切削液侵入也不影响工作。主要应避免的是切屑进入滑尺定尺之间划伤绕组，造成短路。
- 受环境温度变化影响小　感应同步器基体的线膨胀系数与机床相差不多，受温度变化而引起的变形与机床的变形也基本相同，所以误差小。

2.4 伺服驱动系统

伺服系统是数控系统主要的子系统。如果说 CNC 装置是数控系统的“大脑”，是发布命令的“指挥所”，那么伺服系统的伺服电机则是数控系统的“四肢”，是一种执行机构。它忠实地执行由 CNC 装置发来的运动命令，精确控制执行部件的运动方向，进给速度与位移量。以加工中心为例(图 2-27)，在进给机构、主轴机构和换刀机构上都需要配置伺服电机。伺服驱动系统的作用归纳如下：

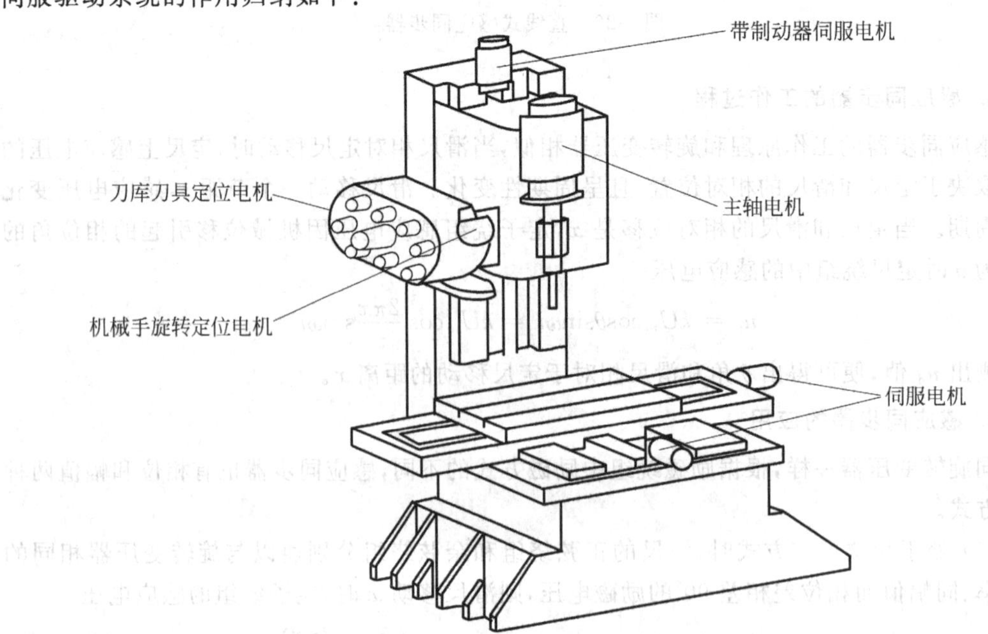

图 2-27　加工中心上的伺服电机

(1) 伺服驱动系统能放大控制信号,具有输出功率的能力;

(2) 伺服驱动系统根据 CNC 装置发出的控制信息对机床移动部件的位置和速度进行控制。

2.4.1 伺服驱动概述

1. 伺服系统的组成和原理

图 2-28(a)所示为闭环伺服系统结构原理图。安装在工作台上的位置检测元件把机械位移变成位置数字量,并由位置反馈电路送到微机内部,该位置反馈量与输入微机的指令位置进行比较,如果不一致,微机送出差值信号,经驱动电路将差值信号进行变换、放大后驱动电动机,经减速装置带动工作台移动。当比较后的差值信号为零时,电动机停止转动,此时,工作台移到指令所指定的位置。这就是数控机床的位置控制过程。

图 2-28(a)中的测速发电机和速度反馈电路组成反馈回路可实现速度恒值控制。测速发电机和伺服电动机同步旋转。假如因外负载增大而使电动机的转速下降,则测速发电机的转速下降,经速度反馈电路,把转速变化的信号转变成电信号,送到驱动电路,与输入信号进行比较,比较后的差值信号经放大后,产生较大的驱动电压,从而使电动机转速上升,恢复到原先调定转速,使电动机排除负载变动的干扰,维持转速恒定不变。

该电路中,由速度反馈电路送出的转速信号是在驱动电路中进行比较,而由位置反馈电路送出的位置信号是在微机中进行比较。比较的形式也不同,速度比较是通过硬件电路完成的,而位置比较是通过微机软件实现的。

伺服系统组成原理可以用框图 2-28(b)表示,主要由以下几个部分组成:

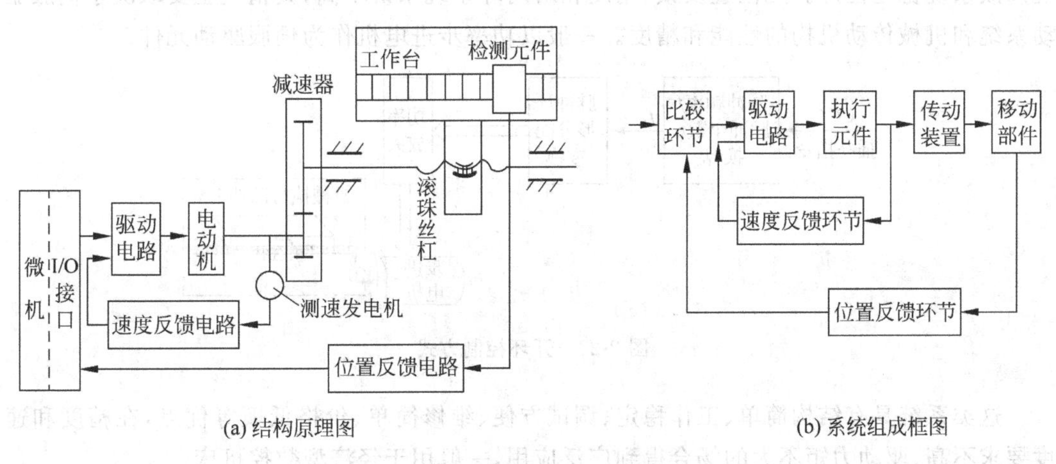

图 2-28 伺服系统的结构与组成

(1) 比校环节 它能接收输入的加工程序和反馈信号,经系统软件运行处理后,由输出口送出指令信号。

(2) 驱动电路 接收微机发出的指令,并将输入信号转换成电压信号,经过功率放大后,驱动电动机旋转。转速的大小由指令控制。若要实现恒速控制功能,驱动电路应能接收速度反馈信号,将反馈信号与微机的输入信号进行比较,将差值信号作为控制信号,使电动机保持恒速转动。

(3) 执行元件　可以是直流电动机、交流电动机，也可以是步进电动机。采用步进电动机的通常是开环控制。

(4) 传动装置　包括减速箱和滚珠丝杠等。

(5) 位置检测元件及反馈电路　位置检测元件有直线感应同步器、光栅和磁尺等。位置检测元件检测的位移信号由反馈电路转变成计算机能识别的反馈信号送入计算机，由计算机进行数据比较后送出差值信号。

(6) 测速发电机及反馈电路　测速发电机实际是小型发电机，发电机两端的电压值和发电机的转速成正比，故可将转速的变化量转变成电压的变化量。

除微型计算机外，其余部分称为伺服驱动系统。

数控机床的定位精度与其使用的伺服系统类型有关。步进电动机开环伺服系统的定位精度是0.01～0.005mm；对精度要求高的大型数控设备，通常采用交流或直流，闭环或半闭环伺服系统。对高精度系统必须采用高精度检测元件，如感应同步器、光电编码器或磁尺等。对传动机构也必须采取相应措施，如采用高精度滚珠丝杠等，闭环伺服系统定位精度可达0.001～0.003mm。

2. 伺服驱动的控制方式

数控机床伺服电机驱动主要指对机床的工作台和主轴的控制，控制对象主要针对位置环、速度环、电流环这三环，有4种方式，如下：

(1) 开环控制(步进电机驱动)方式

从图2-29可以看出，此方式没有位置测量装置，信号流是单向的(数控装置→进给系统)，故系统稳定性好。无位置反馈，精度相对闭环系统来讲不高，其精度主要取决于伺服驱动系统和机械传动机构的性能和精度。一般以功率步进电机作为伺服驱动元件。

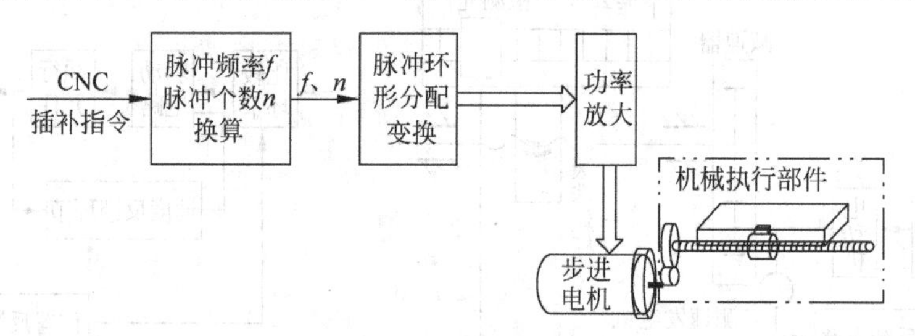

图2-29　开环控制方式

这类系统具有结构简单、工作稳定、调试方便、维修简单、价格低廉等优点，在精度和速度要求不高、驱动力矩不大的场合得到广泛应用，一般用于经济型数控机床。

(2) 半闭环控制方式

半闭环数控系统的位置采样点是从驱动装置(常用伺服电机)或丝杠引出，检测其旋转角度，而不是直接检测运动部件的实际位置。

半闭环环路内不包括或只包括少量机械传动环节，因此可获得稳定的控制性能，其系统的稳定性虽不如开环系统，但比闭环要好。

由于丝杠的螺距误差和齿轮间隙引起的运动误差难以消除，因此，其控制精度较闭环差，较开环好。但可对这类误差进行补偿，因而仍可获得满意的控制精度。

半闭环数控系统结构简单、调试方便、精度也较高，因而在现代CNC机床中得到了广泛应用(见图2-30)。

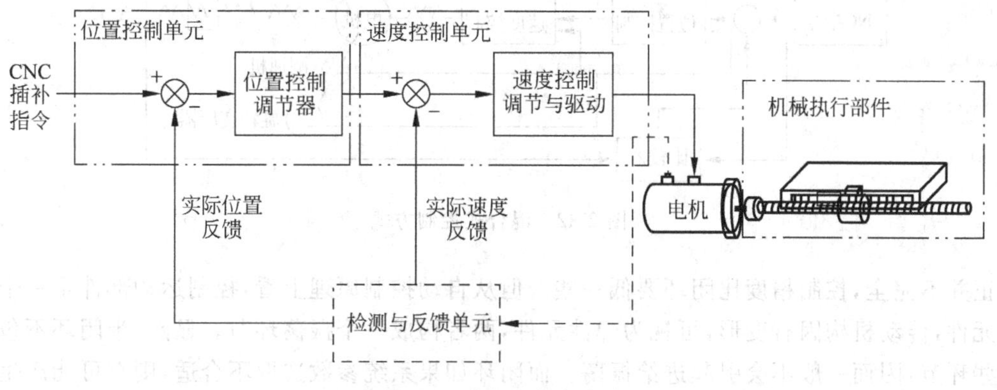

图2-30 半闭环控制方式

(3) 全闭环控制方式

全闭环数控系统的位置采样点从机械执行部件(即运动部件)上引出，如图2-31的虚线所示，直接对运动部件的实际位置和运动速度进行检测。

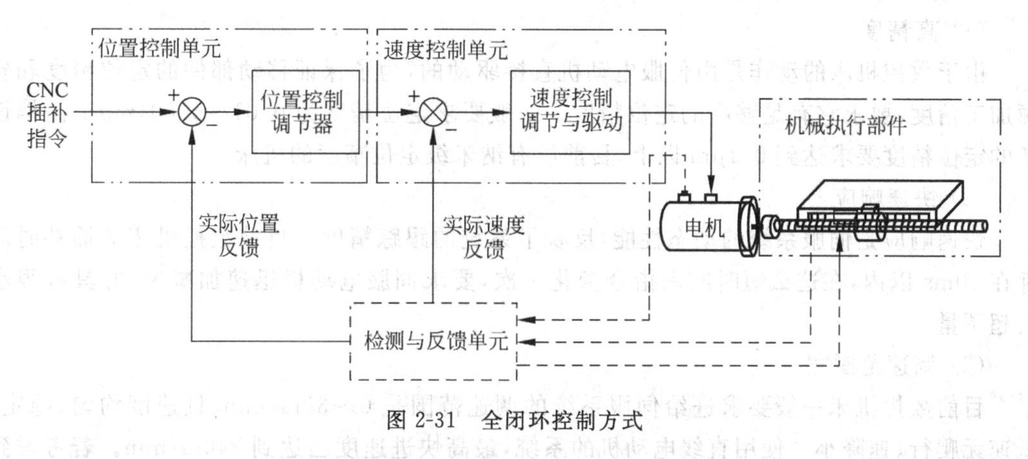

图2-31 全闭环控制方式

从理论上讲，可以消除整个驱动和传动环节的误差和间隙，具有很高的位置控制精度。由于位置环内的许多机械传动环节的摩擦特性、刚性和间隙都是非线性的，故容易造成系统的不稳定，使闭环系统的设计、安装和调试都相当困难。该系统主要用于精度要求高的镗铣床、车床、磨床以及较大型的数控机床等。

(4) 混合控制方式

另外，还有如图2-32所示的一种兼具闭环和开环功能的混合式控制方式。

从上述内容可以看到，开环最为简单。但如果负荷突变(如切削深度突增)，或者脉冲频率突变(如加速、减速)，则数控运动部件将可能发生"失步"现象，即丢失一定数目的进给指令脉冲，从而造成进给运动的速度和行程误差。故该类控制方式，仅限于精度不高的经济型中、小数控机床的进给传动。半闭环和闭环系统都有用于检查位置和速度指令执行结果的检测(含反馈)装置。半闭环的检测装置，安装在伺服电动机或传动丝杠上，闭环则将其装在运动部件上。由于丝杠螺距误差，以及受载后丝杠、轴承变形等影响，半闭环对检测结果的

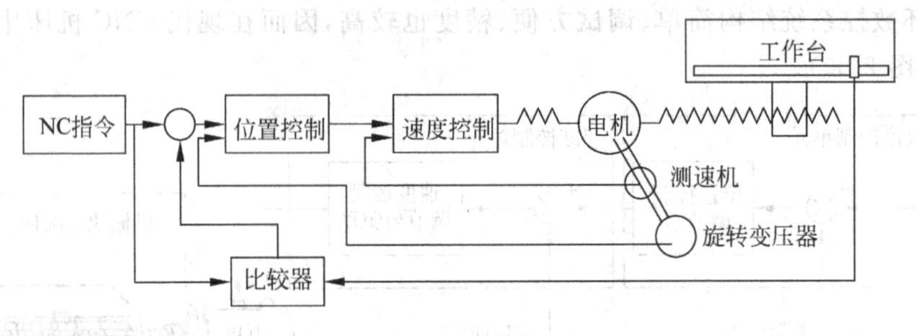

图 2-32　混合式控制方式

校正并不完全,控制精度比闭环要低一些。但从自动控制原理上看,控制运动部件是一个质量元件,传动机构因有变形,可视为弹性元件,两者构成一个振荡环节。显然,半闭环不包含这些环节,因而一般不会引起进给振荡。而闭环如果系统参数选取不合适,则有可能产生进给振荡,即运动不稳定。目前,一般中低档数控机床的进给系统多为半闭环控制,闭环控制则用于精度要求较高的机床,如高精度镗铣加工中心。

3. 数控机床对伺服系统的基本要求

随着数控技术的发展,数控机床对伺服系统提出了很高的要求。这些要求包括如下几方面。

(1) 高精度

由于数控机床的动作是由伺服电动机直接驱动的,为了保证移动部件的定位精度和轮廓加工精度,要求它有足够高的定位精度。一般要求定位精度为 0.01～0.001mm;高档设备的定位精度要求达到 0.1μm 以上,目前已有纳米级定位精度的机床。

(2) 快速响应

快速响应是伺服系统的动态性能,反映了系统的跟踪精度。目前数控机床的插补时间都在 10ms 以内,在这么短时间内指令变化一次,要求伺服电动机迅速加减速,并具有很小的超调量。

(3) 调速范围宽

目前数控机床一般要求进给伺服系统的调速范围是 0～30m/min,且速度均匀、稳定,低速无爬行、速降小。使用直线电动机的系统,最高快进速度已达到 240m/min。若考虑到有的系统中安装减速齿轮副的减速作用,伺服电动机要有更宽的调速范围。对于主轴电动机,因使用无级调速,要求有 1∶100～1∶1000 范围内的恒扭矩调速以及 1∶10 以上的恒功率调速。

(4) 低速大扭矩

机床在低速切削时,切削深度和进给都较大,要求主轴电动机输出的扭矩较大。现代的数控机床,通常是伺服电动机与丝杠直联,没有降速齿轮,这就要求进给电动机在低速时能输出较大的扭矩。

(5) 惯量匹配

移动部件加速和减速时都有较大的惯量,由于要求系统的快速响应性能好,因而电动机的惯量要与移动部件的惯量匹配。通常要求电动机的惯量不小于移动部件的惯量的三分之一。

(6) 较强的过载能力

由于电动机加减速时要求有很快的响应速度,而使电动机可能在过载的条件下工作,这就要求电动机有较强的抗过载能力。通常要求在数分钟内过载4～6倍而不损坏。

2.4.2 步进电机开环伺服系统

步进电机驱动装置是最简单经济的开环位置控制系统，在中小机床的数控改造中经常采用，掌握其工作原理及应用也有着重要的现实意义。

1. 步进电机分类

步进电机又称为脉冲电动机、电脉冲马达，是将电脉冲信号转换成机械角位移的执行器件。步进电机按力矩产生原理，可分为：

(1) 反应式：转子无绕组，由被励磁的定子绕组产生感应力矩实现步进运动。

(2) 励磁式：定、转子绕组都有励磁，转子采用永久磁钢励磁，相互产生电磁力矩实现步进运动。

步进电机按定子绕组数量可分为两相、三相、四相、五相和多相。

2. 步进电机结构

目前我国使用的步进电机一般为反应式步进电机，这种电动机有径向分相和轴向分相两种，如图2-33(a)、(b)所示，是由定子、定子绕组和转子组成的。

某三相反应式步进电机定子上有6个均匀分布的磁极，每个定子磁极上均布5个齿，齿槽距相等，齿间夹角为9°。转子上没有绕组，沿圆周方向均匀分布了40个齿，齿槽等宽，齿间夹角也是为9°。因此，电动机三相定子磁极上的小齿在空间上依次错开了1/3齿距，如图2-33(c)所示。

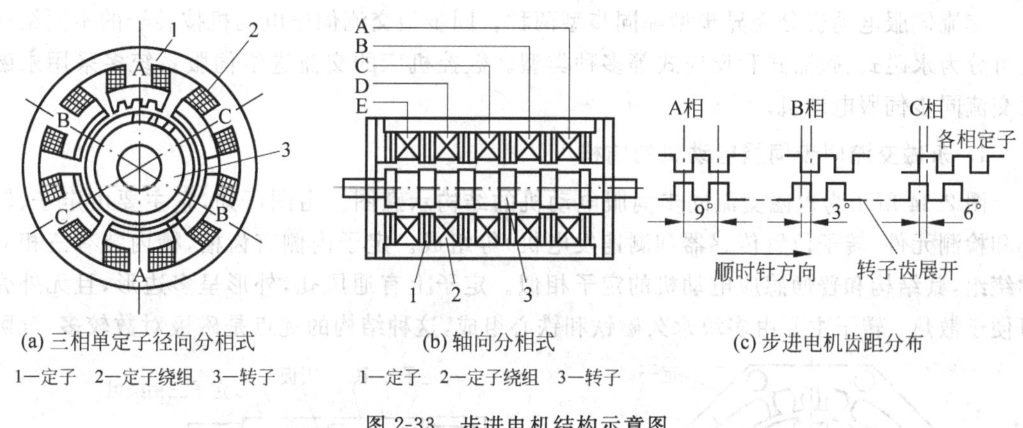

(a) 三相单定子径向分相式
1—定子 2—定子绕组 3—转子

(b) 轴向分相式
1—定子 2—定子绕组 3—转子

(c) 步进电机齿距分布

图2-33 步进电机结构示意图

3. 步进电机的工作原理

由于三相定子磁极上的小齿在空间上依次错开了1/3齿距，当A相磁极上的齿与转子上的齿对齐时，B相磁极上的齿刚好超前(或滞后)转子齿1/3齿距角，即3°，C相磁极上的齿超前(或滞后)转子齿2/3齿距角，即6°。当采用直流电源给三相反应式步进电机的A、B、C三相定子绕组轮流供电时，感应力矩将吸引步进电机的转子齿与A、B、C三相定子磁极上的齿分别对齐，转子将被拖动，按定子上A、B、C磁极位置顺序的方向一步一步移动，每步移动的角度为3°，称为步距角。

步进电机绕组的每一次通断电称为一拍，每拍中只有一相绕组通电，即按A→B→C→A

的顺序连续向三相绕组通电,称为三相单三拍通电方式。如果每拍中都有两相绕组通电,即按 AB→BC→CA→AB 的顺序连续通电,则称为三相双三拍通电方式。

如果通电循环的各拍交替出现单、双相通电状态,即按 A→AB→B→BC→C→CA→A,称为三相六拍通电方式,又称三相单双相通电方式。

如果改变步进电机绕组通电的频率,可改变步进电机的转速;在某种通电方式中如果改变步进电机绕组通电的顺序,如在三相单三拍通电方式中,将通电顺序改变为 A→C→B→A,则步进电机将向相反方向运动。

步进电机的步距角可按下式计算:

$$\alpha=\frac{360^\circ}{kmz}$$

式中:k——通电方式系数,采用单相或双相通电方式时,$k=1$,采用单双相轮流通电方式时,$k=2$;

m——步进电机的相数;

z——步进电机转子齿数。

2.4.3 交流伺服电机闭环驱动

数控机床曾经大量使用直流伺服电机进行闭环驱动。直流伺服系统具有优良的调速性能,但存在着固有的缺陷,如电刷和换向器易磨损,换向时会产生火花等,使其在最高转速、应用环境上均受到限制。随着大功率半导体器件、变频技术和数字伺服技术的发展,在大中型数控机床中交流伺服电机已经开始取代直流伺服电机。

交流伺服电动机分为异步型和同步型两种。同步型交流伺服电动机按转子的不同结构又可分为永磁式、磁滞式和反应式等多种类型。数控机床的交流进给伺服系统多采用永磁式交流同步伺服电动机。

1. 永磁交流同步伺服电动机的结构

图 2-34 所示为永磁交流同步伺服电动机的结构示意图。由图可知,它主要由定子、转子和检测元件(转子位置传感器和测速发电机)等组成。定子内侧有齿槽,槽内装有三相对称绕组,其结构和普通感应电动机的定子相似。定子上有通风孔,外形呈多边形,且无外壳以便于散热;转子主要由多块永久磁铁和铁心组成,这种结构的优点是磁极对数较多,气隙

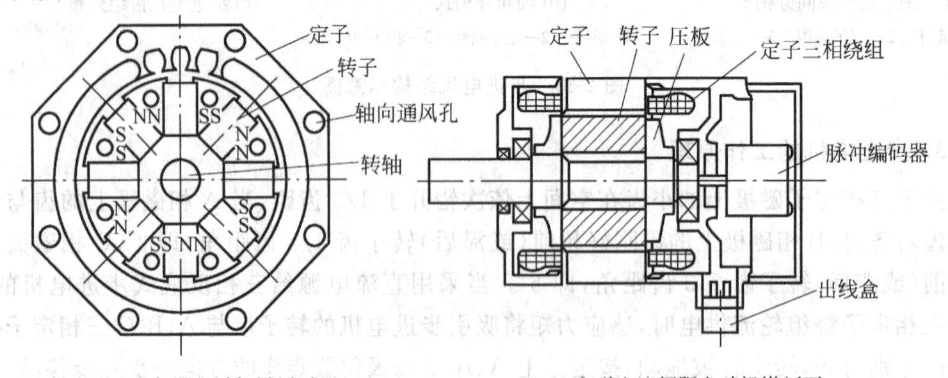

(a) 永磁交流伺服电动机横剖面

(b) 永磁交流伺服电动机纵剖面

图 2-34 永磁交流同步伺服电动机的结构示意图

磁通密度较高。

2. 工作原理

当三相定子绕组通入三相交流电后，就会在定子和转子间产生一个转速为 n_0 的旋转磁场，转速 n_0 称为同步转速。设转子为两极永久磁铁，定子的旋转磁场用一对旋转磁极表示，由于定子的旋转磁场与转子的永久磁铁的磁力作用，使转子跟随旋转磁场同步转动，如图 2-35 所示。当转子加上负载扭矩后，转子磁极轴线将落后定子旋转磁场轴线一个 θ 角，随着负载增加，θ 角也将增大；负载减小时，θ 角也减小。只要负载不超过一定限度，转子始终跟着定子的旋转磁场以恒定的同步转速 n_0 旋转。若三相交流电源的频率为 f，电动机的磁极对数为 p，则同步转速 $n_0=60f/p$。

负载超过一定限度后，转子不再按同步转速旋转，甚至可能不转，这就是交流同步伺服电动机的失步现象。此负载的极限称为最大同步扭矩。

永磁交流同步伺服电动机在启动时由于惯性作用跟不上旋转磁场，定子、转子磁场之间转速相差太大，会造成启动困难。解决这一问题通常要用减小转子惯量，或采用多极磁极，使定子旋转磁场的同步转速不很大，同时也可在速度控制单元中让电动机先低速启动，然后再提高到所要求的速度。

3. 永磁交流同步伺服电动机的特性

永磁交流同步伺服电动机的性能如同直流伺服电动机一样，也可用特性曲线来表示。图 2-36 所示为永磁同步电动机的工作曲线，即扭矩—速度特性曲线。由图可知，它由连续工作区Ⅰ和断续工作区Ⅱ两部分组成。在连续工作区Ⅰ中，速度和扭矩的任何组合都可连续工作；在断续工作区Ⅱ内，电动机只允许短时间工作或周期性间歇工作。

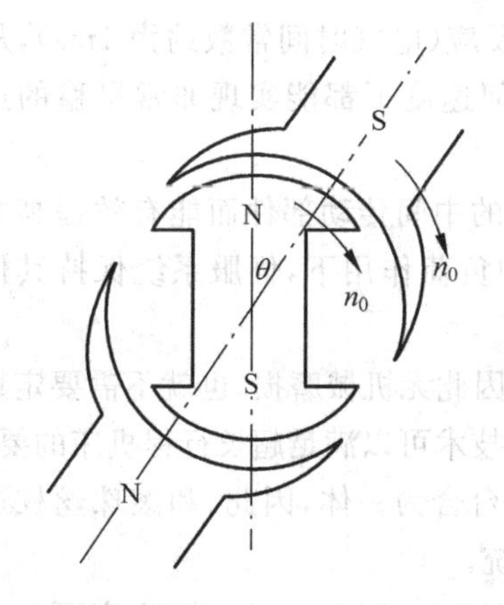

图 2-35　永磁同步交流电动机的工作原理

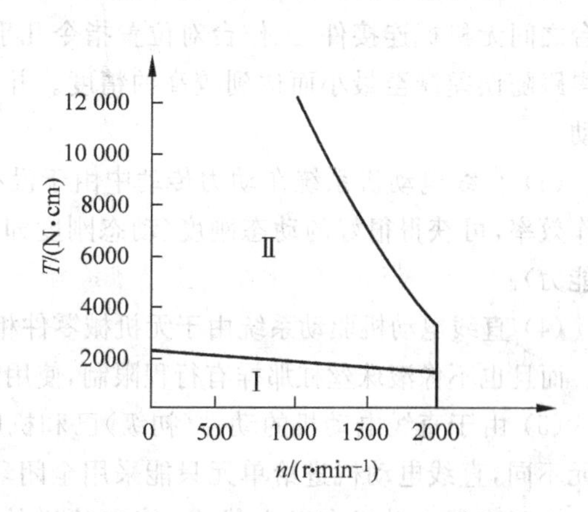

图 2-36　永磁同步电动机的工作曲线

永磁交流同步伺服电动机的机械特性比直流伺服电动机的机械特性更硬，其直线更接近水平线，而断续工作区范围更大，尤其在高速区，这有利于提高电动机的加、减速能力。

交流伺服电动机的主要特性参数有：

(1) 额定功率　即电动机长时间连续运行所能输出的最大功率，其数值为额定扭矩与额定转速的乘积。

(2) 额定扭矩　即电动机在额定转速以下所能输出的长时间工作扭矩。

(3) 额定转速　它由额定功率和额定扭矩决定,通常在额定转速以上工作时,随着转速的升高,电动机所能输出的长时间工作扭矩要下降。

此外,交流伺服电动机的特性参数还有瞬时最大扭矩、最高转速和电动机转子惯量等。

*2.4.4 直线电机在机床进给伺服系统中的应用

直线电动机是指电动机没有线圈绕组的旋转而直接产生直线运动的电动机,可作为进给驱动系统。随着近年来超高速加工技术的发展,滚珠丝杠机构已不能满足高速度和高加速度的要求,直线电动机才有了进一步的发展。特别是大功率电子器件、新型交流变频调速技术、微型计算机数控技术和现代控制理论的发展,为直线电动机在高速数控机床中的应用提供了条件。

在机床进给系统中,采用直线电动机直接驱动与旋转电动机驱动的最大区别是取消了从电动机到工作台(拖板)之间的一切机械中间传动环节,相当于把机床进给传动链的长度缩短为零。这种传动方式被称为"零传动"。正由于这种"零传动"方式,带来了旋转电动机驱动方式无法达到的一些性能指标和优点:

(1) 在传统的"旋转电动机+滚珠丝杠"伺服进给方式中,电动机的旋转运动,要经过联轴器、滚珠丝杠、滚珠螺母等一系列中间传动环节。因此,使传动系统的刚度降低,产生了弹性变形环节。弹性变形会引起数控机床产生机械振动,同时也增加了运动体的惯量,使系统的速度、位移响应变慢。由于制造精度的限制,中间传动环节不可避免地影响传动精度。使用直线伺服电动机,电磁力直接作用于运动体(工作台)上,而不用机械连接,因此没有机械滞后或齿轮传动周期误差,精度完全取决于反馈系统的检测精度。

(2) 直线电动机上装有全数字伺服系统,可以达到极好的伺服性能。由于电动机和工作台之间无机械连接件,工作台对位置指令几乎是立即反应(电气时间常数约为1ms),从而使得跟随误差减至最小而达到较高的精度。并且,在任何速度下都能实现非常平稳的进给运动。

(3) 直线电动机系统在动力传动中由于没有低效率的中间传动部件而能有效提高电机工作效率,可获得很好的动态刚度(动态刚度即为在脉冲负荷作用下,伺服系统保持其位置的能力)。

(4) 直线电动机驱动系统由于无机械零件相互接触,因此无机械磨损,也就不需要定期维护。而且也不像滚珠丝杠那样有行程限制,使用多段拼接技术可以满足超长行程机床的要求。

(5) 由于直线电动机的动件(初级)已和机床的工作台合为一体,因此,和滚珠丝杠进给单元不同,直线电动机进给单元只能采用全闭环控制系统。

由于直线电动机有以上优点,使它的进给速度可达60～200m/min,加速度可达2～10g。然而,直线电动机在机床上的应用也存在一些问题,包括:

(1) 由于没有机械连接或啮合,因此对于垂直轴需要外加一个平衡块或制动器。

(2) 当负荷变化大时,需要重新整定系统。目前,大多数现代控制装置具有自动整定功能,因此能够快速调机。

(3) 磁铁(或线圈)对电动机部件的吸引力很大,因此应注意选择导轨和设计滑架结构,并注意解决磁铁吸引金属颗粒的问题。

表2-8列出了滚珠丝杠与直线电动机的性能对比。

表 2-8 滚珠丝杠与直线电动机的性能对比

特 性	滚 珠 丝 杠	直线电动机
最高速度	0.5m/s(取决于螺距)	2.0m/s(可达3～4m/s)
最高加速度	0.5～1g	2～10g
静态刚度	90～180N/μm	70～270N/μm
动态刚度	90～180N/μm	160～210N/μm
稳定时间	100ms	10～20ms
最大作用力	26 700N	9000N/线圈
可靠性	6000～10 000h	50 000h

1. 直线电动机的原理和分类

直线电动机是直接产生直线运动的电磁装置。它的工作原理与旋转电动机相比,并没有本质的区别,可以将其视为旋转电动机沿圆周方向拉开展平的产物,如图 2-37 所示。对应于旋转电动机的定子部分,称为直线电动机的初级;对应于旋转电动机的转子部分,称为直线电动机的次级。当多相交变电流通入多相对称绕组时,就会在直线电动机初级和次级之间的气隙中产生一个行波磁场,从而使初级和次级之间相对移动。当然,二者之间也存在一个垂直力,可以是吸引力,也可以是推斥力。

按照旋转电动机的机种分类方法,直线电动机可分为直线感应电动机、直线同步电动机、直线直流电动机和直线步进电动机等。

直线电动机按结构分类可分为平板形、管形、弧形和盘形。平板形是最基本的结构,应用也最广泛。管形结构(见图 2-38)的优点是没有绕组端部,不存在横向边缘效应,次级的支撑也比较方便。缺点是铁心必须沿周向叠片,才能阻挡由交变磁通在铁心中感应的涡流,

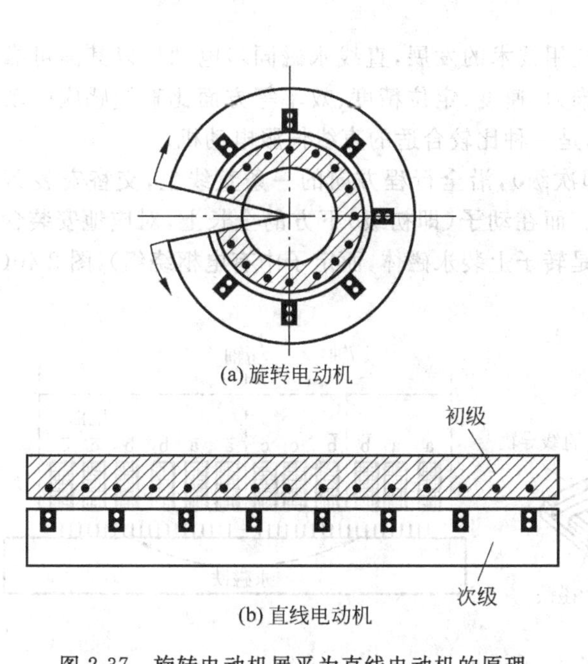

图 2-37 旋转电动机展平为直线电动机的原理

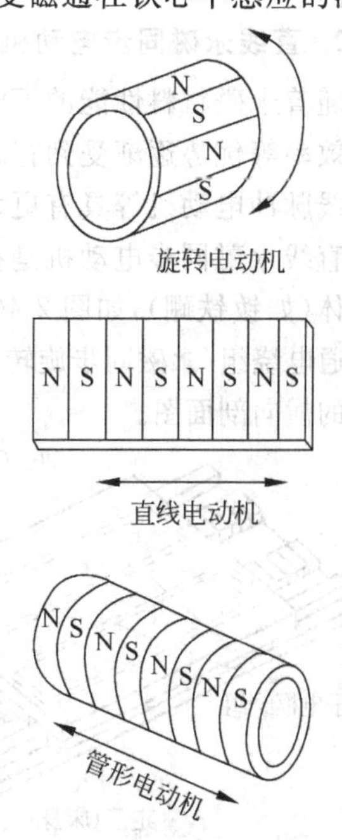

图 2-38 从旋转电动机到管形直线电动机的变化

其工艺复杂，散热条件也比较差。对于平板形和盘形结构，又分单边结构和双边结构。前者是只在次级的一侧安放初级（见图 2-39(a)），而后者则在次级的两侧各安放一个初级（见图 2-39(b)）。双边结构可以消除单边磁拉力（初级和次级都具有铁心时），次级的材料利用率也较高。直线电动机按初级与次级之间的相对长度来分可分为短初级和短次级，按初级运动还是次级运动来分可分为动初级和动次级。

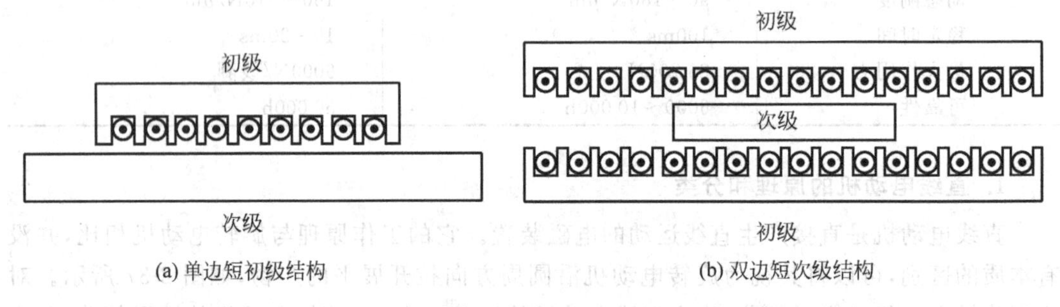

(a) 单边短初级结构　　(b) 双边短次级结构

图 2-39　单边和双边结构

直线电动机可分为直流直线电动机、步进直线电动机和交流直线电动机三大类。

在励磁方式上，交流直线电动机可以分为永磁（同步）式和感应（异步）式两种。永磁式直线电动机的次级是一块一块铺设的永久磁铁，其初级是含铁心的三相绕组。感应式直线电动机的初级和永磁式直线电动机的初级相同，而次级是用自行短路的不馈电栅条来代替永磁式直线电动机的永久磁铁。永磁式直线电动机在单位面积推力、效率、可控性等方面均优于感应式直线电动机，但成本高，工艺复杂，而且给机床的安装、使用和维护带来不便。目前，在数控机床上应用的主流是感应式直线交流伺服电动机和永磁式直线交流伺服电动机。

2. 直线永磁同步电动机

随着永磁材料性能的不断提高和应用技术的发展，直线永磁同步电动机以其高可靠性和高效率等优势逐渐受到青睐。它在推力、速度、定位精度、效率等方面比直线感应电动机和直线脉冲电动机等具有更多的优点，是一种比较合适的直线伺服电动机。

直线永磁同步电动机是在定子（即次级），沿全行程方向的一条直线上，交替安装 N、S 永磁体（如钕铁硼），如图 2-40(a)所示。而在动子（即初级）下方的全长上，对应地安装含铁心的通电绕组（永磁同步旋转电动机则是转子上装永磁体，而定子中有电枢绕组），图 2-40(b)是它的横向剖面图。

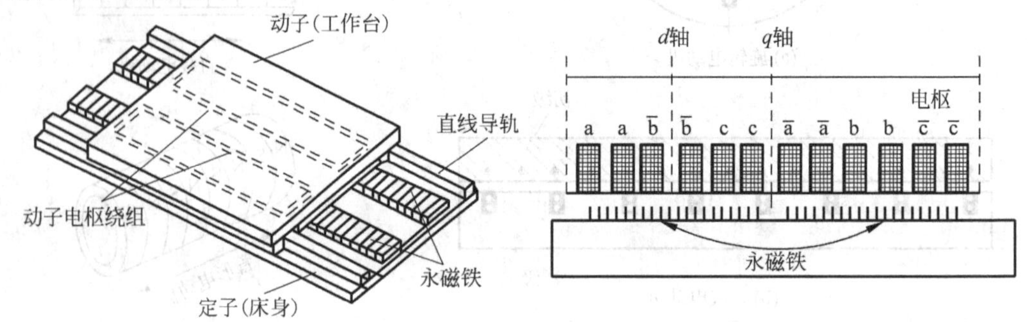

(a) 直线永磁同步电动机结构　　(b) 直线永磁同步电动机的横向剖面图

图 2-40　直线永磁同步电机结构

直线永磁同步电动机的工作原理与旋转电动机也是类似的。图 2-41 是一永磁直线同步电动机工作原理示意图。在动子的三相绕组中通入三相对称正弦电流，同样会产生气隙磁场。当忽略由于铁心两端开断引起的纵向端部效应时，这个气隙磁场的分布情况与旋转电动机相似，即沿展开的直线方向呈正弦分布。当三相电流随时间变化时，气隙磁场将按 A、B、C 的相序沿直线运动。这个原理与旋转电动机相似，但两者的区别是：直线电动机的气隙磁场是沿直线方向平移的，而不是旋转，因此该磁场称为行波磁场。行波磁场的移动速度与旋转磁场在定子内圆表面的线速度 V_s（即同步速度）是一样的。直线永磁同步电动机永磁体的励磁磁场与行波磁场相互作用便会产生电磁推力。在这个推力的作用下，动子（即初级）就会沿行波磁场运动的反方向作速度为 V_r 的直线运动。

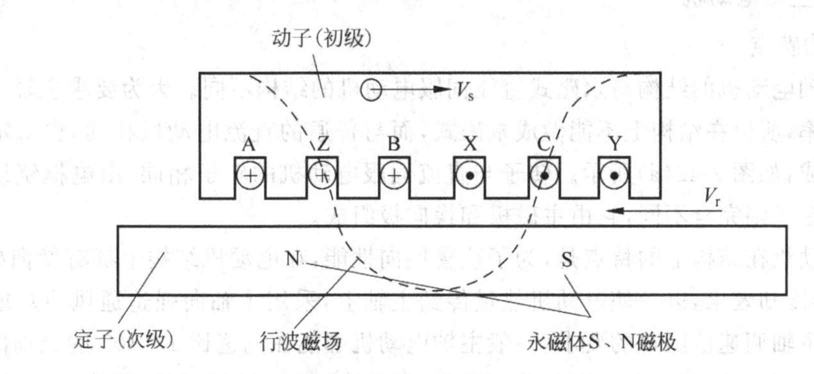

图 2-41　直线永磁同步电动机的工作原理

*2.4.5　主轴驱动电机

1. 数控机床对主轴驱动的要求

机床的主轴驱动与伺服进给驱动有很大的差别。机床主传动的工作运动通常是旋转运动，不需要丝杠或其他直线运动装置。老式的数控机床的主轴采用三相感应电动机配上多级变速箱驱动方式。随着机床的生产率和刀具效能的要求越来越高，对主轴驱动提出了更高的要求。通常要求主轴电机应有 2.2～250kW 的功率范围，既要输出大的功率，又要求主轴的结构简单。主轴需要有良好的动态性能，要有更大的无级调速范围，如能在 1∶100～1∶1000范围内进行恒扭矩调速和 1∶10 范围内进行恒功率调速。而且要求主轴的两个转向中任何一个方向都可进行传动和加减速控制。

有学者统计，在全部服役的数控机床中，数控车床要占 42%，数控钻、镗、铣占 33%，数控磨床、冲床 23%，其他只占 2%。主轴驱动对前两类数控机床极为重要，例如数控车床应具有螺纹车削功能，要求主轴能与进给系统实现同步控制；加工中心上为了自动换刀还要求主轴能进行高精度准停控制。目前具有复合加工功能的数控机床还要求主轴具有角度分度控制的功能。

另外，主轴驱动装置应提供加工各类零件所需的切削功率，无论在何种速度（这取决于所加工的材料）、用各种不同刀具加工，都必须提供所需的切削功率。因此，要求主轴驱动在尽可能大的调速范围内保持恒功率的输出。随着刀具的不断改进，切削速度日益提高，以满足生产率的提高。另外，主轴转速范围还要扩大，因为加工一些难加工材料所要求的转速范围相差很大，如钛合金常需要低速加工，而铝合金材料却需要高速加工。用齿轮变速箱满足这类要求的方法已经过时。

在早期的数控机床上多采用直流主轴驱动系统，但由于直流电动机的换向限制，大多数系统恒功率调速范围都非常小。到了 20 世纪 80 年代初期，随着微处理技术和大功率晶体管技术的进展，开始在数控机床的主轴驱动中应用交流驱动系统。现在新生产的数控机床已有九成采用交流主轴驱动系统，这是因为，一方面制造交流电动机不像直流电动机那样在高转速和大容量方面受到限制，另一方面，目前的交流主轴驱动的性能已达到直流驱动系统的水平，甚至在噪声方面还有所降低，而且在价格上也不比直流主轴驱动系统贵。

2. 直流主轴电动机

(1) 结构特点

直流主轴电动机的结构与永磁式直流伺服电动机的结构不同。因为要求主轴电动机输出很大的功率，所以在结构上不能做成永磁式，而与普通的直流电动机相同，也由定子和转子两部分组成，如图 2-42(a)所示。转子与直流伺服电动机的转子相同，由电枢绕组和换向器组成。而定子则完全不同，它由主磁极和换向极组成。

这类电动机在结构上的特点是，为了改善换向性能，在电动机结构上都有换向极；为缩小体积，改善冷却效果，以免使电动机热量传到主轴上，采用了轴向强迫通风冷却或水管冷却。为适应主轴调速范围宽的要求，一般主轴电动机都能在调速比 1∶100 的范围内实现无级调速，而且在基本速度以上达到恒功率输出，在基本速度以下为恒扭矩输出，以适应重负荷的要求。电动机的主磁极和换向极都采用硅钢片叠成，以便在负荷变化或加速、减速时有良好的换向性能。电动机外壳结构为密封式，以适应机加工车间的环境。在电动机的尾部一般都同轴安装有测速发电机作为速度反馈元件。

(2) 直流主轴电动机性能

直流主轴电动机的扭矩—速度特性曲线如图 2-42(b)所示，在基本速度以下时属于恒扭矩范围，用改变电枢电压来调速；在基本速度以上时属于恒功率范围，采用控制激磁的调速方法调速。一般来说，恒扭矩的速度范围与恒功率的速度范围之比为 1∶2。

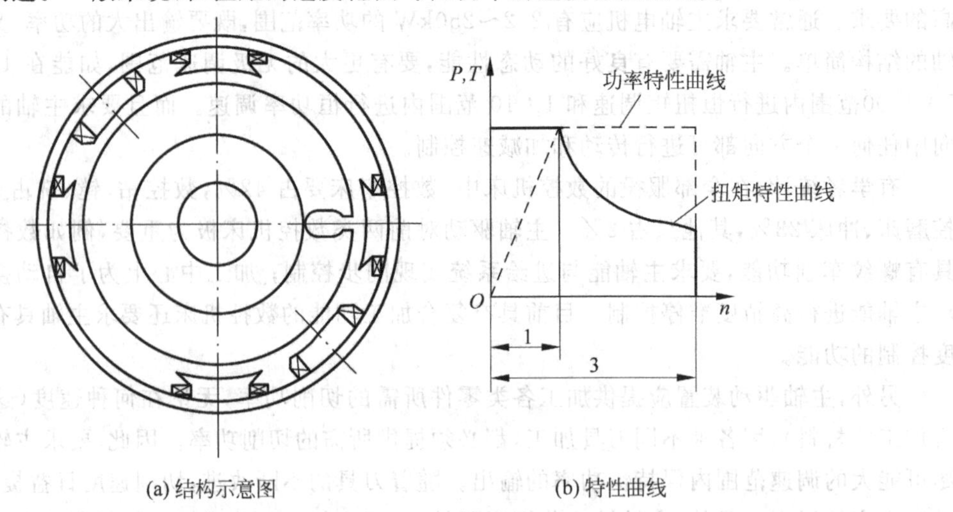

(a) 结构示意图　　(b) 特性曲线

图 2-42　直流主轴电动机

直流主轴电动机一般都有过载能力，且大都能过载150%(即为连续额定电流的1.5倍)。至于过载的时间，则根据生产厂的不同，有较大的差别，从1min至30min不等。

一般来说，采用直流主轴控制系统之后，只需要二级机械变速，就可以满足一般数控机床的变速要求。

3. 交流主轴电动机

(1) 结构特点

前面提到，交流伺服电动机的结构有笼型感应电动机和永磁式同步电动机两种结构，而且大都为后一种结构形式。而交流主轴电动机与伺服电动机不同，交流主轴电动机采用感应电动机形式。这是因为受永磁体的限制，当容量做得很大时电动机成本太高，使数控机床无法使用。另外数控机床主轴驱动系统不必像伺服驱动系统那样，要求如此高的性能，调速范围也不必太大。因此，采用感应电动机进行矢量控制就完全能满足数控机床主轴的要求。

笼型感应电动机在总体结构上由三相绕组的定子和有笼条的转子构成。虽然，也可采用普通感应电动机作为数控机床的主轴电动机，但一般而言，交流主轴电动机是专门设计的，各有自己的特色。如为了增加输出功率，缩小电动机的体积，都采用定子铁心在空气中直接冷却的办法，没有机壳，而且在定子铁心上加工有轴向孔以利通风等。为此在电动机的外形上呈多边形而不是圆形。交流主轴电动机结构和普通感应电动机的比较如图2-43(a)所示。转子结构与一般笼型感应电动机相同，多为带斜槽的铸铝结构。在这类电动机轴的尾部安装检测用脉冲发生器或脉冲编码器。

在电动机安装上，一般有法兰盘式和底脚式两种，可根据不同需要选用。

(2) 交流主轴电动机性能

交流主轴电动机的特性曲线如图2-43(b)所示。从图中曲线可以看出，交流主轴电动机的特性曲线与直流主轴电动机类似：在基本速度以下为恒扭矩区域，而在基本速度以上为恒功率区域。但有些电动机，如图中所示的那样，当电动机速度超过某一定值之后，其功率-速度曲线又会向下倾斜，不能保持恒功率。对于一般主轴电动机，恒功率的速度范围只有1∶3的速度比。另外，交流主轴电动机也有一定的过载能力，一般为额定值的1.2～1.5倍，过载时间则从几分钟到半个小时不等。

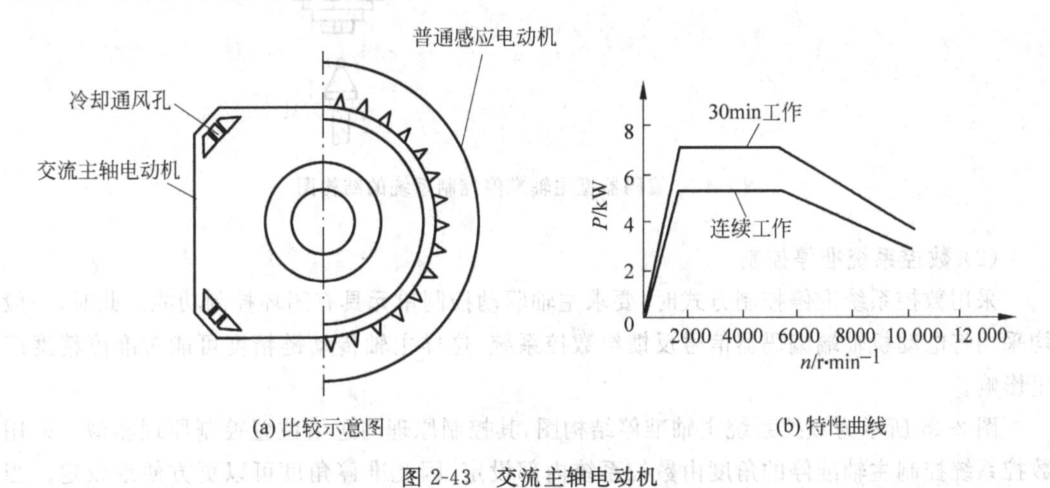

(a) 比较示意图　(b) 特性曲线

图2-43 交流主轴电动机

4. 主轴定向控制(主轴准停功能)

主轴定向控制是指将主轴准确停在其一固定位置上,以便在该处进行换刀等动作。传统的做法是采用机械挡块等来定位。在现代数控机床上,一般都采用电气方式使主轴定向,只要数控系统发出 M19 指令,主轴就能准确定向。电气方式的主轴定向控制,是利用装在主轴上的磁性传感器或位置编码器作为位置反馈部件,也可以用数控系统准停控制功能,由它们输出的信号使主轴准确停在规定的位置上。

磁性传感器或位置编码器的准停控制工作原理基本一致,下面简单介绍位置编码器准停和数控系统准停控制。

(1) 位置编码器准停

图 2-44 所示为编码器型主轴准停控制系统的结构图。该控制系统中的编码器可采用主轴电动机内部安装的编码器,也可采用在主轴上直接安装的另一编码器。采用编码器主轴定向时,主轴驱动控制单元可自动转换,使其处于速度控制或位置控制状态,其工作过程与磁传感器控制系统相似,但准停角度可由外部开关量设置,在 0°~360°间任意定向。

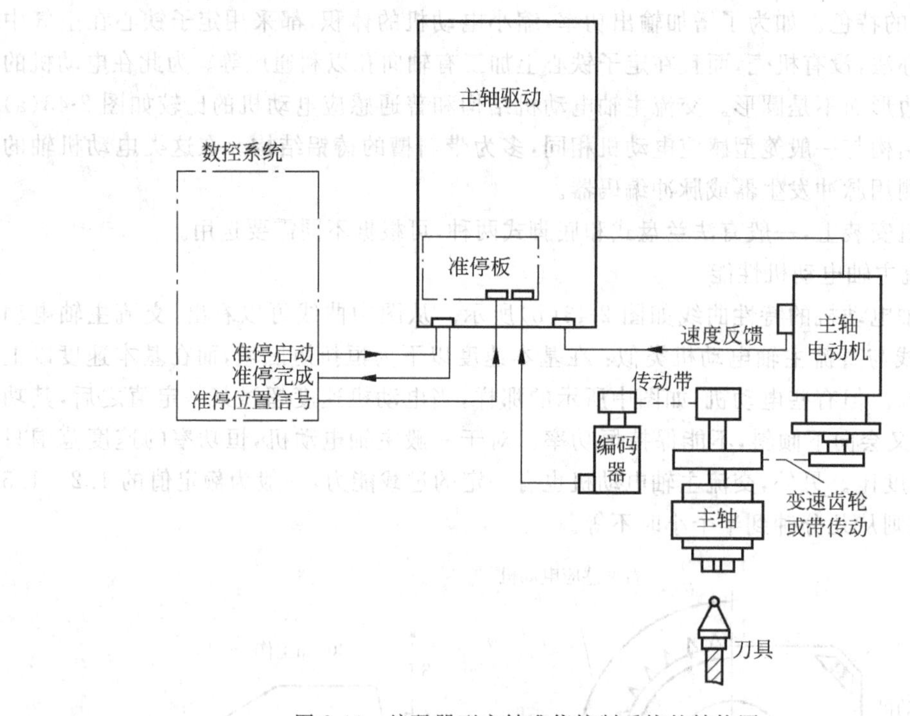

图 2-44 编码器型主轴准停控制系统的结构图

(2) 数控系统准停控制

采用数控系统准停控制方式时,要求主轴驱动控制单元具有闭环控制功能。此时,一般均采用将电动机轴端编码器信号反馈给数控系统,这样主轴传动链精度可能对准停精度产生影响。

图 2-45 所示为数控系统主轴准停结构图,其控制原理与进给位置控制原理相似。采用数控系统控制主轴准停的角度由数控系统内部设定,因此准停角度可以更方便地设定。当数控系统执行 M19 指令时,首先将 M19 送至 PLC,PLC 经译码送出控制信号,使主轴驱动

进入伺服状态，同时数控系统控制主轴电动机降速，并寻找零位脉冲 CP，然后进入位置闭环控制状态。

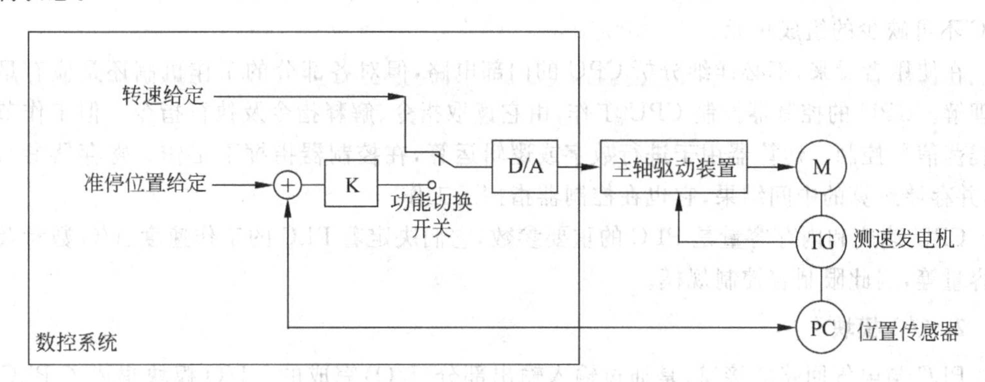

图 2-45 数控系统主轴准停结构图

*2.5 可编程序控制器(PLC)应用简介

数控机床的一些功能组件在工作时需要按照逻辑条件进行顺序动作，并按照逻辑关系进行连锁保护动作的控制。实现这样的控制主要有两种方式：一种是传统"继电器逻辑电路"，简称 RLC(Relay Logic Circuit)，它是将继电器、接触器、按钮、开关等电器元件用导线连接而成的以实现规定顺序控制功能的电路。另一种通常称为"可编程序控制器"，简称 PLC(Programmable Logic Controller)，也有人将 PLC 简称为 PC(Programmable Controller)，也有厂商(日本 FANUC 公司)将专门用于机床控制的 PLC 称作 PMC(Programmable Machine Controller)。

国际电工委员会(IEC)对 PLC 的定义是：可编程控制器是一种数字运算操作的电子系统，专为在工业环境下应用而设计。它采用可编程序的存储器，用来在其内部存储执行逻辑运算、顺序控制、定时、计数和算术运算等操作的指令，并通过数字的、模拟的输入和输出，控制各种类型的机械或生产过程。可编程序控制器及其辅助设备都应按易于构成一个工业控制系统，且它们所具有的全部功能易于应用的原则设计。

2.5.1 PLC 的基本构成

从结构上，PLC 可分为固定式和组合式(模块式)两种。固定式 PLC 包括 CPU 板、I/O 板、显示面板、内存块、电源等，这些元素组合成一个不可拆卸的整体。模块式 PLC 包括 CPU 模块、I/O 模块、内存、电源模块、底板或机架，这些模块可以按照一定规则组合配置。

1. CPU 的构成

CPU 是 PLC 的核心，起神经中枢的作用。每套 PLC 至少有一个 CPU，它按 PLC 的系统程序赋予的功能接收并存储用户程序和数据，用扫描的方式采集由现场输入装置送来的状态或数据，并存入规定的寄存器中，同时，诊断电源和 PLC 内部电路的工作状态和编程过程中的语法错误等。进入运行后，从用户程序存储器中逐条读取指令，经分析后再按指令规定的任务产生相应的控制信号，去指挥有关的控制电路。

CPU主要由运算器、控制器、寄存器及实现它们之间联系的数据、控制及状态总线构成。CPU单元还包括外围芯片、总线接口及有关电路。内存主要用于存储程序及数据,是PLC不可缺少的组成单元。

在使用者看来,不必详细分析CPU的内部电路,但对各部分的工作机制还是应有足够的理解。CPU的控制器控制CPU工作,由它读取指令、解释指令及执行指令。但工作节奏由震荡信号控制。运算器用于进行数字或逻辑运算,在控制器指挥下工作。寄存器参与运算,并存储运算的中间结果,它也在控制器指挥下工作。

CPU速度和内存容量是PLC的重要参数,它们决定着PLC的工作速度、I/O数量及软件容量等,因此限制着控制规模。

2. I/O模块

PLC与电气回路的接口,是通过输入输出部分(I/O)完成的。I/O模块集成了PLC的I/O电路,其输入暂存器反映输入信号状态,输出点反映输出锁存器状态。输入模块将电信号变换成数字信号进入PLC系统,输出模块则相反。I/O分为开关量输入(DI),开关量输出(DO),模拟量输入(AI),模拟量输出(AO)等模块。

开关量是指只有开和关(或1和0)两种状态的信号,模拟量是指连续变化的量。常用的I/O分类如下:

开关量:按电压水平分,有220V AC、110V AC、24V DC;按隔离方式分,有继电器隔离和晶体管隔离。

模拟量:按信号类型分,有电流型(4～20mA,0～20mA)、电压型(0～10V,0～5V,−10～10V)等,按精度分,有12bit,14bit,16bit等。

除了上述通用I/O外,还有特殊I/O模块,如热电阻、热电偶、脉冲等模块。

可按I/O点数确定模块规格及数量,I/O模块可多可少,但其最大数量受CPU所能管理的基本配置的能力,即受最大的底板或机架槽数限制。

3. 电源模块

PLC电源用于为PLC各模块的集成电路提供工作电源。同时,有的还为输入电路提供24V的工作电源。电源输入类型有:交流电源(220V AC或110V AC),直流电源(常用的为24V DC)。

4. 底板或机架

大多数模块式PLC使用底板或机架,其作用是:电气上,实现各模块间的联系,使CPU能访问底板上的所有模块;机械上,实现各模块间的连接,使各模块构成一个整体。

5. PLC系统的其他设备

(1) 编程设备:编程器是PLC开发应用、监测运行、检查维护不可缺少的器件,用于编程、对系统做一些设定、监控PLC及PLC所控制的系统的工作状况,但它不直接参与现场控制运行。小编程器PLC一般有手持型编程器,目前一般由计算机(运行编程软件)充当编程器。

(2) 人机界面:最简单的人机界面是指示灯和按钮,目前液晶屏(或触摸屏)式的一体式操作员终端应用越来越广泛,由计算机(运行组态软件)充当人机界面非常普及。

(3) 输入输出设备:用于永久性地存储用户数据,如EPROM、EPROM写入器、条码阅读器，输入模拟量的电位器，打印机等。

6. PLC 的通信联网

依靠先进的工业网络技术可以迅速有效地收集、传送生产和管理数据。因此，网络在自动化系统集成工程中的重要性越来越显著，甚至有人提出"网络就是控制器"的观点。

PLC 具有通信联网的功能，它使 PLC 与 PLC 之间、PLC 与上位计算机以及其他智能设备之间能够交换信息，形成一个统一的整体，实现分散集中控制。多数 PLC 具有 RS—232 接口，还有一些内置有支持各自通信协议的接口。

以西门子 Simatic S7-200 为例，用于机床工作台某一直线轴控制，按图 2-46 连接的装置可以方便地实现步进电机的定位控制。此控制系统有三个部分：

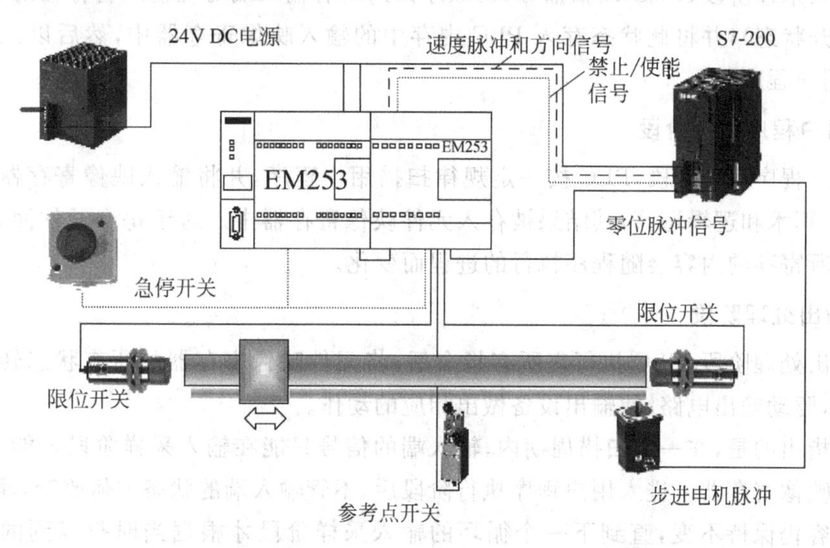

图 2-46　Simatic S7-200 用于控制机床工作台某一直线轴连接图

(1) 控制器(PLC)：依据控制需求发送电信号以达到所需位置。

(2) 电机驱动器：是一个功率放大器，把 PLC 的逻辑信号转换成大电流信号来驱动电机。

(3) 电机(步进电机或伺服电机)：由放大器的驱动产生物理运动。

I/O 模块 EM253 专门针对位置控制设计，输入有急停、限位、参考点开关等，输出给电机驱动器，可以控制步进伺服电机，接口有 5V 直流脉冲和 422 接口。整个控制系统可提供单轴、开环移动控制所具有的功能和性能。

2.5.2 PLC 的工作过程

PLC 对用户程序的执行过程是通过 CPU 的周期性循环扫描，并采用集中采样、集中输出的方式来完成的。当 PLC 在加电运行时，首先清除输入输出寄存器状态表中的原有内容，然后进行自诊断，即检查机内硬件(如 CPU、各输入输出模块等)，确认其正常工作后，开始循环扫描。在每个扫描周期内，PLC 对用户程序的扫描过程可分成输入采样、用户程序执行和输出处理三个阶段，如图 2-47 所示。

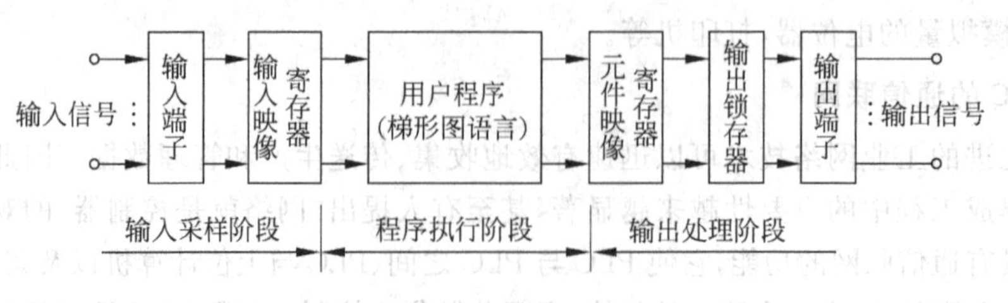

图 2-47 PLC 的工作过程

1. 输入采样阶段

在输入采样阶段，CPU 以扫描方式，顺序读入所有输入端对应输入暂存器的状态(接通状态或断开状态)，并将此状态存入 PLC 内存中的输入映像寄存器中，然后以此信息为输入，执行用户程序。

2. 用户程序执行阶段

在用户程序执行阶段，PLC 按一定规律扫描用户程序，并将输入映像寄存器中的状态取出，进行算术和逻辑运算，其结果被存入元件映像寄存器中。对于每个元件而言，元件映像寄存器所寄存的内容会随程序执行的进程而变化。

3. 输出处理阶段

在输出处理阶段，PLC 执行完所有指令后，将元件映像寄存器的所有状态转存到输出锁存器中，驱动输出电路，使输出设备做出相应的动作。

需要指出的是，在一个扫描周期内，输入端的信号只能在输入采样阶段才能被读取，并存入输入映像寄存器。进入用户程序执行阶段后，不管输入端的状态如何改变，输入映像寄存器的内容仍保持不变，直到下一个循环的输入采样阶段才根据当时扫描到的状态予以刷新。

2.5.3 PLC 在机床控制中的应用

数控机床作为自动化控制设备，其控制部分大体上可分为数字控制和顺序控制两个部分。数字控制部分控制刀具轨迹；顺序控制部分接收数控部分送来的 S、T 和 M 等机械顺序动作信息，对其译码，转换成辅助机械动作对应的控制信号，使执行环节做相应的开关动作。现代全功能型数控机床均采用内装型 PLC 或者独立 PLC。

1. 内装型 PLC

内装型 PLC 与 CNC 机床的关系如图 2-48 所示。它与独立型 PLC 相比具有如下特点。

(1) 内装型 PLC 的性能指标由所从属的 CNC 系统的性能、规格来确定。它的硬件和软件部分被作为 CNC 系统的基本功能统一设计。具有结构紧凑、适配能力强等优点。

(2) 内装型 PLC 与 CNC 共用微处理器或具有专用微处理器，前者利用 CNC 微处理器的余力来发挥 PLC 的功能，I/O 点数较少；后者由于有独立的 CPU，多用于顺序控制复杂且动作速度要求快的场合。

(3) 内装型 PLC 与 CNC 其他电路通常装在一个机箱内，共用一个电源和地线。

(4) 内装型 PLC 的硬件电路可与 CNC 其他电路制作在同一块印刷线路板上，也可以

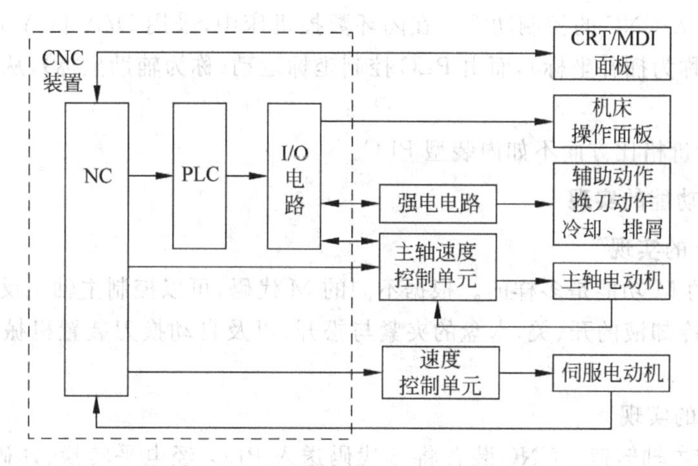

图 2-48 内装型 PLC 与 CNC 机床的关系

单独制成附加印刷电路板,供用户选择。

(5) 内装型 PLC 对外没有单独配置的输入输出电路,而使用 CNC 系统本身的输入输出电路。

(6) 采用内装型 PLC,扩大了 CNC 内部直接处理的窗口通信功能,可以使用梯形图编辑和传送高级控制功能,造价低,提高了 CNC 的性能价格比。

2. 独立型 PLC

独立型 PLC 与 CNC 机床的关系如图 2-49 所示,独立型 PLC 具有如下特点。

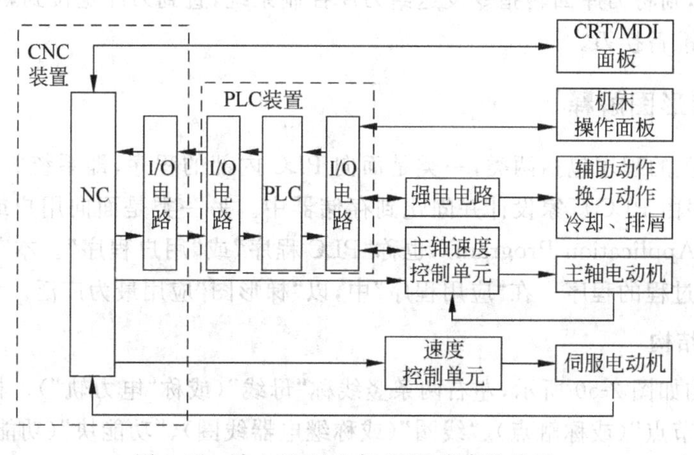

图 2-49 独立型 PLC 与 CNC 机床的关系

(1) 根据数控机床对控制功能的要求可以灵活选购或自行开发通用型 PLC。一般单机数控设备所需 PLC 的 I/O 点数多在 128 点以下,少数设备在 128 点以上,选用微型和小型 PLC 即可。大型数控机床、FMC、FMS、CIMS,则选用中型和大型 PLC。

(2) CNC 和 PLC 装置均有自己的 I/O 接口电路,需要进行 PLC 与 CNC 装置的 I/O 连接,PLC 与机床侧的 I/O 连接,需将对应的 I/O 信号的接口电路连接起来。通用型 PLC 一般采用模块化结构,装在插板式笼箱内。I/O 点数可通过 I/O 模块或者插板的增减灵活配置,使得 PLC 与 CNC 的 I/O 信号的连接变得简单。

(3) 可以扩大CNC的控制功能。在闭环数控机床中,采用D/A和A/D模块,由CNC控制坐标运动(称为插补坐标),而由PLC控制坐标运动(称为辅助坐标),从而扩大CNC的控制功能。

(4) 在性能价格比方面不如内装型PLC。

3. M、S、T功能的实现

(1) M功能的实现

PLC完成的M功能是多样的。根据不同的M代码,可以控制主轴正反转或停止,主轴齿轮箱的变速,冷却液的开、关,卡盘的夹紧与松开,以及自动换刀装置机械手取刀、归刀等运动。

(2) S功能的实现

S用来指定主轴转速。CNC装置将S代码送入PLC,经电平转换、译码、数据转换、限位控制和D/A变换,最后送给主轴电动机伺服系统。其中限位控制是在S代码对应的转速大于规定的最高转速时,限定最高转速;当S代码对应的转速小于规定的最低速度时,限制最低转速。

(3) T功能的实现

刀具功能T也由PLC实现,给自动换刀系统的管理带来了很大的方便。自动换刀控制方式有固定存取换刀方式和随机存取换刀方式,它们分别采用刀套编码制和刀具编码制。对于刀套编码的T功能处理过程是:CNC装置送出T代码指令给PLC,PLC经过译码,在数据表内检索,找到T代码指定的新刀号所在的数据表的表地址,并与现行刀号进行判别比较,如不符合,则将刀库回转指令发送给刀库控制系统,直到刀库定位到新刀号位置时,刀库停止回转,并准备换刀。

2.5.4 PLC梯形图解释

与PLC有关的程序包括两类,一类是面向PLC内部的程序,即系统管理程序(或解释程序),这些程序由PLC厂家设计并固化到存储器中。另一类是面向用户或面向生产过程的"应用程序"(Application Program),也称"PLC程序"或"用户程序"。本节讨论的是面向用户、面向生产过程的程序。在"应用程序"中,以"梯形图"应用最为广泛。

1. 梯形图结构

梯形图结构如图2-50所示,左右两条竖线称"母线"(或称"电力轨")。梯形图是由母线和在母线间的"节点"(或称触点)、"线圈"(或称继电器线圈)、"功能块"(功能指令,图中未画出)等构成的"网络"。在左右母线间的1个网络,包括母线称为1个梯阶(或梯级)。每个梯阶由"一行"或"数行"构成。图2-50所示的梯形图由2个梯阶构成。上面的1个梯阶只有1行,含有3个节点和1个线圈;下面1个梯阶由3行构成,有4个节点和1个线圈。

2. 梯形图意义

图2-51(a)所示为用于A、B两地电动机启停控制的继电器控制电路。图中,S1和S3,S2和S4分别为相距较远的两个操作台上的电动机启、停按钮。K为启动电动机的接触器线圈。当任一启动按钮被按下时,接触器线圈得电,并通过触点K闭合实现自保,电动机进入运行状态。当任一停止按钮被按下时,接触器线圈失电,其触点K断开,电动机停止运

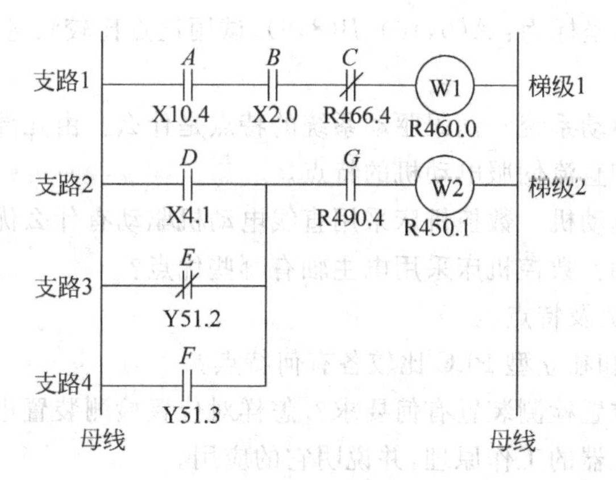

图 2-50 梯形图结构

转。这样，两个控制台都可以独立地控制电动机的启动与停止。图 2-51(b)是采用 PLC 控制的等效梯形图，S1 或 S2 节点闭合时，K 线圈输出，并通过节点 K 闭合自保。当 S3 或 S4 节点断开时，K 线圈无输出，节点 K 断开。

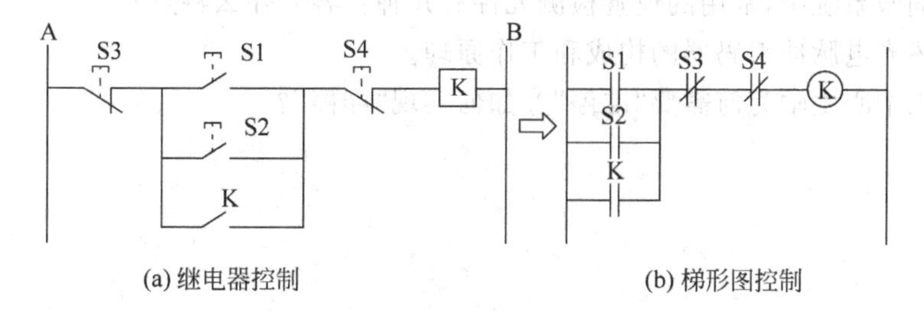

(a) 继电器控制　　(b) 梯形图控制

图 2-51 两地控制电动机启停电路

由上面实例可见，梯形图程序是从上到下，从左到右，一个梯级一个梯级顺序地进行工作；当顺序执行至程序结束时，又返回开头重复执行。从梯形图开始至结束的执行时间称为顺序处理时间，又称“扫描周期”或“循环周期”。处理时间随高级顺序和低级顺序的步数而变化。步数越少，则处理时间越短，信号响应越快。

思考与练习题

1. CNC 装置硬件结构主要由哪几部分组成?

2. 计算机数控系统常用的外部设备有哪几种? 简述其功能。

3. 单微处理器结构和多处理器结构的区别是什么?

4. 简述 CNC 装置的工作过程和数据转换过程。

5. 解释下列名词术语：插补、脉冲增量插补、数字增量插补、刀具补偿、加减速控制。

6. 数控系统软件包括哪些主要内容?

7. CPU 的字长和运算速度对 CNC 装置有何影响?

8. 直线的起点坐标在原点 $O(0,0)$，终点 A 的坐标分别为①$A(12,5)$，②$A(9,4)$，③$A(10,10)$，④$A(5,10)$，试用逐点比较法对这些直线进行插补，并画插补轨迹。

9. 顺圆的起、终点坐标为：$A(0,10)$、$B(8,6)$，试用逐点比较法进行顺圆插补，并画出刀具轨迹。

10. 什么是伺服驱动系统？伺服驱动系统的特点是什么？由几部分组成？

11. 试比较交流和直流伺服电动机的特点。

12. 什么叫直线电动机？数控机床采用直线电动机驱动有什么优点和不足？

13. 什么叫电主轴？数控机床采用电主轴有哪些优点？

14. 简述 PLC 构成及特点。

15. 内装型 PLC 和独立型 PLC 比较各有何特点？

16. 数控机床对位置检测装置有何要求？怎样对位置检测装置进行分类？

17. 简述旋转变压器的工作原理，并说明它的应用。

18. 简述感应同步器的工作原理，并说明它的应用。

19. 简述光栅的构成和工作原理。

20. 简述磁栅的构成和工作原理。

21. 步进电动机系统在什么情况下要进行升降速控制？如何实现升降速控制？

22. 在伺服系统中，常用的位置检测元件有几种？各有什么特点？

23. 简述光电脉冲编码器的构成和工作原理。

24. 加工中心主轴为何需要“准停”？如何实现“准停”？

第3章 铣削工具系统

要完成某一具体的零件加工，除了必须具有机床本体和数控系统外，还必须具备满足零件工艺要求的各类工具，主要包括刀具、夹具、量具/量仪、检具等。作为一名工艺员在学习了机床结构和数控系统后，还需要学习与机床配套的工具系统，对于特定的零件加工来说，一般工艺员必须具备常用的标准化刀具、量具、夹具合理的选择能力才能保证生产效率和成本，更高级的工艺员甚至应该会自制专门的工具以解决特殊的疑难问题。

3.1 旋转刀具系统

金属切削刀具按其运动方式可分为旋转刀具(镗铣刀具系统)和非旋转刀具(车削刀具系统)。所谓刀具系统是指由刀柄、夹头和切削刀具所组成的完整的刀具体系，刀柄与机床主轴相连，切削刀具通过夹头装入刀柄之中。与普通机床加工方法相比，数控加工对刀具提出了更高的要求，不仅需要刚性好、精度高，而且要求尺寸稳定，耐用度高，断屑和排屑性能好，同时要求安装调整方便，这样才能满足数控机床高效率的要求。目前的铣削加工方式越来越多采用高速切削、干切削(无冷却液)、硬切削(淬火材质)，由此对刀具材质、刀具结构、刀具和主轴的连接方式等提出了全新要求，对于从事铣削工艺的工艺人员应该重点掌握旋转刀具和刀柄的应用，才能满足加工任务对效率和质量的要求。

为缩短生产周期，降低加工成本，各生产企业(如模具业、汽车业、航空航天业)都广泛采用高速切削加工技术。但在实际加工中，有些企业，其加工效果并未达到预期的目标。当然原因很多，但正确选用与高速运转的主轴相配合的刀具是关键因素之一。机床主轴的高速运转如果没有合适的刀具、刀柄相配合，则会损坏机床主轴的精密轴承，降低机床的寿命。

3.1.1 常用旋转刀具介绍

数控刀具系统非常庞大，包含内容极多，有刀具种类、规格、结构、材料、参数、标准等。不同的刀具类型和刀柄的结合构成了一个品种规格齐全的刀具系统，供用户选择和组合使用。数控镗铣类刀具系统采用的标准有国际标准(ISO 7388)、德国标准(DIN 69871，HSK刀柄已于1996年列入德国DIN标准，并于2001年12月成为国际标准ISO 12164)、美国标准(ANSI/ASME B5.50)、日本标准(MAS 403)和中国标准(GB 10944—89)等。由于标准繁多，在使用机床时务必注意，所具备的刀具系统的标准必须与所使用的机床相适应。

在数控铣床和加工中心上使用的刀具主要为铣刀，包括面铣刀、立铣刀、球头铣刀、三面刃盘铣刀、环形铣刀等，除此以外还有各种孔加工刀具，如麻花钻头、锪钻、铰刀、镗刀、丝锥等。下面主要介绍常用的铣刀。

1. 立铣刀

立铣刀主要用于立式铣床上铣削加工平面、台阶面、沟槽、曲面等。针对不同的加工要素和加工效率，立铣刀有下述几种常用形式。

(1) 端面立铣刀

立铣刀的主切削刃分布在铣刀的圆柱面上，副切削刃分布在铣刀的端面上，且端面中心有顶尖孔(见图 3-1)，因此，铣削时一般不能沿铣刀轴向做进给运动，只能沿铣刀径向做进给运动。端面立铣刀有粗齿和细齿之分，粗齿齿数 3～6 个，适用于粗加工；细齿齿数 5～10 个，适用于半精加工。端面立铣刀的直径范围是 ϕ2mm～ϕ80mm。柄部有直柄、莫氏锥柄、7/24 锥柄等多种形式。为了切削有拔模斜度的轮廓面，还可使用主切削刃带锥度的圆锥形立铣刀。

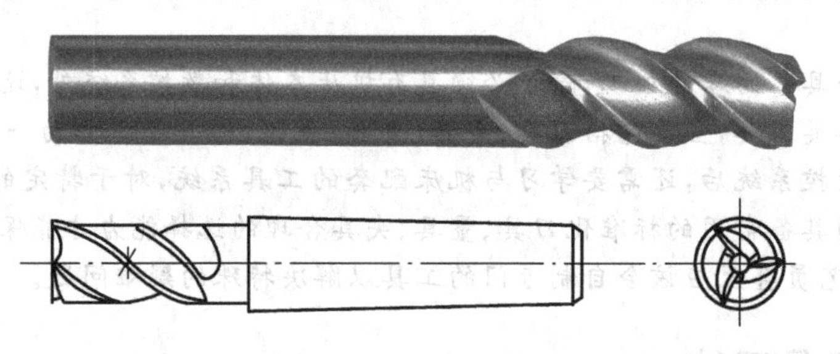

图 3-1　端面立铣刀

端面立铣刀应用较广，但切削效率较低。主要用于平面轮廓零件的加工。从结构上可分为整体式(小尺寸刀具)和机械夹固式(尺寸较大刀具)。

(2) 球头立铣刀

刀的端面不是平面，而是带切削刃的球面(见图 3-2)，刀体形状有圆柱形球头铣刀和圆锥形球头铣刀，也可分为整体式和机夹式。球头铣刀主要用于模具产品的曲面加工，在加工曲面时，一般采用三坐标联动，铣削时不仅能沿铣刀轴向做进给运动，也能沿铣刀径向做进

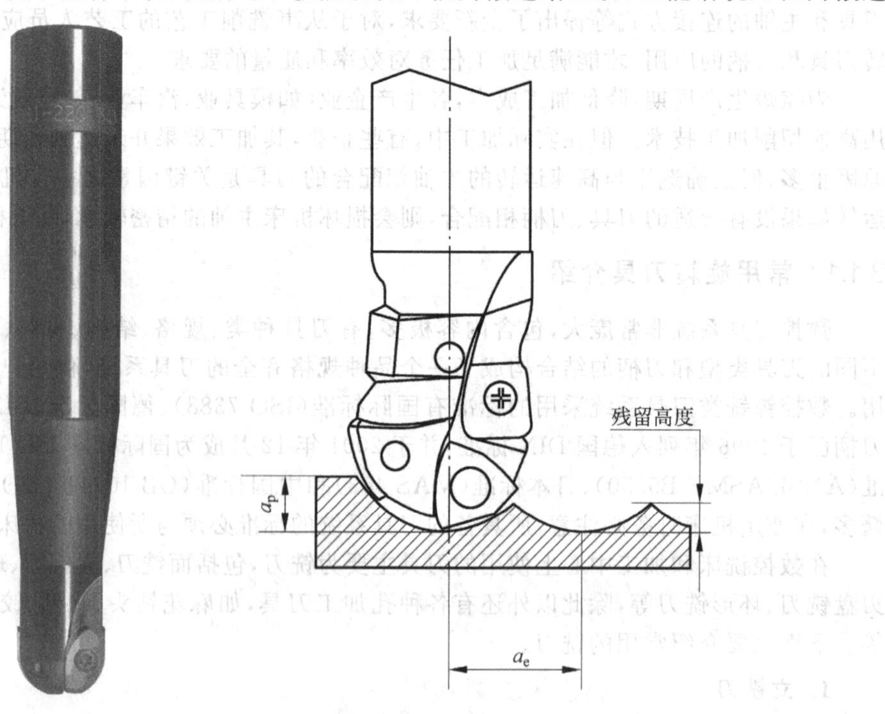

图 3-2　球头立铣刀

给运动，而且球头与工件接触往往为一点，这样，该铣刀在数控铣床的控制下，就能加工出各种复杂的成形表面。其运动方式具有多样性，可根据刀具性能和曲面特点选择或设计。

(3) 环形铣刀

环形铣刀又称R角立铣刀或牛鼻刀，形状类似于端铣刀，不同的是，刀具的每个刀齿均有一个较大的圆角半径，从而使其具备类似球头铣刀的切削能力，同时又可加大刀具直径以提高生产率，并改善切削性能（中间部分不需刀刃，如图3-3所示），也可采用机夹刀片。

图3-3　环形铣刀

(4) 键槽铣刀

键槽铣刀主要用于立式铣床上加工圆头封闭键槽等，该铣刀外形和端面立铣刀相似，但端面无顶尖孔，端面刀齿从外圆开至轴心，且螺旋角较小，增强了端面刀齿强度。端面刀齿上的切削刃为主切削刃，圆柱面上的切削刃为副切削刃。加工键槽时，每次先沿铣刀轴向进给较小的量，然后再沿径向进给，这样反复多次，就可完成键槽的加工。由于该铣刀的磨损是在端面和靠近端面的外圆部分，所以修磨时只要修磨端面切削刃，这样，铣刀直径可保持不变，使加工键槽精度较高，铣刀寿命较长。键槽铣刀的直径范围为ϕ2mm～ϕ65mm。

2. 面铣刀

面铣刀主要用于立式铣床上加工平面、台阶面、沟槽等。面铣刀的主切削刃分布在铣刀的圆柱面或圆锥面上，副切削刃分布在铣刀的端面上。面铣刀按结构可以分为整体式面铣刀、整体焊接式面铣刀、机夹焊接式面铣刀、可转位式面铣刀等形式。图3-4所示是硬质合金整体焊接式面铣刀。该铣刀是由硬质合金刀片与合金钢刀体经焊接而成，其结构紧凑，切削效率高，制造较方便。但刀齿损坏后，很难修复，所以该型铣刀已越来越多被可转位式面铣刀所代替（见图3-17）。

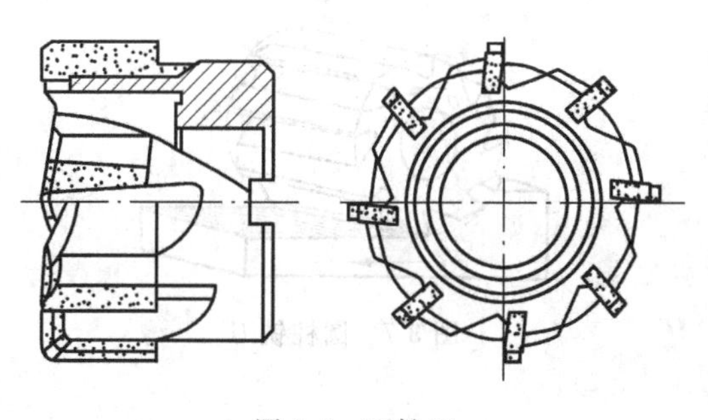

图3-4　面铣刀

3. 成型铣刀

主要用来加工模具和异型工件的特型面，如凹、凸圆弧面与齿轮盘、型腔面等，如图3-5所示。

4. 三面刃铣刀

三面刃铣刀主要用于卧式铣床上加工槽、台阶面等。三面刃铣刀的主切削刃分布在铣刀的圆柱面上，副切削刃分布在两端面上。该铣刀按刀齿结构可分为直齿、错齿和镶齿三种形式。图3-6所示是直齿三面刃铣刀在铣削台阶面。该铣刀结构简单，制造方便，但副切削刃前角为零度，切削条件较差。该铣刀直径范围是 ϕ50mm～ϕ200mm，宽度 4～40mm。

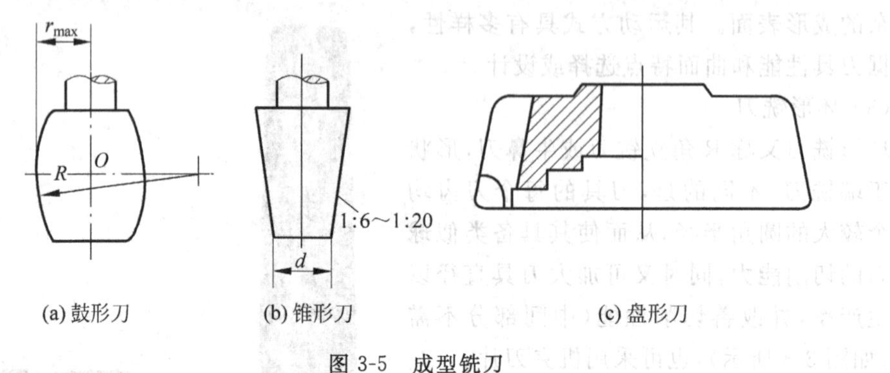

(a) 鼓形刀 (b) 锥形刀 (c) 盘形刀

图 3-5 成型铣刀

5. 圆柱铣刀

圆柱铣刀主要用于卧式铣床加工平面，一般为整体式，如图 3-7 所示。该铣刀材料为高速钢，主切削刃分布在圆柱上，无副切削刃。该铣刀有粗齿和细齿之分。粗齿铣刀齿数少，刀齿强度大，容屑空间大，重磨次数多，适用于粗加工；细齿铣刀齿数多，工作较平稳，适用于精加工。圆柱铣刀直径范围 d 为 50～100mm，齿数 Z 为 6～14 个，螺旋角 β 为 30°～45°。当螺旋角 $\beta=0°$时，螺旋刀齿变为直刀齿，目前生产上应用较少。螺旋齿圆柱铣刀分左旋和右旋，规格有外径 50～100mm，长度 50～160mm，齿数 6～14 个等多种。

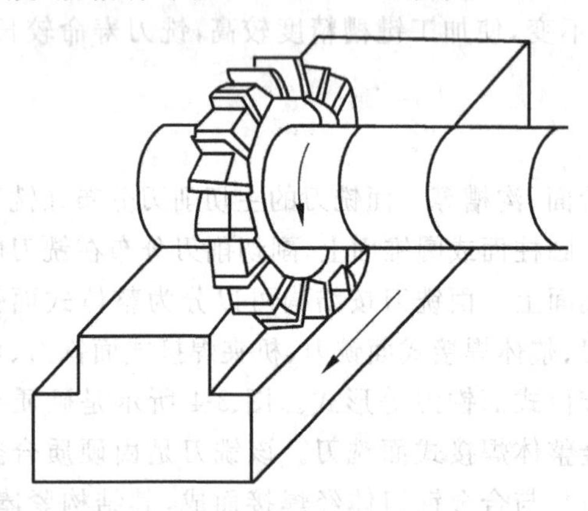
图 3-6 三面刃铣刀

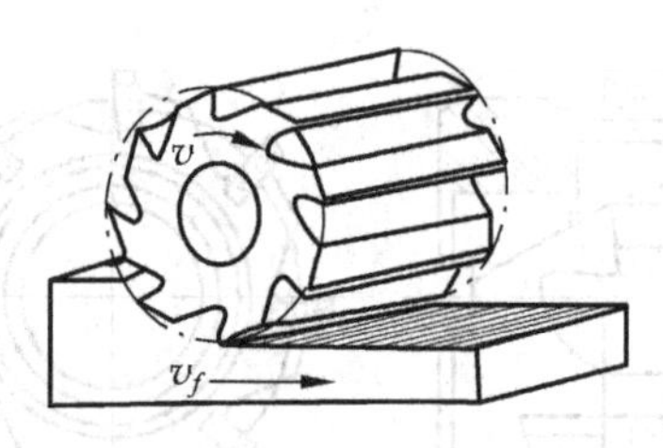

图 3-7 圆柱铣刀

6. 镗刀

镗孔所用的刀具称为镗刀，镗刀切削部分的几何角度和车刀、铣刀的切削部分基本相同。常用的有整体式镗刀，机械固定式镗刀。整体式镗刀一般装在可调镗头上使用；机械固定式镗刀一般装在镗杆上使用。

数控精加工常用到微调式镗刀杆（如图 3-8 所示），主要由镗刀杆、调整螺母、刀头、刀片、刀片固定螺钉、止动销、垫圈、内六角紧固螺钉构成。调整时，先松开内六角紧固螺钉，然后转动带游标刻度的微调螺母，就能准确地调整镗刀尺寸，从而能微量改变孔径尺寸。

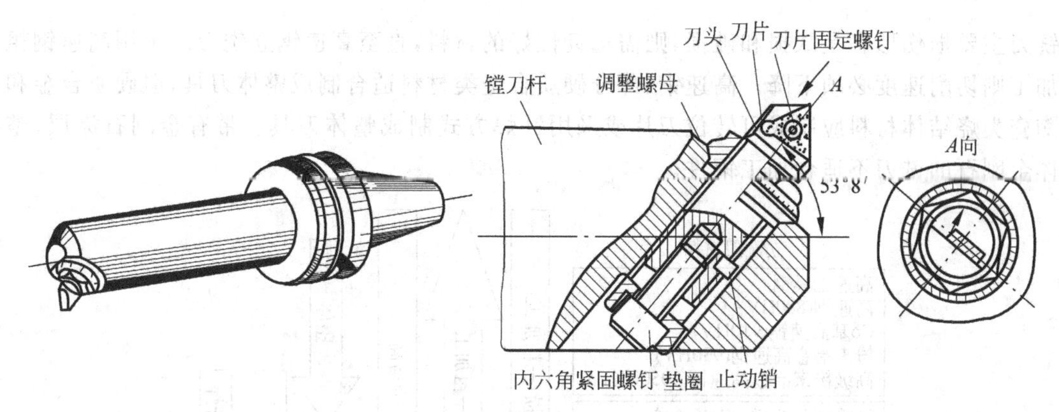

图 3-8 可微调镗刀

3.1.2 立铣刀的特点与选用

立铣刀广泛用于铣削加工零件的内外轮廓、平面、台阶面、曲面、槽、型腔、肋板、薄壁等要素，特别在各种结构形状模具的加工中，广泛地得到应用，立铣刀属于铣削工艺中最重要的刀具。随着模具工业飞速发展，其使用材料性能要求、加工精度不断提高，需加工结构的形状越来越复杂，对立铣刀的要求也随之越来越高。立铣刀的结构形状、几何参数、材料品种非常繁多，为满足以上要求，只有合理选用才能保证高品质、高效、低成本、长寿命地稳定生产。为此先应该了解其加工特点，并了解各类立铣刀的分类及适用的范围。

1. 立铣刀的材料

立铣刀加工主运动是刀具旋转，工件被固定在夹具及工作台上。其加工特点是：

(1) 断续切削，刀具(立铣刀)不断受到冲击，刀刃易脆性损伤，即缺损、破损(俗称微崩、崩刃)。

(2) 切削时刀刃迅速达到高温，空转时刀刃又迅速冷却，使刀具中热应力急剧变化，形成所谓“热冲击”，刀具易产生热龟裂，造成裂纹损伤。

(3) 球头立铣刀加工时，在刀具上同时存在高速切削区(外径处)、低速切削区(刀头中心处)。

(4) 切削速度低处，因挤压、刮擦、机械磨损大；切削速度高处产生热摩擦磨损。

由以上特点知：立铣刀既应能耐机械磨损、热磨损，也应能承受力与温度变化造成的冲击载荷，要有足够的韧性，具有抗缺损与抗破损性能，在广泛的速度范围中均能适应。

大型模具加工时，粗加工一般用大直径装可转位刀片立铣刀，精加工用整体立铣刀。小型模具由于可转位刀片立铣刀尺寸限制(目前最小为 ϕ8mm 或 ϕ10mm)，常常粗加工、精加工均选用整体立铣刀。

为合理正确选用整体立铣刀，首先应了解它有多少种类。至于装可转位刀片立铣刀的选用，由于各制造厂商结构、形状、尺寸、角度差异很大，此文就不加叙述了。

立铣刀的硬度一般是工件硬度的 2～4 倍。假如以碳钢(210HV 左右)和模具钢(370HV 左右)作为被加工材料，立铣刀材料可有高速钢、硬质合金、金属陶瓷、超高压烧结体和单晶金刚石五类，其选用原则见图 3-9。若立铣刀主要损伤形态是磨损，为提高立铣刀寿命，可尽量选择硬的材料，如选用立方氮化硼(CBN)或金刚石刀片，价格当然较贵。若立铣刀主要损伤形态是缺损和破损，则需选韧性好的材料，直至高速钢立铣刀。选用高速钢粗加工则切削速度必须下降。高速钢、部分硬质合金类材料适合制成整体刀具，但硬质合金和陶瓷类烧结体材料应制成可转位刀片或采用钎焊方式制成整体刀具。带有金刚石涂层、整体金刚石的铣刀不适合加工钢件。

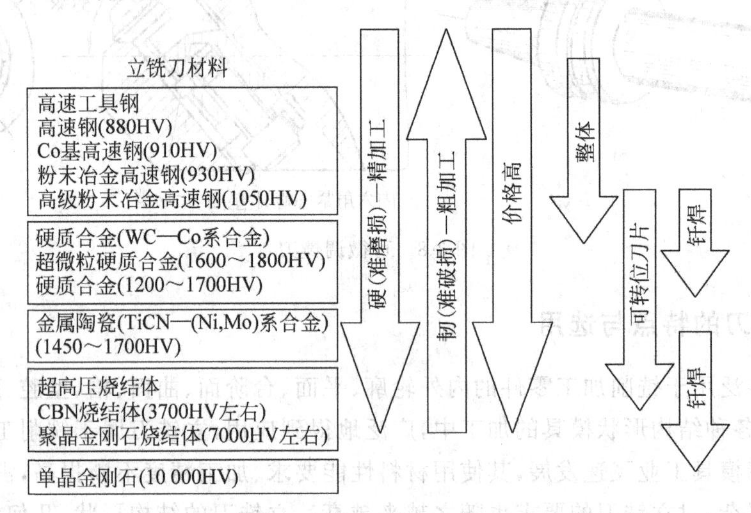

图 3-9 选择立铣刀材料的依据

2. 立铣刀头型与结构形状的选择

(1) 立铣刀头型的选择

立铣刀包括端面立铣刀、球头立铣刀和 R 角立铣刀三种，其头形分别是直角头、球头和圆弧头。直角头又可分为带小倒角直角头与完全直角头（见图 3-10）。完全直角头用于壁薄加工时易发生振动，适用于加工出 90°清角时使用。带小倒角直角头可以有效避免直角

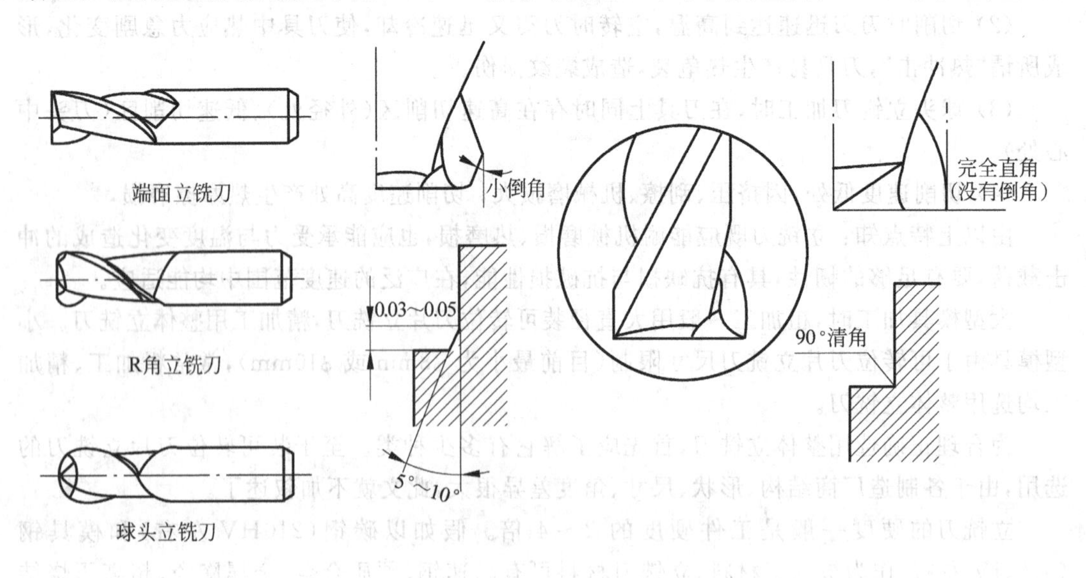

图 3-10 立铣刀的头型

头易破损(崩刃)现象,但若用它也发生破损,则需改用圆弧头立铣刀才能避免崩刃。直角头立铣刀主要用于加工槽(包括键槽)、侧平面、台阶面等。球头立铣刀主要用于型腔,斜面、成形、仿形加工等。

球头立铣刀应用时的注意事项为:

① 在高速加工机床上高速加工时,应使用夹紧力大、刚性好的铣削夹头。

② 刀具的振动幅度应控制在 10μm 以内,高速加工时应在 3μm 以内。

③ 加工时立铣刀应尽量缩短伸出量(只伸出有效加工长度)。

④ 小背吃刀量(a_p),大进给量对刀具寿命有利。

⑤ 尽可能用等高线加工方法加工零件,此方法不易损伤刀具。高精度球头立铣刀球头 R 公差可达±0.005μm,其顶刃延至中心,中心处也可进行切削,避免了刮挤和啃切,可使加工表面质量提高,也减轻了刀刃负荷与损伤。在数控机床上,高精度球头立铣刀加工后的型腔可以减少甚至完全免除以后的研磨工作,加速模具交货期。球头立铣刀与圆弧头 R 角立铣刀的比较见图 3-11。

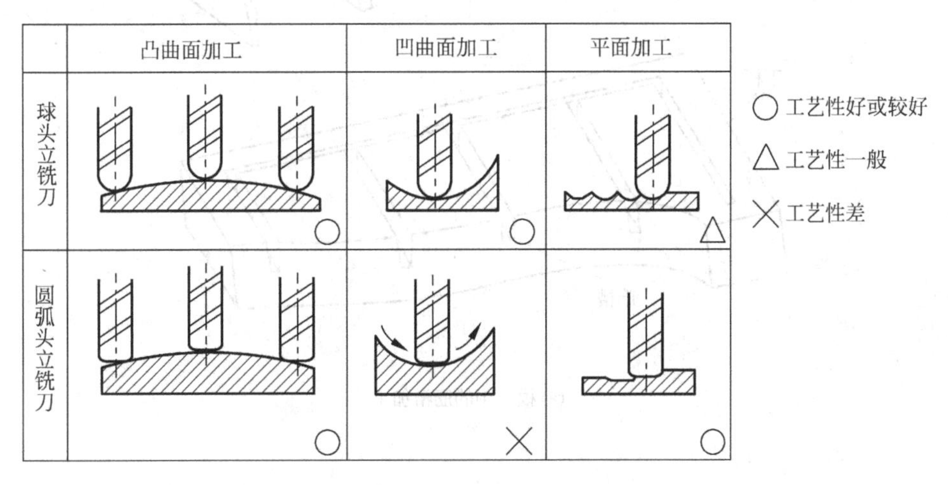

图 3-11 球头立铣刀与圆弧头立铣刀的比较

(2) R 角立铣刀

R 角立铣刀可以用等高线、扫描线加工有转角 R 的型腔侧面,当零件有圆弧 R 转角时,R 角立铣刀比球头立铣刀刚性大,加工效率高。在高硬材料加工、高转速大进给加工、深腔三维加工时,直角头立铣刀头会产生破损,用 R 角立铣刀代之,刀头抗破损性能可大大提高。

R 角立铣刀圆弧角 R 的精度也不断提高,高精度圆弧头立铣刀圆弧 R 达到±0.01mm。圆弧 R 的圆心位置精度也很重要,圆弧 R 的尺寸精度和位置精度会影响到用 CAD/CAM 进行精加工的结果。

(3) 立铣刀的变形结构

立铣刀除按头部结构形状分三类外,在整体结构形状上,根据工件的加工部位、形状、尺寸、深度等的要求,以及出于保持刀具自身刚性,强度等的要求,又衍生了多种变形结构,如圆柱形、圆锥形、圆柱颈、圆锥颈、缩颈、短刃、长刃和超长刃等,其头部又分别有直角、球头和圆弧头这三种结构。这里介绍一种近年渐渐广泛应用的筋槽加工立铣刀(Rib endmill)。所谓筋槽(图 3-12(a)、(b))是模具中细窄的沟槽,它带有斜角,形成便于使成品从模具中取出的拔模斜度,主要用于加强汽车内装、家电、手机等塑料零件的强度。不通筋槽与深度变化的筋槽较难加工。加工筋槽除形状与零件一致的锥形刃筋槽立铣刀外,尚有受力情况好的长颈球头、长颈直角头立铣刀(图 3-12(c))。

锥形筋槽立铣刀加工方法是每次进刀达到一定的背吃刀量后,就不断往复进给加工(图 3-12(d)),一直达到要求的槽形。根据工件锥角、槽宽、槽深的不同组合,就要求有不同尺寸、规格的锥形筋槽立铣刀。用长颈球头,直角头筋槽立铣刀应用等高线程序加工时花费时间较多,但工厂准备的刀具型号规格可减少。

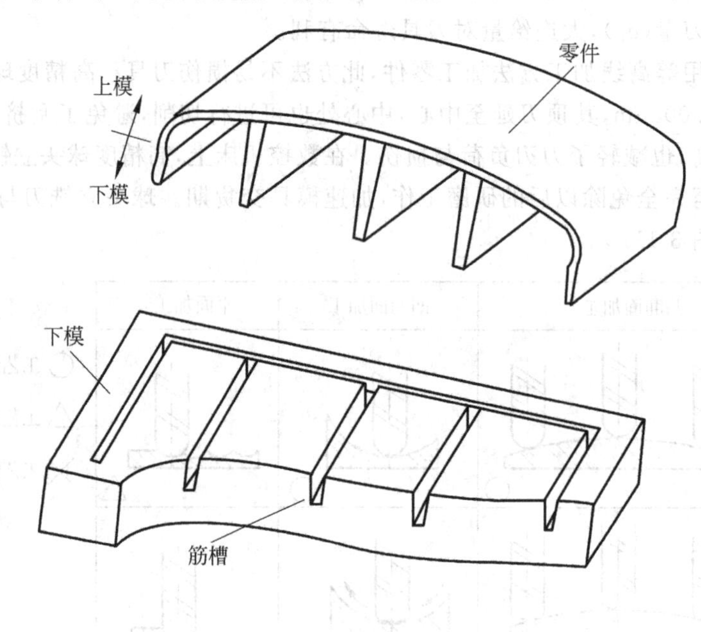

(a) 模具中的筋槽加工

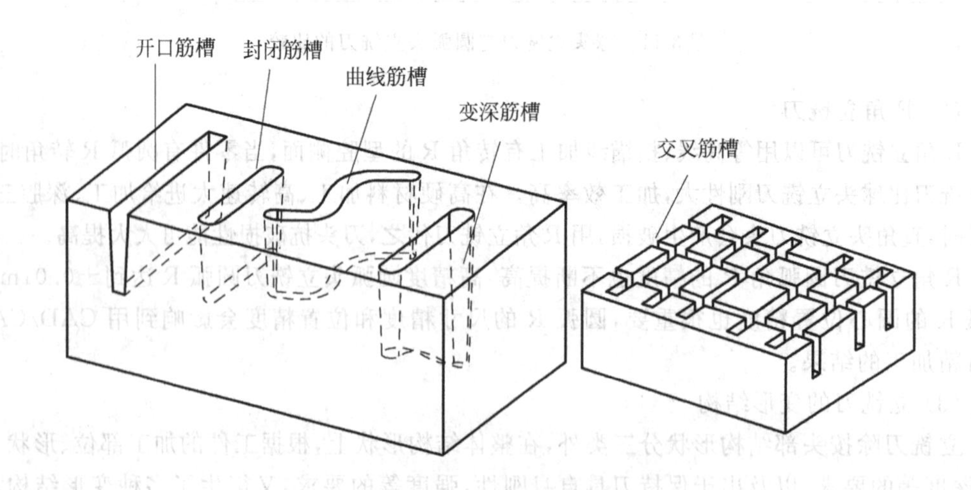

(b) 不同类型的筋槽

图 3-12 筋槽加工与变形立铣刀

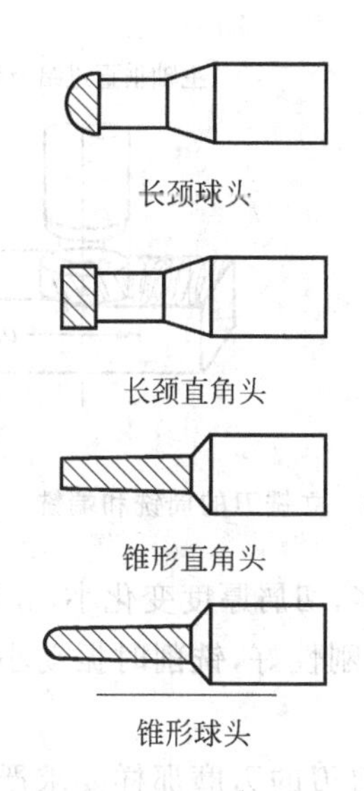

(c) 可加工筋槽的几种变形结构立铣刀

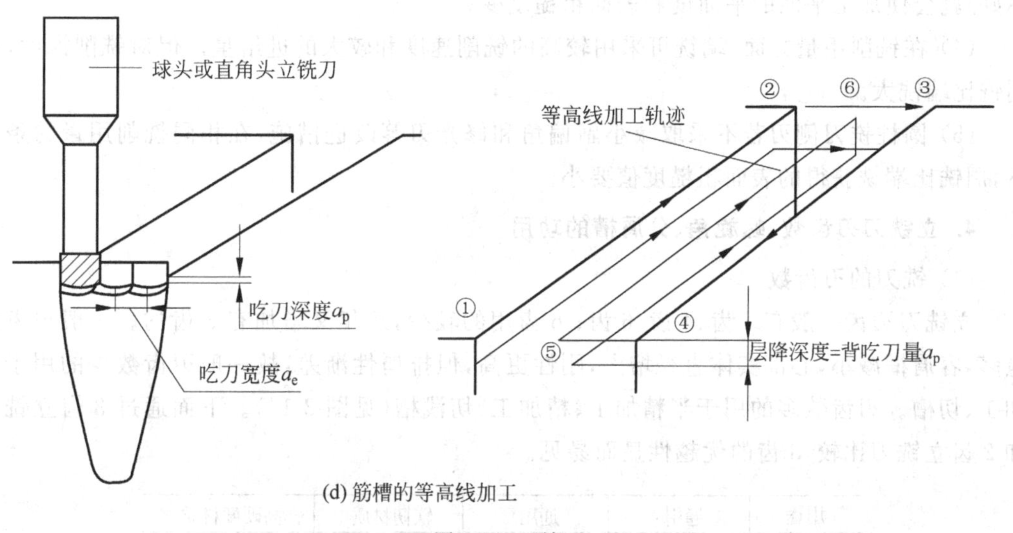

(d) 筋槽的等高线加工

图 3-12 （续）

3. 立铣刀的周铣和端铣

周刃铣削(简称周铣)是利用分布在立铣刀圆柱面上的刀刃来铣削并形成平面的，如图 3-13(a)所示。用周铣方法加工平面，其平面度的好坏，主要取决于铣刀的圆柱度，因此在精铣平面时，要保证铣刀的圆柱度。

端刃铣削(简称端铣)是利用分布在立铣刀端面上的刀刃来铣削而形成平面的。用端刃铣削方法加工出的平面，其平面度的好坏，主要决定于铣床主轴轴线与进给方向的垂直度。若主轴轴线与进给方向垂直，则刀尖旋转时的轨迹(圆环)与进给方向平行，就能切出一个平面，刀纹呈网状。若主轴轴线与进给方向不垂直，则会切出一个弧形凹面，刀纹呈单向弧形，铣削时会发生单向拖刀现象，如图 3-13(b)所示。

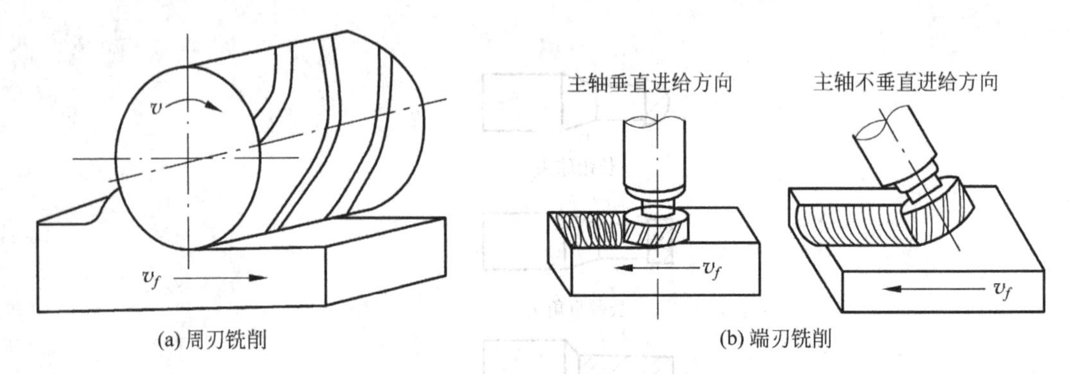

图 3-13　立铣刀的周铣和端铣

(1) 端铣时同时工作的刀齿比较多，切屑厚度变化小，故切削力波动小，工作比较平稳。

(2) 端铣刀的刀轴一般比较短，故刚性好，铣削时振动小，能承受较大的铣削力。采用高速铣削时，生产效率高，加工质量好。

(3) 端面刀刃的刃磨不像圆柱面刀刃的刃磨那样要求严格，端面刀刃和刀尖在径向和轴向的参差不齐，对加工平面的平面度几乎没有影响，而圆柱面刀刃若刃磨质量差（圆柱度不好）就会使加工平面的平面度和表面粗糙度变差。

(4) 在铣削用量方面，端铣可采用较高的铣削速度和较大的进给量。但对铣削深度，则周铣比端铣大。

(5) 圆柱铣刀侧刃若不采取减小副偏角和修光刃等改进措施，在相同铣削用量的条件下，周铣比端铣获得的表面粗糙度值要小。

4. 立铣刀刃齿数、螺旋角、分屑槽的功用

(1) 铣刀的刃齿数

立铣刀刃齿一般有 2 齿、4 齿、6 齿；6 齿用的较少，近年又增加有 3 齿的。一般刃齿数愈多，容屑槽减小，心部实体直径增大，刚性更高，但排屑性渐差，故一般刃齿数少的用于粗加工、切槽。刃齿数多的用于半精加工、精加工、切浅槽（见图 3-14）。下面通过 3 齿立铣刀和 2 齿立铣刀比较，3 齿的优越性显而易见。

用途	通用	通用	软韧材质	高硬度材质
刃齿数	2齿	4齿	3(4)齿	6齿
形状		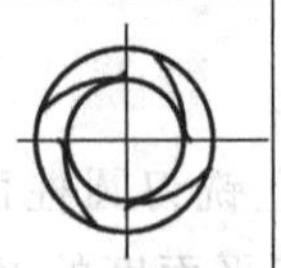	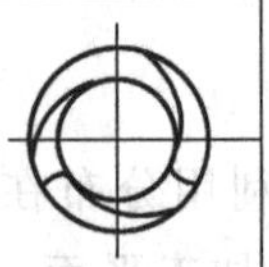	

图 3-14　不同刃齿数的立铣刀

根据立铣刀每分进给量公式：

$$f = f_2 \times z \times n$$

式中，f_2 为角齿进给量；z 为齿数；n 为转速。

如果已知 $n = 5000\text{r/min}$，$f_2 = 0.1\text{mm/z}$，则

2 刃每分进给量 $f=0.1\times2\times5000=1000$(mm/min)；

3 刃每分进给量 $f=0.1\times3\times5000=1500$(mm/min)，生产效率提高 50%。

若切削长度一定($L=1000$mm)，同样的每齿进给量，3 齿立铣刀的每齿切削次数减少了，即循环疲劳负荷减少了，寿命当然可高出许多：

2 刃切削接触次数＝1000÷2÷0.1＝5000(次/z)；

3 刃切削接触次数＝1000÷3÷0.1＝3333(次/z)。

(2) 立铣刀的螺旋角

如图 3-15，立铣刀的螺旋角 $\theta=0°$时，为直刃立铣刀。$\theta\neq0°$时，为螺旋刃立铣刀。

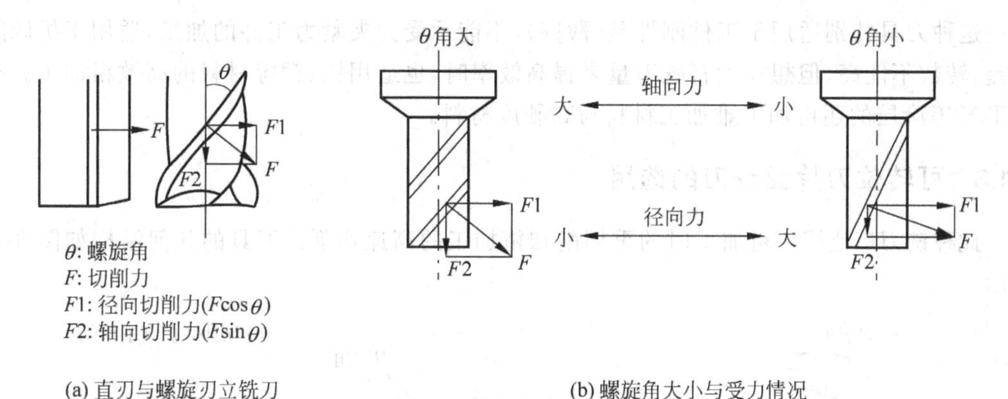

(a) 直刃与螺旋刃立铣刀　　(b) 螺旋角大小与受力情况

图 3-15　螺旋角对切削的影响

直刃加工时，切削刃全部同时切入工件，同时离开工件，这样反复作用加工，易引起振动缺损，加工表面质量不佳。作用在刀刃上的切削力作用在同一方向上，使刀具弯曲，故侧壁面加工精度差。

螺旋刃加工切入工件时，刀刃上某点其受力位置随刀具回转而变化，结构上难以引起振动，作用在刀刃上的切削力垂直于螺旋角方向，并分解为垂直分力与进给分力，使刀具弯曲的进给分力减小了，故侧壁面加工精度好。

螺旋角的选择，与切削振动、磨损、加工精度有关，一般螺旋角大好些。其理由是螺旋角越大参与切削长度越长、切削力在长切刃上被分散之故(图 3-15(b))。但是螺旋角也不是越大越好。螺旋角大，垂直于刀具的分力就大，就不适合加工刚性差的工件。还有切屑排出性也变差了。

碳素钢、合金钢、预硬钢、铸铁、铝合金、纯铜和塑料等加工首先推荐用 45°螺旋角，其次推荐 30°螺旋角。钛合金、镍合金、不锈钢等难切削材料和高硬度钢等加工推荐用 60°螺旋角。

(3) 分屑槽的功用

这里介绍一种高效的粗加工立铣刀，亦称玉米铣刀或分屑式立铣刀，如图 3-16 所示。这是带有分屑槽的粗加工立铣刀，由于切屑被碎断，切削力很低。通常的切削力比较如下：可转位刀片立铣刀＞通用整体立铣刀＞大螺旋角立铣刀＞分屑粗加工立铣刀。这种刀具可以用高速钢、硬质合金等材料制造，刀刃可以用各种涂层处理。它通常是 4～6 齿，螺旋角一般为 20°～30°，分屑节距有粗有细。还有特殊形状的，前角一般为 6°，为提高粗加工切削效率可选用它。

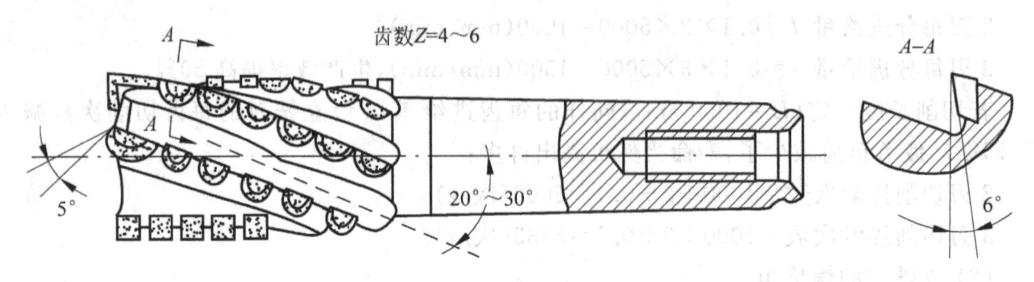

图 3-16　带分屑槽的粗加工立铣刀

这种刀具特别适用于工件刚性差(薄壁),不能承受大夹紧力工件的加工,适用于机床刚性差,转数不能高,但想加大背吃刀量来提高效率时,也适用铝、铜等材料的高效粗加工。有AlTiN 等涂层的还可加工难加工材料与高硬度材料。

3.1.3　可转位刀片面铣刀的选用

此种铣刀广泛用于粗加工时的重切削和精加工的高速切削。刀具的几何结构如图 3-17 所示。

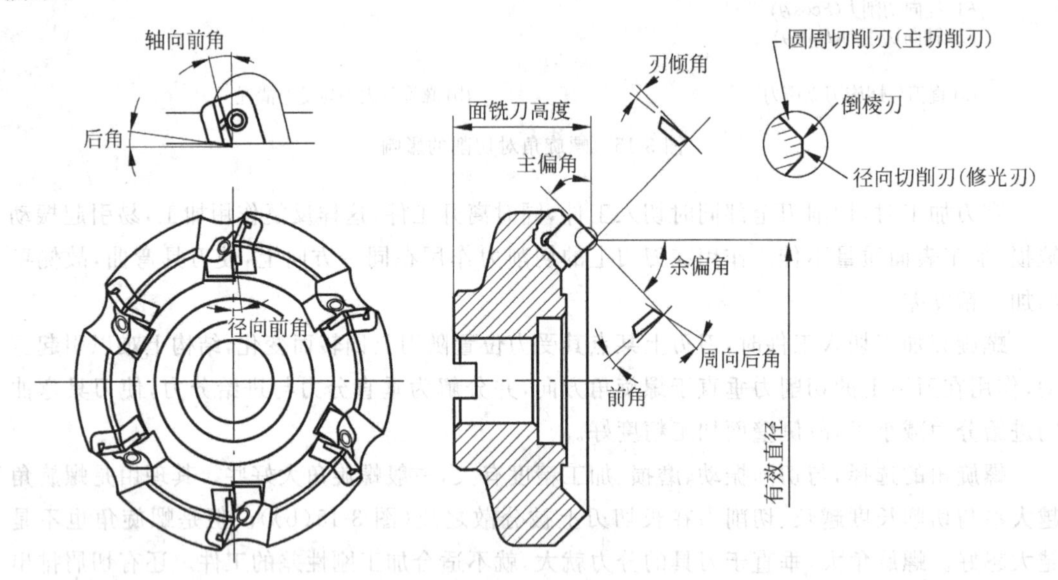

图 3-17　可转位刀片面铣刀结构图

对刀具主要几何参数有如下要点。

1. 前角选择

前角是刀具进入工件的切入角。通常,正前角应用广泛,它提高了设备的利用率,减少了切削热。与负前角需要更大功率相比,正前角减轻了对设备的损害;当铣削硬度较高材料时,因要求较高的切削刃强度,负前角类型刀片更好。

正前角(见图 3-18(a)):加工时切削轻快,用于布氏硬度 300HBS 以下的所有材料,尤其适用于小功率铣床或 40 锥度以下的铣床。

负前角(见图 3-18(b)):尤其适用于短屑铸铁件加工。

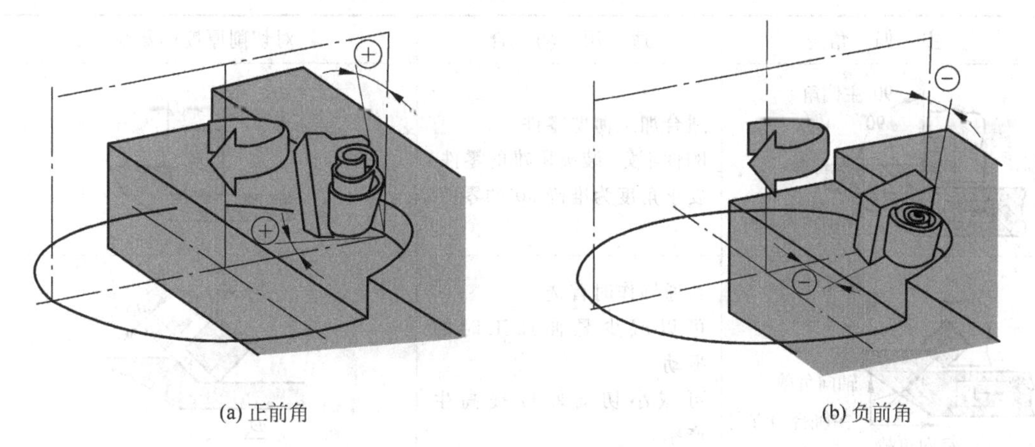

图 3-18 刀片的前角

2. 主偏角的选择

主偏角的作用是改善前刀面的几何形状，这样可以减少切削时工件和刀具的振动，在切削易切削材料(如铝合金)时，不管是面铣还是台阶铣，选用该类型铣刀比较经济。面铣刀的主偏角通常小于 90°，以便使切屑容易流出，且增加切削刃的强度。

通常主偏角为 45°和 15°，应用最广泛的是 45°，因为该类型铣刀是经济型的，且从精加工到粗加工都适用，这样可以提高工具与设备的利用率。

主偏角为 45°的适于重切削，且提供了优异的切削刃强度，尤其对悬伸长的铣削更加有效，因为，轴向切削力与径向切削力接近相等，见图 3-19。铣削铸铁时易崩刃，故也推荐使用 45°主偏角。

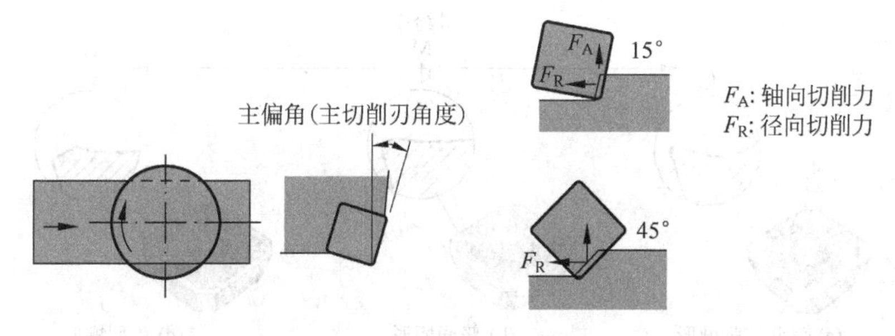

图 3-19 不同主偏角时切削力对比

如果工件的形状使刀具的切削位置难于定位时，较小的主偏角效果更好。

铣削刀具的主偏角是由刀片和刀体的前刃形成的角度。主偏角会影响切屑厚度、切削力和刀具寿命。在给定的进给率下减小主偏角，则切屑厚度会减小。这是由于切削刃在更大范围内与工件接触的缘故。减小主偏角允许刀刃逐渐切入或退出工件表面。这有助于减少径向压力，保护刀片的切削刃并降低破损的几率。其负面影响是，会增大轴向压力，并会在加工薄截面工件时在加工表面上引起偏差。

表 3-1 对比了不同主偏角对切削力和切削厚度的影响。

表 3-1　不同主偏角对切削力和切削厚度的影响

主　偏　角	适　用　场　合	对切削厚度的影响
90°主偏角 90 V_f 主轴合力方向	适合加工薄壁零件 刚性不好，装夹困难的零件 要求角度为准确 90°的零件	f_z
主偏角 45° V_f 轴向负载 主轴合力方向 径向负载	普通操作时首选 可以减少悬伸加工时的振动 可减小切屑厚度提高生产率	f_z h_{ex} D_e
a_p V_f 切削力	刀片可多次转位并具最坚韧的切削力 切屑很薄，适合于耐热合金加工 具有通用性	45° 30° 100%　切削负载 75% 50% 25% 随切深不同，圆刀片的主偏角和切屑负载均会有所变化

3. 刀片形状与数量的选择

图 3-20 和图 3-21 分别对比了刀片形状和刀片数量（圆周刀齿密度）对切削性能的影响。刀片形状根据切削要求可分为：

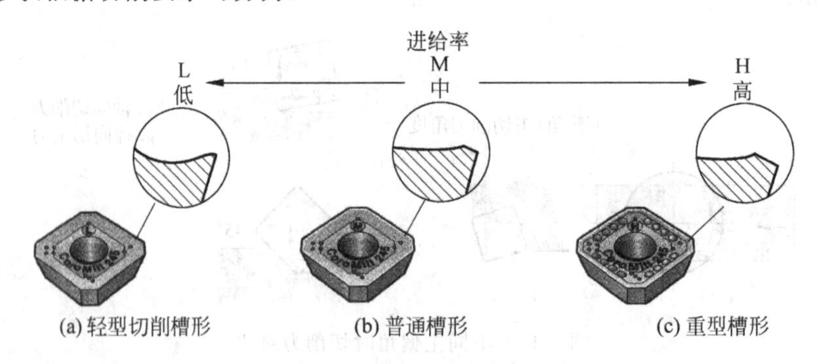

(a) 轻型切削槽形　(b) 普通槽形　(c) 重型槽形

图 3-20　刀片槽形对切削性能的影响

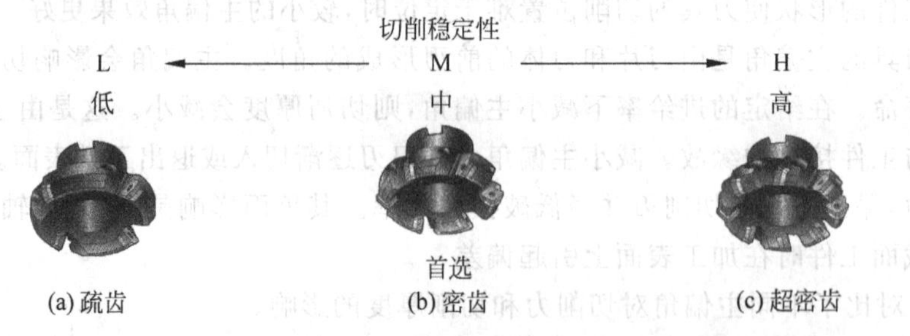

(a) 疏齿　(b) 密齿　(c) 超密齿

图 3-21　刀片数量（圆周刀齿密度）对切削性能的影响

轻型切削槽形——具有锋利的正前角，用于切削平稳、低进给率、低机床功率、低切削力的场合。

普通槽形——具有用于混合加工（粗精加工）的负前角，中等进给率。

重型槽形——用于高进给率加工，安全性能最高。

刀齿密度对操作稳定性具有低、中、高之分，当机床功率较小、小型机床、长时间加工时选用疏齿；普通铣削或混合加工优先选用密齿；对铸铁、耐热材料等工件为了获得最大的生产效率，可选用超密齿。

4. 面铣刀直径选择

(1) 最佳面铣刀直径（ϕD）应根据工件切削宽度来选择，$D\approx1.3\sim1.5$ WOC（切削宽度）。

(2) 如果机床功率有限或工件太宽，应根据两次走刀或依据机床功率来选择面铣刀直径，当铣刀直径不够大时，选择适当的铣加工位置也可获得良好的效果。一般可按 WOC＝3/4D 选择（如图 3-22 所示）。

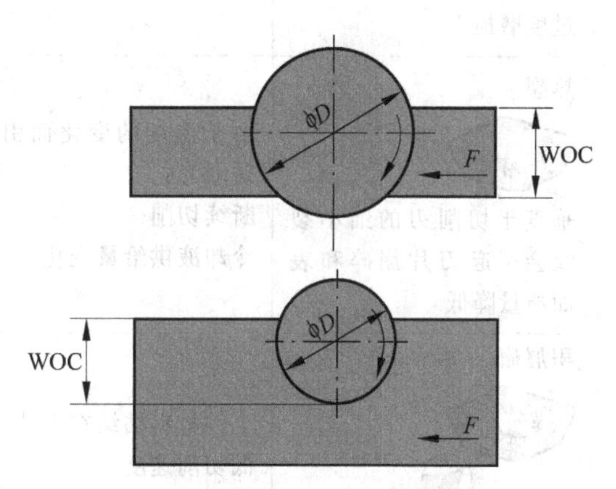

图 3-22　面铣刀直径选择

按照惯例，在机床功率满足加工要求的前提下，可以根据工件尺寸，主要是工件宽度来选择铣刀直径，同时也要考虑刀具加工位置和刀齿与工件接触类型等。一般说来，面铣刀的直径应比切削宽度大 20%～50%；如果是三面刃铣刀，推荐切深是最大切深的 40%，并尽量使用顺铣以利于提高刀具寿命。

3.1.4　常见刀具磨损诊断

在使用合金刀片镶嵌铣刀加工时，经常会出现刀具（刀片）磨损，通过观察磨损形式，可以帮助判断工艺方面的原因，从而提出改进措施。达到改良工艺的目的。所以工艺员在平时工作中应该注意收集积累各类刀具在实际加工中出现的各种磨损现象，并总结其规律。表 3-2 给出了常见刀具的磨损现象和诊断结果，供读者参考。

表 3-2　常见刀片磨损和诊断结果

现　　象	可能原因	改进方法
后刀面磨损 快速的后刀面磨损将使表面质量变差或超差	切削速度太高，或刀具耐磨性不好 进给量太低	降低切削速度，选择更耐磨的材料 提高进给率
沟槽磨损 沟槽磨损会引起表面质量下降和切削刃破裂	加工淬硬材料 工件表面有硬皮和氧化皮	降低切削速度 选择韧性更好的材料 提高切削速度

续表

现　　象	可能原因	改进方法
崩刃 切削刃的细小崩碎导致表面质量变差和后刀面过度磨损	材料太脆 刀片槽形过于薄弱 积屑瘤	选择韧性更好的材料 选择槽形强度更高的刀片 提高切削速度或选择正前角槽形；在切削开始时减小进给量
热裂 垂直于切削刃的细小裂纹会引起刀片崩碎和表面质量降低	由于温度的变化而引起的热裂纹是因为： 断续切削 冷却液供给量变化	选择能抵抗热冲击的韧性材料 冷却液应供给充足或根本未用
积屑瘤 积屑瘤将引起表面质量降低，去掉积屑瘤时会引起切削刃崩碎	工件材料粘结在刀片上是因为： 低切削速度 低进给率 负前角切削槽形	提高切削速度 提高进给率 选择正前角槽形
加工表面粗糙	进给量太大 刀片位置错误 偏差 稳定性太差	降低进给量 改变刀片位置 检查悬伸 提高稳定性
振动	错误的切削数据 稳定性太差	降低切削速度 提高进给率 改变切深 缩短悬伸 提高稳定性

3.1.5 刀柄系统分类

数控铣床或加工中心使用的刀具通过刀柄与主轴相连，刀柄通过拉钉和主轴内的拉紧装置固定在主轴上，由刀柄夹持刀具传递速度、扭矩，如图 3-23 所示。刀柄的强度、刚性、制造精度以及夹紧力对加工性能有直接的影响。最常用的刀柄与主轴孔的配合锥面一般采用 7∶24 的锥度，这种锥柄不自锁，换刀方便，与直柄相比有较高的定心精度和刚度。为了保证刀柄与主轴的配合与连接，刀柄与拉钉的结构和尺寸均已标准化和系列化，在我国应用最为广泛的是 BT40 和 BT50 系列刀柄和拉钉，其中，BT 表示采用日本标准 MAS403 的刀柄系列，其后数字 50 和 40 分别代表 7∶24 锥度的大端直径 69.85 和 44.45，BT40 刀柄与拉钉尺寸如图 3-24 所示。

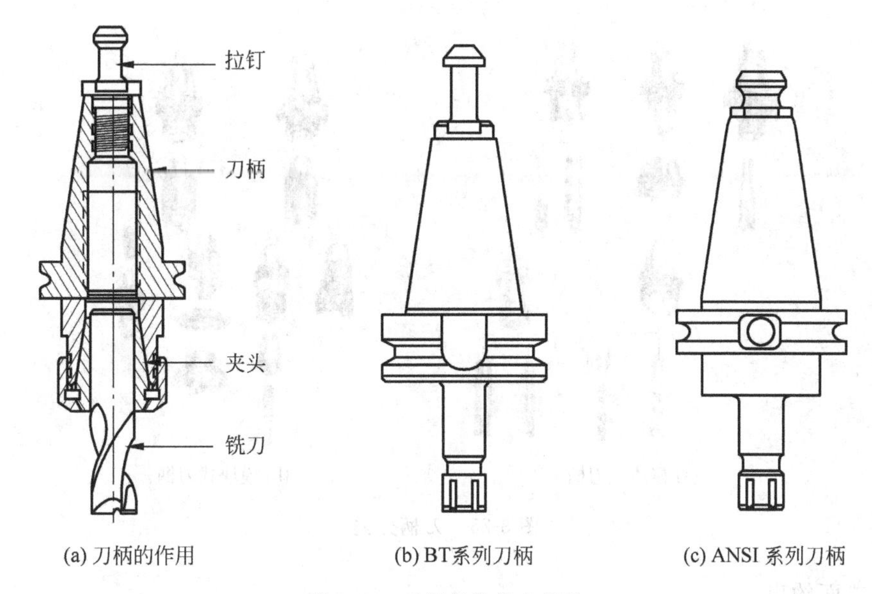

(a) 刀柄的作用　(b) BT系列刀柄　(c) ANSI 系列刀柄

图 3-23　刀柄的结构和规格

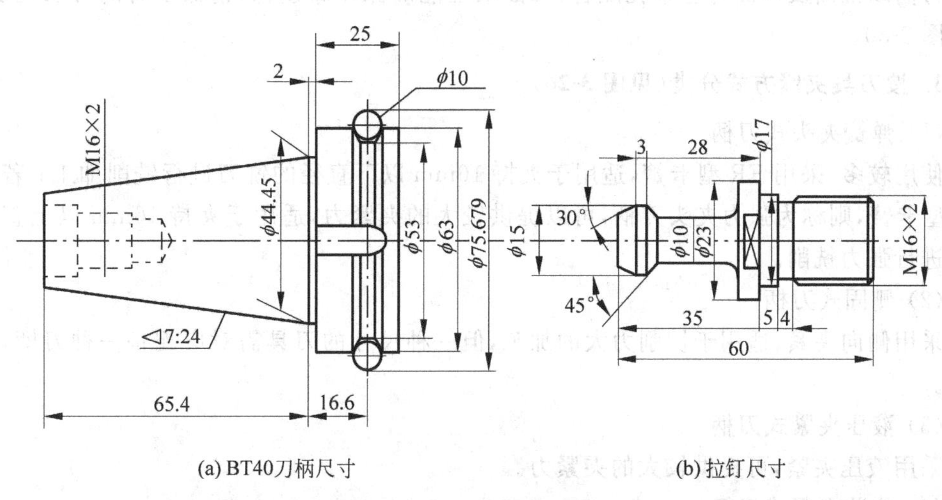

(a) BT40刀柄尺寸　(b) 拉钉尺寸

图 3-24　BT40 刀柄与拉钉尺寸图

1. 按刀柄的结构分类

(1) 整体式刀柄

如图 3-25(a)所示,这种刀柄直接夹住刀具,刚性好,但需针对不同的刀具分别配备,其规格、品种繁多,给管理和生产带来不便。

(2) 模块式刀柄

如图 3-25(b)所示,模块式刀柄比整体式多出中间连接部分,装配不同刀具时更换连接部分即可,克服了整体式刀柄的缺点,但对连接精度、刚性、强度等都有很高的要求。

2. 按刀柄与主轴连接方式分类

(1) 一面约束

刀柄以锥面与主轴孔配合,端面有 2mm 左右的间隙,此种连接方式刚性较差。

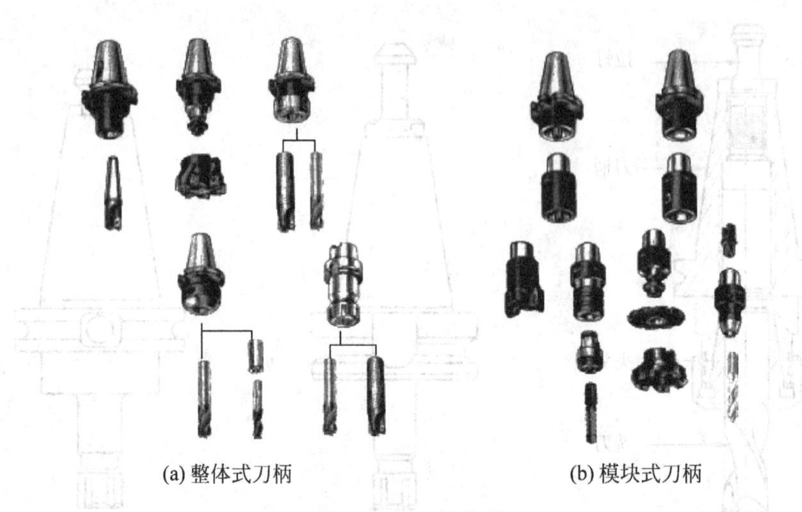

图 3-25　刀柄分类

(2) 二面约束

刀柄以锥面及端面与主轴孔配合，二面限位能确保在高速、高精加工时的可靠性要求，参见图 3-30。

3. 按刀具夹紧方式分类（见图 3-26）

(1) 弹簧夹头式刀柄

使用较多，采用 ER 型卡簧，适用于夹持 16mm 以下直径的铣刀进行铣削加工；若采用 KM 型卡簧，则称为强力夹头刀柄，可以提供较大的夹紧力，适用于夹持 16mm 以上直径的铣刀进行强力铣削。

(2) 侧固式刀柄

采用侧向夹紧，适用于切削力大的加工，但一种尺寸的刀具需对应配备一种刀柄，规格较多。

(3) 液压夹紧式刀柄

采用液压夹紧，可提供较大的夹紧力。

(4) 热装夹紧式刀柄

装刀时加热刀柄孔，靠冷缩夹紧刀具，使刀具和刀柄合二为一，在不经常换刀的场合使用。

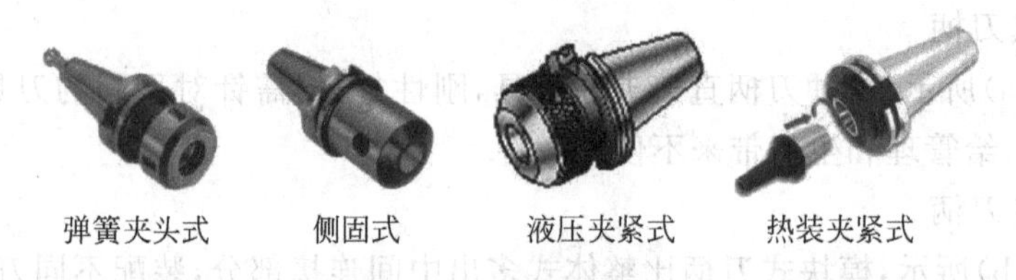

图 3-26　刀具夹紧方式

4. 按允许转速分类

(1) 低速刀柄

一般指用于主轴转速在 8000r/min 以下的刀柄。

(2) 高速刀柄

一般指用于主轴转速在 8000r/min 以上高速加工的刀柄，其上有平衡调整环，必须经动平衡检测。

5. 按所夹持的刀具分类(见图 3-27)

(1) 圆柱铣刀刀柄　用于夹持圆柱铣刀。

(2) 锥柄钻头刀柄　用于夹持莫氏锥度刀杆的钻头、铰刀等，带有扁尾槽及装卸槽。

(3) 面铣刀刀柄　用于与面铣刀盘配套使用。

(4) 直柄钻头刀柄　用于装夹直径在 13mm 以下的中心钻、直柄麻花钻等。

(5) 镗刀刀柄　用于各种高精度孔的镗削加工，有单刃、双刃以及重切削等类型。

(6) 丝锥刀柄　用于自动攻丝时装夹丝锥，一般具有切削力限制功能。

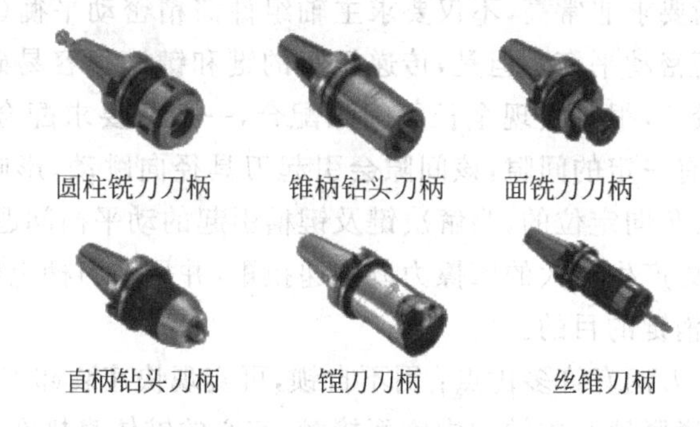

图 3-27　按夹持方式分类的刀柄

常用刀柄操作使用方法见第 8 章。

*3.1.6　高速切削加工用刀柄的选用

高速加工之所以令人注目，是因为它具有如下的优越性(见图 3-28)。以模具加工为例，传统工艺通常分为粗加工→半精加工→精加工→电火化加工→磨削加工等多个工序，而采用高速加工后，可以将这些加工集中为 1～2 个工序，而且由于加工精度的提高，可以省去电加工和磨削工序。高速加工具有比普通加工大 5～10 倍的切削速度，其优点是能减少加工时间，达到普通加工需要几道工序才能达到的加工精度和表面质量。各生产企业(如模具业、汽车业、航空航天业)都广泛采用高速切削加工技术。这样不但减少了加工时间及工序间的准备时间，也减少了机器设备及工具设备的数量，提高了整体效率。

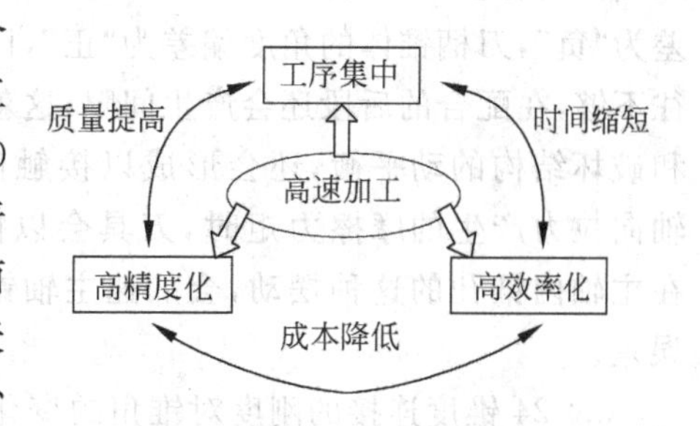

图 3-28　高速加工的优越性

当然，要实现高速加工，除主轴和进给系统要适合高速加工外，还存在着对刀具的要求。下面就高速加工对刀具系统的要求做一简单分析。

高速加工要求确保高速下主轴与刀具联结状态不能发生变化。但是，高速主轴的前端锥孔由于离心力的作用会膨胀，膨胀量的大小随着旋转半径与转速的增大而增大，而标准的 7/24 实心刀柄膨胀量较小，因此标准锥度联结的刚度会下降，在拉杆拉力的作用下，刀具的

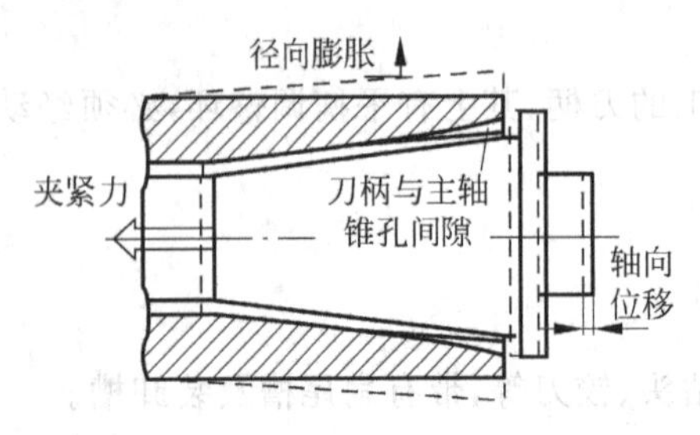

图 3-29 在高速离心力作用下主轴膨胀

轴向位置会发生改变(见图 3-29)。主轴的膨胀还会引起刀具及夹紧机构质心的偏离,从而影响主轴的动平衡。要保证这种联结在高速下仍有可靠的接触,需有一个很大的过盈量来抵消高速旋转时主轴轴端的膨胀,如标准 40 号锥孔需初始过盈量为 15～20μm,再加上消除锥度配合公差带的过盈量(锥度公差带达 13μm),因此这个过盈量很大。这样大的过盈量需拉杆产生很大的拉力,拉杆产生这样大的拉力一般很难实现,对换刀也非常不利,还会使主轴端部膨胀,对主轴前轴承有不良影响。

高速加工对动平衡要求非常高,不仅要求主轴组件需精密动平衡(G0.4 级以上),而且刀具及装夹机构也需精密动平衡。但是,传递扭矩的键和键槽很容易破坏动平衡,而且,标准的 7∶24 锥度锥柄较长,很难实现全长无间隙配合,一般只要求配合面前段 70%以上接触,因此配合面后段会有一定的间隙,该间隙会引起刀具径向跳动,影响结构的动平衡。键是用来传递扭矩和进行角向定位的,为解决键及键槽引起的动平衡问题,可以尝试研究一种刀/轴联结实现在配合处产生很大的摩擦力以传递扭矩,并用在刀柄上做标记的方法实现安装的角向定位,达到取消键的目的。

标准的 7∶24 锥度刀柄有许多优点:因不自锁,可实现快速装卸刀具;刀柄的锥体在拉杆轴向拉力的作用下,紧紧地与主轴的内锥面接触,实心的锥体直接在主轴内锥孔内支承刀具,可以减小刀具的悬伸量;这种连接只有一个尺寸,即锥角需加工到很高的精度,所以成本较低而且可靠,多年来应用非常广泛。

但是,7∶24 锥度也有一些缺点:锥度较大,锥柄较长,锥体表面同时要起两个重要的作用,即刀具相对于主轴的精确定位及实现刀具夹紧并提供足够的联结刚度。由于它不能实现与主轴端面和内锥面同时定位,所以标准的 7∶24 锥度刀/轴联结在主轴端面和刀柄法兰端面间有较大的间隙(图 3-30a)。ISO 标准规定 7∶24 锥度配合中,主轴内锥孔的角度偏差为“负”,刀柄锥体的角度偏差为“正”,以保证配合的前段接触,所以它的径向定位精度往往不够,在配合的后段还会产生间隙,这就意味着配合后段的径向间隙会导致刀尖的跳动和破坏结构的动平衡,还会形成以接触前端为支点的条件,当刀具所受的弯矩超过拉杆轴向拉力产生的摩擦力矩时,刀具会以前段接触区为支点摆动。在切削力作用下,刀具在主轴内锥孔的这种摆动,会加速主轴锥孔前段的磨损,形成喇叭口,引起刀具轴向定位误差。

7∶24 锥度连接的刚度对锥角的变化和轴向拉力的变化很敏感。当拉力增大 4～8 倍时,连接的刚度可提高 20%～50%,但是,过大的拉力在频繁的换刀过程中会加速主轴内孔的磨损,使主轴内孔膨胀,影响主轴前轴承的寿命。

另外,如前所述,这种实心刀柄的锥部联结在高速旋转时,主轴端部扩张量大于锥柄的扩张量,高速性能差,不适合超高速主轴与刀具的联结。

HSK(德文 Hohlschaftkegel 缩写)刀柄,是德国阿亨(Aachen)工业大学机床研究所在 20 世纪 90 年代初开发的一种双面夹紧刀柄,这种结构是由德国阿亨大学机床研究室专为高速机床主轴开发的一种刀轴联结结构,已被 DIN 标准化。HSK 短锥刀柄采用 1∶10 的锥度，它的锥体比标准的 7∶24 锥短，锥柄部分采用薄壁结构，锥度配合的过盈量较小，对刀柄和主轴端部关键尺寸的公差带要求特别严格。由于短锥严格的公差和具有弹性的薄壁，在拉杆轴向拉力的作用下，短锥有一定的收缩，所以刀柄的短锥和端面很容易与主轴相应结合面紧密接触，具有很高的联结精度和刚度。当主轴高速旋转时，尽管主轴端会产生扩张，但短锥的收缩得到部分伸张，仍能与主轴锥孔保持良好的接触，主轴转速对联结刚度影响小。拉杆通过楔形结构对刀柄施加轴向力(见图 3-30(b))。

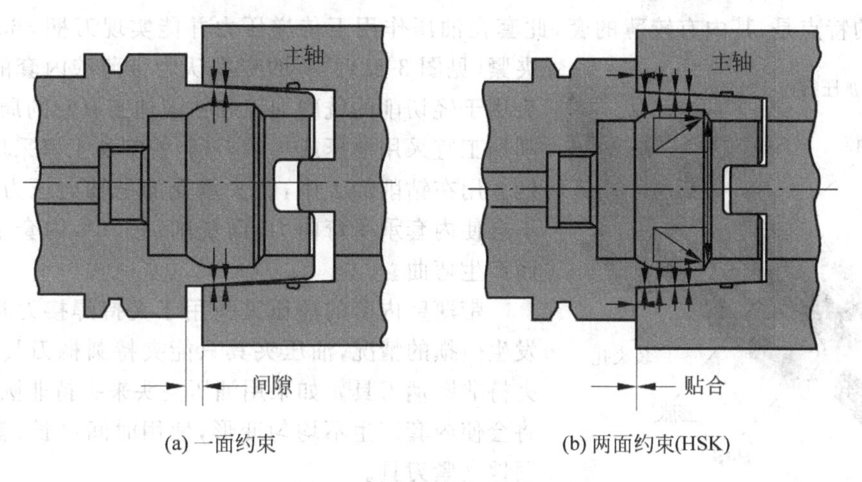

图 3-30　刀柄和主轴约束方式

HSK 也有缺点：它与现在的主轴端面结构和刀柄不兼容；制造精度要求较高，结构复杂，成本较高(价格是普通标准 7∶24 刀柄的 1.5～2 倍)；另外解决高速刀具刀柄材料的问题也十分紧迫，如果刀柄材料热变形较大，会造成刀柄装配精度低，造成不易装卸等问题。

其他用于高速加工刀柄有以下两种。

1. 热装刀柄

该工具系统的装夹原理是用感应加热等方法将刀柄加热，当温度达到 315～425℃时，使负公差的刀柄内径充分扩大到刀具柄部能插入的程度，此时将刀具柄部插入内孔，然后冷却刀柄，靠刀柄冷却收缩以很大的夹紧力同心地夹紧刀具。

热装(热压配合)刀具具有径向跳动小、夹紧力大且稳定可靠、刚性好等优点，非常适合高精切削加工。实际应用表明，使用热装刀具可获得高精度和表面粗糙度优良的产品，可延长刀具的使用寿命，显著提高加工效率，深受用户欢迎。但是，热装刀具的预调控制较普通刀柄麻烦。目前先进的切削刀具热装预调系统由感应系统和立式刀具预调装置组合而成。热装刀具的预调是在无支撑、无预调螺钉或测量夹具条件下完成的，这种装置具有热装、预调及测量三大功能。用户将刀柄装在加热预调装置上，加热到要求的温度，刀具一掉入被加热的刀柄内，系统就像刀具预调仪那样工作而完成预调，操作者只需以预调仪光学系统的模板刻度为基准，把刀柄移动到所设定的刀具长度位置即完成操作。热装预调系统除可提供带显示器的手动刀具热装预调装置外，还可提供带视屏的全自动刀具热装预调装置。

热装刀柄有很好的应用前景，优点如下：

（1）夹紧强度远远高于其他同等截面的刀柄；

（2）刀柄外形尺寸可做得较小，减少了数控加工中的干涉问题；

（3）装夹精度高于其他刀柄；

（4）可用于高速切削加工。

2. 液压刀柄

油压夹头能够提供足够的刚性和动平衡，并能使刀具柄部与夹头的轴心成一直线。油压夹头的特点是，其内有较薄的套，此套在油压作用下传递压力并能实现刀柄360°范围的夹紧（见图3-31）。有的专家认为带薄壁内套的油压夹头用于轻切削的铣削加工和钻削加工有它的局限性，钻削加工宜采用油压或热装刀柄，铣削加工宜采用热装刀柄。用在钻削加工中，钻头承受的是轴向压力和扭矩，不会使内套承受弯曲力，而铣削加工中，内套承受侧压而产生弯曲。

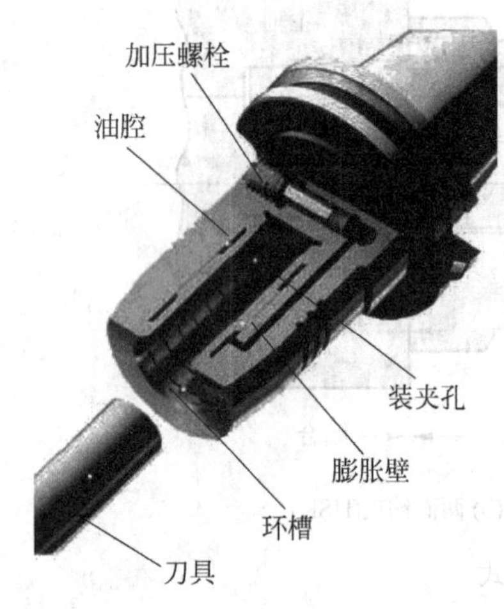

图3-31　液压刀柄图

带薄壁内套的油压夹头用于夹持焊接刀具有时会发生破损的情况，油压夹具只能夹持圆柄刀具，不适合夹持非圆柄刀具。如果用油压夹头来夹持非圆柄刀具，将会使内套产生不均匀变形，使用时间过长，就难以牢固地夹紧刀具。

另外油压夹头需要定期清洗维护，必须解决用户不熟悉清洗维护技术而产生的问题。与其他装置比较，油压装置的维护保养需要较高的技术，装置的螺钉不能松动，密封系统必须定期检查维护。

3.2　铣削加工夹具的选用

在数控铣床上常用的夹具类型有通用夹具、组合夹具、专用夹具、成组夹具等，在选择时要通常需要考虑产品的生产批量、生产效率、质量保证及经济性。选用时可参考下列原则：

（1）在生产量小或研制生产时，应广泛采用万能组合夹具，只用在组合夹具无法解决时才考虑采用其他夹具。

（2）小批量或成批生产时可考虑采用专用夹具，但应尽量简单。

（3）在生产批量较大的可考虑采用多工位夹具和气动、液压夹具。

3.2.1　常用夹具的种类

数控铣削加工常用的夹具大致有以下几种。

1. 通用铣削夹具

有通用螺钉压板、平口钳、分度头和三爪卡盘等。

（1）螺钉压板　利用T形槽螺栓和压板将工件固定在机床工作台上即可。装夹工件时，需根据工件装夹精度要求，用百分表等找正工件。

（2）机用平口钳（又称虎钳）　形状比较规则的零件铣削时常用平口钳装夹，方便灵活，适应性广。当加工一般精度要求和夹紧力要求的零件时常用机械式平口钳（见图3-32(a)），靠丝杠/螺母相对运动来夹紧工件；当加工精度要求较高，需要较大的夹紧力时，可采用较高精度的液压式平口钳，如图 3-32(b)所示。8 个工件装在心轴 2 上，心轴固定在固定钳口 3 上，当压力油从油路 6 进入油缸后，推动活塞 4 移动，活塞拉动活动钳口向右移动夹紧工件。当油路 6 在换向阀作用下回油时，活塞和活动钳口在弹簧作用下左移松开工件。

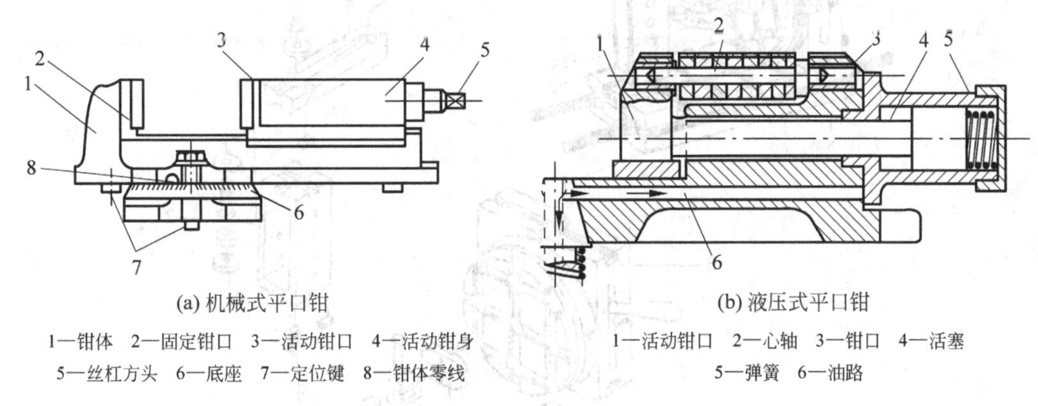

(a) 机械式平口钳

1—钳体　2—固定钳口　3—活动钳口　4—活动钳身　5—丝杠方头　6—底座　7—定位键　8—钳体零线

(b) 液压式平口钳

1—活动钳口　2—心轴　3—钳口　4—活塞　5—弹簧　6—油路

图 3-32　机用平口钳

平口钳在数控铣床工作台上的安装要根据加工精度要求控制钳口与 X 或 Y 轴的平行度，零件夹紧时要注意控制工件变形和一端钳口上翘。

(3) 铣床用卡盘　当需要在数控铣床上加工回转体零件时，可以采用三爪卡盘装夹(见图 3-33)，对于非回转零件可采用四爪卡盘装夹。

图 3-33　铣床用卡盘

铣床用卡盘的使用方法与车床卡盘相似，使用时用 T 形槽螺栓将卡盘固定在机床工作台上即可。

2. 模块组合夹具

它是由一套结构尺寸已经标准化、系列化的模块式元件组合而成，根据不同零件，这些元件可以像搭积木一样，组成各种夹具，可以多次重复使用，适合小批量生产或研制产品时的中小型工件在数控铣床上进行铣削加工，如图 3-34 所示为某一组合夹具使用实例。

3. 专用铣削夹具

这是特别为某一项或类似的几项工件设计制造的夹具，一般用在产量较大或研制需要时采用。其结构固定，仅使用于一个具体零件的具体工序，这类夹具设计应力求简化，目的使制造时间尽量缩短。图 3-35 所示表示铣削某一零件上表面时无法采用常规夹具，故用 V 型槽和压板结合做成了一个专用夹具。

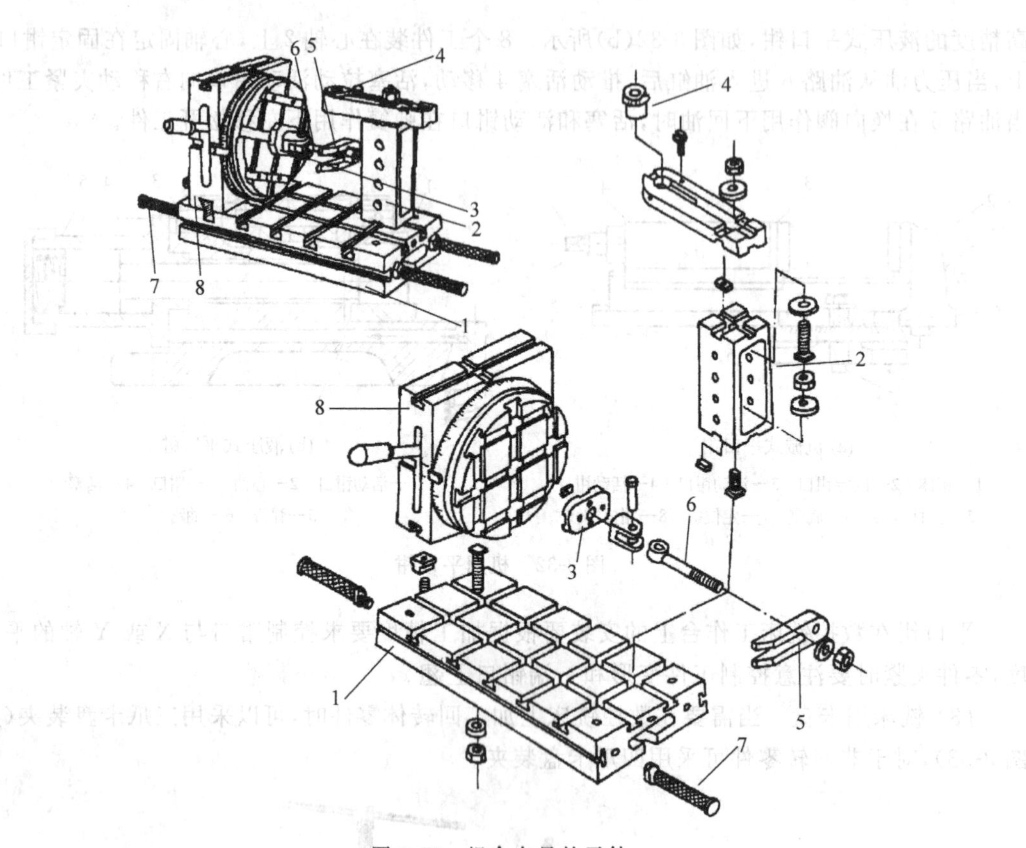

图 3-34　组合夹具的元件

1—基础件　2—支承件　3—定位件　4—导向件　5—夹紧件　6—紧固件　7—其他件　8—组合件

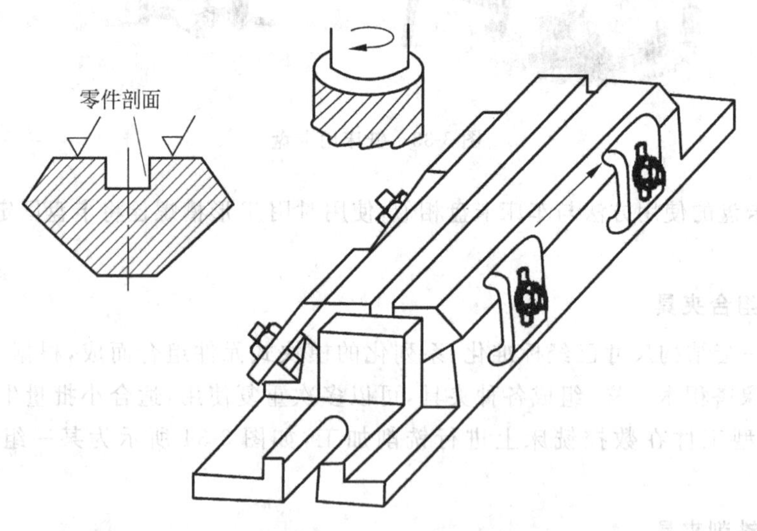

图 3-35　用专用夹具铣平面

4. 多工位夹具

可以同时装夹多个工件，可减少换刀次数，以便于一面加工，一面装卸工件，有利于缩短辅助加工时间，提高生产率，较适合中小批量生产，如图 3-36 所示。

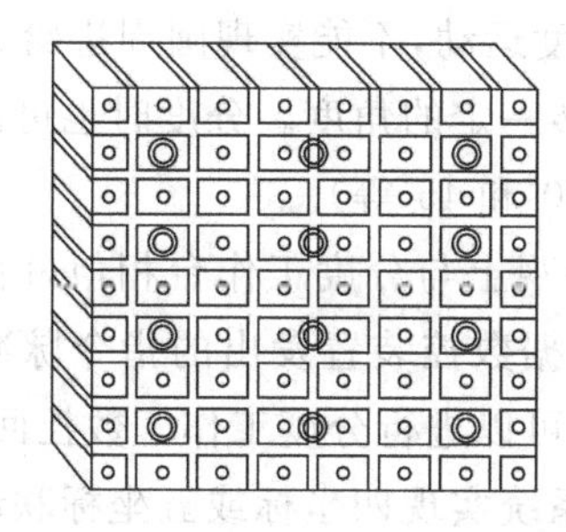
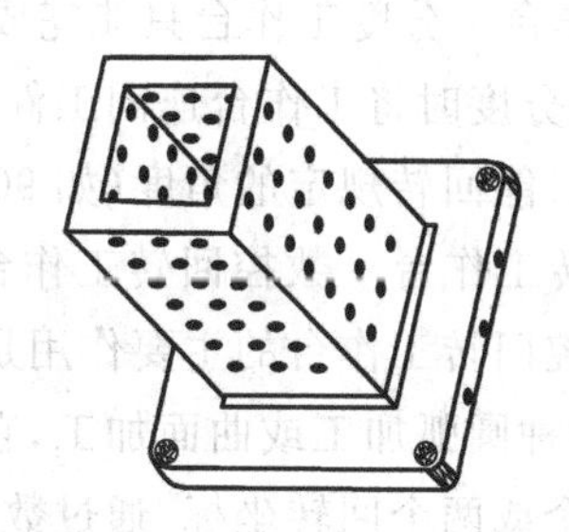

图 3-36 多工位夹具

5. 气动或液压夹具

适合生产批量较大，采用其他夹具又特别费工、费力的场合，能减轻工人劳动强度和提高生产率，但此类夹具结构较复杂，造价往往很高，而且制造周期较长。

加工中心采用气动或液压夹紧定位时应注意以下几点。

(1) 采用气动、液压夹紧装置，可使夹紧动作更迅速、准确，减少辅助时间，操作方便、省力、安全，具有足够的刚性，灵活多变，图 3-37 从左向右分别是四爪、三爪和二爪气动卡盘。

图 3-37 气动卡盘

(2) 为保持工件在本次定位装夹中所有需要完成的待加工面充分暴露在外，夹具要尽量开敞，夹紧元件的空间位置能低则低，必须给刀具运动轨迹留有空间。夹具不能和各工步刀具轨迹发生干涉。当箱体外部没有合适的夹紧位置时，可以利用内部空间来安排夹紧装置。

(3) 考虑机床主轴与工作台面之间的最小距离和刀具的装夹长度，夹具在机床工作台上的安装位置应确保在主轴的行程范围内能使工件的加工内容全部完成。

(4) 自动换刀和交换工作台时不能与夹具或工件发生干涉。

(5) 有些时候，夹具上的定位块是安装工件时使用的，在加工过程中，为满足前后左右各个工位的加工，防止干涉，工件夹紧后即可拆去。对此，要考虑拆除定位元件后，工件定位精度的保持问题。

(6) 尽量不要在加工中途更换夹紧点。当非要更换夹紧点时，要特别注意不能因更换夹紧点而破坏定位精度，必要时应在工艺文件中注明。

6. 回转工作台

为了扩大数控机床的工艺范围，数控机床除了沿 X、Y、Z 三个坐标轴做直线进给外，往往还需要有绕 Y 或 Z 轴的圆周进给运动。数控机床的圆周进给运动一般由回转工作台来实现，对于加工中心，回转工作台已成为一个不可缺少的部件。

数控机床中常用的回转工作台有分度工作台和数控回转工作台。

(1) 分度工作台　分度工作台只能完成分度运动，不能实现圆周进给，它是按照数控系统的指令，在需要分度时将工作台连同工件回转一定的角度。分度时也可以采用手动分度。分度工作台一般只能回转规定的角度(如 90°、60°和 45°等)。

(2) 数控回转工作台　数控回转工作台外观上与分度工作台相似，但内部结构和功用却大不相同。数控回转工作台的主要作用是根据数控装置发出的指令脉冲信号，完成圆周进给运动，进行各种圆弧加工或曲面加工，它也可以进行分度工作。数控回转工作台可以使数控铣床增加一个或两个回转坐标，通过数控系统实现四坐标或五坐标联动，可有效地扩大工艺范围，加工更为复杂的工件。数控卧式铣床一般采用方形回转工作台，实现 B 坐标运动。数控立式铣床一般采用圆形回转工作台，安装在机床工作台上，可以实现 A、B 或 C 坐标运动，但圆形回转工作台占据的机床运动空间也较大，如图 3-38 所示。

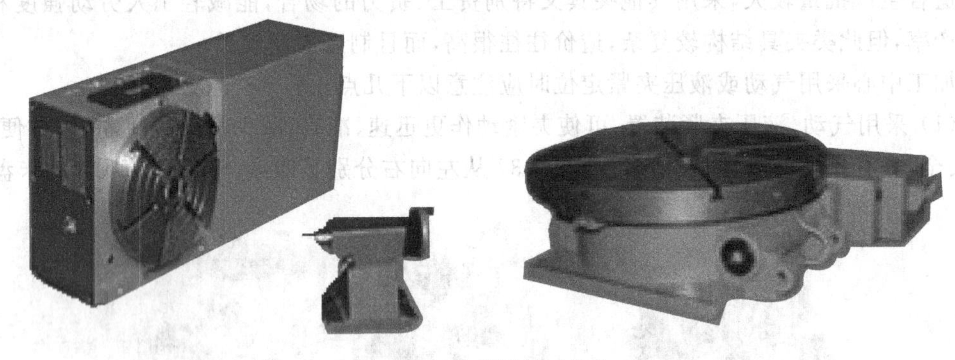

图 3-38　数控回转工作台

3.2.2　平口钳的合理选用

平口钳属于通用可调夹具，同时也可以作为组合夹具的一种“合件”，适用于多品种小批量生产加工。由于其具有定位精度较高、夹紧快速、通用性强、操作简单等特点，因此一直是应用最广泛的一种机床夹具。选用平口钳应遵循以下几个原则。

1. 依据设备及产品精度确定平口钳精度

根据表 3-3 内容，不同类型的平口钳具有不同的定位精度和适用条件，选用时通常要求平口钳的精度与机床的加工精度相一致或相近较为合理。假如一台铣床的加工精度(平面度、平行度、垂直度)为 0.02mm，那么选用定位精度在 0.01～0.02mm 范围内的精密平口钳

表 3-3　平口钳的选用

平口钳种类	定位精度(平面度、平行度、垂直度)/mm	适用设备举例
普通机用平口钳	0.1～0.2	刨床、铣床、钻床等
精密平口钳	0.01～0.02	刨床、铣床、钻床、镗床、铣削加工中心机床等
工具平口钳	0.001～0.005	磨床、数控铣床、数控钻床、铣削加工中心机床、特种加工机床等

较为合理。如选用定位精度更高的平口钳，比如定位精度为0.003mm的工具平口钳，那么这种平口钳对产品精度的提高十分有限，但价格却比定位精度为0.01～0.02mm同规格平口钳高1～2倍，显然很不经济。再比如，为加工精度为1000∶0.015的M7130磨床选用平口钳，则应该选用定位精度在0.001～0.003mm范围内的工具平口钳，否则就会用磨床加工出“铣床精度”的产品，造成机床资源的浪费。

除了依据设备可以大致确定平口钳的精度范围外，产品精度要求也是要考虑的重要因素。一般说来，平口钳的定位精度必须高于产品精度要求。可以用下面一个简单公式，依据产品精度来确定平口钳定位精度的大致范围为1/3产品精度～产品精度之间。

比如产品精度为0.1mm，那么我们可以确定平口钳的定位精度值在0.1～0.03mm范围内较为合理，即应选用精密平口钳。

2. 依据设备及加工需要确定平口钳种类

(1) 按平口钳钳体与机床工作台相对位置分为：卧式平口钳与立式平口钳，见表3-4。

表3-4 平口钳适用的设备

平口钳种类	钳体与机床工作台相对关系	适用设备举例
卧式平口钳	两者平行	立/卧式铣床、钻床、镗床、磨床、加工中心等
立式平口钳	两者垂直	卧式铣床、钻床、镗床、磨床、加工中心等

(2) 按平口钳一次可装夹工件的数量可分为：单工位平口钳、双工位平口钳、多工位平口钳。一般普通的机床多选用单工位平口钳，以保证产品加工精度；而数控机床和加工中心机床，适宜选用双工位或多工位平口钳，以提高加工效率。当然，如果工件加工精度允许，普通机床也可选用双工位或多工位平口钳。

(3) 按夹紧动力源分为：手动平口钳、气动平口钳、液压平口钳、电动平口钳。气动平口钳、液压平口钳及电动平口钳具有降低劳动强度的优点，而且有利于实现自动化控制，因此这三类平口钳比较适合于数控机床及加工中心机床以及劳动强度较大或批量较大的加工场合。

3. 依据工件及工序要求选择平口钳形式及技术参数

我们选用的平口钳应保证工件高度的2/3以上处于夹持状态，否则会出现夹持不稳、定位不准、切削振动过大等诸多问题。例如：工件长300mm，那么我们应选用钳口宽为200mm以上的平口钳。有些工件或工序有特殊要求，这时要根据这些要求选择合适的平口钳，见表3-5。

表3-5 平口钳选择

工件特殊形式	可选用平口钳(方式)	说　明
工件过长或过宽	(1) 钳口加宽的平口钳	(1) 保证夹持长度
	(2) 长钳	(2) 长钳具有超长的开口度，延长度方向夹持
	(3) 短钳	(3) 短钳理论开口度无限大，延长度方向夹持
	(4) 高精度平口钳多台共夹	(4) 保证夹持长度

续表

工件特殊形式	可选用平口钳(方式)	说　明
工件材料过软	(1) 光面钳口平口钳 (2) 软钳口平口钳	(1) 避免夹伤或划伤工件 (2) 避免夹伤或划伤工件
圆棒料	(1) V形钳口平口钳 (2) 角度钳口平口钳	(1) 钳口具有自定心功能 (2) 钳口与钳体工作面形成自定心V形
工件形状较复杂	(1) 异形钳口专用平口钳 (2) 浮动钳口平口钳 (3) 可调钳口平口钳	(1) 异形钳口可较好地保证定位精度 (2) 避免做异形钳口 (3) 避免做异形钳口

3.2.3 刀具系统的发展

随着金属切削技术的发展，切削刀具已经从低值易耗品过渡到全面进入“三高一专（高效率、高精度、高可靠性和专用化）”的数控刀具时代，实现了向高科技产品的飞跃，刀具技术已经成为现代数控加工技术的关键技术。

纵观目前数控加工行业情况，与加工配套的刀具产品主要呈现以下几大发展趋势。

1. 硬质合金材料依然是刀具材料中的主要成员

各国刀具制造厂商均在着力发展，其应用的广度和深度都已有显著进展。细颗粒、超细颗粒硬质合金材料的开发是进一步提高刀具使用可靠性的发展方向；纳米涂层、梯度结构涂层及全新结构、材料的涂层是提高刀具使用性能的发展方向；物理涂层的应用将会继续增多，纯陶瓷、金属陶瓷、氮化硅陶瓷、PCBN、PCD等刀具材料的韧性将得到进一步增强，可应用场合逐渐增多。

2. 陶瓷刀具在切削加工方面显示出其优越性

(1) 可加工传统刀具难以加工或根本不能加工的高硬材料，例如硬度达65HRC以上的各类淬硬钢和硬化铸铁，因而可免除退火加工所消耗的电力，并因此也可提高工件的硬度，延长机器设备的使用寿命；

(2) 不仅能对高硬度材料进行粗、精加工，也可进行铣削、刨削、断续切削和毛坯拔模粗车等冲击力很大的加工；

(3) 刀具耐用度比传统刀具高几倍甚至几十倍，减少了加工中的换刀次数，保证被加工工件的小锥度和高精度；

(4) 可进行高速切削或实现“以车、铣代磨”，切削效率比传统刀具高3～10倍，可以节约工时、电力、机床数量30%～70%。

陶瓷刀具适用于加工以下多种材质的产品：①高锰钢；②高铬、镍、钼合金钢；③冷硬铸铁；④各类淬硬钢（55～65HRC）；⑤各类铸铁（200～400HB）等，并已在国内汽车（齿轮、飞轮、轴、轴承等加工）、轧辊、渣浆泵（叶轮、蜗壳、护板、护套等加工）、模具、缸套等行业广泛使用，解决了各行各业中高硬度难加工材料的切削加工，并能提高工作效率，大幅度地节约加工工时及电力，获得了巨大的经济效益。

3. 刀具的研发更具针对性

通用牌号、通用结构不再是刀具制造厂商研发的重点，面对复杂多变的应用场合和加工条件，针对性更强的刀片槽型结构、牌号，及配套刀具将取代通用的槽型、牌号的刀片及刀具。这在提高加工效率、加工质量、降低切削成本方面将会收到显著效果。

4. 高速切削、硬切削、干切削继续快速发展

高速切削以其不同于传统速度切削的独特机理在提高加工效率、提高加工质量、减少切削变形、缩短加工周期方面的显著效果，在制造业的应用必将进一步增多，也就是高速切削刀具的需求将进一步增多。硬切削是一种新的加工工艺，在提高加工效率、降低加工成本，减少设备资金投入方面的作用独树一帜，对传统的磨削工艺提出了挑战，“以切代磨”将成为发展趋势之一。干切削作为一种绿色制造工艺与湿式切削相比有许多优点，但也存在切削力增大、切削变形加剧、刀具耐用度降低、工件加工质量不易保证等缺点，但是通过分析干切削的各种特定边界条件和影响干切削的各种因素，寻求相应的技术解决方案及措施来弥补干式切削的缺陷，干切削的优势还是十分明显的，干切削必将成为发展趋势之一。

干切削是一种不加切削液或只加微量切削液的加工技术，它要求刀具有较高的耐热性，如立方氮化硼刀具、涂覆氮化铝涂层的整体硬质合金铣刀等，成都工具所、上海工具有限公司均有生产。

5. 刀具制造商的角色将发生转变

现代制造业发展的需要使刀具行业的地位、作用发生了重大变化：从单纯的刀具生产、供应，扩大至新切削工艺的开发及相应的配套技术和产品的开发；从单纯刀具供应商的地位上升为企业提高生产效率和产品质量、降低制造成本的重要伙伴。此外为用户提供全面的技术支持与服务显得更加迫切和重要。

3.3 常用量具量仪的选用

量具是指用来测量或检验零件尺寸形状的工具，结构比较简单。这种工具能直接指示出零件的长度与角度。例如量块、角尺、卡尺、千分尺、塞规、环规、塞尺、钢直尺、游标卡尺等。

量仪是指用来测量零件或检定量具的仪器，结构比较复杂。它是利用机械、光学、气动、电动等原理，将几何尺寸放大或细分的测具，例如测长仪、激光干涉比长仪、三坐标测量机、工具显微镜、投影仪、测角仪等。针对机械加工的量仪实际上还包括测量零件物理特性的仪器，如硬度计、测厚仪、金相显微镜等。

数控铣削加工零件的检测，一般常规尺寸仍可使用普通的量具进行测量，如游标卡尺、内径百分表、万能角度尺、高度游标卡尺等，曲线曲面可以采用样板或自制检具；而高精度尺寸、空间位置尺寸、复杂轮廓和曲面的检验则只有采用三坐标测量机才能完成。

3.3.1 量具量仪的分类选用

量具量仪是为零件加工质量服务的。量具量仪的精度、测量范围和形式，应满足产品质量的要求。随着科学技术的发展，产品精度在不断提高，检测工具的精度亦要求相应提高。在企业里，各种产品的测量通常采用标准的通用量具量仪，只有在通用量具量仪无法满足产品要求的情况下，才由自己设计和制造新的量具或专用量仪。

正确合理地选用量具量仪，不但是保证产品质量的需要，而且是提高经济效益的措施。量具量仪的选择，主要依靠被测零件尺寸的公差和量具量仪本身的示值误差以及经济指标来选用。

零件尺寸的公差和量具量仪本身的示值误差，一般在零件图和量具量仪的说明书上已经注明。所谓经济指标,则包括量具量仪的价格,量具量仪使用的持久性(修理的间隔期)、检定调整及修理所消耗的时间、测量过程所需要的时间等内容。选择量具和量仪时,必须将上述各项因素综合加以考虑和比较。

因此,为选好量具,必须具备下列条件:第一要熟悉量具量仪的特点、规格、精度和使用方法;第二要弄清零件的技术要求;第三要掌握量具量仪的经济指标各项数据。这样才能得心应手,处理得当。现将选用方法介绍如下。

1. 按被测零件的不同要求,选用量具量仪

例如测量长度、外径,测量孔径,测量角度、锥度,测量高度、深度,测量螺纹,测量齿轮,测量形状位置,测量配合面的间隙等,应分别选用相应的量具量仪。

2. 按生产类型选用量具量仪

零件的批量不同,从讲求效率和经济效益的角度出发,应选用不同种类的量具量仪。单件、小批生产应尽量选用通用量具量仪,例如卡尺、千分尺、杠杆百分表、量块等。

成批生产可采用以专用量具为主,通用量具为辅的办法。例如采用卡规、塞规、专用量具等。大量生产除采用专用量具外,还应考虑高效机械化和自动化检测装置。

3. 按零件的精度选用量具量仪

测量低精度的零件选低精度测量器具,测量高精度的零件选高精度测量器具,这是选择量具量仪时一个不可忽视的原则。如果以低精度的测量器具去检测高精度的零件,一是无法读出精确值,例如用 0.01mm 读数的千分尺,去测 0.001mm 精度的零件,无法读出千分位的准确数值;二是即使勉强使用,不但测量误差大,而且会增加零件的误收率和误废率。如果以高精度的量具去检测低精度零件,一是不经济,增加了测量费用;二是加速了量具磨损,容易使其丧失精度。不同精度等级的零件测量对应的量具量仪见表 3-6。

表 3-6 按零件精度选用量具

零件精度	应选量具
1~2 级(IT5~IT6)	杠杆千分尺、公法线杠杆千分尺、内外径比较仪、0 级百分表、测微仪
2~3 级(IT7)	0 级千分尺、0 级百分表、0 级内径千分尺(表)、公法线千分尺
3~4 级(IT8~IT9)	1 级千分尺(表)、内径千分尺(表)、公法线千分尺
5~6 级(IT9~IT11)	公法线千分尺
6~10 级(IT11~IT16)	游标卡尺

4. 按被测零件的表面特性选用量具量仪

零件的材料较软时,为了防止划伤,最好使用测力小的非刀口形量具,或选用非接触式仪器。

5. 按零件的形状大小、轻重、材料和测量方法选用量具量仪

测量槽的两侧面的平行度时,一般不用百分表而用杠杆表;被测件的重量较大时,不应放在量仪上测量,而应尽可能把测量器具放在被测件上测量;当用于绝对测量时,选量具必须使被测尺寸在所选用测量仪器的测量范围内,例如卡尺的测量范围有 0~125mm、0~200mm、0~300mm、0~500mm、300~500mm、400~1000mm、600~1500mm、800~2000mm 等,被测零件有多大,就选用多大的规格;用于比较测量时,测量器具的示值范围还应大于被测零件的尺寸公差。

3.3.2 加工中心/铣床的触发式测量

20 世纪 70 年代初触发式测量问世，首先应用于坐标测量机，然后直至 20 世纪 80 年代中叶，随着机床数控技术的日趋成熟，触发式测量技术才开始被机床用户广泛采用。现在，由于生产加工环境中采用了标准质量控制，以及对于机床生产率的要求日益提高，测头应用技能已成为精密机械加工领域的标准操作规程。

1. 测量方法

利用装在加工中心/铣床主轴刀柄中的测量探头（常简称测头，如图 3-39 所示）和被测对象接触即可产生光电信号，利用专门的信号传输装置，通过数控系统的分析计算，就可获得精确的测量数据。

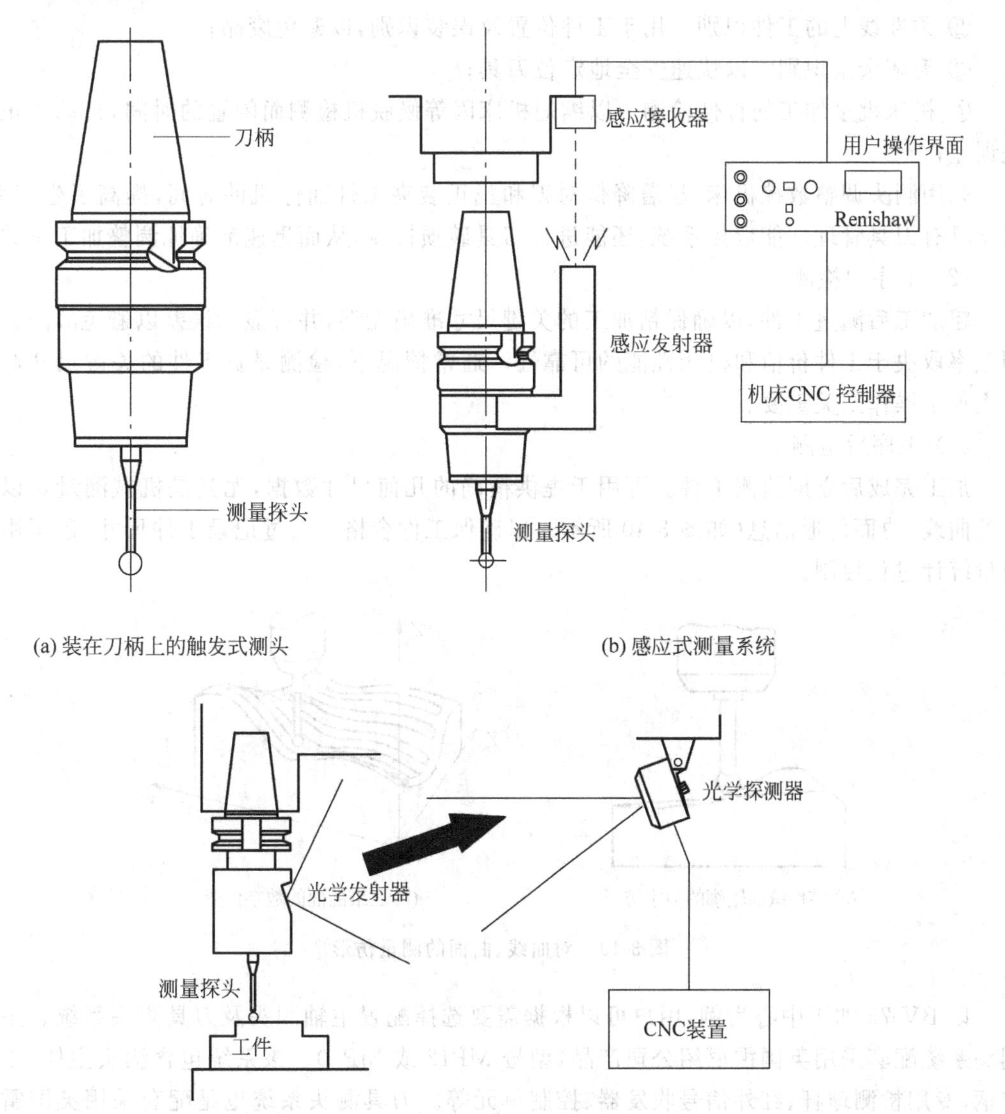

(a) 装在刀柄上的触发式测头

(b) 感应式测量系统

(c) 光学测量系统

图 3-39 加工中心/铣床上的触发式测量

目前各生产企业中应用最多的是Renishaw测头。Renishaw测头必须能与机床数控系统(CNC)进行通信，信号必须以无线方式从测头传递到数控系统，以显示测头探针与工件或刀具发生了接触。同样地，信号必须从数控系统传递到测头，以控制测头的功能。这些信号的传递由传输系统处理。针对检测测头，Renishaw采用三种主要的传输系统：光学传输系统；无线电传输系统；感应式传输系统。如图3-39(b)、(c)所示，选用哪种传输系统，取决于测头类型及机床类型。

加工中心和车床用工件检测测头位于刀库或刀盘中，可像传统刀具一样进行互换。

2. 主要用途

(1) 加工准备

① 工件找正　测头识别工件位置，自动更新工件偏置，保证首件加工合格；

② 柔性线上的工件识别　用于工件位置及误装识别，以避免废品；

③ 毛坯余量识别　以快速安全地定位刀具；

④ 机床批量加工的首件检测　以缩短机床因等候脱机检测而闲置的时间，自动修正有关误差；

采用测头调整数控机床，显著降低对刀和找正装夹工件而停机的时间，提高了生产率。对于具有刀具管理功能数控系统，还能进行刀具破损检测，从而迅速准确地调整加工参数。

(2) 工序中检测

粗加工后测量工件，以确保精加工的关键尺寸准确无误，并可显示误差以避免故障。检测频率取决于工件价值和机床性能的可靠性。通常情况下，检测昂贵工件的关键尺寸对于无人加工操作至关重要。

(3) 工序后检测

加工完成后立即检测工件。可用于提供精确的几何尺寸数据，尤其是机械测量难以检测的曲线、曲面仿形信息(如图3-40所示)，以确保工件合格。通过记录工件尺寸，还可用于质量统计过程控制。

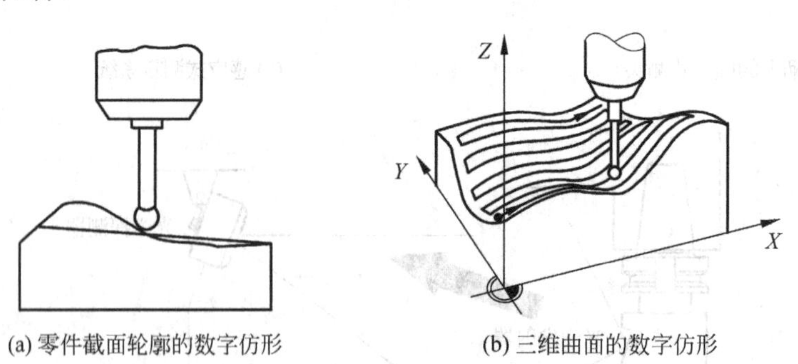

(a) 零件截面轮廓的数字仿形　　(b) 三维曲面的数字仿形

图3-40　对曲线、曲面的测量仿形

以BV-75加工中心为例，用户可以根据需要选择配置主轴测头及刀具测头系统。主轴测头系统配套采用英国雷尼绍公司产品，型号MP12或MP10。该系统包含测头主体、专用锥柄、专用检测球杆、红外信号收发器、控制单元等。刀具测头系统也是配套采用英国雷尼绍公司的产品，型号TS27，包含测头主体、控制单元等。

3.3.3　三坐标测量机在加工中的应用

从20世纪60年代初发明到现在，三坐标测量机(CMM)在制造业得到广泛应用，目前已成为3D零件检测的工业标准设备。三坐标测量机、数控机床、CAD/CAM的集成应用(见图3-41)可以解决数控加工中曲面零件的检测和加工问题。从图中可以看出，三坐标测量机可以精确测量曲面类工件的几何数据，工件检测数据又能进一步优化加工程序。从CAD系统导入三坐标测量机的曲面或实体数字模型，可以方便地获取几何要素理论值以确定公差值，而CAD系统从三坐标测量机获取测量数据是反求工程的重要内容，即根据测量数据可以构建产品数字模型，并进一步自动生成加工程序。

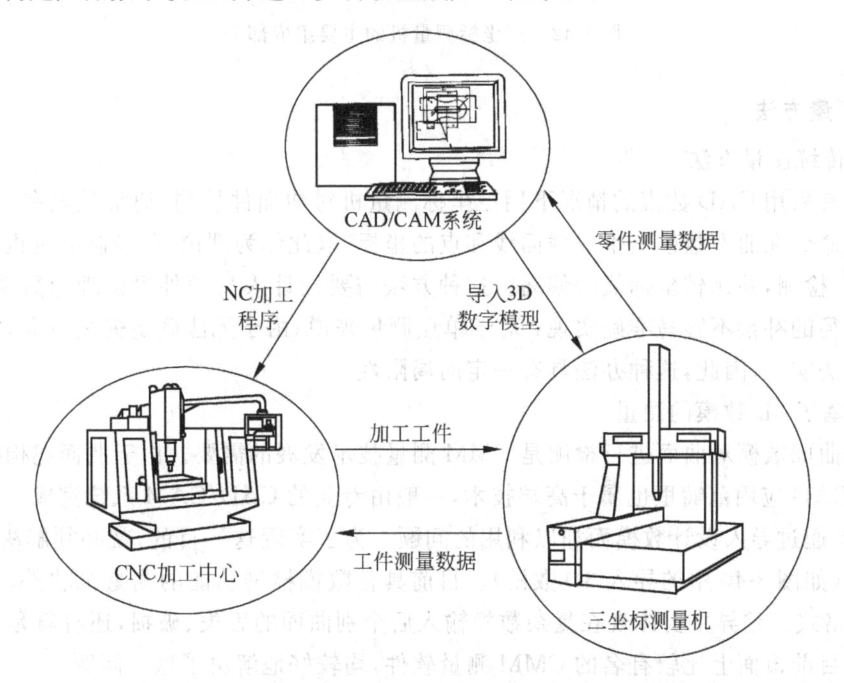

图3-41　三坐标测量机、加工中心和CAD/CAM系统的集成

三坐标测量机的主体主要由以下各部分组成(见图3-42)：底座、测量工作台、立柱、X及Y向支撑梁和导轨、Z轴部件及测量系统(感应同步器、激光干涉仪、精密光栅尺等)、计算机及软件。三坐标测量机目前已形成多种型号和规格，例如对于中等尺寸的工件，多采用移动桥式；对于小型工件，多采用悬臂式、仪器台式与移动桥式等；对于大型工件，则多采用龙门式；对于须回转测量的工件，可选用带分度台的测量机。根据检测对象的批量大小、自动化程度、操作人员技术水平及资金投入大小，可以选用手动(或机动)测量与CNC自动测量两种测量方式。借助于突飞猛进的检测软件技术，三坐标测量机已成为加工复杂零件的重要条件。

测量方式、建立工件坐标系、测尖补偿、理论值捕获、测量软件应用是三坐标测量中的关键操作步骤。

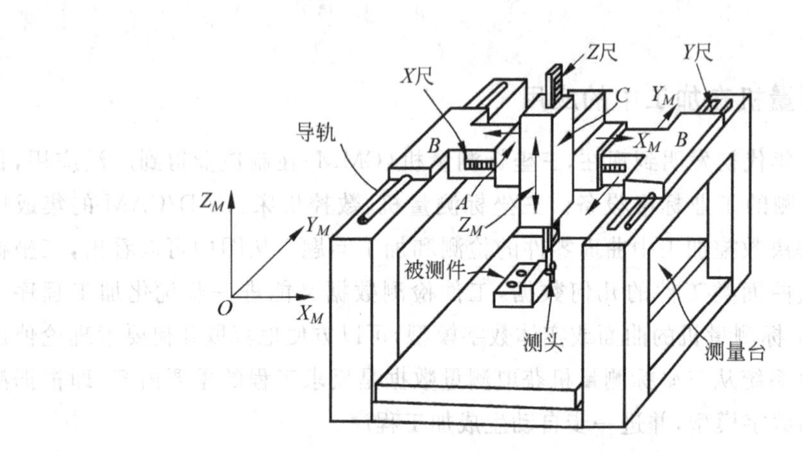

图 3-42 三坐标测量机的主要组成部分

1. 测量方法

(1) 传统测量方法

在没有采用 CAD 数模的情况下用三坐标测量机对曲面件检测，通常是先在 CAD 软件里用相关命令在曲面数模上生成截面线和点的坐标，以此作为理论值，控制测量机到对应的位置，进行检测，并比较坐标值的偏离。这种方法需要设计人员额外提供理论数据，同时测头测尖球径的补偿不容易准确实现；对于单点测量来说，由于无法确定矢量方向，测头的补偿根本无法实现，因此，这种办法具有一定的局限性。

(2) 基于 3D 数模的测量

利用曲面数模对曲面进行检测是 CMM 测量技术发展的需要。由于曲面建构技术比较复杂，在 CAD 应用范畴里也属于高端技术，一般由专业的 CAD/CAM 系统完成。在测量软件内，则是通过导入设计数模而加以利用的问题。为了实现这一目的，就必须解决 3D 数模导入接口（如图 3-40 中的导入 3D 数模）。目前具备数模检测功能的测量机软件，几乎均支持 IGES 格式。差异主要体现在复杂数模输入后个别曲面的丢失、破损，还有就是导入速度的快慢。目前市面上比较有名的 CMM 测量软件，均较好地解决了这一问题。

2. 建立工件坐标系

这是三坐标测量机软件的一项重要内容，常称为对齐（align）。无论有无数模，都必须通过对齐使机器坐标系与工件坐标系保持一致，测量值才具有可比性。

例如对于箱体类零件，基本都利用面、线、点特征来确定坐标轴和原点，通过建立工件坐标系来将工件找正，这也是最基本、最准确的对齐方法。应尽量选用加工好、范围大的特征来作为建坐标基准，以减小对齐产生的误差。通常，对于建立的坐标系，还可以进行平移、旋转等操作，以产生新的对齐。对于不规则形体，计算就要复杂得多。如果工件上有明确的特征点，如 3 个孔心，则通常测量出实际值，与理论值对应，进行 3 点找正。

3. 测尖补偿

目前，三坐标测量机用得最多的是机械触发式测头，配以红宝石测针，必然会带来测尖补偿的问题。

对于平面、圆等标准特征，可以通过整体偏置的方式自动补偿测头；对于连续扫描的曲线，也可以用同样的方式自动处理。但对于曲面测量时经常遇到的单点测量，如何解决测尖补偿问题呢？

要单独对一点进行补偿，则必须知道补偿的方向矢量，也即是接触点处的法向矢量方向。为了找到该法线方向，比较准确的做法是，在测点的周边测量数个微平面，以该微平面的法向视为测点处曲面的法向，从而完成测尖补偿。

对于工件测点本身曲率变化不大的地方，或者工件与数模本身偏差较小的情况下，如果要求不高，为了减少采点数，也可以不测量微平面，软件直接以测点刺穿数模的方向矢量进行测尖补偿，即以数模上该处的法向矢量代替工件上实测处的法向矢量作为测尖补偿的方向。但是如果工件与数模本身该处曲率偏差大，则测尖补偿将不准，导致测量数据不可靠。

对于高档的三坐标测量机采用的非接触式测头，不存在测尖补偿问题。

4. 理论值捕获

在解决了数模的导入和对齐后，理论值的捕获就比较简单。对于圆等标准特征，软件只需要能从 CAD 数模上选取、识别该特征，即可直接从其特性中提取理论值。对于自动测量来说，就可以直接根据数模特征进行编程，指导机器运行到特征的理论值位置附近进行测量。

对于曲面工件上的点，通常分为曲面点和边缘点，有的软件分得更细。对于曲面上的点，通过直接测量，测量点沿数模曲面法向投影到曲面上，即可获得理论点。但边缘点就不同了，边缘是 CAD 曲面的边界所在，例如，钣金件的边，最简单的如方体的棱边等。如果要检测边缘上的点，由于测头无法直接准确测量到，并且测头的补偿方向无法确定，因此，无法直接测量，只能采用间接测量的方式。通常，其处理原理如图 3-43 所示，为了测量边缘上 P 点，可以在其两边测点。此例采用前 3 点确定上面，第 4，5 点确定边界方向，而最后一点 6 确定目标点的位置，其投射到前面确定的边所产生的点，视为边缘测量点，其理论值为数模中曲面边缘距其最近点。

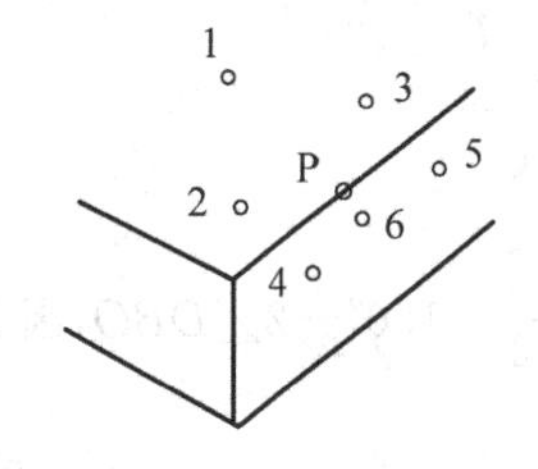

图 3-43 边缘点测量示意

通过以上方式，即可实现边缘点的检测。具体到不同软件，可能有不同的处理方法。

5. 曲面测量软件

基于 3D 数模对曲面工件进行检测属于高级应用范畴，需要和 CAD 软件紧密结合。目前国内市场上比较常见的如 PC-DMIS、VIRTUL DMIS、POWER INSPECT 等，对于曲面质量评价，曲面建构、编辑、分析极为重要。

3.3.4 间接测量中的数学计算

零件的常规测量主要针对几何精度、几何形状、材料特性等对象，测量方法不外乎直接测量和间接测量。直接测量指被测零件尺寸大小可在量具或量仪上直接读出，不必换算，例如用卡尺测量圆柱体直径。而间接测量指被测零件尺寸不是直接测得的，而是通过间接地测量与它有一定关系的量计算得到的，被测量和直接测量的量之间有一定的函数关系。下面用几个常见的例子说明。

例 1 大圆弧半径的测量。

非整圆的零件或大直径的零件，在直接测量圆弧直径有困难时，可利用滚棒做间接测量。用两个直径相同的滚棒对圆弧面进行测量，见图 3-44。滚棒半径为 r，滚棒顶点至弧面最低点的距离为 H，由测量得来，试求弧面的半径 R 值。

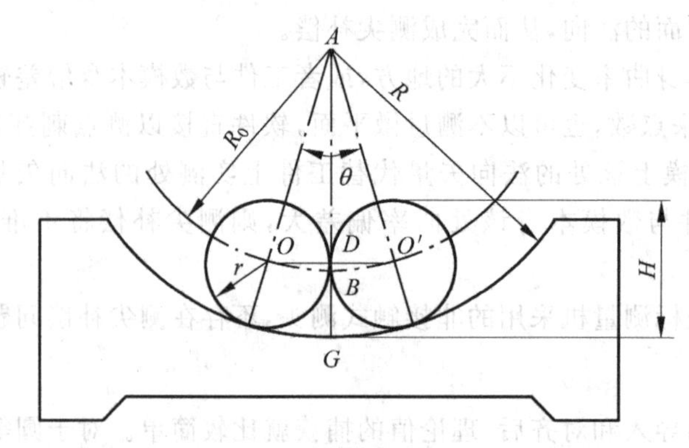

图 3-44 用两个直径相同的滚棒（或圆球）间接测量

设 $R_0=AO$，以 R_0 为半径作弧，交 AG 线于 B 点；作 OO' 连线，交 AG 线于 D 点。

$$BD = H - 2r, \quad DO = r$$

$$AB = AO = AO' = R_0$$

由图 3-44 可知

$$\tan\angle DBO = \frac{DO}{BD} = \frac{r}{H-2r}$$

$$\theta = 360° - 4\angle DBO$$

故 $\frac{\theta}{2}=180°-2\angle DBO$，因此滚棒中心所在圆弧半径 R_0 的大小为

$$R_0 = OD\csc\frac{\theta}{2} = r\csc(180° - 2\angle DBO)$$

凹面弧半径 R 为 R_0+r，所以

$$R = r\csc(180° - 2\angle DBO) + r$$

用两根直径相同的滚棒测凸弧半径，其计量方法和本节例 1 类似。

例 2 特殊孔径的测量。

图 3-45 为一无法使用通用尺表检测的内孔，但用双球测量法，就可解决此问题。球的直径必须小于孔口，否则就放不进去。两球的直径不相等，一为 r_1，另一为 r_2。首先测出零件上表面与 r_1 球最高点的距离 h_1，然后测出零件上表面与 r_2 球最高点的距离 h_2，

由此可求得内径尺寸为：

$$D = r_1 + r_2 + \sqrt{(r_1+r_2)^2 - [(h_2+r_2)-(h_1+r_1)]^2}$$

如果孔径较大，则可采用滚棒量块法测量。先将直径为 d_1 和 d_2 的滚棒对称地置于内径两壁，滚棒之间用量块测量，见图 3-45，其计算公式为

$$D = d_1 + d_2 + M$$

式中：d_1、d_2——滚棒直径，mm；

M——量块尺寸，mm。

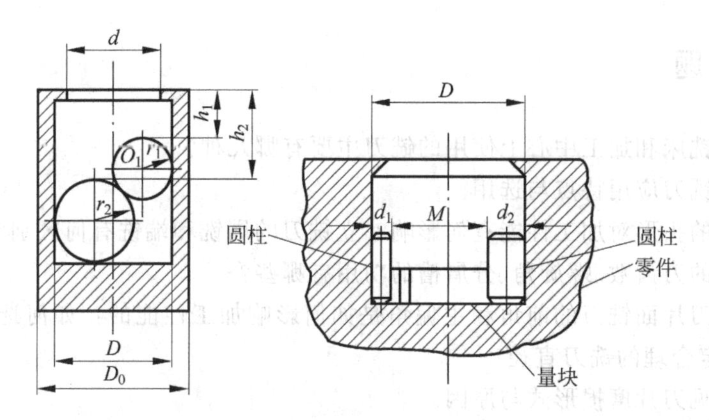

图 3-45 用圆球或滚棒求内径尺寸

例 3 箱体零件上斜孔的测量。

见图 3-46(a)，零件上有一斜钻孔，斜孔中心线与垂直方向的夹角为 60°，孔径尺寸为 6mm，现拟用心棒检测(12.50±0.03)mm 尺寸是否合格。

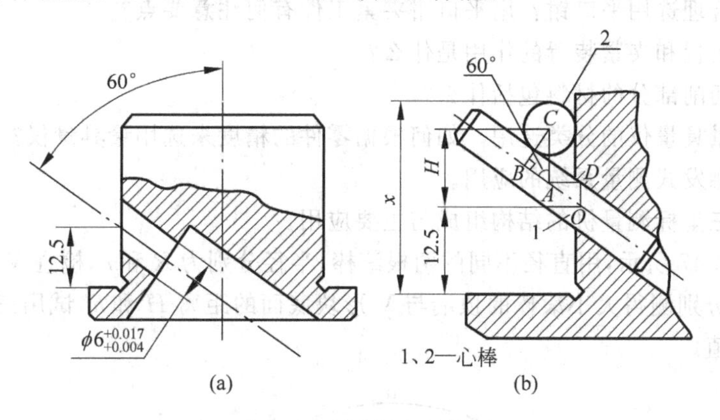

图 3-46 斜孔钻套的测算

其测量方法见图 3-46(b)。一般可用高度尺测得 $x=26.88\text{mm}$，心棒 2 的直径 D 为 8mm，用计算和测得的 x 值相比较的方法来判断 12.5mm 尺寸的误差。

根据图 4-46(b)可知：

$$x = 12.50 + H + \frac{D}{2}$$

$$H = CA + DO$$

$$CA = \frac{CB}{\sin 60^\circ} = \frac{4+3}{0.866\,03}\text{mm} = 8.083\text{mm}$$

$$DO = \frac{AD}{\tan 60^\circ} = \frac{4}{1.7321}\text{mm} = 2.312\text{mm}$$

$$x = [12.50 + (8.083 + 2.312) + 4]\text{mm} = 26.895\text{mm}$$

实际尺寸比公称尺寸小 0.015mm，在公差范围内，故放斜孔的位置尺寸合格。

思考与练习题

1. 在数控铣床和加工中心上使用的铣刀主要有哪几种?

2. 简述立铣刀应用特点与选用。

3. 立铣刀的头形对加工性能有何影响? 立铣刀的周铣和端铣有何区别?

4. 立铣刀的刀齿数、螺旋角、分屑槽的功用有哪些?

5. 可转位刀片面铣刀的前角和主偏角是如何影响加工性能的? 如何选择刀片形状与数量? 如何确定合理的铣刀直径?

6. 简述常见刀片磨损形式与原因。

7. 加工中心的刀柄是如何分类的?

8. 高速加工对刀柄性能有何特殊要求?

9. 举例说明适合于高速加工的刀柄有哪些? 简述其结构和工作原理。

10. 简述常用的夹具种类?

11. 如何合理选用平口钳? 用平口钳夹紧工件有何注意要点?

12. 定位装置和夹紧装置的作用是什么?

13. 刀具切削部分的材料包括什么?

14. 简述量具量仪的分类选用。如何根据零件的精度来选用量具量仪?

15. 简述触发式测量系统的应用。

16. 简述三坐标测量机的结构组成与主要应用。

17. 如图 3-47 所示,用直径不同的两根滚棒,半径分别为 R 和 r,检查 V 形槽的夹角 α。通过间接测量分别测得大小滚棒的顶端与 V 形块底面的距离 H 和 h,试用三角函数计算出夹角 α 的实际值。

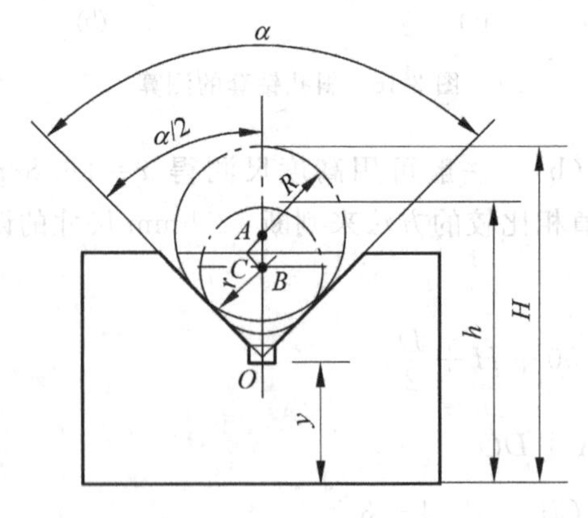

图 3-47 计算 V 形槽夹角

第4章　加工工艺分析与设计

工艺设计与规划是工艺员的中心工作，是对工件进行数控加工的前期准备。合理的工艺设计方案是编制数控加工程序的依据，工艺设计的缺陷也是造成数控加工质量和效率低下的主要原因之一。因为受到加工条件(硬件和软件)的约束，工艺设计没有绝对的优劣之别，工艺员必须在掌握机床及其工具系统、编程规则、质量和成本控制三大知识模块后才可能编制出合理的工艺文件。

无论是手工编程还是自动编程，在编程前工艺员需要完成如下工作步骤和内容：

(1) 加工准备：识读零件/装配图纸，工艺分析，选择并确定机床、定位基准/夹具、刀具、量具、辅具等加工条件。

(2) 工艺设计与规划：制定数控加工路线，划分工步、工序，确定对刀点、换刀点和刀具补偿，选择切削用量，分配公差，编制工艺文件。

(3) 编制加工程序：将工艺设计方案融入加工程序，对已有程序的校验和优化。

(4) 工装设计、工艺优化与技术经济分析：这是高级数控工艺员必须具备的能力，在具备数字化设计和制造平台的企业，高级数控工艺员需具有一定的协同设计与管理的能力。

本章内容主要是针对手工编程条件下工艺设计的基础知识和技能，而对于掌握CAD/CAM软件的工艺员，另外还有全新的加工策略与方法(将在第7章介绍)。

4.1　加工准备

制订零件的数控铣削加工工艺时，首先要对零件图进行工艺分析，即针对零件图纸分析零件的加工要素、结构工艺性、基准与装夹、机床工具选择等。

4.1.1　识图与工艺分析

1. 零件图的结构工艺性

零件图纸直接反映零件结构，而零件的结构设计会影响或决定工艺性的好坏。根据铣削加工特点，我们从以下几方面来考虑结构工艺性特点。

(1) 零件图样尺寸的正确标注

由于加工程序是以准确的坐标点来编制的，因此，各图形几何要素间的相互关系(如相切、相交、垂直和平行等)应明确；各种几何要素的条件要充分，应无引起矛盾的多余尺寸或影响工序安排的封闭尺寸等；构成零件轮廓的几何元素的条件应充分。在手工编程时要计算基点或节点坐标，在自动编程时，要对构成零件轮廓的所有几何元素进行定义。因此在分析零件图时，要分析几何元素的给定条件是否充分。如圆弧与直线，圆弧与圆弧在图样上相切,但根据图上给出的尺寸,在计算相切条件时,变成了相交或相离状态。由于构成零件几何元素条件的不充分,将使编程时无法下手,遇到这种情况时,应与零件设计者协商解决。

(2) 保证获得要求的加工精度

虽然数控机床精度很高,但对一些特殊情况,例如过薄的底板与肋板,因为加工时产生的切削拉力及薄板的弹性退让极易产生切削面的振动,使薄板厚度尺寸公差难以保证,其表面粗糙度也将增大。根据实践经验,对于面积较大的薄板,当其厚度小于 3mm 时,就应在工艺上充分重视这一问题。

(3) 尽量统一零件轮廓内圆弧的有关尺寸

轮廓内圆弧半径 R 常常限制刀具的直径。如图 4-1 所示,工件的被加工轮廓高度低,转接圆弧半径也大,可以采用较大直径的铣刀来加工,且加工其底板面时,进给次数也相应减少,表面加工质量也会好一些,因此工艺性较好。反之,数控铣削工艺性较差。一般来说,当 $R<0.2H$(H 为被加工轮廓面的最大高度)时,可以判定零件上该部位的工艺性不好。

铣削面的槽底面圆角或底板与肋板相交处的圆角半径 r(如图 4-2 所示)越大,铣刀端刃铣削平面的能力越差,效率越低。当 r 大到一定程度时甚至必须用球头铣刀加工,这是应当避免的。因为铣刀与铣削平面接触的最大直径 $d=D-2r$(D 为铣刀直径),当 D 越大而 r 越小时,铣刀端刃铣削平面的面积越大,加工平面的能力越强,铣削工艺性当然也越好。有时,当铣削的底面面积较大,底部圆弧 r 也较大时,只能用两把 r 不同的铣刀(一把刀的 r 小一些,另一把刀的 r 符合零件图样的要求)分成两次进行切削。

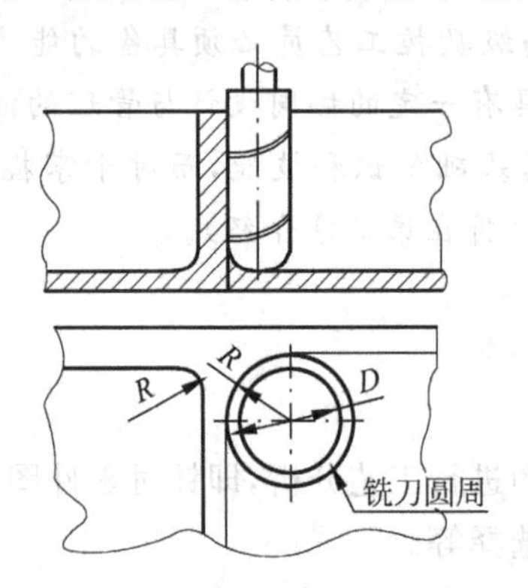

图 4-1 肋板的高度与内转接圆弧对零件铣削工艺性的影响

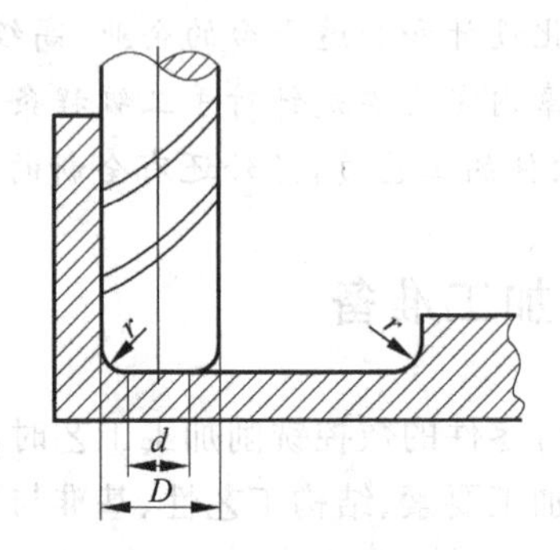

图 4-2 底板与肋板的转接圆弧对零件铣削工艺性的影响

在一个零件上的这种凹圆弧半径在数值上的一致性对数控铣削的工艺性相当重要。一般来说,即使不能寻求完全统一,也要力求将数值相近的圆弧半径分组靠拢,达到局部统一,以尽量减少铣刀规格与换刀次数,并避免因频繁换刀而增加的零件加工面上的接刀痕,降低表面质量。

(4) 保证基准统一

有些零件需要在铣完一面后再重新安装铣削另一面,由于数控铣削时不能使用通用铣床加工时常用的试切法来接刀,往往会因为零件的重新安装而接不好刀。这时,最好采用统一基准定位,因此零件上应有合适的孔作为定位基准孔。如果零件上没有基准孔,也可以专门设置工艺孔作为定位基准,如可在毛坯上增加工艺凸台或在后继工序要铣去的余量上设基准孔。

(5) 分析零件的变形情况

零件在数控铣削加工时的变形,不仅影响加工质量,而且当变形较大时,将使加工不能继续进行下去。这时就应当考虑采取一些必要的工艺措施加以预防,如对钢件进行调质处理,对铸铝件进行退火处理,对不能用热处理方法解决的,也可考虑粗、精加工及对称去余量等常规方法。

有关铣削件的结构工艺性的图例见表 4-1 所示。

表 4-1 零件的数控铣削结构工艺性图例

序号	A 工艺性差的结构	B 工艺性好的结构	说　明
1	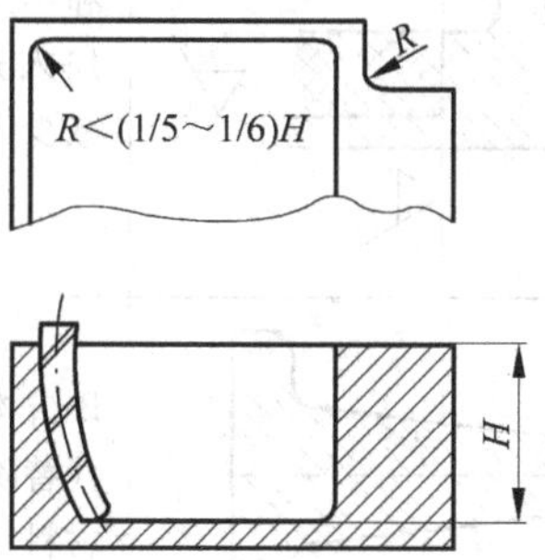 R; $R<(1/5\sim1/6)H$; H	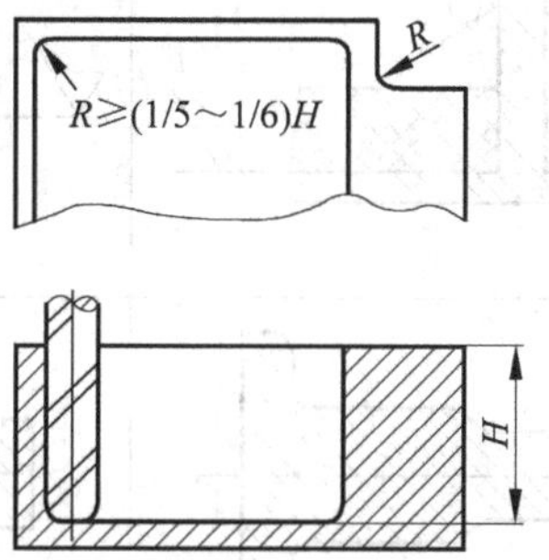 R; $R\geqslant(1/5\sim1/6)H$; H	B 结构可选用较高刚性的刀具
2	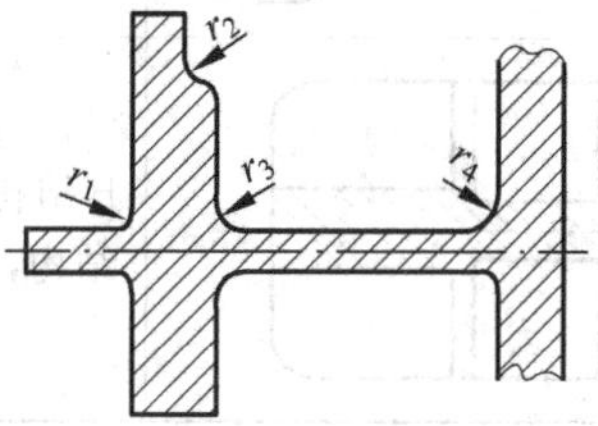 r_2; r_1; r_3; r_4	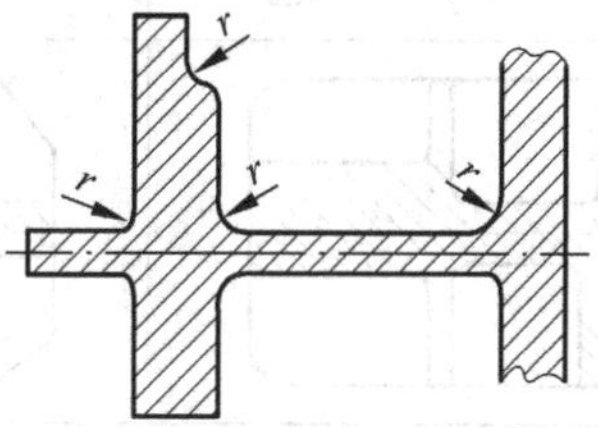 r; r; r; r	B 结构需用刀具比 A 结构少,减少了换刀时间
3	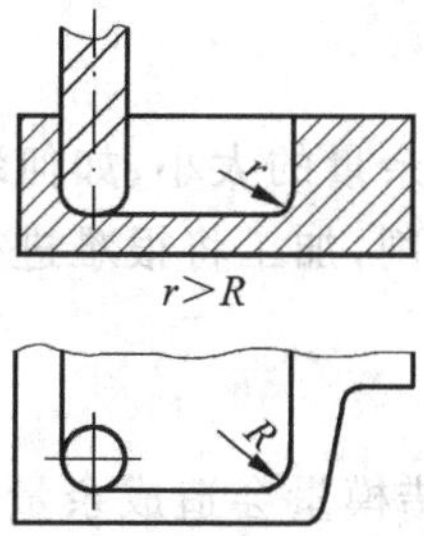 r; $r>R$; R	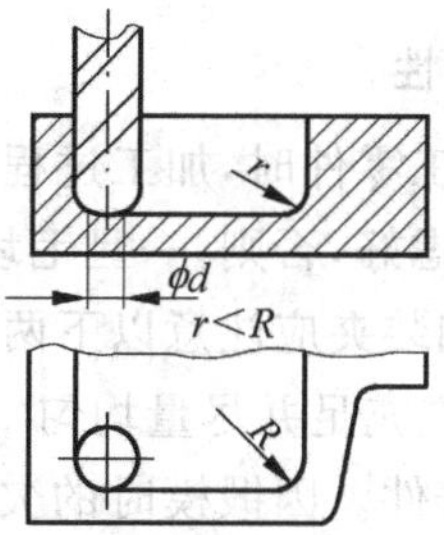 r; ϕd; $r<R$; R	B 结构 R 大,r 小,铣刀端刃铣削面积大,生产效率高
4	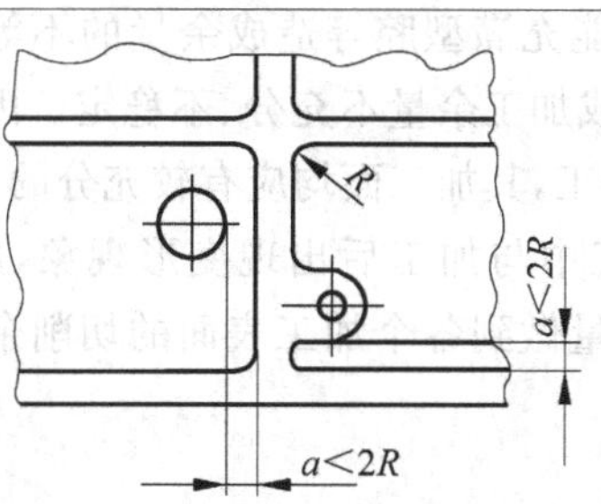 R; $a<2R$; $a<2R$	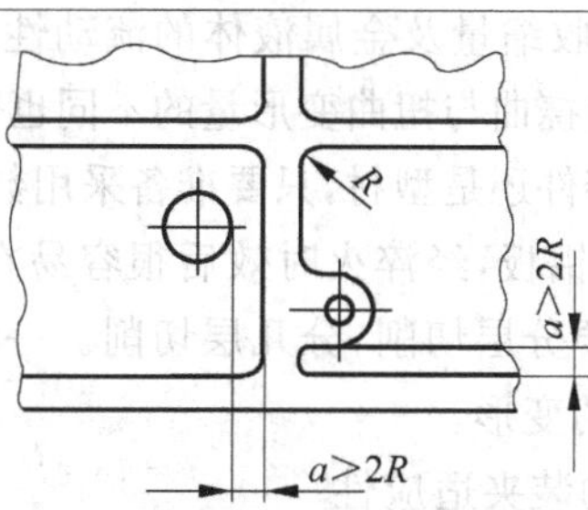 R; $a>2R$; $a>2R$	B 结构 $a>2R$,便于半径为 R 的铣刀进入,所需刀具少,加工效率高

续表

序号	A工艺性差的结构	B工艺性好的结构	说明
5	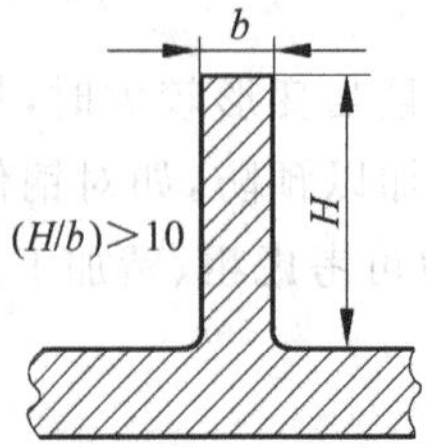 b; (H/b)>10; H	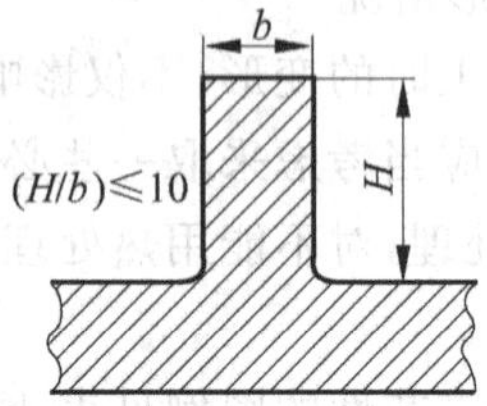 b; (H/b)≤10; H	B结构刚性好，可用大直径铣刀加工，加工效率高
6	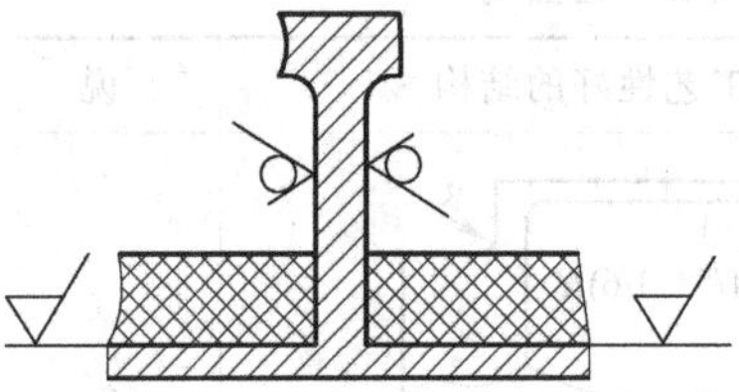	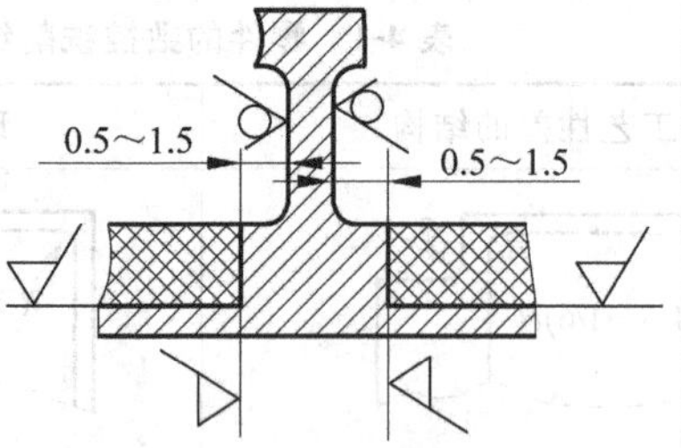 0.5～1.5; 0.5～1.5	B结构在加工面和不加工面之间加入过渡表面，减少了切削量
7	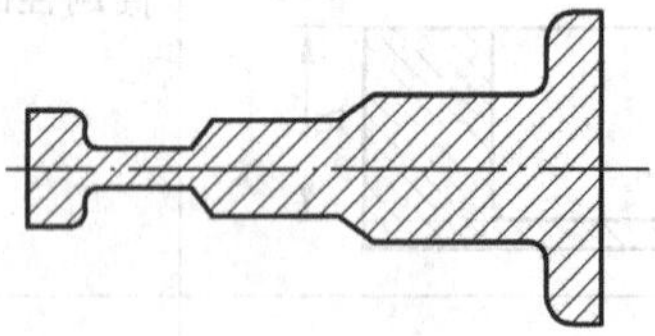	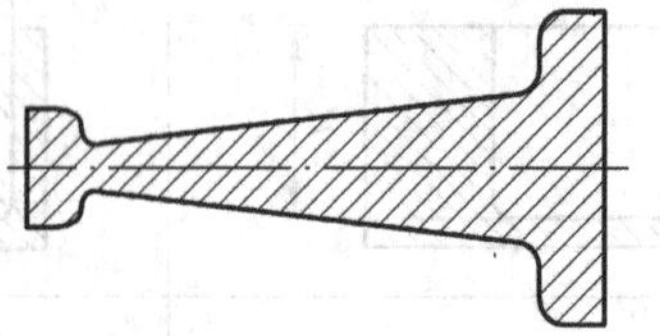	B结构用斜面筋代替阶梯筋，节约材料，简化编程
8	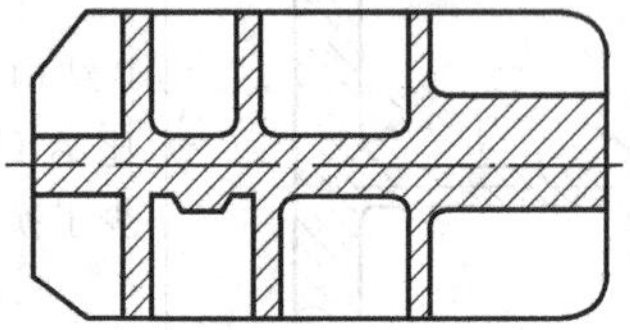	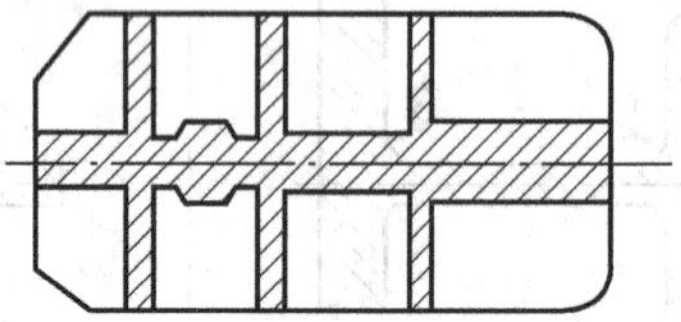	B结构采用对称结构，简化编程

2. 毛坯的结构工艺性

因为在数控铣削加工零件时，加工过程是自动的，毛坯余量的大小、如何装夹等问题在选择毛坯时就要仔细考虑好，否则，一旦毛坯不适合数控铣削，加工将很难进行下去。根据经验，确定毛坯的余量和装夹应注意以下两点。

(1) 毛坯加工余量应充足并尽量均匀

毛坯主要指锻件、铸件。因锻模时的欠压量与允许的错模量会造成余量的不等；铸造时也会因砂型误差、收缩量及金属液体的流动性差不能充满型腔等造成余量的不等。此外，锻造、铸造后，毛坯的挠曲与扭曲变形量的不同也会造成加工余量不充分、不稳定。因此，除板料外，不论是锻件、铸件还是型材，只要准备采用数控加工，其加工面均应有较充分的余量。

对于热轧中、厚铝板，经淬火时效后很容易在加工中与加工后出现变形现象，所以需要考虑在加工时要不要分层切削，分几层切削。一般尽量做到各个加工表面的切削余量均匀，以减少内应力所致的变形。

(2) 分析毛坯的装夹适应性

主要考虑毛坯在加工时定位和夹紧的可靠性与方便性，以便在一次安装中加工出尽量多的表面。对于不便装夹的毛坯，可考虑在毛坯上另外增加装夹余量或工艺凸台、工艺凸耳等辅助基准。如图 4-3 所示，由于该工件缺少合适的定位基准，可在毛坯上增加一个工艺凸台，通过凸台与销孔可以确定定位基准。

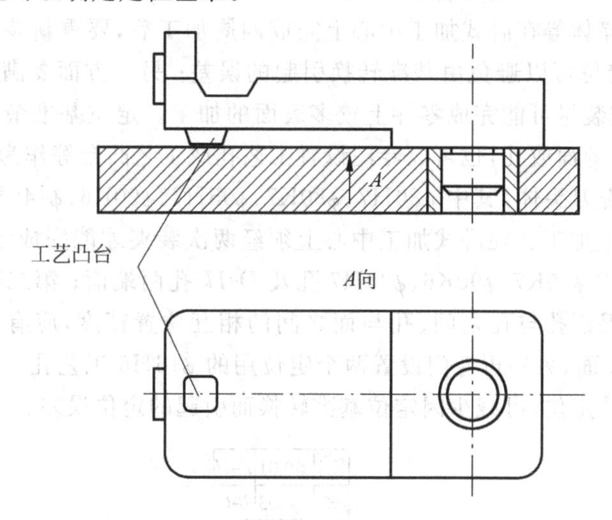

图 4-3　增加毛坯工艺凸台示例

3. 应采用统一的基准定位

在数控加工中，若没有统一的基准定位，会因工件的重新安装而导致加工后的两个面上轮廓位置及尺寸不协调的现象。要避免上述问题的产生，保证两次装夹加工后其相对位置的准确性，应采用统一的基准定位。

零件上最好有合适的孔作为定位基准孔，若没有，要设置工艺孔作为定位基准孔（如在毛坯上增加工艺凸耳或在后续工序要铣去的余量上设置工艺孔）。若无法制出工艺孔，最起码也要用经过精加工的表面作为统一基准，以减少两次装夹产生的误差。

此外，还应分析零件所要求的加工精度、尺寸公差等是否可以得到保证，有无引起矛盾的多余尺寸或影响工序安排的封闭尺寸等。

4.1.2　定位基准与装夹

1. 定位基准分析

定位基准有粗基准和精基准两种，用未加工过的毛坯表面作为定位基准称为粗基准，用已加工过的表面作为定位基准称为精基准。除第一道工序采用粗基准外，其余工序都应使用精基准。

选择定位基准要遵循基准重合原则，即力求设计基准、工艺基准和编程基准统一，这样做可以有利于保证各加工表面之间的位置精度，减少基准不重合产生的误差和数控编程中的计算量，能有效地简化夹具设计并减少装夹次数。在实际生产中，经常使用的统一基准形式有：

- 轴类零件常使用两顶尖孔作为统一基准；
- 箱体类零件常使用一面两孔（一个较大的平面和两个距离较远的销孔）作为统一基准；

• 盘套类零件常使用止口面(一端面和一短圆孔)作为统一基准；
• 套类零件用一长孔和一止推面作为统一基准。

零件的定位基准一方面要能保证零件经多次装夹后其加工表面之间相互位置的正确性，如多棱体、复杂箱体等在卧式加工中心上完成四周加工后，要重新装夹加工剩余的加工表面，用同一基准定位可以避免由基准转换引起的误差；另一方面要满足加工中心工序集中的特点，即一次安装尽可能完成零件上较多表面的加工。定位基准最好是零件上已有的面或孔，若没有合适的面或孔，也可以专门设置工艺孔或工艺凸台等作为定位基准。

图 4-4 所示为铣刀头体，其中 ϕ80H7、ϕ80K7、ϕ95H7、ϕ90K6、ϕ140H7 孔及 D-H 孔两端面要在加工中心上加工。在卧式加工中心上须经两次装夹才能完成上述孔和面的加工。第一次装夹加工完成 ϕ80K7、ϕ90K6、ϕ80H7 孔及 D-H 孔两端面；第二次装夹加工 ϕ95H7 及 ϕ140H7 孔。为保证孔与孔之间、孔与面之间的相互位置精度，应有同一定位基准。为此，应首先加工出 A 面，另外再专门设置两个定位用的 ϕ16H6 工艺孔。这样两次装夹都以 A 面和 2×ϕ16H6 孔定位，可减少因定位基准转换而引起的定位误差。

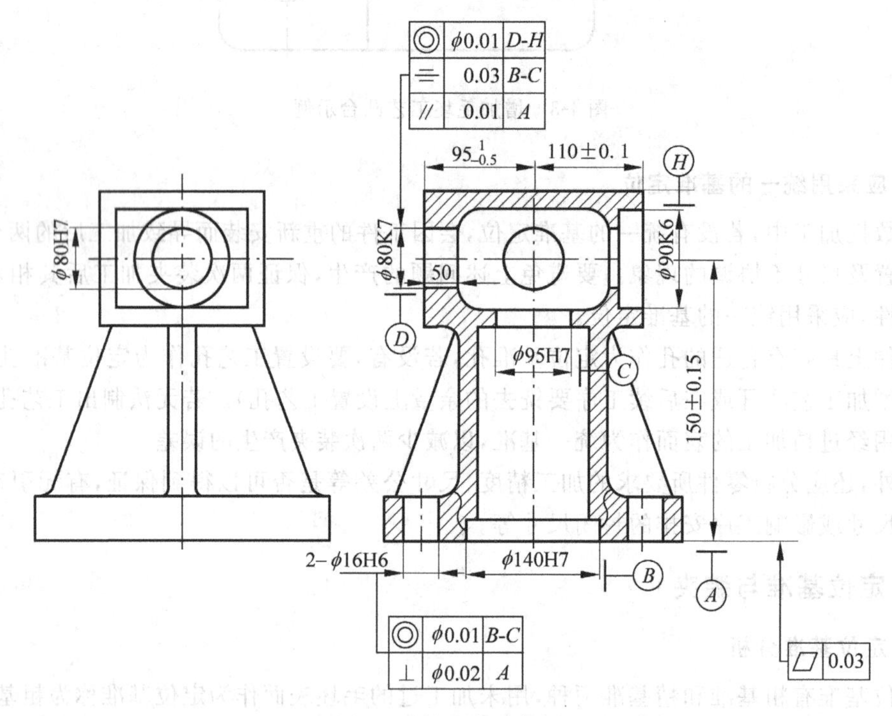

图 4-4 铣刀头零件图

2. 装夹

在确定装夹方案时，只需根据已选定的加工表面和定位基准确定工件的定位夹紧方式，并选择合适的夹具。此时，主要考虑以下几点。

(1) 夹紧机构或其他元件不得影响进给，加工部位要敞开。要求夹持工件后夹具等一些组件不能与刀具运动轨迹发生干涉。如图 4-5 所示，用立铣刀铣削零件的六边形，若采用压板机构压住工件的 A 面，则压板易与铣刀发生干涉；若压 B 面，就不影响刀具进给。对有些箱体零件加工可以利用内部空间来安排夹紧机构，将其加工表面敞开，如图 4-6 所示。

但在卧式加工中心上对零件四周进行加工时，若很难安排夹具的定位和夹紧装置，则可以减少加工表面来预留出定位夹紧元件的空间。

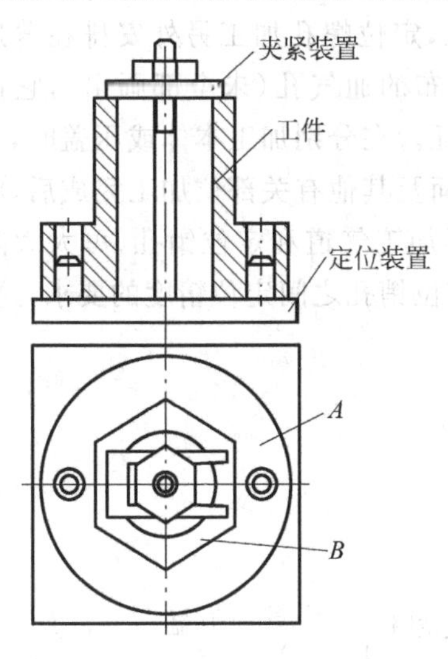

图 4-5 不影响进给的装夹示例

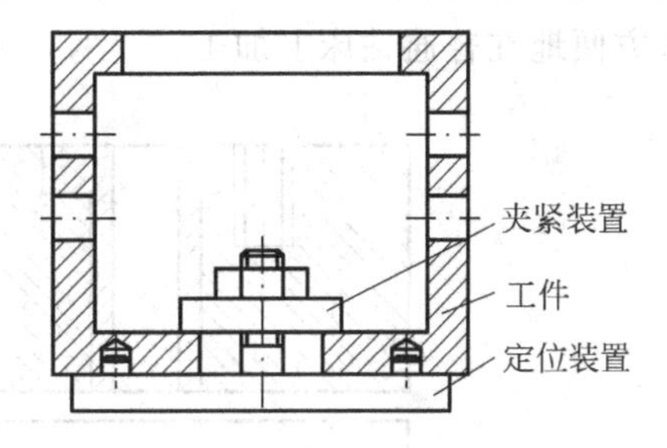

图 4-6 敞开加工表面的装夹示例

(2) 必须保证最小的夹紧变形。工件在加工时，切削力大，需要的夹紧力也大，但又不能把工件夹压变形。因此，必须慎重选择夹具的支撑点、定位点和夹紧点。如果采用了相应措施仍不能控制零件变形，只能将粗、精加工分开，或者粗、精加工采用不同的夹紧力。

(3) 装卸方便，辅助时间尽量短。由于加工中心加工效率高，装夹工件的辅助时间对加工效率影响较大，所以要求配套夹具在使用中也要装卸快且方便。

(4) 对小型零件或工序时间不长的零件，可以考虑在工作台上同时装夹几件进行加工，以提高加工效率。

(5) 夹具结构应力求简单。由于零件在加工中心上加工大都采用工序集中的原则，加工的部位较多，同时批量较小，零件更换周期短，夹具的标准化、通用化和自动化对加工效率的提高及加工费用的降低有很大影响。因此，对批量小的零件应优先选用组合夹具。对形状简单的单件小批量生产的零件，可选用通用夹具，如三爪卡盘、台钳等。只有对批量较大，且周期性投产，加工精度要求较高的关键工序才设计专用夹具，以保证加工精度和提高装夹效率。

4.1.3 合理选用机床、夹具与刀具

1. 机床的选用原则

在数控机床上加工零件，一般有两种情况。第一种情况，有零件图样和毛坯，要选择适合加工该零件的数控机床；第二种情况已经有了数控机床，要选择适合在该机床上加工的零件。无论哪种情况，考虑的因素主要有：毛坯的材料和类型、零件轮廓形状的复杂程度、尺寸大小、加工精度、零件的数量、热处理要求等。概括起来有三点：①要保证加工零件的技术要求，加工出合格的产品；②有利于提高生产率；③尽可能降低生产成本。

数控加工的成本相对较高，数控工艺员对普通机床的特点也要了解，有时数控机床和普通机床协同加工往往有利于提高加工效率和减少成本。

例如下面一些加工内容如选择在普通机床上加工更合适。

(1) 需要与其他件配制或需要按样板、样件等加工的内容。如图 4-7(a)所示，导套与本体之间的定位螺孔需要在两者装配配合的情况下加工，定位螺孔加工另外安排在普通钻床更显方便。如图 4-7(b)所示，压盖上有几个不对称分布的通气孔（未全部画出），它们必须与本体上的小气道正对相通，为此用两个定位销来保证。在分别加工本体或压盖时，不可分别将气道和定位销孔加工出来，而应在它们相配合的面及其他有关部位加工完成后，将两者装夹在一起加工气道和定位销孔。两者装夹在一起再加工气道和定位销孔，可大大降低对气孔与气孔之间、定位销孔与定位销孔之间、气孔与定位销孔之间定位精度的要求，这样，可以很方便地在普通钻床上加工。

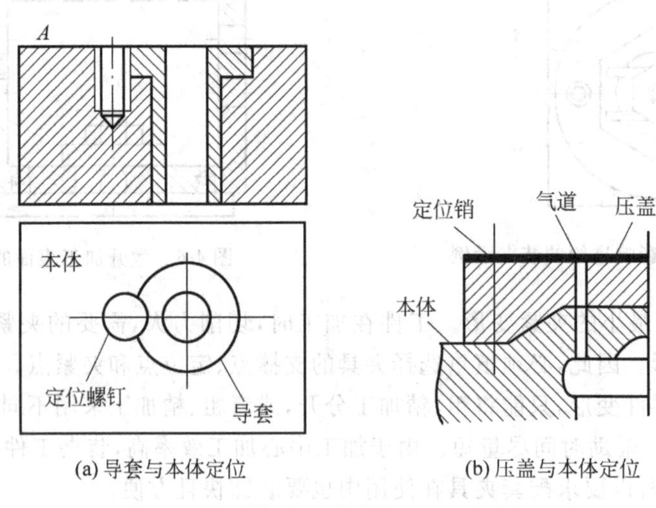

(a) 导套与本体定位　　(b) 压盖与本体定位

图 4-7　配合加工

(2) 不能在一次装夹中完成的零星的加工内容。在三轴数控铣床上加工如图 4-8 所示的机架。按图示位置装夹加工燕尾槽和台阶侧面时，不能在同一次装夹中加工出平面 A。为了加工 A 面，须另外装夹一次，且装夹时要用垫铁或千斤顶找平。平面 A 不放在数控铣上加工较为有利。

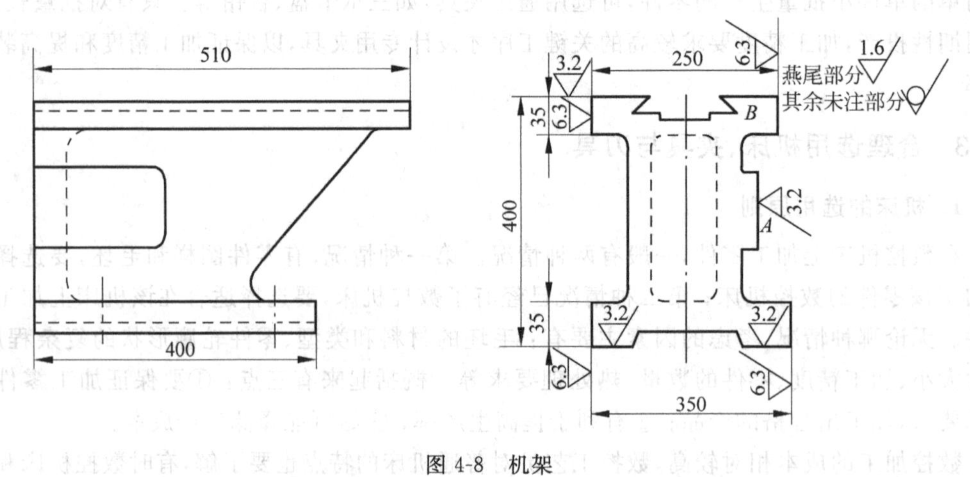

图 4-8　机架

(3) 容易损坏刀具的加工内容。例如加工一些直径很小而深度较深的孔时，钻头刚性差及钻削加工时切屑难以排除是一个突出的矛盾。尽管在数控机床上加工时可在加工程序中安排定时提钻排屑的程序步骤，但由于一些不确定的因素，易造成钻头折断事故。所以像这样的加工内容一般不宜安排在数控机床上加工。在选择和决定加工内容时，要考虑实际的生产条件、生产批量、生产周期、工序间周转情况等因素。一个零件的加工工序可以全部在数控机床上完成，也可以是部分加工工序安排在数控机床上进行，即要发挥数控机床的特长和能力，不要把数控机床降为普通机床使用。

针对加工中心的工艺特点，加工中心适宜于加工形状复杂、加工内容多、要求较高，需多种类型的普通机床和众多的工艺装备，且经多次装夹和调整才能完成加工的零件。主要加工对象有下列4种。

(1) 既有平面又有孔系的零件

加工中心具有自动换刀装置，在一次安装中，可以完成零件上平面的铣削，孔系的钻削、镗削、铰削、铣削及攻螺纹等多工步加工。加工的部位可以在一个平面上，也可以在不同的平面上。因此，既有平面又有孔系的零件是加工中心首选的加工对象，这类零件常见的有箱体类零件和盘、套、板类零件。如果加工部位集中在单一端面上的盘、套、板类零件宜选择立式加工中心，加工部位不是位于同一方向表面上的零件宜选择卧式加工中心。

(2) 结构形状复杂、普通机床难加工的零件

主要表面由复杂曲线、曲面组成的零件，加工时，需要多坐标联动加工，这在普通机床上是难以完成甚至无法完成的，加工中心是加工这类零件的最有效的设备。最常见的典型零件有凸轮类、整体叶轮类、模具类(如锻压模具、铸造模具、注塑模具及橡胶模具等)。

(3) 外形不规则的异型零件

异型零件是指支架、拨叉这一类外形不规则的零件，大多要点、线、面多工位混合加工。由于外形不规则，普通机床上只能采取工序分散的原则加工，需用工装较多，周期较长。利用加工中心多工位点、线、面混合加工的特点，可以完成大部分甚至全部工序的内容。

(4) 加工精度较高的中小批量零件

针对加工中心的加工精度高、尺寸稳定的特点，对加工精度较高的中小批量零件，选择加工中心加工，容易获得所要求的尺寸精度和形状位置精度，并可得到很好的互换性。

2. 刀具的选择

在数控铣削加工中会遇到各种各样的加工表面，如各类平面、垂直面、直角面、直槽、曲线直槽、型腔、斜面、斜槽、曲线斜槽、曲面等。针对各种加工表面，在考虑刀具选择时，都会对刀具形式(整体、机夹及其方式)、刀具形状(刀具类型、刀片形状及刀槽形状)、刀具直径大小、刀具材料等方面做出选择，牵涉到的因素很多，但主要考虑加工表面形状、加工要求、加工效率等几个方面。

刀具选择的原则：一是根据加工表面特点及尺寸选择刀具类型；二是根据工件材料及加工要求选择刀片材料及尺寸；三是根据加工条件选取刀柄。

选取刀具时，要使刀具的尺寸与被加工工件的表面尺寸相适应。刀具直径的选用主要取决于设备的规格和工件的加工尺寸，还要考虑刀具所需功率应在机床功率范围之内。从刀具的结构应用方面来看，数控加工应尽可能采用镶块式机夹可转位刀片以减少刀具磨损后的更换和预调时间。

生产中，平面零件周边轮廓的加工，常采用立铣刀；铣削平面时，应选端铣刀或面铣刀；加工凸台、凹槽时，选高速钢立铣刀；加工毛坯表面或粗加工孔时，可选取镶硬质合金刀片的玉米铣刀（镶齿立铣刀）；对一些立体型面和变斜角轮廓外形的加工，常采用球头铣刀、环形铣刀、锥形铣刀和盘形铣刀。

平面铣削应选用不重磨硬质合金端铣刀或立铣刀、可转位面铣刀。一般采用二次走刀，第一次走刀最好用端铣刀粗铣，沿工件表面连续走刀。注意选好每次走刀的宽度和铣刀的直径，使接刀痕不影响精铣精度。因此，加工余量大又不均匀时，铣刀直径要选小一些；精加工时，铣刀直径要选大一些，最好能够包容加工面的整个宽度；表面要求高时，还可以选择使用具有修光效果的刀片。在实际工作中，平面的精加工，一般用可转位密齿面铣刀，可以达到理想的表面加工质量，甚至可以实现以铣代磨。密布的刀齿使进给速度大大提高，从而提高切削效率。精切平面时，可以设置6～8个刀齿，直径大的刀具甚至可以有超过10个的刀齿。

加工空间曲面和变斜角轮廓外形时，由于球头刀具的球面端部切削速度为零，而且在走刀时，每两行刀位之间，加工表面不可能重叠，总存在没有被加工去除的部分。每两行刀位之间的距离越大，没有被加工去除的部分就越多，其高度（通常称为“残留高度”）就越高，加工出来的表面与理论表面的误差就越大，表面质量也就越差。加工精度要求越高，走刀步长和切削行距越小，编程效率越低。因此，应在满足加工精度要求的前提下，尽量加大走刀步长和行距，以提高编程和加工效率。而在2轴及2.5轴加工中，由于相同的加工参数，利用球头刀加工会留下较大的残留高度，为提高效率，应尽量采用端铣刀。因此，在保证不发生干涉和工件不被过切的前提下，无论是曲面的粗加工还是精加工，都应优先选择平头刀或R刀（带圆角的立铣刀）。不过，由于平头立铣刀和球头刀的加工效果是明显不同的，当曲面形状复杂时，为了避免干涉，建议使用球头刀。另外，调整好加工参数也可以达到较好的加工效果。

镶硬质合金刀片的端铣刀和立铣刀主要用于加工凸台、凹槽和箱口面。为了提高槽宽的加工精度，减少铣刀的种类，加工时应采用直径比槽宽小的铣刀，先铣槽的中间部分，然后再利用刀具半径补偿（或称直径补偿）功能对槽的两边进行铣加工。

对于要求较高的细小部位的加工，使用整体式硬质合金刀，可以获得较高的加工精度，但是注意，刀具悬升不能太大，否则刀具不但让刀量大，易磨损，而且会有折断的危险。

铣削盘类零件的周边轮廓一般采用立铣刀，但所用的立铣刀的刀具半径一定要小于零件内轮廓的最小曲率半径。一般取最小曲率半径的0.8～0.9倍即可。零件的加工高度（Z方向的吃刀深度）最好不要超过刀具的半径。若是铣毛坯面，最好选用硬质合金波纹立铣刀，它在机床、刀具、工件系统允许的情况下，可以进行强力切削。

钻孔时，要先用中心钻或小直径球头刀钻浅孔，用以引正钻头。先用较小的钻头钻孔至所需深度，再用较大的钻头钻孔，最后用所需的钻头加工，以保证孔的精度。在进行较深的孔加工时，特别要注意钻头的冷却和排屑问题，一般利用深孔钻削循环指令G83进行编程，可以钻进一段后，钻头快速退出工件进行排屑和冷却；再钻进，再进行冷却和排屑直至孔深钻削完成。

铣刀齿数Z对生产效率和加工表面质量有直接的影响。同一直径的铣刀，齿数愈多，同时切削的齿数也愈多，使铣削过程较平稳，因而可获得较好的加工质量。另外，当每齿进给量一定时，可随齿数的增多提高进给速度，从而提高生产率。但过多的齿数会减少刀齿的容屑空间，因此不得不降低每齿进给量，这样反而降低了生产率。一般按工件材料和加工性质选择铣刀的齿数。例如，粗铣钢件时，首先须保证容屑空间及刀齿强度，应采用粗齿铣刀；半精铣或精铣钢件、粗铣铸铁件时，可采用中齿铣刀；精铣铸铁件或铣削薄壁铸铁件时，宜采用细齿铣刀。

刀具材料对切削性能的影响也非常重要，例如，切削低硬度材料时，可以使用高速钢刀具，而切削高硬度材料时，就必须用硬质合金刀具。当前使用的金属切削刀具材料主要有5类：高速钢、硬质合金、陶瓷、立方氮化硼(CBN)、聚晶金刚石(PCD)。表4-2列出了各种刀具材料的特性和用途。

表4-2　刀具材料的特性和用途

材　　料	主要特性	用　　途	优　　点
高速钢	比工具钢硬	低速或不连续切削	刀具寿命较长，加工的表面较平滑
高性能高速钢	强韧、抗边缘磨损性强	可粗切或精切几乎任何材料，包括铁、钢、不锈钢、高温合金、非铁和非金属材料	切削速度可比高速钢高，强度和韧性较粉末冶金高速钢好
粉末冶金高速钢	良好的抗热性和抗碎片磨损	切削钢、高温合金、不锈钢、铝、碳钢及合金钢和其他不易加工的材料	切削速度可比高性能高速钢高15%
硬质合金	耐磨损、耐热	可锻铸铁、碳钢、合金钢、不锈钢、铝合金的精加工	寿命比一般工具钢高10～20倍
陶瓷	高硬度、耐热冲击性好	高速粗加工，铸铁和钢的精加工，也适合加工有色金属和非金属材料。不适合加工铝、镁、钛及其合金	可用于高速加工
立方氮化硼(CBN)	超强硬度、耐磨性好	硬度大于450 HBW材料的高速切削	刀具寿命长，可实现超精表面加工
聚晶金刚石(PCD)	超强硬度、耐磨性好	粗切和精切铝等有色金属和非金属材料	刀具寿命长，可实现超精表面加工

在同样可以完成加工的情形下，选择相对综合成本较低的方案，而不是选择最便宜的刀具。刀具的耐用度和精度与刀具价格关系极大，必须注意的是，在大多数情况下，选择好的刀具虽然增加了刀具成本，但由此带来的加工质量和加工效率的提高可以使总体成本比使用普通刀具更低，产生更好的效益。如进行钢材切削时，选用高速钢刀具，其进给只能达到100mm/min，而采用同样大小的硬质合金刀具，进给可以达到500mm/min以上，可以大幅缩短加工时间，虽然刀具价格较高，但总体成本反而更低。通常情况下，优先选择经济性良好的可转位刀具。

在加工中心上，各种刀具分别装在刀库上，按程序规定随时进行选刀和换刀工作。因此，必须有一套连接普通刀具的接杆，以便使钻、镗、扩、铰、铣削等工序用的标准刀具，迅速、准确地装到机床主轴或刀库上去。作为编程人员应了解机床上所用刀杆的结构尺寸以及调整方法、调整范围,以便在编程时确定刀具的径向和轴向尺寸。目前我国的加工中心采用TSG 工具系统,其柄部有直柄(3 种规格)和锥柄(4 种规格)2 种,共包括 16 种不同用途的刀柄。

3. 夹具的选择

正确选择定位基准,对保证零件技术要求、合理安排加工顺序有着至关重要的影响。例如在加工中心上常见的箱体零件常选用一个支承面、一个导向面和一个限位面的三平面装夹法,这是简单可靠且定位精度高的方法,但安装面不能加工。如采用两销定位,可方便刀具对其他各面的加工,但定位精度低于三平面法。箱体零件多个不同位置的平面和孔系要加工时,往往要两三次装夹,这时常常先以三面定位完成部分相关表面加工,然后以加工过的一个平面加两个销孔定位,完成其余表面和孔系加工。

利用通用元件拼装的组合夹具来加工箱体零件有很大的优越性,生产准备周期短,经济性好。在有数控回转工作台的加工中心上,工件一次装夹可以进行 4 个面加工或任意分度加工。而有托盘的加工中心应充分利用多个托盘的优势,尽量不换或少换夹具,将使用相同夹具的零件安排在同一加工中心上加工。托盘多的机床,可混合加工 2～3 种不同夹具的零件。对工件批量大,使用频繁的夹具,应固定在托盘上尽量不换。

选择装夹方法和设计夹具的要点:

(1) 尽可能选择箱体的设计基准为精基准;粗基准的选择要保证重要表面的加工余量均匀,使不加工表面的尺寸、位置符合图纸的要求,且便于装夹。

(2) 加工中心高速强力切削时,定位基准要有足够的接触面积和分布面积,以承受大的切削力且定位稳定可靠。

(3) 夹具本身要以加工中心工作台上的基准槽或基准孔来定位并安装到机床上,这可确保零件的工件坐标系与机床坐标系固定的尺寸关系,这是和普通机床加工的一个重要区别。

4.2 工艺设计与规则

4.2.1 合理选择对刀点与换刀点

在编程时,应正确地选择对刀点和换刀点的位置。对刀点就是在数控机床上加工零件时,刀具相对于工件运动的起点。由于程序段从该点开始执行,所以对刀点又称为程序起点或起刀点。

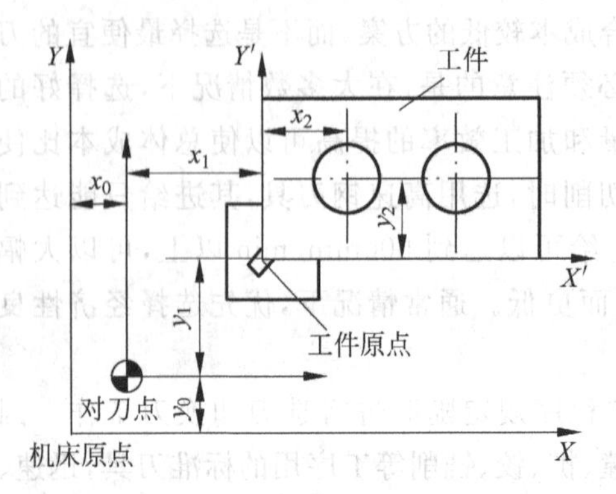

图 4-9 对刀点的设定

常常用对刀点来确定工件坐标系原点。对刀点既可以选在工件上,也可以选在夹具或机床上。不管它选在何处,应与零件的定位基准有确定的尺寸关系,最好选在零件的设计基准或工艺基准上,如图 4-9 中的 x_0 和 y_0,这样才能确定机床坐标系与工件坐标系的关系。另外,还要便于对刀,使对刀误差小,还应使编程方便、简单。

对刀点的选择原则是：①便于用数字处理和简化程序编制；②在机床上找正容易，加工中便于检查；③引起的加工误差小。

如图4-10所示的左右两张图表示的是同一个零件的加工，但从图纸标注看出，由于两张图表达的零件的设计基准不一致，一个在零件中心，一个在角点，所以它们的对刀点位置当然也不一样。

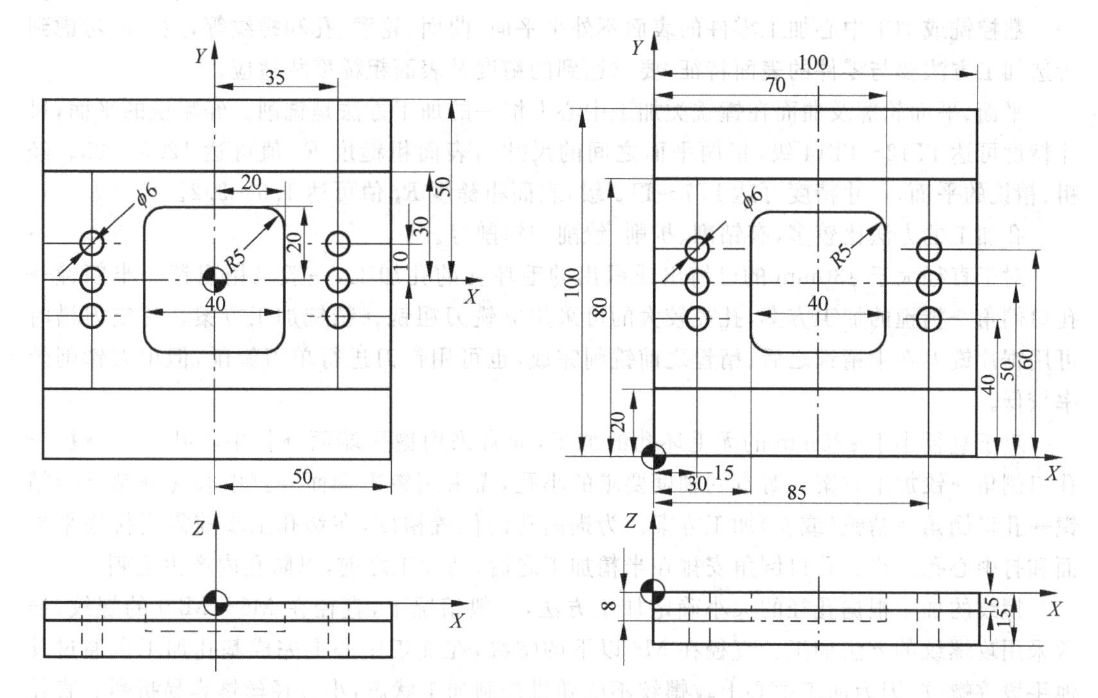

图4-10 对刀点尽量与基准重合

以孔定位的工件，可选孔的中心作为对刀点，刀具的位置则以此孔来找正，使刀位点与对刀点重合。工厂常用的找正方法是将千分表装在机床主轴上，然后转动机床主轴，以使刀位点与对刀点一致。一致性越好，对刀精度越高。所谓“刀位点”是指车刀、镗刀的刀尖，钻头的钻尖，立铣刀、端铣刀刀头底面的中心，球头铣刀的球头中心。

零件安装后工件坐标系与机床坐标系就有了确定的尺寸关系。在工件坐标系设定后，从对刀点开始的第一个程序段的坐标值，为对刀点在机床坐标系中的坐标值(x_0, y_0)；当按绝对值编程时，不管对刀点和工件原点是否重合，都是(x_2, y_2)；当按增量值编程时，对刀点与工件原点重合时，第一个程序段的坐标值是(x_2, y_2)，不重合时，则为(x_1+x_2, y_1+y_2)。

对刀点既是程序的起点，也是程序的终点。因此在成批生产中要考虑对刀点的重复精度，该精度可用对刀点相距机床原点的坐标值(x_0, y_0)来校核。

所谓“机床原点”是指机床上一个固定不变的极限点。例如，对车床而言，指车床主轴回转中心与车头卡盘端面的交点。

加工过程中需要换刀时，应规定换刀点。所谓“换刀点”是指刀架转位换刀时的位置。该点可以是某一固定点（如加工中心机床，其换刀机械手的位置是固定的），也可以是任意的一点（如车床）。换刀点应设在工件或夹具的外部，以刀架转位时不碰工件及其他部件为准。其设定值可用实际测量方法或计算确定。

数控机床在加工过程中如果要换刀,则需要预先设置换刀点并编入程序中 选择换刀点的位置应根据工序内容确定,要保证换刀时刀具及刀架不与工件、机床部件及工装夹具相碰。常用机床参考点作为换刀点。

4.2.2 正确划分工序及确定加工路线

数控铣或加工中心加工零件的表面不外乎平面、曲面、轮廓、孔和螺纹等,主要应考虑到所选加工方法要与零件的表面特征、要求达到的精度及表面粗糙度相适应。

平面、平面轮廓及曲面在镗铣类加工中心上惟一的加工方法是铣削。经粗铣的平面,尺寸精度可达IT12~IT14级(指两平面之间的尺寸),表面粗糙度 R_a 值可达12.5~25。经粗、精铣的平面,尺寸精度可达IT7~IT9级,表面粗糙度 R_a 值可达1.6~3.2。

孔加工的方法比较多,有钻削、扩削、铰削和镗削等。

对于直径大于 ϕ30mm 的已铸出或锻出的毛坯孔的孔加工,一般采用粗镗→半精镗→孔口倒角→精镗的加工方案,孔径较大的可采用立铣刀粗铣→精铣加工方案。有空刀槽时可用锯片铣刀在半精镗之后、精镗之前铣削完成,也可用镗刀进行单刀镗削,但单刀镗削效率较低。

对于直径小于 ϕ30mm 的无毛坯孔的加工,通常采用锪平端面→打中心孔→钻→扩→孔口倒角→铰加工方案。对有同轴度要求的小孔,需采用锪平端面→打中心孔→钻→半精镗→孔口倒角→精镗(或铰)加工方案。为提高孔的位置精度,在钻孔工步前需安排锪平端面和打中心孔工步。孔口倒角安排在半精加工之后、精加工之前,以防孔内产生毛刺。

螺纹的加工根据孔径的大小确定加工方法,一般情况下,直径在M6~M20的螺纹,通常采用攻螺纹的方法加工。直径在M6以下的螺纹,在加工中心上完成基孔加工再通过其他手段攻螺纹,因为加工中心上攻螺纹不能随机控制加工状态,小直径丝锥容易折断。直径在M20以上的螺纹,可采用镗刀镗削加工。

箱体类零件的孔加工精度要求较高,其孔系形位公差可由机床和刀夹具来保证。所以在加工时注意选择新的刀具和加工方法,例如加工中心有很高的速度和强大的数据处理能力,可采用螺旋镗孔加工,即在主轴高转速同时使 X、Y 轴进行高速圆弧插补并使 Z 轴匀速进给来实现镗孔加工。用一把镗刀可以进行多种孔径加工,大大提高了刀具利用率。同理也可采用螺旋攻丝,即使用专用的螺纹铣刀通过主轴旋转和 X、Y、Z 三轴的高速螺旋插补来进行螺纹加工,使用同一把刀具可以加工不同公称直径而螺距相同的螺孔,并可实现中心孔、螺纹底孔和螺孔加工的一次完成。

1. 工序的划分

(1) 以一次安装作为一道工序

所谓一次安装,是指零件在一次装夹中所完成的那部分工序(它与工件的定位夹紧过程中安装的概念不同)。这种划分方法适合于加工内容不多的工件。由于每个零件结构形状不同,各表面的技术要求也有所不同,故加工时,其定位方式各有差异。一般加工外形时,以内形定位;加工内形时又以外形定位。因而可根据定位方式的不同来划分工序。如图4-11所示的片状凸轮,按定位方式可分为两道工序,第一道工序可在普通机床上进行,以外圆表面和 B 平面定位加工端面 A 和 ϕ22H7 的内孔,然后再加工端面 B 和 ϕ4H7 的工艺孔;第二道工序以已加工过的两个孔和一个端面定位,在数控铣床上铣削凸轮外表面曲线。

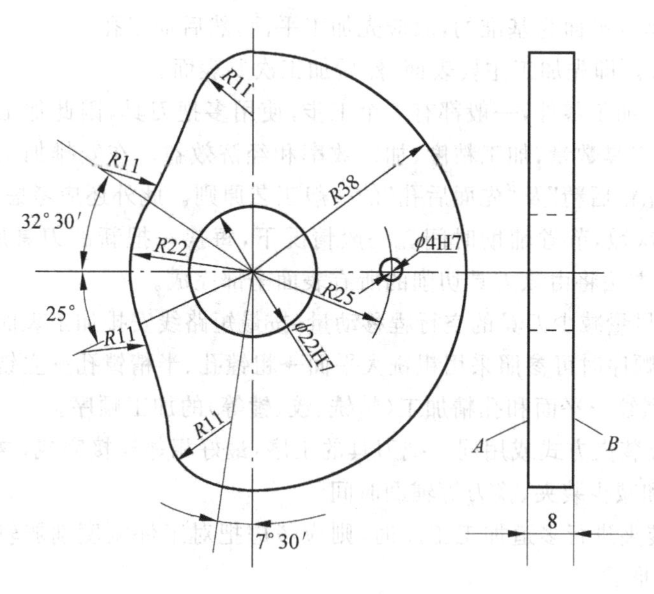

图 4-11 片状凸轮

(2) 以粗、精加工划分工序

粗、精加工分开可以提高加工效率，对那些易产生加工变形的工件，更应将粗、精加工分开。根据零件的加工精度、刚度和变形等因素来划分工序时，可按粗、精加工分开的原则来划分工序，即先粗加工再精加工。此时可用不同的机床或不同的刀具进行加工。通常在一次安装中，不允许将零件某一部分表面加工完毕后，再加工零件的其他表面。

(3) 以同一把刀具加工的内容划分工序

为了减少换刀次数，压缩空程时间，减少不必要的定位误差，可按刀具集中工序的方法加工零件，即在一次装夹中，尽可能用同一把刀具加工出可能加工的所有部位，然后再换另一把刀具加工其他部位。在专用数控机床和加工中心中常采用这种方法。

(4) 以加工部位划分工序

这种方法是按加工零件的结构特点将进行数控加工的部位分成几个部分，每一部分的加工内容作为一个工序。虽然有些零件在一次安装中能加工出很多加工面，但考虑到数控程序太长，按加工部位划分比较适宜。

2. 工序的安排

工序通常包括切削加工工序、热处理工序和辅助工序等，工序安排得科学与否将直接影响到零件的加工质量、生产率和加工成本。切削加工工序通常按以下原则安排。

(1) 先粗后精。当加工零件精度要求较高时都要经过粗加工、半精加工、精加工阶段，如果精度要求更高，还包括光整加工的几个阶段。

(2) 基准面先行原则。用于精基准的表面应先加工。任何零件的加工过程总是先对定位基准进行粗加工和精加工。例如轴类零件总是先加工中心孔，再以中心孔为精基准加工外圆和端面；箱体类零件总是先加工定位用的平面及两个定位孔，再以平面和定位孔为精基准加工孔系和其他平面。

(3) 先面后孔。对于箱体、支架等零件，平面尺寸轮廓较大，用平面定位比较稳定，而且孔的深度尺寸又是以平面为基准的，故应先加工平面，然后加工孔。

(4) 先主后次。即先加工主要表面，然后加工次要表面。

在加工中心上加工零件，一般都有多个工步，使用多把刀具，因此加工顺序安排得是否合理，直接影响到刀具数量、加工精度、加工效率和经济效益。在安排加工顺序时同样要遵循“基面先行”、“先粗后精”及“先面后孔”的一般工艺原则。此外还应考虑：

① 减少换刀次数，节省辅助时间。一般情况下，每换一把新的刀具后，应通过移动坐标，回转工作台等方法将由该刀具切削的所有表面全部完成。

② 每道工序尽量减少刀具的空行程移动量，按最短路线安排加工表面的加工顺序。

③ 安排加工顺序时可参照采用粗铣大平面→粗镗孔、半精镗孔→立铣刀加工→加工中心孔→钻孔→攻螺纹→平面和孔精加工（精铣、铰、镗等）的加工顺序。

(5) 同一定位装夹方式或用同一把刀具的工序，最好相邻连接完成，这样可避免因重复定位而造成误差和减少装夹、换刀等辅助时间。

(6) 如一次装夹进行多道加工工序时，则应考虑把对工件刚度削弱较小的工序安排在先，以减小加工变形。

(7) 先内形内腔加工，后外形加工。

3. 工步的划分

工步的划分主要从加工精度和效率两方面考虑。在一个工序内往往需要采用不同的刀具和切削用量，对不同的表面进行加工。为了便于分析和描述较复杂的工序，在工序内又细分为工步。下面以加工中心为例来说明工步划分的原则。

(1) 同一表面按粗加工、半精加工、精加工依次完成，或全部加工表面按先粗后精分开进行。

(2) 对于既有面又有孔的零件，可以采用“先面后孔”的原则划分工步。先铣面可提高孔的加工精度。因为铣削时切削力较大，工件易发生变形，而先铣面后镗孔，则可使其变形有一段时间恢复，减少由于变形引起的对孔的精度的影响。反之，如先镗孔后铣面，则铣削时极易在孔口产生飞边、毛刺，从而破坏孔的精度。

(3) 按所用刀具划分工步。某些机床工作台回转时间比换刀时间短，可采用刀具集中工步，以减少换刀次数，减少辅助时间，提高加工效率。

(4) 在一次安装中，尽可能完成所有能够加工的表面。

总之，工序与工步的划分要根据具体零件的结构特点、技术要求等情况综合考虑。

4. 热处理和表面处理工序的安排

(1) 为改善工件材料切削性能而进行的热处理工序（如退火、正火等），应安排在切削加工之前进行。

(2) 为消除内应力而进行的热处理工序（如退火、人工时效等），最好安排在粗加工之后，也可安排在切削加工之前。

(3) 为了改善工件材料的力学物理性质而进行的热处理工序（如调质、淬火等）通常安排在粗加工后、精加工前进行。其中渗碳淬火一般安排在切削加工后，磨削加工前。而表面淬火和渗氮等变形小的热处理工序，允许安排在精加工后进行。

(4) 为了提高零件表面耐磨性或耐蚀性而进行的热处理工序以及以装饰为目的的热处

理工序或表面处理工序(如镀铬、镀锌、氧化、发黑等)一般放在工艺过程的最后。

5. 确定加工路线

在数控加工中,刀具刀位点相对于工件运动的轨迹称为加工路线。编程时,加工路线的确定原则主要有以下几点:

- 加工路线应保证被加工零件的精度和表面粗糙度,且效率较高;
- 使数值计算简单,以减少编程工作量;
- 应使加工路线最短,这样既可减少程序段,又可减少空刀时间。

(1) 孔加工路线

对点位控制的数控机床,只要求定位精度较高,定位过程尽可能快,而刀具相对工件的运动路线是无关紧要的,因此这类机床应按空程最短来安排走刀路线。除此之外还要确定刀具轴向的运动尺寸,其大小主要由被加工零件的孔深来决定,但也应考虑一些辅助尺寸,如刀具的引入距离和超越量。数控钻孔的尺寸关系如图 4-12 所示。

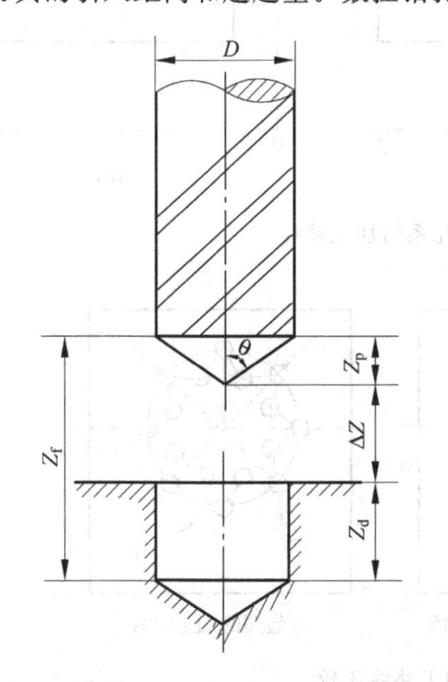

图中　Z_d——被加工孔的深度;

ΔZ——刀具的轴向引入距离;

$Z_P = D\cot\theta/2$

Z_f——刀具轴向位移量,即程序中的 Z 坐标尺寸,$Z_f = Z_d + \Delta Z + Z_p$。

刀具的轴向引入距离 ΔZ 的经验数据为:

已加工面钻、镗、铰孔 $\Delta Z = 1 \sim 3$mm;

毛面上钻、镗、铰孔 $\Delta Z = 5 \sim 8$mm;

攻螺纹时铣削时 $\Delta Z = 5 \sim 10$mm;

钻孔时刀具超越量为 1～3mm。

图 4-12　数控钻孔的尺寸关系

对于位置精度要求较高的孔系加工,特别要注意孔加工顺序的安排,安排不当,就有可能将坐标轴的反向间隙带入,直接影响位置精度。如图 4-13 所示,图 4-13(a)为零件图,在该零件上镗 6 个尺寸相同的孔,有两种加工路线。当按图 4-13(b)所示路线加工时,由于 5、6 孔与 1、2、3、4 孔定位方向相反,Y 方向反向间隙会使定位误差增加,从而影响 5、6 孔与其他孔的位置精度。按图 4-13(c)所示路线,加工完 4 孔后往上多移动一段距离到 P 点,然后再折回来加工 5、6 孔,这样方向一致,可避免反向间隙的引入,提高 5、6 孔与其他孔的位置精度。

尽量缩短走刀路线,可减少加工距离、空程运行距离和空刀时间,减小刀具磨损,提高生产率。在数控机床上加工如图 4-14(a)所示的多孔零件,图 4-14(c)所示的加工路线使各孔间距总和最小,即加工路线最短。

对切削加工而言,走刀路线是指加工过程中,刀具刀位点相对于工件的运动轨迹和方向。它不但包括了工步内容,还反映了工步顺序。

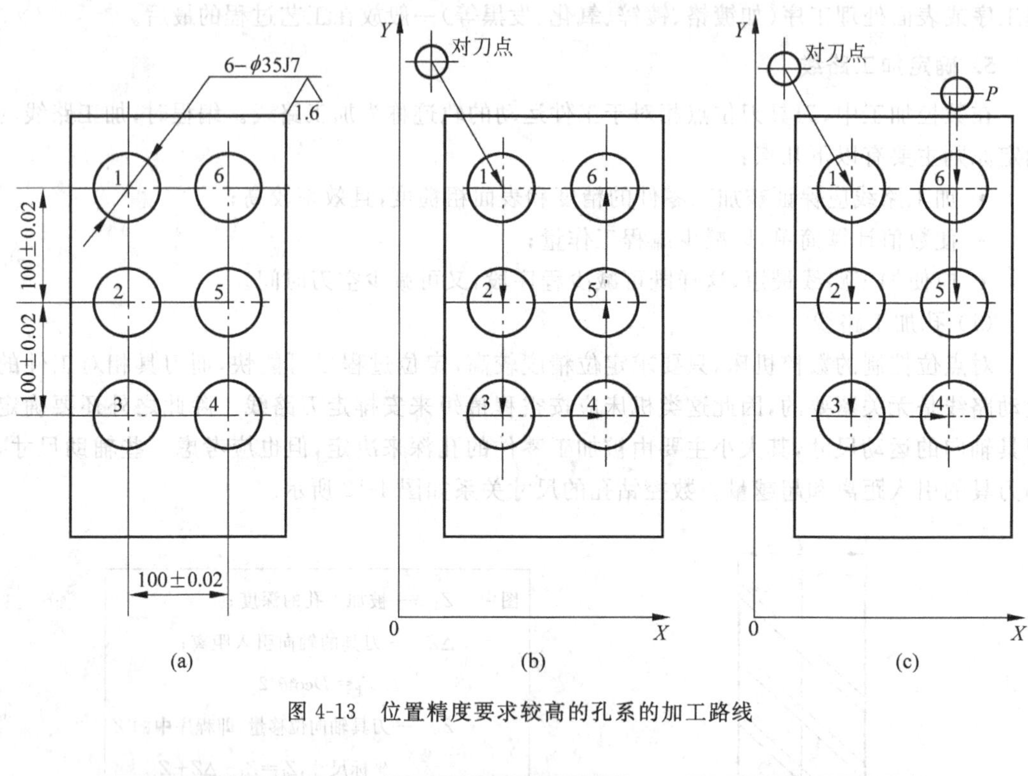

图 4-13　位置精度要求较高的孔系的加工路线

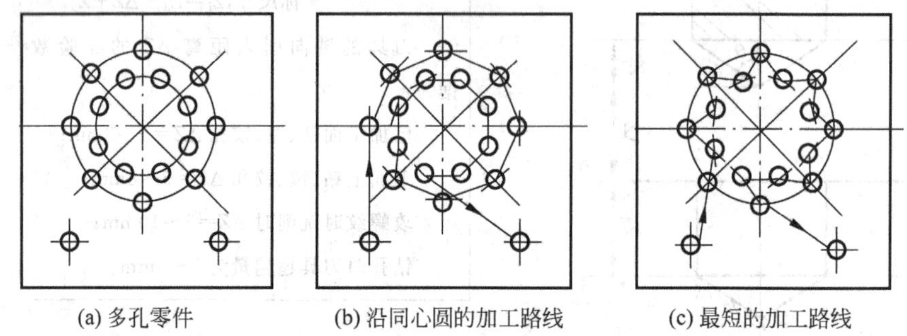

图 4-14　多孔零件的两种加工路线比较

影响走刀路线选择的因素有很多,例如工艺方法、工件材料及其状态、加工精度及表面粗糙度、工件刚度、加工余量,刀具的刚度、耐用度及状态、机床类型与性能等。

(2) 轮廓加工路线

① 铣削方向

优选走刀路线时应首先保证工件轮廓表面的加工精度及表面粗糙度要求。用圆柱铣刀加工平面,根据铣刀运动方向不同有逆铣、顺铣和通道铣之分,如图 4-15(a)、(b)、(c)所示。

逆铣图 4-15(a):工件进给方向与铣刀旋转方向相反,切屑厚度开始由零逐渐增大至切削终了达到最大。逆铣时,因为切屑积压的原因,刀片和切削层之间的强烈摩擦和高温使刀片磨损加剧。

顺铣图 4-15(b)(又称爬行铣):铣加工时一般优先推荐用顺铣。顺铣时工件进给方向与铣刀旋转方向相同,切屑厚度开始由大变小至切削终了为零。

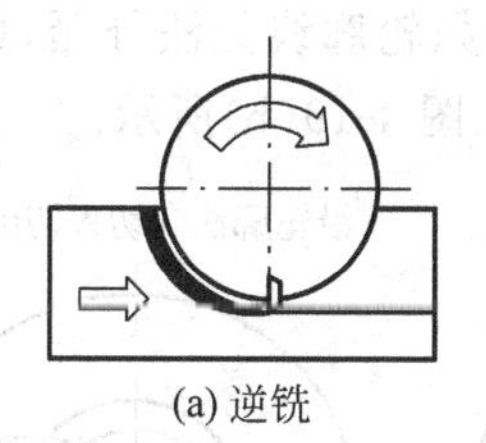
(a) 逆铣

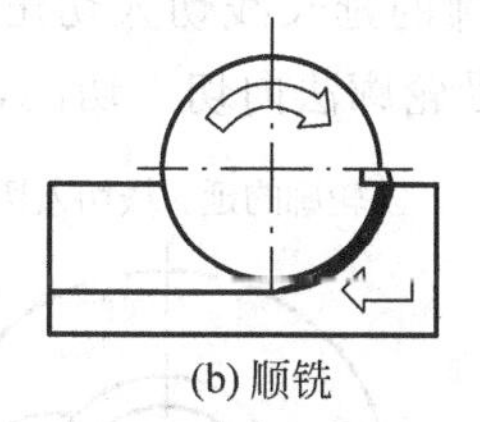
(b) 顺铣

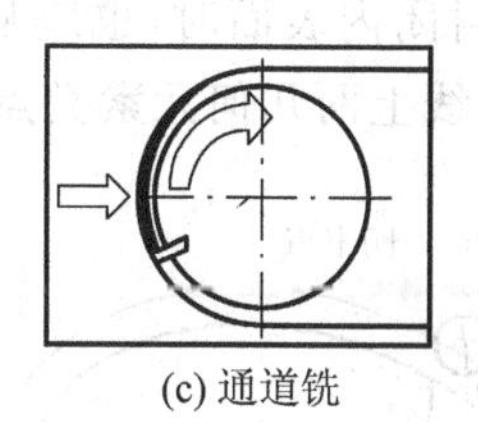
(c) 通道铣

图 4-15 铣削方向

通道铣图 4-15(c)(顺铣+逆铣)：面铣刀的铣削位置在工件的中间，切削力在径向位置交替变化，当主轴刚性不好时，将导致振动。通道铣是顺铣与逆铣结合，通道铣一般要求刀具应有正前角，必要时应降低铣削速度和进给量并且加冷却液。

对于铝镁合金、钛合金和耐热合金等材料来说，建议采用顺铣加工，这对于降低表面粗糙度值和提高刀具耐用度都有利。但如果零件毛坯为黑色金属锻件或铸件，表皮硬而且余量一般较大，这时采用逆铣较为有利。

若要铣削图 4-16 所示凹槽的两侧面，就应来回走刀两次，保证两侧面都是顺铣加工方式，以使两侧面具有相同的表面加工精度。

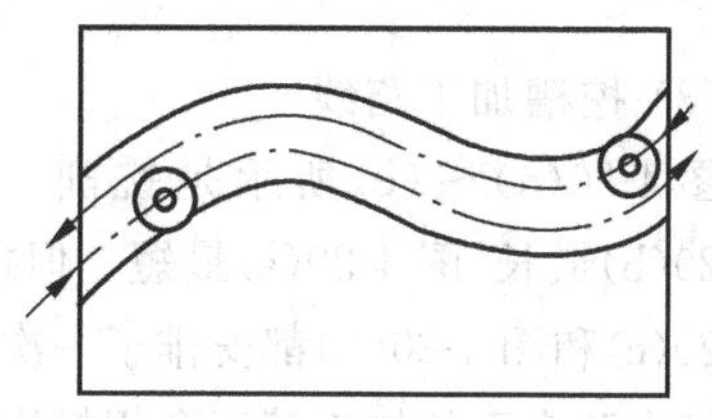
图 4-16 铣削凹槽的侧面

② 曲线轮廓铣削路线

对于连续铣削轮廓，特别是加工圆弧时，要注意安排好刀具的切入与切出位置，尽量避免交接处重复加工，否则会出现明显的界限痕迹。如图 4-17 所示，用圆弧插补方式铣削外整圆时，要安排刀具从切向进入圆周铣削加工，当整圆加工完毕后，不要在切点处直接退刀，而要让刀具多运动一段距离，最好沿切线方向退出，以免取消刀具补偿时，刀具与工件表面相碰撞，造成工件报废。铣削内圆弧时，也要遵守从切向切入的原则，安排切入、切出过渡圆弧，如图 4-18 所示。若刀具从工件坐标原点出发，其加工路线为 1→2→3→4→5，这样，可提高内孔表面的加工精度和质量。

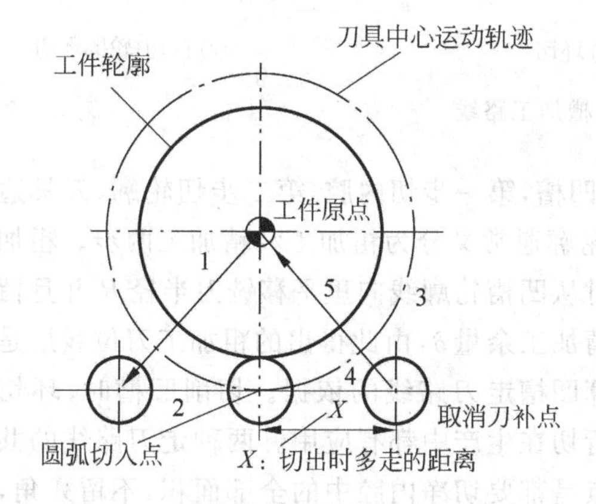

图 4-17 铣外圆时刀具的切入切出位置

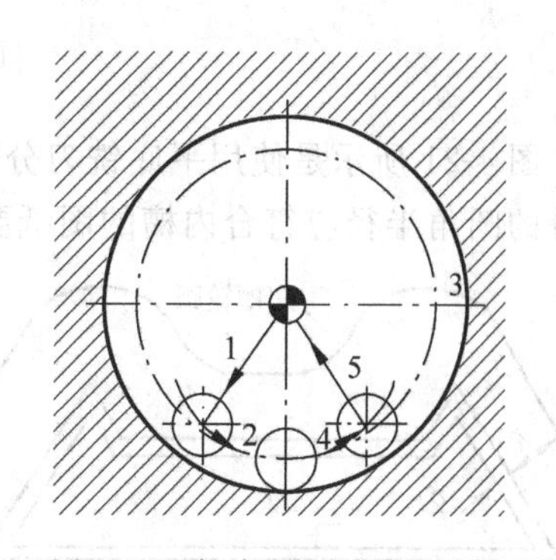

图 4-18 铣内圆时刀具的路径

采用立铣刀侧刃切削加工零件外轮廓时，铣削过程中铣刀应沿外轮廓的延长线的方向切入切出，如图 4-19(a)所示，避免铣刀从零件轮廓的法线方向切入切出而产生刀痕。同样，在铣削封闭内表面时，也应从轮廓的延长线切入切出；如轮廓线无法外延，则刀具应尽量在轮廓曲线上两几何元素交点处沿轮廓法向切入切出，如图 4-19(b)所示。

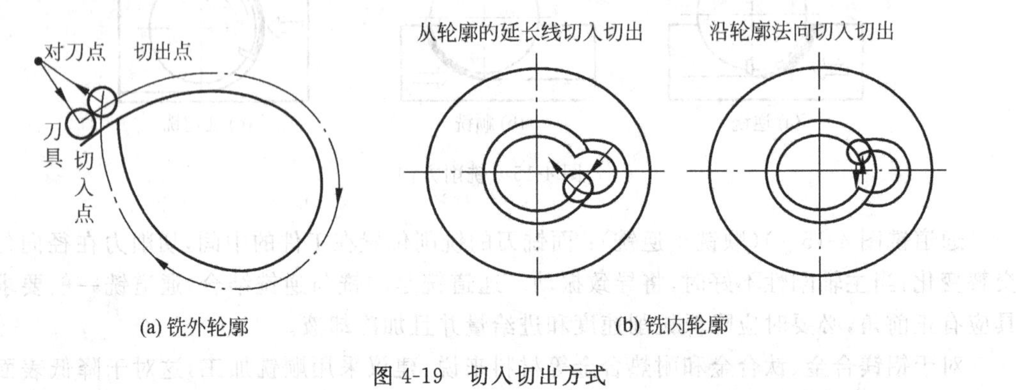

图 4-19 切入切出方式

(3) 挖槽加工路线

图 4-20(a)～(c)所示是铣削一凹槽的 3 种走刀路线。就走刀路线长度而言，其中图 4-20(b)最长，图 4-20(a)最短。但按图 4-20(a)的路线走刀，凹槽内壁表面的粗糙度最差。图 4-20(c)和图 4-20(b)都安排了一次连续铣削加工凹槽内壁表面的精加工走刀路线，可以满足凹槽内壁表面的加工精度和粗糙度的要求。最后安排一次连续加工轮廓表面的精加工走刀路线是必要的，而图 4-20(c)的走刀路线总长度比图 4-20(b)短，所以比较之下图 4-20(c)的设计是最好的加工路线。

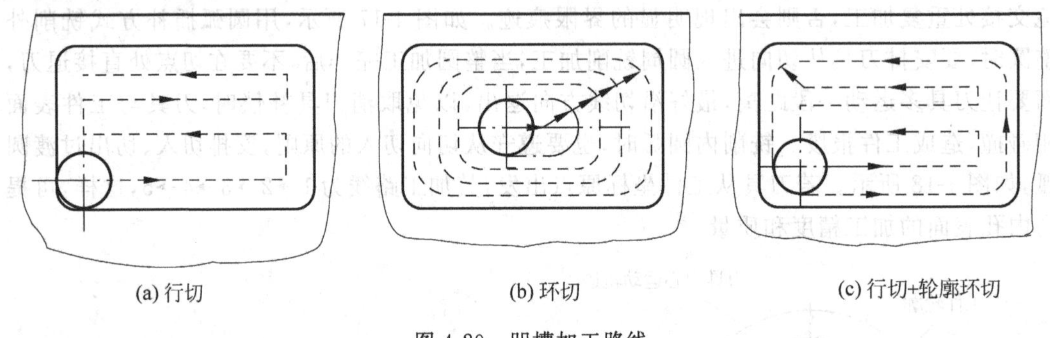

图 4-20 凹槽加工路线

图 4-21 所示是使用平底铣刀分两步加工凹槽，第一步切内腔，第二步切轮廓，刀具边缘部分的圆角半径应符合内槽的图纸要求。切轮廓通常又分为粗加工和精加工两步。粗加工时从凹槽轮廓线向里平移铣刀半径 R 并且留出精加工余量 δ，由此得出的粗加工刀位线形是计算凹槽走刀路线的依据。切削凹槽时，环切和行切在生产中都有应用。两种走刀路线的共同点是都要切净内腔中的全部面积，不留死角，不伤轮廓，同时尽量减少重复走刀的搭接量。环切法的刀位点计算稍复杂，需要一次一次向里收缩轮廓线。算法的应用局限性稍大，例如当

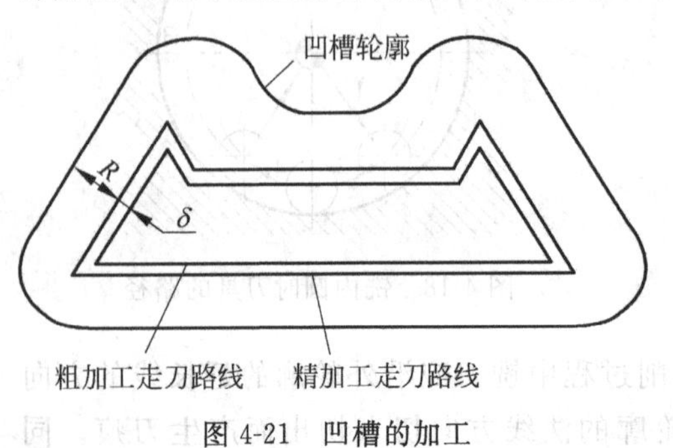

图 4-21 凹槽的加工

凹槽中带有局部凸台(岛)时,对于环切法就难于设计通用的算法。

从走刀路线的长短比较,行切法要略优于环切法。但在加工小面积内槽时,环切法的程序量要比行切法小。

此外,合理地将对刀点和起刀点分离,合理利用"回零"指令(在坐标平面内实现双向同时"回零")等,都能缩短刀具路线。建议在确定走刀路线时画一张工序简图,把确定的走刀路线画上去,这样对编制程序能提供许多便利,很有好处。

(4) 曲面加工路线

铣削曲面时,常用球头刀采用行切法进行加工。所谓"行切法"是指刀具与零件轮廓的切点轨迹是一行一行平行的,而行间的距离是按零件加工精度的要求确定的。

对于边界敞开的曲面加工,可采用两种加工路线。如图 4-22 所示,对于发动机大叶片,当采用图 4-22(a)的加工方案时,每次沿直线加工,刀位点计算简单,程序少,加工过程符合直纹面的形成方式,可以准确保证母线的直线度。当采用图 4-22(b)所示的加工方案时,符合这类零件数据给出情况,便于加工后检验,叶形的准确度高,但程序较多。由于曲面零件的边界是敞开的,没有其他表面限制,所以曲面边界可以延伸,球头刀应由边界外开始加工。

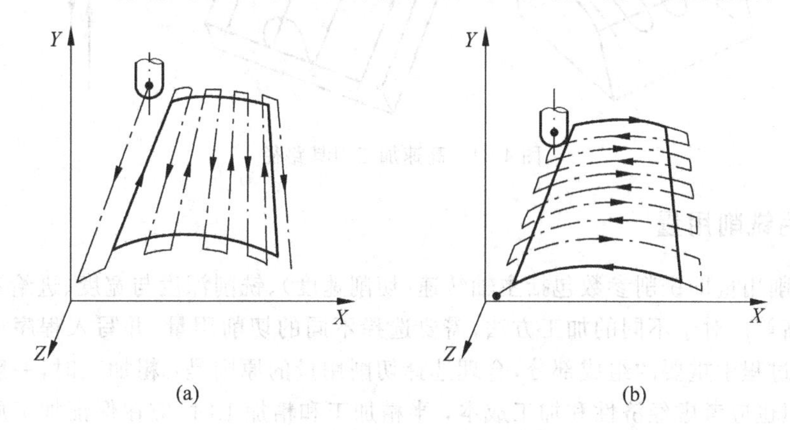

图 4-22　曲面加工的加工路线

图 4-23 是用立铣方式加工一个圆柱形表面时采用的不同切削策略。在圆周方向进行切削,刀具轨迹要进行两轴联动插补。在用沿母线方向进行切削时,刀具只须做单轴的插补。另外,不同的切削方法,刀具的磨损差别很大,顺铣时的刀具磨损明显低于逆铣,往复铣削时的磨损远远大于单向铣削。

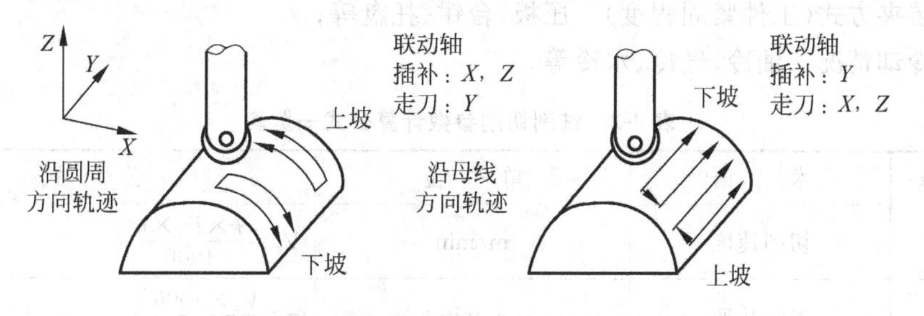

图 4-23　圆柱面精加工时的两种路径对比

(5) 高速加工刀具路径

对于这类加工,必须保证刀具运动轨迹光滑平稳,并使刀具切削载荷均匀,所以下刀时常用螺旋下刀、圆弧接近,走刀时要求光滑的行间移刀和光滑的进退刀,如行切的移刀可采用切圆弧连接、内侧或外侧圆弧过渡移刀、高尔夫球竿头式等方式,如图 4-24 所示。

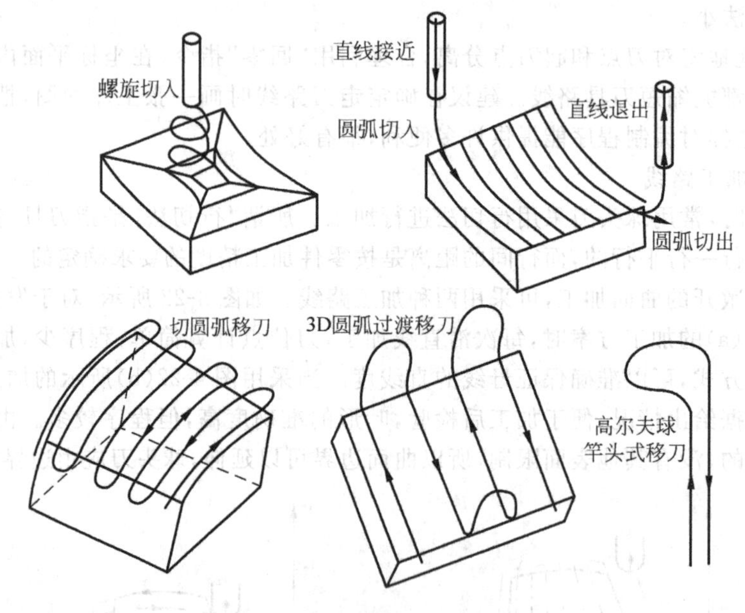

图 4-24 高速加工刀具路径

4.2.3 常用铣削用量

数控铣削用量即铣削参数包括主轴转速(切削速度)、铣削深度与宽度、进给量、行距、残留高度、层高等。对于不同的加工方法,需要选择不同的切削用量,并写入程序单内。铣削用量是加工过程中重要的组成部分,合理选择切削用量的原则是:粗加工时,一般以提高生产率为主,但也应考虑经济性和加工成本;半精加工和精加工时,应在保证加工质量的前提下,兼顾切削效率、经济性和加工成本,具体数值应根据机床说明书、刀具切削手册,并结合经验而定。常用铣削参数术语和公式见表 4-3。影响切削用量的因素包括:

(1) 机床 机床刚性、最大转速、进给速度等;

(2) 刀具 刀具长度、刃长、刀具刃口、刀具材料、刀具齿数、刀具直径等;

(3) 工件 毛坯材质、热处理性能等;

(4) 装夹方式(工件紧固程度) 压板、台钳、托盘等;

(5) 冷却情况 油冷、气冷、水冷等。

表 4-3 铣削切削参数计算公式一览表

符号	术语	单位	公式
V_c	切削速度	m/min	$V_c=\frac{\pi\times D_c\times n}{1000}$
n	主轴转速	r/min	$n=\frac{V_c\times 1000}{\pi\times D_c}$
V_f	工作台进给量(进给速度)	mm/min	$V_f=f_z\times n\times z_n$
		mm/r	$V_f=f_n\times n$

续表

符　号	术　语	单　位	公　式
f_z	每齿进给量	mm	$f_z=\frac{V_f}{n\times z_n}$
f_n	每转进给量	mm/r	$f_n=\frac{V_f}{n}$
Q	金属去除率	cm^3/min	$Q=\frac{a_p\times a_e\times v_f}{1000}$
D_e	有效切削直径	mm	$D_e=D_3-d+\sqrt{d^2-(d-2\times a_p)^2}$ (R角立铣刀) $D_e=2\times\sqrt{a_p\times(D_c-a_p)}$ (球头铣刀)

说明：a_p：切削深度(mm)；a_e：切削宽度(mm)；D_c：切削直径(mm)；
Z_n：刀具上切削刃总数(个)；d：R角立铣刀刀角圆直径(mm)。

1．铣削深度 a_p 与铣削宽度 a_e

分别指铣刀在轴向和径向的切削深度，a_p 也称背吃刀量。

如果机床功率和刀具刚性允许，加工质量要求不高(R_a 值不小于 5μm)，且加工余量又不大(一般不超过6mm)，a_p 可以等于加工余量，一次铣去全部余量。若加工质量要求较高或加工余量太大，铣削则应分多次进行。在数控机床上，精加工余量可小于普通机床，一般取0.2～0.5mm。在工件宽度方向上，一般应将余量一次切除。

2．主轴转速 n

从表4-3中的公式看出，主轴转速 n 由切削速度 V_c 和切削直径 D_c 决定。切削速度 V_c 由刀具和工件材料决定，D_c 为刀具直径(mm)。对于圆柱立铣刀可以直接用 D_c 计算出主轴转速，但对于球头立铣刀或R角立铣刀，则必须应用"有效切削速度(V_e)"这一概念，由于球头立铣刀或R角立铣刀的有效切削直径 D_e 和平底立铣刀不同，所以对于同样直径的球头刀和圆柱刀，如果需要保持切削速度一致，那么意味着球刀的主轴转速更大，进给速度也更大，计算的公式和计算对比实例如图4-25所示。

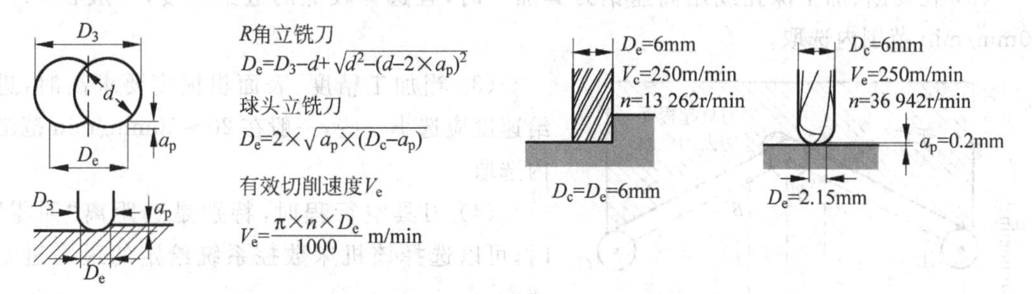

(a) 对有效切削速度V_e定义　　(b) 应用有效切削直径D_e计算实例

图4-25　主轴转速与有效切削速度的关系

实际应用时，计算好的主轴转速 n 最后要根据机床实际情况选取和理论值一致或较接近的转速，并填入程序单中。

3. 切削速度V_c

V_c也称单齿切削线速度，单位为m/min。提高V_c值也是提高生产率的一个有效措施，但V_c与刀具耐用度的关系比较密切。随着V_c的增大，刀具耐用度急剧下降，故V_c的选择主要取决于刀具耐用度。名牌刀具供应商都会向用户提供各种规格刀具的切削速度推荐参数V_c。切削速度V_c值和工件的材料硬度有很大关系。例如用立铣刀铣削合金钢30CrNi2MoVA时，V_c可采用8m/min左右，而用同样的立铣刀铣削铝合金时，V_c可选200m/min以上。

4. 进给量（进给速度）V_f

进给量是指机床工作台的进给速度，单位为mm/min或mm/r。根据零件的加工精度和表面粗糙度要求以及刀具和工件材料来选择。加大V_f也可以提高生产效率，但是刀具的耐用度会降低。加工表面粗糙度要求低时，V_f可选择得大一些。当加工精度、表面粗糙度要求高时，进给量数值应选小一些，一般在20～50mm/min范围内选取。最大进给量则受机床刚度和进给系统的性能限制，并与脉冲当量有关。计算公式中的f_z/f_n值根据实验结果由刀具供应商提供。

在数控编程中，还应考虑在不同情形下选择不同的进给速度。如在初始切削进刀时，特别是Z轴下刀时，因为进行端铣，受力较大，同时考虑安全问题，所以应以相对较慢的速度进给。

另外在Z轴方向的进给是由高往低走时，产生端切削，可以设置不同的进给速度。在切削过程中，有时平面侧向进刀，可能产生全刀刃切削，即刀具的周边都要切削，切削条件相对较恶劣，可以设置较低的进给速度。

在加工过程中，V_f也可通过机床控制面板上的倍率开关进行人工调整，但是最大进给速度要受设备刚度和进给系统性能等的限制。

对于加工中不断产生的变化，数控加工中的切削用量选择在很大程度上依赖于编程人员的经验，因此，编程人员必须熟悉刀具的使用和切削用量的确定原则，不断积累经验，从而保证零件的加工质量和效率。一般的经验数据是：

(1) 当工件的质量要求能够得到保证时，为提高生产效率，可选择较高的进给速度，一般在100～200mm/min范围内选取。

(2) 在切断、加工深孔或用高速钢刀具加工时，宜选择较低的进给速度，一般在20～50mm/min范围内选取。

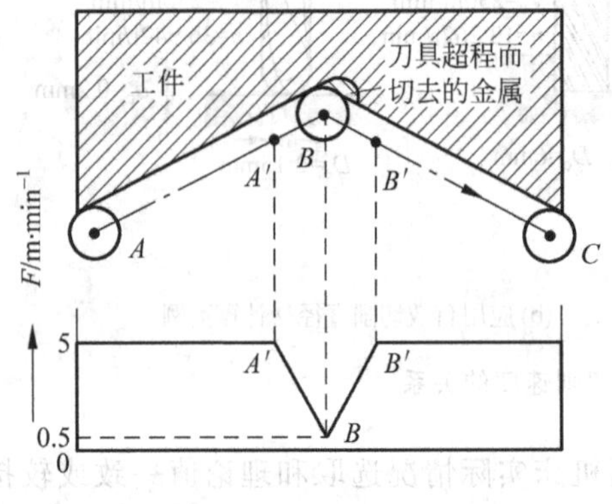

图4-26 超程误差与控制

(3) 当加工精度、表面粗糙度要求高时，进给速度应选小一些，一般在20～50mm/min范围内选取。

(4) 刀具空行程时，特别是远距离“回零”时，可以选择该机床数控系统给定的最高进给速度。

在选择进给速度时，还要注意零件加工中的某些特殊因素。例如在轮廓加工中，当零件轮廓有拐角时，刀具容易产生“超程”现象，从而导致加工误差。如图4-26所示，铣刀由A向B运动，当进给速度较高时，由于惯性作用，在拐角处可能出现“超程”现象，即将拐角处的金属多切去一些，若为向外凸起的表面，凸起处会有部分金属未被切除，使轮廓表面产生误差。解决的办法是，在编程时，在接近拐角前适当地降低进给速度，过拐角后再逐渐增速。即将 AB 分成两段，在 AA' 段使用正常的进给速度，到 A' 处开始减速，过 B' 后再逐步恢复到正常进给速度，从而减少超程量。目前一些完善的自动编程系统中有超程校验功能时，一旦检测出超程误差超过允许值，便设置适当的“减速”或“暂停”程序段予以控制。

加工条件不同，选择的切削速度 V_c 和每齿进给量 f_z 也应不同。工件材料较硬，f_z 及 V_c 值应取小一些；刀具材料韧性较大，f_z 值可取大一些；刀具材料硬度较高，V_c 的值可取大一些；铣削深度较大，f_z 及 V_c 值应取小一些。

5. 行距 L

如图 4-27 所示，行距表示相邻两行刀具轨迹之间的距离，一般 L 与刀具直径 D_c 成正比，与切削深度 a_p 成反比。经济型数控加工中，一般 L 的经验取值范围为 $L=(0.6\sim0.9)D_c$。

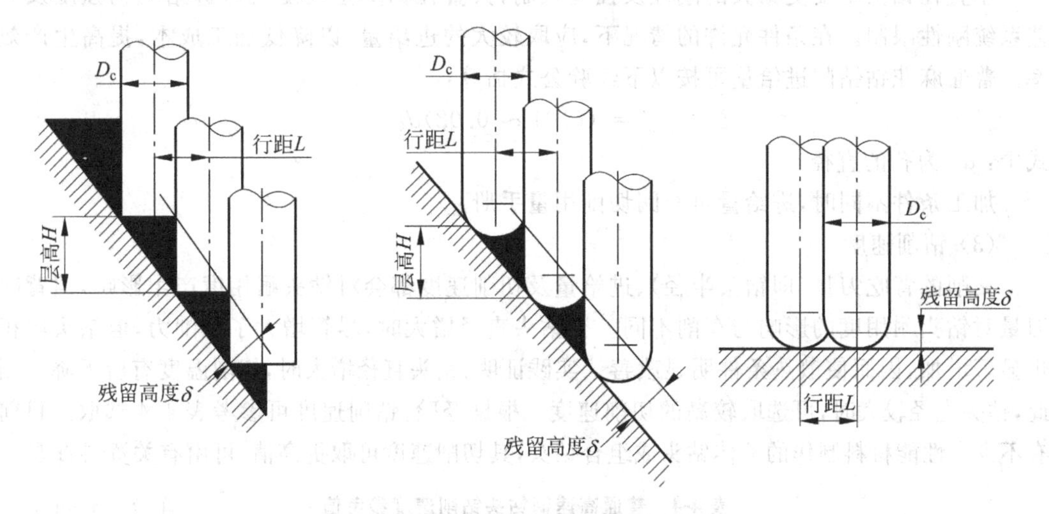

图 4-27　行距、层高和残留高度示意图

6. 残留高度 δ

使用平底刀和球头刀进行斜面或者曲面的等高加工时，均会在两层间留下未加工区域，相邻两行刀轨间所残留的未加工区域的高度称为残留高度，它的大小决定了加工表面的粗糙度，同时决定了后续的抛光工作量，是评价加工质量的一个重要指标。

在曲面精加工中更多采用的是球头刀，当加工面为平面时可以很容易地得到行距 L 和残留高度 δ 的关系：

$$L=\sqrt{D_c^2-(2\delta-D_c)^2}\quad 或\quad \delta=\frac{1}{2}\left(D_c-\sqrt{D_c^2-L^2}\right)$$

刀具在平坦面和陡峭面上走刀时，吃刀量及残留高度有很大的不同，加工效率和质量差别很大。对于平坦面和陡峭面采取不同的加工方式，在加工曲率半径较大或不需要精密尺寸时，使用行距定义吃刀量；在加工曲率半径较小或尺寸要求高时，使用残留高度定义吃刀量，对较陡面需要更多的走刀次数。

7. 切削层高 H

粗加工时立铣刀在高度方向一层一层向下切削,每一层的切削厚度即为层高。对于平底立铣刀,层高 $H=a_p$;对于球头刀,层高和零件加工部位的表面陡峭程度有关,平坦表面层高要小于陡峭表面的。

8. 钻削用量的选择

(1) 钻头直径

钻头直径由工艺尺寸确定。孔径不大时,可将孔一次钻出。工件孔径大于 35mm 时,若仍一次钻出孔径,往往由于受机床刚度的限制,必须大大减小进给量。若两次钻出,可取大的进给量,既不降低生产效率,又提高了孔的加工精度。先钻后扩时,钻孔的钻头直径可取孔径的 50%~70%。

(2) 进给量

小直径钻头主要受钻头的刚性及强度限制,大直径钻头主要受机床进给机构强度及工艺系统刚性限制。在条件允许的情况下,应取较大的进给量,以降低加工成本,提高生产效率。普通麻花钻钻削进给量可按以下经验公式估算:

$$f=(0.01\sim0.02)d_0$$

式中:d_0 为孔的直径。

加工条件不同时,进给量可查阅切削用量手册。

(3) 钻削速度

钻削的背吃刀量(即钻头半径)、进给量及切削速度都会对钻头耐用度产生影响,但背吃刀量对钻头耐用度的影响与车削不同。当钻头直径增大时,尽管增大了切削力,但钻头体积也显著增加,因而使散热条件明显改善。实践证明,钻头直径增大时,切削温度有所下降。因此,钻头直径较大时,可选取较高的切削速度。根据经验,钻削速度可参考表 4-4 选取。目前有不少高性能材料制作的整体钻头或组合钻头,其切削速度可取更高值,可由有关资料查取。

表 4-4 普通高速钢钻头钻削速度参考值 单位:m/min

工件材料	低碳钢	中、高碳钢	合金钢	铸铁	铝合金	铜合金
钻削速度	25~30	20~25	15~20	20~25	40~70	20~40

4.2.4 编制工艺文件

工艺设计完成后就需要形成纸质或电子文档,常称为工艺卡片或工艺规程,这里可统称为工艺文件。应该说明的是:工艺文件不像零件图纸那样具有标准化格式,不同企业、行业及个人具有不同的编制习惯,但任何工艺文件反映的实质内容是统一的,即应包括下列内容:

(1) 机床、工装、量具和量仪、附件、毛坯等规格型号。

(2) 工序、工步表格。由工序和工步简图、加工内容、切削参数、刀具设置参数(刀具规格、刀补地址号等)组成,是指导操作工加工的规程或指令。

(3) 和工序、工步表格相关联的程序清单。纸质清单仅适合短小手工编程,对于 CAM 编程和已经联网的机床,加工程序都是电子文件形式。

(4) 和管理有关的工时定额、日期、人员、权限等记录。

传统机加工离不开手工编制工艺文件，对于数控加工，随着 CAD/CAM/CAPP/PDM 技术的普及应用，越来越多繁杂的工艺图表编制工作可以由专用软件帮助完成，使工艺员将主要精力集中在工艺的"设计"和"优化"方面。现在有的制造车间已经看不到纸质工艺图表了，所有的加工设计数据均可在工厂局域网上传输。但在职前学习阶段，学会工艺文件编制是必需的，这样有助于培养严谨、科学、细致的工作方式，本章 4.4 节用到了有关典型工件的工序、工步、刀具表格，可供读者参考。

4.3 高速铣削加工工艺

高速加工于 20 世纪 80 年代进入了一个推广应用时期，于 20 世纪 90 年代在制造业逐渐成熟应用。它是一种先进的金属切削加工技术，由于它可大大提高切削效率和加工质量，又称为高性能加工，较多地用于铣削加工。高速加工工艺在航空工业和模具工业中的应用最为重要，现在美国和日本大约有 30%的金属件切削加工已经使用高速加工，在德国这个比例高于 40%。在飞机制造业，高速铣已经普遍用于飞机零件的加工。

高速加工采用全新的加工工艺，从刀具、切削参数、走刀路径的选择及程序的编制，都不同于传统的加工，目前主要针对下列类型零件：

(1) 零件精细结构部位的加工；

(2) 难加工材料(淬硬钢、石墨、钛合金)的加工；

(3) 微小结构(小孔、细槽)的铣削加工；

(4) 薄壁类零件的加工；

(5) 模具零件的加工，可大大简化工序及工步。

由于高速加工简化了生产工序，使绝大多数工作都集中在高速加工中心上完成。

4.3.1 高速铣削的基本概念

1931 年由德国工程师所罗门(Salomon)提出高速加工的概念，所罗门推论：在切削速度达到某一临界值 V_c 时，切削温度达到最大值，如果在这个临界值之后，切削速度增加，则切削力和温度下降(见图 4-28)。现代研究验证这个理论不完全正确，但对于不同的材料，从某一切削速度开始切削刃上的温度有相对降低现象。对于钢和铸铁来说，这种温度降低

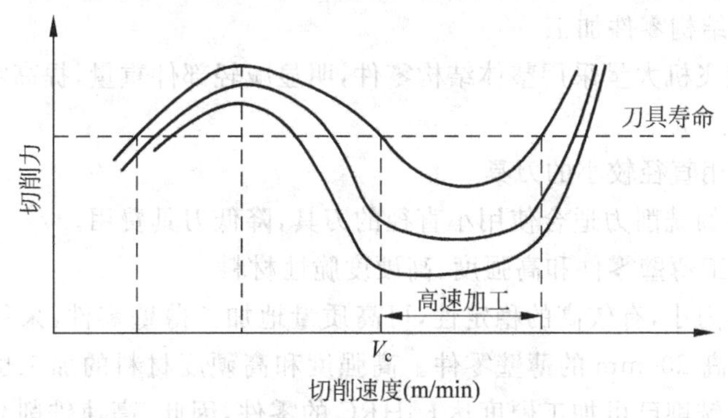

图 4-28　所罗门(Salomon)曲线

相对不大，但是对铝合金和某些非金属材料则是明显的。

由于不同材料切削的速度范围不同，高速切削目前尚无统一的定义。术语高速切削(HSM)一般是指在主轴高转速和高进给率下的立铣加工，切削速度和进给率至少是普通切削的5～10倍。擅长设计制造切削刀具的企业瑞典Sandvik公司则认为：

(1) HSM不是简单意义上的高速切削。它应被认为是使用非常特殊的方法和在高精度机床上进行加工的过程。

(2) 高速切削并非一定要高转速主轴切削。许多高速切削是以中等转速主轴并采用大直径刀具进行的。

(3) 如果在高切削速度和高进给条件下对淬硬钢进行精加工，切削速度和进给率可为常规的4～6倍。

(4) 在小尺寸零件的粗加工到精加工，及任何尺寸零件的超精加工中，HSM意味着高生产率切削。

(5) 目前，高速切削主要应用于采用BT40刀柄的加工中心上。

高速铣削工艺相对常规加工具有以下一些优点。

(1) 提高生产率

铣削速度和进给速度的提高，可提高材料去除率。同时，高速铣削可加工淬硬零件，许多零件一次装夹即可完成粗、半精和精加工等全部工序。

(2) 改善工件的加工精度和表面质量

高速铣床必须具备高刚性和高精度等性能，同时由于铣削力小，工件热变形减少，高速铣削的加工精度很高。铣削深度较小，而进给较快，加工表面粗糙度很小，表4-5中的数据来自专业刀具公司的切削实验，证明了铣削铝合金时表面粗糙度 R_a 可达0.32～0.56μm，铣削钢件时表面粗糙度 R_a 可达0.2～0.4μm。

表4-5 铝合金在切削实验中切削速度和表面粗糙度的关系

转速(r/min)	进给量/(mm/min)	切削速度/(m/min)	R_a/μm
10 000	1000	785	0.56
20 000	2000	1570	0.46
30 000	3000	2356	0.32
40 000	4000	3142	0.32

(3) 实现整体结构零件加工

高速切削可使飞机大量采用整体结构零件，明显减轻部件重量，提高零件可靠性并减少装配工时。

(4) 有利于使用直径较小的刀具

高速铣削较小的铣削力适合使用小直径的刀具，降低刀具费用。

(5) 有利于加工薄壁零件和高强度、高硬度脆性材料

高速铣削铣削力小，有较高的稳定性，可高质量地加工薄壁零件，采用高速铣削可加工壁厚为0.2mm，壁高200mm的薄壁零件。高强度和高硬度材料的加工也是高速铣削的一大特点，目前，高速铣削已可加工硬度达60HRC的零件，因此，高速铣削允许在热处理以后再进行切削加工，使模具制造工艺大大简化。

(6) 可部分替代某些工艺

由于加工质量高，可进行硬切削，使得在许多模具加工中，高速铣削可替代电加工和磨削加工。

(7) 经济效益显著提高

由于效率提高、质量提高、工序简化等，虽然机床投资和刀具投资以及维护费用有所增加，高速铣削工艺的综合经济效益仍有显著提高。

4.3.2 高速铣削工艺条件

高速铣削工艺涉及机床功能件、控制系统、刀具、切削用量、冷却润滑、CAM 软件功能等，是一项综合技术。

高速铣削一般采用高的铣削速度，适当的进给量，小的侧吃刀量和背吃刀量。铣削时，大量的铣削热被切屑带走，因此，工件的表面温度较低。随着铣削速度的提高，铣削力略有下降，表面质量提高，加工生产率随之增加。但在高速加工范围内，随铣削速度的提高会加剧刀具的磨损。由于主轴转速很高，切削液难以注入加工区，通常采用油雾冷却或水雾冷却方法。

1. 对机床软硬件的要求

高速主轴单元：电主轴。

快速进给和高加/减速的驱动系统：如直线电机驱动装置。

高性能的 CNC 控制系统：具有前馈控制、位置度高分辨率、自适应控制、NURBS 插补功能，配以高速加工的 CAD/CAM 软件，具有螺旋三轴联动、层间加工优化、NURBS 样条编程、摆线加工、斜率分析的清根算法等功能。

好的高速加工程序在机床上的执行非常快，但它的产生却需花费很长的时间和大量的精力。更重要的是 CAM 要提供强大的高速编程功能。

目前市场上出现的高速铣削加工机床主轴转速大多在 20 000～60 000r/min，最高达到 150 000r/min；在 x、y、z 进给坐标方向的最大进给速度也提高到 24～60m/min。高速加工的基本出发点是高速低负荷，在此状态下的切削比低速高负荷状态下切削能更快地切除材料。

2. 刀具要求

(1) 刀具材料、结构

高速铣削刀具材料主要有硬质合金、涂层刀具、金属陶瓷、立方氮化硼(CBN)和金刚石刀具。

高速铣削刀具分为整体式和机夹式两类。小直径铣刀一般采用整体式，大直径铣刀采用机夹式。

高转速机床对刀具直径有一定限制，整体式高速铣刀在出厂时经过动平衡检验，使用时比较方便，而机夹式铣刀需要在每次装夹刀片后进行动平衡，所以整体式比较常用。机床在转速比较低、能提供较大扭矩时可采用机夹式铣刀。

铣刀节距定义为相邻两个刀齿间的周向距离，受铣刀刀齿数影响。短节距意味着较多的刀齿和中等的容屑空间，允许高的金属去除率，一般用于铣削铸铁和中等负荷铣削钢件，通常作为高速铣刀的首选。大节距铣刀齿数较少,容屑空间大,常用于钢的粗加工和精加工,以及容易发生振动的场合。超密节距的容屑空间小,可承受非常高的进给速度,适合铸铁断续表面加工,铸铁的粗加工和钢件的小切深加工。

(2) 刀柄结构

当机床最高转速达到 15 000r/min 时,通常需要采用 HSK 高速铣刀刀柄,或其他种类的短刀柄。HSK 的过定位结构可保证刀柄短锥和端面与主轴紧密配合。

高速铣削刀柄的选用详见 3.1.6 节。

4.3.3 高速铣削工艺要点

高速铣削工艺必须考虑 3 个关键问题:一是保持切削载荷平稳;二是最小的进给率损失;三是最大的程序处理速度。第三点是由软件和 CNC 装置保证的,而前两点跟操作者的工艺处理有关。

1. 刀具路径必须符合高速铣削要求

(1) 进退刀采用斜坡和螺旋方式;

(2) 大量采用分层加工;

(3) 金属切除率 Q 尽量保持恒定;

(4) 避免急剧变化的刀具运动,刀具在拐角和行间往复运动时避免方向急剧变化和全刀宽切削,可用"高尔夫球杆"抬刀式过渡、不延伸过渡、线性延伸过渡、圆弧延伸过渡、线性加圆弧延伸过渡等多种过渡方式;

(5) 满足等量切削和等载荷切削条件。

上述要求可通过手工编程或 CAM 编程来实现。

2. 高速铣削加工用量

高速铣削加工用量的确定主要考虑加工效率、加工表面质量、刀具磨损以及加工成本。不同刀具加工不同工件材料时,加工用量会有很大差异,目前尚无完整的加工数据。高速铣削在铝合金加工方面技术较为成熟,一般可根据实际选用的刀具参考刀具厂商提供的加工用量选择中等的每齿进给量,较小的背吃刀量 a_p,并尽量使 $a_p/a_e=1$,保持高的切削速度和主轴转速,可以接近机床极限。高速铣削必须充分关注有效切削速度和浅深度铣削。

(1) 有效切削速度

切削速度与进给速率的线性关系导致了"高切削速度下的高进给量"。高速加工模具型腔时常用到小直径球头刀,由于球头刀的有效切削直径小于 D_c,为了使球头刀维持高的切削速度,例如以图 4-25(b)为示例,必须增加主轴转速,而主轴转速的提高意味着进给速度 V_f(见表 4-3 公式)更高。在小切深条件下使用球头刀或圆刀片镶嵌式刀具计算切削速度时,根据有效切削直径 D_e 来计算切削速度非常重要。

HSM 精加工,与普通铣削比较,可以把切削速度 V_c 提高 3~5 倍,这是由于切削刃与工件的接触时间极短,产生的切削热和每转的有用功均很小,这通常可以大幅度地延长刀具的寿命,从而显著提高生产率,因为进给速度取决于切削速度 V_c。

(2) 浅深度切削

浅深度切削应用于半精加工或精加工阶段,对保证加工安全性和表面质量非常重要。

球头或 R 角环形铣刀进行的浅切削时轴向切削深度 a_p 和径向切削深度 a_e 一般都相当小，切削深度不大于刀具直径的10%。典型的 HSM 浅切削降低了切削力和刀具挠度，传入刀具和工件的切削热也大为减少，薄屑效应作用非常巨大，使提高切削速度和进给量成为可能。

经过实践和试验，切削深度 a_e/a_p 应不超过0.2/0.2mm。这是为了避免刀柄/切削刀具产生过大的弯曲，以保持模具的窄公差和槽形精度。当 a_e/a_p 恒定时，机械负载变化幅度和切削刃上的负载会较小，刀具寿命也相对提高了，切削速度和进给量可以保持在较高的水平上。

浅切削可使用大的工作台进给量，与常规铣削相比，每齿进给与切削速度均可提高4～6倍，这时并不降低安全性或刀具寿命，但对于发生了加工硬化的材料，径向进刀量不得大于6%～8%的刀具直径，轴向深度进给量最大不超过5%的刀具直径。

对于球头铣刀的浅切削，D_e 值明显小于 D_c 值，D_e 太小影响金属去除率并使刀尖中心切削速度趋于零，为了避免在刀具中心出现零切削速度，可以倾斜主轴或工件，此时依然可以获得高的有效切削速度 V_e，见图4-29。

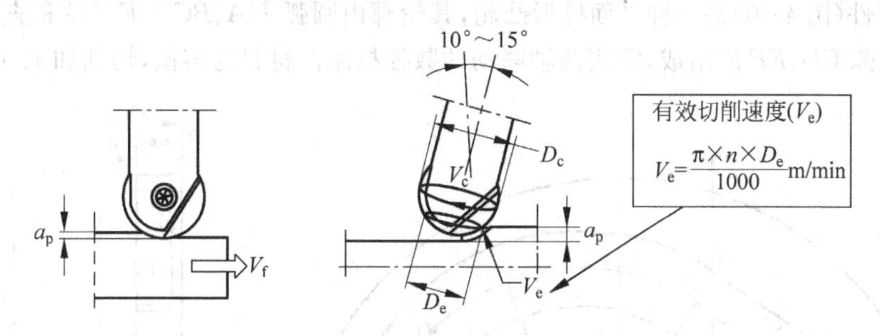

图4-29 倾斜主轴可以提高有效切削速度

典型高速铣加工参数见表4-6。

表4-6 典型高速铣加工参数

材　料	切削速度/(m/min)	进给速度/(m/min)	刀具/刀具涂层
铝	12～20	约2000	整体硬质合金/无涂层
钢	6～12	约1000	整体硬质合金/无涂层
钢(42～52HRC)	3～7	约400	整体硬质合金/TiCN/TiAlCN涂层
钢(52～60HRC)	3～4	约250	整体硬质合金/TiCN/TiAlCN涂层

3. 高速铣削的冷却与润滑

高速铣削时在切削区产生很高的温度，冷却液在接近切削刃处即汽化，对切削区域几乎没有冷却作用，反而会加大铣刀刃在切入切出过程的温度变化，产生热疲劳，降低刀具寿命和可靠性。现代刀具材料，如硬质合金、涂层刀具、陶瓷和金属陶瓷、CBN等均可用于高速切削，因此，大部分情况下高速铣削不建议使用冷却液。使用冷却液会降低刀具寿命，特别是当进行粗加工铣削时，这是由于使用切削液时刀片上的热负载急剧增加，反复地加热与冷却，将引起垂直于切削刃的裂纹，最终会导致刀片破裂。在一些特殊情况下要求湿切削时，切削液流量应非常大，以减少刀具的温度变化。为了提高加工性，高速铣削常采用压缩空气冷却、油雾冷却或水雾冷却，冷却方式以通过主轴的刀具内冷效果最好。本书1.2.7节中介绍的油气润滑和喷注润滑方式是针对高速主轴的润滑技术。对于安全性和刀具寿命来说，切屑的高效排出也是至关重要的，经验表明，高速铣削时最好使用压缩空气排屑。

4.4 典型工件的铣削工艺分析

4.4.1 平面凸轮零件的数控铣削加工工艺

平面凸轮零件是数控铣削加工中常见的零件之一，其轮廓曲线组成不外乎直线与圆弧、圆弧与圆弧、圆弧与非圆曲线及非圆曲线等几种。所用数控机床多为两轴以上联动的数控铣床，加工工艺过程也大同小异。下面以图 4-30 所示的平面槽形凸轮为例分析其数控铣削加工工艺。

1. 零件图纸工艺分析

图样分析主要分析凸轮轮廓形状、尺寸和技术要求、定位基准及毛坯等。

本例零件（图 4-30）是一种平面槽形凸轮，其轮廓由圆弧 *HA*、*BC*、*DE*、*FG* 和直线 *AB*、*HG* 以及过渡圆弧 *CD*、*EF* 所组成，需用两轴联动的数控机床。材料为铸铁，切削加工性较好。

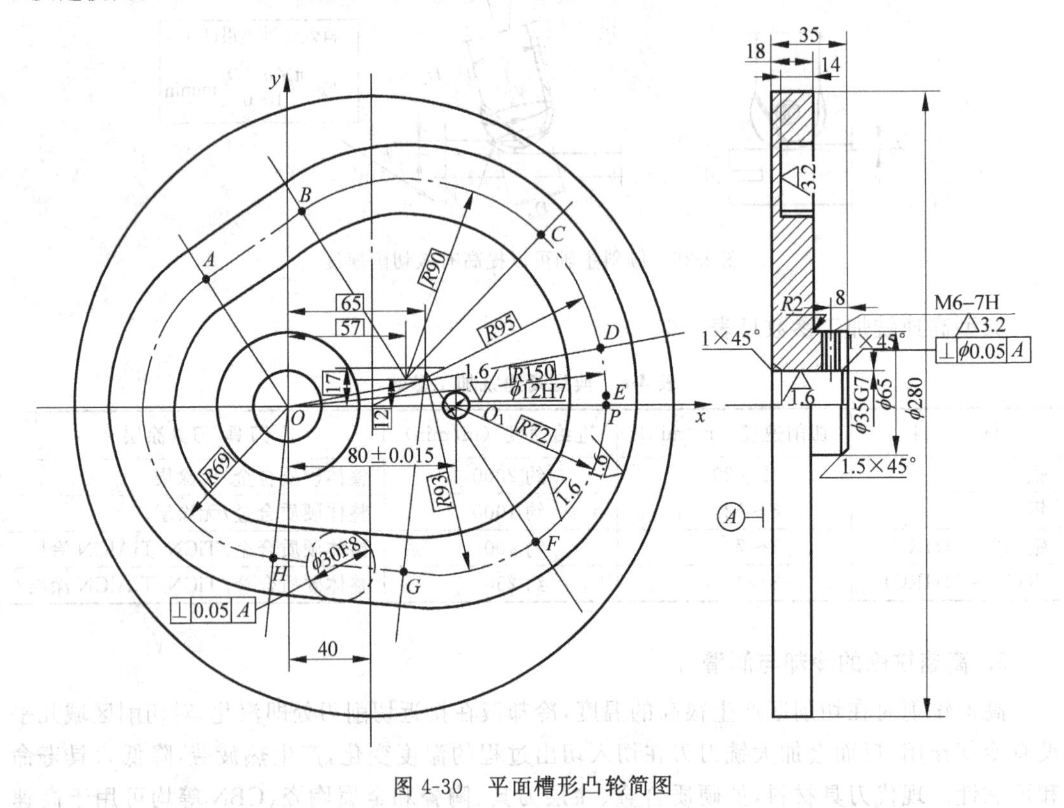

图 4-30 平面槽形凸轮简图

该零件在数控铣削加工前，工件是一个经过加工、含有两个基准孔、直径为 ϕ280mm、厚度为 18mm 的圆盘。圆盘底面 *A* 及 ϕ35G7 和 ϕ12H7 两孔可用作定位基准，无需另外的工艺孔定位。

凸轮槽组成几何元素之间关系清楚，条件充分，编程时所需基点坐标很容易求得。

凸轮槽内外轮廓面对 *A* 面有垂直度要求，只要提高装夹精度，使 *A* 面与铣刀轴线垂直，即可保证；ϕ35G7 对 *A* 面的垂直度要求由前面的工序保证。

2. 确定装夹方案

一般大型凸轮可用等高垫块垫在工作台上，然后用压板螺栓通过凸轮的孔压紧。外轮廓平面盘形凸轮的垫块要小于凸轮的轮廓尺寸，不与铣刀发生干涉。对小型凸轮，一般用心轴定位，压紧即可。

根据图 4-30 所示凸轮的结构特点，采用“一面两孔”定位，设计一“一面两销”专用夹具。用一块 320mm×320mm×40mm 的垫块，在垫块上分别精镗 ϕ35mm 及 ϕ12mm 两个定位销安装孔，孔距为(80±0.015)mm，垫块平面度为 0.05mm。加工前先固定垫块，使两定位销孔的中心连线与机床的 x 轴平行，垫块的平面要保证与工作台面平行，并用百分表检查。

图 4-31 为本例凸轮零件的装夹方案示意图。采用双螺母夹紧，提高装夹刚性，防止铣削时因螺母松动引起的振动。

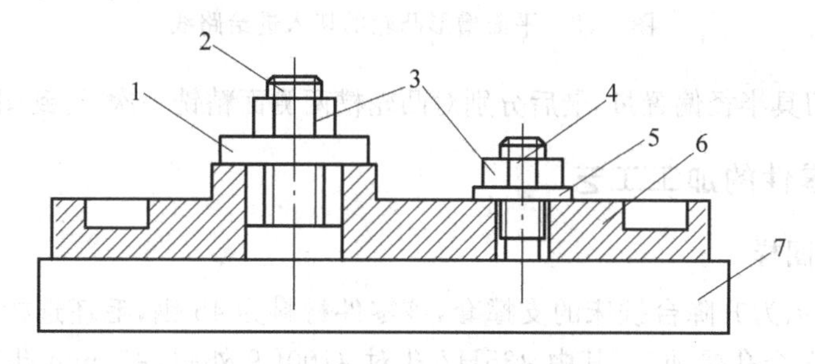

图 4-31 凸轮装夹示意图

1—开口垫圈 2—带螺纹圆柱销 3—压紧螺母 4—带螺纹菱形销 5—垫圈 6—工件 7—垫块

3. 确定进给路线

进给路线包括平面内进给和深度进给两部分。对平面内进给，外凸轮廓从切线方向切入，内凹轮廓从过渡圆弧切入。在两轴联动的数控铣床上，对铣削平面槽形凸轮，深度进给有两种方法：一种方法是在 xz(或 yz)平面内来回铣削逐渐进刀到既定深度；另一种方法是先打一个工艺孔，然后从工艺孔进刀到既定深度。

本例进刀点选在 $P(150,0)$，刀具在 $y-15$ 及 $y+15$ 之间来回运动，逐渐加深铣削深度，当达到既定深度后，刀具在 xy 平面内运动，铣削凸轮轮廓。为保证凸轮的工作表面有较好的表面质量，采用顺铣方式，即从 $P(150,0)$ 开始，对外凸轮廓按顺时针方向铣削，对内凹轮廓按逆时针方向铣削，图 4-32 所示即为铣刀在水平面内的切入进给路线。

4. 选择刀具及切削用量

铣刀材料和几何参数主要根据零件材料的切削加工性、工件表面几何形状和尺寸大小选择；切削用量则依据零件材料特点、刀具性能及加工精度要求确定。通常为提高切削效率要尽量选用大直径的铣刀；侧吃刀量取刀具直径的三分之一到二分之一，背吃刀量应大于冷硬层厚度；切削速度和进给速度应通过实验来选取效率和刀具寿命的综合最佳值。精铣时切削速度应高一些。

本例零件材料(铸铁)属于一般材料，切削加工性较好，选用 ϕ18mm 硬质合金立铣刀，主轴转速取 150～235r/min，进给速度取 30～60mm/min。槽深 14mm，铣削余量分 3 次完成，第一次背吃刀量 8mm，第二次背吃刀量 5mm，剩下的 1mm 随精铣一起完成。凸轮槽两侧面各留 0.5～0.7mm 精铣余量。在第二次进给完成之后，检测零件几何尺寸，依据检测结果

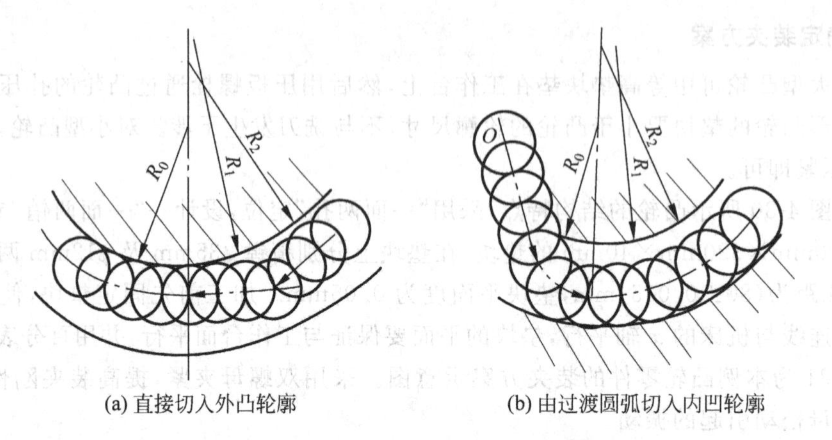

图 4-32 平面槽形凸轮的切入进给路线

决定进刀深度和刀具半径偏置量，最后分别对凸轮槽两侧面精铣一次，达到图样要求的尺寸。

4.4.2 支撑套零件的加工工艺

1. 分析零件图样

如图 4-33 所示为升降台铣床的支撑套，该零件材料为 45 钢，毛坯选棒料。在两个互相垂直的方向上有多个孔要加工，其中 ϕ35H7 孔对 ϕ100f 9 外圆，ϕ60mm 孔底平面对 ϕ35H7

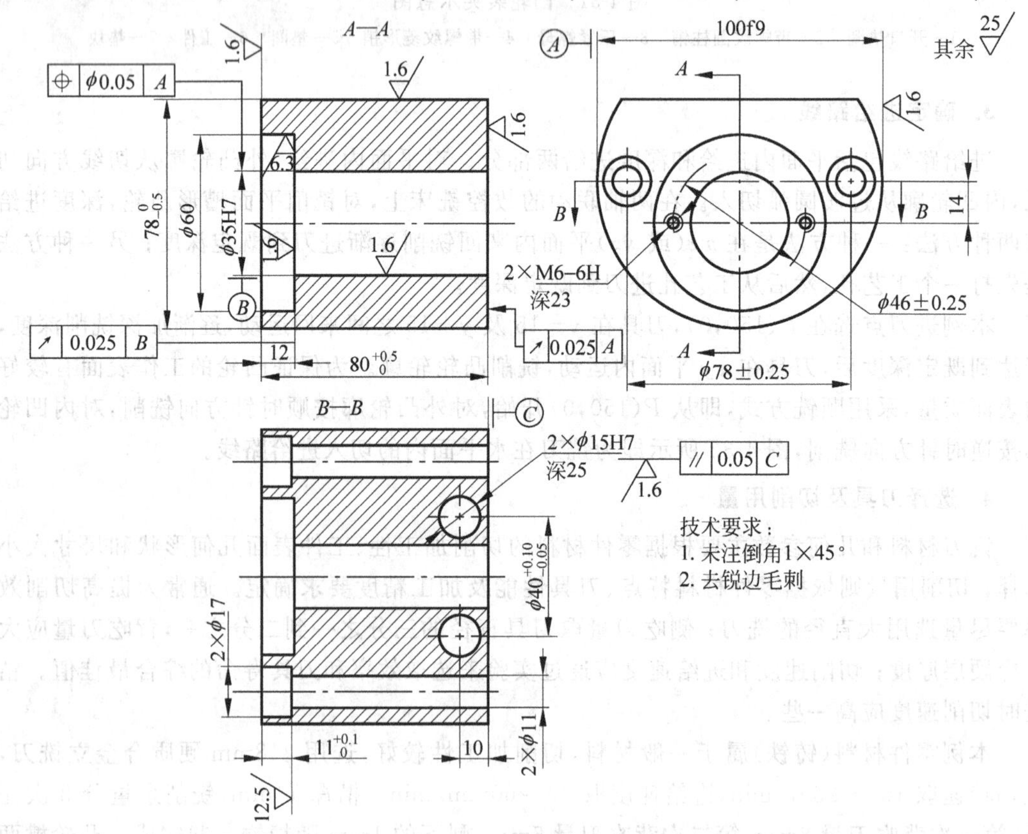

图 4-33 支撑套零件图

孔，2×ϕ15H7 孔对端面 C 以及端面 C 对 ϕ100f9 外圆均有位置精度要求。若在普通机床上加工，则需要多次安装才能完成，且效率低，在卧式加工中心上加工，只需一次安装即可完成。为便于在加工中心上定位与夹紧，将 ϕ100f9 外圆、$80^{+0.5}_{0}$mm 尺寸两端面、$78^{0}_{-0.5}$mm 尺寸上平面均安排在前面工序中由普通机床完成。其余加工表面（2×ϕ15H7 孔、ϕ35H7 孔、ϕ60 孔、2×ϕ11 孔、2×ϕ17 孔、2×M6-6H 螺孔）确定在加工中心上一次装夹完成。支撑套的工艺过程如表 4-7 所示。

表 4-7　工艺过程卡

工序号	工序名称	工序内容	加工设备	设备型号	定位及夹紧
1	备料	备料			
10	车	车削外圆及端面	车床	CA6140	
15	车	精车端面	车床	CA6140	
20	铣	粗精铣平面至 $78^{0}_{-0.5}$	铣床		
25	数控镗铣	孔的加工	加工中心	XH754	
30	钳工	倒角去毛刺，清洗	钻床	Z5140A	
35	检验	合格后入库			

2. 设计工艺

(1) 选择加工方法

所有孔都在实体上加工，为防钻偏，均先用中心钻钻引孔，然后再钻孔。为保证 ϕ35H7 及 2×ϕ15H7 孔的精度，根据其尺寸，选择铰削作为其最终加工方法。对 ϕ60mm 的孔，根据孔径精度、孔深尺寸和孔底平面的加工，选择粗铣→精铣。各加工表面选择的加工方案如下。

ϕ35H7 孔：钻中心孔→钻孔→粗镗→半精镗→铰孔；

ϕ15H7 孔：钻中心孔→钻孔→扩孔→铰孔；

ϕ60 孔：粗铣→精铣；

ϕ11 孔：钻中心孔→钻孔；

ϕ17 孔：锪孔（在 ϕ11 底孔上）；

M6-6H 螺孔：钻中心孔→钻底孔→孔端倒角→攻螺纹。

(2) 确定加工顺序

为减少变换工位的辅助时间和工作台分度误差的影响，各个工位上的加工表面在工作台一次分度下按先粗后精的原则加工完毕。具体的加工顺序是：

第一工位（回转工作台分度 $B=0°$）：钻 ϕ35H7、2×ϕ11 的中心孔→钻 ϕ35H7 孔→钻 2×ϕ11 孔→锪 2×ϕ17 孔→粗镗 ϕ35H7 孔→粗铣、精铣 ϕ60×12 孔→半精镗 ϕ35H7 孔→钻 2×M6-6H 螺纹中心孔→钻 2×M6-6H 螺纹底孔→2×M6-6H 螺纹孔端倒角→攻 2×M6-6H 螺纹→铰 ϕ35H7 孔。

第二工位（回转工作台分度 $B=90°$）：钻 2×ϕ15H7 中心孔→钻 2×ϕ15H7 孔→扩 2×ϕ15H7 孔→铰 2×ϕ15H7 孔，详见表 4-9。

(3) 选择加工设备

因加工表面位于零件的相互垂直的两个表面（左侧面与上平面）上，需要两工位才能加工完成，故选择卧式加工中心。加工工步有钻孔、扩孔、镗孔、锪孔、铰孔及攻螺纹孔等，所需刀具不超过 20 把。国产 XH754 型卧式加工中心可满足上述要求。

(4) 确定装夹方案、选择夹具

ϕ35H7 孔、ϕ60 孔、2×ϕ11 孔及 2×ϕ17 孔的设计基准均为 ϕ100f 9 外圆中心线，遵循基准重合原则，选择 ϕ100f 9 外圆中心线为主要定位基准。因 ϕ100f 9 外圆不是整圆，故用 V 型块作为主要定位元件。在支撑套长度方向，若选择右端面定位，则难保证 ϕ17 孔深尺寸 $11^{+0.5}_{0}$mm，故选择左端面定位。所用夹具为专用夹具，需将 V 形块和螺栓压板结合在一起使用，工件的装夹简图如图 4-34 所示。在装夹时应使工件上平面在夹具中保持垂直，以消除转动自由度。

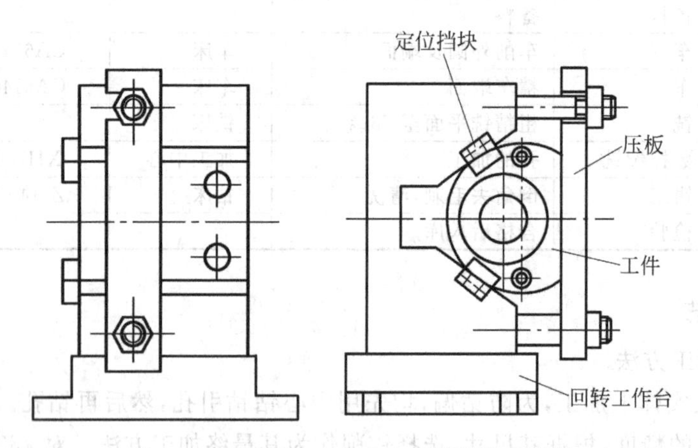

图 4-34　在卧式加工中心上工件的装夹简图

(5) 选择刀具

各工步刀具直径根据加工余量和孔径确定，见表 4-8。

表 4-8　刀具卡

序号	刀具类型	刀具规格	刀具号	刀具偏置号	刀具半径补偿值/mm	刀具长度补偿值/mm	刀柄型号
1	中心钻	ϕ33×280	T1	H1/D1	根据实测值调整	实测值	JT40-Z6-45
2	锥柄麻花钻	ϕ11×330	T2	H2/D2	根据实测值调整	实测值	JT40-M1-35
3	锥柄埋头钻	ϕ17×300	T3	H3/D3		实测值	JT40-M2-50
4	粗镗刀	ϕ34×320	T4	H4/D4	根据实测值调整	实测值	JT40-TQ30-165
5	立铣刀	ϕ32×300	T5	H5/D5	根据实测值调整	实测值	JT40-MW4-85
6	镗刀	ϕ34.85×320	T6	H6/D6	根据实测值调整	实测值	JT40-TZC30-165
7	直柄麻花钻 ϕ5	ϕ5×300	T7	H7/D7	根据实测值调整	实测值	JT40-Z6-45
8	机用丝锥 M6	M6×280	T8	H8/D8	根据实测值调整	实测值	JT40-G1JT3
9	套式铰刀 ϕ35AH7	ϕ35AH7×330	T9	H9/D9	根据实测值调整	实测值	JT40-K19-140
10	锥柄麻花钻 ϕ14	ϕ14×320	T10	H10/D10	根据实测值调整	实测值	JT40-M1-35
11	扩孔钻 ϕ14.85	ϕ14.85×320	T11	H11/D11	根据实测值调整	实测值	JT40-M2-50
12	铰刀 ϕ15AH7	ϕ15AH7×320	T12	H12/D12	根据实测值调整	实测值	JT40-M2-50
13	锥柄麻花钻	ϕ31，长度 330	T13	H13/D13	根据实测值调整	实测值	JT40-M3-75

(6) 选择切削用量

在机床说明书允许的切削用量范围内查表选取切削速度和进给量，然后算出主轴转速和进给速度，见表 4-9。

表 4-9 支撑套数控加工工序卡片

单位名称		产品名称	零件名称
			支撑套
工序号	程序编号	夹具名称	使用设备
		专用夹具	XH754

工步号	工步内容	刀具号	刀具规格	主轴转速/(r/min)	进给速度/(mm/min)	背吃刀量
	第一工位($B0°$)：					
1	钻 ϕ35H7 孔、2×ϕ17mm×11mm 孔中心孔	T01	ϕ3	1200	40	
2	钻 ϕ35H7 孔至 ϕ31mm	T13	ϕ31	150	30	
3	钻 ϕ11mm 孔	T02	ϕ11	500	70	
4	锪 2×ϕ17mm 孔	T03	ϕ17	150	15	
5	粗镗 ϕ35H7 孔至 ϕ34mm	T04	ϕ34	400	30	
6	粗铣 ϕ60mm×12mm 至 ϕ59mm×11.5mm	T05	ϕ32	500	70	
7	精铣 ϕ60mm×12mm	T05	ϕ32	600	45	
8	半精镗 ϕ35H7 至 ϕ34.85mm	T06	ϕ34.85	450	35	
9	钻 2×M6-6H 螺纹中心孔	T01		1200	40	
10	钻 2×M6-6H 底孔至 ϕ5mm	T07	ϕ5	650	35	
11	2×M6-6H 孔端倒角	T02		500	20	
12	攻 2×M6-6H 螺纹	T08	M6	100	100	
13	铰 ϕ35H7 孔	T09	ϕ35AH7	100	50	
	第二工位($B90°$)：					
14	钻 2×ϕ15H7 孔至中心孔	T01		1200	40	
15	钻 2×ϕ15H7 孔至 ϕ14mm	T10	ϕ14	450	60	
16	扩 2× ϕ15H7 孔至 ϕ14.85mm	T11	ϕ14.85	200	40	
17	铰 2×ϕ15H7 孔	T12	ϕ15AH7	100	60	

*4.4.3 配合件的加工工艺

本节以两个加工后有相互配合要求的零件为例来分析关于配合件(也称组合件)的加工工艺。

已知件 1 毛坯尺寸 180mm×180mm×42mm，件 2 毛坯 180mm×180mm×18mm，毛坯材料为 45 号调质钢，25～32HRC。配合装配图及零件图见图 4-35(a)～(c)。

1. 工艺分析、加工准备与编程

(1) 零件图纸的工艺分析

读图是零件加工的第一步，相当关键。读图能力是机械加工的必备基础技能，只有读懂图纸，才能理解具体加工要素，分解加工步骤，同时才能够用手工或用 CAD 工具来对图形进行数学处理，计算轮廓曲线和相关孔位的坐标节点，为编程作准备。

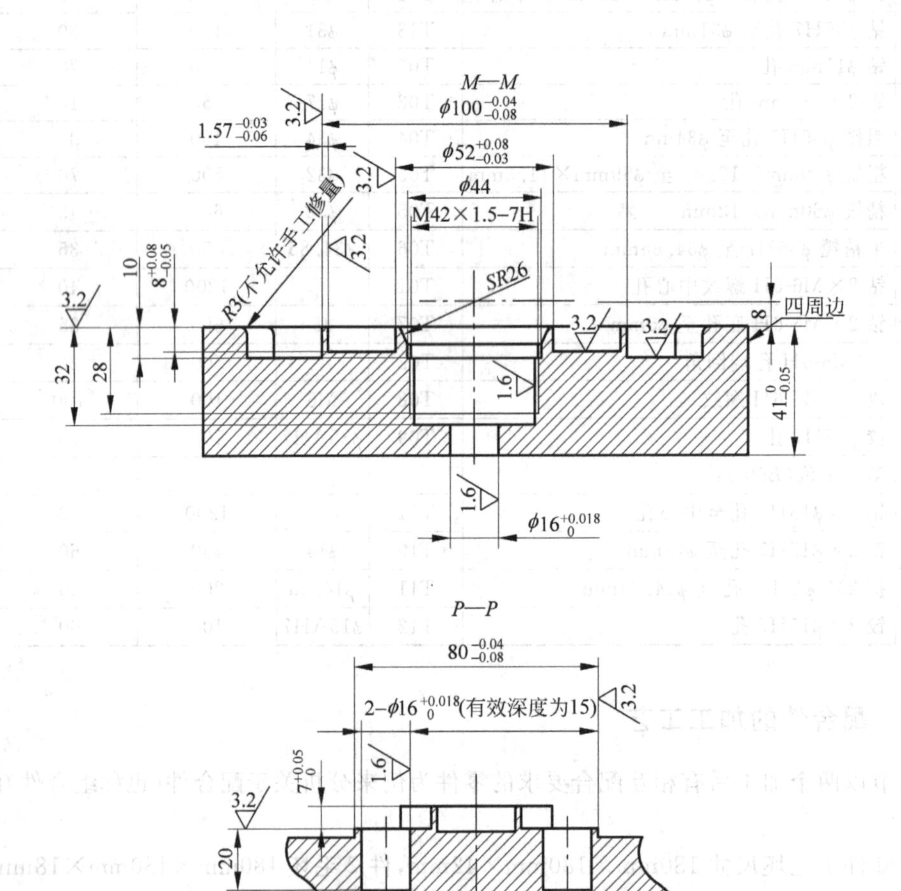

件1
件2
圆柱销φ16×50
48 0 -0.1
(a) 工件装配图
M—M
φ100 -0.04 -0.08
1.57 -0.03 -0.06
φ52 +0.08 -0.03
φ44
M42×1.5-7H
R3(不允许手工修复)
SR26
四周边
8
10
8 +0.08 -0.05
32
28
41 0 -0.05
3.2
1.6
φ16 +0.018 0
P—P
80 -0.04 -0.08
2-φ16 +0.018 0(有效深度为15)
7 +0.05 0
20
2-φ11
(b) 工件1图纸

图 4-35 装配与零件图

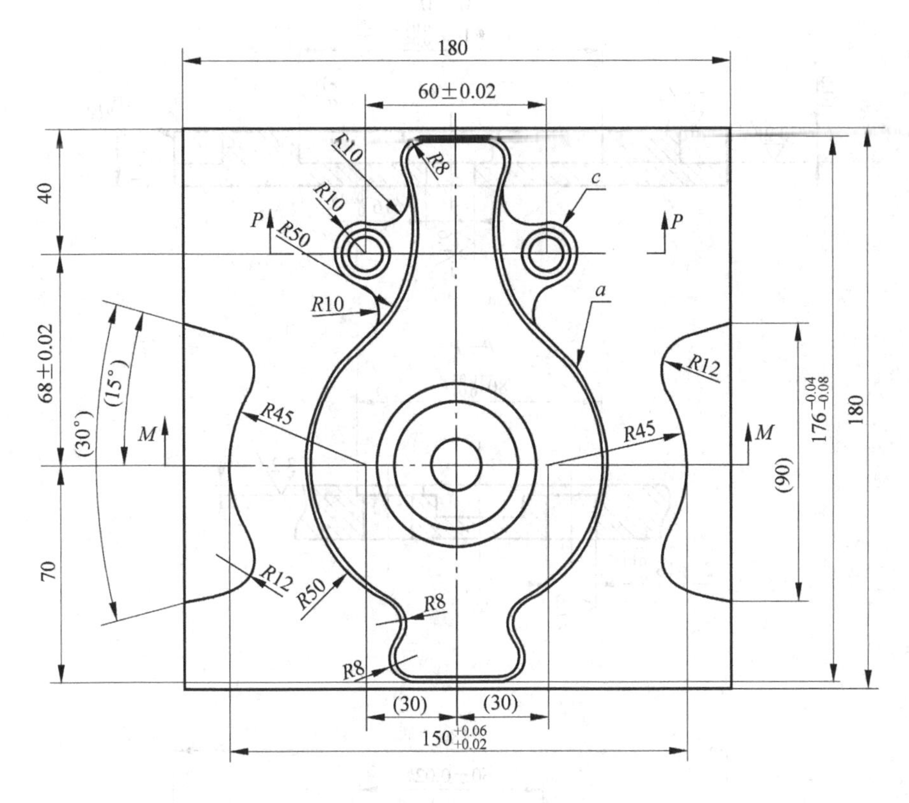

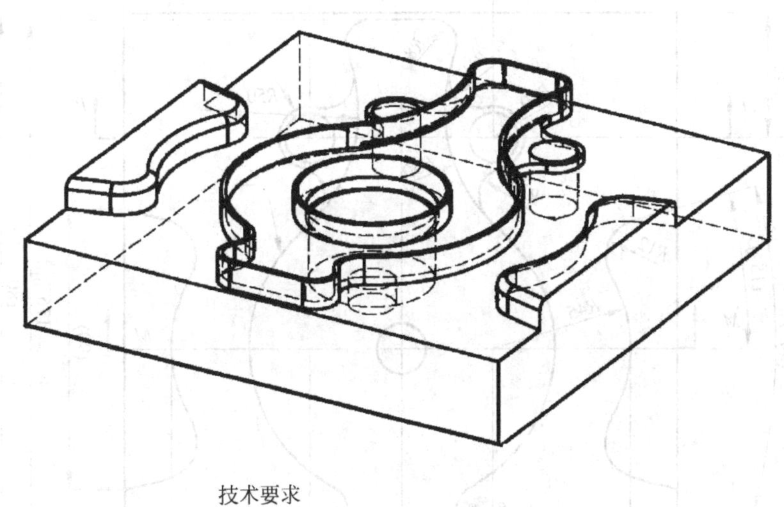

技术要求

1. 未注公差±0.1mm。
2. 四周边不加工。
3. a、c曲线的轮廓公差为$^{-0.04}_{-0.08}$ mm。
4. 其余 $\sqrt{6.3}$ 。

(b) (续)

图 4-35 (续)

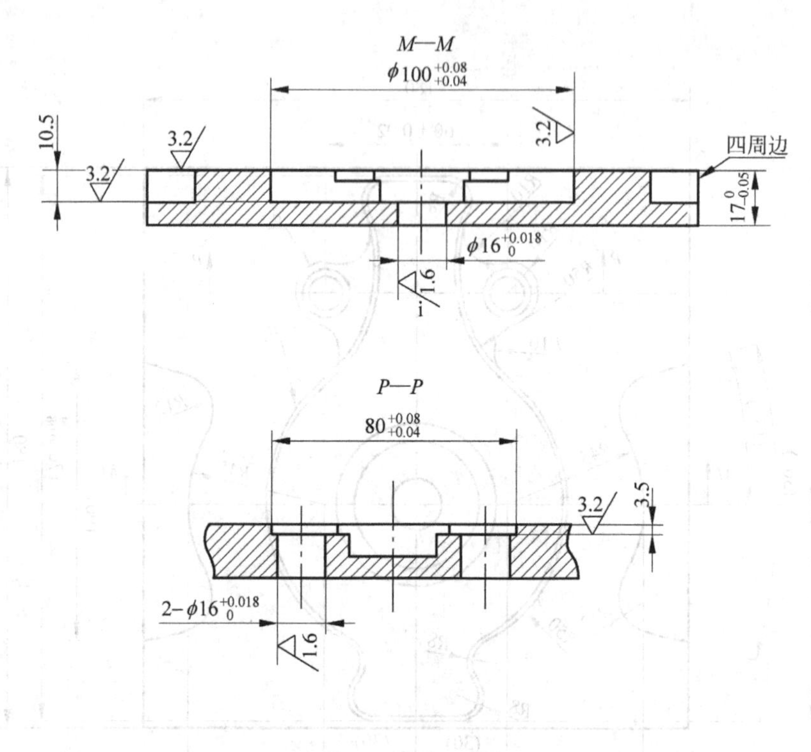

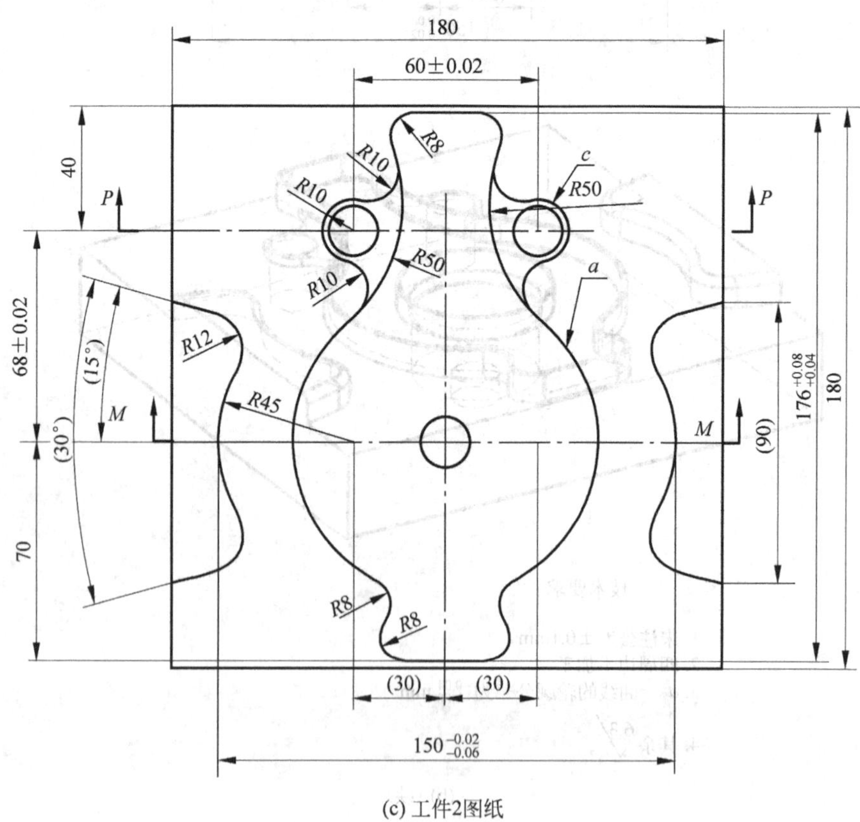

(c) 工件2图纸

图 4-35 （续）

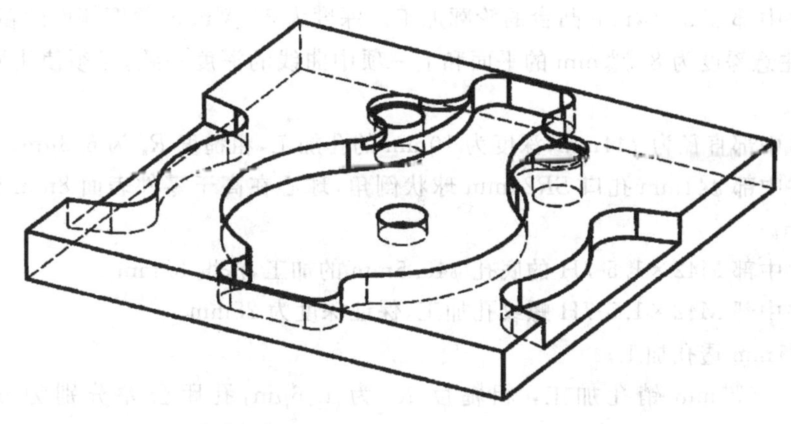

技术要求

1. 未注公差±0.1mm。
2. 四周边不加工。
3. a、c曲线的轮廓公差为$^{+0.08}_{+0.04}$mm。
4. 其余 $\sqrt{6.3}$ 。

(c)（续）

图 4-35 （续）

零件的精度要求需要从尺寸公差、表面粗糙度及形位公差 3 个方面综合分析，正是这些要求决定了具体的工艺方法。

图 4-35 所示的两件配合的零件，属于加工要素比较齐全的平面腔槽类零件，是立式加工中心的常见加工对象。每个零件都要加工一个平面和此平面上的孔系以及凹凸轮廓，部分轮廓加工还是薄壁结构，最重要的问题是要保证两个零件最终能够相互配合，因此加工时必须考虑如何保证配合面的自身尺寸精度和相互间的位置精度。

零件材料为 45 号钢，调质状态，具有良好的切削性能。毛坯外形规则易于装夹。

(2) 加工内容及要求

工件 1 是凸件，主要加工内容包括：

①上表面加工，保证零件的高度为 $41_{-0.05}^{\ 0}$mm，粗糙度 R_a 为 3.2μm。

② 左右 $R45$ 曲线部分的轮廓加工。由于此轮廓要和工件 2 的对应轮廓相配合，必须保证曲线轮廓公差 $150^{+0.06}_{+0.02}$mm 以及和上表面的高度差 10mm。轮廓侧面的粗糙度 R_a 为 6.3μm，深度为 10mm 处平面的粗糙度 R_a 为 3.2μm。

③ 上述 $R45$ 轮廓曲线部分加工 $R3$mm 弧形倒角，粗糙度 R_a 为 6.3μm。

④ 零件中部花瓶状曲线外轮廓的加工。这部分曲线包含深度为 $7^{+0.05}_{\ 0}$mm 的轮廓曲线部分和深度为 10mm 的 2 处 3 个 $R10$mm 曲线相连接的部分，和上一项相似，曲线轮廓的公差保证 $\phi100^{-0.04}_{-0.08}$mm，轮廓侧面的粗糙度 R_a 为 3.2μm，深度为 10mm 和深度为 7 处的平面粗糙度 R_a 为 3.2μm，注意深度为 10mm 的平面和 $R45$mm 曲线的深度一致，必须使用同一把铣刀进行精加工。

⑤ 零件中部花瓶状曲线内轮廓的加工。保证薄壁 $1.57^{-0.03}_{-0.06}$mm 公差要求，深度为 $8^{+0.08}_{-0.05}$mm 平面的粗糙度 R_a 为 3.2μm，轮廓侧面的粗糙度 R_a 为 3.2μm。

⑥ 零件中部 $\phi 52_{-0.03}^{+0.08}$mm 凸台的轮廓加工。深度为 $8_{-0.05}^{+0.08}$mm,轮廓侧面的粗糙度 R_a 也为 3.2μm,注意深度为 $8_{-0.05}^{+0.08}$mm 的平面和上一项中曲线的深度一致,必须使用同一把铣刀进行精加工。

⑦ 零件中部直径为 ϕ44mm,深度为 10mm 的孔加工,粗糙度 R_a 为 6.3μm。

⑧ 零件中部 ϕ44mm 孔口 SR26mm 球状倒角,球心在高于零件表面 8mm 处,粗糙度 R_a 为 6.3μm。

⑨ 零件中部 M42×1.5-7H 的底孔 ϕ40.5mm 的加工,深度 32mm。

⑩ 零件中部 M42×1.5-7H 螺纹孔加工,保证深度为 28mm。

⑪ 2-ϕ11mm 透孔加工。

⑫ 3-$\phi 16_{0}^{+0.018}$mm 销孔加工,粗糙度 R_a 为 1.6μm,孔距公差分别为 $60_{-0.02}^{+0.02}$mm、$68_{-0.02}^{+0.02}$mm。

工件 2 是凹件,相比工件 1,加工内容比较少,凹件的主要加工内容如下:

① 上表面加工,保证零件的总高度为 $17_{-0.05}^{0}$mm,粗糙度 R_a 为 3.2μm。

② 左右 R45mm 曲线部分的轮廓加工。由于此轮廓要和工件 1 的对应轮廓相配合,必须保证曲线的位置精度以及轮廓公差 $150_{-0.06}^{-0.02}$mm 以及和上表面的高度差 10.5mm。平面的粗糙度 R_a 为 3.2μm,轮廓侧面的粗糙度 R_a 为 6.3μm;

③ 零件中部花瓶状曲线轮廓的加工。这部分曲线包含深度为 10.5mm 的轮廓曲线部分和深度为 3.5mm 的 2 处 3 个 R10mm 曲线相连接的部分。和上一项相似,要保证曲线轮廓公差 $\phi 100_{+0.04}^{+0.08}$mm,粗糙度 R_a 为 3.2μm。

④ 3-$\phi 16_{0}^{+0.018}$mm 销孔加工,粗糙度 R_a 为 1.6μm,孔距公差分别为 $60_{-0.02}^{+0.02}$mm、$68_{-0.02}^{+0.02}$mm。

另外,在读图时,有时还需要根据基准的转换进行尺寸链的计算。

(3) 加工要点分析

总体的加工路线遵循由粗至精的加工原则,对于平面、轮廓、孔这 3 种要素,采取粗加工→半精加工→精加工的加工方案。

由于加工中心的主要加工特点是工序集中,即工件在一次装夹后,连续完成钻、镗、铣、铰、攻丝加工等多道工序,从而减少了零件在不同机床之间的转换搬运时间,提高了效率,因此在加工过程中,必须采取由粗到精的加工原则和加工流程,有利于加工内应力的消除。例如粗铣平面后,切削热导致的温升会使零件产生热变形,如果这时进行精铣工序,待工件冷却后,就会失去应有的精度。因此这时应进行其他部位的粗加工,待所有部位的粗加工都完成后,再进行半精加工和精加工,以此类推。每一个加工要素都应按照这一原则,保证其尺寸精度和表面粗糙度。

另外,加工过程中尽可能实现最少的换刀次数和最短的走刀路径,以减少辅助时间,提高效率。

根据零件的加工原则,确定零件加工的要点如下。

① 凸凹零件相配合时,曲线轮廓尺寸公差的控制是一个关键问题,实际上是轮廓铣削时刀具半径补偿值的合理调整和测量工具正确使用的结合。例如,加工工件 1 时,第一次使用 ϕ12mm 立铣刀铣削花瓶状曲线外轮廓的加工工序,轮廓不能铣削一步到位,至少应分为 3 步进行。第一步将刀具半径补偿值设为 6.5mm,铣削后测量尺寸 $\phi 100_{-0.08}^{-0.04}$mm,实测值如果是 101.02mm,就可以依此确定铣刀的直径为 ϕ11.98mm;第二步半精铣时,就可以为精

铣留出加工余量,例如将刀具半径补偿值设为 6.1mm；第三步精铣时,将刀具半径补偿值设为 5.96mm，铣削后就可以保证轮廓尺寸 $\phi100_{-0.08}^{-0.04}$mm。

② 薄壁 $1.57_{-0.06}^{-0.03}$mm 的曲线轮廓加工是一个加工难点,精加工该薄壁时,应注意减小薄壁的变形,必须先将凸凹件相配合的曲面加工到工件 1 中的 $\phi100_{-0.08}^{-0.04}$mm 尺寸,同时切削刀具应保持锋利状态,才能有效减小薄壁的变形。另外,在曲线的 6-R8mm 拐角处,刀具容易让刀,所以应先使用钻头在这几处预钻,然后使用 ϕ12mm 立铣刀在此处扩孔去除部分加工余量,然后再进行轮廓加工。

③ 由于零件的加工内容较多,刀具的合理使用是在给定时间内完成该零件加工的关键,因此粗加工刀具的选用,主要目的是保证其单位时间内的金属去除率,所以应尽可能使用大直径的刀具去除大部分加工量，以提高切削效率,然后使用小直径的刀具精加工,保证精度。因此铣削凸凹件的上表面时,应选用 ϕ32mm 立铣刀；在曲线轮廓的加工时,应根据轮廓的凹型圆角半径选用刀具,即实际加工轮廓的内圆弧半径必须大于所使用的刀具半径。参见图 4-36,R10mm(轮廓曲线半径)＞R6mm(刀具半径)。如果刀具半径大于或等于内圆弧半径,刀具按照半径值偏置后,刀具实际中心轨迹就会出现半径为负值或半径为零的圆弧,这显然是错误的。因此在左右 R45mm 曲线轮廓的粗加工时,应选用 ϕ20mm 立铣刀；而在铣削花瓶状曲线的内外轮廓时，由于过渡圆弧的半径为 10mm，因此使用了 ϕ12mm 立铣刀。如果这时使用 ϕ20mm 立铣刀加工该轮廓,就必须按照大于半径 10mm 的圆弧编程,必然增加计算的工作量,否则就会出现过切现象。另外,由于左右 R45mm 曲线轮廓和花瓶状曲线的外轮廓是在同一个高度平面上,因此在曲线轮廓的精加工时,都必须使用相同的一把 ϕ12mm 立铣刀。

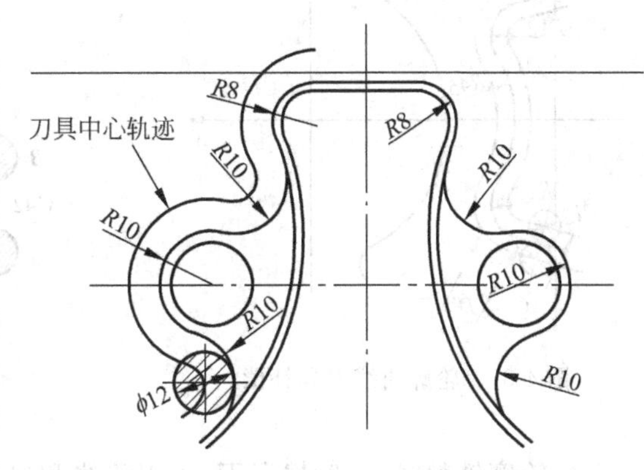

图 4-36　轮廓曲线尺寸

④ 从加工内容看,编写程序使用的主要是常见的指令代码,但凸件的左右 R45mm 轮廓曲线处的 R3mm 弧形倒角以及零件中部 ϕ44mm 孔口 SR26mm 球状倒角部分要求使用简单的宏程序。宏程序有利于简化程序,节省存储空间,这一点是自动编程无法比拟的。

⑤ 零件图是左右对称的,可以考虑使用数控系统的一些编程简化功能来节约工作时间。这里可以使用系统的镜像功能,先编写左半边的轮廓程序,然后使用镜像功能加工右半边的轮廓,这样会大大地节省编程时间,但因为左右轮廓是在顺铣、逆铣的不同的状况下加工出来的,轮廓的表面粗糙度会有一点不同。我们还可以在程序输入时使用系统的后台编辑功能,在机床加工时,同时输入程序。后台编辑功能的灵活运用,会大量地节约程序的输入时间。另外,既然是相互配合的两件,一些相同的轮廓曲线就可以使用同一程序,仅需修改刀具半径补偿值即可。参见图 4-37,图中曲线 D 是零件的轮廓曲线,也是编程的轨迹,曲线 E 是加工工件 1 曲线外轮廓时刀具的中心轨迹，使用 G42 指令，刀具半径补偿值为 10mm,曲线 C 是加工工件 2 时该曲线内轮廓刀具的中心轨迹,使用 G42 指令,刀具半径补偿值为－10mm。

⑥ 入刀点的选择也是轮廓铣削的一个关键点。在外轮廓铣削时，一般情况下，进刀路线和出刀路线如图 4-38 所示，选择轮廓外的一点 A 作为刀具的起始点，B 点和 C 点是轮廓延长线上的一点，在 AB 直线段建立刀具的半径补偿，在 CA 直线段取消刀具的半径补偿。当然也可以采用在入刀点和出刀点分别添加一个相切的过渡圆弧的方式。

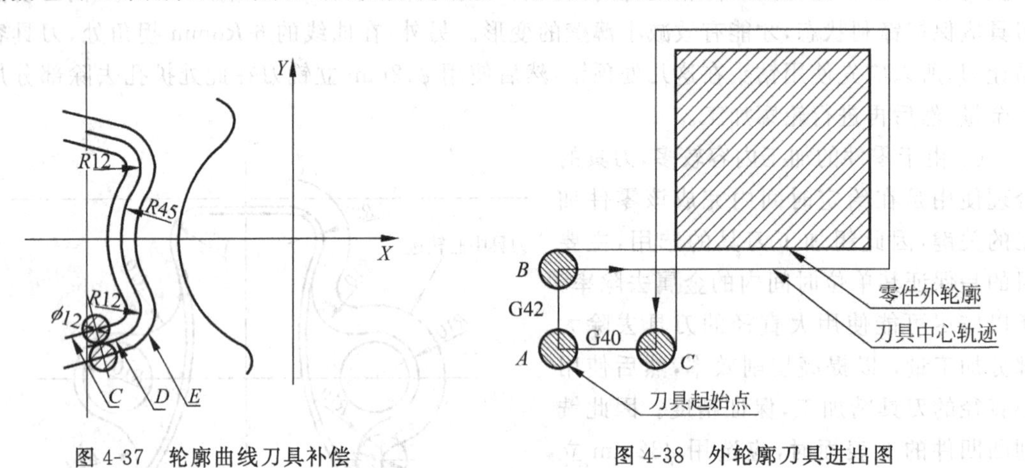

图 4-37　轮廓曲线刀具补偿　　　　图 4-38　外轮廓刀具进出图

在内轮廓铣削时，一般情况下，入刀路线和出刀路线如图 4-39 所示，选择轮廓内的一点 A 作为刀具的起始点，BD 和 DC 圆弧段是和轮廓线相切的两段圆弧，D 点是轮廓线上的一点，在 AB 直线段建立刀具的半径补偿，在 CA 直线段取消刀具的半径补偿。注意，建立和取消刀具的半径补偿必须在直线段上进行。

工件 1 的花瓶状曲线内轮廓的加工和上述两种情况都不相同，在内轮廓的中部还有一个 $\phi52^{+0.08}_{-0.03}$mm 的凸台。实际上花瓶状曲线的内轮廓和凸台外圆轮廓形成了一个封闭的不等宽的曲线槽，许多人在加工这两个轮廓时不知如何入刀。

工艺路线中，使用 $\phi20$mm 立铣刀先加工 $\phi52^{+0.08}_{-0.03}$mm 的凸台轮廓，然后铣削花瓶状曲线外轮廓。在此之前使用 $\phi11$mm 钻头在图 4-40 外轮廓刀具轨迹上的 C 点处预钻了入刀孔。铣削 $\phi52^{+0.08}_{-0.03}$mm 的凸台轮廓时，执行图 4-40 外轮廓加工中的路线图，A 点是刀具的起始点，

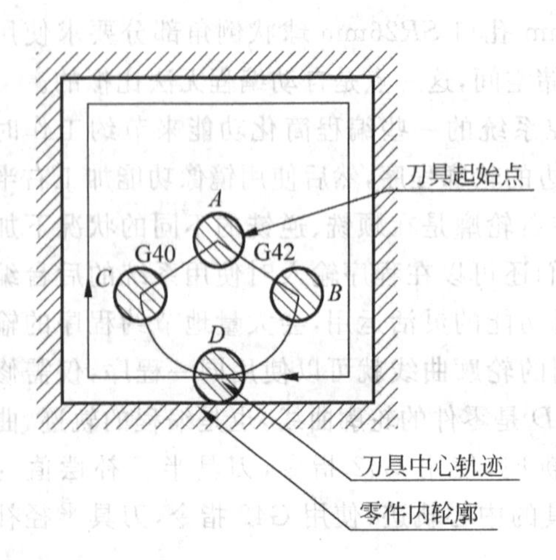

图 4-39　内轮廓刀具进出图

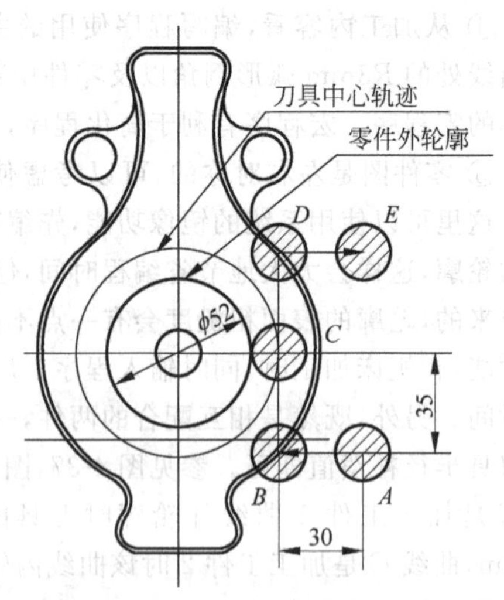

图 4-40　外轮廓加工

E 点是刀具的出刀点，BD 直线段实际是 $\phi 52_{-0.03}^{+0.08}$mm 的切线。和其他外轮廓加工主要的不同点是：在执行 AB 段和 BC 段时，刀具 Z 坐标高出零件表面，即刀具不和零件相接触，自然不会碰伤花瓶状曲线，刀具在 C 点处执行 Z 坐标移动到切削深度，然后铣削 ϕ52mm 轮廓，再次到达 C 点处执行 Z 坐标移动离开零件表面，继续执行 CD、DE 两段程序。

铣削 ϕ52mm 凸台轮廓的加工程序如下：

```
……
G00G55G90X56.0Y-30.0        ;刀具定位到起始点 A 点
G43H03Z20.0                 ;引入刀具长度补偿，Z 终点坐标高出零件表面
M03S1910                    ;主轴回转
G00G42X26.0D03              ;引入刀具半径右侧补偿
Y0                          ;BC 切线段
G01Z-7.9F150                ;Z 坐标进刀到切削深度
G02I-26.0 F268              ;铣 φ52mm 外圆轮廓
Z10.0                       ;Z 坐标退刀到零件表面
G01Y30.0                    ;CD 切线段
G00G40X56.0                 ;取消刀具半径右侧补偿
G49Z50.0M05                 ;取消刀具长度补偿，主轴停转
……
```

铣削花瓶状曲线内轮廓时，执行图 4-41 中的路线图，A 点是刀具的起始点，BC 和 CD 圆弧段是和轮廓相切的两段过渡圆弧。和铣削 ϕ52mm 凸台轮廓相似，在执行 AB 段和 BC 段时，刀具 Z 坐标高出零件表面，即刀具不和零件相接触，自然不会碰伤 ϕ52mm 凸台轮廓曲线，刀具在 C 点处执行 Z 坐标移动到切削深度，然后铣削花瓶状曲线内轮廓，再次到达 C 点处执行 Z 坐标移动离开零件表面，继续执行 CD、DA 两段程序。

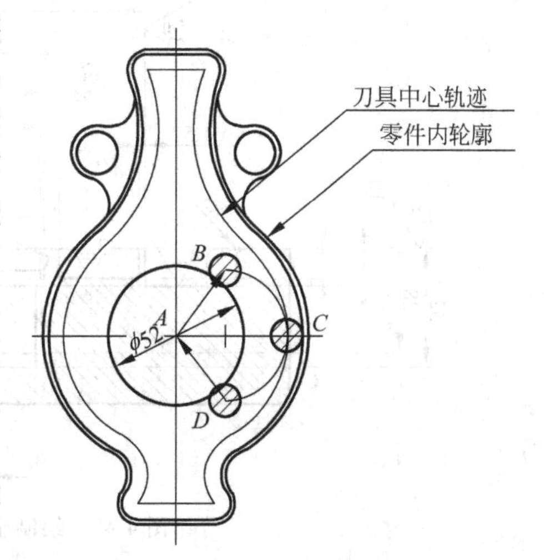

图 4-41 内轮廓加工

⑦ 工件 1 中需要加工 M42×1.5 的螺纹孔，传统工艺是使用丝锥加工，但根据选用的刀具和数控系统功能的不同，在数控铣床或加工中心上加工螺纹孔一般有 4 种方法。

第一种，使用丝锥和弹性攻丝刀柄，即柔性攻丝方式。

使用这种加工方式时，数控机床的主轴的回转和 Z 轴的进给一般不能够实现严格地同步，而弹性攻丝刀柄恰好能够弥补这一点，以弹性变形保证两者的一致，如果扭矩过大，就会脱开，以保护丝锥不断裂。编程时，使用固定循环指令 G84（或 G74 左旋攻丝）代码，同时主轴转速 S 代码与进给速度 F 代码的数值关系是匹配的。

第二种，使用丝锥和弹簧夹头刀柄，即刚性攻丝方式。

使用这种加工方式时，要求数控机床的主轴必须配置有编码器，以保证主轴的回转和 Z 轴的进给严格地同步，即主轴每转一圈，Z 轴进给一个螺距。由于机床的硬件保证了主轴和

进给轴的同步关系，因此刀柄使用弹簧夹头刀柄即可，但弹性夹套建议使用丝锥专用夹套，以保证扭矩的传递。

编程时，也使用G84（或G74左旋攻丝）代码和M29（刚性攻丝方式）。同时S代码与F代码的数值关系是匹配的。

第三种，使用G33螺纹切削指令。

使用这种加工方式时，要求数控机床的主轴必须配置有编码器，同时刀具使用定尺寸的螺纹刀。这种方法使用较少。

第四种，使用螺纹铣刀加工。

上述4种方法仅用于定尺寸的螺纹刀，一种规格的刀具只能够加工同等规格的螺纹。而使用螺纹刀铣削螺纹的特点是，可以使用同一把刀具加工直径不同的左旋和右旋螺纹，如果使用单齿螺纹铣刀，还可以加工不同螺距的螺纹孔，编程时使用螺旋插补指令。

（4）计算节点坐标

本加工实例的节点计算工作量较大，应该尽量使用CAD软件来自动检测轮廓曲线的节点坐标，但编程时可能还需要X、Z轴的坐标图，有些节点可以在此图上直接读出，参见图4-42，各平面的Z点坐标和孔位的终点Z坐标一目了然，另外，有时还需要计算轮廓曲线的入刀点和出刀点的坐标值。

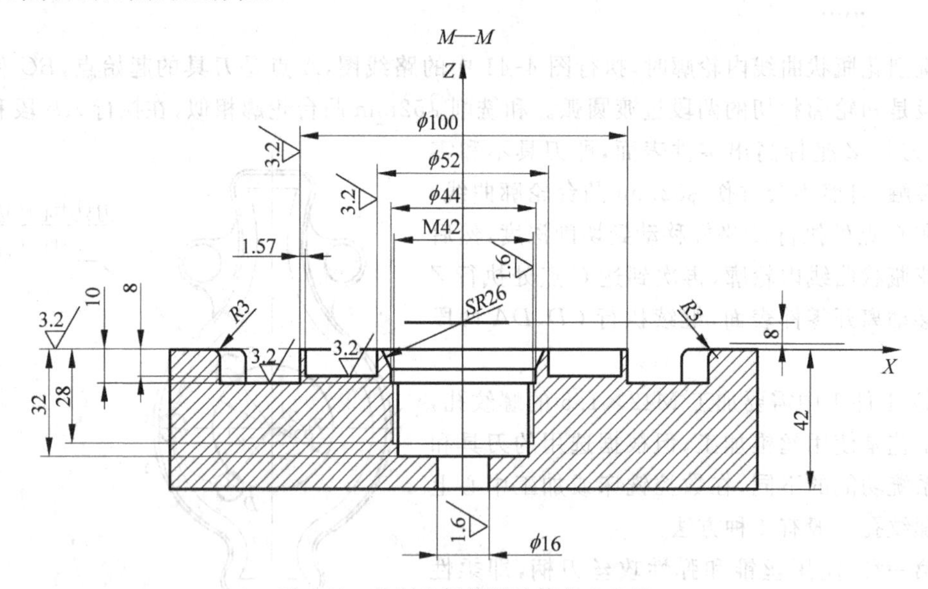

图4-42　绘制坐标简图计算节点坐标

（5）零件装夹方式的确定

设计夹具时应遵循六点定位原则，并尽可能保证零件在一次装夹后，完成全部或尽量多的关键加工内容。铣削加工较多采用一面两销和三面定位方式。本例的毛坯形状比较规则，可用精密平口钳夹具。在装夹时，使预加工面朝上，以底面和侧面定位夹紧。

（6）工艺表、刀具卡片的编制

根据上面的工艺分析，就能确立各项工艺参数并选择刀具，制定如表4-10～表4-12所示的工艺卡和刀具卡片，这是进行编程和加工的依据，也是数控工艺员的基本技能。

表 4-10 工件 1 加工工艺卡

零件号：		零件名称：工件 1		程序号：		机床型号：BV75		零件材质：45＃调质	
序号	加工内容	刀具类型	刀具齿数	刀具号	刀具偏置号	切削速度 /(m/min)	主轴转速 /(r/min)	每转进给 /(mm/r)	进给速度 /(mm/min)
1	铣零件上表面	ϕ32mm 立铣刀	3	T1	H1/D1	160	1592	0.3	478
2	预钻零件中部 ϕ16mm 孔至尺寸 ϕ11mm	ϕ11mm 钻头	2	T2	H2/D2	48	1380	0.2	276
3	钻零件上部 2-ϕ11mm 孔	ϕ11mm 钻头	2	T2	H2/D2	48	1380	0.2	276
4	钻用于铣削 ϕ52mm 凸台外轮廓的入刀孔	ϕ11mm 钻头							
5	预钻花瓶曲线 6-R8mm 轮廓拐角处	ϕ11mm 钻头							
6	粗铣左右 R45mm 处曲线轮廓	ϕ20mm 立铣刀	2	T3	H3/D3	120	1910	0.14	268
7	粗铣 ϕ52mm 凸台外轮廓	ϕ20mm 立铣刀							
8	铣 M42×1.5mm 底孔 ϕ40.5mm	ϕ20mm 立铣刀							
9	扩铣 ϕ44mm 孔至尺寸	ϕ20mm 立铣刀							
10	扩铣花瓶曲线 6-R8mm 轮廓拐角处	ϕ12mm 立铣刀	4	T4	H4/D4	100	2650	0.3	795
11	粗铣花瓶曲线外轮廓	ϕ12mm 立铣刀	4	T4	H4/D4	100	2650	0.3	795
12	粗铣花瓶曲线内轮廓	ϕ12mm 立铣刀							
13	精铣左右 R45mm 处曲线轮廓	ϕ12mm 立铣刀							
14	精铣花瓶曲线外轮廓至尺寸	ϕ12mm 立铣刀							
15	精铣花瓶曲线内轮廓	ϕ12mm 立铣刀							
16	精铣 ϕ52mm 凸台外轮廓	ϕ12mm 立铣刀							
17	扩 3-ϕ(16H7)mm 预孔至尺寸 ϕ15.9mm	ϕ12mm 立铣刀							
18	M42×1.5-7H 螺纹孔加工	螺纹铣刀	1	T5	H5/D5	200	2000	0.05	100
19	铰 3-ϕ(16H7)mm 孔至尺寸	ϕ(16H7)mm 铰刀	8	T6	H6/D6	12	240	0.3	72
20	2-R45 曲线处 R3mm 倒角	ϕ8mm 球头铣刀	2	T7	H7/D7	70	2780	0.05	140
21	ϕ44mm 孔口 SR26mm 球状倒角	ϕ8mm 球头铣刀							

表 4-11　工件 2 加工工艺卡

零件号：		零件名称：工件 2		程序号：		机床型号：BV75		零件材质：45#调质	
序号	加工内容	刀具类型	刀具齿数	刀具号	刀具偏置号	切削速度/(m/min)	主轴转速/(r/min)	每转进给/(mm/r)	进给速度/(mm/min)
1	铣零件上表面	ϕ32mm 立铣刀	3	T1	H1/D1	160	1592	0.3	478
2	预钻 3-ϕ16mm 孔至尺寸 ϕ11mm	ϕ11mm 钻头	2	T2	H2/D2	48	1380	0.2	276
3	预钻花瓶曲线 4-R8mm 轮廓内拐角处	ϕ11mm 钻头							
4	粗铣左右 R45mm 处曲线轮廓	ϕ20mm 立铣刀	2	T3	H3/D3	120	1910	0.14	268
5	粗铣花瓶曲线 ϕ100mm 内轮廓	ϕ20mm 立铣刀							
6	扩铣花瓶曲线 4-R8mm 轮廓内拐角处	ϕ12mm 立铣刀	4	T4	H4/D4	100	2650	0.3	795
7	粗铣花瓶曲线内轮廓	ϕ12mm 立铣刀							
8	扩 ϕ16mm 预孔至尺寸 ϕ15.8mm	ϕ12mm 立铣刀							
9	精铣花瓶曲线内轮廓至尺寸	ϕ12mm 立铣刀							
10	精铣左右 R45mm 处曲线轮廓	ϕ12mm 立铣刀							
11	铰 3-ϕ(16H7)mm 孔至尺寸	ϕ(16H7)mm 铰刀	8	T6	H6/D6	12	240	0.3	72

表 4-12　刀具卡

序号	刀具类型	刀具齿数	刀具号	刀具偏置号	刀具半径补偿值/mm	刀具长度补偿值/mm	主轴转速/(r/min)	进给速度/(mm/min)
1	ϕ32mm 立铣刀	3	T1	H1/D1	根据实测值调整	实测值	1592	478
2	ϕ11mm 钻头	2	T2	H2/D2	根据实测值调整	实测值	1380	276
3	ϕ20mm 立铣刀	2	T3	H3/D3	根据实测值调整	实测值	1910	268
4	ϕ12mm 立铣刀	4	T4	H4/D4	根据实测值调整	实测值	2650	795
5	螺纹铣刀	1	T5	H5/D5	根据实测值调整	实测值	1000	50
6	ϕ(16H7)mm 铰刀	8	T6	H6/D6	根据实测值调整	实测值	240	72
7	ϕ8mm 球头铣刀	2	T7	H7/D7	根据实测值调整	实测值	2780	140

工艺卡中包含各工序的加工内容、加工顺序、刀具类型和详细的工艺参数，这些内容都是编程所必需的。在确定工艺参数时，主轴转速与切削速度之间的关系是

$$n = \frac{1000V_c}{\pi D_c}$$

式中，V_c 为刀具的切削速度(m/min)，n 为主轴转速(r/min)，D_c 为刀具直径(mm)。例如刀具直径 D_c 是 20mm，切削速度 V_c 是 100m/min，那么主轴的转速应为 $n=1000V_c/(\pi\times D_c)=1000\times100/(3.14\times20)=1592$r/min。

刀具进给速度和主轴转速、刀具齿数之间的关系是

$$V_f = f_z n Z_n$$

式中：V_f 是刀具的进给速度(mm/min)；f_z 是刀具的每齿进给量(mm)；n 是主轴转速(r/min)；Z_n是刀具的齿数。

思考与练习题

1. 数控加工工艺分析的目的是什么？包括哪些内容？
2. 常用铣削用量包括哪些指标？如何计算或选用？
3. 简述如何合理选用机床、夹具与刀具。
4. 高速加工需要具备哪些工艺条件？高速加工有哪些重要应用？
5. 零件如图 4-43 所示，根据零件孔加工定位快而准的原则来确定 XOY 平面内孔的加工进给路线。

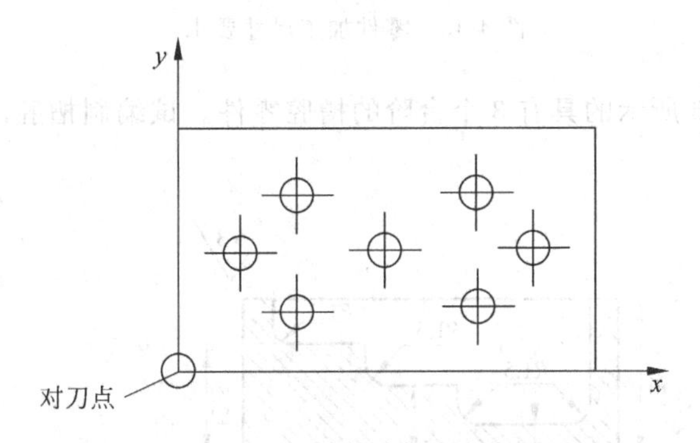

图 4-43 零件孔加工定位

6. 如图 4-44 所示零件的 A、B 面已加工好，在加工中心上加工其余表面，试确定定位和夹紧方案。

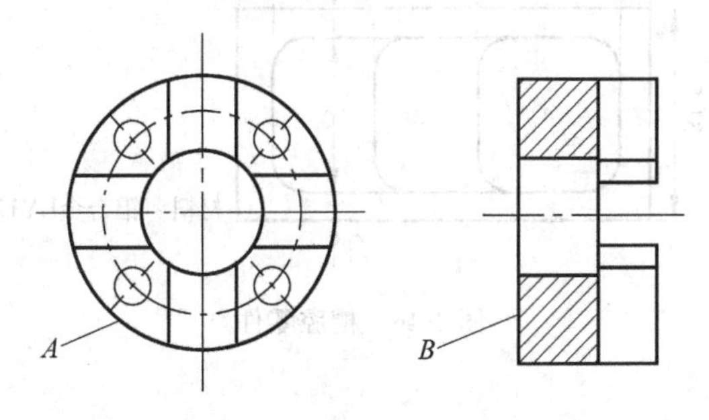

图 4-44 零件加工图

7. 加工如图 4-45 所示零件，材料 HT200，毛坯尺寸（长×宽×高）为 170mm×110mm×50mm，试分析该零件的数控铣削加工工艺，编写出加工程序和主要操作步骤。

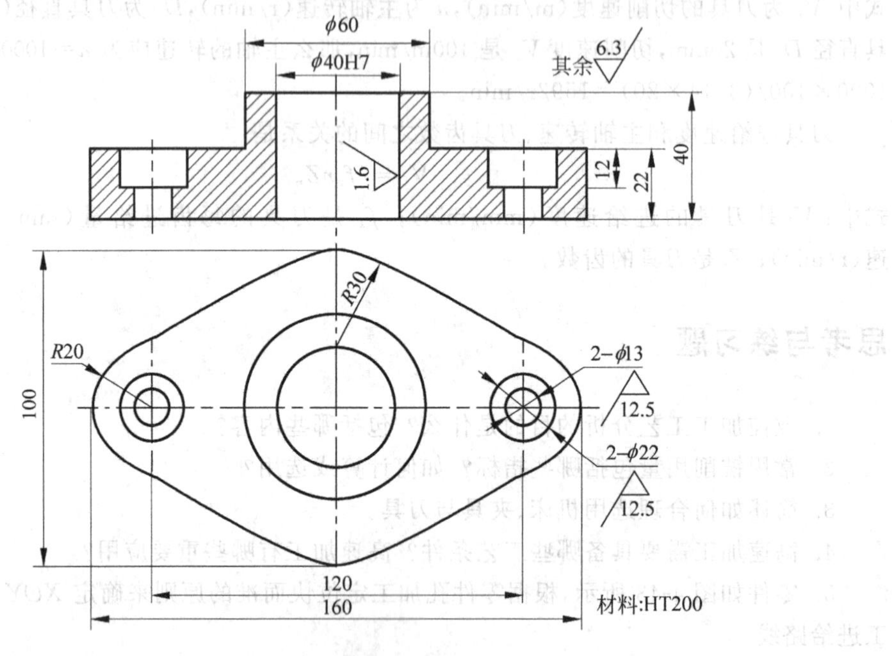

图 4-45　零件加工尺寸要求

8. 加工如图 4-46 所示的具有 3 个台阶的槽腔零件。试编制槽腔的数控铣削加工工艺（其余表面已加工）。

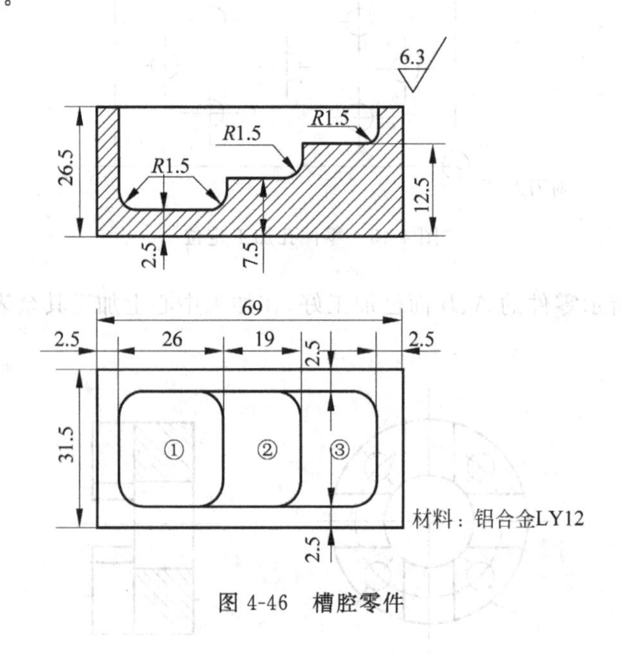

图 4-46　槽腔零件

第5章　数控铣削加工编程

数控机床是按照事先编制好的零件加工程序自动地对工件进行加工的高效自动化设备。在数控编程之前，编程人员首先应了解所用数控机床的规格、性能，数控系统所具备的功能及编程指令格式等。编制程序时，应先对图纸规定的技术要求、零件的几何形状、尺寸及工艺要求进行分析，确定加工方法和加工路线，再进行数学计算，获得刀位数据，然后按数控机床规定的代码和程序格式，将工件的尺寸、刀具运动中心轨迹、位移量、切削参数以及辅助功能(换刀、主轴正反转、冷却液开关等)编制成加工程序，并输入数控系统，由数控系统控制数控机床自动地进行加工。

数控机床所使用的程序是按一定的格式并以代码的形式编制的，一般称为"加工程序"，目前带有普遍性的加工程序编制方法主要有两种。

(1) 手工编程

通过解析几何和代数运算等数学方法，人工进行刀具轨迹的运算，并用专门代码编制加工源程序。这种方式比较简单，很容易掌握，适应性较大。适用于中等复杂程度程序、计算量不大的零件编程，对机床操作人员来讲必须掌握通用基本加工代码指令。

(2) 自动编程

对于曲线轮廓、三维曲面等复杂型面零件，手工编程的计算能力有限甚至无法计算，一般采用计算机自动编程。早期是利用通用的微机及专用的编程软件，以人机对话方式确定加工对象和加工条件，微机自动进行运算并生成加工指令。专用软件多在微机上开发，成本低、通用性强，但编程员要熟悉语句及算法。

目前为止最高效的自动编程方式是利用CAD/CAM软件进行零件的造型设计、工艺分析及加工编程。该种方法是基于零件CAD图形的编程，适用于制造业中的产品数据集成，编程效率高、程序质量好，适用于复杂零件和高效高精度零件加工，目前正被广泛应用。

本章主要介绍手工编程的方法，它是学习自动编程的基础。手工编程的一般步骤是：①分析工件的零件图及工艺要求；②确定工艺路线；③计算刀具轨迹坐标；④用数控代码编制程序。

5.1　手工编程概述

5.1.1　程序代码与结构

数控编程有标准化的编程规则和程序格式，国际上目前通用的有EIA(美国电子工业协会)和ISO(国际标准化协会)两种代码，代码中有数字码(0～9)、文字码(A～Z)和符号码。

我国遵循国际标准化组织(ISO)制定了一系列标准。

1. 程序的结构

一个完整的程序由程序号、程序内容(程序段)和程序结束 3 部分组成。程序结构示例如图 5-1。

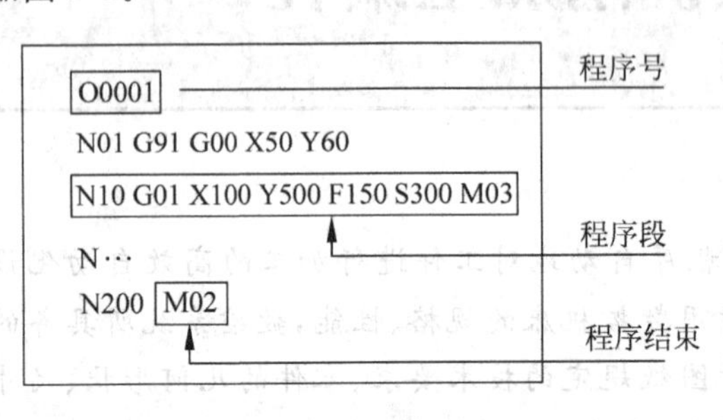

图 5-1 程序结构

(1) 程序号

程序号即为程序的开始部分，为程序的开始标记，供数控装置在存储器程序目录中查找、调用。程序号由地址码和四位编号数字组成。如图中的地址码 O 和编号数字 0001。有的数控系统地址码用 P 或%表示。

(2) 程序内容

程序内容是整个程序的主要部分，它由多个程序段组成。每个程序段由若干个字组成，每个字又由地址码和若干个数字组成。指令字代表某一信息单元，它代表机床的一个位置或一个动作。

(3) 程序结束

程序结束一般用辅助功能代码 M02(程序结束)和 M30(程序结束，返回起点)来表示。

表 5-1 列举了现代 CNC 系统中各地址码字符的意义。

表 5-1 地址码字符的意义

地址码	意义	地址码	意义
A	关于 X 轴的角度尺寸	N	程序段号
B	关于 Y 轴的角度尺寸	O	程序编号
C	关于 Z 轴的角度尺寸	P	平行于 X 轴的第三尺寸，有的定义为固定循环参数
D	刀具半径的偏置号	Q	平行于 Y 轴的第三尺寸，有的定义为固定循环参数
E	第二进给功能	R	平行于 Z 轴的第三尺寸，有的定义为固定循环参数、圆弧半径等
F	第一进给功能	S	主轴转速功能
G	准备功能	T	刀具功能
H	刀具长度偏置号	U	平行于 X 轴的第二尺寸
I	平行于 X 轴的插补参数或螺纹导程	V	平行于 Y 轴的第二尺寸
J	平行于 Y 轴的插补参数或螺纹导程	W	平行于 Z 轴的第二尺寸
K	平行于 Z 轴的插补参数或螺纹导程	X	X 轴方向的主运动坐标
L	有的系统定义为固定循环次数，有的系统定义为子程序返回次数	Y	Y 轴方向的主运动坐标
		Z	Z 轴方向的主运动坐标
M	辅助功能		

2. 程序段格式

程序段格式是指一个程序段中的字、字符和数据的书写规则。目前常用的是字地址可变程序段格式，它由语句号字、数据字和程序段结束符组成。每个字的字首是一个英文字母，称为字地址码。字地址码可变程序段格式如图 5-2 所示。

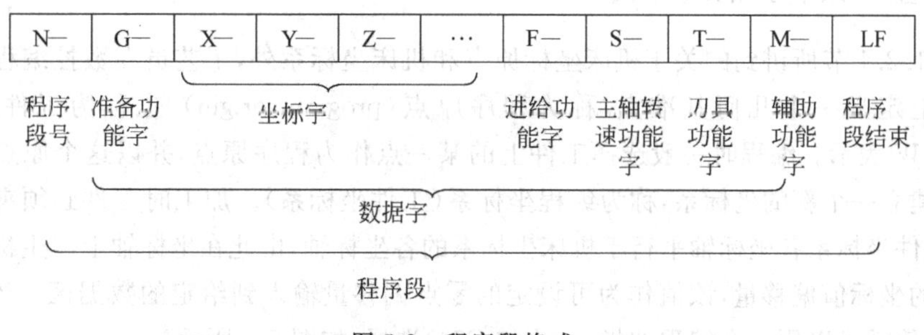

图 5-2 程序段格式

字地址码可变程序段格式的特点是：程序段中各字的先后排列顺序并不严格，不需要的字以及与上一程序段相同的字可以省略；数据的位数可多可少；程序简短、直观、不易出错，因而得到广泛应用。如：N20 G01 X26.8 Y32. Z15.428 F152.。

(1) 程序段序号(简称顺序号)：通常用数字表示，在数字前还冠有标识符号 N，如 N20、N0020 等。现代 CNC 系统中很多都不要求程序段号，即程序段号可有可无。

(2) 准备功能(简称 G 功能)：它由表示准备功能地址符 G 和数字所组成，如，G01 表示直线插补，一般可以用 G1 代替，即可以省略前导 0。G 功能的代号已标准化。

(3) 坐标字：由坐标地址符及数字组成，且按一定的顺序排列，各组数字必须具有作为地址码的地址符(如 X、Y 等)开头。各坐标轴的地址符按下列顺序排列：

X、Y、Z、U、V、W、P、Q、R、A、B、C

X、Y、Z 为刀具运动的终点坐标位置，有些 CNC 系统对坐标值的小数点有严格的要求(有的系统可以用参数进行设置)，比如 32 应写成“32.”，否则有的系统会将 32 视为 32μm，而不是 32mm，而写成“32.”则均会被认为是 32mm。

(4) 进给功能 F：由进给地址符 F 及数字组成，数字表示所选定的进给速度，如 F152.，表示进给速度为 152mm/min，也可以是 152mm/r，其小数点与 X、Y、Z 后的小数点含义一样。

工作在 G01、G02/G03 方式下编程的 F 一直有效直到被新的 F 值所取代，而工作在 G00 快速定位时的速度是各轴的最高速度，与所编程 F 无关，借助操作面板上的倍率按键，F 可在一定范围内进行倍率修调。当执行攻丝循环、螺纹切削循环时倍率开关失效，进给倍率固定在 100%。

(5) 主轴功能(S 功能)：由主轴地址符 S 及其随后的每分钟转速数值表示主轴速度，单位为 r/min。S 是模态指令，S 功能只有在主轴速度可调节时有效。

(6) 刀具功能(T 功能)：T 代码用于选刀，其后的数值表示选择的刀具号，T 代码与刀具的关系是由机床制造厂规定的。

在加工中心上执行 T 代码，刀库转动选择所需的刀具然后等待，直到 M06 指令作用时完成自动换刀。T 代码同时调入刀补寄存器中的刀补值(刀补长度和刀补半径)，T 指令为非模态指令，但被调用的刀补值一直有效直到再次换刀调入新的刀补值。

(7) 辅助功能(简称 M 功能)：由辅助操作地址符 M 和两位数字组成，含义见 5.1.4 节。

(8) 程序段结束符号：列在程序段的最后一个有用的字符之后，表示程序段的结束。因控制系统不同，结束符应根据编程手册的规定而定。

5.1.2 与坐标系有关的编程指令

除了 1.2.1 节所讲到的关于机床坐标原点和机床坐标系外,工艺员在数控编程过程中需要在工件上定义一个几何基准点,称为程序原点(program origin),也称为工件原点(part origin),用 W 表示。编程时一般选择工件上的某一点作为程序原点,并以这个原点作为坐标系的原点建立一个新的坐标系,称为编程坐标系(工件坐标系)。加工时工件必须夹紧在机床上,保证工件坐标系各坐标轴平行于机床坐标系的各坐标轴,由此在坐标轴上产生机床零点与工件零点的坐标值偏移量,该值作为可设定的零点偏移量输入到给定的数据区。当 NC 程序运行时,此值就可以用一个编程的指令(比如 G54)选择,如图 5-3 所示。

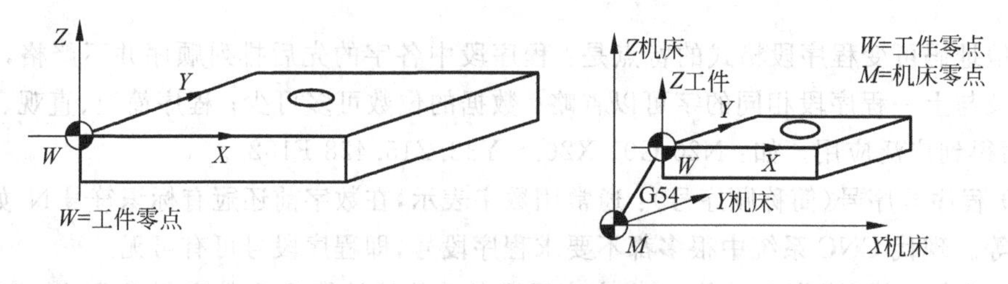

图 5-3　工件坐标系与工件原点

现代 CNC 系统一般都要求机床在回零(zeroing)操作后,即使机床回到机床原点或机床参考点(不同的机床采用的回零操作方式可能不一样,但一般都要求回参考点)之后,才能启动。机床参考点和机床原点之间的偏移值存放在机床参数中。回零操作后机床控制系统进行初始化,使机床运动坐标 X、Y、Z、A、B 等的显示(计数器)为零。

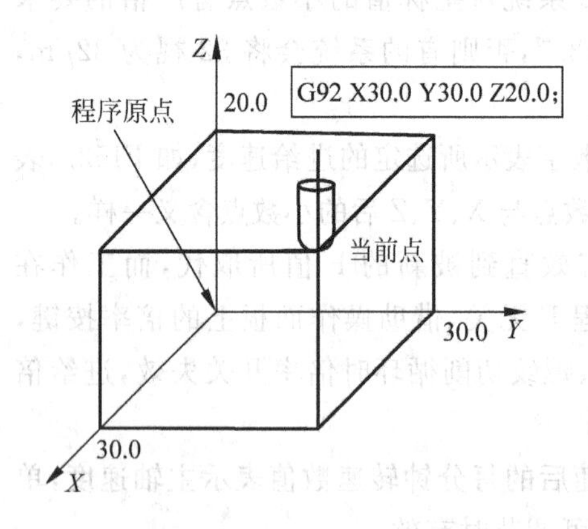

图 5-4　G92 工件坐标系

加工开始要设置工件坐标系,即确定刀具起点相对于工件坐标系原点的位置。常用两种方法来设置或建立编程坐标系。

1. 用 G92 指令建立工件坐标系

在使用绝对坐标指令编程时,预先要确定工件坐标系。通过 G92 可以确定当前工件坐标系的程序原点,G92 指令通过设定刀具起点相对于工件坐标系原点的相对位置,建立该坐标系,如图 5-4 所示。程序如下:

```
N05 G92 X30.0 Y30.0 Z20.0;
```

此段程序只是建立在工件坐标系中刀具起点相对于程序原点的位置,该坐标系在机床重开机时消失,执行后刀具并不产生运动。

注意:在运用工件坐标系(编程坐标系)编程时,由于工件与刀具是一对相对运动的物体,为了使编程方便,一律假定工件固定不动,全部用刀具运动的坐标系来编程,即用标准坐标系的 X、Y、Z 和 A、B、C 进行编程。这样,即使编程人员不知是刀具运动还是工件运动,也能编出正确的程序。实际编程时,当表示 $+X$、$+Y$、$+Z$、$+A$、$+B$、$+C$ 方向的坐标字时,用地址符加其后的数值表示,如:X20.0,正号可以省略;当表示反方向坐标字 $+X'$、$+Y'$、

$+Z'$、$+A'$、$+B'$、$+C'$时，则用负号紧跟地址符之后表示。如：X−20.0。(因$+X'$、$+Y'$、$+Z'$等表示工件移动的正方向，恰好与刀具移动方向相反)。

2. 用G54～G59设置程序原点

在编程过程中，为了避免尺寸换算，需多次平移工件坐标系。将工件坐标(编程坐标)原点平移至工件基准处，称为程序原点的偏置。当工件在机床上固定以后，程序原点与机床参考点的偏移量必须通过测量来确定。现代CNC系统一般都配有工件测量头，在手动操作下能准确地测量该偏移量，存入G54～G59原点偏置寄存器中，供CNC系统原点偏移计算用。在没有工件测量头的情况下，程序原点位置的测量可用对刀方式或测量探头得到。

一般数控机床可以预先设定6个(G54～G59)工件坐标系，这些坐标系的坐标原点在机床坐标系中的值可用手动数据输入(MDI)方式输入，存储在机床存储器内，在机床重开机时仍然存在，在程序中可以分别选取其中之一使用。一旦指定了G54～G59之一，则该工件坐标系原点即为当前程序原点，后续程序段中的工件绝对坐标均为相对此程序原点的值，例如以下程序：

```
N01 G54 G00 G90 X30.0 Y40.0;
N02 G59;
N03 G00 X30.0 Y30.0;
...
```

执行N01句时，系统会选定G54坐标系作为当前工件坐标系，然后再执行G00移动到该坐标中的A点；执行N02句时，系统又会选择G59坐标系作为当前工件坐标系；执行N03句时，机床就会移动到刚指定的G59坐标系中的B点(见图5-5)。

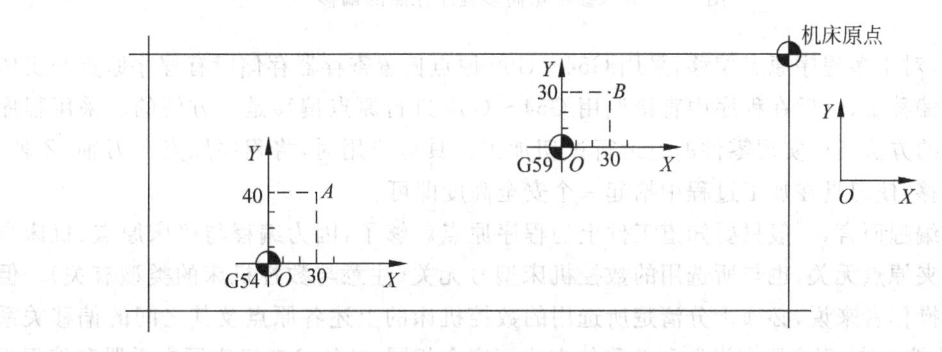

图5-5 工件坐标系的使用

请注意比较G92与G54～G59指令之间的差别和不同的使用方法。G92指令须由后续坐标值指定当前工件坐标值，因此须单独一个程序段指定，该程序段中尽管有位置指令值，但并不产生运动。另外，在使用G92指令前，必须保证机床处于加工起始点，该点称为对刀点。

使用G54～G59建立工件坐标系时，该指令可单独指定(见上面程序N02句)，也可与其他程序同段指定(见上面程序N01句)，如果该段程序中有位置指令就会产生运动。使用该指令前，先用MDI方式输入该坐标系的坐标原点，在程序中使用对应的G54～G59之一，就可建立该坐标系，并可使用定位指令自动定位到加工起始点。

图 5-6 描述了一个一次装夹加工 3 个相同零件的多程序原点与机床参考点之间的关系及偏移计算方法。采用 G92 实现原点偏移的有关指令为：

```
N01 G90                    ;绝对坐标编程,刀具位于机床参考点
N02 G92 X6.0 Y6.0 Z0       ;将程序原点定义在第一个零件上的工件原点 W1
…                          ;加工第一个零件
N08 G00 X0 Y0              ;快速返回程序原点
N09 G92 X4.0 Y3.0          ;将程序原点定义在第二个零件上的工件原点 W2
…                          ;加工第二个零件
N13 G00 X0 Y0              ;快速返回程序原点
N14 G92 X4.5 Y-1.2         ;将程序原点定义在第三个零件上的工件原点 W3
…                          ;加工第三个零件
```

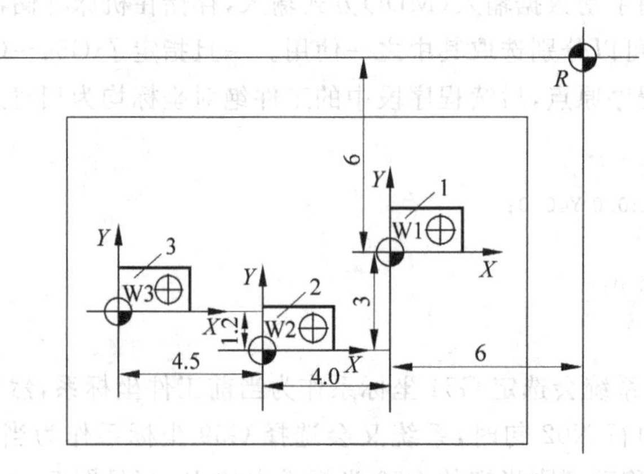

图 5-6 机床参考点向多程序原点的偏移

显然，对于多程序原点偏移，采用 G54～G59 原点偏置寄存器存储所有程序原点与机床参考点的偏移量，然后在程序中直接调用 G54～G59 进行原点偏移是很方便的。采用程序原点偏移的方法还可实现零件的空运行试切加工。具体应用时，将程序原点向刀轴（Z 轴）正方向偏移，使刀具在加工过程中抬起一个安全高度即可。

对于编程而言，一般只要知道工件上的程序原点就够了，因为编程与机床原点、机床参考点及装夹原点无关，也与所选用的数控机床型号无关（注意与数控机床的类型有关）。但对于机床操作者来说，必须十分清楚所选用的数控机床的上述各原点及其之间的偏移关系（不同的数控系统，程序原点设置和偏移的方法不完全相同，必须参考机床用户手册和编程手册）。数控机床的原点偏移实质上是机床参考点对编程员所定义在工件上的程序原点的偏移。

3. 绝对坐标编程 G90 及增量坐标编程 G91

数控系统的位置/运动控制指令可采用两种坐标方式进行编程，即绝对坐标编程和增量坐标编程。

(1) 绝对坐标编程

刀具运动过程中所有的刀具位置坐标以一个固定的程序原点为基准，即刀具运动的位置坐标是指刀具相对于程序原点的坐标，在程序中用 G90 指定。

(2) 增量坐标编程

增量坐标编程也称为相对坐标编程。刀具运动的位置坐标是指刀具从当前位置到下一

个位置之间的增量，在程序中用 G91 指定。

例如，按图 5-7 所示，使用 G90/G91 编程要求刀具由原点按顺序移动到 1、2、3 点。注意，第一个孔的加工应该采用绝对坐标编程。

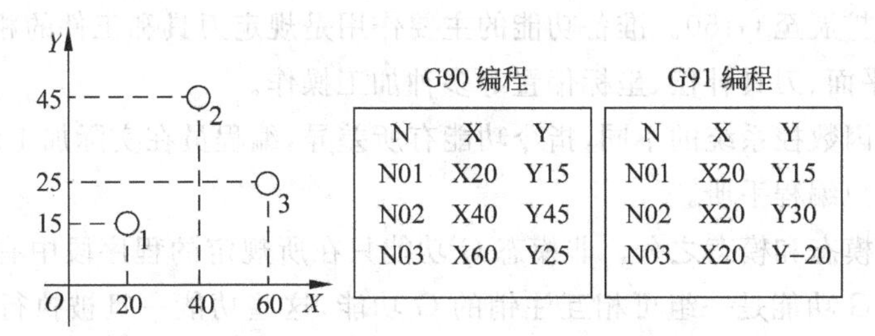

图 5-7　绝对坐标及相对坐标编程

G90/G91 为模态功能，可相互注销，G90 为默认值。G90/G91 可用于同一程序段中，但要注意其顺序所造成的差异。当图纸尺寸由一个固定基准给定时，采用绝对方式编程较为方便，而当图纸尺寸是以轮廓顶点之间的间距给出时，采用相对方式编程较为方便。

4. 平面指定(G17、G18、G19)

平面指定指在铣削过程中指定圆弧插补平面和刀具补偿平面。铣削时在 *XY* 平面内进行圆弧插补，则应选用准备功能 G17；在 *ZX* 平面内进行圆弧插补，应选用准备功能 G18；在 *YZ* 平面内进行加工插补，则需选用准备功能 G19。平面指定与坐标轴移动无关，不管选用哪个平面，各坐标轴的移动指令均会执行。

5. 极坐标(G15/G16)

格式：

$$\begin{Bmatrix} \text{G17} \\ \text{G18} \\ \text{G19} \end{Bmatrix} \begin{Bmatrix} \text{G90} \\ \text{G91} \end{Bmatrix} \begin{Bmatrix} \text{G16} \\ \text{G15} \end{Bmatrix}$$

G15/G16：极坐标方式/极坐标方式取消指令；

G17、G18、G19：极坐标指令的平面选择；

G90：指定工件坐标系的零点作为极坐标系的原点，从该点测量半径；

G91：指定当前位置作为极坐标系的原点，从该点测量半径。

例如，当极坐标原点和工件坐标系原点重合，分别采用角度绝对值和相对值编程对圆周 3 个匀布孔钻孔的示例，如图 5-8 所示。

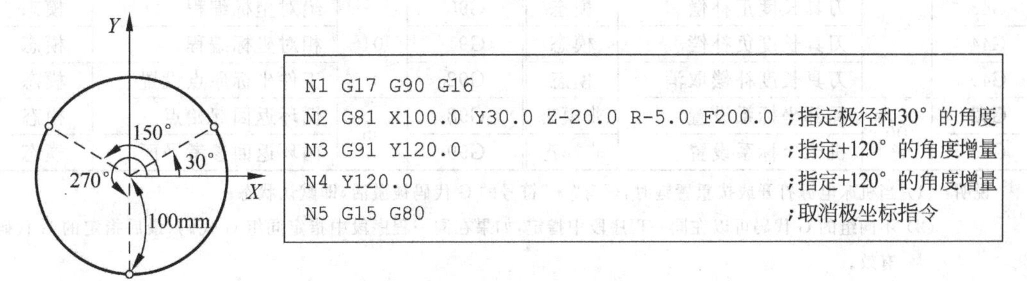

图 5-8　极坐标编程示例

5.1.3 准备功能

准备功能指令由 G 和其后的 1～3 位数字组成，常用的为 G00～G99，很多现代 CNC 系统的准备功能已扩展至 G150。准备功能的主要作用是规定刀具和工件的相对运动轨迹、编程坐标系、坐标平面、刀具补偿、坐标偏置等多种加工操作。

G 代码指令因数控系统的不同，指令功能有所差异，编程员在实际加工编程时应参考机床数控系统的用户编程手册。

G 功能有非模态和模态之分。非模态 G 功能只在所规定的程序段中有效，程序段结束时被注销；模态 G 功能是一组可相互注销的 G 功能，这些功能一旦被执行则一直有效，直到被同一组的 G 功能注销为止。

表 5-2 以 FANUC 系统为例，说明准备功能的 G 代码。

表 5-2　G 代码准备功能说明

G 代码	组别	用于数控铣床的功能	附注	G 代码	组别	用于数控铣床的功能	附注
*G00		快速定位	模态	*G54		第一工件坐标系	模态
G01	01	直线插补	模态	G55		第二工件坐标系	模态
G02		顺时针圆弧插补	模态	G56		第三工件坐标系	模态
G03		逆时针圆弧插补	模态	G57	14	第四工件坐标系	模态
G04		暂停	非模态	G58		第五工件坐标系	模态
*G10	00	数据设置	模态	G59		第六工件坐标系	模态
G11		数据设置取消	模态	G65	00	程序宏调用	非模态
*G17		*XY* 平面选择	模态	G66	12	程序宏模态调用	模态
G18	16	*ZX* 平面选择	模态	*G67		程序宏模态调用取消	模态
G19		*YZ* 平面选择	模态	G73		高速深孔钻孔循环	非模态
G20	06	英制(in)	模态	G74	00	左旋攻螺纹循环	非模态
G21		公制(mm)	模态	G75		精镗循环	非模态
*G22	09	行程检查功能打开	模态	*G80		钻孔固定循环取消	模态
G23		行程检查功能关闭	模态	G81		钻孔循环	模态
G27		参考点返回检查	非模态	G82		钻孔循环	模态
G28	00	返回到参考点	非模态	G84	10	攻螺纹循环	模态
G29		由参考点返回	非模态	G85		镗孔循环	模态
*G40		刀具半径补偿取消	模态	G86		镗孔循环	模态
G41		刀具半径左补偿	模态	G87		背镗循环	模态
G42	07	刀具半径右补偿	模态	G89		镗孔循环	模态
G43		刀具长度正补偿	模态	G90		绝对坐标编程	模态
G44		刀具长度负补偿	模态	G91	01	相对坐标编程	模态
G49		刀具长度补偿取消	模态	G92		工件坐标原点设置	模态
G52	00	局部坐标系设置	非模态	G98	05	循环返回起始点	模态
G53		机床坐标系设置	非模态	G99		循环返回参考平面	模态

说明：(1) 当机床电源打开或按重置键时，标有"*"符号的 G 代码被激活，即默认状态；

(2) 不同组的 G 代码可以在同一程序段中指定，如果在同一程序段中指定同组 G 代码，最后指定的 G 代码有效。

1. 快速定位(G00 或 G0)

刀具以点位控制方式从当前所在位置快速移动到指令给出的目标位置,只能用于快速定位,不能用于切削加工。例如 G00 X0 Y0 Z100. 使刀具快速移动到(0,0,100)的位置。

一般用法:

```
G00 Z100.                    ;刀具快速移动到 Z=100mm 高度的位置
X0 Y0                        ;刀具接着移动到工件原点的上方
```

注意:一般不直接用 G00 X0 Y0 Z100. 的方式,避免刀具在安全高度以下首先在 *XY* 平面内快速运动而与工件或夹具发生碰撞。

2. 直线插补(G01 或 G1)

刀具以一定的进给速度从当前所在位置沿直线移动到指令给出的目标位置。例如 G01 X10. Y20. Z20. F80. 使刀具从当前位置以 80mm/min 的进给速度沿直线运动到(10,20,20)的位置。

一般用法:G01 为模态指令,有继承性,即如果上一段程序为 G01,则本段中的 G01 可以不写。*X*、*Y*、*Z* 坐标值也具有继承性,即如果本段程序的 *X*(或 *Y* 或 *Z*)坐标值与上一段程序的 *X*(或 *Y* 或 *Z*)坐标值相同,则本段程序可以不写 *X*(或 *Y* 或 *Z*)坐标。*F* 为进给速度,单位为 mm/min,同样具有继承性。

注意:

(1) G01 与坐标平面的选择无关。

(2) 切削加工时,一般要求进给速度恒定,因此,在一个稳定的切削加工过程中,往往只在程序开始的某个插补(直线插补或圆弧插补)的程序段写出 F 值。

(3) 对于四坐标和五坐标数控加工,G01 为线性插补,F 为进给率,即走完一个程序段所需要的时间的倒数。

3. 圆弧插补(G02 或 G2,G03 或 G3)

刀具在各坐标平面内以一定的进给速度进行圆弧插补运动,即从当前位置(圆弧的起点),沿圆弧移动到指令给出的目标位置,切削出圆弧轮廓。G02 为顺时针圆弧插补指令,G03 为逆时针圆弧插补指令。G02 和 G03 为模态指令,有继承性,继承方式与 G01 相同。

格式:

$$\text{G17}\begin{Bmatrix}\text{G02}\\ \text{G03}\end{Bmatrix}\text{X\_Y\_}\begin{Bmatrix}\text{I\_J\_}\\ \text{R\_}\end{Bmatrix}\text{F\_}$$

$$\text{G18}\begin{Bmatrix}\text{G02}\\ \text{G03}\end{Bmatrix}\text{X\_Z\_}\begin{Bmatrix}\text{I\_K\_}\\ \text{R\_}\end{Bmatrix}\text{F\_}$$

$$\text{G19}\begin{Bmatrix}\text{G02}\\ \text{G03}\end{Bmatrix}\text{Y\_Z\_}\begin{Bmatrix}\text{J\_K\_}\\ \text{R\_}\end{Bmatrix}\text{F\_}$$

X、Y、Z:圆弧终点坐标,相对坐标编程时是圆弧终点相对于圆弧起点的坐标;

I、J、K:圆心在 *X*、*Y*、*Z* 轴上相对于圆弧起点的坐标,在 G90/G91 时都是以增量方式指定;

R:圆弧半径,当圆弧圆心角小于 180°时为正值,否则为负值。

两种格式的区别:对于图 5.9(a)所示的圆弧插补,采用 G17 G02 X20. Y20. I10. J0.

得到的圆弧是惟一的。而采用 G17 G02 X20. Y20. R10. 得到的圆弧，从理论上讲可以是图 5-9(a)所示的圆弧，也可以是图 5-9(b)所示的圆弧，前者的圆弧角小于 180°，后者的圆弧角大于 180°。由于存在这种不惟一性(当然可以规定圆弧角一定要小于 180°)，CNC 系统需要规定圆弧角小于 180°时，R 取正值；圆弧角大于 180°时，R 取负值，如 R－10。

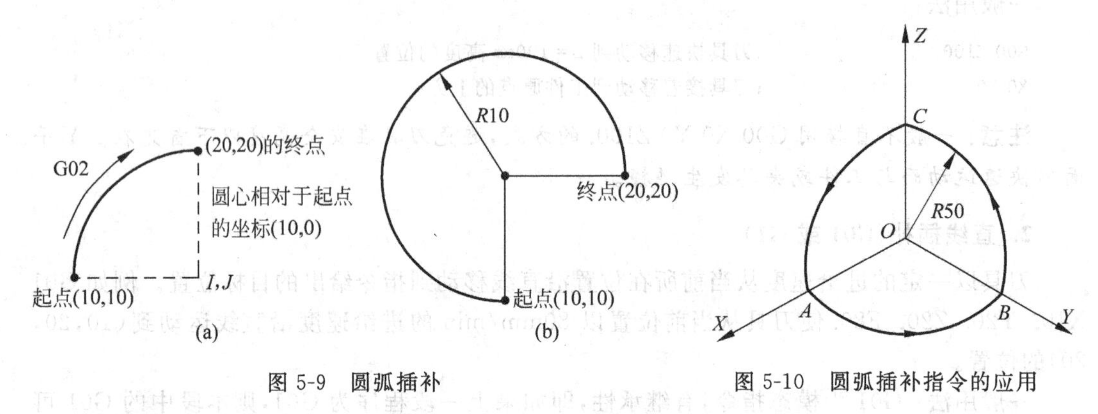

图 5-9 圆弧插补　　　图 5-10 圆弧插补指令的应用

图 5-10 所示为半径等于 50 的球面，其球心位于坐标原点 O。刀心轨迹 $A \to B$、$B \to C$、$C \to A$ 的圆弧插补程序分别为

```
G17 G90 G03 X0. Y50. I-50. J0.      ;A→B：绝对坐标编程
G19 G91 G03 Y-50. Z50. J-50. K0.    ;B→C：增量坐标编程
G18 G90 G03 X50. Z0. I0. K-50.      ;C→A：绝对坐标编程
```

4. 自动返回参考点(G27、G28、G29)

机床参考点是可以任意设定的，设定的位置主要根据机床加工或换刀的需要。设定的方法有两种：其一即将刀杆上某一点或刀具刀尖等坐标位置存入数控系统规定的参数表中，来设定机床参考点；其二是调整机床上各相应的挡铁位置，来设定机床参考点。一般将参考点作为机床坐标的原点，在使用手动返回参考点功能时，刀具即可在机床 X、Y、Z 坐标参考点定位，这时返回参考点指示灯亮，表明刀具在机床的参考点位置。

(1) 返回参考点校验功能(G27)

程序中的这项功能，用于检查机床是否能准确返回参考点。

格式：

```
G27 X_Y_;
```

当执行 G27 指令后，返回各轴参考点指示灯分别点亮。当使用刀具补偿功能时，指示灯是不亮的，所以在取消刀具补偿功能后，才能使用 G27 指令。当返回参考点校验功能程序段完成，需要使机械系统停止时，必须在下一个程序段后增加 M00 或 M01 等辅助功能或在单程序段情况下运行。

(2) 自动返回参考点(G28)

利用这项指令，可以使受控轴自动返回参考点。

格式：

```
G28 X_Y_;
```

或

```
G28 Z_X_;
```

或

G28 Y_Z_；

其中，X、Y、Z 为中间点位置坐标，指令执行后，所有的受控轴都将快速定位到中间点，然后再从中间点返回到参考点。

G28 指令一般用于自动换刀，所以使用 G28 指令时，应取消刀具的补偿功能。

(3) 从参考点自动返回(G29)

格式：

G29 X_Y_；

或

G29 Z_X_；

或

G29 Y_Z_；

这条指令一般紧跟在 G28 指令后使用，指令中的 X、Y、Z 坐标值是执行完 G29 后，刀具应到达的坐标点。它的动作顺序是从参考点快速到达 G28 指令的中间点，再从中间点移动到 G29 指令的点定位，其动作与 G00 动作相同。

G28 和 G29 的应用举例如图 5-11 所示。

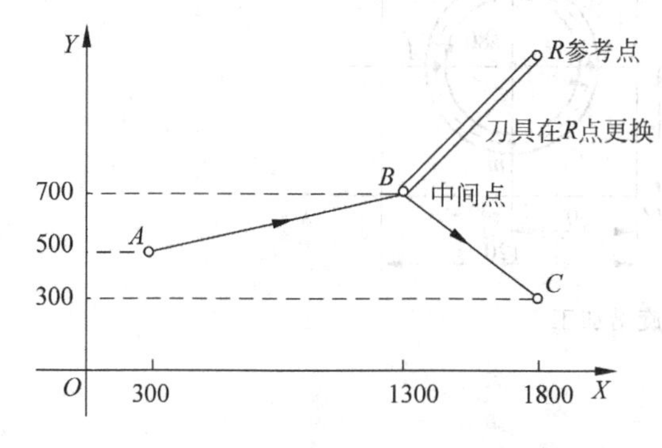

N10 G91 G28 X1000.0 Y200.0；	由 A 到 B，并返回参考点
N20 M06；	换刀
N30 G29 X500.0 Y-400.0；	从参考点经由 B 到 C

图 5-11　G28 和 G29 编程

5. 螺旋线插补的应用及其编程

螺旋线插补指令与圆弧插补指令相同，即 G02 和 G03，分别表示顺时针、逆时针螺旋线插补。顺逆的方向要看圆弧插补平面，方法与圆弧插补相同。在进行圆弧插补时，垂直于插补平面的坐标同步运动，构成螺旋线插补运动，如图 5-12 所示。

格式：

$$G17\begin{Bmatrix}G02\\G03\end{Bmatrix}X\_Y\_Z\_\begin{Bmatrix}I\_J\_\\R\_\end{Bmatrix}K\_$$

$$G18\begin{Bmatrix}G02\\G03\end{Bmatrix}X\_Y\_Z\_\begin{Bmatrix}I\_K\_\\R\_\end{Bmatrix}J\_$$

$$G19\begin{Bmatrix}G02\\G03\end{Bmatrix}X\_Y\_Z\_\begin{Bmatrix}J\_K\_\\R\_\end{Bmatrix}I\_$$

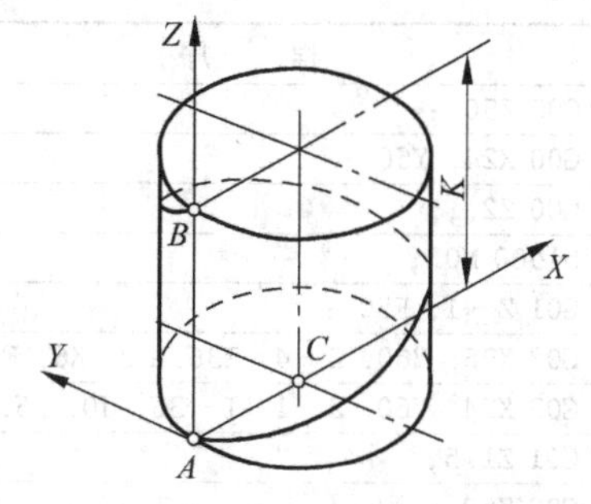

图 5-12　螺旋线插补

A—起点　B—终点　C—圆心　K—导程

下面以格式 $G17\begin{Bmatrix}G02\\G03\end{Bmatrix}X\_Y\_Z\_\begin{bmatrix}I\_J\_\\R\_\end{bmatrix}K\_$ 为例,介绍各参数的意义,另外两种格式中的参数意义类同。

X、Y、Z:螺旋线的终点坐标;

I、J:圆心在 X、Y 轴上相对于螺旋线起点的坐标;

R:螺旋线在 XY 平面上的投影半径;

K:螺旋线的导程(单头即为螺距),取正值。

两种格式的区别与平面上的圆弧插补类似,现代 CNC 系统一般采用第一种格式。

例如,图 5-13 所示螺旋槽由两个螺旋面组成,前半圆 AmB 为左旋螺旋面,后半圆 AnB 为右旋螺旋面。螺旋槽最深处为 A 点,最浅处为 B 点。要求用 $\phi8$ 的立铣刀加工该螺旋槽,请编制数控加工程序。

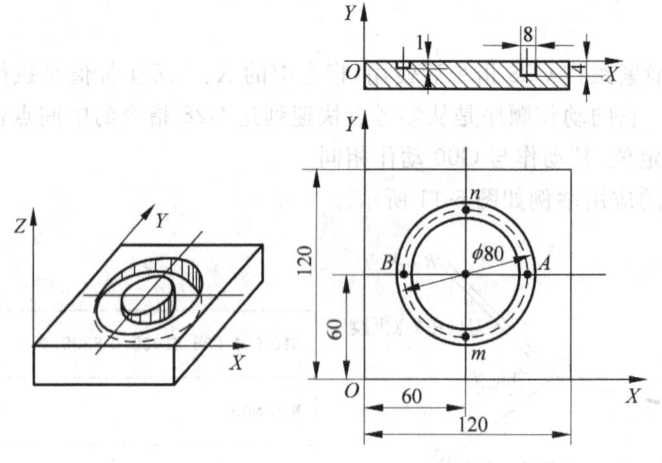

图 5-13 螺旋槽加工

(1) 计算求得刀心轨迹坐标如下。

A 点:$X=96, Y=60, Z=-4$

B 点:$X=24, Y=60, Z=-1$

导程:$K=6$

(2) 数控加工程序编制见表 5-3。

表 5-3 数控加工程序编制

程 序	注 释
G00 Z50.;	快速抬刀至安全面高度
G00 X24. Y60.;	快速运动到 B 点上方安全高度
G00 Z2.;	快速运动到 B 点上方 2mm 处
S1500 M03;	启动主轴正转 1500r/min
G01 Z-1. F50.;	Z 轴直线插补进刀,进给速度 50mm/min
G03 X96. Y60. Z-4. I36. J0. K6. F150.;	螺旋线插补 $B\to m\to A$,进给速度 150mm/min
G03 X24. Y60. Z-1. I-36. J0. K6.;	螺旋线插补 $A\to n\to B$
G01 Z1.5;	以进给速度抬刀,避免擦伤工件
G00 Z50.;	快速抬刀至安全面高度
X0. Y0.	快速运动到工件原点的上方
M02;	程序结束

注意：最后 3 段程序不能写成 G00 X0. Y0. Z50. M02，否则会造成刀具在快速运动过程中与工件或夹具碰撞。

6. 暂停指令 G04

格式：

```
G04 P_
```

P：暂停时间，单位为秒(s)

G04 在前一程序段的进给速度降到零之后才开始暂停动作，在执行含 G04 指令的程序段时先执行暂停功能。G04 为非模态指令，仅在其被规定的程序段中有效。例如，图 5-14 所示零件的孔加工程序。

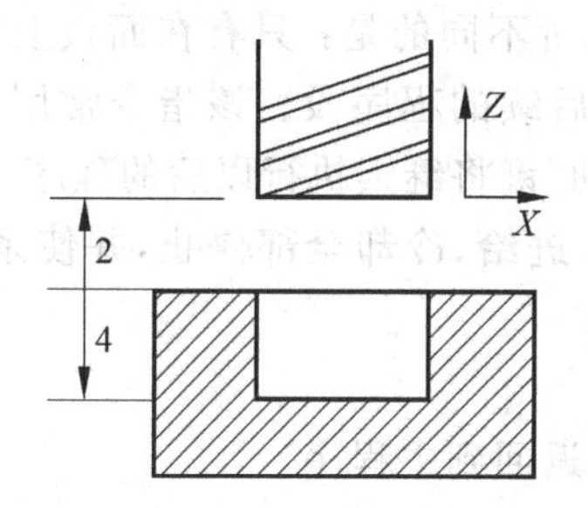

O0004	
G92 X0 Y0 Z0;	
G91 F200 M03 S500;	
G43 G01 Z-6 H01;	进到孔底
G04 P5;	暂停5s
G49 G00 Z6 M05 M30;	快速返回

图 5-14　G04 编程

G04 可使刀具做短暂停留以获得圆整而光滑的孔底表面，如对不通孔进行深度控制时，在刀具进给到规定深度后，用暂停指令使刀具做非进给光整切削，然后退刀可以保证孔底平整。

7. 准停检验 G09

一个包括 G09 的程序段在继续执行下个程序段前准确停止在本程序段的终点。该功能用于加工尖锐的棱角。G09 为非模态指令，仅在其被规定的程序段中有效。

5.1.4 辅助功能

通过在地址码 S、T、M 后边规定数值，可以把控制信息传送到内装 PLC(编程控制器)，主要用于控制机床的开关功能。S 代码用于主轴控制，T 代码用于换刀，M 代码用于控制机床各种功能的开关。当移动指令和 S、T、M 代码在同一程序段中时，该指令按下述两种方法之一执行。

(1) 移动指令和 S、T、M 功能同时执行；

(2) 在完成了移动指令后执行 S、T、M 功能。

辅助功能由地址码 M 之后规定的 2 位数字指令表示运行时，该指令产生相应的 BCD 代码和选通信号，这些信号用于机床功能的开与关控制。一个程序段中可规定一个 M 代码，当指定了两个以上的 M 代码时，只是最后的那个有效。各 M 代码功能的规定对不同的机床制造厂来说是不完全相同的，可参考机床说明书。一些通用的 M 指令功能见表 5-4。

表 5-4 M 代码及其功能

代码	功能说明	代码	功能说明
M00	程序停止	M06	换刀
M01	选择停止	M07、M08	切削液打开
M02	程序结束	M09	切削液停止
M03	主轴正转启动	M30	程序结束
M04	主轴反转启动	M98	调用子程序
M05	主轴停止转动	M99	子程序结束

M00 指令功能是程序停止。当运行该指令时,机床的主轴、进给及冷却液停止,而全部现存的模态信息保持不变。该指令用于加工过程中测量刀具和工件的尺寸、工件调头、手动变速等固定手工操作,待操作完重按"启动"键,又可继续执行后续程序。

M01 指令功能是选择停止,和 M00 指令相似,所不同的是:只有在面板上"选择停止"按钮被按下时,M01 才有效,否则机床仍继续执行后续的程序段。该指令常用于工件关键尺寸的停机抽样检查等情况。当检查完后,按"启动"键将继续执行以后的程序。

M02 和 M30 是程序结束指令,执行时使主轴、进给、冷却全部停止,并使系统复位,加工结束。M30 指令还兼有使程序重新开始的作用。

M98 用来调用子程序。

M99 指令表示子程序结束。执行 M99 使控制返回到主程序。

5.1.5 刀具半径补偿

格式:

$$\begin{Bmatrix} G17 \\ G18 \\ G19 \end{Bmatrix} \begin{Bmatrix} G40 \\ G41 \\ G42 \end{Bmatrix} \begin{Bmatrix} G00 \\ G01 \end{Bmatrix} \begin{Bmatrix} X\_Y\_D\_ \\ X\_Z\_D\_ \\ Y\_Z\_D\_ \end{Bmatrix}$$

X、Y、Z:G00/G01 的参数,即刀补建立或取消的终点。

D:G41/G42 的参数,即刀补号码(D00~D99),它代表了刀补表中对应的半径补偿值。其中,G41 为刀具半径左补偿,G42 为刀具半径右补偿,G40 为取消刀具半径补偿。这是一组模态指令,默认为 G40。建立和取消刀具半径补偿必须与 G01 或 G00 指令组合来完成,实际编程时建议与 G01 组合。D 以及后面的数字表示刀具半径补偿号。

编程时,使用非零的 D 代码选择正确的刀具半径偏置寄存器号。根据 ISO 标准,当刀具中心轨迹沿前进方向位于零件轮廓右边时称为刀具半径右补偿;反之称为刀具半径左补偿,如图 5-15(a)所示。当不需要进行刀具半径补偿时,则用 G40 取消刀具半径补偿。刀具半径补偿的过程可以分成建立刀补、刀补进行和取消刀补 3 个阶段。其中,建立刀补和取消刀补均应在非切削状态下进行。

1. 刀具半径补偿的建立

刀具由起刀点(位于零件轮廓及零件毛坯之外,距离加工零件轮廓切入点较近的刀具位置)以进给速度接近工件,刀具半径补偿偏置方向由 G41(左补偿)或 G42(右补偿)确定,如图 5-15(b)所示。在开始刀具半径补偿前,刀具的中心是与编程轨迹重合的;而在使用半径补偿功能时,刀具的中心要与编程轨迹偏离一个刀具半径。使刀具的中心偏离编程轨迹的过程,称为建立刀补。刀补建立程序是进入刀补切削加工前的一个程序段。

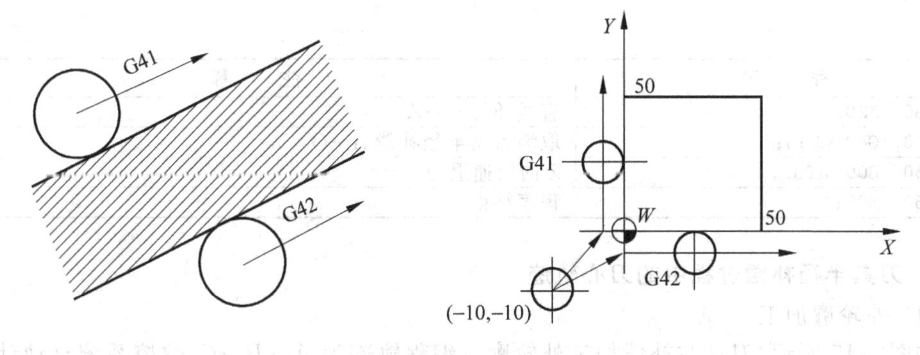

(a) 刀具的半径补偿　　(b) 刀具补偿后的刀具轨迹

图 5-15　建立刀具半径补偿

如加工图 5-16 所示零件凸台的外轮廓,可采用刀具半径补偿指令进行编程。采用刀具半径左补偿,数控程序如表 5-5 所示。

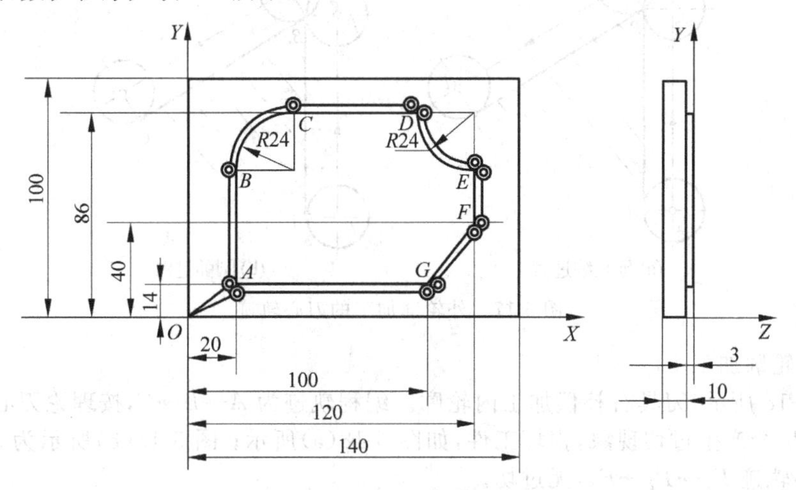

图 5-16　刀具半径补偿的应用

表 5-5　程序表

程　序	注　释
N0010　G54 S1500 M03;	设工件零点于 O 点,主轴正转 1500r/min
N0020　G90 G00 Z50.;	抬刀至安全高度
N0030　X0 Y0;	刀具快进至(0,0,50)
N0040　Z2.;	刀具快进至(0,0,2)
N0050　G01 Z-3. F50.;	刀具切削进给到深度-3mm 处
N0060　G41 D1 X20. Y14. F150.;	建立刀具半径左补偿 $O\to A$,进给速度 150mm/min,刀具半径地址 D1
N0070　Y62.;	直线插补 $A\to B$
N0080　G02 X44. Y86. I24. J0;	圆弧插补 $B\to C$
N0090　G01 X96.;	直线插补 $C\to D$
N0100　G03 X120. Y62. I24. J0;	圆弧插补 $D\to E$
N0110　G01 Y40.;	直线插补 $E\to F$
N0120　X100. Y14.;	直线插补 $F\to G$

续表

程 序	注 释
N0130 X20.;	直线插补 $G \to A$
N0140 G40 X0 Y0;	取消刀具半径补偿 $A \to O$
N0150 G00 Z100.;	Z 向快速退刀
N0160 M02;	程序结束

2. 刀具半径补偿过程中的刀心轨迹

(1) 外轮廓加工

如图 5-17 所示,刀具左补偿加工外轮廓。编程轨迹为 $A \to B \to C$,数控系统自动计算刀心轨迹。两直线轮廓相交处的刀心轨迹一般有两种:图 5-17(a)为延长线过渡,刀心轨迹为 $P_1 \to P_2 \to P_3 \to P_4 \to P_5$;图 5-17(b)为圆弧过渡,刀心轨迹为 $P_1 \to P_2 \to P_3 \to P_4$。

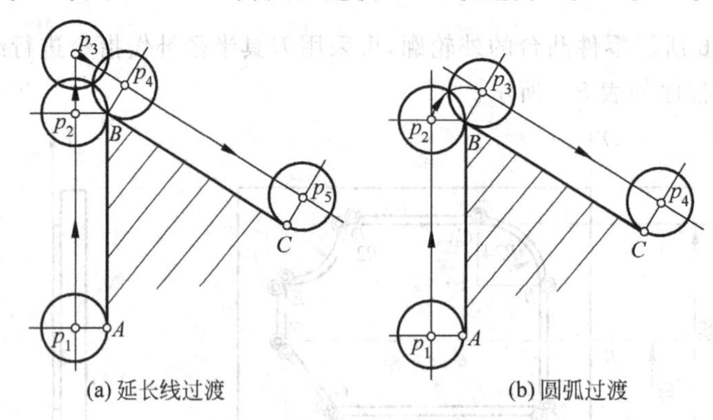

图 5-17 外轮廓加工的刀心轨迹

(2) 内轮廓加工

如图 5-18 所示,刀具右补偿加工内轮廓。编程轨迹为 $A \to B \to C$,按理论刀心轨迹 $P_1 \to P_2 \to P_3 \to P_4$ 会产生过切现象,损坏工件,如图 5-18(a)所示;图 5-18(b)所示为刀具补偿处理后的刀心轨迹 $P_1 \to P_2 \to P_3$,无过切。

从图 5-18 可以看出,采用刀具半径补偿进行内轮廓加工,由于轮廓直线之间的夹角<180°,不能按理论刀心轨迹进行加工,实际刀心轨迹比理论刀心轨迹要短。因此,如果工件轮廓的长度太短的话,将无法进行刀具半径补偿,数控系统运行到该段程序时会产生报警。这种情况一般发生在内轮廓曲线加工过程中,此过程中曲线用直线插补,插补直线段非常短(比如 0.1mm 左右),而刀具半径又比较大。

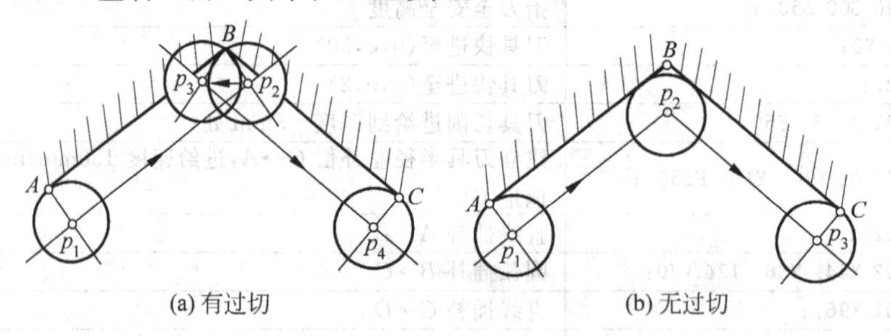

图 5-18 内轮廓加工的刀心轨迹

3. 刀具半径补偿功能的应用

(1) 因磨损、重磨或换新刀而引起刀具直径改变后,不必修改程序,只需在刀具参数设置中输入变化后的刀具直径。如图 5-19 所示，1 为未磨损刀具，2 为磨损后刀具，只需将刀具参数表中的刀具半径 r_1 改为 r_2，即可适用于同一程序。

(2) 同一程序中，对同一尺寸的刀具，利用刀具半径补偿，可进行粗精加工。如图 5-20 所示，刀具半径为 r，精加工余量为 Δ。粗加工时，输入刀具直径 $D=2(r+\Delta)$，则加工出点划线轮廓；精加工时，用同一程序，同一刀具，但输入刀具直径 $D=2r$，则加工出实线轮廓。

在现代 CNC 系统中，有的已具备三维刀具半径补偿功能。对于四、五坐标联动数控加工，还不具备刀具半径补偿功能，必须在刀位计算时考虑刀具半径。

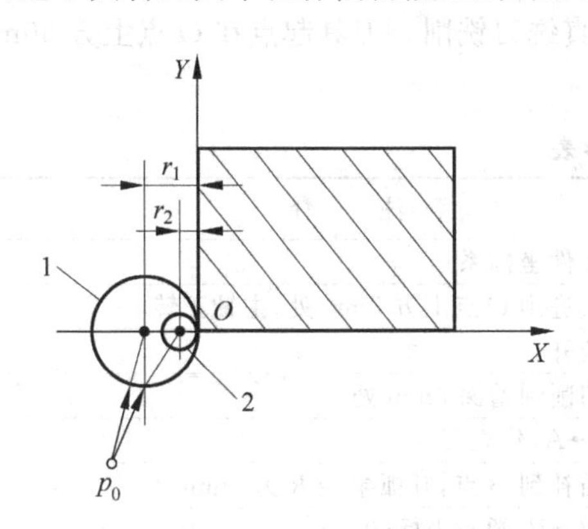

图 5-19 刀具直径变化，加工程序不变

1—未磨损刀具 2—磨损后刀具

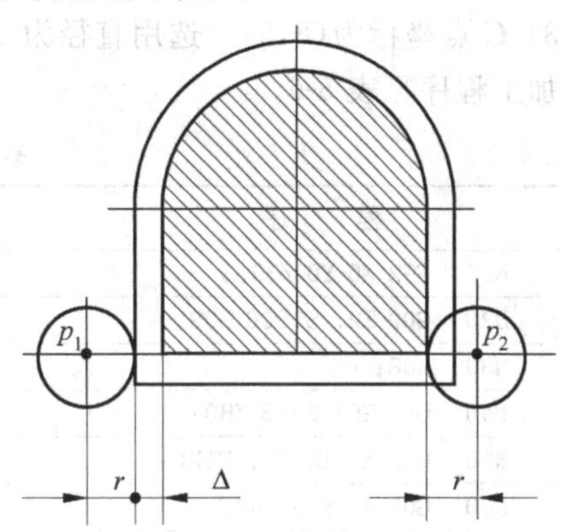

图 5-20 利用刀具半径补偿进行粗精加工

p_1—粗加工刀心位置 p_2—精加工刀心位置

(3) 考虑工艺对编程的要求。为保证工件轮廓的平滑过渡，刀具切入工件时要避免法向切入和切出零件轮廓。在加工外轮廓时，应使刀具先与曲线轮廓的切线延长线接触，再沿此切线切入和切出零件轮廓。以避免在切入和切出处产生划痕。

在加工内圆轮廓表面时，若不便于直接沿工件轮廓的切线切入和切出，可再增加一个圆弧辅助程序段。

如图 5-21 所示，要求在底板上铣削一圆槽，为保证在槽壁上的切入和切出处不留下刀痕，

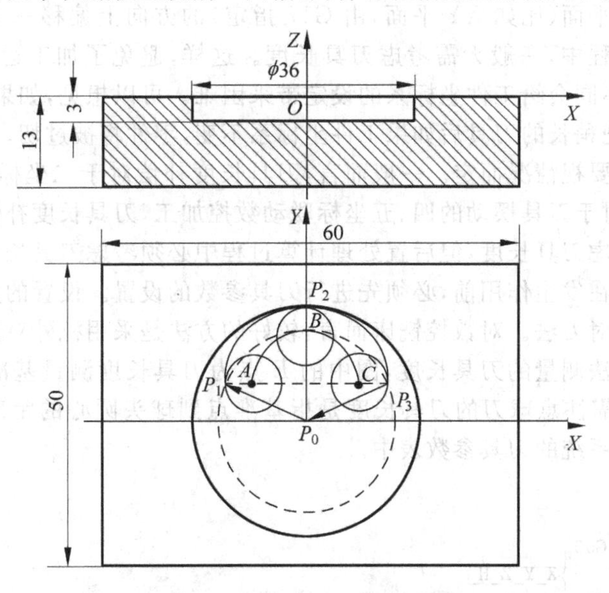

图 5-21 内圆弧加工时的辅助圆弧

需增加一段辅助圆弧 $P_1P_2P_3$,考虑刀具半径补偿后的辅助圆弧为 ABC。刀具中心先从起点 P_0 走到 A 点,再沿辅助圆弧到 B 点,然后走整圆回到 B 点。刀具不是从 B 点沿法向退出,而是仍走一段圆弧到 C 点,再从 C 点回到点 P_0。P_0—A 为建立刀补段。C—P_0 段为取消刀补段。这样安排的加工路线可使工件轮廓平滑。

在铣削内直槽的封闭轮廓时,其切入和切出不允许有外延部分。这时,铣刀应自零件轮廓上的同一点,沿法向切入和切出。如有可能,此点最好是零件轮廓上几何元素的交点。

现假设要求铣削的圆槽直径为 36mm,深为 3mm。A 点坐标为(−8,5),B 点坐标为(0,13),C 点坐标为(8,5)。选用直径为 10mm 的直铣刀铣削。刀具起点在 O 点上方 30mm 处。加工程序见表 5-6。

表 5-6 程序表

程　序	注　释
N10　G92 X0 Y0 Z30.;	设定工件坐标系
N20　G00 Z2. S1500 M03;	刀具快进到 O 点上方 2mm 处,主轴正转
N30　M08;	冷却液开
N40　G90 G01 Z-3 F80;	刀具切削到槽深 3mm 处
N50　G42 X-8. Y5. F120;	从 P_0→A,建立刀补
N60　G02 X0 Y13. R8.;	顺圆插补到 B 点,圆弧半径 R 为 8mm
N70　I0 J-13.;	整圆 B→B,圆心坐标(0,0)
N80　X8. Y5. R8.;	顺圆插补到 C 点
N90　G40 G01 X0 Y0 M05;	C→P_0,取消刀补,主轴停转
N100　Z30. M09;	刀具快进到起刀点,切削液关
N110　M30	程序结束

5.1.6 刀具长度补偿

CNC 系统除了具有刀具半径补偿功能外,还具有刀具长度补偿功能。刀具长度补偿使刀具在垂直于走刀平面(比如 XY 平面,由 G17 指定)的方向上偏移一个刀具长度修正值,因此在数控编程过程中,一般无需考虑刀具长度。这样,避免了加工运行过程中要经常换刀,而刀具长度的不同会给工件坐标系的设定带来困难。可以想见,如果第一把刀具正常切削工件,而更换一把稍长的刀具后如果工件坐标系不变,零件将被过切。

刀具长度补偿要视情况而定。一般而言,刀具长度补偿对于二坐标和三坐标联动数控加工是有效的,但对于刀具摆动的四、五坐标联动数控加工,刀具长度补偿则无效,在进行刀位计算时可以不考虑刀具长度,但后置处理计算过程中必须考虑刀具长度。

刀具长度补偿在发生作用前,必须先进行刀具参数的设置。设置的方法有机内试切法、机内对刀法和机外对刀法。对数控铣床而言,较好的方法是采用机外对刀法。图 5-22(a)所示为采用机外对刀法测量的刀具长度,图中的 E 点为刀具长度测量基准点,刀具的长度参数即为图中的 L。需注意球刀的刀具长度是指基准点到球头圆心的距离,所获得的测量数据必须输入到数控系统的刀具参数表中。

格式:

$$\begin{Bmatrix} G17 \\ G18 \\ G19 \end{Bmatrix} \begin{Bmatrix} G43 \\ G44 \\ G49 \end{Bmatrix} \begin{Bmatrix} G00 \\ G01 \end{Bmatrix} X\_Y\_Z\_H\_$$

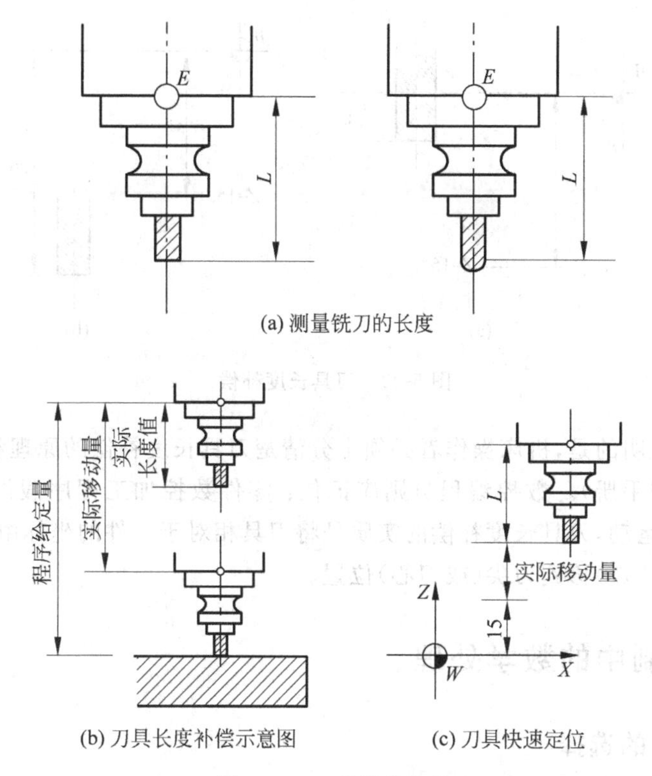

图 5-22 刀具长度补偿

其中,G43 为刀具长度正补偿(补偿轴终点加上偏置值);G44 为刀具长度负补偿(补偿轴终点减去偏置值);G49 为取消刀具长度补偿。G43、G44、G49 都是模态代码,可相互注销。

进行长度补偿时,刀具要有 Z 轴移动。例如,刀具快速接近工件,到达距离工件原点 15mm 处,如图 5-22(c)所示,可以采用以下语句:

```
G90 G00 G43 Z15.0 H01
```

当刀具长度补偿有效时,程序运行。数控系统根据刀具长度定位基准点使刀具自动离开工件一个给定的距离,从而完成刀具长度补偿,使刀尖(或刀心)运行于程序要求的运动轨迹,这是因为数控程序假设的是刀尖(或刀心)相对于工件运动。而在刀具长度补偿有效之前,刀具相对于工件的坐标是机床上刀具长度定位基准点 E 相对于工件的坐标。

在加工过程中,为了控制切削深度或进行试切加工,也经常使用刀具长度补偿。采用的方法是:加工之前在实际刀具长度上加上退刀长度,存入刀具长度偏置寄存器中,加工时使用同一把刀具,调用加长后的刀具长度值,从而可以控制切削深度,而不用修正零件加工程序(控制切削深度也可以采用修改程序原点的方法)。

例如,刀具长度偏置寄存器 H01 中存放的刀具长度值为 11,对于数控铣床,执行语句 G90 G01 G43 $Z-15.0$ H01 后,刀具实际运动到 $Z(-15.0+11)=Z-4.0$ 的位置,如图 5.23(a)所示;如果该语句改为 G90 G01 G44 $Z-15.0$ H01,则执行该语句后,刀具实际运动到 $Z(-15.0-11)=Z-26.0$ 的位置,如图 5-23(b)所示。

从这两个例子可以看出,在程序命令方式下,可以通过修改刀具长度偏置寄存器中的值来达到控制切削深度的目的,而无需修改零件加工程序。

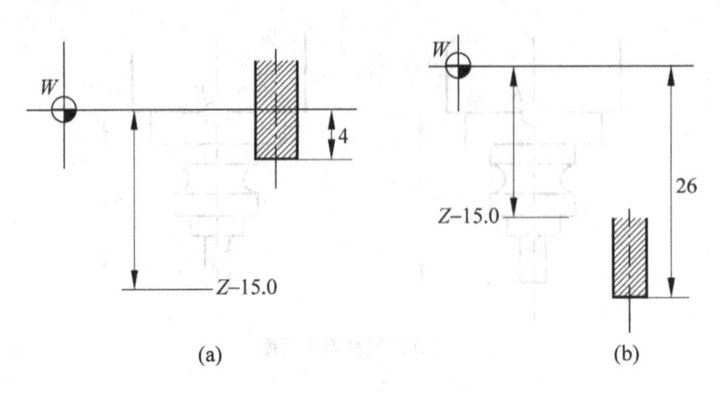

图 5-23　刀具长度补偿

值得进一步说明的是，机床操作者必须十分清楚刀具长度补偿的原理和操作（应参考机床操作手册和编程手册）。数控编程员则应记住：零件数控加工程序假设的是刀尖（或刀心）相对于工件的运动，刀具长度补偿的实质是将刀具相对于工件的坐标由刀具长度基准点（或称刀具安装定位点）移到刀尖（或刀心）位置。

5.2　程序编制中的数学处理

5.2.1　编程原点的选择

编程原点的确定主要应考虑便于计算和测量，编程原点不一定要和工件定位基准重合，但应考虑编程原点能否通过定位基准得到准确的测量，即得到准确的几何关系，同时兼顾到测量。如图 5-24 所示零件在加工 ϕ80H7 孔及 4×ϕ25H7 孔时，4×ϕ25H7 孔以 ϕ80H7 孔为基准，编程原点应选在 ϕ80H7 孔的中心上。定位基准为 A、B 两面。这种加工方案虽然定位基准与编程原点不重合，但仍然能够保证各项精度的控制。反之，如果将编程原点也选在 A、B 面上（即 P 点），则计算复杂，编程也不便。

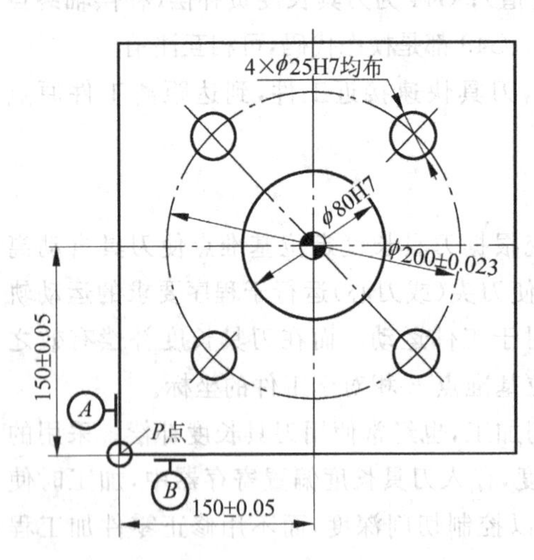

图 5-24　编程原点选择

5.2.2　数控编程中的数值计算

根据被加工零件图样，按照已经确定的加工路线和允许的编程误差，计算数控系统所需要输入的数据，称为数控加工的数值计算。手工编程时，在完成工艺分析和确定加工路线以后，数值计算就成为程序编制中不可缺少的一个环节，除了点位加工这种简单的情况外，一般需经过繁琐、复杂的数值计算。为了提高工效，降低出错率，有效的途径是通过计算机辅助完成坐标数据的计算，或直接采用自动编程。

数值计算通常可分为以下两种。

• 基点和节点的计算

由直线和圆弧组成的零件轮廓，可以归纳为直线与直线相交、直线与圆弧相交或圆弧与圆弧相交或相切、一直线与两圆弧相切等几种情况，这些交点或切点常称为基点，对于非圆曲线常用拟合或列表方式进行计算，会产生节点。基点或节点的计算的方法可以是联立方程组求解，也可利用几何元素间的三角函数关系求解，计算比较方便。根据目前生产中的零件，将直线和圆弧按定义方式归纳若干种，并变成标准的计算形式，用计算机求解，则更为方便。

• 刀位点轨迹的计算

数控加工中把除直线以外可以用数学方程式表达的平面轮廓曲线，称为非圆曲线。其数学表达式的形式可以按 $y=f(x)$ 的直角坐标形式给出，也可以按以 $\rho=\rho(\theta)$ 的极坐标形式给出，还可以按参数方程的形式给出。具体采用哪种形式，根据方程式的简练程度和计算量而定，力求使数控系统的计算时间短。非圆曲线轮廓不能使用刀补指令(G41 或 G42)，所以以下的数值计算方法都是按刀具中心轨迹进行计算的。如果已知条件给出的是零件轮廓轨迹，应预先用数学方法求出中心轨迹的方程。

1. 非圆曲线的拟合计算

数控机床一般只能作直线插补和圆弧插补。遇到工件轮廓是非圆曲线的零件时，数学处理的方法是用直线段或圆弧段去逼近非圆曲线。非圆曲线又可分为可用方程表达的曲线和列表曲线两类。这一部分的计算都比较复杂且很麻烦，有时靠手工处理已不大可能。现在实用的办法是：在 CAD/CAM 中用函数方程或数据点生成二维或三维的样条曲线或有理 B 样条曲线，曲线的拟合可以采用二次或三次曲线，曲线生成后用 CAM 的外形加工功能加工出曲线轮廓。通过以下直线逼近方法的介绍，也可以了解到 CAM 中直线逼近的原理。

(1) 非圆曲线数值计算过程的一般步骤

① 选择插补方式　即首先应决定是采用直线段逼近非圆曲线，还是采用圆弧段逼近非圆曲线；

② 确定编程允许误差　编程误差必须小于图样允许误差；

③ 确定流程图　根据算法，画出计算机处理流程图；

④ 编写程序　用高级语言编写程序，上机调试程序，获得节点坐标数据。

(2) 直线逼近法

直线逼近法中用得较多的是弦线法。一般来说，由于弦线法的插补节点均在曲线上，容易计算，编程也简便一些，所以常用弦线来逼近非圆曲线，其缺点是插补误差较大，但只要处理得当还是可以满足加工需要的，关键在于插补段长度及插补误差控制。

由于各种曲线上各点曲率不同，如果要使各插补段长度均相等，则各段插补误差大小不同。反之，如要使各段插补误差相同，则各插补段长度不等。下面是常用的几种处理方法。

① 等间距直线逼近法　将非圆曲线在 X 轴方向分成相等的间距 ΔX。如图 5-25 所示，沿 X 轴方向取 ΔX 为等间距长，根据已知曲线方程 $Y=f(X)$，可由 X_i 求得 Y_i，$X_{i+1}=X_i+\Delta X$，$Y_{i+1}=f(X_i+\Delta X)$，由此求得一系列的点就是节点。通常还应校验最大的实际误差应为允差的 1/3～1/2。

② 等插补段法　等插补段法是在弦线逼近时，每个插补段长度相等而误差不等。计算处理时，通常使最大插补误差为允差的 1/3～1/2，以满足零件加工的精度要求。一般来说，这种逼近法产生的最大误差在曲率最大的地方。设轮廓曲线为 $Y=f(X)$，应首先求出该曲线的最小曲率半径 R_{min}，由 R_{min} 及允差 δ 确定允许的步长 l，然后从曲线起点 A 开始，按等步长依此截取曲线，得 B、C、D…各点，则 $AB=BC=CD$ 即为所求各直线段，如图 5-26 所示。

③ 等插补误差法　该方法是使各插补段的误差相等，而插补段长度不等，可大大减少插补段数，这一点比等插补段法优越。它可以用最少的插补段数目完成对曲线的插补工作，故对大型复杂零件的曲线节点计算及轮廓处理意义较大。

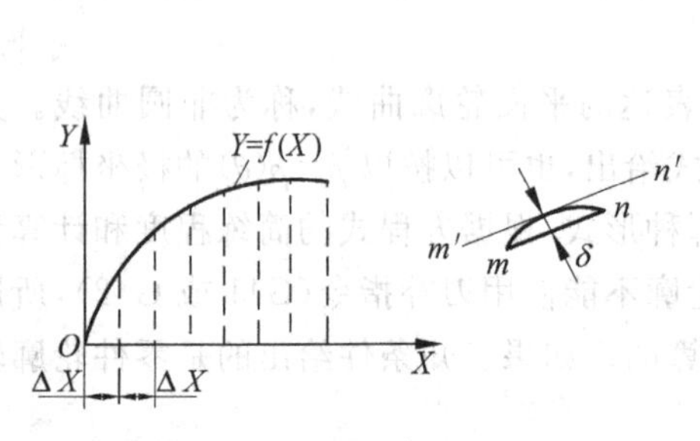

图 5-25　等间距直线逼近法

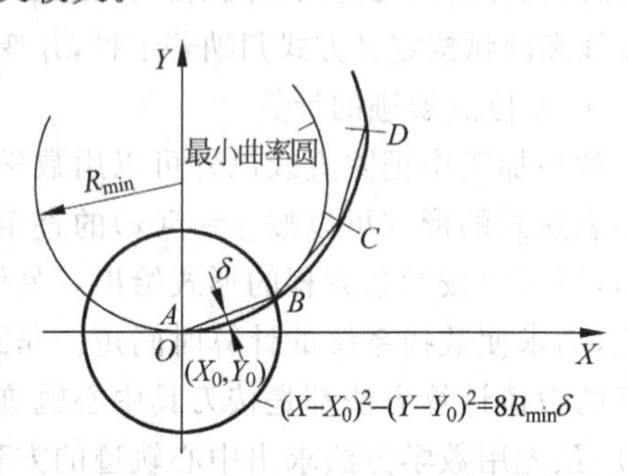

图 5-26　等插补段法

设所求零件的轮廓方程为 $Y=f(X)$，如图 5-27 所示，首先求出曲线起点 a 的坐标(X_a, Y_a)，以 a 点为圆心，以允差 δ 为半径作圆，与该圆和已知曲线公切的直线，切点分别为 $P(X_P, Y_P)$和 $T(X_T, Y_T)$，求出此切线的斜率；过 a 点做 PT 的平行线交曲线于 b 点，再以 b 点为起点用以上方法求出 c 点，依此进行，求出曲线上的所有节点。由于两平行线间的距离恒为允差 δ，因此，任意相邻两节点间的逼近误差为等误差。

(3) 圆弧逼近方法

用圆弧段逼近非圆曲线，常用的算法有曲率圆法和三点圆法等。

① 曲率圆法　曲率圆法是用彼此相交的圆弧逼近非圆曲线。已知轮廓曲线 $Y=f(X)$，从曲线的起点开始，作与曲线内切的曲率圆，求出曲率圆的中心。以曲率圆中心为圆心，以曲率圆半径加(减)允差 δ 为半径，所作的圆(偏差圆)与曲线 $Y=f(X)$的交点为下一个节点，并重新计算曲率圆中心，使曲率圆通过相邻两节点。重复以上计算即可求出所有节点坐标及圆弧的圆心坐标，如图 5-28 所示。

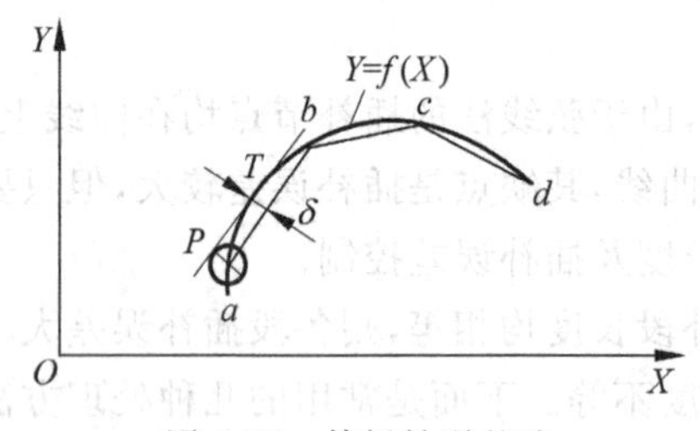

图 5-27　等插补误差法

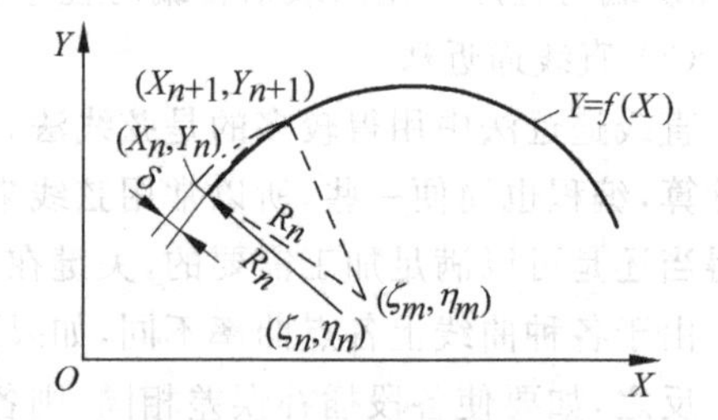

图 5-28　曲率圆法圆弧段逼近

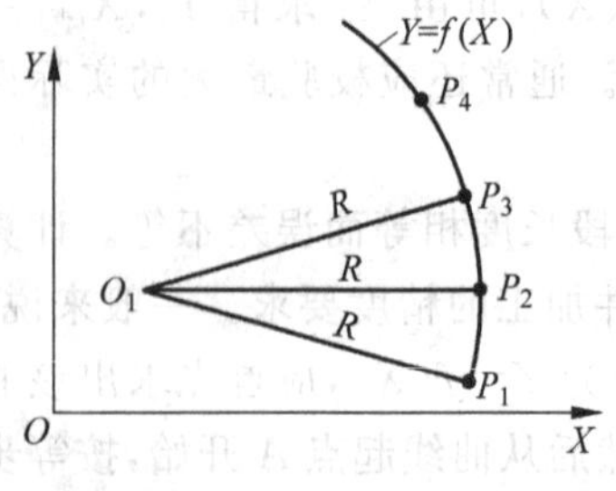

图 5-29　三点圆法圆弧段逼近

② 三点圆法　三点圆法是在等误差直线段逼近求出各节点的基础上，通过连续 3 点作圆弧，并求出圆心点的坐标或圆的半径。如图 5-29 所示，首先从曲线起点开始，通过已知点 $P_1(X_1, Y_1)$、$P_2(X_2, Y_2)$、$P_3(X_3, Y_3)$ 3 点作圆，圆半径为 R。为了减少圆弧段的数目，应使圆弧段逼近误差 $\delta=\delta_{允}$，为此应作进一步的计算。设已求出连续 3 个节点 P_1、P_2、P_3 处曲线的曲率半径分别为 R_{P_1}、R_{P_2}、R_{P_3}，通

过 P_1、P_2、P_3，3 点的圆的半径为 R，取 $R_p=(R_{P_1}、R_{P_2}、R_{P_3})/3$，按 $\delta=R\delta_{允}/(|R-R_P|)$ 算出 δ 值，按 δ 值再进行一次等误差直线段逼近，重新求得 P_1、P_2、P_3 3 点，用此 3 点作一圆弧即为满足 $\delta=\delta_{允}$ 条件的圆弧。

2. 列表曲线的逼近方法

图样上零件的轮廓形状，除了可以由直线、圆弧或其他非圆曲线组成之外，也有一些零件图，其轮廓形状可通过实验或测量的方法得到。这些通过实验或测量得到的数据，在图样上是以坐标点的表格形式给出的。这种由列表点给出的轮廓曲线称为列表曲线。

在数学处理方面，目前处理列表曲线的方法通常采用二次拟合法。即在对列表曲线进行拟合时，第一次先选择直线或圆方程之外的其他数学方程来拟合列表曲线，称为第一次拟合，然后根据编程允差的要求，在已给定的各相邻列表点之间，按照第一次拟合时的数学方程进行插点加密求得新的节点。插值加密后，相邻节点之间采用直线段编程还是圆弧段编程，取决于第二次拟合时所选择的方法。第二次拟合时的数学处理，与前面介绍的非圆曲线数学处理过程完全一致。

为了在给定的列表点之间得到一条光滑的曲线，对列表曲线轮廓逼近的处理上有以下要求：

(1) 方程式表示的零件轮廓必须通过列表点。

(2) 方程式给出的零件轮廓与列表点表示的轮廓凹凸性应一致，即不应在列表点的凹凸性之外再增加新的拐点。

(3) 光滑性。为使数学描述不过于复杂，通常一个列表曲线要有许多参数不同的同样方程式来描述，希望在方程式的两两连接处有连续的一阶导数或二阶导数，若不能保证导数连续，则希望连接处两边一阶导数的差值应尽量小。

*5.2.3　编程中的误差分析

1. 尺寸公差要求的分析

分析零件图样上的尺寸公差要求，以确定控制尺寸精度的加工工艺。一般把零件图样上的尺寸分为两类，即重要尺寸和一般尺寸。尺寸公差要求高的尺寸称为重要尺寸，尺寸公差要求低的尺寸称为一般尺寸。重要尺寸在数控编程以及加工过程中应特别注意，因为其公差值小，在加工过程中难以控制，而一般尺寸相对容易保证。在该项分析过程中，还可以同时进行一些编程尺寸的简单换算，如增量尺寸、绝对尺寸、中值尺寸及尺寸链计算等。在实际编程过程中，经常取尺寸的中间值作为编程的尺寸依据。

2. 加工轮廓的几何条件分析

由于设计等多方面的原因，在图样上可能出现加工轮廓的数据不充分、尺寸模糊不清及尺寸封闭等缺陷，这样就增加了编程的难度，有时甚至无法编程。当发现以上情况时，应向图样的设计人员或技术管理人员及时反映，解决以后才能进行程序编制工作。

3. 形状和位置公差要求的分析

图样上给定的形状和位置公差是保证零件精度的重要要求。在工艺准备过程中，除了按要求确定零件的定位基准和检测基准，并满足设计基准的规定外，还可以根据机床的特殊需要进行一些技术性处理，以便有效地控制形状和位置公差。对于数控切削加工，零件的形状和位置误差主要受机床机械运动副精度的影响，因此，数控机床本身的精度对加工来讲也是一个非常重要的方面。如果无法提高机床本身的精度，则只有在工艺处理工作中，考虑进行工艺技术性处理的有关方案。

5.3 循环功能应用

数控加工中，某些加工工序有着固定的规律。例如，钻孔、镗孔的工序都具有孔位平面定位、快速进给、工作进给、快速退回等一系列典型的加工动作，这样就可以预先编好程序，存储在内存中，并可用一个G代码程序段调用，称为固定循环，它可以有效地缩短程序代码，节省存储空间，简化编程。本节介绍两种流行数控系统的孔循环指令功能。

5.3.1 FANUC 0*i* 的孔加工固定循环

孔加工循环指令为模态指令，一旦某个孔加工循环指令有效，在接着的所有(*X*,*Y*)位置均采用该孔加工循环指令进行孔加工，直到用G80取消孔加工循环为止。在孔加工循环指令有效时，(*X*,*Y*)平面内的运动即孔位之间的刀具移动为快速运动(G00)。FANUC 0*i* 孔加工固定循环指令见表5-7。

表5-7 FANUC 0*i* 孔加工固定循环

G代码	加工运动(*Z*轴负向)	孔底动作	返回运动(*Z*轴正向)	应　用
G73	分次，切削进给	—	快速定位进给	高速深孔钻削
G74	切削进给	暂停-主轴正转	切削进给	左螺纹攻丝
G76	切削进给	主轴定向，让刀	快速定位进给	精镗循环
G80	—	—	—	取消固定循环
G81	切削进给	—	快速定位进给	普通钻削循环
G82	切削进给	暂停	快速定位进给	钻削或粗镗削
G83	分次，切削进给	—	快速定位进给	深孔钻削循环
G84	切削进给	暂停-主轴反转	切削进给	右螺纹攻丝
G85	切削进给	—	切削进给	镗削循环
G86	切削进给	主轴停	快速定位进给	镗削循环
G87	切削进给	主轴正转	快速定位进给	反镗削循环
G88	切削进给	暂停-主轴停	手动	镗削循环
G89	切削进给	暂停	切削进给	镗削循环

如图5-30(a)所示，孔加工通常由下述6个动作构成：

动作1——*X*轴和*Y*轴定位，使刀具快速定位到孔加工的位置；

动作2——快进到*R*点，即刀具自初始点快速进给到*R*点；

动作3——孔加工，以切削进给的方式执行孔加工的动作；

动作4——在孔底的动作，包括暂停、主轴准停、刀具移位等动作；

动作5——返回到*R*点，继续孔的加工而又可以安全移动刀具时选择*R*点；

动作6——快速返回到初始点，孔加工完成后一般应选择初始点。

初始平面：是为安全下刀而规定的一个平面。初始平面到零件表面的距离可以任意设定在一个安全的高度上。

R 平面：又叫做 *R* 参考平面，这个平面是刀具下刀时自快进转为工进的高度平面，距工件表面的距离主要考虑工件表面尺寸的变化来确定，一般可取 2～5mm。

孔底平面：加工盲孔时孔底平面就是孔底的 *Z* 轴高度；加工通孔时一般刀具还要伸出工件底平面一段距离，主要是要保证全部孔深都加工到尺寸；钻削加工时还应考虑钻头对孔深的影响。

钻孔定位平面由平面选择代码 G17、G18 和 G19 决定，分别对应钻孔轴 *Z*、*Y* 和 *X* 及它们的平行轴(如 *W*、*V*、*U* 辅助轴)。必须记住，只有在取消固定循环以后才能切换钻孔轴。

固定循环的坐标数值形式可以采用绝对坐标(G90)和相对坐标(G91)表示。采用绝对坐标和采用相对坐标编程时，孔加工循环指令中的值有所不同。如图 5-30 所示，其中图 5-30(b)是采用 G90 的表示，图 5-30(c)是采用 G91 的表示。

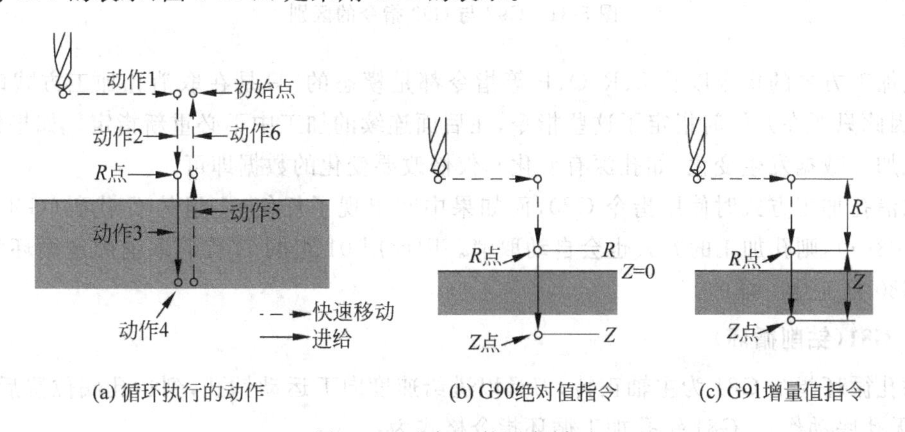

图 5-30 孔加工的固定循环

固定循环的程序格式包括数据形式、返回点平面、孔加工方式、孔位置数据、孔加工数据和循环次数。数据形式(G90 或 G91)在程序开始时就已指定，因此在固定循环程序格式中可不注出。固定循环的程序格式如下：

$$\begin{Bmatrix} \text{G98} \\ \text{G99} \end{Bmatrix} \text{G\_X\_Z\_R\_Q\_P\_I\_J\_K\_F\_L\_}$$

其中，G98——返回初始平面，为默认方式；

G99——返回 *R* 点平面；

X、Y——加工起点到孔位的距离(G91)或孔位坐标(G90)；

R——初始点到 *R* 点的距离(G91)或 *R* 点的坐标(G90)；

Z、R——点到孔底的距离(G91)或孔底坐标(G90)；

Q——每次进给深度(G73/G83)；

I、J——刀具在轴反向位移增量(G76/G87)；

P——刀具在孔底的暂停时间；

F——切削速度；

L——固定循环的次数。

G98、G99 的意义与区别如图 5-31 所示。

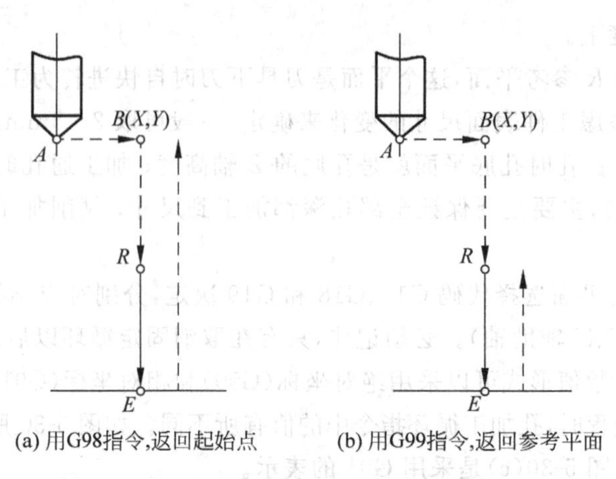

(a) 用G98指令,返回起始点　　(b) 用G99指令,返回参考平面

图 5-31　G98 与 G99 指令的区别

孔加工方式的指令以及 Z、R、Q、P 等指令都是模态的,只是在取消孔加工方式时才被清除,因此只要在开始时指定了这些指令,在后面连续的加工中不必重新指定。如果仅仅是某个孔加工数据发生变化(如孔深有变化),仅修改要变化的数据即可。

取消孔加工方式时使用指令 G80,而如果中间出现了任何 01 组的 G 代码(G00,G01,G02,G03…),则孔加工的方式也会自动取消。因此用 01 组的 G 代码取消固定循环的效果与用 G80 是完全一样的。

1. G81(钻削循环)

钻孔循环指令 G81 为主轴正转,刀具以进给速度向下运动钻孔,到达孔底位置后,快速退回(无孔底动作)。G81 钻孔加工循环指令格式为:

```
G81 X_Y_Z_F_R;
```

Z 为孔底位置,F 为进给速度,R 为参考平面位置,X、Y 为孔的位置,可以包含在 G81 指令中,也可以放在 G81 指令的前面(表示第一个孔的位置)或放在 G81 指令的后面(表示需要加工的其他孔的位置)。

如图 5-32 所示零件,要求用 G81 加工所有的孔,其数控加工程序见表 5-8。

表 5-8　加工程序表

程　　序	说　　明
T01 M06;	选用 T01 号刀具(ϕ10 钻头)
G54 G90 G99 S1000 M03;	启动主轴正转 1000r/min,钻孔加工循环采用返回参考平面的方式
G00 Z30. M08;	
G81 X10. Y10. Z-15. R5. F20.;	在(10,10)位置钻孔,孔的深度为 15mm,参考面高度 5mm
X50.;	在(50, 10)位置钻孔(G81 为模态指令,直到用 G80 取消为止)
Y30.;	在(50,30)位置钻孔
X10.;	在(10,30)位置钻孔
G80;	取消钻孔指令
G00 Z30. M30;	

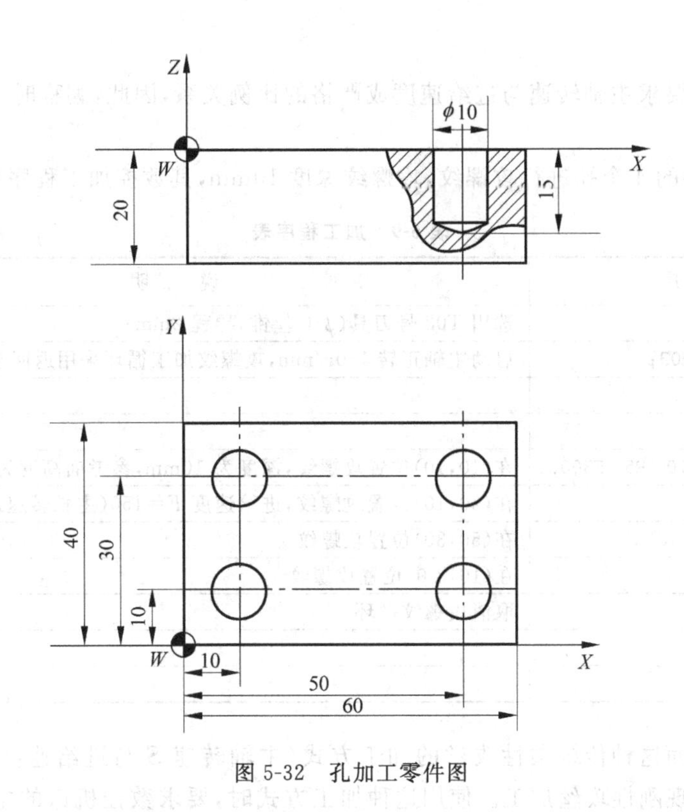

图 5-32 孔加工零件图

2. G82(钻削循环,粗镗削循环)

钻孔指令 G82 与 G81 格式类似,惟一的区别是 G82 在孔底加进给暂停动作,即当钻头加工到孔底位置时,刀具不做进给运动,而保持旋转状态,使孔的表面更光滑,该指令一般用于扩孔和沉头孔加工。G82 钻孔加工循环指令格式为:

```
G82 X_Y_Z_F_R_P_;
```

P 为在孔底位置的暂停时间,单位为 ms。

3. G73(深孔钻削循环)

G73 与 G81 的主要区别是:由于是深孔加工,采用间歇进给(分多次进给),有利于排屑。每次进给深度为 Q,直到孔底位置为止,在孔底进给暂停。G73 深孔钻孔加工循环指令格式为:

```
G73 X_Y_Z_F_R_P_Q_;
```

P 为暂停时间(ms),Q 为每次进给深度,为正值。

4. G84(攻螺纹循环)

攻螺纹进给时主轴正转,退出时主轴反转。与 G81 格式类似,G84 攻螺纹循环指令格式为:

```
G84 X_Y_Z_F_R_;
```

与钻孔加工不同的是攻螺纹结束后的返回过程不是快速运动而是以进给速度反转

退出。

攻螺纹过程要求主轴转速与进给速度成严格的比例关系，因此，编程时要求根据主轴转速计算进给速度。

对图 5-32 中的 4 个孔进行攻螺纹，攻螺纹深度 10mm，其数控加工程序见表 5-9。

表 5-9　加工程序表

程　序	说　明
T02 M06;	选用 T02 号刀具（ϕ10 丝锥，导程 2mm）
G54 G90 G99 S150 M03;	启动主轴正转 150r/min，攻螺纹加工循环采用返回参考平面的方式
G00 Z30. M08;	
X0. Y0.;	
G84 X10. Y10. Z－10. R5. F300.;	在(10,10)位置攻螺纹，深度为 10mm，参考面高度为 5mm
X50.;	在(50,10)位置攻螺纹，进给速度 F＝150（主轴转速）×2（导程）＝300
Y30.	在(50,30)位置攻螺纹
X10.;	在(10,3 0)位置攻螺纹
G80;	取消攻螺纹循环
G00 Z30.;	
M30;	

除了使用上面这种传统柔性攻丝的加工方式（主轴转速 S 与进给速度 F 匹配），应用 G84 指令还可实现刚性攻丝加工。使用这种加工方式时，要求数控机床的主轴必须配置有编码器，以保证主轴的回转和 Z 轴的进给严格地同步，即主轴每转一圈，Z 轴进给一个螺距。由于机床的硬件保证了主轴和进给轴的同步关系，因此使用普通弹簧夹头刀柄即可攻丝。

如图 5-33，从 R 点到 Z 点执行攻丝，当攻丝完成时主轴停止并执行暂停，然后主轴以相反方向旋转刀具退回到 R 点，主轴停止然后执行快速移动到初始位置。当攻丝正在执行时进给速度倍率和主轴倍率保持 100％。

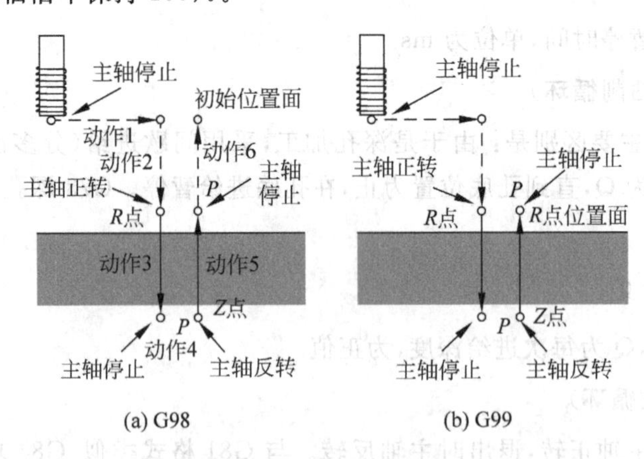

图 5-33　G84 刚性攻丝

为了和柔性攻丝区别，执行刚性攻丝需在指令段之前指定 M29 S_，或在包含攻丝指令的程序段中指定 M29 S_。M29 表示刚性攻丝方式。

5. G74(左旋攻螺纹循环)

左旋攻螺纹循环指令 G74 与 G84 的区别是：进给时为反转，退出时为正转。G74 攻螺纹循环指令格式为：

```
G74 X_Y_Z_F_R_;
```

6. G85(镗孔加工循环)

镗孔加工循环指令 G85 如图 5-34 所示，主轴正转，刀具以进给速度向下运动镗孔，到达孔底位置后，立即以进给速度退出(没有孔底动作)。镗孔加工循环 G85 指令的格式为：

```
G85 X_Y_Z_F_R_;
```

Z 为孔底位置，F 为进给速度，R 为参考平面位置，X、Y 为孔的位置。

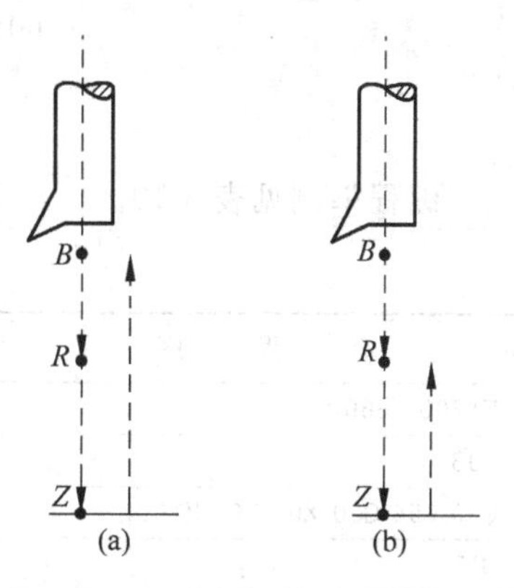

图 5-34　G85 镗孔加工循环

7. G86(镗孔循环)

镗孔循环指令 G86 与 G85 的区别是：G86 在到达孔底位置后，主轴停止转动，并快速退出。镗孔加工循环 G86 的指令格式(与 G85 类似)为：

```
G86 X_Y_Z_F_R_;
```

8. G89(镗孔循环)

镗孔循环指令 G89 与 G85 的区别是：G89 在到达孔底位置后，加进给暂停。镗孔加工循环 G89 的指令格式为：

```
G89 X_Y_Z_F_R_P_;
```

P 为暂停时间(ms)。

9. G76(精镗循环)

精镗循环指令 G76 与 G85 的区别是：G76 在孔底有 3 个动作：进给暂停、主轴定向停止、刀具沿刀尖所指的反方向偏移 Q 值(图 5-35 中位移量 δ)，然后快速退出。这样保证刀具不划伤孔的表面。精镗加工循环 G76 的指令格式为：

```
G76 X_Y_Z_F_R_P_Q_;
```

P 为暂停时间(ms)，Q 为偏移值。

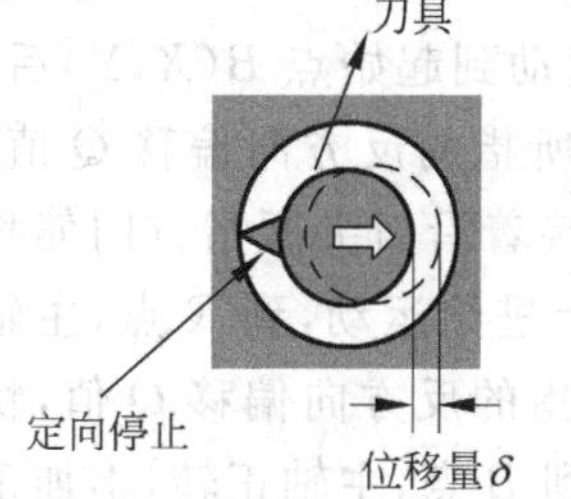

图 5-35　主轴定向示意图

加工过程说明(见图 5-36)：

(1) 加工开始刀具先以 G00 移动到指定加工孔的位置(X,Y)；

(2) 以 G00 下降到设定的 R 点(不做主轴定位)；

(3) 以 G01 下降至孔底 Z 点，暂停 P 时间后以主轴定位停止钻头；

(4) 位移镗刀偏心量 δ 距离($Q=\delta$)；

(5) 以 G00 向上升到起始点(G98)或 R 点(G99)高度；

(6) 启动主轴旋转。

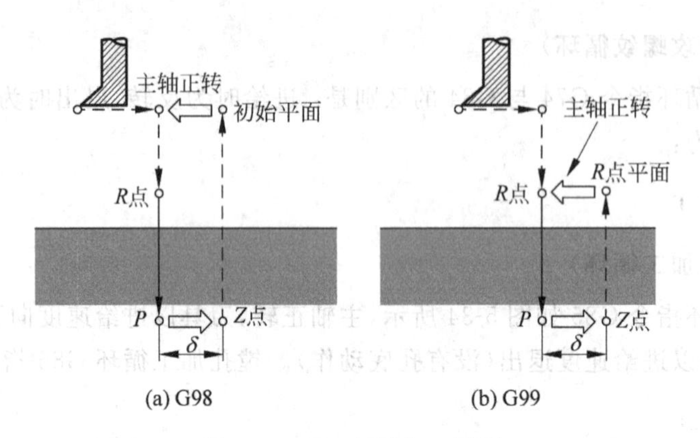

图 5-36　G76 精镗加工循环

编程举例见表 5-10。

表 5-10　程序表

程　　序	说　　明
F1200. S600	
M03	启动钻头正转
G90 G54 G00 X0. Y0. Z10.	移至起始点
G17	
G90 G99 G76 X5. Y5. Z－10. R－5. Q2. P5000. F800	设定 R 点、Z 点及孔 1 的坐标，孔底位移量为 2.0，暂停 5s，速度 800
X25.	孔 2
Y25.	孔 3
G98 X5.	孔 4，且设定返回起始点
X10. Y10. Z－20.	孔 5，且设定新的 Z 点为－20.0
G80	取消固定循环
M05	钻头停止转动
M02	程序结束

10. G87（反镗削循环）

反镗削循环也称背镗循环指令 G87。如图 5-37 所示，刀具运动到起始点 B(X,Y)后，主轴定向停止，刀具沿刀尖所指的反方向偏移 Q 值，然后快速运动到孔底位置，接着沿刀尖所指方向偏移回 E 点，主轴正转，刀具向上进给运动，到 R 点，主轴又定向停止，刀具沿刀尖所指的反方向偏移 Q 值，快退，沿刀尖所指正方向偏移到 B 点，主轴正转，本加工循环结束，继续执行下一段程序。镗孔加工循环 G87 的指令格式为：

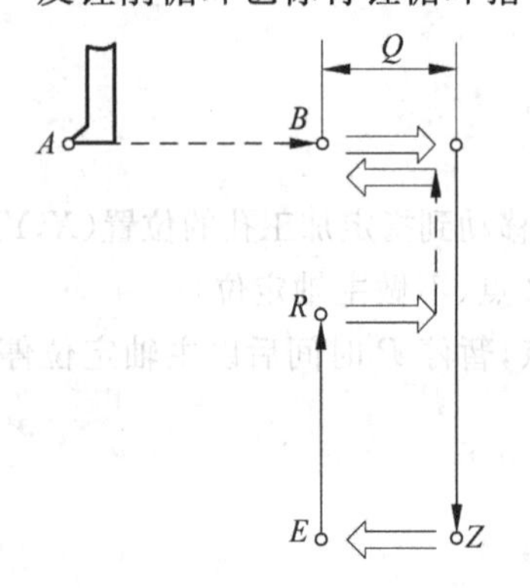

图 5-37　G87 背镗加工循环(G98)

```
G87 X_Y_Z_F_R_Q_;
```

Q 为偏移值。

5.3.2 Sinumerik 802D 的孔加工固定循环

西门子的 Sinumerik 802D 控制系统具有更加丰富的固定循环功能，见表 5-11。本节仅选讲几个常用的孔加工循环命令，并在 5.7 节给出实例，如果需要全面学习西门子数控系统的加工功能，请参考有关资料。

表 5-11 Sinumerik 802D 加工循环功能列表

钻 孔 循 环	阵列钻孔循环	铣 削 循 环
CYCLE81 钻孔，中心钻孔	HOLES1 线性阵列孔加工	CYCLE71 端面铣削
CYCLE82 中心钻孔	HOLES2 环形阵列孔加工	CYCLE72 轮廓铣削
CYCLE83 深度钻孔		CYCLE76 矩形过渡铣削
CYCLE84 刚性攻丝		CYCLE77 圆弧过渡铣削
CYCLE840 带补偿卡盘攻丝		LONGHOLE 加长槽
CYCLE85 铰孔 1(镗孔 1)		SLOT1 圆上切槽
CYCLE86 镗孔(镗孔 2)		SLOT2 圆周切槽
CYCLE87 铰孔 2(镗孔 3)		POCKET3 矩形凹槽
CYCLE88 镗孔时可以停止 1(镗孔 4)		POCKET4 圆形凹槽
CYCLE89 镗孔时可以停止 2(镗孔 5)		CYCLE90 螺纹铣削

1. CYCLE81 钻中心孔

CYCLE81(RTP,RFP,SDIS,DP,DPR)

通常，参考平面(RFP)和返回平面(RTP)具有不同的值。在循环中，返回平面定义在参考平面之前。这说明从返回平面到最后钻孔深度的距离大于参考平面到最后钻孔深度间的距离。

SDIS(安全间隙)安全间隙作用于参考平面。参考平面由安全间隙产生。安全间隙作用的方向由循环自动决定。

DP 和 DPR 最后钻孔深度可以定义成参考平面的绝对值或相对值。如果是相对值定义，循环会采用参考平面和返回平面的位置自动计算相应的深度(参见图 5-38)。

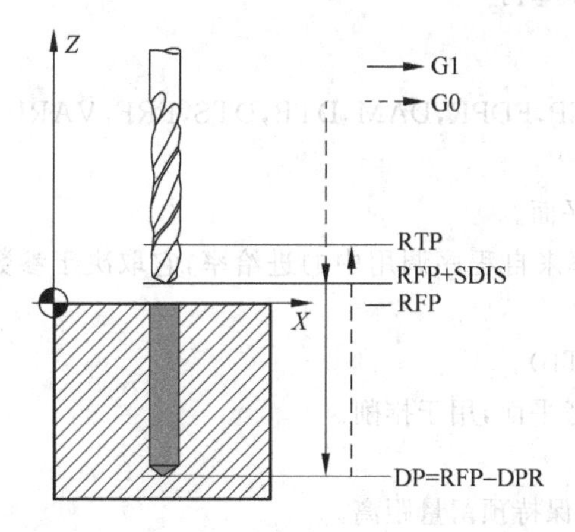

RTP	返回平面(绝对)
RFP	参考平面(绝对)
SDIS	安全间隙(无符号输入)
DP	最后钻孔深度(绝对)
DPR	相当于参考平面的最后钻孔深度(无符号输入)

图 5-38 CYCLE81 钻中心孔

CYCLE81 循环形成以下的运动顺序：

(1) 使用 G0 回到安全间隙之前的参考平面；

(2) 按循环调用前所编程的进给率(G1)移动到最后的钻孔深度；

(3) 使用 G0 返回到退回平面。

例如：使用钻孔循环钻图 5-39 中的 3 个中心孔，程序在表中。

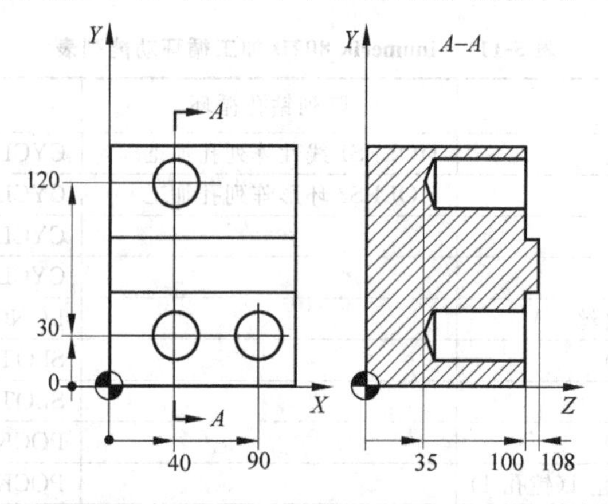

N10 G0 G17 G90 F200 S300 M3	初始值定义
N20 D3 T3 Z110	接近返回平面
N30 X40 Y120	接近初始钻孔位置
N40 CYCLE81(110,100,2,35)	使用绝对最后钻孔深度，安全间隙以及不完整的参数表调用循环
N50 Y30	移到下一个钻孔位置
N60 CYCLE81(110,102,,35)	无安全间隙调用循环
N70 G0 G90 F180 S300 M3	技术值定义
N80 X90	移到下一个位置
N90 CYCLE81(110,100,2,,65)	使用相对最后钻孔深度，安全间隙调用循环
N100 M02	程序结束

图 5-39　编程举例

2. CYCLE83(深孔钻孔)

CYCLE83(RTP,RFP,SDIS,DP,DPR,FDEP,FDPR,DAM,DTB,DTS,FRF,VARI)

动作顺序(参见图 5-40)：

(1) 使用 G00 回到由安全间隙之前的参考平面。

(2) 使用 G01 移动到起始钻孔深度，进给率来自程序调用中的进给率，它取决于参数 FRF(进给率系数)。

(3) 在最后钻孔深度处的停顿时间(参数 DTB)。

(4) 使用 G00 返回到由安全间隙之间的参考平面，用于排削。

(5) 起始点的停顿时间(参数 DTS)。

(6) 使用 G00 回到上次到达的钻孔深度，并保持预留量距离。

(7) 使用 G01 钻削到下一个钻孔深度(持续动作顺序直至到达最后钻孔深度)。

(8) 使用 G00 返回到退回平面。

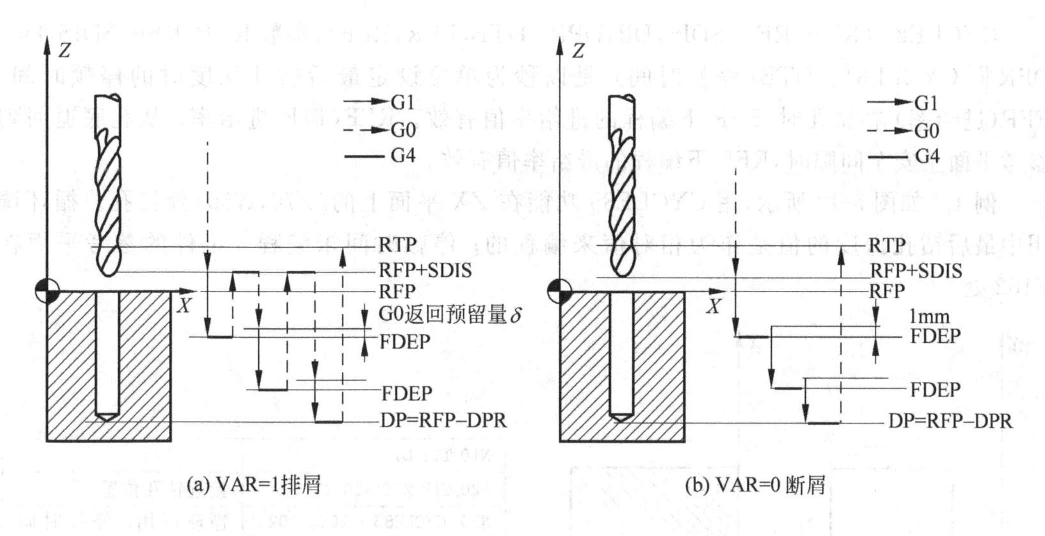

RTP	返回平面(绝对)
RFP	参考平面(绝对)
SDIS	安全间隙(无符号输入)
DP	最后钻孔深度(绝对)
DPR	相当于参考平面的最后钻孔深度(无符号输入)
FDEP	起始钻孔深度(绝对值)
FDPR	相当于参考平面的起始钻孔深度(无符号输入)
DAM	递减量(无符号输入)
DTB	最后钻孔深度时的停顿时间(断削)
DTS	起始点处和用于排削的停顿时间
FRF	起始钻孔深度的进给率系统(无符号输入)
VAR	加工类型 断屑＝0,排屑＝1

图 5-40 深孔钻削断屑

3. CYCLE85(铰孔/镗孔)

刀具按编程的主轴速度和进给率钻孔直至到达定义的最后钻孔深度。向内向外移动的进给率分别是参数 FFR 和 RFF 的值(参见图 5-41)。

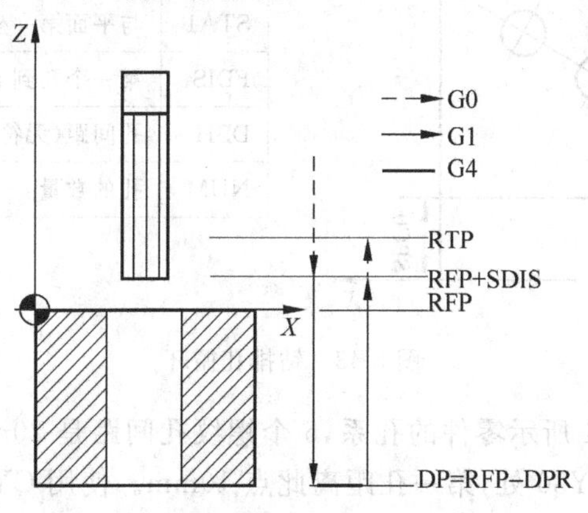

图 5-41 CYCLE85 铰孔/镗孔

CYCLE85 (RTP,RFP,SDIS,DP,DPR, DTB,FFR,RFF)，参数 RTP,RFP,SDIS,DP,DPR 同 CYCLE81。DTB(停顿时间) 是以秒为单位设定最后钻孔深度时的停顿时间。FFR(进给率) 在钻孔时，FFR 下编程的进给率值有效。RFF(退回进给率) 从孔底退回到参考平面＋安全间隙时，RFF 下编程的进给率值有效。

例 1 如图 5-42 所示，用 CYCLE85 功能在 *ZX* 平面上的(*Z*70,*X*50)处铰孔。循环调用中最后钻孔深度的值是作为相对值来编程的；停顿时间未编程。工件的参考平面在 *Y*102 处。

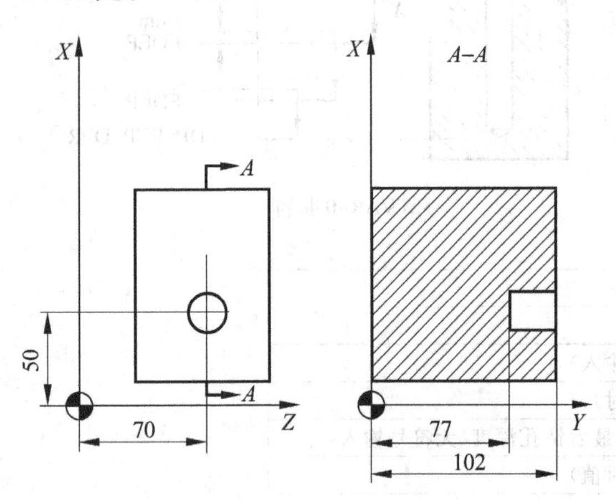

N10 T11 D1	
N20 G18 Z70 X50 Y105	接近钻孔位置
N30 CYCLE85 (105, 102, 2,,25,,300,450)	循环调用；停顿时间未编程
N40 M30	程序结束

图 5-42 CYCLE85 举例

4. HOLES1 线性阵列钻孔循环

HOLES1(SPCA,SPC0,STA1,FDIS,DBH,NUM) 此功能可以用来钻削一排孔，即沿直线分布的孔(参见图 5-43)。

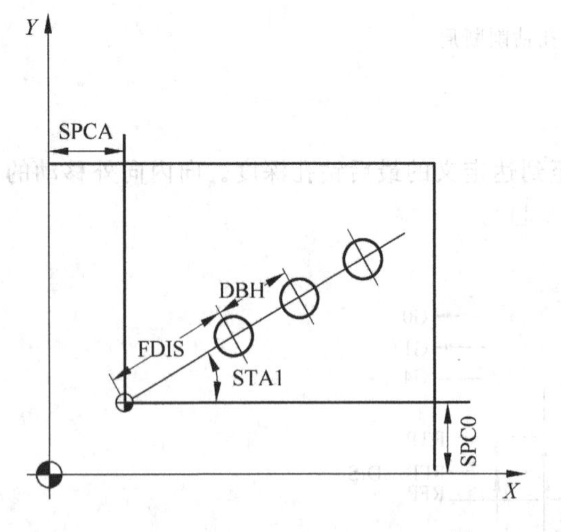

SPCA	直线孔平面上横向坐标轴
SPC0	直线孔平面上纵向坐标轴
STA1	与平面第一坐标轴(横坐标)的夹角
FDIS	第一个孔到参考点的距离(无符号输入)
DBH	孔间距(无符号输入)
NUM	孔的数量

图 5-43 钻排孔循环

例 2 加工如图 5-44 所示零件的孔系，5 个螺纹孔间距是 20mm 的线性阵列孔。线性阵列孔的参考点为 X20,Y30 处，第一孔距离此点 10mm。使用 CYCLE82 进行线性阵列孔钻削。

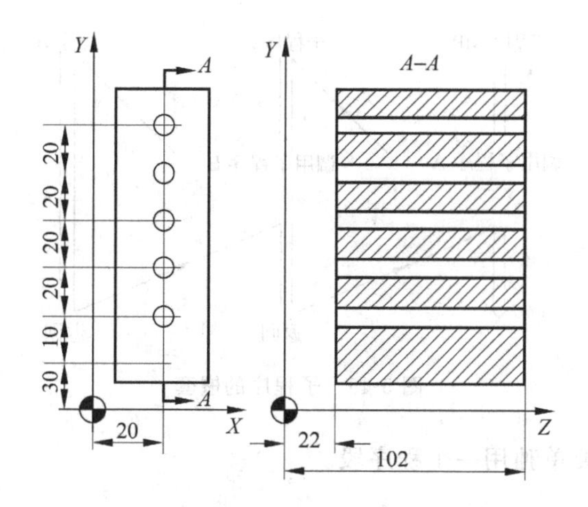

N10 G90 F30 S500 M03 T10 D1	绝对坐标,初始化,建立长度补偿
N20 G17 G90 X20 Y30 Z105	到起始点(20,30,105)
N30 MCALL CYCLE82 (105,102,2,22,0,1)	模态调用循环
N40 HOLES1(20,30,90,10,20,5)	调用排孔循环,循环从第一孔开始加工,此循环中只回到钻孔位置
N50 MCALL	取消模态调用

图 5-44 线性阵列孔钻削举例

5.4 子程序编程

在编制数控加工程序时,有时会遇到一组程序段在程序中反复出现,或者在几个程序中都要用到的情况(即一个零件中有几处形状相同,或刀具运动轨迹相同)。为了简化程序,可以将这组程序单独抽出来,按一定的格式编制并命名,然后单独存储,这组程序段就称为子程序。

5.4.1 FANUC 子程序

FANUC 子程序在被调用时,调用第一层子程序的指令所在的程序称为主程序。通常,数控系统按主程序的指令运动,如果遇到"调用子程序"的指令时,就转移到子程序,按子程序的指令运动。子程序执行结束后,又返回主程序,继续执行后面的程序段。被调用的子程序又可以调用另一个子程序,这就是子程序的嵌套。上一层子程序与下一层子程序之间的关系,跟主程序与子程序之间的关系一样。子程序的嵌套如图 5-45 所示。

1. 子程序的格式

```
O□□□□
…
M99
```

子程序用符号"O"开头,其后是子程序号。子程序号最多可以由 4 位数字组成,若前几位数字为 0,则可以省略。M99 为子程序结束指令,用来结束子程序并返回主程序或上一层

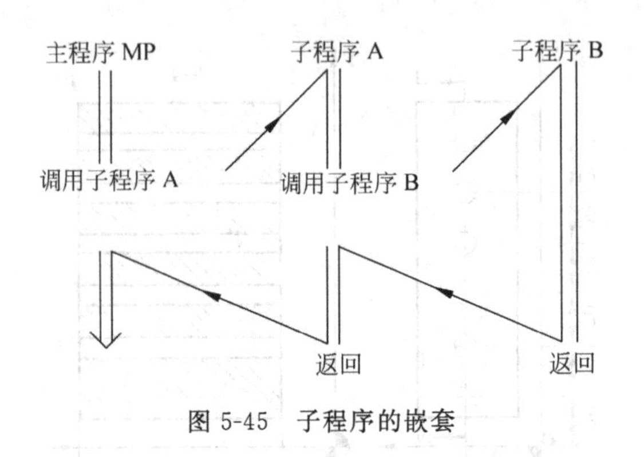

图 5-45 子程序的嵌套

子程序。M99 不一定要单独用一个程序段。

2. 子程序的调用

子程序由主程序或其他子程序调用。子程序的调用指令也是一个程序段，它一般由调用字、子程序名称、调用次数等组成，具体格式各系统有差别。FANUC 系统的子程序调用指令格式为：

M98 P○○○ ○○○○

其中，M98 为调用子程序指令字，地址 P 后面的前面 3 位数字为重复调用的次数，后 4 位数字为子程序号。系统允许重复调用次数为 999 次，如果只调用一次，此项可省略不写。

例如，M98 P0041006；表示 1006 号子程序重复调用 4 次。子程序调用指令可以与移动指令放在一个程序段中。

3. 子程序的特殊使用方法

(1) 用 P 指令返回地址

如果在子程序结束指令 M99 后面加入 Pn(n 为主程序中的顺序号)，则程序执行完后，返回由 P 指定的顺序号为 n 的程序段，而不返回主程序中调用指令所在的程序段的下一条。这种情况只能用于存储器工作方式，不能用于纸带方式。

(2) 重复执行主程序

如果在主程序中事先插入程序段 M99，执行主程序时，一执行到 M99，就返回到主程序开头的位置，并且继续重复执行主程序。

如果在主程序中插入程序段 M99Pn，则主程序执行到该段时，不返回程序开头，而是返回到顺序号为 n 的程序段。

(3) 强制改变子程序重复执行的次数

如果在子程序中插入程序段 M99 L○○○○将强制改变主程序中规定的对该子程序的调用次数。如主程序中的子程序调用指令为 M98 P0600200，表示 200 号子程序被重复调用 60 次。执行到 200 号子程序时，遇到程序段 M99 L65，则该子程序的重复执行次数被变为 65 次。

4. 编程举例

如图 5-46 所示，要加工 6 条宽 5mm，长 34mm，深 3mm 的直槽，选用直径为 5mm 的键槽铣刀加工。采用刀具半径补偿，刀具半径补偿值存放在地址为 D11 的存储器中。设刀具

起点为图中 P_0 点。利用子程序编写的程序，见表 5-12。

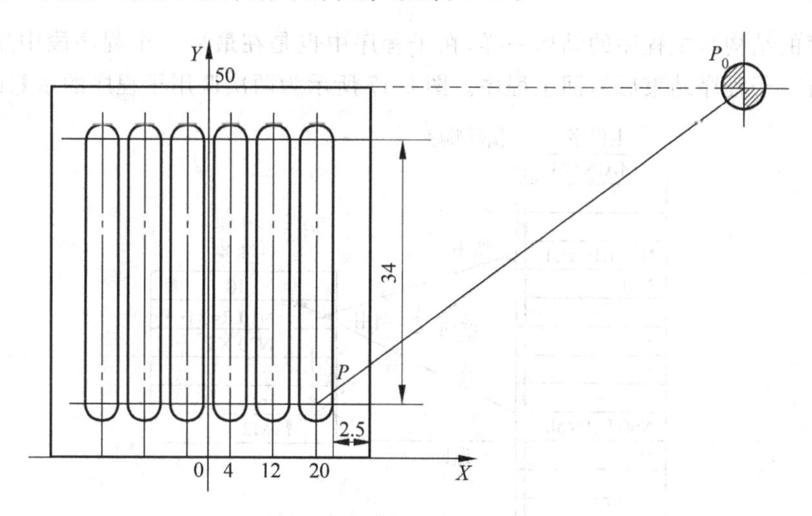

图 5-46 子程序编程图样

图 5-12 子程序编程举例

程　　序	说　　明
O1000;	主程序号
N10 G92 X100. Y70. Z30.;	设定工件坐标系，起刀点在 P_0 点
N20 G90 G00 X20. Y8. M03 S800;	主轴启动，快进到 P 点
N30 Z10 M08;	定位于初始平面，切削液开
N40 M98 P30100;	调用 100 号子程序 3 次
N50 G90 G00 Z30. M05;	抬刀，主轴停
N60 X100. Y70.;	回起刀点
N70 M30;	主程序结束
O 100;	子程序
N100 G91 G01 Z－13. F200;	由初始平面进刀到要求的深度
N110 Y34.	铣第一条槽
N120 G00 Z13.;	退回初始平面
N130 X－8.;	移向第二条槽
N140 G01 Z－13.;	Z 向进刀
N150 Y－34.;	铣第二条槽
N160 G00 Z13.;	退回初始平面
N170 X－8.;	移向第三条槽
N180 M99;	返回主程序

5.4.2 Sinumerik 子程序

西门子系统的子程序也是用于经常重复加工某一工件的要素。原则上讲主程序和子程序之间并没有区别，子程序位于主程序中适当的位置，在需要时调用、运行。

1. 结构

子程序的结构与主程序的结构一样,在子程序中也是在最后一个程序段中用 M2 结束子程序运行。子程序结束后返回主程序。图 5-47 所示为两次调用子程序的示意图。

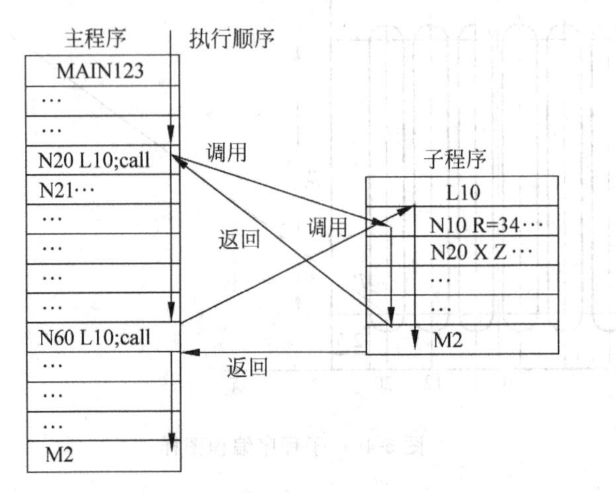

图 5-47 两次调用子程序

2. 程序结束

除了用 M2 指令外,还可以用 RET 指令结束子程序。但是,RET 要求占用一个独立的程序段。用 RET 结束子程序,返回主程序时不会中断 G64 的连续路径运行方式,用 M2 指令则会中断 G64 运行方式,并进入停止状态。

使用 G64 的目的就是避免在一个程序段到下一个程序段转换过程中出现进给停顿,使其尽可能以相同的轨迹速度(切线过渡)转换到下一个程序段,并以可预见的速度过渡,然后执行下一个程序段的功能。在有拐角的轨迹过渡时(非切线过渡),有时必须降低速度,从而保证程序段转换时不发生速度的突然变化。

3. 命名

为了方便选择某一子程序,必须给子程序取一个程序名。程序名可以自由选取,但必须符合以下规定:开始两个符号必须是字母,其他符号为字母、数字或下划线,最多 8 个字符,没有分隔符。

命名方法与主程序中程序名的方法一样,例如:BUCHSE7。

另外,在子程序中还可以使用地址字 L,其后的值可以有 7 位(只能为整数)。注意,地址字 L 之后的每个零都有意义,不可省略。

例如:L125 并非 L0125 或 L00125,这是 3 个不同的子程序。

4. 子程序调用

(1) 单一调用

在一个程序中(主程序或子程序)可以直接用程序名调用子程序。子程序调用要求占用一个独立的程序段。例如:

```
N10 L785                     ;调用子程序 L785
N20 LFRAME7                  ;调用子程序 LFRAME7
```

(2) 重复调用

如果要求多次连续执行某一子程序，则在编程时必须在所调用子程序的程序名后地址 P 下写入调用次数，最大次数可以为 999(P1～P999)。例如：

```
N10 L785 P3                    ;调用子程序 L705,运行 3 次
```

5. 嵌套深度

子程序不仅可以从主程序中调用，也可以从其他子程序中调用，这个过程称为子程序的嵌套。子程序的嵌套深度可以为 8 层，也可以是四级程序界面(包括主程序界面)。

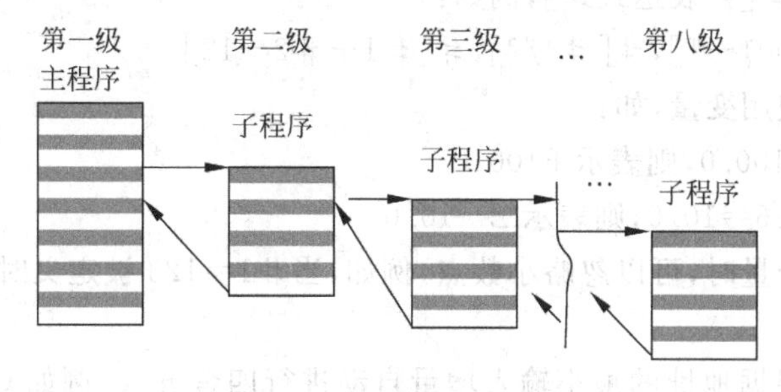

图 5-48　8 级程序界面运行过程

说明：由于在子程序中可以改变模态有效的 G 功能，比如 G90 到 G91 的变换，所以在返回调用程序时请注意检查一下所有模态有效的功能指令，并按照要求进行调整。

6. 模态调用

用 MCALL 指令调用子程序，如果其后的程序段中含有加工指令，则子程序会被自动调用。该调用一直有效，直到调用下一个程序段。用 MCALL 指令模态调用子程序的程序段以及模态调用结束指令均需要一个独立的程序段。

比如可以使用 MCALL 指令来方便地加工各种平面阵列孔：

```
N10 MCALL CYCLE82(…)           ;调用钻削循环
N20 HOLES1(…)                  ;在每次到达孔位置之后,使用括号内参数执行 CYCLE82 钻孔加工
N30 MCALL                      ;需要一个独立的程序段结束 CYCLE82 的模态调用
```

5.5 变量与宏程序

在一般的程序编制中程序字为一常量，一个程序只能描述一个几何形状，所以缺乏灵活性和适用性。有些情况下机床需要按一定规律动作，如在钻孔循环中，用户应能根据工况随时改变切削参数，在进行自动测量时人或机床要对测量数据进行处理，这些数据存储在变量中，一般程序是不能处理的。针对这种情况，CNC 系统为用户配备了类似于高级语言的宏程序功能，用户可以使用变量进行算术运算、逻辑运算和函数的混合运算，此外，宏程序还提供了循环语句、分支语句和子程序调用语句，以利于编制各种复杂的零件加工程序。

宏程序可以把实际值设定为变量，使程序更具通用性。在编程工作中，经常把能完成某一功能的一系列指令像子程序那样存入存储器，用一个总指令来代表它们，使用时只需给出

这个总指令就能执行其功能。

5.5.1 FANUC 0*i* 宏程序

FANUC 0*i* 数控系统的用户宏程序应用灵活，形式自由，具备计算机高级语言的表达式、逻辑运算及类似的程序流程，使加工程序简练易懂，可实现普通编程难以实现的功能。

1. 变量概述

一个变量由符号＃和变量号组成，如＃i(i＝1,2,3,…)，也可用表达式来表示变量，表达式需加方括号，即＃[＜表达式＞]，例如：

＃[＃50]，＃[2001－1]，＃[＃4/2]，＃[＃1＋＃2－12]

在地址号后可使用变量，如：

F＃9　若＃9＝100.0，则表示 F100；

Z－＃26　若＃26＝10.0，则表示 Z－10.0

在程序中定义变量时，可以忽略小数点，例如，当＃1＝123 被定义时，变量＃1 的实际值为 123.000。

引用的变量值根据地址的最小输入增量自动进行四舍五入，例如 G00 X＃1；其中＃1 值为 12.3456，CNC 最小分辨率 1/1000mm，则实际命令为 G00 X12.346。

变量有局部变量、公用变量（全局变量）和系统变量 3 种，见表 5-13。

表 5-13　变量的类型

变　量　号	变量类型	功　　能
＃0	“空”	这个变量总是空的，不能赋值
＃1～＃33	局部变量	局部变量只能在宏中使用，以保存操作的结果。关闭电源时，局部变量被初始化成“空”。宏调用时，自变量分配给局部变量
＃100～＃199 ＃500～＃999	公用变量	公用变量在不同的宏程序间意义相同。关闭电源时变量＃100～＃199 被初始化为空，而变量＃500～＃999 数据保持，即使断电也不丢失数据
＃1000～	系统变量	系统变量用于读和写 CNC 运行时各种数据的变化，例如刀具当前位置和补偿值、PMC 接口信号、报警信息等

注意：程序号、顺序号、任选段跳跃号不能使用变量。例如：O＃1；/＃2G00 X100.0；N＃3 Y200.0；均是错误的。

2. 运算指令

编程中变量的用途有 4 个：运算，递增量或递减量（计数器），进行比较操作后决定是否实现程序的跳转，在程序之间传递参数。

运算指令包括：

算术运算（赋值、加、减、乘、除、绝对值、四舍五入整数化和舍去小数点以下部分），例如：＃i＝＃j，＃i＝＃j＋＃k，＃i＝＃j/＃k。

函数运算（正弦、余弦、正切、反正切和平方根），例如：＃i＝SIN[＃j]，＃i＝SQRT[＃j]，＃i＝ABS[＃j]，角度以度为单位，如：90°30′表示成 90.5°。

逻辑操作（与、或、异或），例如：＃i＝＃jOR＃k，＃i＝＃jXOR＃k。

比较操作(等于、大于、小于、大于等于、小于等于、不等于)见表5-14。

另外,还有代码转换指令。

3. 程序控制语句

程序控制语句起控制程序流向的作用,有分支语句和循环语句两种。

(1) 分支语句

① 无条件分支语句(GOTO),其功能是转向程序的第n句。当指定的顺序号大于9999时,出现128号报警。顺序号可以用表达式。

格式:

```
GOTO n;
```

n是顺序号(1~9999)。

② 条件分支(IF语句),其功能是在IF后面指定一个条件表达式,如果条件满足,转向第n句,否则执行下一段。

格式:

```
IF [条件表达式] GOTO n;
```

一个条件表达式一定要有一个操作符(见表5-14),这个操作符插在两个变量或一个变量和一个常数之间,并且要用方括号括起来,如[#24 GT #25]。

表5-14 比较操作符与意义

操作符	意义	操作符	意义
EQ	=	GE	≥
NE	≠	LT	<
GT	>	LE	≤

(2) 循环语句

```
WHILE[<条件式>] DOm  (m = 1,2,3,…);
…
ENDm;
```

当条件式满足时,就循环执行WHILE与END之间的程序段,若条件不满足就执行ENDm的下一个程序段。

注意:*若指定了DOm而没有WHILE语句,循环将在DOm和END之间无限执行下去。程序执行GOTO分支语句时,要进行顺序号的搜索,所以反向执行的时间比正向执行的时间长。可以用WHILE语句减少处理时间。在使用EQ或NE的条件表达式中,空值和零的使用结果不同,而含其他操作符的条件表达式将空值看作零。*

4. 宏程序的调用

FANUC系统经常使用G65(非模态调用)和G66/G67(模态调用)两种方式调用宏程序,另外,还可以在参数中设置调用宏程序的G、M代码来调用宏程序。

(1) 非模态调用(G65)

非模态调用(单纯调用)指一次性调用宏主体,即宏程序只在一个程序段内有效。G65被指定时,地址P所指定的用户宏被调用,自变量表中的变量值能传递到用户宏程序中。

格式:

```
G65 P(宏程序号)L(程序执行次数)<自变量表>;
```

其中,程序执行次数的默认值为1,可取值范围为1～9999。通过使用自变量表,值被分配给宏程序中对应的局部变量。如图5-49中的#1=1.0(A→#1),#2=2.0(B→#2)

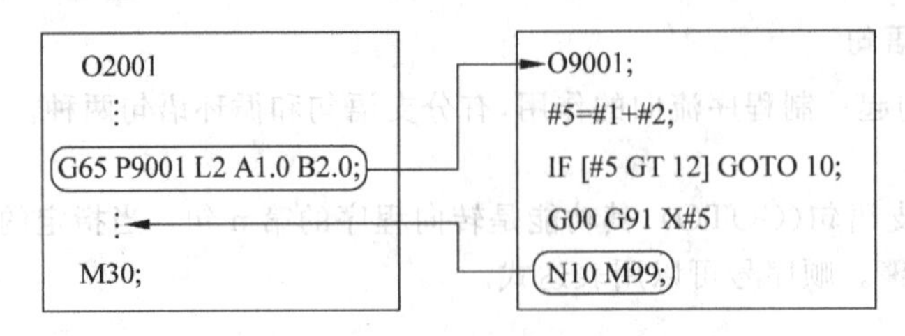

图5-49　G65非模态调用宏程序

自变量分为两类。第一类可以使用除G、L、O、N、P之外的字母并且只能使用一次,地址G、L、N、O、P不能当作自变量使用。第二类可以使用A、B、C(一次),也可以使用I、J、K(最多10次)。自变量使用的字母与局部变量对应关系请参考数控系统的用户使用手册。

注意:为了程序的兼容性,建议使用带小数点的自变量。最多可以嵌套4级含有G65和G66的程序。不包括子程序调用(M98)。

(2) 模态调用(G66/G67)

一旦指定了G66,那么在以后的含有轴移动命令的程序段执行之后,地址P所指定的宏被调用,直到发出G67命令,该方式被取消。

格式:

G66 P(宏程序号) L(程序执行次数)<自变量表>;

其中,程序执行次数的默认值为1,可取值范围为1～9999。与G65调用一样,通过使用自变量表,值被分配给相应的宏程序中的局部变量,如图5-50所示。

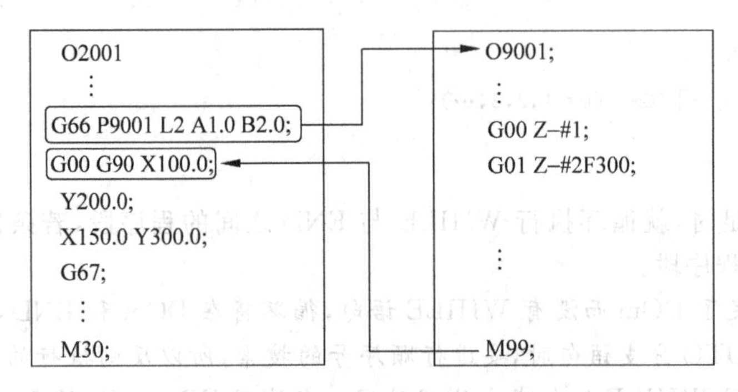

图5-50　G66/G67模态宏程序调用

注意:在含有像M代码这样与轴移动无关的段中不能调用宏。局部变量(自变量)只能在G66段设定,每次模调用执行时不能设定。

宏调用和子程序调用之间的区别:

(1) 用G65,可以指定一个自变量(传递给宏的数据),而M98没有这个功能。

(2) 当M98段含有一个NC语句时(如:G01 X100.0M98P9001),则执行该语句之后再调用子程序,而G65无条件调用一个宏。

5. 附加说明

(1) 用户宏程序与子程序相似,也能寄存和编辑。

(2) 可以在自动操作方式下指定宏调用,但在自动操作期间不能转换到 MDI 方式。也能在 MDI 操作 B 方式下应用宏调用。

(3) 不能用顺序号搜索用户宏程序。

(4) 如果"/"出现在算术表达式的中间,则被认为是除号。

(5) 在表达式中使用的常数取值范围是:＋0.000 000 1～＋99 999 999,－99 999 999～－0.000 000 1。有效数值是 8 位(十进制),如果超过这个范围,出现 P/S 报警 No.003。

6. 用户宏程序编制举例

切圆台与斜方台,各自加工 3 个循环,要求倾斜 10°的斜方台与圆台相切,圆台在方台之上,如图 5-51 所示,用户宏程序见表 5-15。

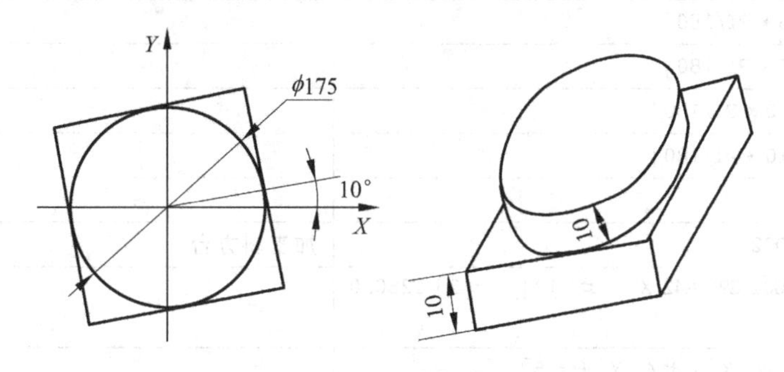

图 5-51　零件简图

表 5-15　用户宏程序编制

程　　序	说　　明
O2001	
＃10＝10.	圆台阶高度
＃11＝10.0	方台阶高度
＃12＝124.0	圆外定点的 X 坐标值
＃13＝124.0	圆外定点的 Y 坐标值
＃701＝13.0	刀具半径(粗加工)
＃702＝10.2	刀具半径(半精加工)
＃703＝10.0	刀具半径(实际半径,精加工)
N01 G92 X0.0 Y0.0 Z0.0	
N02 G28 Z10 T02 M06	自动回参考点,换刀
N03 G29 Z0 S10 M03	单段走完此段,手动移刀到圆台面中心上
N04 G92 X0.0 Y0.0 Z0.0	
N05 G00 Z10.0	
＃0＝0	＃0 作为循环计数变量
N06 G00[X－＃12] Y[－＃13]	快速定位到圆外(－＃12,－＃13)
N07 G01 Z[－＃10] F300	Z 向进刀－＃10mm
WHILE [＃0LT3] DO1	加工圆台
N[08＋＃0＊6] G01 G42 X[－＃12/2] Y[－175/2] F280.0 D[＃0＋1]	
N[09＋＃0＊6] X[0] Y[－175/2]	
N[10＋＃0＊6] G03 J[175/2]	

续表

程　　序	说　明
N[11＋＃0＊6] G01 X[＃12/2] Y[－175/2]	
N[12＋＃0＊6] G40 X[＃12] Y[－＃13]	
N[13＋＃0＊6] G00 X[－＃12]	
Y[－＃13]	
＃0＝＃0＋1	
END1	
N100 G01 Z[－＃10－＃11] F300	
＃2＝175/COS[55＊PI/180]	
＃3＝175/SIN[55＊PI/180]	
＃4＝175＊COS[10＊PI/180]	
＃5＝175＊SIN[10＊PI/180]	
＃0＝0	
WHILE [＃0LT3] DO2	加工斜方台
N[101＋＃0＊6] G01 G90 G42 X[－＃2] Y[－＃3] F280.0 D[＃0＋1]	
N[102＋＃0＊6] G91 X[＋＃4] Y[＋＃5]	
N[103＋＃0＊6] X[－＃5] Y[＋＃4]	
N[104＋＃0＊6] X[－＃4] Y[－＃5]	
N[105＋＃0＊6] X[＋＃5] Y[－＃4]	
N[106＋＃0＊6] G00 G90 G40 X[－＃12] Y[－＃13]	
＃0＝0＋1	
END2	
N200 G28 Z10 T00 M05	
N201 G00 X0 Y0 M06	
M02	

5.5.2 Sinumerik 参数编程与跳转语句

1. 计算参数 R

要使一个 NC 程序易于修改并适合多次加工，可以考虑使用计算参数 R 编程。用户可以在程序运行时由控制器计算或设定所需要的数值，也可以通过机床操作面板来设定 R 参数数值。参数一经赋值，则它们可以在程序中对变量地址进行赋值。

R 变量范围：R0～R299

R 赋值范围：可以在±(0.000 000 1～99 999 999)数值范围内给计算参数 R 赋值，最多 8 位(包括符号和小数点)。

在取整数值时可以去除小数点。正号可以省略。例：

R0＝3.567　R1＝－37.345　R2＝2　R3＝－7　R4＝－4567.1234

用指数表示法可以赋值更大的数值范围：±(10^{-300}～10^{+300})。指数值写在 EX(EX 范围为－300 ～＋300)符号之后，最大位数10(包括符号和小数点)，例如：

R0＝－0.1EX－5；相当于R0＝－0.000 000 1。

R1＝1.874EX8；相当于R1＝187 400 000。

一个程序段中可以有多个赋值语句，也可以用计算表达式赋值。

通过给其他的NC地址分配计算参数或参数表达式，可以增加NC程序的通用性。可以用数值、算术表达式或R参数对任意NC地址赋值，但对地址N、G和L例外。赋值时在地址符之后写入符号“＝”。赋值语句也可以赋值一个负号。给坐标轴地址赋值时，要求有一独立的程序段，例如：

N10 G0 X＝R2；给X轴赋值

西门子的算术逻辑运算采用直接输入运算公式的方式实现，在计算参数时也遵循通常的数学运算规则：圆括号内的运算优先进行，乘法和除法运算优先于加法和减法运算。角度计算单位为度，见表5-16中的R参数编程举例。

表5-16 R参数编程

程 序	说 明
N10 R1 = R1 + 1	由原来的R1加上1后得到新的R1
N20 R1 = R2 + R3 R4 = R5 - R6 R7 = R8 * R9 R10 = R11/R12	允许的算术运算式
N30 R13 = SIN(25.3)	R13等于25.3°正弦
N40 R14 = (R1 * R2) + R3	乘法和除法运算优先于加法和减法运算
N50 R14 = R3 + R2 * R1	与N40一样
N60 R15 = SQRT(R1 * R1 + R2 * R2)	$R15=\sqrt{R1^2+R2^2}$

2. 局部用户变量LUD

用户或编程人员可以在程序中定义自己的不同数据类型的变量(LUD)。对于Sinumerik 802D，最多可定义200个LUD。

这些变量只出现在定义它们的程序中。这些变量在程序的开头定义且可以为它们赋值。用户可以定义变量名称，命名时应遵守以下规则：最大长度32个字符；起始的两个字符必须是字母，其他的字符可以是字母、下划线或数字；系统中已经使用的名字(NC地址、关键字、程序名、子程序名)不能再使用。

定义LUD变量的数据类型包括布尔(BOOL)、字符串(CHAR)、整型(INT)和实型(REAL)，每段程序只能定义一种变量类型，但是，在同一程序段中可以定义具有相同类型的几个变量，例如：

```
DEF INT PVAR1,PVAR2,PVAR3 = 12,PVAR4   ;定义了4个INT类型的变量，分别是PVAR1、PVAR2、PVAR3、PVAR4
```

除了单个变量，还可以定义这些数据类型变量的一维或二维数组变量，例如：

```
DEF INT PVAR5[n]          ;定义INT类型的一维数组变量PVAR5，n为整数
DEF INT PVAR6[n,m]        ;定义INT类型的二维数组变量PVAR6，n、m为整数
```

西门子系统的这一功能使其编程方式更加接近于高级语言的编程，使程序的灵活性大大增加。

3. 程序跳转语句

(1) 标记符——程序跳转目标

标记符用于标记程序中所跳转的目标程序段，用跳转功能可以实现程序运行的分支。标记符可以自由选取，但必须由 2～8 个字母或数字组成，其中开始两个字符必须是字母或下划线。跳转目标程序段中标记符后面必须为冒号。标记符位于程序段段首。如果程序段有段号，则标记符紧跟着段号。在一个程序中，标记符不能有其他意义。例如：

```
N10 MARKE1：G1 X20                          ;MARKE1 为标记符，跳转目标程序段
…
TR789：G0 X10 Z20                           ;TR789 为标记符，跳转目标段没有程序段号
```

(2) 绝对跳转

NC 程序在运行时以写入时的顺序执行程序段。在运行时可以通过插入程序跳转指令改变执行顺序，跳转目标只能是有标记符的程序段，且此程序段必须位于该程序之内。绝对跳转指令必须占用一个独立的程序段。

格式：

```
GOTOF Label                  ;向程序结束方向跳转，Label 为所选的标记符
GOTOB Label                  ;向程序开始方向跳转，Label 为所选的标记符
```

编程举例：

```
N10 G0 X… Z…
…
N20 GOTOF MARKE0             ;跳转到标记符 MARKE0
…
N50 MARKE0：R1 = R2 + R3      ;跳转目标程序段
…
```

(3) 有条件跳转

IF 条件语句表示有条件跳转，如果满足跳转条件（也就是值不等于零）则进行跳转。跳转目标只能是有标记符的程序段，且此程序段必须位于该程序之内。有条件跳转指令要求占用一个独立的程序段。

格式：

```
IF <条件> GOTOF Label            ;向程序结束方向跳转，Label 为标记符
IF <条件> GOTOB Label            ;向程序开始方向跳转，Label 为标记符
```

条件：作为条件的计算参数或计算表达式

比较运算结果有两种，一种为“满足”，一种为“不满足”。“不满足”时运算结果为零。编程举例：

```
N10 IF R1 GOTOF MARKE1                  ;R1 不等于零时，跳转到 MARKE1 程序段
…
N100 IF R1>1 GOTOF MARKE2               ;R1 大于 1 时，跳转到 MARKE2 程序段
…
N1000 IF R45 == R7 + 1 GOTOB MARKE3     ;R45 等于 R7 加 1 时，跳转到 MARKE3 程序段
```

例 3 要求使用程序跳转功能，在如图 5-52 所示的圆弧上从 Pt. 1 移动到 Pt. 11，编制的程序见表 5-17。

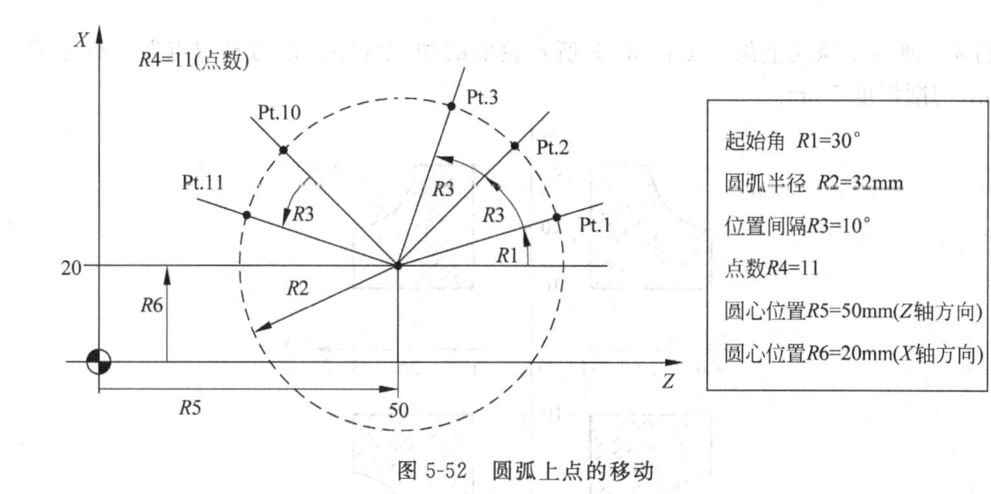

图 5-52　圆弧上点的移动

表 5-17　程序表

程　序	说　明
N10 R1 = 30 R2 = 32 R3 = 10 R4 = 11 R5 = 50 R6 = 20	在程序段 N10 中给相应的计算参数赋值
N20 MARKE1:G0 Z = R2 * COS(R1) + R5 X = R2 * SIN (R1) + R6	在 N20 中进行坐标轴 X 和 Z 的数值计算并进行赋值
N30 R1 = R1 + R3 R4 = R4 - 1	在程序段 N30 中 R1 增加 R3 角度,R4 减小数值 1
N40 IF R4>0 GOTOB MARKE1	如果 R4>0,重新执行 N20,否则运行 N50
N50 M2	

5.6　简化编程功能

5.6.1　镜像编程

镜像编程也称轴对称加工编程,是将数控加工刀具轨迹关于某坐标轴做镜像变换而形成加工轴对称零件的刀具轨迹。对称轴(或镜像轴)可以是 X 轴或 Y 轴或原点。

镜像功能可改变刀具轨迹沿任一坐标轴的运动方向,它能给出对应工件坐标零点的镜像运动。如果只有 X 或 Y 的镜像,将使刀具沿相反方向运动。此外,如果在圆弧加工中只指定了一轴镜像,则 G02 与 G03 的作用会反过来,左右刀具半径补偿 G41 与 G42 也会反过来。

镜像功能的指令为 G24、G25。用 G24 建立镜像,由指定的坐标后的坐标值指定镜像位置。镜像一旦确定,只有使用 G25 指令来取消该轴镜像。

格式:

```
G24 X_Y_Z_A_
M98 P_
G25 X_Y_Z_A_
```

其中,G24 为建立镜像; G25 为取消镜像; X、Y、Z、A 为镜像位置。

当工件相对于某一轴具有对称形状时,可以利用镜像功能和子程序,只对工件的一部分进行编程,而能加工出工件的对称部分,这就是镜像功能。当某一轴的镜像有效时,该轴执行与编程方向相反的运动。

例 4 使用镜像功能编制如图 5-53 所示轮廓的加工程序。设刀具起点距工件上表面 100mm，切削深度 5mm。

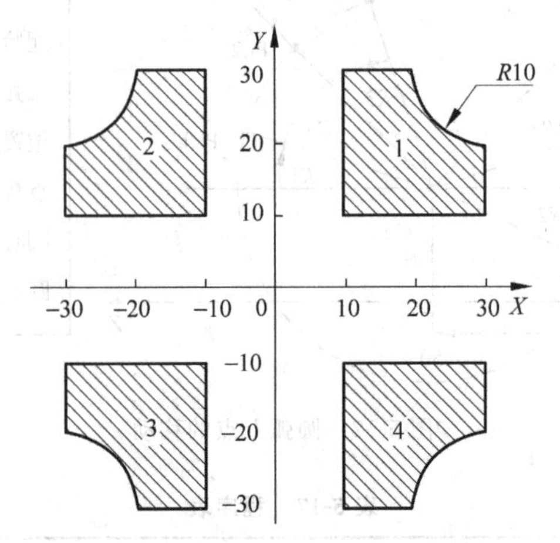

图 5-53 镜像功能应用实例

轮廓的加工程序见表 5-18。

表 5-18 镜像功能实例程序

程　　序	说　　明
%8041	主程序
N10 G17 G00 M03	
N20 G98 P100	加工①
N30 G24 X0	Y 轴镜像，镜像位置为 X=0
N40 G98 P100	加工②
N50 G24 X0 Y0	X 轴、Y 轴镜像，镜像位置为(0,0)
N60 G98 P100	加工③
N70 G25 X0	取消 Y 轴镜像
N80 G24 Y0	X 轴镜像
N90 G98 P100	加工④
N100 G25 Y0	取消镜像
N110 M05	
N120 M30 %	
100	子程序
N200 G41 G00 X10.0 Y4.0 D01	
N210 Y1.0	
N220 Z-98.0	
N230 G01 Z-7.0 F100	
N240 Y25.0	
N250 X10.0	
N260 G03 X10.0 Y-10.0 I10.0	
N270 G01 Y-10.0	
N280 X-25.0	
N290 G00 Z105	
N300 G40 X-5.0 Y-10.0	
N310 M99	

5.6.2 旋转编程

用该功能(旋转指令)可将工件旋转某一指定的角度。另外,如果工件的形状由许多相同的图形组成,则可将图形单元编成子程序,然后用主程序的旋转指令调用。这样可简化编程,节省时间和存储空间。

旋转功能指令为 G68,格式:

```
G17 G68 X_Y_R_
G18 G68 X_Z_R_
G19 G68 Y_Z_R_
M98 P_
G69
```

其中,G68 为建立旋转;G69 为取消旋转;X、Y、Z 为旋转中心的坐标值;R 为旋转角度,单位是°,0°≤R≤360°。

G68 以给定点(X,Y,Z)为旋转中心,将图形旋转 R 角;如果省略(X,Y,Z),则以程序原点为中心旋转。

在有刀具补偿的情况下,先旋转后刀补(刀具半径补偿、长度补偿);在有缩放功能的情况下,先缩放后旋转。

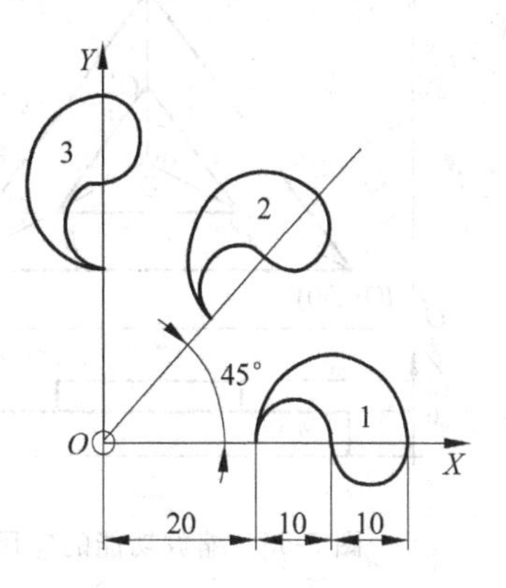

图 5-54 旋转变换功能示例

例 5 使用旋转功能编制如图 5-54 所示轮廓的加工程序,设刀具起点距工件上表面 50mm,切削深度 5mm。

该工件的加工程序见表 5-19。

表 5-19 旋转功能应用实例程序

程 序	说 明
%8061	主程序
N10 G92 X0 Y0 Z50	
N15 G90 G17 M03 S600	
N20 G43 Z-5 H02	
N25 M98 P200	加工①
N30 G68 X0 Y0 R45	旋转 45°
N40 M98 P200	加工②
N60 G68 X0 Y0 R90	旋转 90°
N70 M98 P200	加工③
N20 G49 Z50	
N80 G69 M05 M30	取消旋转
%200	子程序(①的加工程序)
N100 G41 G01 X20 Y-5 D02 F300	
N105 Y0	
N110 G02 X40 I10	
N120 X30 I-5	
N130 G03 X20 I.5	
N140 G00 Y-6	
N145 G40 X0 Y0	
N150 M99	

5.6.3 比例缩放

一般来说，旋转与缩放变换是CAD系统的标准功能，目的是为了编程灵活。现代CNC系统也提供这一几何变换编程能力。但旋转和缩放变换不是数控系统的标准功能，不同的系统采用的指令代码及格式均不相同。

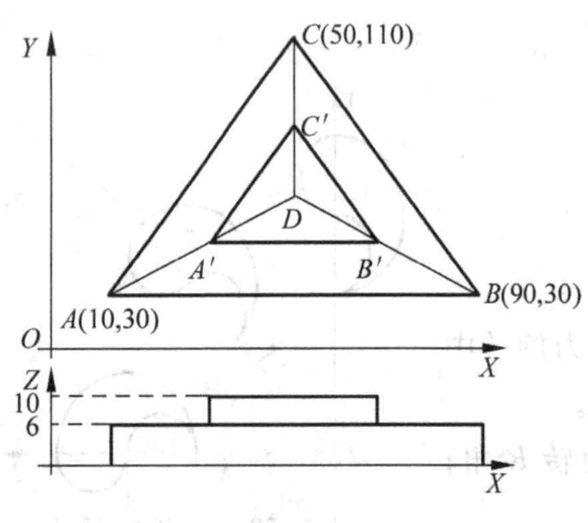

图 5-55　缩放功能的应用实例

缩放功能指令为G50、G51。格式：

```
G51 X_Y_Z_P_;
M98 P_;
G50;
```

其中，X、Y、Z为缩放中心坐标值；P为缩放比例。

G51以给定点(*X*,*Y*,*Z*)为缩放中心，将图形放大到原始图形的*P*倍；如果省略(*X*,*Y*,*Z*)，则以程序原点为缩放中心。

G50指令用于关闭缩放功能G51。

G51既可指定平面缩放也可指定空间缩放。在G51后运动指令的坐标值以*X*、*Y*、*Z*为缩放中心，按*P*规定的缩放比例进行计算。在有刀具补偿的情况下，先进行缩放，然后才进行刀具半径补偿和刀具长度补偿。

例6　用缩放功能编制如图5-55所示轮廓的加工程序。

已知三角形*ABC*的顶点为*A*(10，30)，*B*(90，30)，*C*(50，110)，三角形*A′B′C′*是缩放后的图形，其缩放中心为*D*(50，50)，缩放系数为0.5。设刀具起点距工件上表面为50mm。

该工件的加工程序见表5-20。

表5-20　缩放功能实例程序

程　序	说　明
%8051	主程序
N10 G92 X0 Y0 Z50	建立工件坐标系
N20 G91 G17 M03 S600	
N30 G43 G00 X50 Y50 Z-46 H01 F300	快速定位至工件中心，距表面4mm，建立长度补偿
N40 #51=14	给局部变量#51赋予14的值
N50 M98 P100	调用子程序，加工三角形*ABC*
N60 #51=8	重新给局部变量#51赋予8的值
N70 G51 X50 Y50 P0.5	缩放中心(50，50)，缩放系数0.5
N80 M98 P100	调用子程序，加工三角形*A′B′C′*
N90 G50	取消缩放
N100 G49 Z46	取消长度补偿
N110 M05 M30	
%100	子程序(三角形*ABC*的加工程序)
N100 G42 G00 X-44 Y-20 D01	快速移动到*XOY*平面的加工起点，建立半径补偿
N120 Z[-#51]	*Z*轴快速向下移动局部变量#51的值
N150 G01 X84	加工*A*→*B*或*A′*→*B′*

续表

程　　序	说　　明
N160 X－40 Y80	加工 $B\to C$ 或 $B'\to C'$
N170 X.44 Y－88	加工 $C\to$加工始点或 $C'\to$加工始点
N180 Z[#51]	提刀
N200 G40 G00 X44 Y	返回工件中心,并取消半径补偿
N210 M99	返回主程序

5.7　手工编程综合实例

本节针对某一零件的具体工艺要求来编制数控加工程序,分别采用 FANUC 0*i* 和 Sinumerik 802D 数控系统的编程指令。由于在基本加工功能,如直线、圆弧、坐标系设置等方面两个系统基本一致,限于篇幅原因,Sinumerik 802D 仅给出部分精加工程序,重点介绍 Sinumerik 较有特色的循环、*R* 参数编程、语句控制等功能。

现有如图 5-56 所示的工件,毛坯外形尺寸为 160mm×120mm×40mm,材料为 45 调质钢,除上表面以外的其他表面均已加工符合技术要求,要求制定正确的工艺方案(定位夹紧、选择刀具、切削参数、工艺路线)。可以用手工几何计算或绘图软件来计算工件编程所需的节点,并编写数控铣床加工程序。

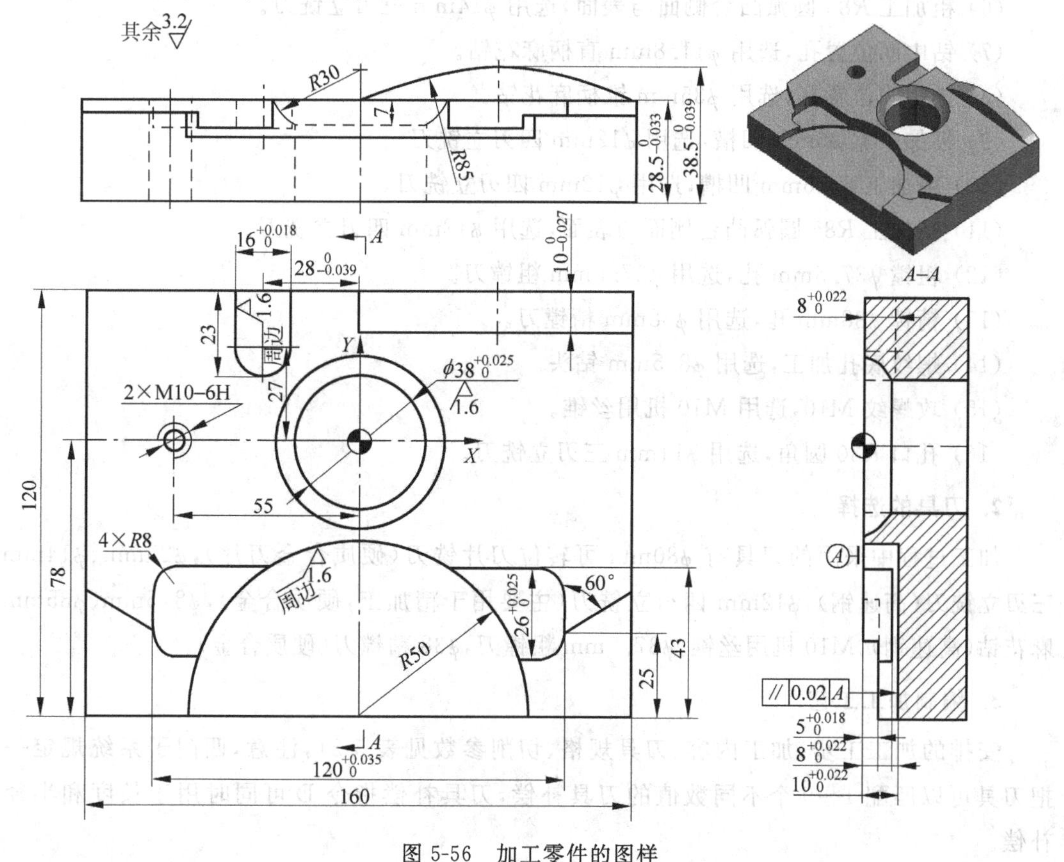

图 5-56　加工零件的图样

1. 工艺分析

通过读图发现工件的毛坯形状规则，直接选用机械或液压平口钳装夹工件。

工件的复杂程度一般，但各被加工部分的尺寸、形位、表面粗糙度值等要求较高。包含的加工要素分别有平面、圆弧轮廓表面、圆柱表面、内外轮廓、凹槽、螺纹孔、球面（属于曲面），且大部分的尺寸均达到1T8～IT7级精度。

工件的基准面 *A* 非常重要，它的精度关系到诸多要素的加工精度，编程时以工件上表面（基准面 *A*）为刀具长度补偿后的 *Z* 向坐标零点，工件上表面中间 ϕ38 孔的中心位置为 *XOY* 零点。

加工要保证工件 *X*、*Y* 轴零点找正，平口钳一定要夹紧工件。刀具长度补偿利用 *Z* 轴定位器设定，利用刀具半径补偿功能来区分粗、精加工，并利用系统的子程序和宏程序功能简化编程。加工工序安排如下。

(1) 铣削平面，保证尺寸 28.5mm，选用 ϕ80mm 可转位铣刀(5 个刀片)。

(2) 加工 *R*50 凹圆弧槽，选用 ϕ25mm 三刃立铣刀。

(3) 加工深 5mm 凹槽，选用 ϕ25mm 三刃立铣刀。

(4) 粗加工宽 26mm 凹槽，选用 ϕ14mm 三刃立铣刀。

(5) 粗加工宽 16mm 凹槽，选用 ϕ14mm 三刃立铣刀。

(6) 粗加工 *R*85 圆弧凸台侧面与表面，选用 ϕ14mm 三刃立铣刀。

(7) 钻中间位置孔，选用 ϕ11.8mm 直柄麻花钻。

(8) 扩中间位置孔，选用 ϕ35mm 锥柄麻花钻。

(9) 精加工宽 26mm 凹槽，选用 ϕ12mm 四刃立铣刀。

(10) 精加工宽 16mm 凹槽，选用 ϕ12mm 四刃立铣刀。

(11) 精加工 *R*85 圆弧凸台侧面与表面，选用 ϕ12mm 四刃立铣刀。

(12) 粗镗 ϕ37.5mm 孔，选用 ϕ37.5mm 粗镗刀。

(13) 精镗 ϕ38mm 孔，选用 ϕ38mm 精镗刀。

(14) 螺纹底孔加工，选用 ϕ8.5mm 钻头。

(15) 攻螺纹 M10，选用 M10 机用丝锥。

(16) 孔口 *R*30 圆角，选用 ϕ14mm 三刃立铣刀。

2. 刀具的选择

加工过程中采用的刀具有 ϕ80mm 可转位刀片铣刀（硬质合金刀片），ϕ25mm、ϕ14mm 三刃立铣刀（高速钢），ϕ12mm 四刃立铣刀（主要用于精加工，硬质合金），ϕ8.5mm、ϕ35mm 麻花钻（高速钢），M10 机用丝锥，ϕ37.5mm 粗镗刀，ϕ38 精镗刀（硬质合金）。

3. 编制加工工艺

安排的加工工步、加工内容、刀具规格、切削参数见表 5-21，注意，西门子系统规定一把刀具可以匹配 1～9 个不同数值的刀具补偿，刀具补偿指令 D 可同时用于长度和半径补偿。

表 5-21 加工工艺卡

加工步骤		刀具与切削参数				
序号	工步内容	刀具规格 类型	主轴转速 /(r/min)	进给速度 /(mm/min)	刀具补偿 长度	刀具补偿 半径
1	粗加工表面 A	ϕ80 端铣刀	450	200	H1/T1	D1
2	精加工表面 A		800	160		
3	加工 R50 凹圆弧槽	ϕ25 粗齿三刃立铣刀	300	75	H2/T2	D2
4	加工深 5mm 凹槽					
5	粗加工 26mm 凹槽	ϕ14mm 粗齿三刃立铣刀	600	80	H3/T3	D3/7.2mm
6	粗加工 16mm 凹槽					
7	粗加工 R85 圆弧凸台侧面					
8	粗加工 R85 圆弧凸台表面					
9	钻中间位置孔	ϕ11.8mm 直柄麻花钻	550	80	H4/T4	D4
10	扩中间位置孔	ϕ35mm 锥柄麻花钻	150	20	H5/T5	D5
11	精加工宽 26mm 凹槽	ϕ12mm 细齿四刃立铣刀	800	100	H6/T6	D6/5.99mm
12	精加工宽 16mm 凹槽					
13	精加工 R85 圆弧凸台侧面					
14	精加工 R85 圆弧凸台表面			1000		
15	粗镗孔 ϕ37.5mm	ϕ37.5mm 粗镗刀	850	80	H7/T7	D7
16	精镗孔 ϕ38mm	ϕ38mm 粗镗刀	1000	40	H8/T8	D8
17	钻螺纹底孔	ϕ8.5mm 钻头	600	35	H9/T9	D9
18	攻螺纹 M10	M10 机用丝锥	100	150	H10/T10	D10
19	孔口 R5 圆角	ϕ14mm 粗齿三刃立铣刀	800	1000	H3/T3	D3

4. FANUC 0i 系统编程

请参考表 5-22 中的内容和注释。

表 5-22 FANUC 0i 系统的加工程序

程序内容	注释
O1000	主程序
N1 G54 G90 G17 G71 G94 G49 G40	程序初始化：建立工件坐标系，绝对编程，XY 平面，公制编程，进给率单位为 mm/min，取消长度补偿，半径补偿
N2 M03 S450 F200	采用 ϕ80 端铣刀粗加工表面 A，调用 4 次 1 号子程序
N3 G00 G43 Z150 H1	
N4 X-125 Y-45	
N5 Z10	
N6 M98 P40001	
N7 G00 Z150	
N8 M05	
N9 M00	

续表

程序内容		注释
N10	M03 S800 F160	精加工表面 A，调用 1 号子程序
N11	G00 X－125 Y－45 M07	
N12	Z2.4	
N13	M98 P1	
N14	G00 Z150 M09	
N15	M05	
N16	M00	程序暂停(更换 ϕ25 立铣刀)
N17	M03 S300	加工 R50 凹圆弧，加工深 5mm 凹槽，连续调用 2 号子程序 2 次
N18	G00 G43 Z150 H2	
N19	X－12.2 Y－93 M07	
N20	Z0	
N21	M98 P20002	
N22	G01 X－37.5 Y－78 F75	
N23	G02 X37.5 R－37.5	
N24	G01 Y－93	
N25	G00 Z5	
N26	X95 Y－55.483	
N27	Z－5	
N28	G01 X70 Y－69.917	
N29	X64.215 Y－65	
N30	X87 Y－51.845	
N31	G00 Z5	
N32	X－95 Y－55.367	
N33	Z－5	
N34	G01 X－70 Y－69.917	
N35	X－64.215 Y－65	
N36	X－87 Y－51.845	
N37	G00 Z150 M09	
N38	M05	
N39	M00	程序暂停(更换 ϕ14 立铣刀)
N40	M03 S600 F80	粗加工宽 26mm 凹槽，粗加工宽 16mm 凹槽，粗加工 R85 圆弧凸台侧面，粗加工 R85 圆弧凸台表面，调用 3 号子程序加工 26mm 凹槽轮廓，ϕ14 立铣刀半径补偿 D3＝7.2mm
N41	G00 G43 Z150 H3	
N42	X0 Y－50 M07	
N43	Z－8	
N44	G41 G01 X－20 Y－35 D3	
N45	M98 P3	
N46	G00 Z15	
N47	G40 X－28 Y55	
N48	Z－8	
N49	G01 G41 X－36 Y42 D3	

续表

程 序 内 容		注 释
N50	Y27	
N51	G03 X－20 R－8	
N52	G01 Y50	
N53	G00 Z15	
N54	G40 X90 Y24.8	
N55	Z0	
N56	G01 X－7.2	
N57	Y50	
N58	G01 X－7.423	
N59	Y37	
N60	G18 G03 X33 Z10.2 R85.2	
N61	G01 X47	
N62	G03 X87.423 Z0 R85.2	
N63	G17 G00 Z150 M09	
N64	M05	
N65	M00	程序暂停(更换 ϕ11.8 钻头)
N66	M03 S550 F80	钻中间位置孔
N67	G00 G43 Z150 H4	
N68	X0 Y0 M07	
N69	G83 G99 X0 Y0 Z－35 Q5 R2	
N70	G00 Z150 M09	
N71	M05	
N72	M00	程序暂停(更换 ϕ35 麻花钻)
N73	M03 S150 F20	扩中间位置 ϕ38 孔
N74	G00 G43 Z150 H5	
N75	X0 Y0 M07	
N76	G83 G99 X0 Y0 Z－40 Q5 R2	
N77	G00 Z150 M09	
N78	M05	
N79	M00	程序暂停(更换 ϕ12 立铣刀)
N80	M03 S800 F100	精加工宽 26mm 凹槽,精加工宽 16mm 凹槽,精加工 R85 圆弧凸台侧面,精加工 R85 圆弧凸台表面,调用 3 号子程序 精加工 R85 圆弧凸台表面是在 XZ 平面上铣 R85 圆弧表面,刀具半径补偿 D6＝5.99mm ＃1：Y 轴起始值 ＃2：Y 轴终止值 ＃3：Y 轴移动量 ＃1＝＃1－0.05 表示 Y 方向步距增量为 0.05mm
N81	G00 G43 Z150 H6	
N82	X0 Y－50 M07	
N83	Z－8	
N84	G41 G01 X－20 Y－35 D6	
N85	M98 P3	
N86	G00 Z15	
N87	G40 X－28 Y55	
N88	Z－8	
N89	G01 G41 X－36 Y42 D6	

续表

程序内容		注释
N90	Y27	
N91	G03 X-20 R-8	
N92	G01 Y50	
N93	G00 Z15	
N94	G40 X100 Y26	
N95	Z0	
N96	G01 X-6	
N97	Y50	
N98	X-6 Y42	
N99	#1=42	
N100	#2=32	
N101	#3=#1-0.025	
N102	G01 X-6 Y[#1] F1000	
N103	G18 G03 X34 Z10 R85	
N104	G01 X46	
N105	G03 X86 Z0 R85	
N106	G01 Y[#3]	
N107	G02 X46 Z10 R85	
N108	G01 X34	
N109	G02 X-6 Z0 R85	
N110	#1=#1-0.05	
N111	IF[#1GE#2]GOTO101	
N112	G17 G00 Z150 M09	
N113	M05	
N114	M00	程序暂停(更换 ϕ37.5 粗镗刀)
N115	M03 S850 F80	粗镗孔 ϕ37.5mm
N116	G00 G43 Z150 H7	
N117	X0 Y0 M07	
N118	G85 G99 X9 Y0 Z-30 R2	
N119	G00 Z150 M09	
N120	M05	
N121	M00	程序暂停(更换 ϕ38 精镗刀)
N122	M03 S1000 F40	精镗孔 ϕ38mm
N123	G00 G43 Z150 H8	
N124	X0 Y0 M07	
N125	G85 G99 X0 Y0 Z-30 R2	
N126	G00 Z150 M09	
N127	M05	
N128	M00	程序暂停(更换 ϕ8.5 钻头)

续表

程 序 内 容		注 释
N129	M03 S600	钻螺纹底孔
N130	G43 G00 Z100 H9	
N131	X0 Y0 M07	
N132	G83 G99 X－55 Y0 Z－35 Q5 R2 F80	
N133	G00 Z150 M09	
N134	M05	
N135	M00	程序暂停(更换 M10 机用丝锥)
N136	M03 S300	攻螺纹
N137	G43 G00 Z100 H10 M07	
N138	X0 Y0	
N139	G84 G99 X－55 Y0 Z－35 R2 F150	
N140	G00 Z150 M09	
N141	M05	
N142	M00	程序暂停(更换 ϕ14 立铣刀)
N143	M03 S800	孔口 R30 圆角采用宏程序加工,沿 Z 轴方向一圈一圈向下走刀,每圈层降 0.02mm ＃1: Z 轴起始深度 ＃2: Z 轴终止深度 ＃3: Z 向数值表达式 ＃4: X 向数值表达式 ＃5: X 向数值表达式
N144	G43 G00 Z100 H3	
N145	X0 Y0 M07	
N146	Z0	
N147	G01 X18.239 F100	
N148	＃1＝0	
N149	＃2＝－7	
N150	＃3＝16.216－＃1	
N151	＃4＝SQRT[30＊30－＃3＊＃3]	
N152	＃5＝＃4－7	
N153	G01 X[＃5] Y0 Z[＃1] F1200	
N154	G02 I[－＃5] J0	
N155	＃1＝＃1－0.02	
N156	IF[＃1GE＃2]GOTO150	
N157	G00 G49 Z50	
N158	M30	
	O1	子程序 1
N1	G91 G01 Z－2.4	基准面 A 的加工程序,等高加工,每次吃刀量 a_p 为 2.4mm
N2	G90 X125	
N3	G00 Y－10	
N4	G01 X－42	
N5	Y85	
N6	G00 X－125	
N7	Y－45	
N8	M99	

续表

	程 序 内 容	注 释
	O2	子程序 2
N1	G91 G01 Z-5 F75	R50 凹圆弧槽的粗加工程序,等高分层切削,每层下降 5mm
N2	G90 Y-78	
N3	G02 X12.2 R-12.2	
N4	G01 X37	
N5	G03 X-37 R-37	
N6	G01 X-12.2 Y-93 F200	
N7	M99	
	O3	子程序 3
N1	G01 X-52	宽度 26mm 凹槽的 XOY 方向的平面轮廓铣削程序
N2	G03 X-60 Y-43 R8	
N3	G01 Y-53	
N4	G03 X-52 Y-61 R8	
N5	G01 X-30	
N6	G00 X30	
N7	G01 X52	
N8	G03 X60 Y-53 R8	
N9	G01 Y-43	
N10	G03 X52 Y-35 R8	
N11	G01 X10	
N12	G00 X-10	
N13	M99	

5. Sinumerik 802D 系统编程

为了和 5.3.2 节介绍的 CYCLE81、CYCLE83、CYCLE85 的内容对应,这里对零件的加工要素略做修改,将原图 M10 的螺纹孔换成一个 $\phi 12_0^{0.018}$,R_a 为 1.6 的光孔,故孔加工工序的工步改为:

ϕ3mm 中心钻(T9)引孔→ϕ11.8mm 麻花钻(T4)钻孔→ϕ12mm 机用铰刀(T10)铰孔,其他工步均不变。

表 5-23 中给出的加工程序是从工步 11“精加工宽 26mm 凹槽”处开始的,其余部分省略。

表 5-23 Sinumerik 802D 系统的加工编程(部分)

	程 序	注 释
	%_N_1000_MPF ;$PATH=/_1000_MPF_DIR	主程序名 程序路径
N1	G54 G90 G17 G71 G94 G40	建立工件坐标系,绝对坐标编程,XY 平面,公制,每分钟进给,取消半径补偿
N2	M3 S450 F200	主轴正转,450r/min,进给速度 200mm/min

续表

程	序	注　　释
N3	G0 Z150 T1 H1	Z轴到安全高度，调用1号刀具和长度补偿，开始A面的粗精加工
……	……	……
	M0	暂停，换ϕ12立铣刀
N84	M03 S800 F100	
N85	G0 Z150 T6 D1	快速到安全高度，给6ϕ12立铣刀加长度补偿
N86	X0 Y-50 M07	
N87	Z-8	
N88	G41 G1 X-20 Y-35 D6	刀具半径补偿D6=5.99mm
N89	L3	调用铣轮廓子程序
N90	G0 Z15	
N91	G40 X-28 Y55	
N92	Z-8	
N93	G1 G41 X-36 Y42 D6	刀具半径补偿D6=5.99mm
N94	Y27	
N95	G3 X-20 CR=-8	
N96	G1 Y50	
N97	G0 Z15	
N98	G40 X100 Y26	
N99	Z0	
N100	G1 X-6	
N101	Y50	
N102	X-6 Y42	
N103	R1=42	
N104	R2=32	
N105	MARKE1:	标示符
N106	G01 X-6 Y=R1 F1000	
N107	G18 G3 X34 Z10 CR=85	
N108	G1 X46	
N109	G3 X86 Z0 CR=85	
N110	G1 Y=R1-0.025	
N111	G2 X46 Z10 CR=85	
N112	G1 X34	
N113	C2 X-6 Z0 CR=85	
N114	R1=R1-0.05	
N115	IF R1>=R2 GOTOB MARKE1	返回到N105
N116	G17 G0 Z150 M9	
N117	M5	
N118	M0	暂停，换ϕ37.5粗镗刀
N119	M42	主轴选用高速档(800～5300r/min)

续表

程 序	注 释
N120 M3 S850 F80	
N121 G00 Z150 T7 D1	加 ϕ37.5 粗镗刀长度补偿
N122 X0 Y0 M07	
N123 CYCLE85(10,0,2,-30,30,0,80,100)	粗镗中间位置孔
N124 G0 Z150 M09	回到安全高度
N125 M5	
N126 M0	暂停,换 ϕ38 精镗刀
N127 M3 S1000 F40	
N128 G0 Z150 T8D1	
N129 X0 Y0 M07	
N130 CYCLE85(10,0,2,-30,30,0,40,60)	精镗中间位置孔
N131 G0 Z150 M9	
N132 M5	
N133 M0	暂停,换 ϕ3 中心钻
N134 M3 S1200 F120	
N135 G0 Z150 T9 D1	
N136 X-55 Y0	
N137 CYCLE81(10,0,2,-2,2)	钻中心孔循环,ϕ12 引孔
N138 G0 Z150	
N139 M5	
N140 M0	暂停,换 ϕ11.8 中心钻
N141 M41	主轴选用低速挡(50~800r/min)
N142 M3 S550 F80	
N143 G0 Z100 T4 D1	
N144 X-55 Y0 M07	
N145 CYCLE83(10,0,2,-35,35,-5,5,0,0,1,1,1)	钻孔循环,钻 ϕ12 通孔
N146 G0 Z150 M09	
N147 M5	
N148 M0	暂停,换 ϕ12 机用铰刀
N149 M3 S300 F50	
N150 G0 Z100 T10 D1 M07	
N151 X-55 Y0	
N152 CYCLE85 (10,0,2,-30,30,0,50,50)	固定循环铰孔
N153 G0 Z150 M09	
N154 M5	
N155 M0	暂停,换 ϕ14 立铣刀(T3 刀)
N156 M3 S800	
N157 M0 Z100 T3 D1	
N158 X0 Y0 M07	
N159 Z0	

续表

程　　序		注　　释
N160	Gl X18.239 F100	
N161	Rl = 0	定义 Z 轴起始深度 R1
N162	R2 = － 7	定义 Z 轴终止深度 R2
N163	MARKE2：	标示符
N164	R3 = 16.216 － Rl	Z 向数值计算
N165	R4 = SQRT(30 * 30 － R3 * R3)	X 向数值计算
N166	R5 = R4 － 7	X 向数值计算
N167	Gl X = R5 Y0 Z = Rl F1200	移动到圆的切入点，进给速度 1200mm/min
N168	G2 I = － R5 J0	整圆铣削
N169	R1 = R1 － 0.02	每次 Z 轴下降的增量 0.02
N170	IF R1＞ = R2 GOTOB MARKE2	未加工到 R2 深度时，跳到 N163
N171	G0 Z50 D0 M09	
N172	M5	
N173	M2	程序结束
	子程序	L3
N1	G01 X－52	宽度 26mm 凹槽的 XOY 方向的平面轮廓铣削程序，调用后返回主程序
N2	G03 X－60 Y－43 R8	
N3	G01 Y－53	
N4	G03 X－52 Y－61 R8	
N5	G01 X－30	
N6	G00 X30	
N7	G01 X52	
N8	G03 X60 Y－53 R8	
N9	G01 Y－43	
N10	G03 X52 Y－35 R8	
N11	G01 X10	
N12	G00 X－10	
N13	RET	

思考与练习题

1. 数控机床启动后为什么要返回参考原点？
2. 数控机床的坐标系及其方向是如何定义的？
3. 简述机床原点、机床参考点与编程原点之间的关系。
4. 简述绝对坐标编程与相对坐标编程的区别。
5. 刀具补偿有何作用？
6. 在 90mm×90mm×10mm 的有机玻璃板上铣一个凹形槽(铣至如图 5-57 所示的尺寸)，槽深 2.5mm，未注圆角 $R4$，铣刀直径 $\phi 8$。试编程。

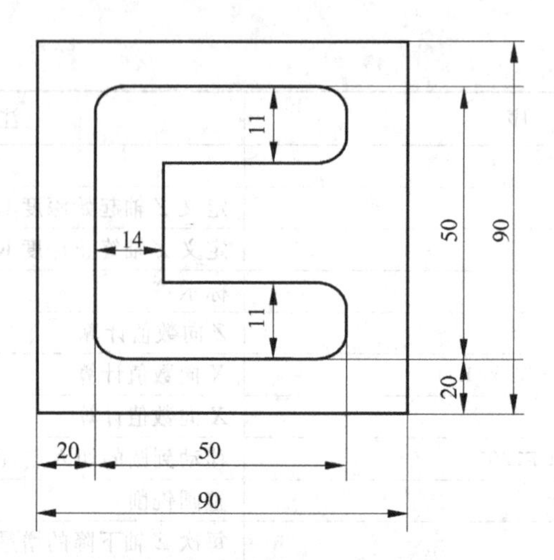

图 5-57　有机玻璃板上的凹形槽尺寸

7. 如图 5-58 所示的零件，要加工 3 个直径为 25mm 的孔，加工顺序为 $A \to B \to C$，在 B、C 孔底停留 2s。刀具起点在 O 点，由于某种原因刀具在长度方向的实际位置偏离了编程位置 5mm。采用刀具长度补偿指令编程，补偿值 $e=-5$mm 存入地址为 H01 的存储器中。

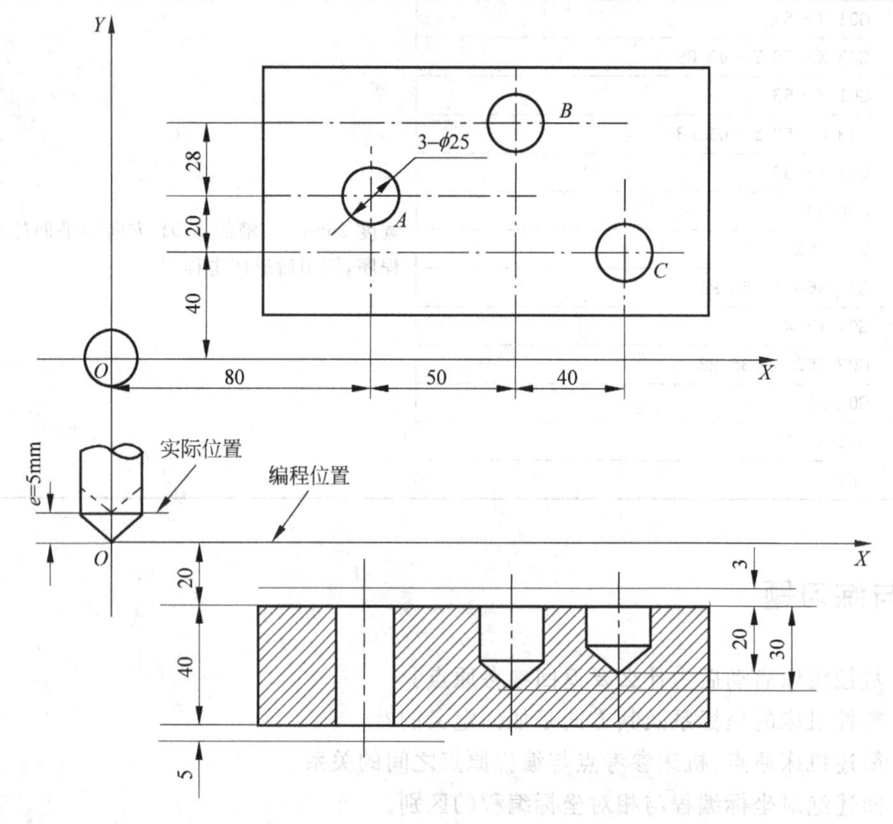

图 5-58　零件图

8. 铣出图 5-59(a)、(b)所示的内、外表面，刀具直径 $\phi10$，试采用刀具半径补偿指令编程。

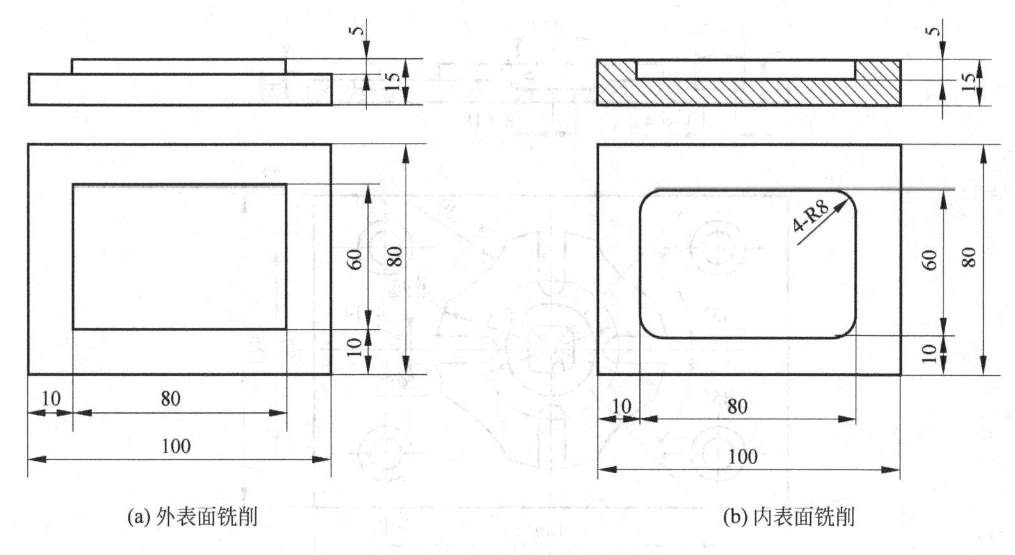

图 5-59 内、外表面铣削尺寸

9. 如图 5-60 所示，精加工五边形外轮廓与圆柱内轮廓，每次切深不超过 3mm，刀具直径 $\phi8$，试用刀具半径补偿和循环指令编程。

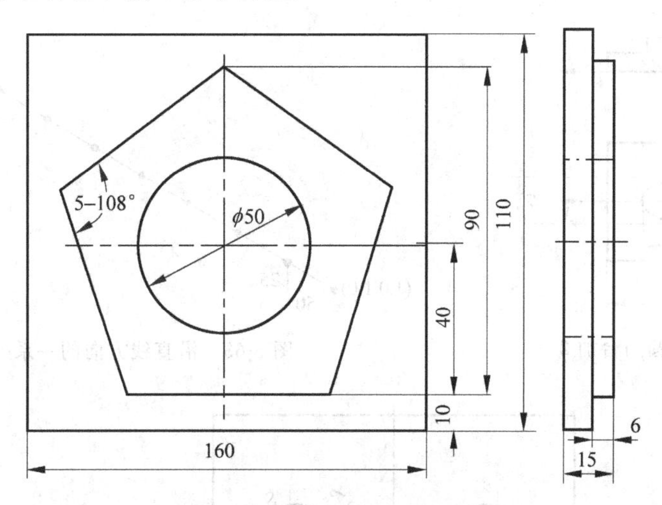

图 5-60 五边形外轮廓与圆柱内轮廓

10. 如图 5-61 所示为一个较为复杂的平面零件，材料为 CY12，试编写其数控加工程序，要求如下：

(1) 定加工方案；

(2) 选择刀具；

(3) 采用镜像加工简化编程。

11. 毛坯为 150mm×70mm×20mm 的蜡块料，要求应用宏程序铣出如图 5-62 所示的椭圆凸台。

12. 如图 5-63 所示，要求沿直线方向钻一系列孔，直线的倾角由 G65 命令行传送的 X 和 Y 变量来决定，钻孔的数量则由变量 T 传送。

13. 根据图 5-64 的尺寸，应用子程序和镜像功能，对零件轮廓进行编程。

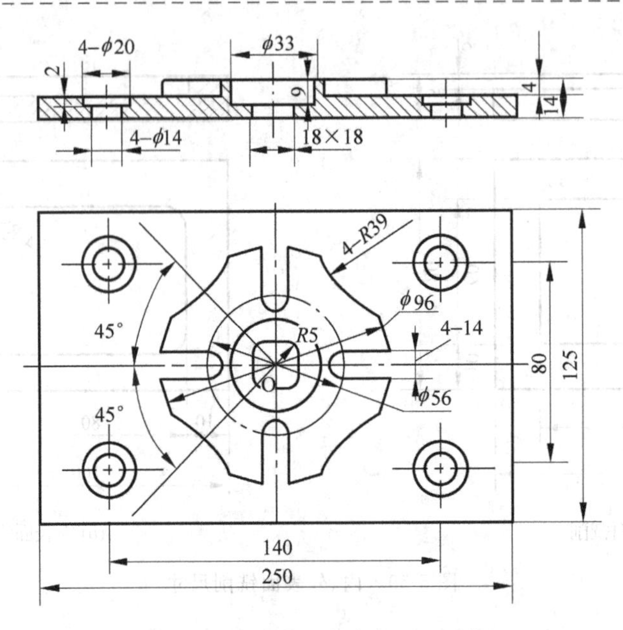

图 5-61　一个较为复杂的平面零件

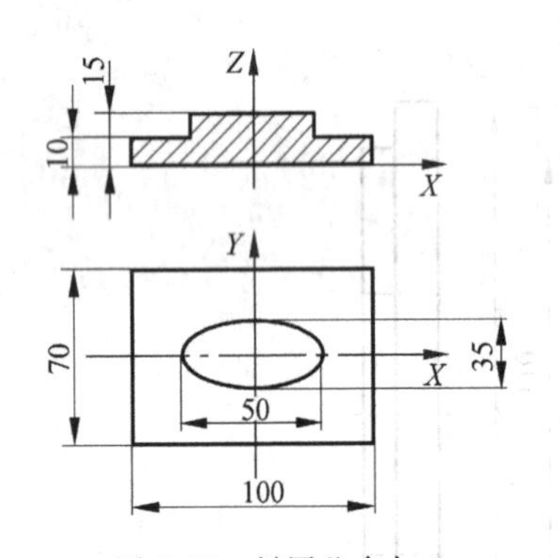

图 5-62　椭圆凸台加 2

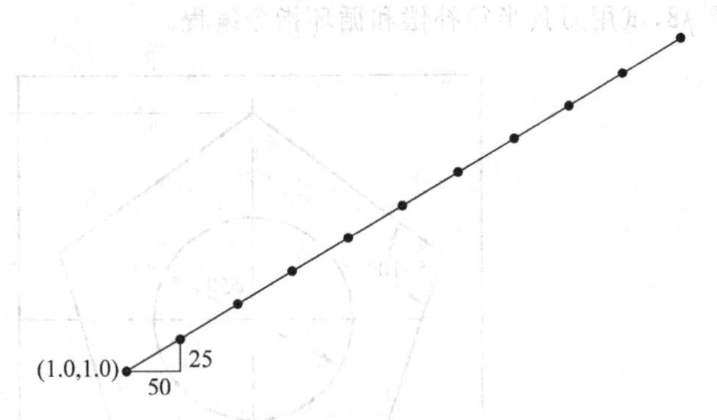

图 5-63　沿直线方向的一系列孔

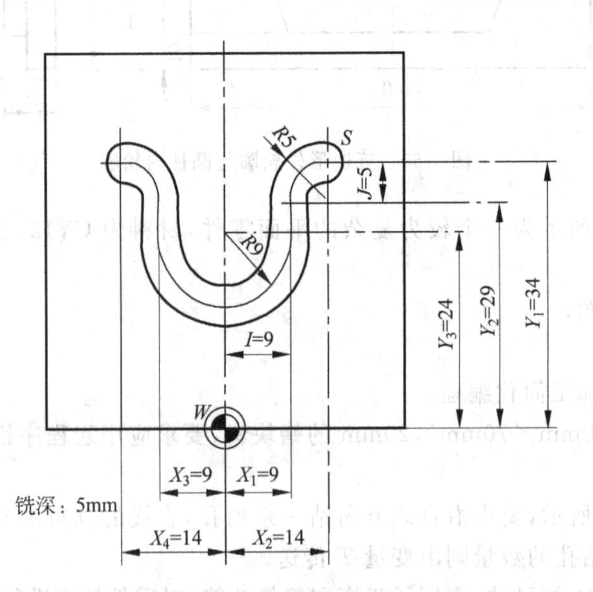

图 5-64　零件轮廓尺寸

第6章　CAXA制造工程师的零件造型

数控机床是按编制好的加工程序自动对工件进行加工的高效自动化设备，数控程序的质量是影响数控机床加工质量和使用效率的重要因素。数控编程技术是随着数控机床的诞生而发展起来的，至今已经历了手工编程、语言自动编程（APT）和交互式图形自动编程（CAD/CAM）三个阶段。对于形状简单的零件，计算简单，加工程序量少，采用手工编程即可，但对于形状复杂，尤其是曲面和异型工件，则需要使用CAD/CAM软件来进行交互式图形自动编程。

交互图形编程的实现以CAD技术为前提，编程的核心是刀位点的计算。对于复杂零件，其数控加工刀位点的人工计算十分困难。而CAD三维造型包含了数控编程所需要的完整的零件表面几何信息，计算机软件可针对这些几何信息进行数控加工的刀位自动计算。目前绝大部分数控编程软件（CAM）都具有CAD功能，因此数控工艺员必须具有一定的三维CAD应用能力，才能驾驭CAD/CAM一体化软件的应用，从而实施自动编程。CAD/CAM交互图形编程的过程和内容如图6-1所示。

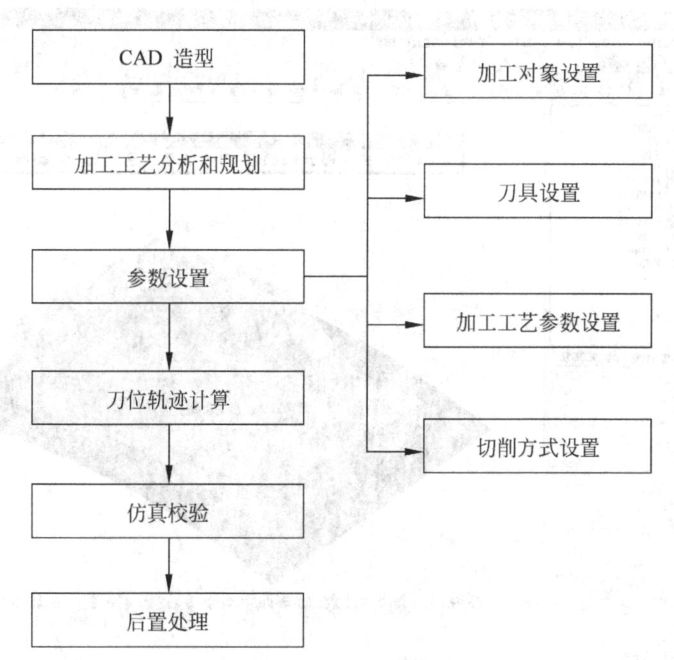

图6-1　CAD/CAM交互图形编程流程图

目前，国内市场上流行的CAD/CAM软件种类较多，均具备了交互图形编程的功能，但软件的功能和操作便捷程度有所区别。集成度高的大型自动编程软件有UG（Unigraphics）、

CATIA、Pro/E 等，功能齐全的实用型自动编程软件有 MasterCAM，Cimatron，Delcam，CAXA 等，其中国产的“CAXA 制造工程师”软件以其易学易用、高性价比的特色成为国内数控职业教育领域的优秀教学软件。本章介绍 CAXA 制造工程师的加工造型内容，由于零件造型的 CAD/CAM 软件与设计用途的 CAD 软件相比操作要简单得多，其实现过程基本固定，操作简单易学，然而对经验依赖较强，要掌握一定的规律和思路。

6.1 CAXA 制造工程师的造型功能

零件造型属于 CAD 技术，但同时又是交互式自动编程的前提条件。从图 6-2 所示的造型设计界面看，操作步骤较为快捷简洁：标题栏显示着当前正在操作的文件的路径及名称；主菜单位于标题栏的下方，包括文件、编辑、显示、造型、加工、工具、设置和帮助菜单，每个菜单都含有若干个命令；立即菜单中包含了实施不同命令所需的使用条件和各种情况，根据当前的作图要求，正确地选择某一选项，即可得到准确的响应；工具栏以简单直观的图标按钮来表示每个操作功能，单击图标按钮就可以启动相对应的命令，相当于从菜单区逐级选择到的最后命令；CAXA 制造工程师从 2004 版开始在保留原有的特征树的基础上又新增了轨迹树。特征树记录了实体生成的操作步骤，用户可以直接在特征树中选择不同的选项对实体进行编辑。轨迹树记录了加工参数等信息。特征树和轨迹树的展开可通过单击【零件特征】和【加工管理】两个标签来实现。

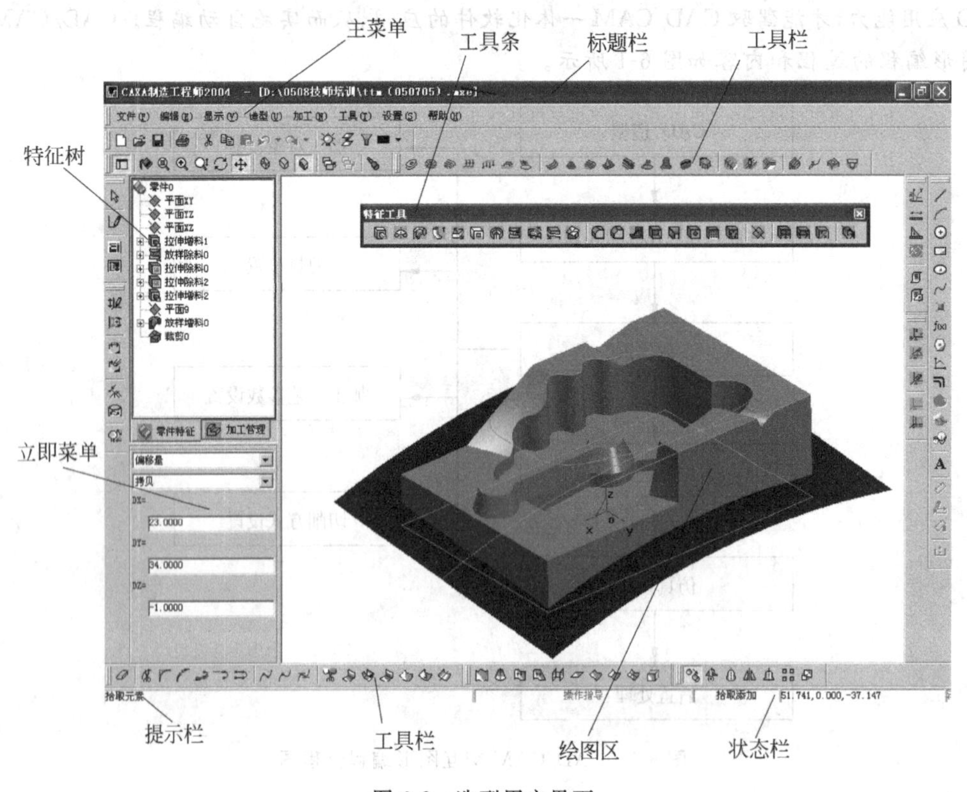

图 6-2 造型用户界面

CAXA 制造工程师零件造型基本功能的归纳如表 6-1 所示。

表 6-1 CAXA 制造工程师的零件造型功能列表

线架造型	曲面造型	实体造型	模具功能
直线,圆弧,圆,矩形,多边形,椭圆,样条线,公式曲线,二次曲线,等距线,相关线,投影线,圆弧/样条转换	直纹面,旋转面,扫描面,导动面,放样面,等距面,平面,边界面,网格面,实体表面	拉伸增/除料,旋转增/除料,放样旋转增/除料,导动增/除料,曲面增/除料,曲面裁剪实体,过渡,倒角,拔模,抽壳,打孔,筋板,特征阵列	材料缩放,型腔设定,分模处理,实体的布尔运算

本书的读者应该具有 CAXA 制造工程师入门基础学习或培训的经历,所以本章对基本功能和命令不予详解,读者可以参考帮助菜单或用户手册。

6.2 空间线架造型

本软件操作方法同二维平面 CAD 绘图是一致的,只是可以绘制空间曲线,所以叫做空间线架造型。构建空间线架有时可以方便地表达一个零件的外形轮廓,如表达一个长方体的轮廓,只需绘制空间正交的 12 条棱边,但如果要表达零件表面或内部构造,构建线架造型是不够的,如图 6-3 所示,容易产生多义性。对于数控加工编程而言,有些简单零件只需用到线架造型就行了,线架造型的关键是掌握在 3D(三坐标)环境下的交互绘图方式、曲线生成参数选项和曲线的编辑及几何变换。

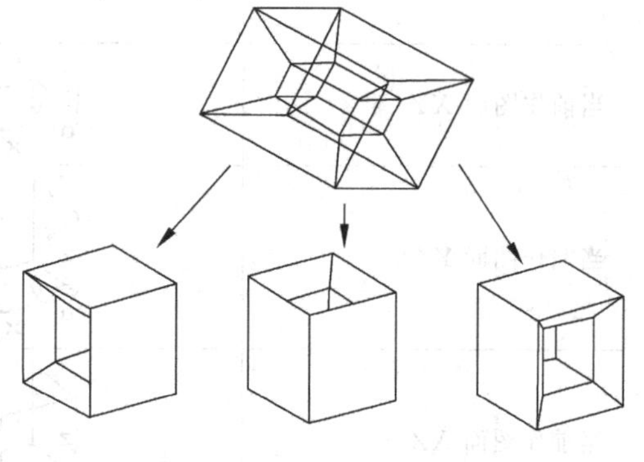

图 6-3 线架模型的多义性

6.2.1 交互方式

1. 坐标系

CAXA 制造工程师软件提供了两种坐标系:绝对坐标系和用户坐标系。系统默认的坐标系叫“绝对坐标系”,作图时自定义的坐标系叫“用户坐标系”。系统允许存在多个坐标系,其中正在使用的坐标系叫“当前工件坐标系”。当前坐标系用红颜色表示,而其他坐标系用灰白色表示。利用软件生成的刀具轨迹在生成和输出其机床代码时,是根据软件当前使用的坐标系来输出代码的。

作图时为了方便,常根据作图和加工的需要创建一个新的坐标系。多坐标系并存的界面可以通过激活命令选择不同的坐标系,使之成为当前坐标系。除此之外,坐标系还可以隐藏、显示和删除。关于坐标系的相关命令,可打开【工具】|【坐标系】或直接单击坐标系工具条中的相应按钮。

(1) 在创建用户坐标系时,首先确定工作坐标系原点、X 轴正方向上的点和 Y 轴正方向上的点,以此确定 X 轴和 Y 轴的方向,Z 轴的方向则可由 X、Y、Z 三轴之间的右手定则来判定。

(2) 当前坐标系和绝对坐标系不能被删除。

(3) 屏幕右下角的状态栏中随鼠标移动而变化的坐标数值,都是针对当前坐标系的。

2. 视图平面、当前作图平面

系统有三个默认坐标平面,即“平面 *XY*”、“平面 *XZ*”、“平面 *YZ*”,其中有一个是当前系统默认的作图平面。选择视图平面就是选择用户的视向,决定向哪个坐标平面投影,而作图平面是决定在哪个坐标平面上生成图形。

当前作图平面(当前面)是当前坐标平面(“平面 *XY*”、“平面 *YZ*”、“平面 *XZ*”中的一个),用来作为当前操作中所依赖的平面。当前面在坐标系中用红色短斜线标识。作图时,可以通过按 *F*9 键,在当前工作坐标系下任意设置当前面。表 6-2 是对视图平面、当前作图平面操作的归纳。

表 6-2 视图平面、当前作图平面

视图平面与当前作图平面	实　例	说　明
视图平面	y F5 x；z F6 y；z F7 x；z F8 y o x	通过 F5、F6、F7 和 F8 键的选择可得到不同的视图平面,其中按 F5、F6 和 F7 时作图平面与视图平面重合,F8 是轴测面
当前作图面 *XY*	z y o x	按 F9 使短斜线在 *XOY* 面
当前作图面 *YZ*	z y o x	按 F9 使短斜线在 *YOZ* 面
当前作图面 *XZ*	z y o x	按 F9 使短斜线在 *XOZ* 面

3. 空间点的输入

空间点的坐标一定是由三个坐标值所决定的。点的输入方式有三种:键盘输入的绝对坐标、键盘输入的相对坐标和鼠标捕捉的点。

(1) 坐标的表达方式

① 完全表达:将一个点的坐标全部表示出来,每个坐标之间用半角输入状态下的“,”隔开。如坐标“10,0,30”。

② 不完全表达:当坐标值为零时,该坐标值可以省略不写,但坐标之间的逗号不能省略。如坐标“10, ,30”。

③ 函数表达:系统在坐标点输入时,可采用表达式的输入方式,如函数坐标“80/2,40 * 2,100 * sin(30)”,输入结果与数值坐标“40,80,50”输入产生的结果是完全一样的。

(2) 坐标的输入方式

① 绝对坐标输入

在当前坐标系上，其坐标原点为(0,0,0)。在系统提示输入点的状态下，用键盘直接输入点的 x,y,z 坐标值(也可以按 Enter 键或数值键)。注意这里输入的坐标值均为相对于当前坐标系的绝对坐标值。

② 相对坐标输入

相对坐标为相对于前一次使用的点的坐标，它与当前坐标系原点无关。输入相对坐标时，必须在第一个坐标值前面加上一个符号"@"。

③ 鼠标捕捉输入

在作图过程中，经常用鼠标捕捉的方式寻找精确的定位点(如切点、交点、端点等特殊点)。这时只要按空格键，即可弹出【点工具】菜单，进行项目的选取。

在下列情况下，可使用空格键：

① 当系统提示输入点时，按空格键，弹出【点工具】菜单，显示可自动捕捉的点的类型，用快速捕捉的方式创建一个新点，如图 6-4(a)所示的点类型选项。

② 有些操作中(如确定扫描或导动方向)，当需要选择方向时，按空格键，弹出【矢量工具】菜单，从中选择合适的方向，如图 6-4(b)所示的方向选项。

③ 有些操作中(如平移全部图形)，当需要拾取多个元素时，按空格键，弹出【选择集拾取工具】菜单，以确定元素拾取的方式，如图 6-4(c)所示的集合选项。

④ 有些操作中(如相互连接的曲线组合)，要拾取元素时，按空格键，可以进行拾取方法选择，如图 6-4(d)所示的 3 种拾取方式选项。

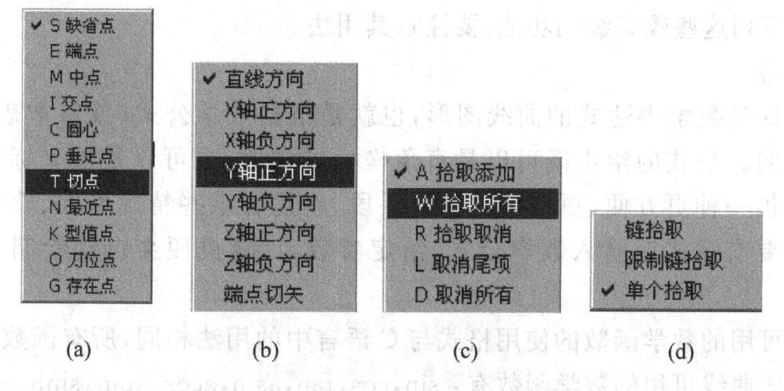

图 6-4　按空格键后可能产生的快捷菜单

4. 文件管理

CAXA 制造工程师软件提供了功能齐全的文件管理系统，其中包括文件的建立、打开、存储、打印文件的并入、将实体图形导出为 bmp 类型的图片、数据接口等功能。单击菜单【文件】即可进入文件管理功能选项，其中有些选项也可以通过工具栏中的按钮进入。

6.2.2　曲线生成与曲线编辑

曲线生成和曲线编辑，是曲面造型和实体造型的基础。进入曲线绘制与曲线编辑命令的方法有两种方式：一是菜单命令，二是工具按钮，如图 6-5 所示。

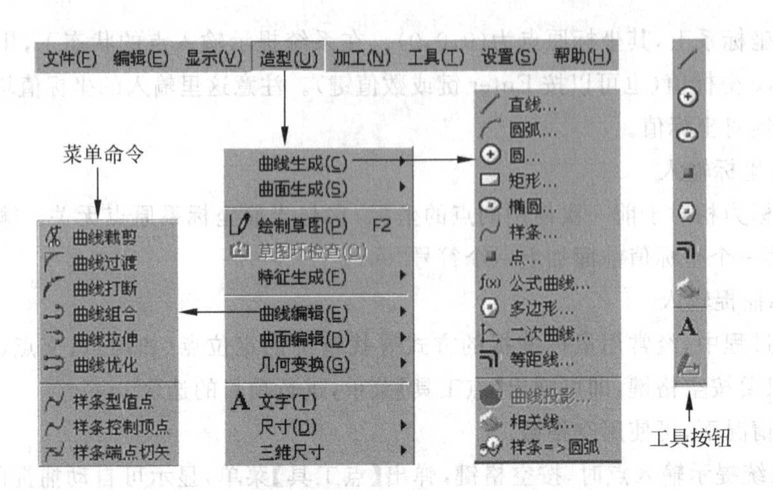

图 6-5　曲线生成与编辑的命令和工具按钮

1. 曲线生成

系统为曲线绘制提供了15项功能：直线、圆弧、圆、矩形、椭圆、样条、点、公式曲线、多边形、二次曲线、等距线、曲线投影、相关线、样条转成圆弧、文字。利用这些功能可以方便快捷地绘制出各种各样复杂的三维图形。

其中,直线、圆弧、圆、矩形、椭圆、样条、点、多边形、二次曲线、等距线为常用的基本功能,一般初学者应该掌握。对各个命令下立即菜单中各个选项的含义理解后有利于提高绘图效率。对于下列这些较高级的功能,要注意其用法。

【公式曲线】

公式曲线即是数学表达式的曲线图形,也就是根据数学公式(或参数表达式)绘制出的相应数学曲线。公式的给出既可以是直角坐标形式的,也可以是极坐标形式的。公式曲线为用户提供一种更方便、更精确的作图手段,以适应某些精确型腔、轨迹线形的作图设计。用户只要交互式地输入数学公式,给定参数,计算机便会自动绘制出该公式描述的曲线。

公式曲线可用的数学函数的使用格式与C语言中的用法相同,所有函数的参数须用括号括起来。公式曲线可用的数学函数有：sin,cos,tan,asin,acos,atan,sinh,cosh,sqrt,exp,log,log10共12个函数。

三角函数sin、cos、tan的参数单位采用角度,如sin(30)=0.5,cos(45)=0.707。

反三角函数asin、acos、atan的返回值单位为角度,如acos(0.5)=60,atan(1)=45。

sinh、cosh为双曲函数。

sqrt(x)表示x的平方根,如sqrt(36)=6。

exp(x)表示e的x次方。

log(x)表示ln$x$(自然对数),log10(x)表示以10为底的对数。

幂用^表示,如x^5表示x的5次方。

求余运算用%表示,如18%4=2,2为18除以4后的余数。

在表达式中,乘号用*表示,除号用/表示；表达式中没有中括号和大括号,只能用小括号。

如下表达式是合法的表达式：

$x(t)=6*(\cos(t)+t*\sin(t))$;

$y(t)=6*(\sin(t)-t*\cos(t))$;

$z(t)=0$

【曲线投影】

指定一条空间曲线沿某一方向向一个作实体造型的草图平面的投影，即得到曲线在该草图平面上的投影线。利用这个功能可以充分利用已有的曲线来作草图平面里的草图线。这一功能不可与曲线投影到曲面相混淆。只有在草图状态下，才具有此投影功能。投影的对象可以是空间曲线、实体的边和曲面的边。

使用曲线投影功能时，可以使用窗口选取投影元素。

【相关线】

利用已有的造型可绘制曲面或实体的交线、边界线、参数线、法线、投影线和实体边界。表 6-3 归纳了相关线命令功能。

边界线的显示有时不易看清，可以利用【线架显示】或【消隐显示】命令，也可采取另一种颜色来显示边界线，以便观察。

表 6-3 相关线命令

相关线类型	立即菜单选项	图形生成	操作说明
曲面交线	曲面交线 精度 0.0100		拾取第一张曲面和第二张曲面，生成曲面交线
曲面边界线	曲面边界 单根		拾取曲面后，鼠标移近哪个边单击，即生成哪个边的边界线
	曲面边界 全部		拾取曲面后，该面的边界线全部产生
曲面参数线	曲面参数线 指定参数 参数值 0.5	箭头方向为生成的参数线方向	选择命令后，给定参数值，按系统提示选择方向，即可生成参数线
	曲面参数线 过点	箭头方向为生成的参数线方向	选择命令后，按系统提示，拾取曲面、拾取点、选择方向，即可生成参数线。注意拾取的点必须在曲面上
	曲面参数线 多条曲线 曲线条数 3	箭头方向为生成的参数线方向	给定曲线条数，按系统提示，选择方向。注意“曲线条数”是将曲面按条数在 U 或 W 方向上均分

续表

相关线类型	立即菜单选项	图 形 生 成	操 作 说 明
曲面法线	曲面法线 长度 20.0000		拾取曲面、拾取点，即可生成过该点的曲面法线
曲面投影线	曲面投影线 精度 0.0100 窗口拾取		拾取曲面、输入投影方向（按空格键进行选取）、拾取曲线，即可生成曲线在曲面上的投影线
实体边界线	实体边界		求特征生成后实体的边界线。拾取哪条棱边，即生成该棱边的边界线

【样条转圆弧】

将一条样条线转变成若干段圆弧相连而成的曲线，可以使将来的轮廓插补更光滑（G01变成 G02/G03），生成的 G 代码更简单。单击工具栏中【样条转圆弧】按钮，激活样条转圆弧功能，在立即菜单中选择离散方式以及离散参数，然后拾取需要离散为圆弧的样条曲线，在状态栏中即可显示出该样条离散的圆弧段数。

2. 曲线编辑

曲线编辑包括曲线裁剪、曲线过渡、曲线打断、曲线组合、曲线拉伸、曲线优化、样条型值点、样条控制点和样条端点切矢等功能。

曲线裁剪、曲线过渡、曲线打断、曲线组合、曲线拉伸为基本功能，本书后面例子会用到，其他的属于高级功能。

【曲线优化】

对控制顶点太密的样条曲线在给定的精度范围内进行优化处理，减少其控制顶点。系统通过给定优化精度来降低造型运算时间。

【样条型值点】、【样条控制顶点】和【样条端点切矢】三种是样条线专有的编辑方式，如图 6-6 所示，分别用鼠标拾取并改变构成样条线的型值点、控制顶点、端点切矢来修改样条线。

(a) 型值点

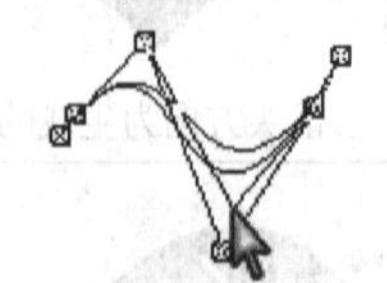

(b) 控制顶点

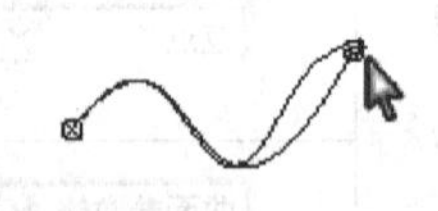

(c) 端点切矢

图 6-6 样条线编辑

6.3 曲面造型

6.3.1 曲面生成

曲面生成与曲面编辑命令的使用有两种方式：一是菜单命令，二是工具按钮，如图 6-7 曲面绘制与编辑命令进入方式所示。

制造工程师提供了丰富的曲面造型手段，构造完决定曲面形状的线架后，就可以在线架基础上，选用各种曲面的生成和编辑方法。曲面生成方式共有 10 种：直纹面、旋转面、扫描面、边界面、放样面、网格面、导动面、等距面、平面和实体表面。

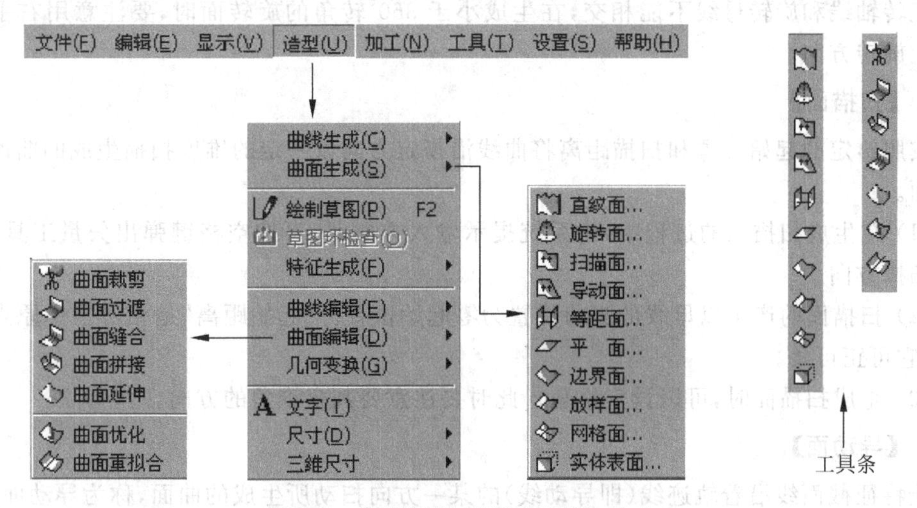

图 6-7 曲面绘制与编辑命令进入方式

在曲面造型功能中，除"实体表面"是由实体生成外，其他曲面的生成都是由在非草绘模式下绘制的曲线而生成面的。在进行曲线绘制的过程中，当系统提示输入点、拾取元素和拾取曲线、选择方向时，按空格键，均可弹出相应的立即菜单，对立即菜单中的选项意义的理解是提高作图效率的有效方法，具体内容请参看软件用户手册或帮助文档。下面总结一下曲面生成时的要点。

1.【直纹面】

直纹面就是一根直线两个端点分别在两曲线上匀速运动而形成的轨迹曲面。直纹面有三种生成方式：曲线＋曲线，点＋曲线，曲线＋曲面。生成直纹面的操作极为方便实用，基本能够满足各种场合的需要。

(1) 生成直纹面过程中当需要拾取曲线时，不能用链拾取，只能拾取单根线。如果一个封闭图形有尖角过渡，直纹面必须分别作出，才能围成直纹面图形，注意这时的直纹面不是一体的。当曲线的段数为一，如圆、圆弧、椭圆或组合曲线时，系统依据该曲线生成的直纹面将是一个整体的直纹面。

(2) 当以曲线＋曲线方式生成直纹面时，拾取的一组特征曲线应互不相交，方向一致，形状相拟，并且对应的段数要一样，否则应利用曲线编辑功能中的曲线打断或曲线组合命令,对其中的一条曲线进行分解或组合,使两曲线的段数一样。

(3) 当以曲线+曲线方式生成直纹面时,应注意拾取两曲线的同侧对应位置,否则生成的直纹面会发生扭曲。

(4) 当以曲线+曲面方式生成直纹面时,可以设定锥角。锥角为零,生成垂直的投影曲面;否则,生成有一定锥角的投影曲面。锥角是向外扩张还是向内收缩,由曲面生成过程中选择的锥度方向决定,但是不论有无锥角,曲线向曲面投影生成直纹面的过程中,均要保证曲线在曲面内的投影不能超出曲面,否则直纹面将不能生成。

2.【旋转面】

旋转面是按给定的起始角度和终止角度,将旋转母线绕旋转轴线旋转而生成的轨迹曲面。旋转轴线和旋转母线不能相交,在生成小于 360°转角的旋转面时,要注意用右手法则来判定旋转方向。

3.【扫描面】

按照给定的起始位置和扫描距离将曲线沿指定方向以一定的锥度扫描生成的曲面就是扫描面。

(1) 在生成扫描面的过程中,当系统提示输入方向时,可按空格键弹出矢量工具菜单,选择扫描方向。

(2) 扫描面的产生以母线的当前位置为零起始位置。"起始距离"是相对坐标原点的相对值,它可正可负。

(3) 生成扫描面时,可以设定锥角。此时要注意要判定锥角的方向。

4.【导动面】

让特征截面线沿着轨迹线(即导动线)的某一方向扫动所生成的曲面,称为导动面。

【截面线】:截面线用来控制曲面一个方向上的形状,截面线的运动形成了导动曲面。

【导动线】:导动线是确定截面线在空间的位置,约束截面运动的曲线,如图 6-8(a)所示。

导动面生成方式较为复杂,总共有以下几种:平行导动、固接导动、导动线 & 平面、导动线 & 边界线、双导动线和管道曲面。平行导动、固接导动为常用功能,要注意其区别。

(1) 平行导动和固接导动

平行导动是指截面线沿导动线轨迹移动,截面线是平行移动,如图 6-8(b)所示。截面线在移动过程中始终和初始平面 *XOY* 平行。

固接导动是指在导动过程中,截面线平面与导动线的切矢方向保持相对角度不变,如图 6-8(c)所示,固接导动时保持初始角(*XOY* 平面上截面线平面与导动线起点切矢的夹角)不变。固接导动有单截面线和双截面线两种。

(2) 导动线方向选取的不同,产生的导动面的效果也不相同。

(3) 导动线、截面线应当是光滑曲线,当导动线或截面线由多条线段组成时,应采用【曲线组合】命令将其分别组合成一条曲线。

5.【等距面】

它是按照给定距离和给定方向生成与已知曲面等距离的曲面。等距值不能大于曲面的最小曲率半径,等距面生成后,可能会扩大或缩小。

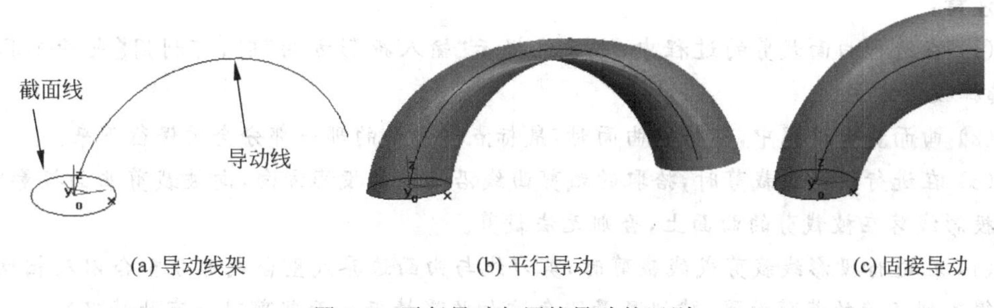

(a) 导动线架 (b) 平行导动 (c) 固接导动

图 6-8 平行导动与固接导动的区别

6.【平面】

它是按曲面方式定义的平面。其功能含义不同于制造工程师的基准平面，基准平面是绘制草图的参考面，此处的平面则是实际存在的空间平面。

7.【边界面】

边界面是在由已知曲线围成的边界区域上生成的曲面。边界面包括三边面和四边面。拾取的四条曲线必须首尾相连，形成封闭环，才能作出四边面。拾取的曲线应当是光滑曲线，如果一条边由多条线构成，可以采用【曲线组合】的办法将其组合成一条光滑的曲线。

8.【放样面】

以一组互不相交、方向相同、形状相似的截面线为骨架蒙上的一张曲面称之为放样曲面。放样面的生成方式有截面曲线和曲面边界两种生成方式。

(1) 生成放样面时，要求拾取的一组截面曲线应互不相交，方向一致，形状相似；

(2) 截面线要保证光滑，须按截面线摆放的方位顺序拾取曲线。拾取曲线时须保证截面线方向一致；

(3) 曲面边界方式可以做两曲面拼接，并且可以加控制线。曲面边界的拾取要选靠近边界的那条线。

9.【网格面】

以网格曲线为骨架，蒙上自由曲面生成的曲面称之为网格曲面。网格曲线由 U 向和 V 向两组相交曲线组成。

6.3.2 曲面编辑

曲面编辑是曲面造型不可缺少的组成部分，曲面编辑功能包括：曲面裁剪、曲面过渡、曲面缝合、曲面拼接、曲面延伸、曲面优化和曲面重拟合。下面简述各功能的意义和注意点。

1.【曲面裁剪】

对已经生成的曲面进行修剪，去掉不需要的部分的过程称为曲面裁剪。曲面裁剪命令包括：投影线裁剪、等参线裁剪、线裁剪、面裁剪和裁剪恢复几种方式。在各种曲面裁剪方式中，都可以通过切换立即菜单来采用裁剪或分裂的方式。在分裂的方式中，系统用剪刀线将曲面分成多个部分，并保留裁剪生成的所有曲面部分；在裁剪方式中，系统只保留用户所需要的曲面部分，其他部分将被裁剪掉。

注意：

(1) 在进行曲面裁剪的过程中，当系统提示“输入投影方向”时，可利用【矢量工具】菜单，选择投影方向。

(2) 曲面裁剪过程中，在拾取曲面时，鼠标点取曲面的那一部分会被保留下来。

(3) 在进行投影线裁剪时，拾取的裁剪曲线沿指定的投影方向，向被裁剪曲面投影时必须有投影线落在被裁剪的曲面上，否则无法裁剪。

(4) 在进行投影线裁剪或线裁剪时，剪刀线与曲面边界线重合或部分重合以及相切时，可能得不到正确的裁剪结果，建议尽量避免这种临界情况。面裁剪时也有此情况。

2.【曲面过渡】

在给定的曲面之间，以一定的方式，作出给定半径或给定半径变化规律的圆弧过渡面，可以实现曲面之间的光滑过渡。曲面过渡就是用截面是圆弧的曲面将两张曲面光滑连接起来。过渡面不一定过原曲面的边界。

曲面过渡共有 7 种方式：两面过渡、三面过渡、系列面过渡、曲线曲面过渡、参考线过渡、曲面上线过渡和两线过渡。它们通过立即菜单切换。每种过渡方式都有“等半径”过渡和“变半径”过渡两种情形。

“变半径”过渡是指过渡面的半径是变化的过渡方式，它分为线性变化半径和非线性变化半径。可以通过给定导引边界线或给定半径变化规律的方式来实现变半径过渡。

3.【曲面拼接】

曲面拼接是曲面光滑连接的一种方式。它通过多个曲面的对应边界，生成一张曲面与这些曲面光滑相接。曲面拼接的方式有两面拼接、三面拼接和四面拼接 3 种方式。

注意：

(1) 在进行两面拼接时，应在需要拼接的边界附近拾取曲面。要保证两个曲面拼接方向一致，拾取点与边界线的哪一个端点距离最近，哪一个端点便是边界的起点。在拾取的过程中要注意保证两边界线的拾取位置一致，否则拼接的曲面会发生扭曲。

因“过渡面”不一定通过两个原曲面的边界，用曲面过渡的方法无法将两个曲面从对应的边界处光滑连接，用曲面拼接的功能，就能产生一张过曲面边界的光滑连接曲面。

(2) 在进行三面拼接时，要拼接的三个面须在角点相交，即要拼接的三个边界应首尾相连，形成一条曲线。它可以封闭，也可以不封闭。三面拼接不仅可以拼接三张曲面，还可以拼接曲面和曲线围成的区域。在进行曲面与曲线的拼接操作过程中，拾取曲线时要先按右键，然后再拾取曲线。

(3) 在进行四面拼接时，要拼接的四个面须在角点相交，即要拼接的四个边界应首尾相连，形成一封闭曲线，并围成一个封闭区域。四面拼接与三面拼接一样，也可以拼接曲面和曲线围成的区域。在进行曲面与曲线的拼接操作过程中，拾取曲线时要先按右键，然后再拾取曲线。

4.【曲面缝合】

曲面缝合是指将两张曲面光滑连接为一张曲面。曲面缝合有两种方式：曲面切矢和平均切矢。

曲面切矢指通过曲面 1 的切矢进行光滑过渡连接，即在第一张曲面的连接边界处，按曲面1的切矢方向和第二张曲面连接，这样生成的曲面仍保持有曲面1形状的部分。

平均切矢是指通过两曲面的平均切矢进行光滑过渡连接，即在第一张曲面的连接边界处，按两曲面的平均切矢方向连接，最后生成的曲面在曲面1和曲面2处都改变了形状，如图6-9所示。

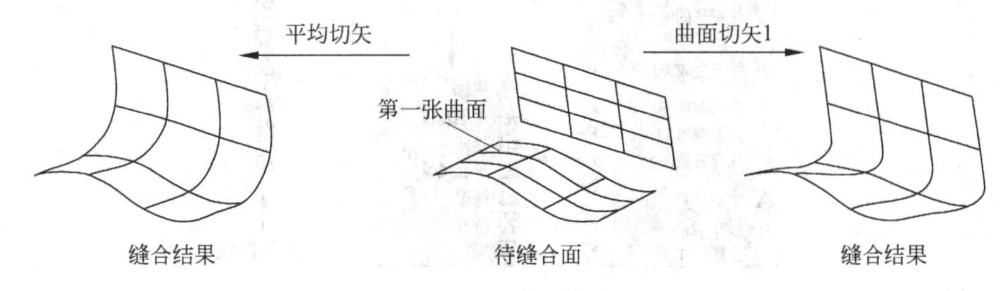

图6-9 曲面缝合的两种方式

曲面缝合要求缝合的两个曲面首尾相连，缝合处长短一致。如果两个面成尖角，则不能进行缝合。

5.【曲面延伸】

把曲面按给定长度沿相切的方向延伸出去，扩大曲面，即为曲面延伸。曲面延伸不支持裁剪后的曲面操作，拾取延伸面时，应在要延伸边的附近拾取。

6.【曲面优化】

在实际应用中，有时生成的曲面的控制顶点很密很多，会导致对这样的曲面处理起来很慢，甚至会出现问题。曲面优化功能就是在给定的精度范围内，尽量去掉多余的控制顶点，使曲面的运算效率大大提高。曲面优化功能不支持裁剪曲面。

7.【曲面重拟合】

在很多情况下，生成的曲面是NURBS表达的，或者有重节点，这样的曲面在某些情况下不能完成运算。这时，需要把曲面修改为B样条表达形式(没有重节点)。曲面重拟合功能就是把NURBS曲面在给定的精度条件下拟合为B样条曲面。曲面重拟合功能不支持裁剪曲面。

6.3.3 线面的几何变换

几何变换主要是针对曲线、曲面进行的一组操作命令，要注意的是它对造型实体操作无效。利用几何变换命令可以大大简化作图过程，提高作图效率。

进入几何变换命令有3种方式：一是菜单命令，二是工具按钮，三是拾取线面后右击弹出快捷菜单，图6-10是几何变换命令菜单和工具按钮方式。

几何变换对于编辑图形和曲面有着极为重要的作用，可以极大地提高工作效率。几何变换共有7种功能：平移、平面旋转、旋转、平面镜像、镜像、阵列和缩放。

1.【平移】

对拾取到的曲线或曲面进行平移或拷贝。平移有两种方式：两点或偏移量。

【两点】：就是给定平移元素的基点和目标点，来实现曲线或曲面的平移或拷贝。

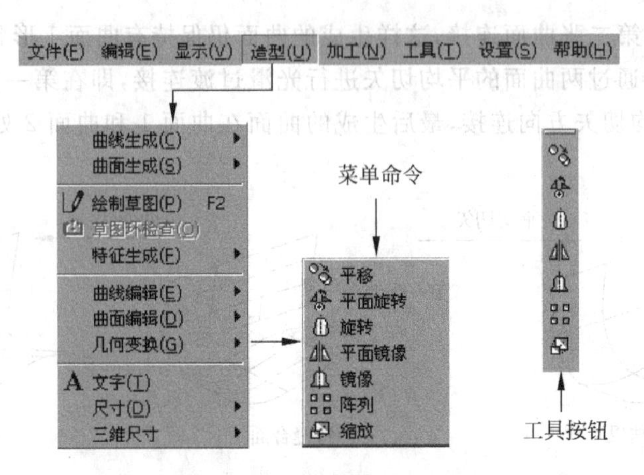

图 6-10 几何变换命令进入方式

【偏移量】:就是给出在 XYZ 三轴上的偏移量,来实现曲线或曲面的平移或拷贝。

2.【平面旋转】

对拾取到的曲线或曲面进行同一平面上的旋转或旋转拷贝(如图 6-11 所示)。平面旋转有拷贝和平移两种方式。拷贝方式除了可以指定旋转角度外,还可以指定拷贝份数。

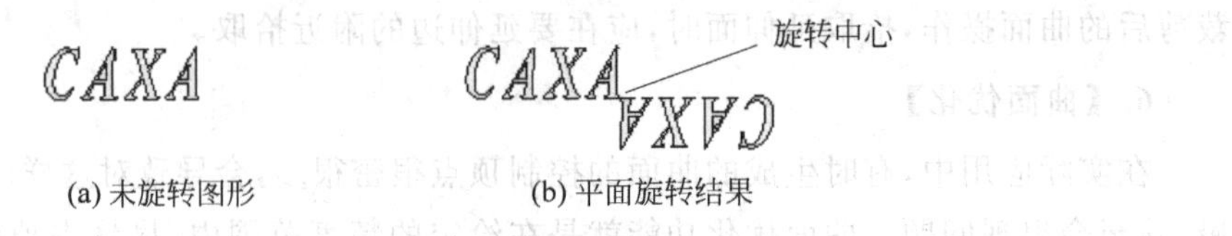

(a) 未旋转图形 (b) 平面旋转结果

图 6-11 平面旋转图形

3.【旋转】

对拾取到的曲线或曲面绕空间直线轴进行空间的旋转或旋转拷贝(如图 6-12 所示)。旋转有拷贝和平移两种方式。拷贝方式除了可以指定旋转角度外,还可以指定拷贝份数。

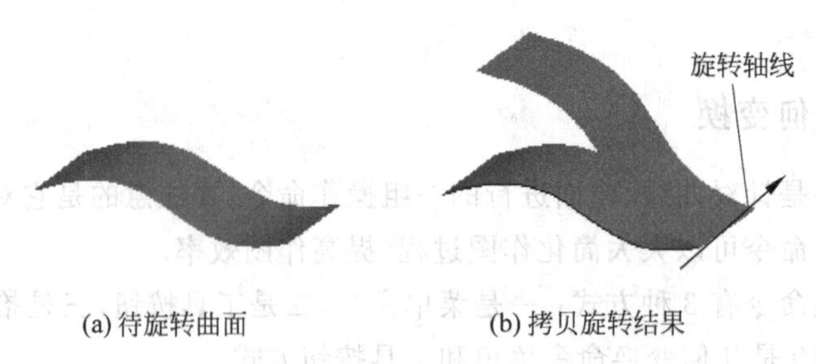

(a) 待旋转曲面 (b) 拷贝旋转结果

图 6-12 空间旋转曲面

4.【平面镜像】

对拾取到的曲线或曲面以某一条直线为对称轴,进行同一平面上的对称镜像或对称拷贝,如图 6-13 所示。平面镜像有拷贝和平移两种方式。

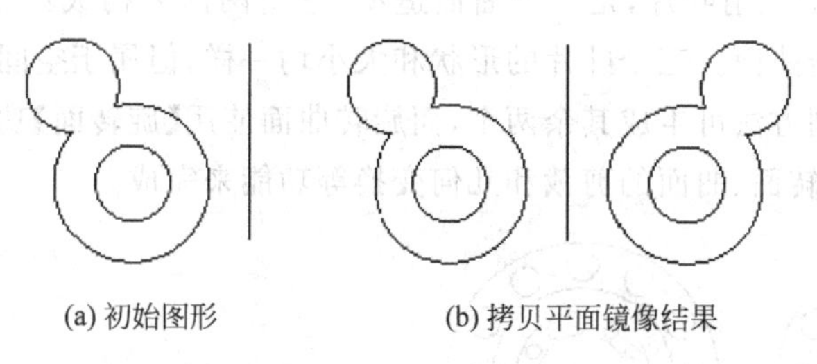

图 6-13 图形的平面镜像

5.【镜像】

对拾取到的曲线或曲面以某一条直线为对称轴，进行空间上的对称镜像或对称拷贝，如图 6-14 所示。镜像有拷贝和平移两种方式。

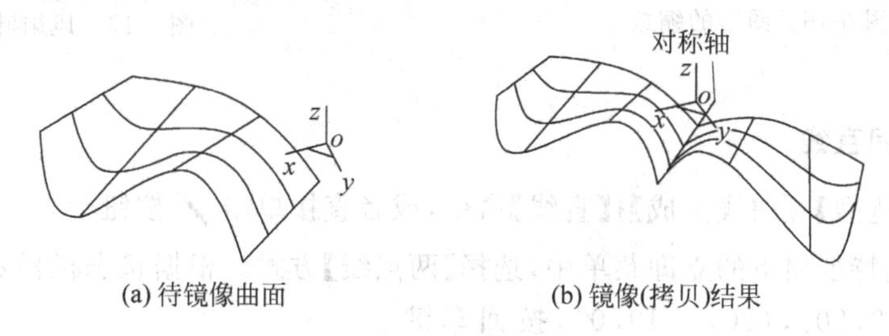

图 6-14 图形的空间镜像

6.【阵列】

对拾取到的曲线或曲面，按圆形或矩形方式进行阵列拷贝。阵列分为圆形或矩形两种方式。

【圆形阵列】：对拾取到的曲线或曲面，按圆形方式进行阵列拷贝。

【矩形阵列】：对拾取到的曲线或曲面，按矩形方式进行阵列拷贝(如图 6-15 所示)。

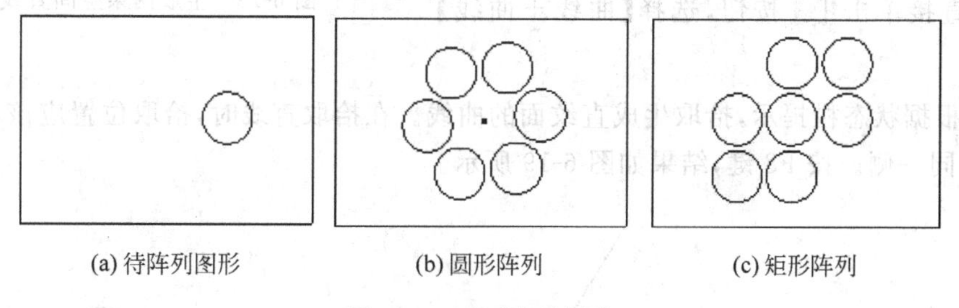

图 6-15 平面阵列图形

7.【缩放】

缩放是指对拾取到的曲线或曲面按比例进行放大或缩小(如图 6-16 所示)。缩放有拷贝和移动两种方式。

下面通过一个构建曲面的实例来说明曲线、曲面及几何变换的基本用法。

例题 通过构建空间线架来生成风扇叶片曲面。

如图6-17所示的风扇叶片，是一个曲面造型，它由两部分构成：三个互成120°夹角的叶片曲面和一个旋转曲面。三个叶片的形状和大小均一样，但属于空间曲面，画出一个叶片后用几何变换的阵列方法可生成其余两个，而旋转曲面使用【旋转面】功能即可，所以该例造型将应用直纹面、旋转面、曲面的剪裁和几何变换等功能来完成。

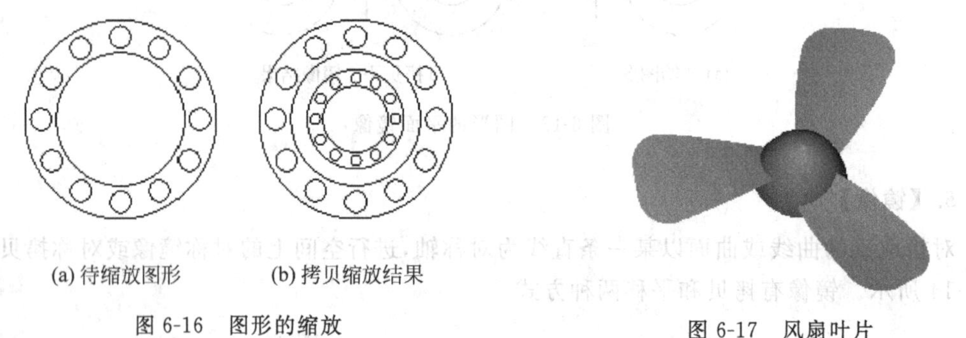

(a) 待缩放图形　(b) 拷贝缩放结果

图6-16　图形的缩放

图6-17　风扇叶片

1. 绘制空间直线

(1) 选择【造型】|【曲线生成】|【直线】命令，或者直接单击 ／ 按钮。

(2) 在左侧特征树下的立即菜单中，选择【两点线】方式。根据状态栏提示，输入直线端点坐标（−5，23，20），（20，−19，0），按回车键确定。

(3) 按回车键，输入直线起始点坐标(55，68，0)和终点坐标(90，10，20)。生成的两条直线如图6-18所示。

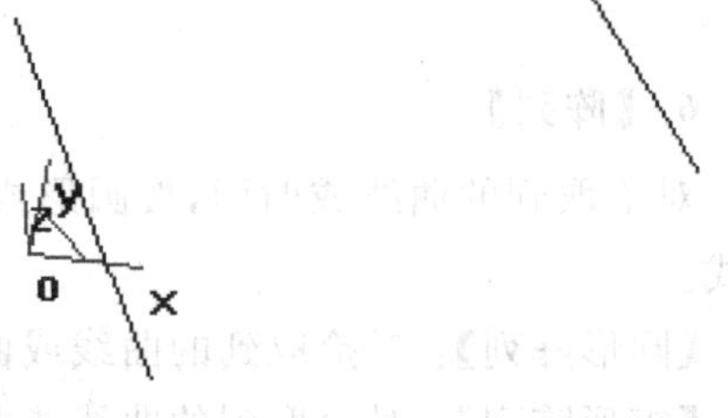

图6-18　生成两条空间直线

2. 生成直纹面

(1) 选择【造型】|【曲面生成】|【直纹面】命令，或者直接单击按钮，选择【曲线＋曲线】方式。

(2) 根据状态栏提示，拾取生成直纹面的曲线。在拾取直线时，拾取位置应该尽量在两条曲线的同一侧。按F8键，结果如图6-19所示。

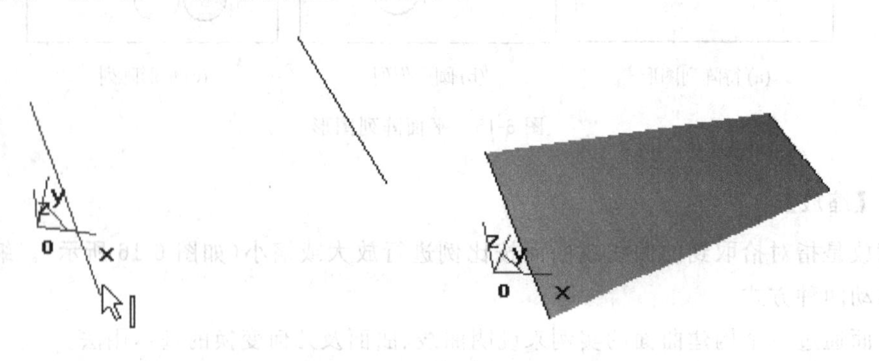

图6-19　生成直纹面

3. 裁剪曲面

(1) 按 F5 键,把显示平面切换到 *XOY* 平面。

(2) 单击 按钮,依次输入直线坐标点(−13,4,0)、(0,−20,0)、(80,17,0)、(57,58,0)、(−13,4,0),按回车键确认,得到如图 6-20 所示四边形。

(3) 选择【造型】|【曲线编辑】|【曲线过渡】命令,或者直接单击 按钮,输入圆弧过渡半径 15,其他参数如图 6-21 所示。

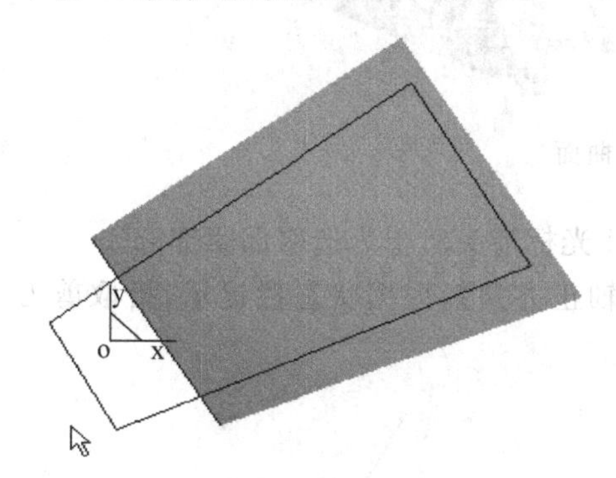

图 6-20 画出剪刀线的四边

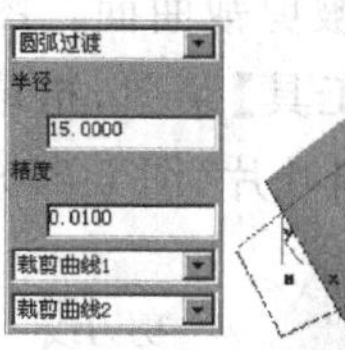

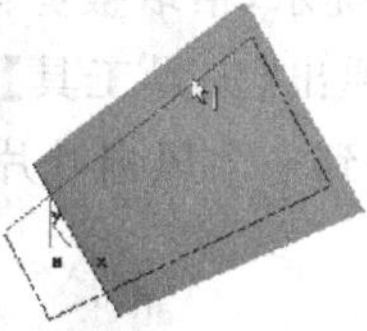

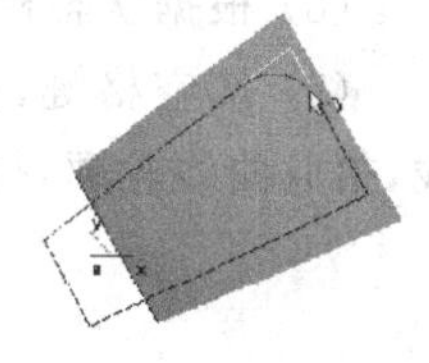

图 6-21 圆弧过渡的选项和剪刀线的圆弧过渡

(4) 此时根据屏幕下方的状态提示,依次拾取过渡边,如图 6-21 所示。

(5) 重复 (3)、(4) 步操作,得到如图 6-22 的图形。

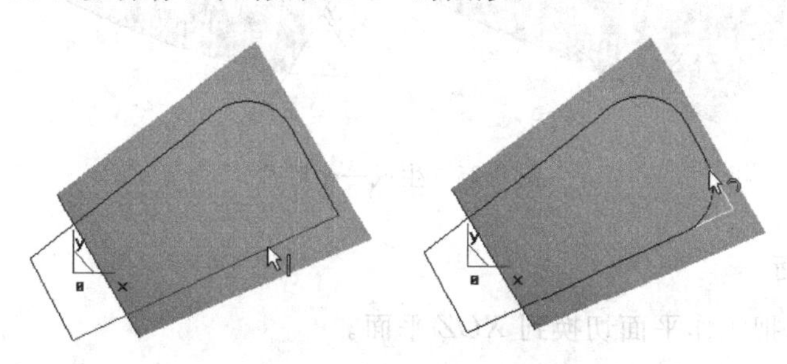

图 6-22 剪刀线的圆弧过渡

(6) 选择【造型】|【曲线编辑】|【曲线组合】命令,或者直接单击 按钮。根据状态栏提示,拾取需组合的曲线,单击图 6-23(a)中的左向箭头,得到如图 6-23(b)的图形。

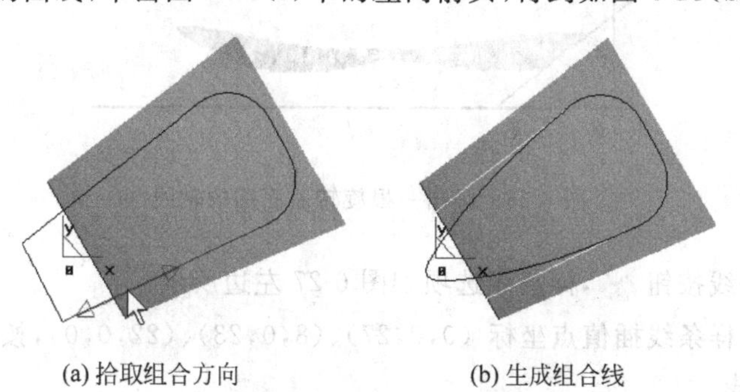

(a) 拾取组合方向 (b) 生成组合线

图 6-23 将 4 条直线组合成曲线

(7) 选择【造型】|【曲面编辑】|【曲面剪裁】命令,或者直接单击按钮。裁剪方式选【投影线裁剪】、【裁剪】(图 6-24)。

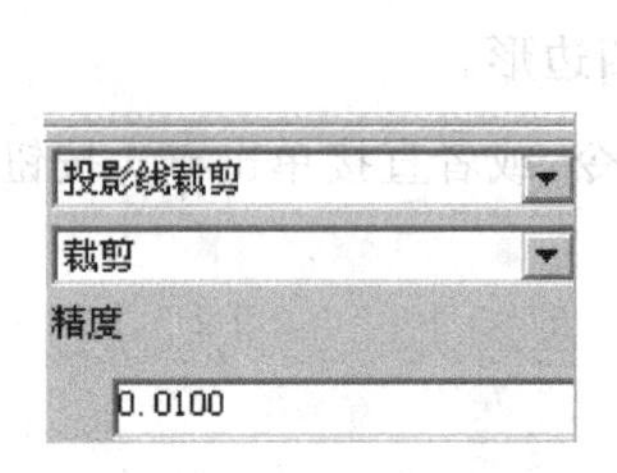

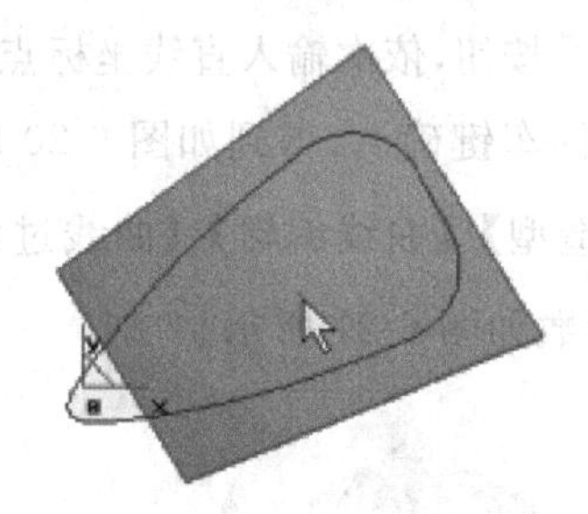

图 6-24 拾取保留曲面

(8) 根据状态栏提示,拾取被剪裁曲面。图 6-24 光标箭头所指为选取保留部分。

(9) 按空格键,弹出【矢量工具】菜单,拾取【Z 轴正方向】,根据状态栏提示,拾取剪刀线,拾取曲线轮廓,得到一个风扇叶片(图 6-25)。

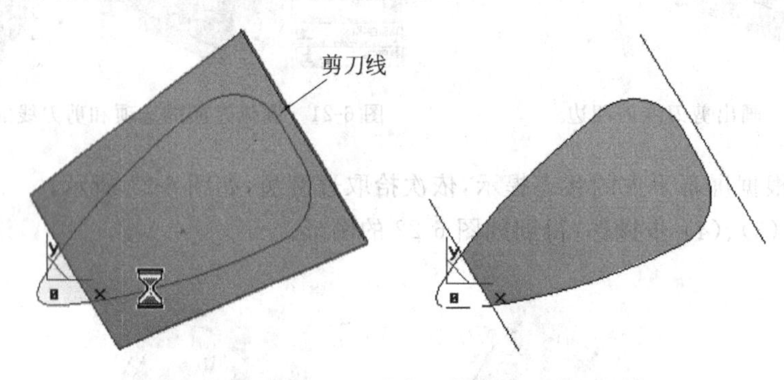

图 6-25 生成一个叶片

4. 生成旋转面

(1) 按 F7 键,把工作平面切换到 *XOZ* 平面。

(2) 单击直线按钮,依次输入直线坐标点 (0,0,0),(0,0,27),回车确认,得到直线如图 6-26 所示。

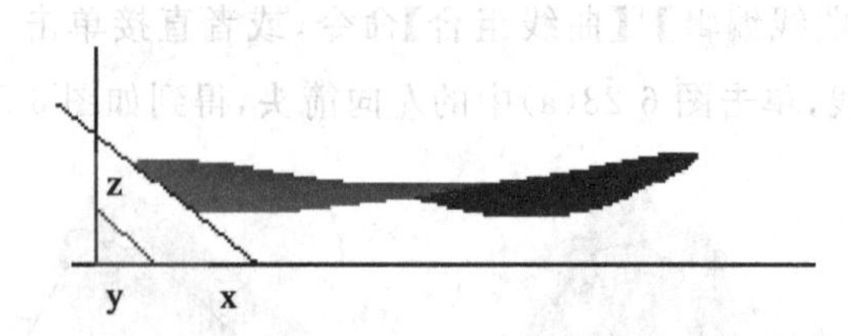

图 6-26 画出一根旋转曲面用的轴线

(3) 单击样条线按钮,样条线选项如图 6-27 左边所示。

(4) 依次输入样条线插值点坐标 (0,0,27)、(8,0,23)、(22,0,0),按回车键确认,得到如图 6-27 的截面线。

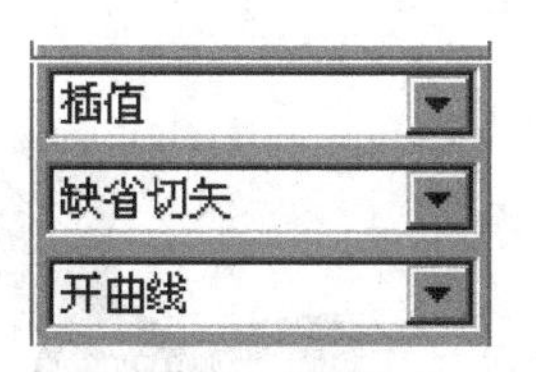

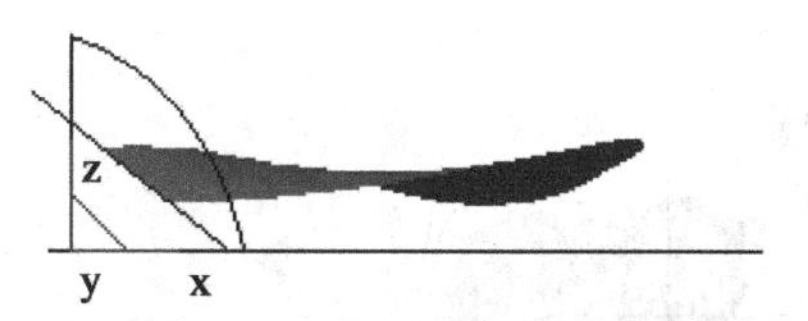

图 6-27 生成截面线(样条线)

(5) 选择【造型】|【曲面生成】|【旋转面】命令,或者直接单击按钮。根据状态栏提示,拾取旋转轴线,单击向上箭头,然后拾取母线,结果如图 6-28 所示。

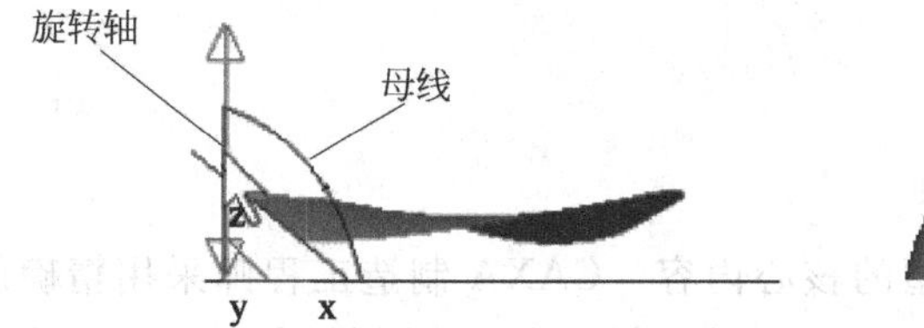

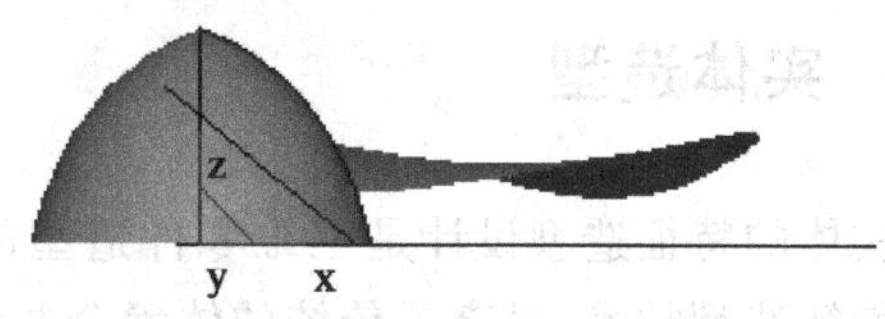

图 6-28 生成旋转头(曲面)

(6) 选择【造型】|【曲面编辑】|【曲面剪裁】命令,或者直接单击按钮,选择【面裁剪】方式,裁剪选项如图 6-29 所示。根据状态栏提示,拾取被裁剪曲面(选取须保留的部分),拾取剪刀曲面,多余的扇叶被裁剪掉。

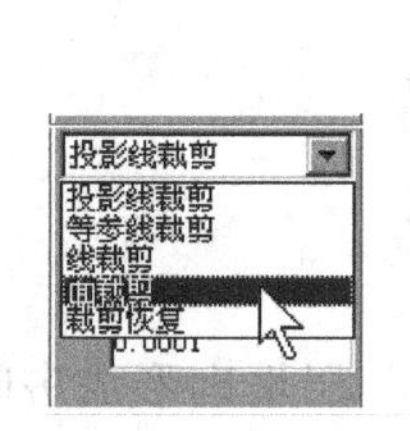

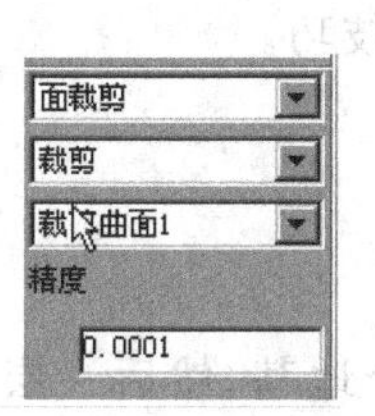

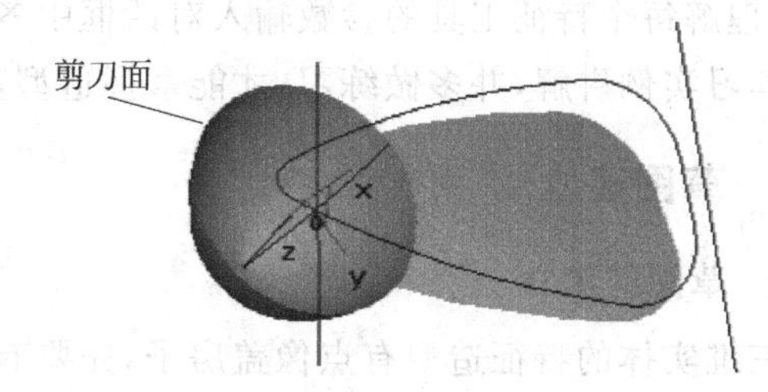

图 6-29 用面裁剪方式裁剪曲面

5. 几何变换——阵列

(1) 选择【造型】|【几何变换】|【阵列】命令,或者直接单击按钮。阵列参数如图 6-30 所示,根据状态栏提示,拾取阵列元素,单击扇叶,拾取原点。

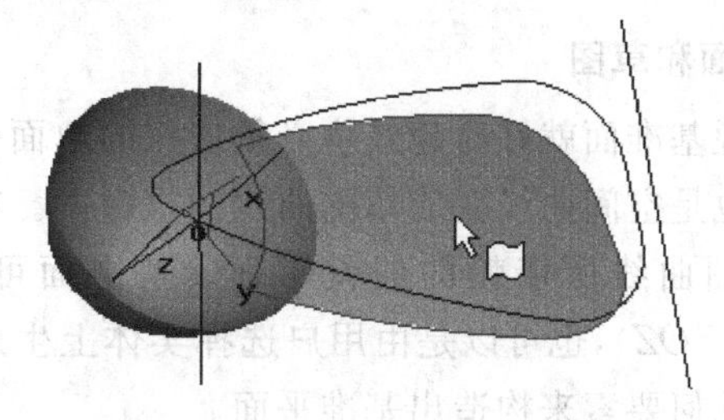

图 6-30 对生成的叶片应用阵列命令

(2) 按 F5 键切换至 *XOY* 平面,根据状态栏提示,输入阵列中心点(即单击坐标原点),得到实体曲面,如图 6-31 所示。

(3) 删除或隐藏空间曲线,得到风扇的曲面造型,如图 6-32 所示。

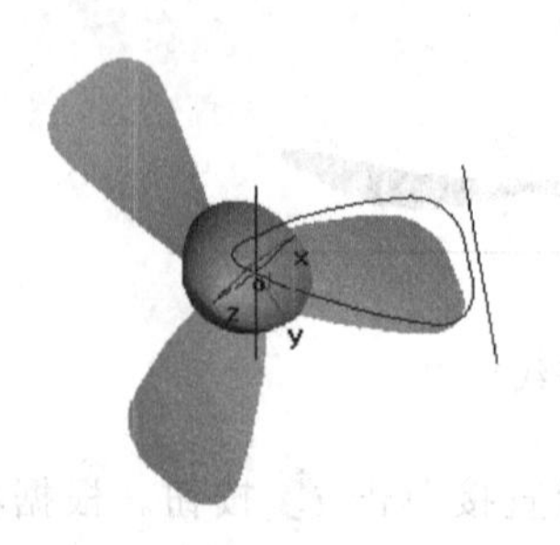

图 6-31　阵列后的三叶片

图 6-32　风扇的曲面造型

6.4　实体造型

实体的特征造型设计是三维零件造型的核心内容。CAXA 制造工程师采用精确的参数化特征造型技术，抛弃了传统的体素合并和交并差的繁琐方式，将设计信息用特征术语来描述，将机械设计中常用到的诸如孔、槽、型腔、点、凸台、圆柱体、块、锥体、球体、管子等当作特征来处理，使整个设计过程直观、简单、准确。本章的重要知识点在于草图的运用，它是学会进行实体特征设计的基础，必须理解和掌握。关键是要理解空间曲线和草图曲线的区别和转换，熟悉各个特征生成和特征处理的命令或工具，要将特征操作和零件的形体分解结合起来，理解每个特征工具的参数输入对话框中各个选项含义，并注意临界条件和约束条件，通过学习实例讲解，并多做练习，才能掌握造型基本技巧。

6.4.1　草图建立

1. 草图的建立

三维实体的特征造型有点像盖房子，先要有一个地基，然后一层一层堆砌形成房间，最后再完成阳台、楼、屋顶等。草图（也称轮廓），相当于建筑物的地基，是指生成三维实体必须依赖的封闭曲线组合，即为特征造型准备的一个平面图形，也可以是空间曲线在平面上的投影图形。草图必须存在于一个预先选定的基准平面上，每个基准平面上只能绘制一个草图。每个特征需要一个或多个草图，所以每生成一个实体特征必须经过三个步骤：确定基准面，在基准面上绘制草图，生成特征。零件越复杂用到的草图数量和特征种类越多。

2. 基准面和草图

简单地说基准面就好比建筑物必须依托的地面一样，它是草图必须依赖的一个假设平面。基准面也是空间曲线变成草图曲线的投影面。在建立草图前必须先准备好基准面，也就是画出草图曲线所依赖的假设平面。基准面可以是特征树中已有的默认坐标平面（*XOY*,*YOZ*,*XOZ*），也可以是由用户选择实体上生成的某个平面，还可以利用实际存在的点、线、面等几何要素来构造出基准平面。

CAXA 提供了一个构建基准面的工具（如图 6-33），使用这个工具可以利用已有的空间点、线、面来构建新特征所需的草图基准平面。

构造基准面的命令是：选择【应用】|【特征生成】|【基准面】，或者直接单击 按钮，系统弹出如图 6-33 的【构造基准面】对话框。根据构造条件，填入所需的距离或角度，单击

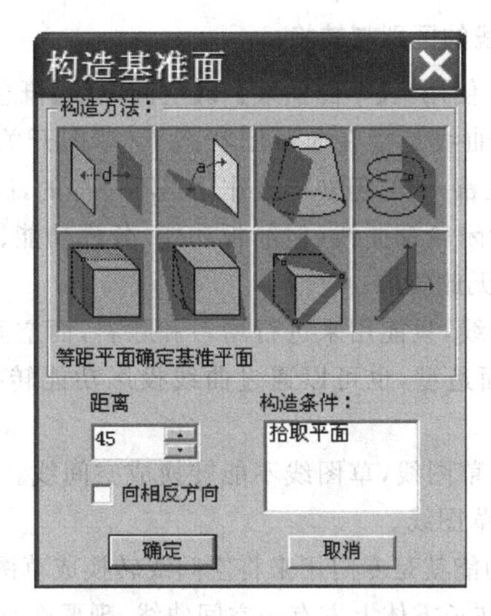

图 6-33　【构造基准面】对话框

【确定】完成操作。

构造基准平面的方法包括以下 8 种：等距平面确定基准平面；过直线与平面成夹角确定基准平面；生成曲面上某点的切平面；过点且垂直于直线确定基准平面；过点且平行平面确定基准平面；过点和直线确定基准平面；三点确定基准平面；根据当前坐标系建立基准面。

构造条件中主要要用到距离和角度这两个参数：

【距离】：是指生成平面距参照平面的尺寸值，可以直接输入所需数值，也可以单击按钮来调节。向相反方向，是指与默认的方向相反的方向。

【角度】：是指生成平面与参照平面的所夹锐角的尺寸值，可以直接输入所需数值，也可以单击按钮来调节。

例如现有一长方体，想要在体对角面上生成一个圆柱体，可以拾取三个对角顶点（如图 6-34 箭头指处），利用基准面工具的【三点确定基准平面】选项，构造出基准平面，然后在此平面上拉伸增料得到一个柱体（如图 6-34 所示）。

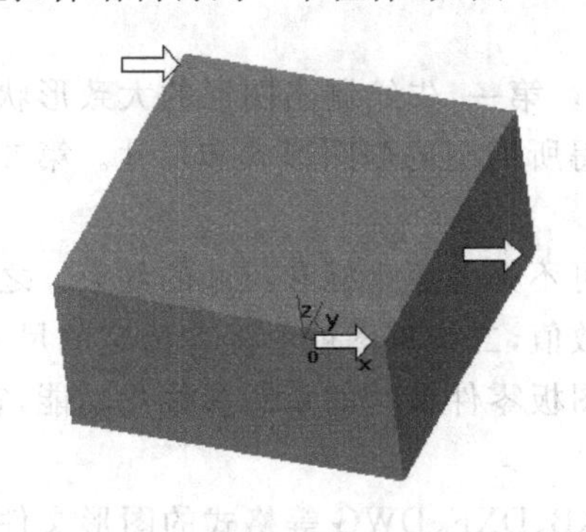

(a) 拾取构建基准平面所需的三点

(b) 在基准面上生成一个柱体特征

图 6-34　用三点方式确定基准面

3. 草图曲线与空间曲线的区别与转换

我们在零件设计时经常使用到【草图曲线】和【空间曲线】概念。所谓草图曲线就是在草图状态下绘制的曲线，空间曲线是指在非草图状态下（草图开关按钮未按下）绘制的曲线。它们的画法和编辑方法都一样，但功能或作用是不一样的，区别在于：

(1) 草图曲线必须是封闭轮廓曲线（但筋板功能、分模功能、薄壁特征例外），曲线不能重叠或有断点，而空间曲线无此要求；

(2) 草图曲线是平面曲线，只能用来进行增料和除料，而空间曲线是平面或三维曲线，既可以用来构建线架或曲面造型，也可以通过曲线投影功能转换成草图线用来构建实体特征；

(3) 空间线可以转换成草图线，草图线不能转换成空间线。在草图状态不能编辑空间线，在非草图状态不能编辑草图线。

系统提供的曲线投影功能就是专门用来将空间线转换成草图线的。

例如图 6-35 所示的是在长方体上方有一空间曲线，现要在长方体上挖出一曲线轮廓的凹槽，可按下列步骤操作。

(1) 拾取长方体顶面为基准面，按 F2 键进入草图状态（如图 6-35(a)所示）；

(2) 单击曲线投影按钮，按系统提示拾取曲线，即得到曲线在草图平面上的投影，生成草图曲线（如图 6-35(b)所示）；

(3) 运用拉伸除料命令生成曲线凹槽，结果如图 6-35(c)所示。

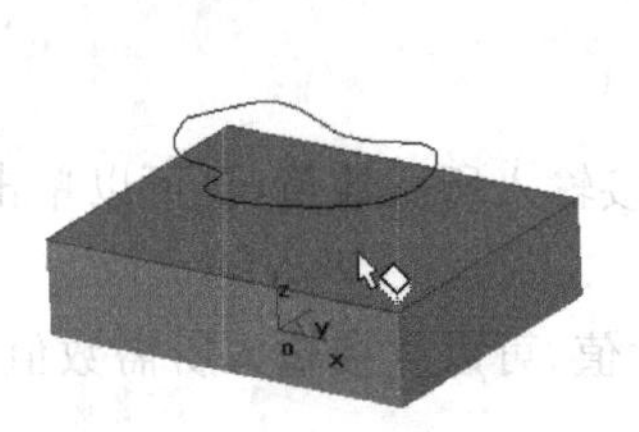

(a) 拾取长方体顶面为基准面

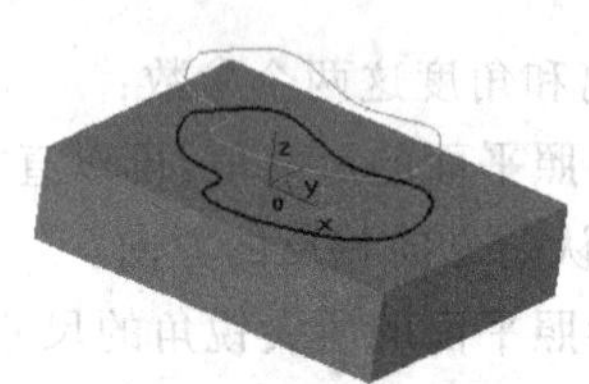

(b) 投影生成草图线

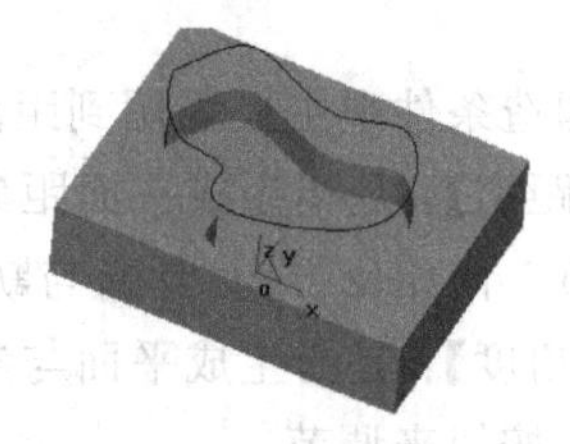

(c) 生成曲线凹槽

图 6-35　应用曲线投影生成特征

4. 草图的参数化

在绘制草图的时候，可以通过两种方式进行。第一，先绘制出图形的大致形状，然后通过草图参数化的功能，对图形进行修改，最终获得所期望的草图形状和尺寸。第二，也可以直接按照标准尺寸精确作图。

在草图环境下，用户可以任意绘制曲线，大可不必考虑坐标和尺寸的约束。之后，对所绘制的草图标注尺寸，接下来只须改变尺寸的数值，二维草图就会随着给定的尺寸值而变化、达到最终希望的精确形状，这就是三维电子图板零件设计的草图参数化功能，它包括草图尺寸标注、草图尺寸编辑和尺寸驱动功能。

三维电子图板还可以直接读取矢量化的 EXB、DXF、DWG 等格式的图形文件，在草图中对其进行参数化重建。草图参数化修改适用于图形元素之间的几何关系保持不变，只对某一尺寸进行修改。

(1) 尺寸标注：在草图状态下，对所绘制的图形标注尺寸。

选择【应用】|【尺寸】|【尺寸标注】命令，或者直接单击尺寸标注按钮。然后拾取元素标注尺寸。在非草图状态下，不能标注尺寸。

(2) 尺寸编辑：在草图状态下，对标注的尺寸进行标注位置上的修改。在非草图状态下，不能编辑尺寸。

选择【应用】|【尺寸】|【尺寸编辑】命令，或者直接单击尺寸编辑按钮。拾取需要编辑的尺寸元素，修改尺寸线位置，完成尺寸编辑，如图 6-36 所示。

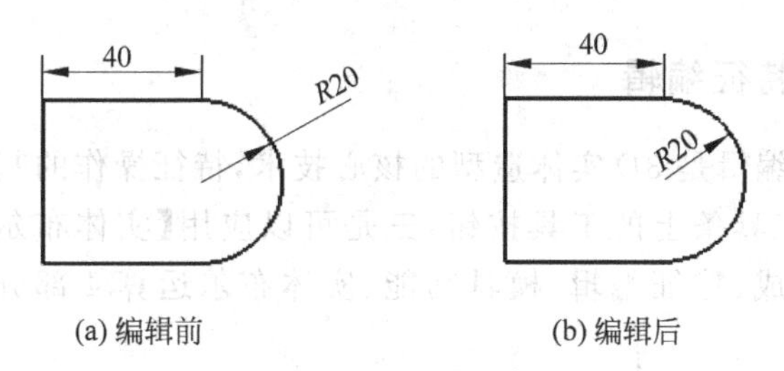

图 6-36 草图的尺寸编辑

(3) 尺寸驱动：尺寸驱动用于修改某一尺寸，而图形的几何关系保持不变。在非草图状态下，不能驱动尺寸。

选择【应用】|【尺寸】|【尺寸驱动】命令，或者直接单击尺寸驱动按钮。拾取要驱动的尺寸，系统弹出输入对话框，输入新的尺寸值后回车，尺寸驱动完成。

尺寸驱动最重要的作用是，对已有的造型零件进行参数化修改时不会影响已有图形元素之间的几何拓扑关系。例如图 6-37 所示的两圆和直线具有相切关系，对直线长度改变后进行草图的参数驱动，这种几何相切关系依然存在，如图 6-38 所示。

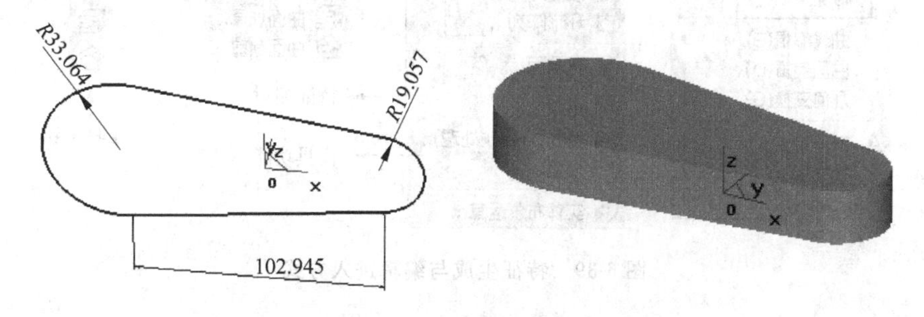

图 6-37 修改前的草图和造型

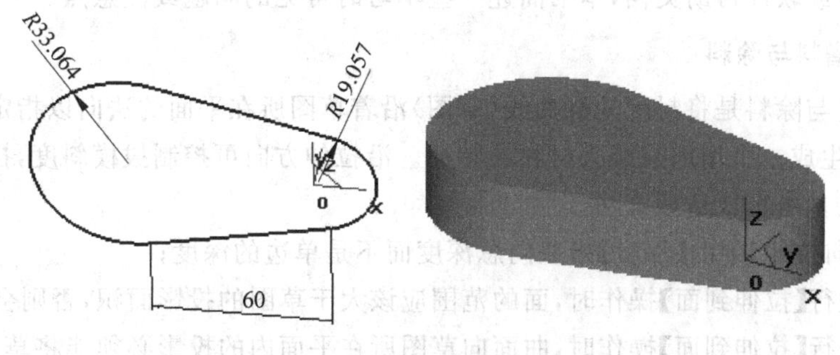

图 6-38 修改后的草图和造型

5. 草图环检查

选择【应用】|【草图环检查】命令，或者直接单击草图环检查按钮，系统弹出草图是否封闭的提示，用来检查草图环是否封闭。当草图环封闭时，系统提示【草图不存在开口环】；当草图环不封闭时，系统提示【草图在标记处为开口状态】，并在草图中用红色的点标记出来。在绘制草图曲线时如果发生曲线重叠、曲线多余、断点等情况，将会出现【草图在标记处为开口状态】的提示。

6.4.2 特征生成与特征编辑

特征生成与特征编辑是3D实体造型的核心技术，特征操作的基本方法有三种：一是菜单命令，二是单击工具条上的工具按钮，三是可以应用【实体布尔运算】命令。特征实体的操作共分特征生成、特征编辑、模具功能、实体布尔运算4部分，每部分的具体功能见图6-39。

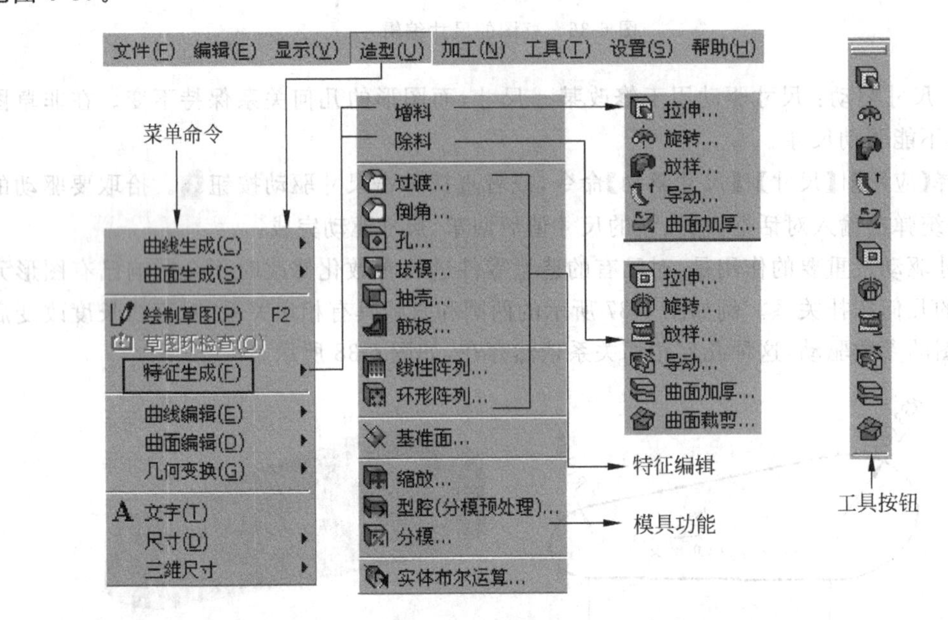

图6-39 特征生成与编辑进入方式

掌握各个具体的特征造型功能需要平时大量的练习和经验积累，具体操作说明请参看软件用户手册或软件帮助文档，本书简述一些学习时常见的问题或注意点。

1. 拉伸增料与除料

拉伸增料与除料是将封闭轮廓曲线（草图）沿着草图所在平面的法向以指定的方式进行拉伸操作，以生成一个增加或减去材料的特征。沿拉伸方向可控制拔模斜度，拉伸增料与除料是最常用的基本特征造型方法。

(1)【双向拉伸】中的【深度】指双向总深度而不是单边的深度；

(2) 在进行【拉伸到面】操作时，面的范围应该大于草图的投影面积，否则会操作失败；

(3) 在进行【拉伸到面】操作时，曲面向草图所在平面内的投影必须能将草图覆盖，否则将操作失败；

(4) 不封闭、不交叉的草图可以生成薄壁特征；

(5) 针对不同的特征操作，拔模斜度值给定要合理(小于 90 度)，拔模方向由基准面决定。特征编辑中的拔模的概念与拉伸时的拔模概念一样，两者的不同之处只是操作对象不同而已。特征编辑的【拔模】可对实体上的多张面进行处理，可以设置多个几何面的倾角。拉伸特征操作中的“拔模”是沿拉伸方向形成单一拔模角度。

2. 旋转增料与除料

旋转增料与除料是将封闭轮廓曲线(草图)，通过围绕一条空间直线的旋转操作，生成增加(减去)材料的特征。旋转特征用于回转体零件，例如台阶轴、齿轮、轴套等。操作时须注意旋转轴线必须是在非草图模式下绘制的空间直线；旋转轴线不能和草图有交点；旋转角度的方向用右手法则来判定。

3. 导动增料与除料

导动增料(除料)是将封闭轮廓曲线(草图)，沿一条轨迹运动而增加(减去)材料生成实体的操作。实体导动概念和曲面基本一致，但导动方式只有【平行导动】和【固接导动】两种。

(1) 导动的“轨迹线”是在非草图下绘制的曲线(可以是平面曲线，也可是空间曲线)；

(2) 轨迹线的起始点必须在草图截面上，但并不一定与草图轮廓线相交；

(3) 轨迹线可以由多段曲线组成，但是曲线间必须是光滑过渡连接，单条曲线的曲率半径不能太小。

4. 放样增料与除料

放样增料与除料是根据多个封闭轮廓草图曲线，增加或减去材料生成特征实体的操作。通过拉伸与旋转得到的实体，以特定的方式剖切时，基本剖面形状是完全相同或者相似的，而通过放样特征操作则可以得到剖面形态各异的实体。

(1) 放样操作必须具备两个或两个以上的不同草图，相邻草图具有形状近似性；

(2) 相邻草图曲线组成段数应尽量相同，如出现操作失败，可用曲线编辑功能将草图轮廓线打断或重新组合；

(3) 拾取草图轮廓时，拾取位置和顺序不同会产生不同的结果。

5. 曲面加厚增料与除料

它是对指定的曲面按照给定的厚度和方向进行增加或减去材料的特征操作。

(1) 加厚方向和曲面法向矢量和曲率半径有关，曲面的曲率变化不能很大，否则会导致加厚操作失败；

(2) 系统支持多曲面操作，如出现操作失败，请考虑使用曲面缝合尽量变成一张曲面；

(3) 加厚除料不能将实体分成两部分，这种情况系统提示操作失败；

(4) 对于若干个面组成的一个封闭空间，可以直接应用闭合曲面填充增料生成实体。如图 6-40(a)所示，但如果图中四棱锥底面不封闭，只要把四棱锥底面放到一个实体表面，仍然可生成四棱锥实体，如图 6-40(b)所示。

6. 过渡和倒角

(1) 只有在变半径过渡时，相关顶点、线性变化、光滑变化的选项才能被激活。变半径过渡只能用于边过渡，顶点排列顺序与其对应的半径值在输入时要保持一致。

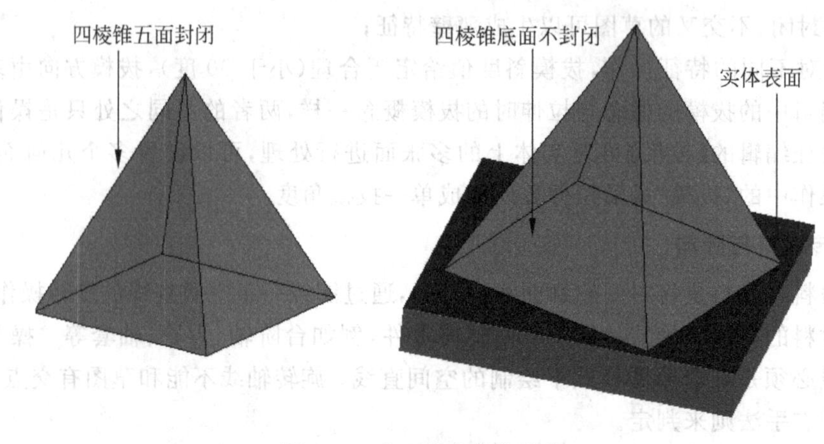

图 6-40 曲面和实体的融合

(2) 过渡和倒角半径大小和实体尺寸(如壁厚)、形状(棱边相交情况)有关,半径要在合理值范围内设置。

7. 打孔

打孔平面必须选择实体上的平面,打孔中心点如果无法用点功能菜单自动捕捉,可以在非草图状态下应用坐标点输入方式或屏幕直接拾取方式生成一个空间点,在出现“指定孔的定位点”提示后将此点拾取即可。

打孔中心点位置还可以利用草图编辑方式来修正,办法是:在特征树中选择打孔特征,编辑草图,进入的孔的草图状态后只有孔的中心位置点,这时可通过尺寸驱动或重新拾取点位置来进行孔位置的修正。

8. 筋板

筋板的加固方向应指向被加固的实体一侧,否则操作失败。筋板草图的形状不封闭。

9. 特征的阵列

(1) 特征阵列操作只能对基础实体上的特征如孔、槽、凸台、筋板操作,而不能对基础特征操作。如在一块实体平板上有一个用打孔或减料方法生成的孔,这时仅能对此孔进行阵列,对平板不能进行阵列操作。

(2) 修改特征如圆角过渡、倒角和拔模等,不能在单个阵列模式下进行,只能在组合阵列模式下,随它们的修改对象一起实施阵列。

(3) “边/基准轴”用来确定阵列特征的相对位置,拾取前应先单击该选项将它激活,“边/基准轴”可在零件造型上直接拾取实体的直边、草图直线或存在的空间直线。

(4) 环型阵列方向的确定用右手法则,即右手握住边或基准轴,大拇指与轴线方向指向一致,其他四指为圆型阵列的分布方向。

6.5 零件加工造型实例

下列 4 个实例是典型的 3D 零件造型,用到了大部分基本造型功能,而 6.5.4 节的实例选自一个简化了的模具型腔,属于较为复杂的加工零件。前三个实例要重点掌握,其造型过程或许还有更简捷的方法，请读者自己试一试。判断造型过程效率高低的方法是看特征树中记录的草图和特征数，越少越好。造型简捷对后面加工编程也有好处。

6.5.1 线架造型实例——公式曲线凸轮

凸轮图形尺寸如图 6-41 所示，现要用直径为 10mm 的端面铣刀做凸轮渐开线外轮廓的加工。毛坯为轮廓尺寸＋2mm，15mm 厚度方向余量＋1mm，所以只需加工外轮廓和平面就可以了。这里先讲完成凸轮平面轮廓的造型，后一章再讲加工。

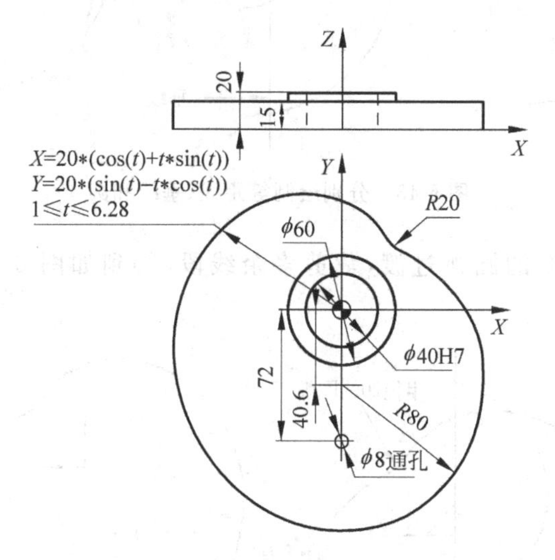

图 6-41　凸轮的图样与尺寸数据

(1) 在 XOY 工作平面内应用公式曲线命令绘制渐开线。单击【公式曲线】按钮 f(x)，系统弹出【公式曲线】对话框，输入如图 6-42 所示的渐开线坐标参数，将渐开线起点定位在坐标原点。

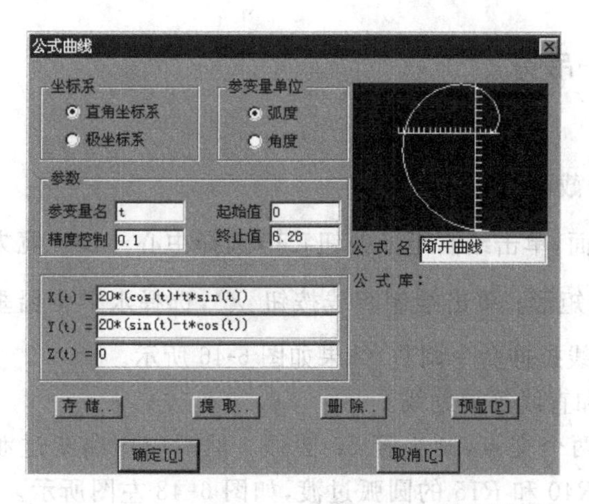

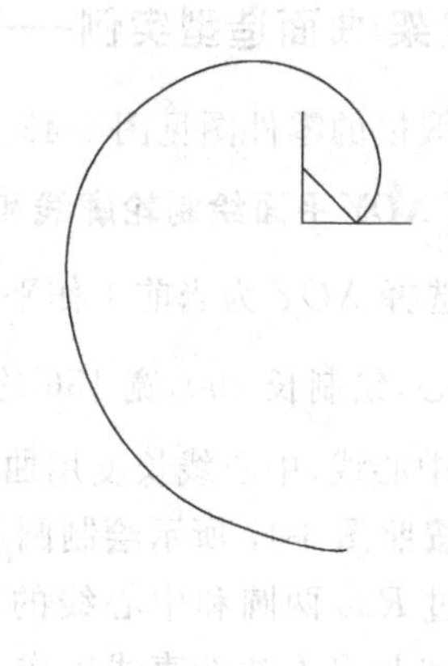

图 6-42　绘制渐开线

(2) 单击【等距线】按钮，绘制与渐开线相距 80 的等距线。绘制过原点的辅助垂线。绘制圆，圆心选择等距线和垂线的交点，按空格键选择【切点】，使圆和渐开线相切，圆的半径为 80,如图 6-43 所示。

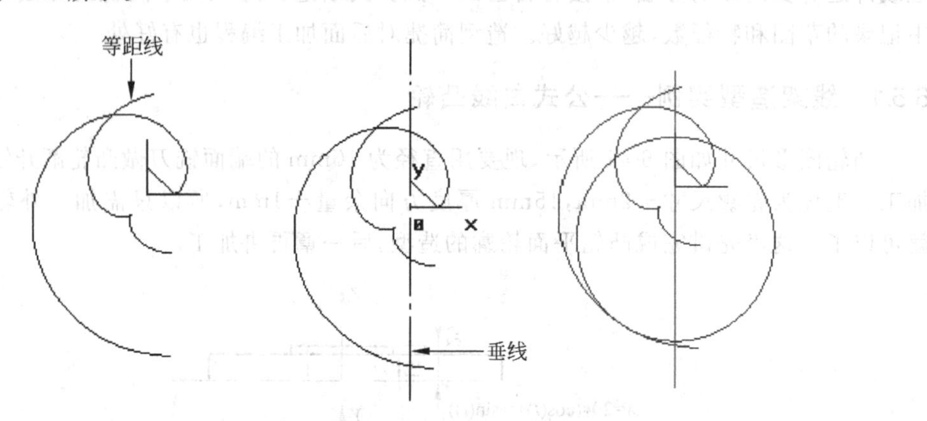

图 6-43 分别绘制等距线、垂线和圆

(3) 绘制半径为 20 的圆弧过渡,裁剪多余线段,得到如图 6-44 右图所示的凸轮轮廓线。

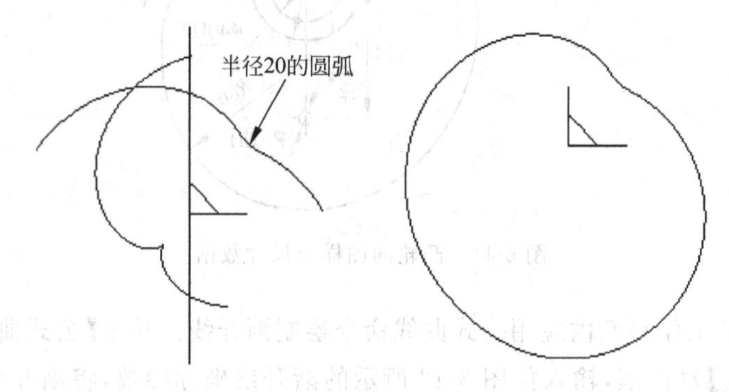

图 6-44 凸轮的轮廓线

6.5.2 线架/曲面造型实例——吊钩

吊钩锻模的零件图见图 6-45。

1. 在 *XOY* 平面绘制轮廓线和截面线

(1) 选择 *XOY* 为当前工作平面,单击绘制矩形按钮,选择中心—长—宽方式,拾取原点为中心,绘制长 290,宽 156 的矩形;单击绘制直线按钮,选择水平+铅垂线方式,绘制基准中心线,中心线长度用曲线拉伸命令调节,结果如图 6-46 所示。

(2) 按照图 6-47 所示绘制圆和直线等辅助线。

(3) 过 *R*36 两圆和中心线的两个交点,画半径 50 圆弧。然后应用曲线过渡命令,使 *R*20 和 *R*36 圆和右边两直线生成 *R*40 和 *R*15 的圆弧过渡,如图 6-48 左图所示。用曲线裁剪命令修剪多余曲线,结果如图 6-48 右图所示。

(4) 应用直线命令(平行线方式)绘制距离垂直中心线 20 的辅助线,然后生成过渡线 *R*45,如图 6-49 所示。

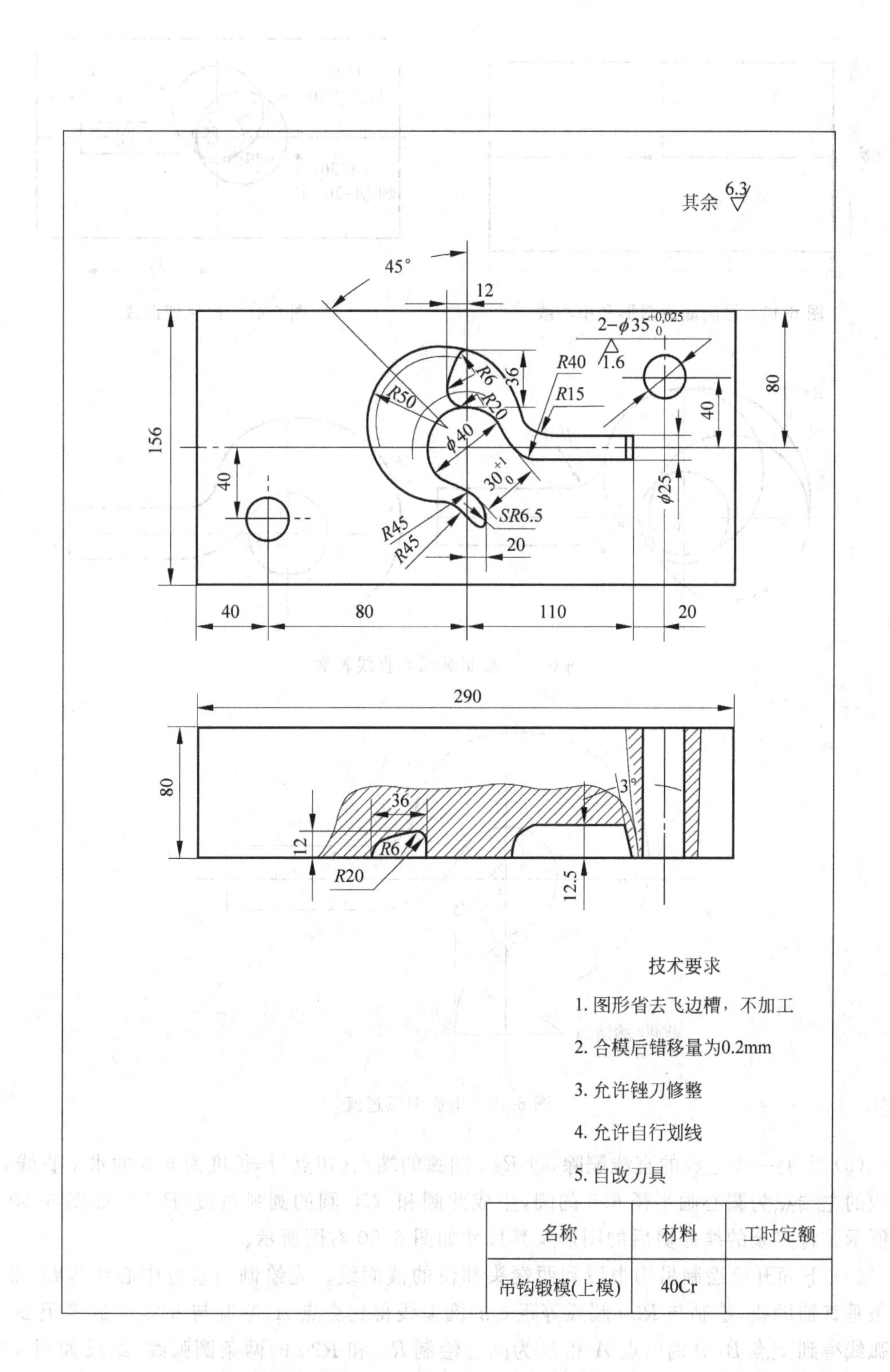

名称	材料	工时定额
吊钩锻模(上模)	40Cr	

图 6-45　吊钩锻模(上模)零件图

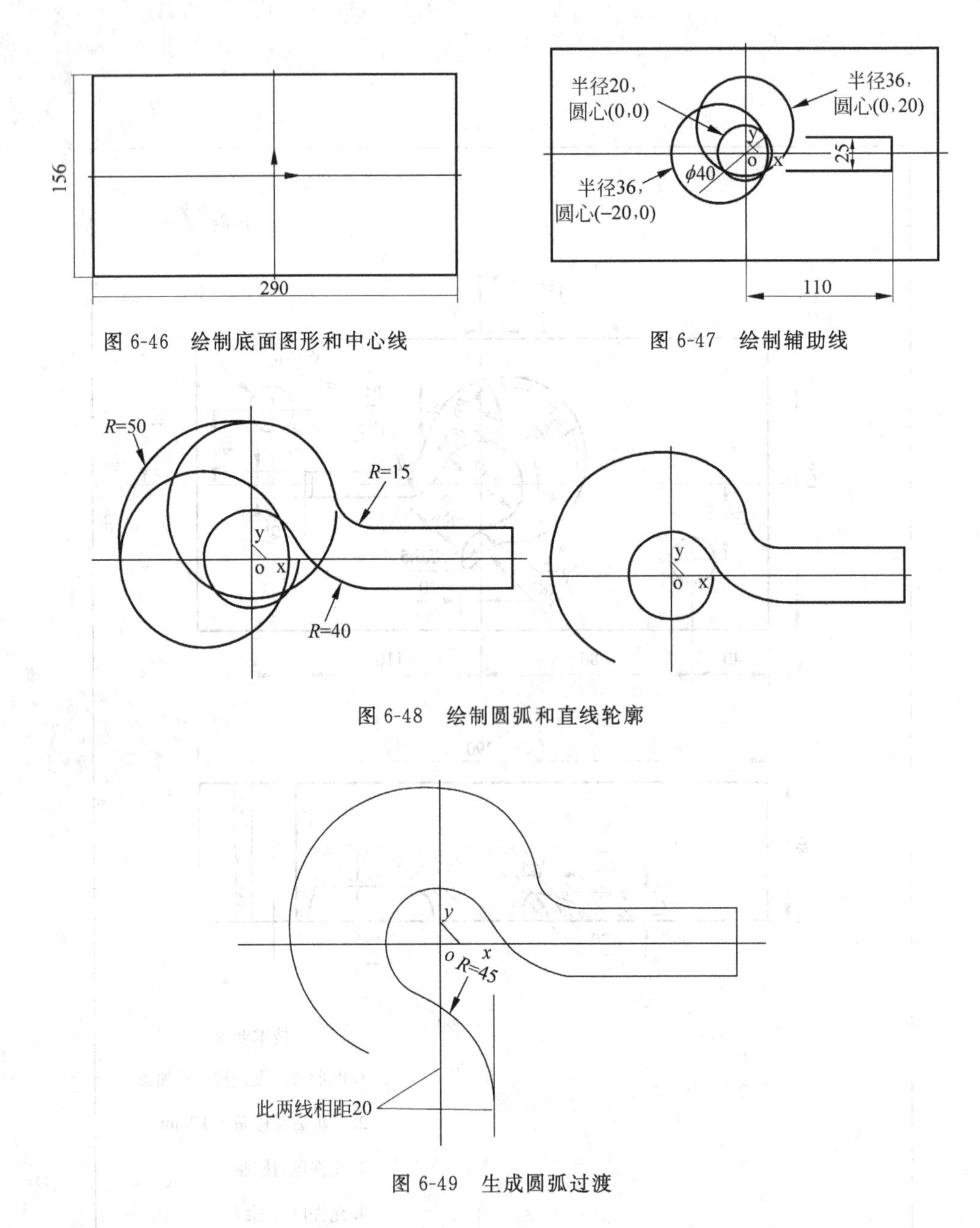

图 6-46 绘制底面图形和中心线

图 6-47 绘制辅助线

图 6-48 绘制圆弧和直线轮廓

图 6-49 生成圆弧过渡

(5) 将上一步生成的直线删除,过 $R45$ 圆弧的端点(切点)作长度为 6.5 的水平直线,以此线的左端点为圆心画半径 6.5 的圆,生成此圆和 $R50$ 圆的圆弧过渡($R45$),如图 6-50 左图所示。将多余的线修剪后的图形及其尺寸如图 6-50 右图所示。

(6) 下面开始绘制吊钩中段和两端头部位的截面线。先绘制与垂直中心线等距 12 的一条垂直辅助线,绘制与 $R50$ 圆弧等距 6 的圆弧线得到交点 A,绘制与 $R20$ 圆弧等距 20 的圆弧线得到交点 B,分别以点 A 和 B 为圆心绘制 $R6$ 和 $R20$ 的两条圆弧线,结果如图 6-51 所示。

(7) 生成 $R20$ 圆弧和等距垂线的过渡圆弧 $R6$,应用直线命令(两点方式)画出此圆弧和

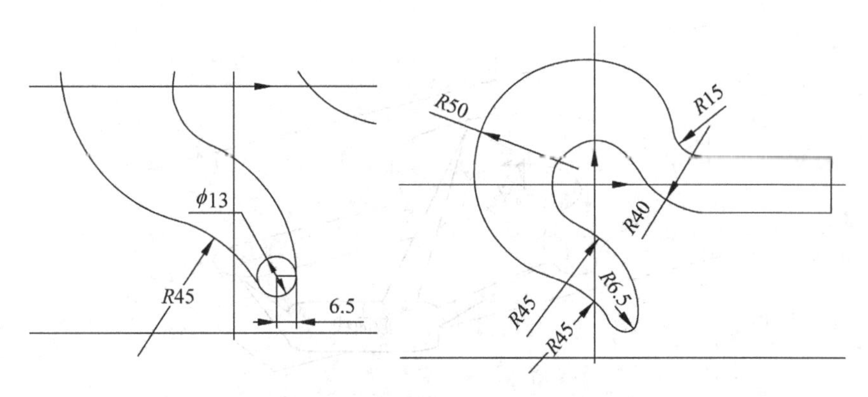

图 6-50 生成钩部的圆弧过渡

另一段 $R6$ 圆弧的公切线(按空格键后利用点工具菜单自动捕捉切点),注意两段 $R6$ 圆弧间公切线是否和圆弧都连接上,如果有断点,可用【曲线延伸】将直线或圆弧延长就可以得到 3 段相连的曲线,如图 6-52 左图所示,另外再画出右端根部直径为 25 的半圆,删除多余线段后的结果如图 6-52 右图所示。

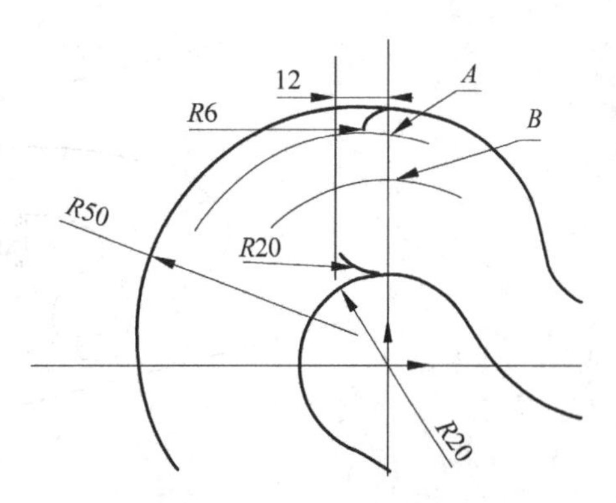

图 6-51 绘制截面线圆弧

2. 对截面线进行空间变换

(1) 按 F8 键进入轴测图状态,需要对图 6-53 所示的三处截面线进行绕轴旋转,使它们都能垂直于 XY 平面。需要注意的是,中段截面线在旋转前要先用曲线组合命令将 4 段曲线(3 段圆弧和 1 段直线)组合成一条样条线。

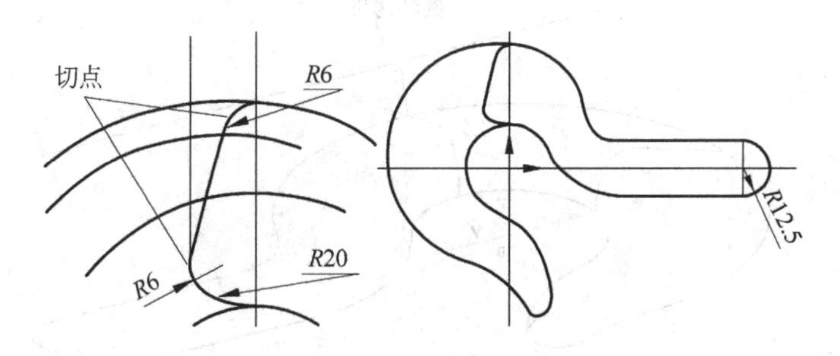

图 6-52 完成轮廓线和截面线的绘制

应用曲线组合命令时,应选择删除原曲线方式。

(2) 单击曲线旋转按钮 ,钩头的圆弧用拷贝方式,旋转 90°,另两段采用移动方式,旋转 90°,系统会提示拾取旋转轴的两个端点,注意旋转轴的指向(起点向终点)和旋转方向符合右手法则,3 段曲线旋转后结果如图 6-54 所示。

(3) 单击曲线平面旋转按钮 ,选择拷贝方式,旋转 90°,以原点为旋转中心,在 X 轴方向生成另一中段截面线,如图 6-55 所示。

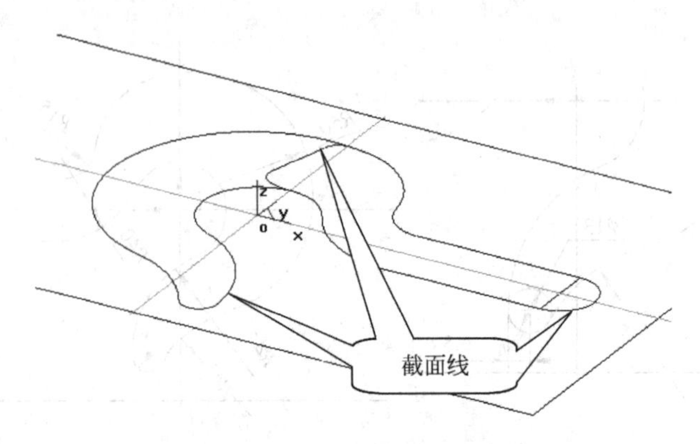

图 6-53 待处理的三处截面线

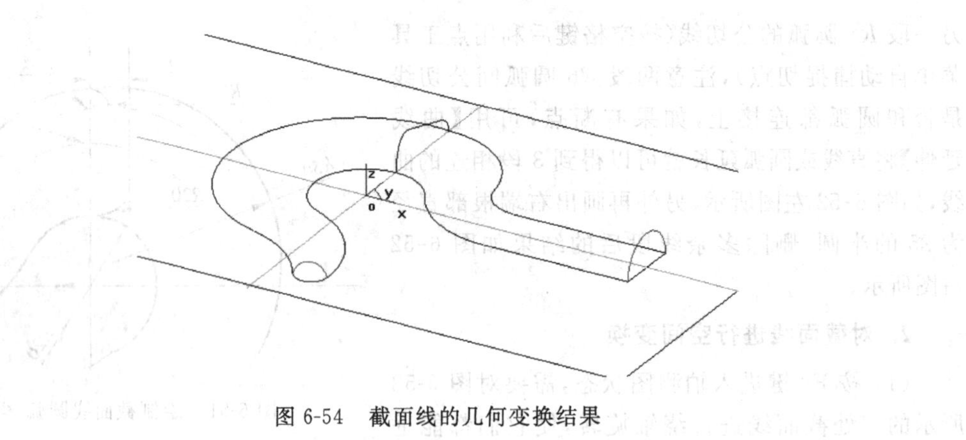

图 6-54 截面线的几何变换结果

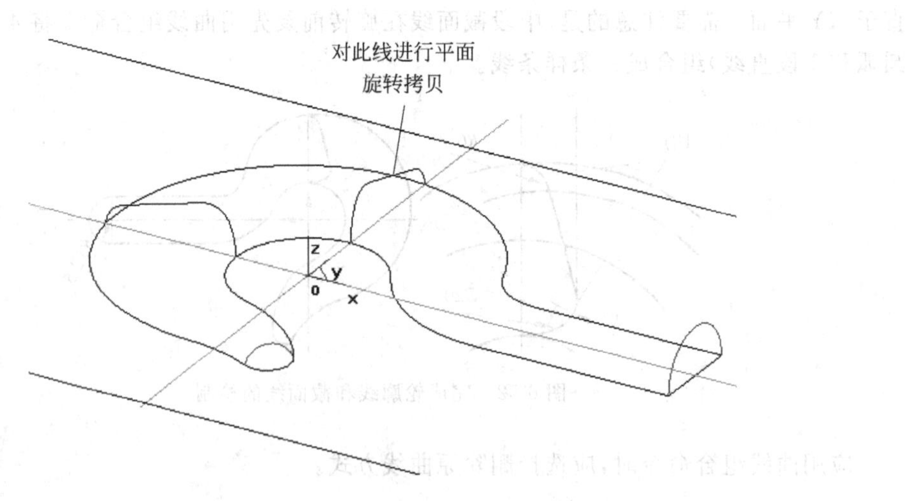

图 6-55 曲线平面旋转

3. 对底面轮廓线进行曲线组合和生成断点

(1) 将如图 6-56 所示的 1、4 点之间的曲线组合成一条样条线，将 2、3 点间的曲线组合成一条样条线。

(2) 单击曲线打断按钮，拾取点5、6、7、8使之变成断点。

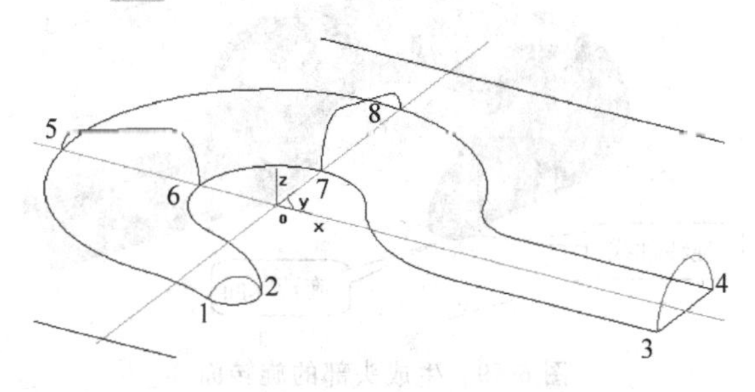

图6-56 轮廓线组合和生成断点

4. 生成凹曲面

(1) 应用导动面命令，分别以图6-56中的截面线12、56和截面线34、78为双截面线，以轮廓线15、26和轮廓线37、48为双导动线，采用变高选项，生成如图6-57所示的两个双导动曲面。

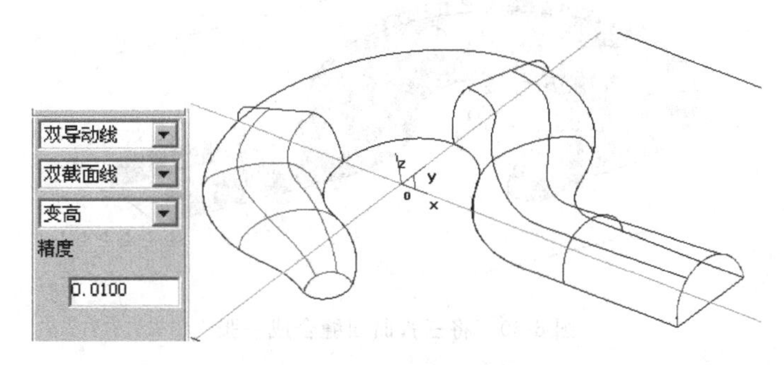

图6-57 生成变高双导动曲面

(2) 应用导动面命令，以轮廓线67、58为双导动线，以截面线56、78为双截面线，采用等高选项，生成等高双导动曲面，如图6-58所示。

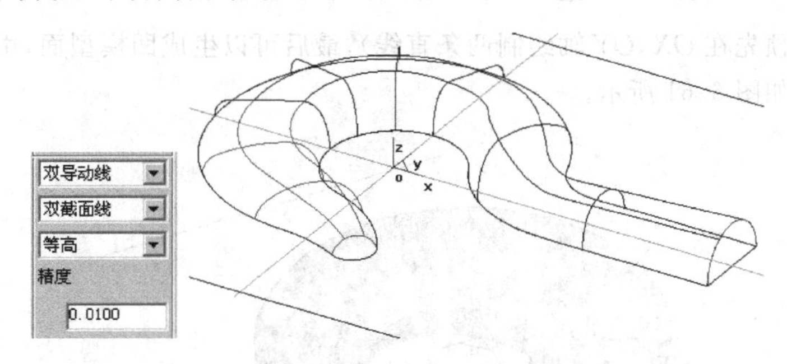

图6-58 生成等高双导动曲面

(3) 应用旋转面命令，过1、2点绘制一条直线作为旋转轴，旋转90度，即可生成吊钩头部的球面，如图6-59所示。

(4) 曲面缝合。从图6-59中看出，吊钩模型是由四张曲面组成的，其中右边的封口端面实际上是平面，另三张曲面是旋转球面和两张导动面。为了提高型面加工的表面质量，建

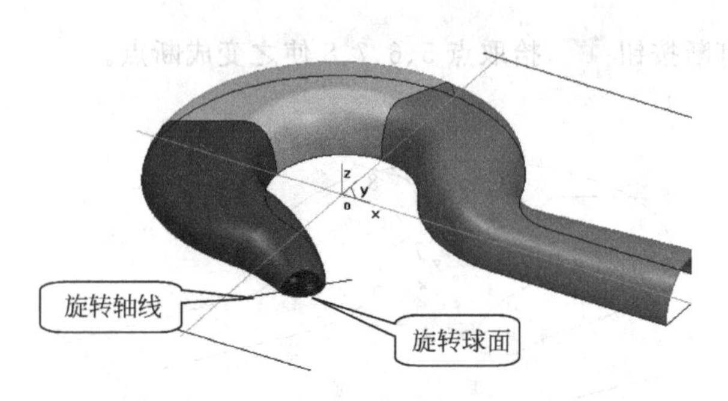

图 6-59 生成头部的旋转面

议最好对三张曲面进行缝合操作,生成一整张曲面,便于后面的加工编程运算和处理。

单击曲面缝合按钮,选择【平均切矢】方式,分别拾取相邻的两个曲面,最后可以生成一个整张曲面,如图 6-60 所示。

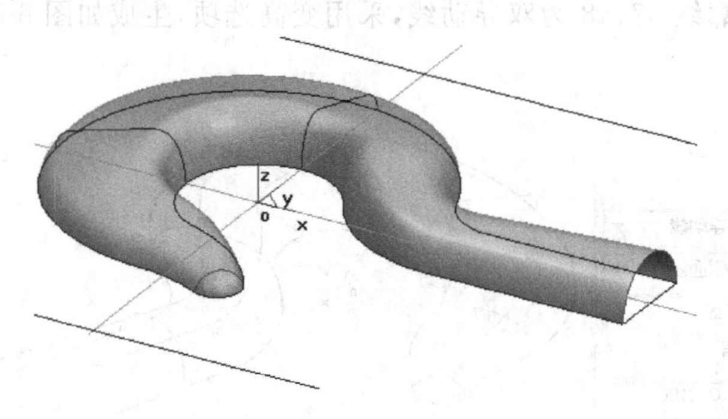

图 6-60 将三张曲面缝合成一张

(5) 由于此曲面是位于 XY 平面上的凸面型面,而图纸要求的是凹模型面,为此可以利用软件的镜像功能直接生成凹曲面。

单击几何变换的镜像按钮,当前工作平面必须位于 XOY 平面,拾取位于 XOY 平面的三个点(建议预先在 OX,OY 轴绘制两条直线),最后可以生成凹模型面,由一张凹曲面和右端平面构成,如图 6-61 所示。

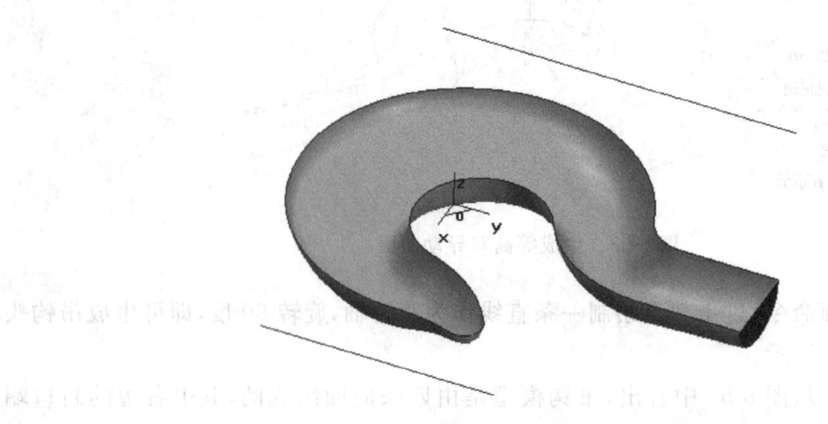

图 6-61 凹模型面

6.5.3 实体造型实例——连杆模具型腔造型

在进行模具的加工设计时,除了直接进行曲面或特征造型生成模具外,CAXA 制造工程师有两种较为简单的型芯型腔造型方法,一是根据已有的零件实体造型,应用分模功能实现,二是利用实体布尔运算来实现。

下面以连杆零件为例说明如何生成型腔。首先请按照图 6-62 所示的连杆的零件图尺寸做出零件的实体造型,造型如图 6-62 的右下角所示。习惯上将连杆底面放在 *XY* 平面上,可以应用分模或布尔运算来生成连杆的型腔。

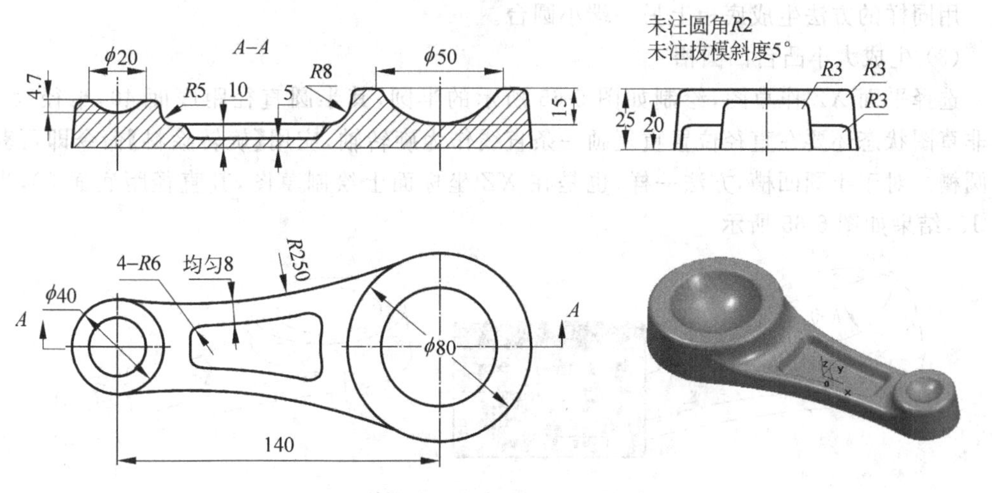

图 6-62 连杆零件尺寸图

1. 实体零件生成

(1) 基本体的拉伸

选择平面 *XOY* 为基准面绘制封闭草图,约束尺寸如图 6-63,应用【拉伸增料】命令生成底部基本体。

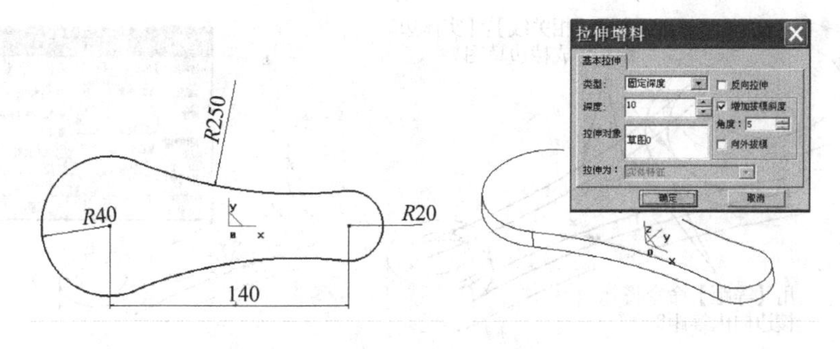

图 6-63 拉伸增料

(2) 拉伸两个圆形凸台

以基本拉伸体上表面为基准面,绘制大圆,应用【圆心+半径】方式画圆,利用点工具菜单的【圆心】得圆心,选择点工具菜单的【最近点】得到实际直径。由于有拔模斜度,实际的圆直径为 78.25,如图 6-64 所示,应用【拉伸增料】特征命令就可以生成大的圆形凸台。

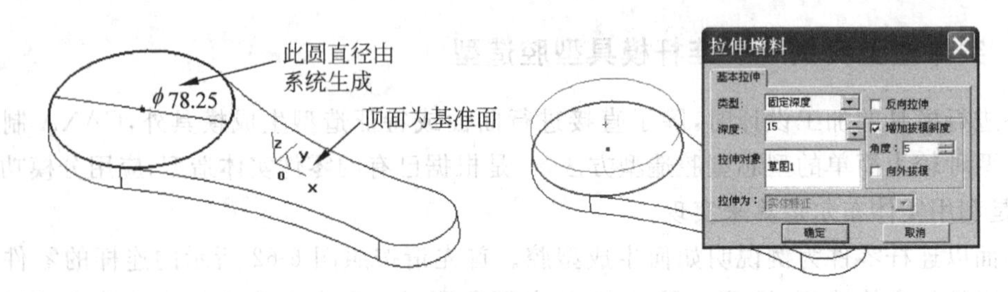

图 6-64　圆形凸台生成

用同样的方法生成底板上另一端小圆台。

（3）生成大小凸台凹圆槽

选择平面 XZ 作草图，绘制如图 6-65 所示的半圆，其半圆直径距底面 40，半径为 30。在非草图状态还要在直径位置重复画一条直线作为旋转轴，应用【旋转除料】命令即可获得凹圆槽。对于小圆凹槽，方法一样，也是在 XZ 坐标面上绘制草图，其直径距底面 30，半径为 15，结果如图 6-65 所示。

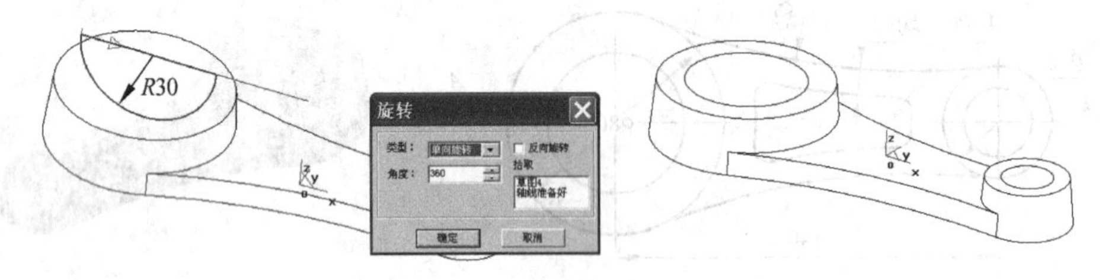

图 6-65　生成凸台凹圆槽

（4）基本拉伸体上凹槽的生成

选择基本拉伸体的上表面绘制草图，单击【相关线】图标，用鼠标拾取实体边界棱边，然后生成等距线，以等距 8 生成边界线的等距线如图 6-66 所示。

将多余线段修剪后生成封闭轮廓，然后应用【拉伸除料】命令生成凹槽。

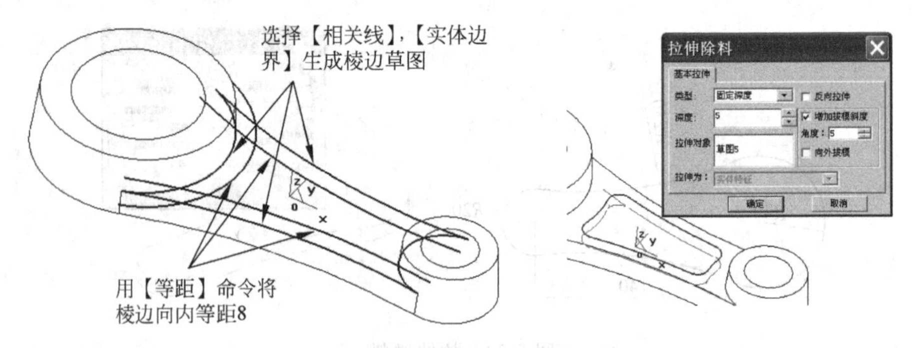

图 6-66　在底板上生成凹槽

（5）边的过渡

应用【过渡】命令或单击图标，在【过渡】对话框中输入图纸要求的过渡半径，然后拾取各条边，如图 6-67 所示，最后就得到了连杆零件的 3D 模型。

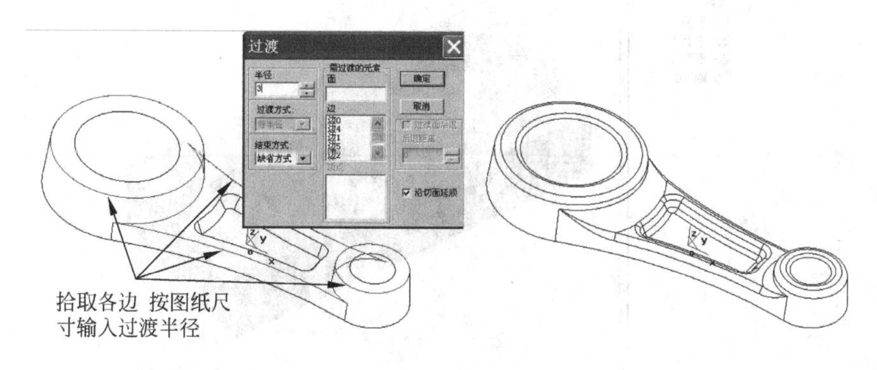

图 6-67 边过渡并得到最后结果

2. 应用布尔运算生成型腔

(1) 首先将完成的零件造型另存为扩展名为. x_t 的文件，以备后用。

(2) 新建一个文件，选 *XY* 面作草图面，做一长方体，其长度、宽度和高度尺寸都要大于连杆尺寸，需要注意长方体的坐标系定位要和连杆零件的坐标系定位对应，如连杆的系统坐标原点位于零件中心，则长方体的系统坐标原点也位于中心。完成后，单击【文件】|【并入文件】命令，输入刚才存储的 x_t 文件，这时出现【输入特征】对话框，如图 6-68 所示，系统提示【给出定位点】，拾取长方体底面中心原点(它和连杆的坐标系原点是对应的)，选择定位方式为【拾取定位的 X 轴】，然后再拾取坐标系的 *OX* 轴，确定后就完成了实体布尔运算，相当于从长方体实体中挖掉一个连杆零件大小的实体，从而得到型腔模型。

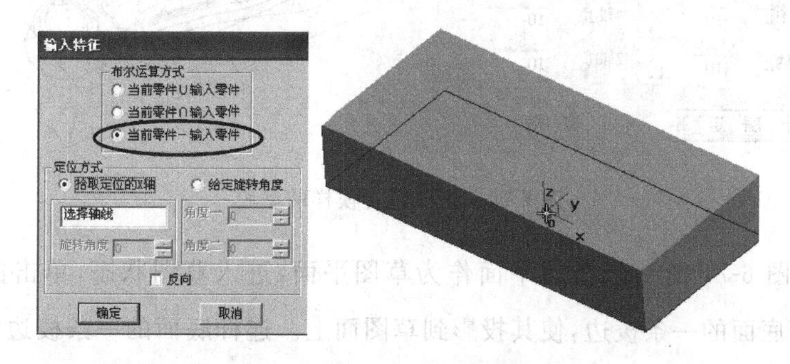

图 6-68 实体的布尔运算(减料运算)

(3) 生成型腔如图 6-69 所示。对比连杆零件的坐标系可以看到，型腔系统坐标系相当于连杆系统坐标系沿 *X* 轴旋转 180 度。坐标系的变化对造型本身无影响，但对轨迹生成和仿真显示是有影响的。如果要对型腔进行 CAM 自动编程，则需要建立用户坐标系(即编程坐标系)，CAXA 制造工程师的轨迹仿真功能只在编程坐标系和系统坐标系一致的情况下才有效。

从图 6-69 的左侧特征树栏中可以看到一旦实施了实体的布尔运算，当前零件的特征操作路径(包括草图)记录都将消失，对零件无法进行特征修改和草图驱动，所以为了便于编辑修改，在进行实体布尔运算前应先将零件以某一名称存成. mxe 格式的文件。实际上用布尔运算得到的型腔特征是无法修改的。

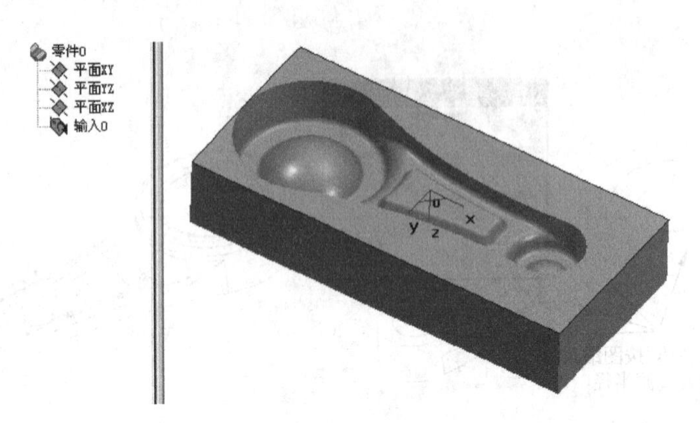

图 6-69 生成型腔造型

3. 应用分模功能生成型腔

(1) 打开连杆零件的设计文件,单击特征工具条中的型腔生成按钮,系统出现【型腔】对话框,输入参数照图 6-70 所示,确定后得到包围连杆零件(此时连杆的尺寸已放大了 3%,实际上已生成了模样)的长方体。图 6-70 为线架显示状态。

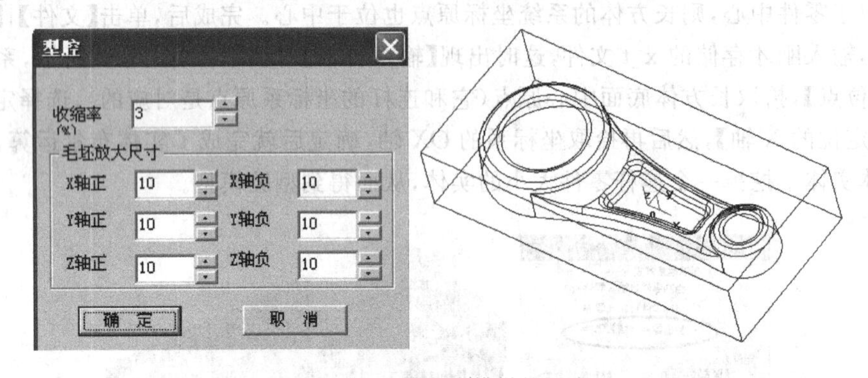

图 6-70 生成包含模样的型腔

(2) 拾取图 6-71 箭头所指的平面作为草图平面,进入草图状态,单击曲线投影按钮,拾取连杆底面的一条棱边,使其投影到草图面上。连杆底面的一条棱边实际上是圆弧属性,但投影到草图面上后就变成了样条属性,样条线不能用来作为草图分模线,所以必须用一条直线来替换此样条线,方法是过样条线的两端点画一条正交直线,然后删除样条线,并使直线向两边延长,超出长方体的左右两边。

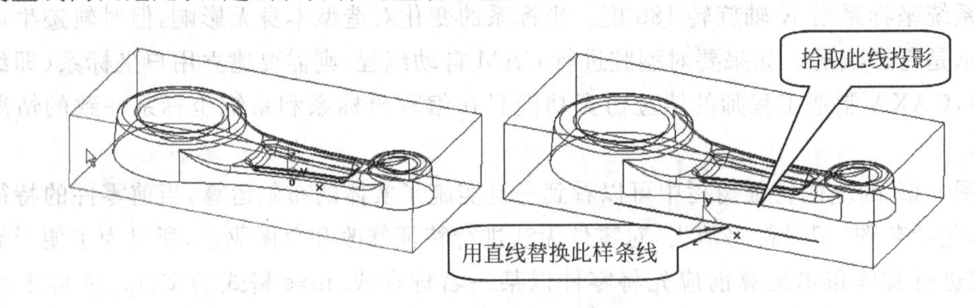

图 6-71 建立分模草图线

(3) 单击特征工具条中的分模按钮，在【分模】对话框中选择【草图分模】，除料方向的箭头指向下方，如图 6-72 所示。

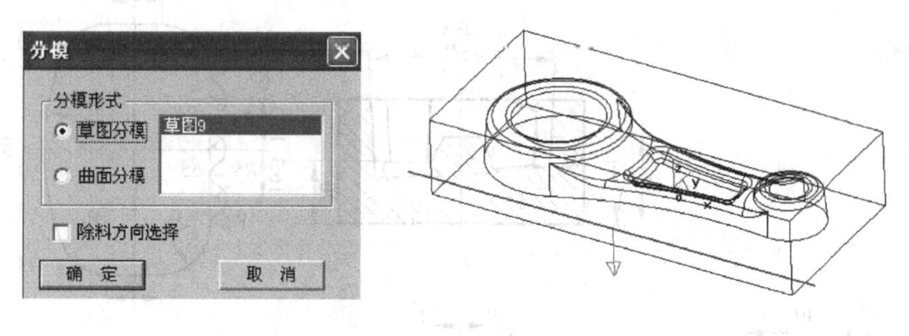

图 6-72 草图分模与方向

(4) 旋转显示分模后的实体就可以看到连杆型腔，如图 6-73 所示。虽然结果和用布尔运算的是一样的，但用分模工具得到的型腔是随时可以修改的，因为所有的特征操作草图路径都记录下来了。

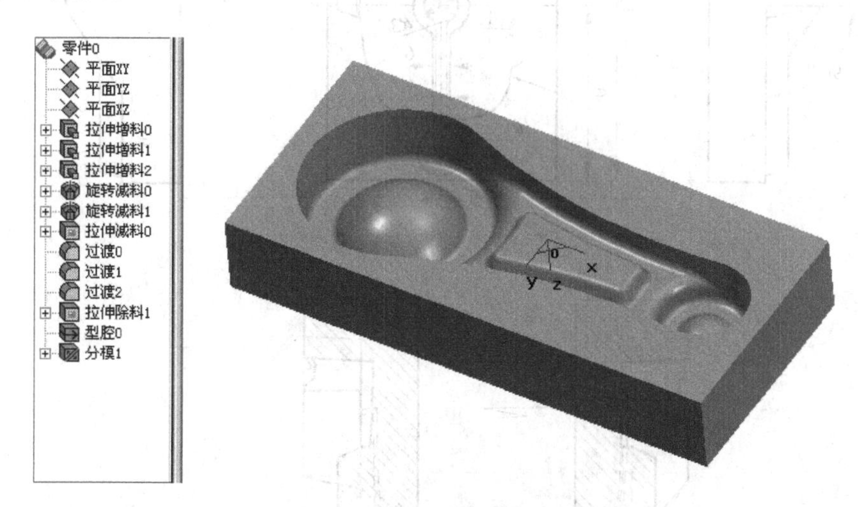

图 6-73 应用分模功能得到的连杆型腔

*6.5.4 实体/曲面造型实例——模具型腔

图 6-74 的零件图选自全国第一届数控技能大赛的职工组软件应用赛题，本题属于模具型腔类零件造型与加工。分析零件图后可看出，造型设计的难点主要在于：

(1) 型腔底部实际是一个双曲面，可以用扫描、导动、边界曲线等方式构建。这一曲面如何准确构建并和实体混合造型较为关键。

(2) 从左、右两个视图应该看出，零件凹缺部分应该属于放样特征(除料)，左、右两个视图是为了告诉放样草图的尺寸，此部分也可采用曲面裁剪实体的方法。

(3) 零件的另一侧顶面被挖了一个截面变化的凹槽，从图纸上已知此凹槽起始截面的轮廓线，还知道凹槽的两条边界线(均是 $R150$mm 的圆弧)，所以就要先构建一个曲面(可用

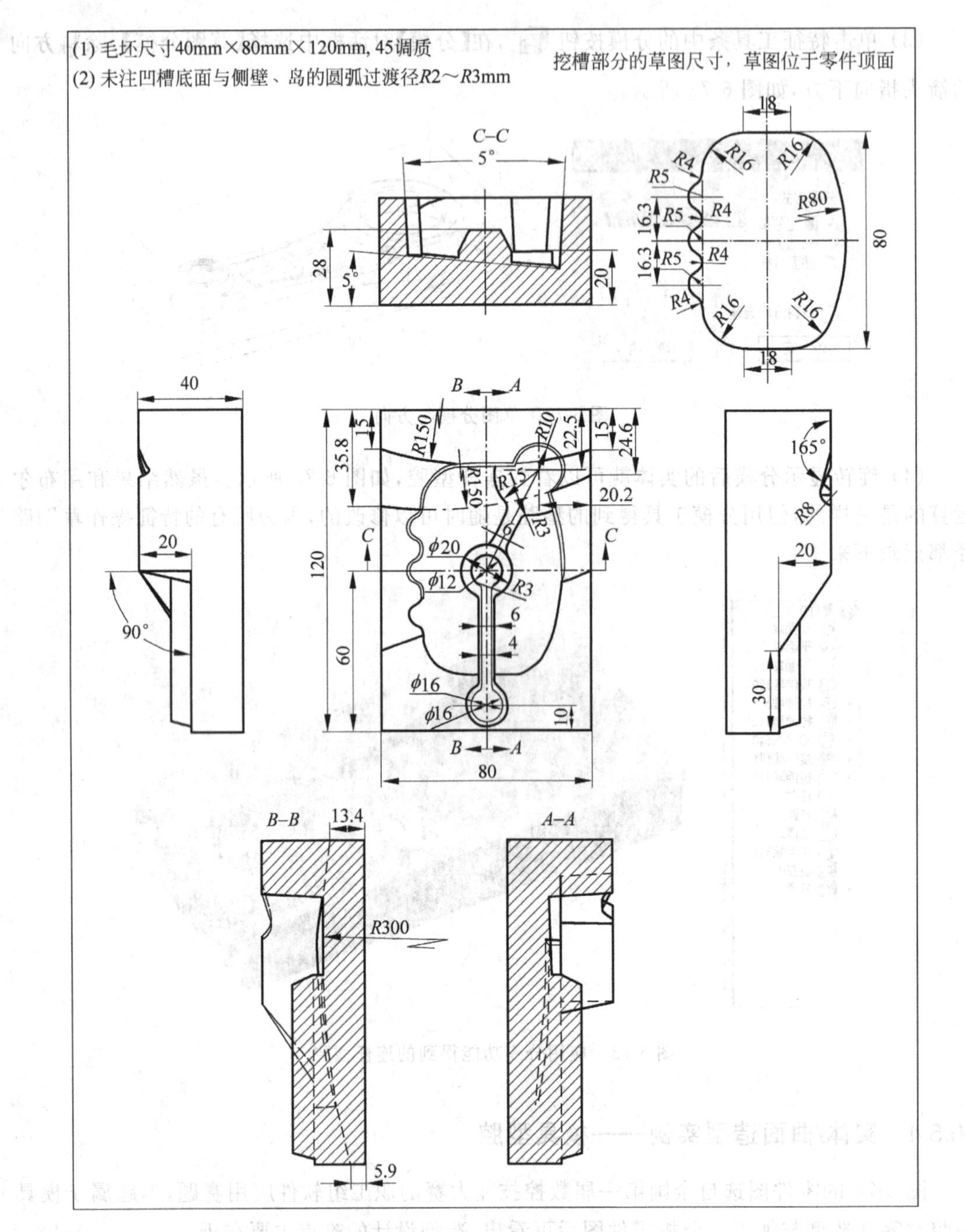

图 6-74　造型零件的图样

导动方法)，然后用此曲面裁剪实体就可以了。须注意在用曲面裁剪实体时应避免临界状态。

(4) 还要注意型腔内部的凸台是高低错落的，须逐步生成多个特征，并注意特征操作的先后关系。准确做出各个特征造型对后面的零件加工轨迹的生成是至关重要的。

应用 CAXA 制造工程师造型主要步骤如下。

(1) 首先以系统坐标系为中心构建一个长120mm、宽80mm、高40mm的长方体实体，在长方体两相对侧面上绘制如图6-75(a)所示的两个草图，草图的范围应该适当超出长方体两条边一点，否则容易出现临界错误。应用【除料】|【放样】命令，就可以生成图2-75(b)所示的放样实体。

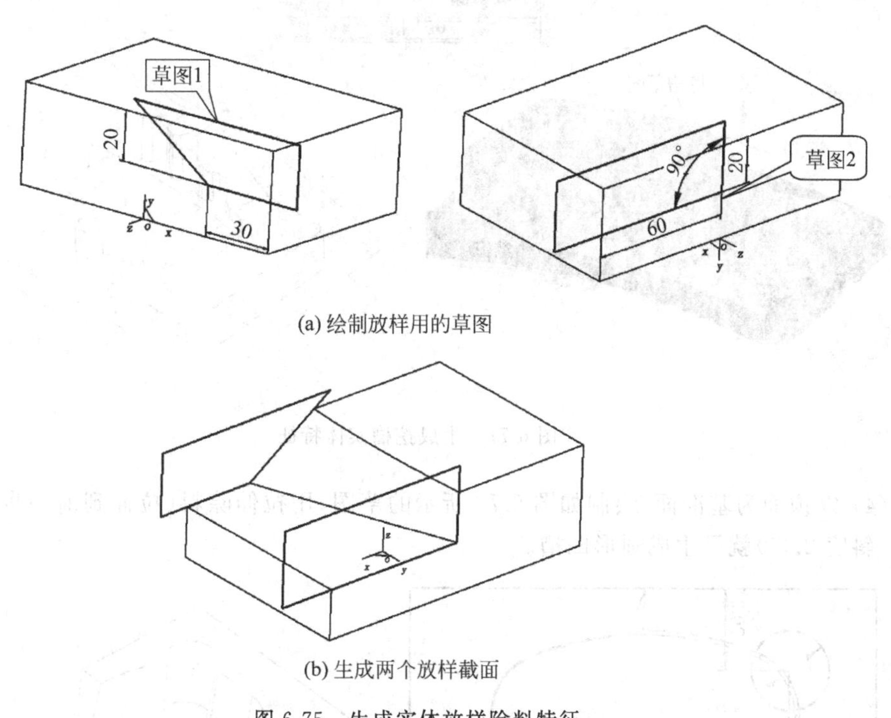

(a) 绘制放样用的草图

(b) 生成两个放样截面

图6-75 生成实体放样除料特征

(2) 选择XOZ为工作平面，绘制R300mm圆弧(建议用两点+半径方式)，圆弧两端点按图6-76所示定位，应用【扫描面】命令，参数设置如图6-76所示，扫描矢量用倾角为5°的直线，方向箭头指向Y轴正向，生成的曲面如图6-76所示。

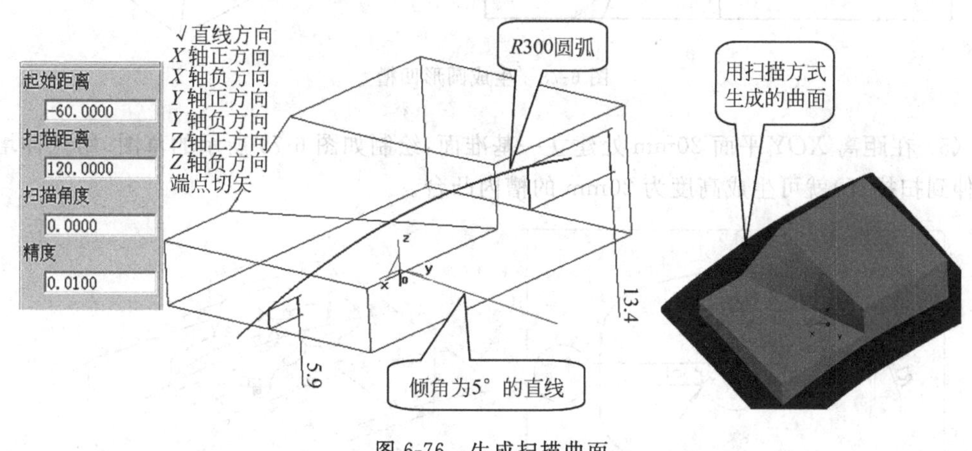

图6-76 生成扫描曲面

(3) 根据零件图给定的“挖槽草图尺寸”，以长方体顶面为基准面绘制挖槽草图，应用【拉伸除料】命令，用【拉伸到面】方式，注意拔模斜度为2.5°。生成的挖槽实体如图6-77所示。

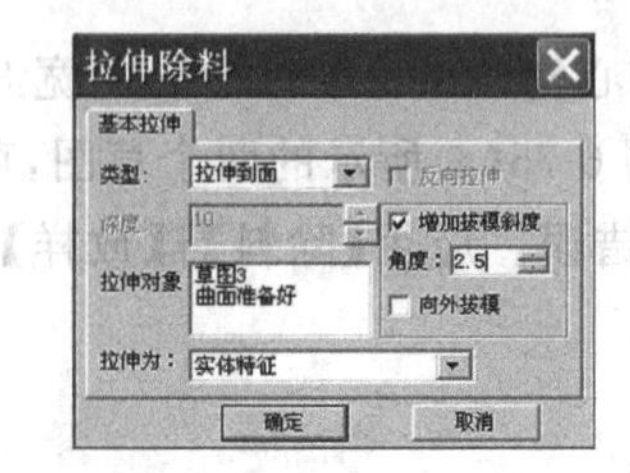

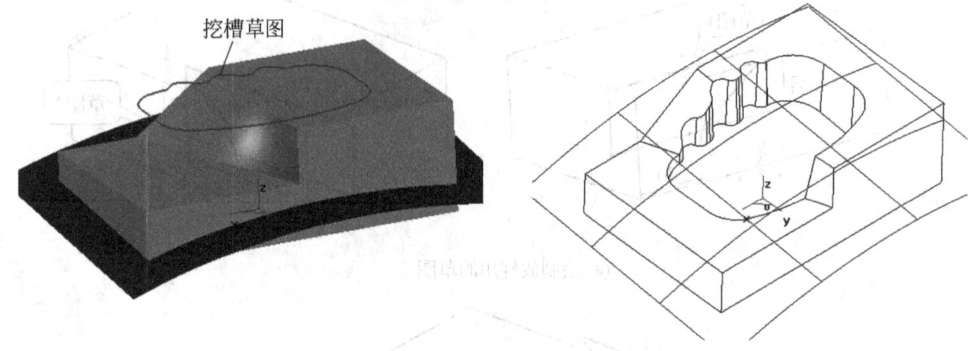

图 6-77　生成挖槽实体特征

(4) 以顶面为基准面,绘制如图 6-78 所示的草图,用拉伸除料(拉伸到前一步生成的扫描面,斜度 2.5°)就可生成圆形凹槽。

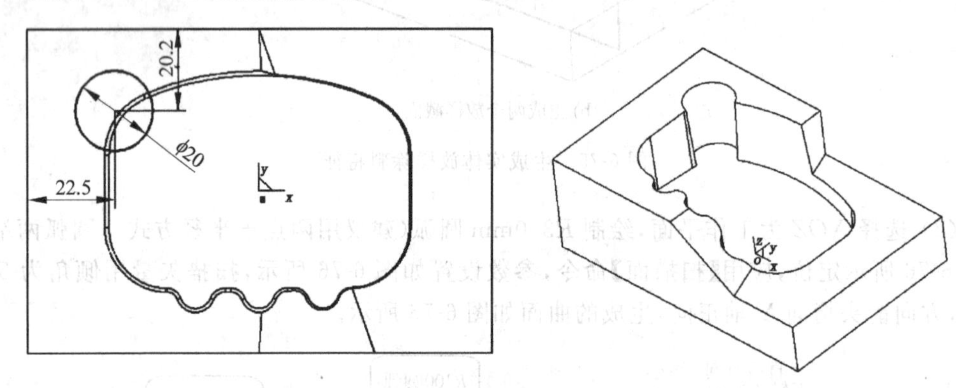

图 6-78　生成圆形凹槽

(5) 在距离 *XOY* 平面 20mm 处建立一基准面,绘制如图 6-79 所示的草图,用拉伸增料(拉伸到扫描面)就可生成高度为 20mm 的槽内凸台。

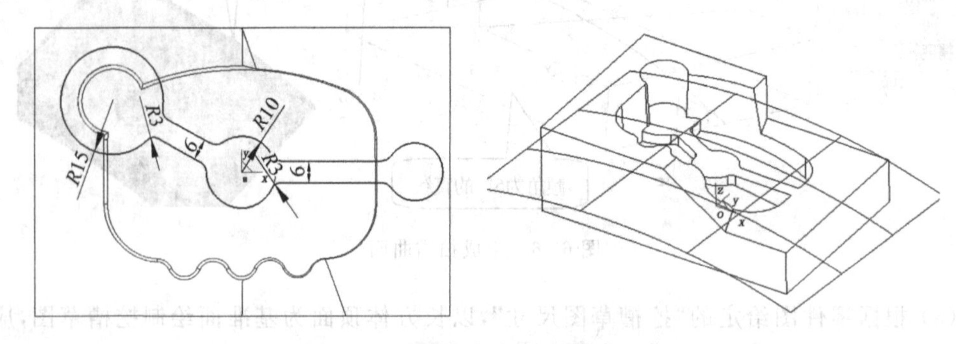

图 6-79　生成高度为 20 的槽内凸台

(6) 分别在距离底面 20mm 和 28mm 的位置建立两个基准面，按图纸尺寸绘制如图 6-80 所示的草图 1 和草图 2。草图 1 要用两次，第一次向下拉伸增料(拉伸到底面)，第二次和草图 2 结合使用，用【增料】|【放样】命令就可以生成梯形凸台。

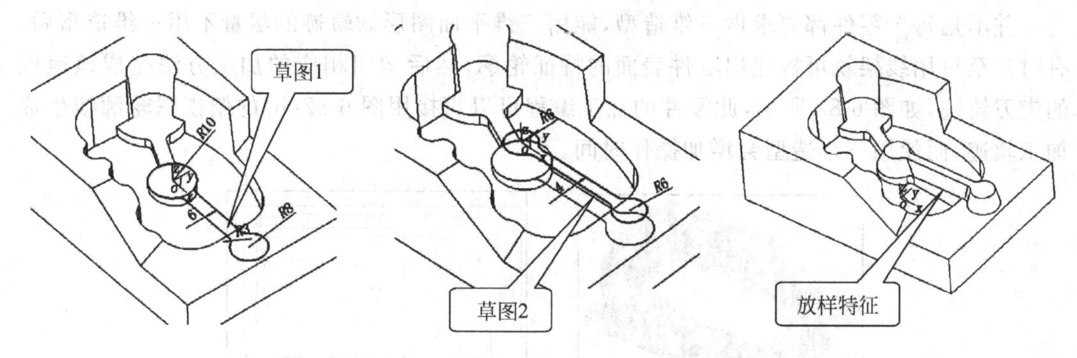

图 6-80　用放样特征命令生成梯形凸台

(7) 最后做出贯通零件两侧面的导动凹槽，这里需要用到曲面/实体混合造型功能，为此先构建空间曲面。分析图纸可以看到，此曲面凹槽是变截面，槽底高度不变，同时已知左视图上的截面尺寸和顶面上两条 $R150$mm 圆弧，所以只能选用【导动曲面】，用【双导动线＋单截面线＋等高】方式构建导动曲面。为了避免临界操作，还须注意将此面向两边适当延伸一点。用【除料】|【曲面裁剪】命令，就可以生成所需的曲面凹槽，如图 6-81 所示。

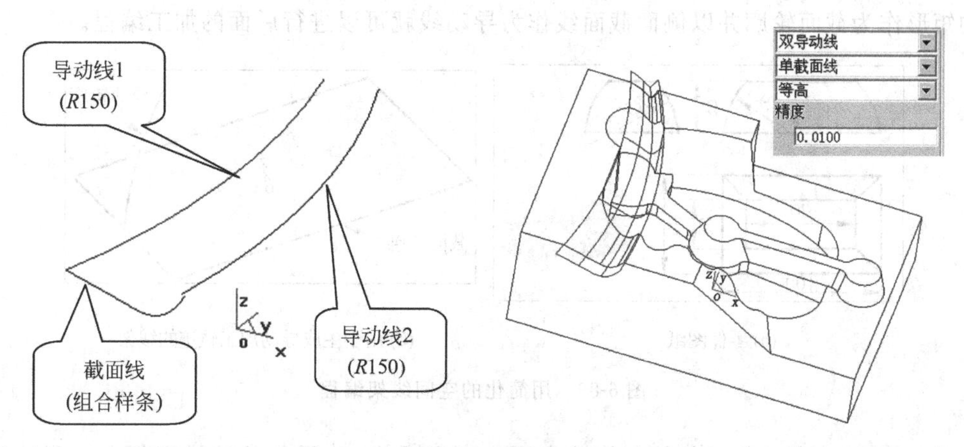

图 6-81　构建导动曲面并裁剪实体

6.6　零件加工造型技巧

几乎任何三维 CAD 软件都有强大的造型功能，按照工作目标的区别，三维 CAD 造型可分零件设计造型和零件加工造型两种。两者的软件操作方式几乎完全一致，但目的有质的区别：设计造型的目的是为了将产品的形状和配合关系表达清楚，一般是三维实体或曲面，并要求 3D/2D 数据无缝转换；而加工造型是为加工服务的，它的造型表现形式不一定使用统一的几何表达方式，它可以是线架造型、三维曲面造型、三维实体造型或它们的混合造型，加工造型不一定都需要生成图纸，有时往往需要在车间现场以很快速度完成造型，否则会影响整个零件的编程时间，所以加工造型的速度和技巧对生产效率至关重要。

6.6.1 造型的简化

并不是每个零件都要求做三维造型，能用三维平面图形做轨迹的尽量不用三维造型做，有时甚至只用线架就可构建出零件表面的特征轮廓，然后运用相应的加工方法生成该表面的走刀轨迹，如图 6-82 所示，此零件的加工编程可以直接用图 6-82(b)的俯视图轮廓线生成加工轨迹，而使用三维造型会增加操作时间。

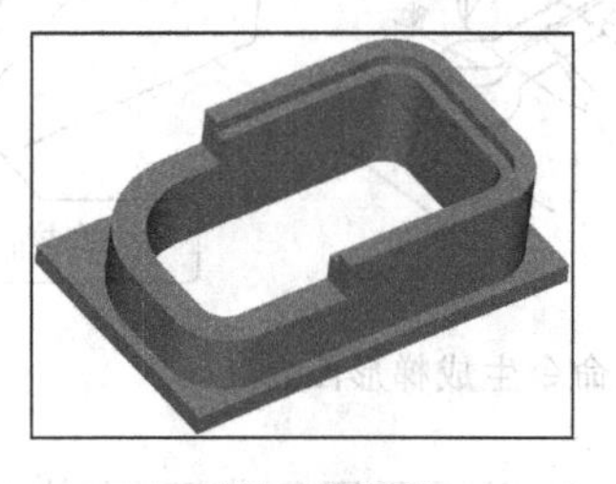

(a) 零件三维造型

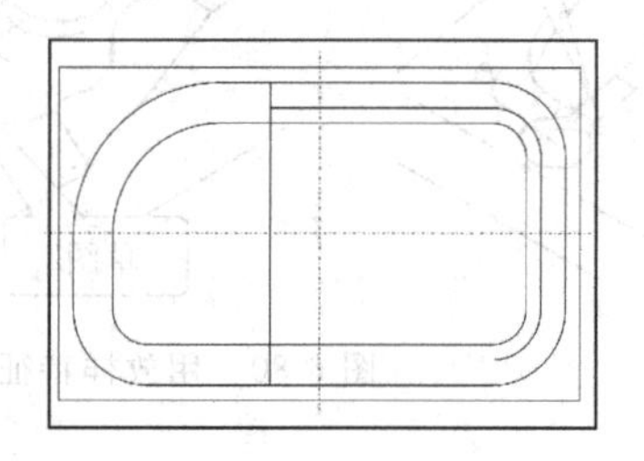

(b) 零件俯视投影图

图 6-82 用平面图形编程

图 6-83 所示的零件的 4 个侧面本来均是圆柱曲面，这样的零件如果采用等高加工就必须将 4 个侧面构建出来，但如考虑采用导动方式加工，其造型就大为简化，只须绘制零件底面的矩形作为截面轮廓并以侧面截面线作为导动线就可以进行后面的加工编程。

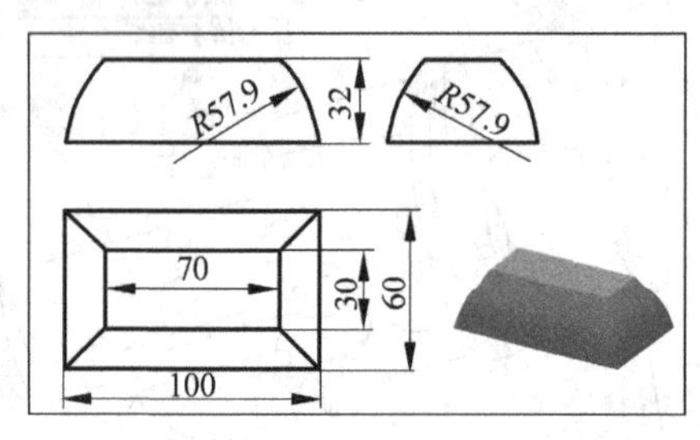

(a) 零件图纸

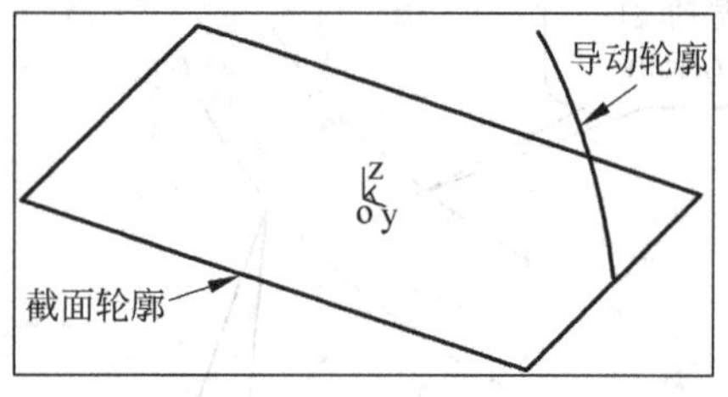

(b) 用于生成导动加工轨迹的线架

图 6-83 用简化的空间线架编程

从如图 6-84 所示的零件的三维造型图中可以看出，此零件的挖槽底部由一张曲面构成，底面上有 8 个阵列的岛，所以它是一个带岛的曲面区域加工问题，为此可以将造型简化成 6-84(b)所示的图形，利用平面轨迹的投影加工就可完成零件曲面的加工。

(a) 零件三维造型

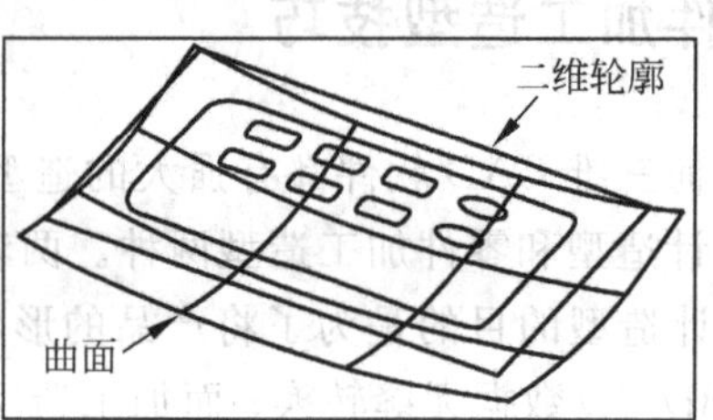

(b) 曲面+二维轮廓构成的加工造型

图 6-84 采用投影加工可以简化实体造型

加工造型构建的几何模型不一定要与零件的形状和尺寸一致，因为，加工需要按照一定的工序逐渐改变毛坯的形状，加工造型只为当前将要进行的工序服务。为此，有时需要构建零件的毛坯，有时则需要构建零件加工过程中的中间形状。图 6-85 所示的零件上表面为曲面，上面还有斜向的沟槽。加工曲面时可以先对曲面进行造型，对于沟漕可用两条直线(或曲线)进行导向。

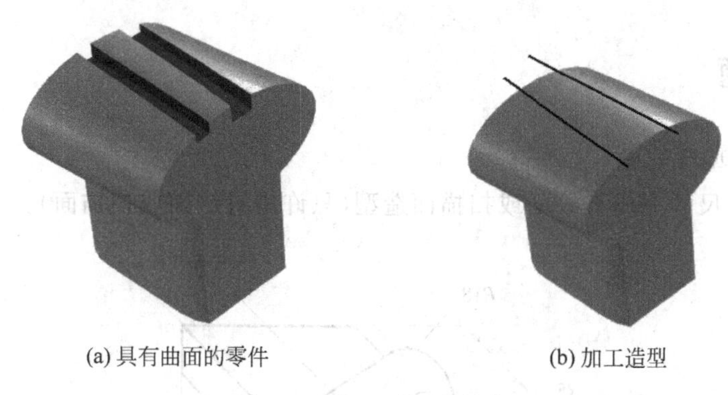

(a) 具有曲面的零件　　(b) 加工造型

图 6-85　加工造型的简化

6.6.2　工艺对造型的特殊要求

如图 6-86，如果直接对零件表面的 3D 曲面进行编程，加工完成后可能会发现表面边缘处留有刀具折返和进出的刀痕，影响加工精度，如果直接对区域较大的原始曲面编程，则可避免表面边缘留有刀痕。

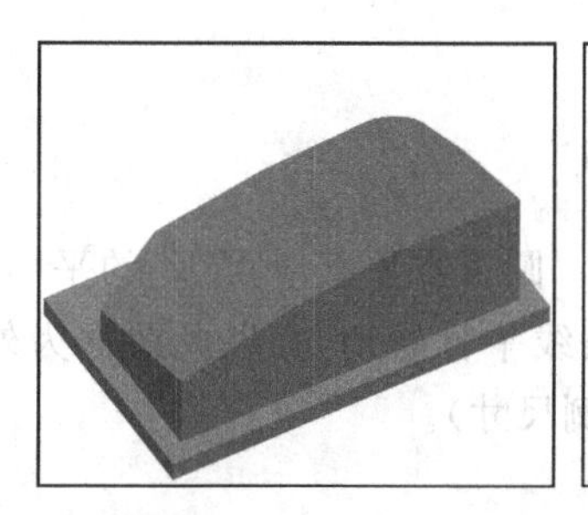

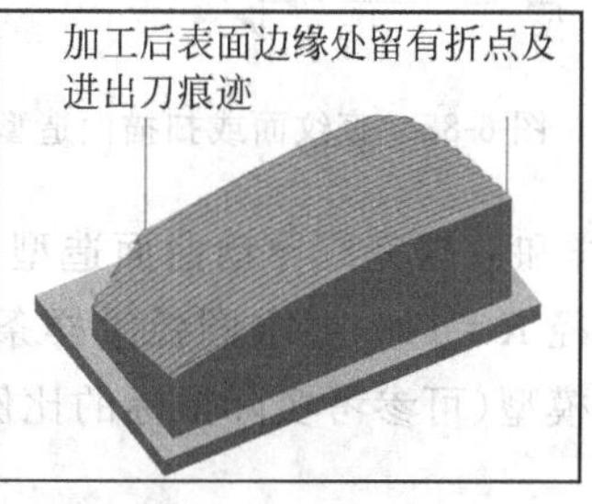

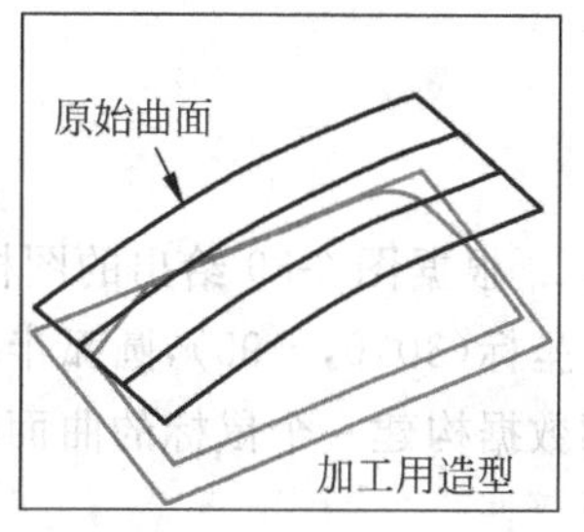

图 6-86　编程曲面应该大于加工曲面

加工造型有时需要构建一些为进行特定加工方法而生成的线和面，而这些线和面对于零件的造型是不需要的。如参数线加工中的限制面，见图 6-87，用于限制生成走刀轨迹的范围。

加工造型必须使坐标系的位置和方向与工件在数控加工机床定位保持一致。在自动编程时，将以加工造型时的坐标系原点位置及坐标轴方向计算走刀轨迹和生成加工代码。

特征造型技术基本原则如下：

(1) CAXA 制造工程师软件在单个窗口中不支持两个或两个以上独立存在的实体；

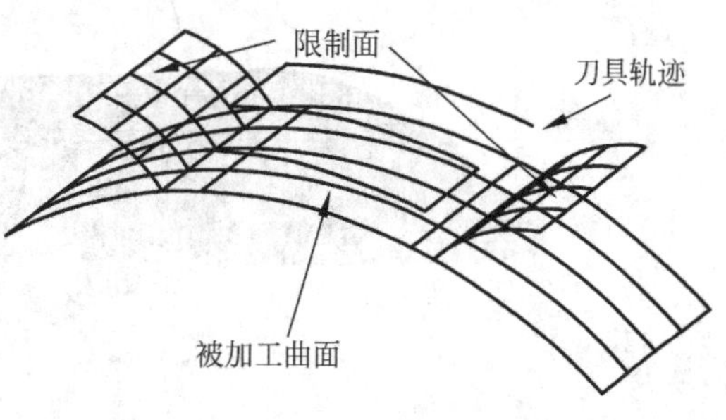

图 6-87　用限制面加工方法加工曲面

（2）尽可能减少特征树的数量；

（3）生成实体前尽量先确定基准面，绘制草图时再标注尺寸；

（4）慎用文件合并；

（5）避免临界状态操作；

（6）注意二维图形的方向性。

思考与练习题

线架/曲面造型练习题

1. 按图 6-88 尺寸完成直纹面或扫描面造型（只许用直纹面或扫描面）。

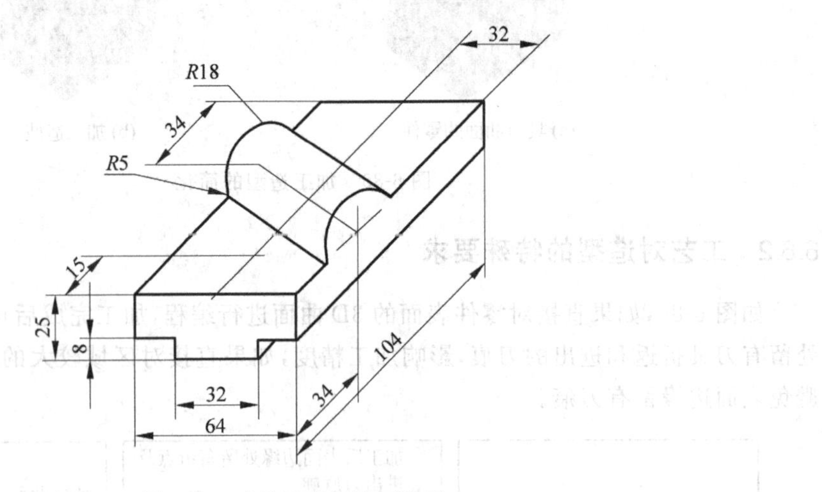

图 6-88　直纹面或扫描面造型

2. 根据图 6-89 给出的图样和数据完成导动曲面造型。圆弧在平行于 *YOZ* 的平面内，圆心坐标(30，0，−95)，圆弧半径 $R=110$，要求圆弧沿样条线平行导动，并以此曲面为外形轮廓数据构建一个鼠标的曲面模型（可参考实际鼠标的比例尺寸）。

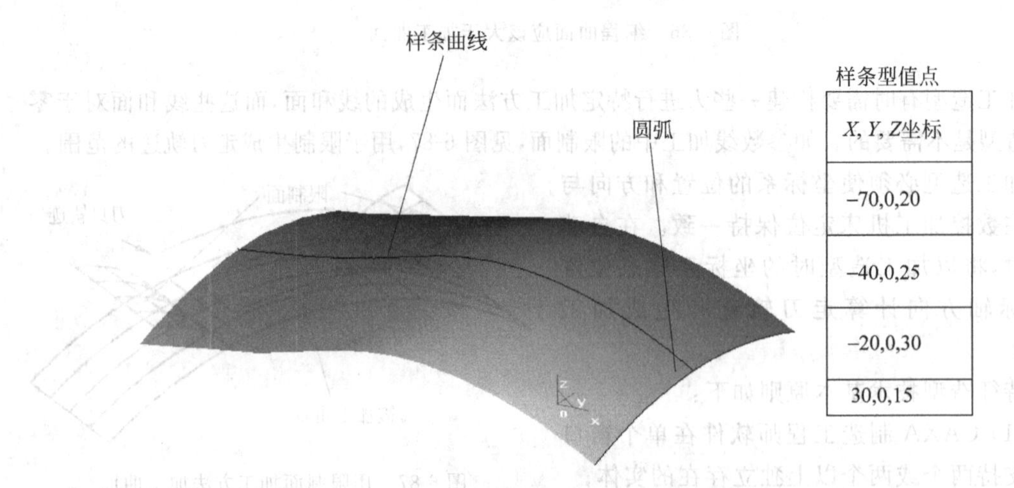

X, Y, Z坐标
−70,0,20
−40,0,25
−20,0,30
30,0,15

图 6-89　曲面造型的图样和数据

3. 根据图 6-90 中的零件尺寸完成各零件的实体造型。

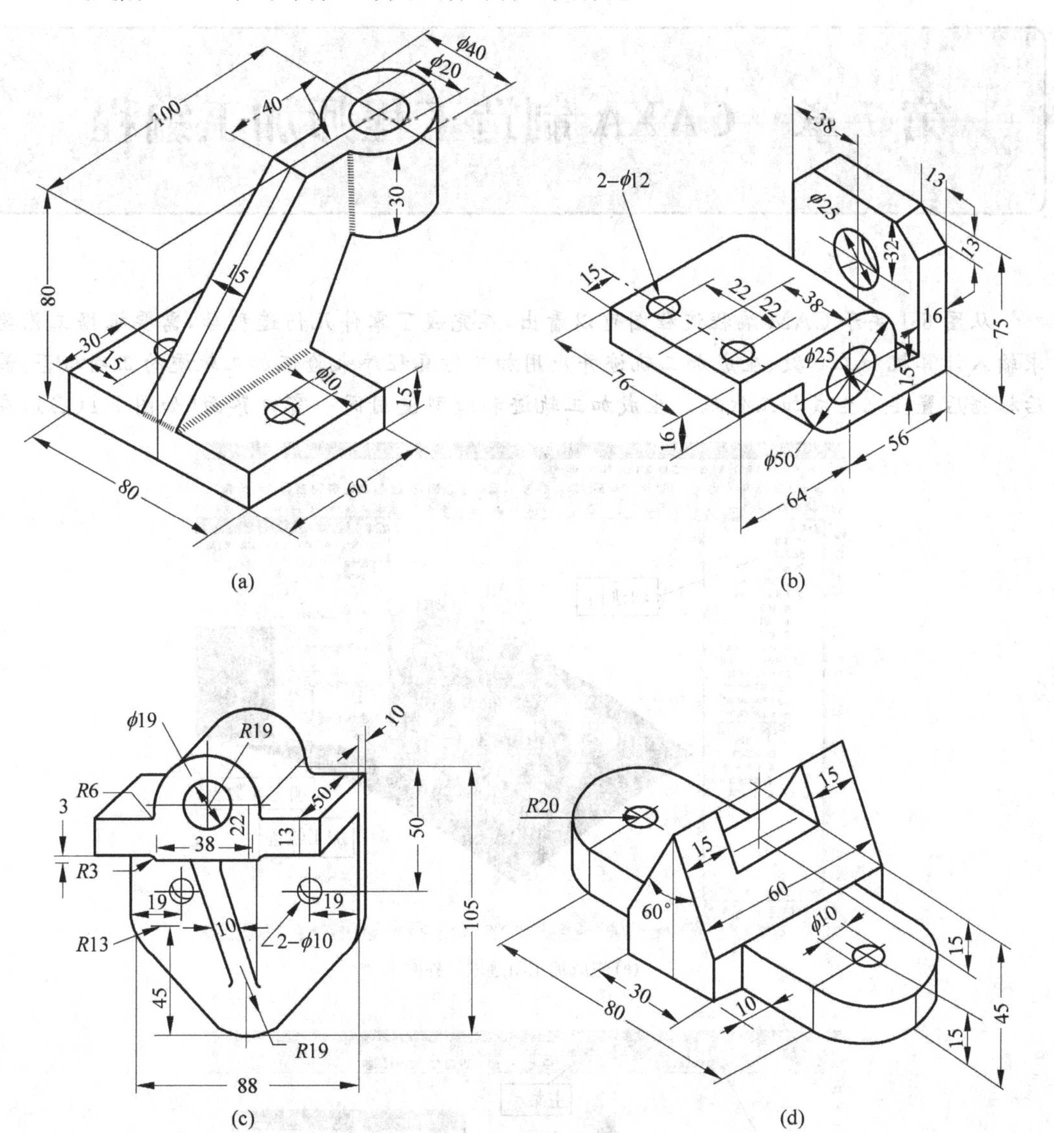

图 6-90 各零件的尺寸

第 7 章　CAXA 制造工程师加工编程

从图 6-1 关于 CAM 编程流程图可以看出，在完成了零件几何造型后，需要根据工艺要求输入计算机加工参数、生成加工轨迹并应用加工仿真程序来验证加工轨迹的正确与否，最后根据后置要求生成加工代码。生成加工轨迹和造型使用同一窗口界面（如图 7-1(a)），在

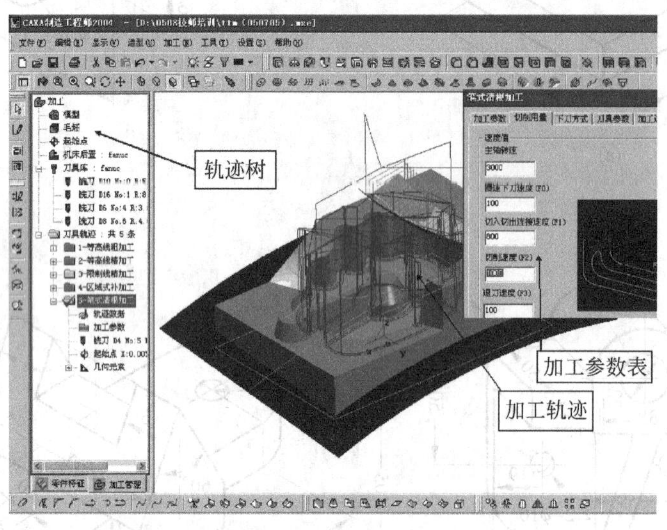

(a) 生成加工轨迹用户界面

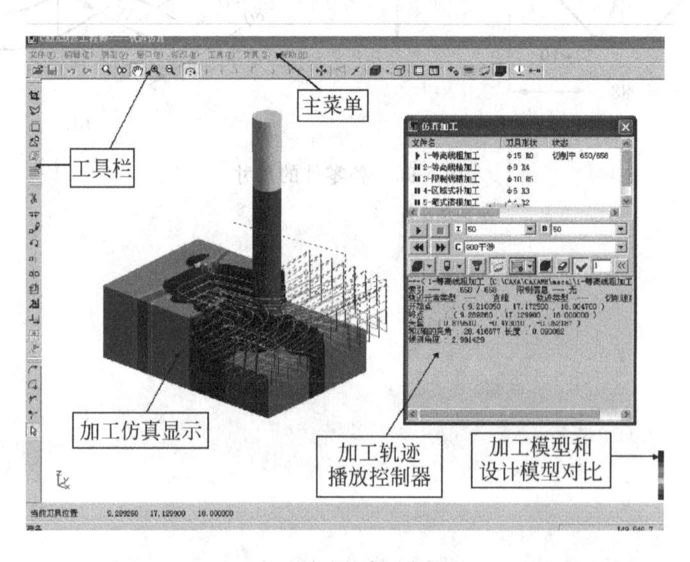

(b) 加工轨迹仿真用户界面

图 7-1　CAXA 制造工程师(2006 版)的加工轨迹和轨迹仿真用户界面

用户界面上制造工程师2006版软件保留了原来的风格,主要增强了加工计算功能,用户界面的轨迹树还增加了【加工管理】和【属性】,故对加工轨迹修改和编辑更加方便。新版软件引进了功能更加强大的仿真模块,但运行加工轨迹仿真则须启动专门的人机交互界面(如图7-1(b)),经过几年的不断改进和国际技术合作,目前最新版本的CAXA制造工程师在加工功能种类、加工的可靠性、CAM工艺的优化方面有了全面的提高,最新的制造工程师2006版和本书第一版的XP版相比,新增了近十多种CAM工艺策略供用户选择,保留了原有的一些常用基本功能,针对加工质量和加工效率这两个根本的工艺问题有了更多、更细的加工策略。对于入门级的数控工艺员来讲,主要在于能掌握运用关于CAM自动编程操作的基本概念和常用基本功能,适当了解一些CAM工艺优化和针对高速加工的编程。软件中有许多针对特定零件的优化加工策略需要有实际工况条件的支持才有意义。新版的加工轨迹列表见表7-1。

表7-1 CAXA制造工程师2006版的加工轨迹列表

粗加工	精加工	补加工	槽加工	孔加工
1. 平面区域	1. 平面轮廓	1. 等高线	1. 曲线式铣槽	1. 高速啄式钻孔 G73
2. 区域式	2. 参数线	2. 笔式清根(1)	2. 扫描式铣槽	2. 精镗孔 G76
3. 等高线方式(1)	3. 等高线方式(1)	3. 笔式清根(2)		3. 钻孔 G81
4. 等高线方式(2)	4. 等高线方式(2)	4. 区域式(1)		4. 钻孔+反镗孔 G82
5. 平切面粗加工	5. 扫描线	5. 区域式(2)		5. 啄式钻孔 G83
6. 扫描线	6. 浅平面			6. 右攻丝 G84
7. 摆线式	7. 限制线			7. 左攻丝 G74
8. 插铣式	8. 投影线加工			8. 镗孔 G85
9. 导动线	9. 轮廓线			9. 镗孔(主轴停) G86
	10. 导动线			10. 反镗孔 G87
	11. 轮廓导动线			11. 镗孔(暂停+手动) G88
	12. 三维偏置			12. 镗孔(暂停) G89
	13. 深腔侧壁			

说明:表中所谓粗加工和精加工的划分主要是基于软件的算法特点来分的,并不是绝对的,实际操作时可以使用粗加工的方式进行精加工,也可以使用精加工的某些方法生成粗加工刀具轨迹。

本章对基本操作和命令不予讲解,所以读者应该已经具有CAXA制造工程师入门基础学习或培训的经历。

7.1 CAM重要术语与公共参数设置

使用CAM软件,必须先了解CAM软件中基本名词所代表的含义,才能对其中的各选项参数进行合理的设置,生成正确的加工程序。下面介绍CAXA制造工程师数控铣(加工中心)加工中的重要术语和参数设置。

7.1.1 加工管理

如图7-1(a)所标的"轨迹树",记录了与生成加工轨迹有关的全部参数和操作记录,用户可以直接查看、修改或重置。

1.【模型】

【模型】:模型一般表达为系统存在的所有线架、曲面和实体的总和。模型一旦修改可以通过轨迹树中的【轨迹重置】命令重新生成新的轨迹。

【几何精度】描述模型的几何精度。进行 CAM 加工时几何模型可以看成把一个理想形状的曲面离散成一系列小三角片,由这一系列三角片所构成的模型与理想几何模型之间的误差,我们称为几何精度。

2.【毛坯】

【毛坯】:目前只能定义方块形状的毛坯。系统提供了三种毛坯定义的方式。CAXA 制造工程师 2004 版软件在生成实体或曲面的加工轨迹前,一定要先创建毛坯,否则将无法生成加工轨迹,2006 版就可以在不建立毛坯的情况下直接生成轨迹,在轨迹仿真界面系统会自动生成长方形毛坯,这对于生成二维线架造型,不用建立毛坯就可直接生成二维加工轨迹,操作较为方便。

【两点方式】:通过拾取毛坯的两个角点(与顺序、位置无关)来定义毛坯。

【三点方式】:通过拾取基准点,拾取定义毛坯大小的两个角点(与顺序、位置无关)来定义毛坯。

【参照模型】:系统自动计算模型的包围盒,以此作为毛坯。

3.【起始点】

它和选择的编程坐标系有关,零件的加工往往需要生成不同类型的刀具轨迹,如粗加工轨迹、精加工轨迹等,不同的加工轨迹都有各自的加工起始点(它可在刀具轨迹参数表中设置),但对整个加工过程而言,又有一个全局加工起点,此点相当于换刀点。

双击轨迹树中的【起始点】按钮 ⌖,弹出【刀具起始点】对话框,可以直接输入坐标值或单击【拾取点】按钮来设定全局加工的起始点。双击轨迹树中某轨迹名下的【起始点】,可以编辑此条加工轨迹的起始位置,如图 7-2 所示。

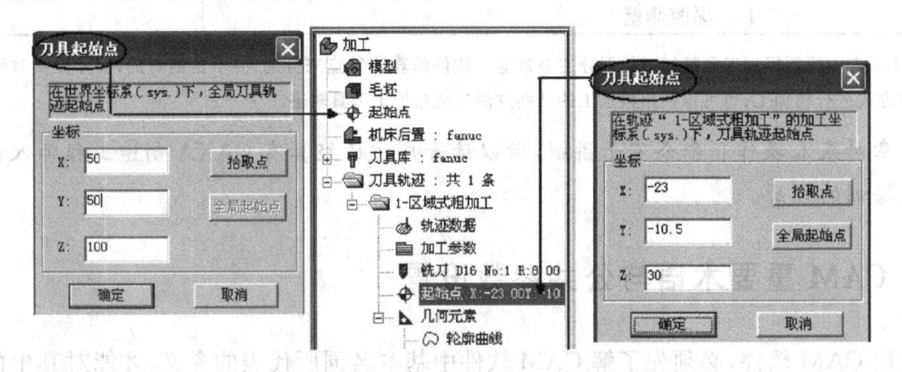

图 7-2　刀具起始点的交互界面

4. 机床后置处理

根据所选用的数控系统,系统调用其机床数据文件,运行数控编程系统提供的后置处理程序,将刀位源文件转换成 G 代码格式的数控加工 NC 程序。有两种坐标系:绝对坐标系和用户定义坐标系。绝对坐标系属于原始参照坐标,在输出机床代码时,一般则是根据软件当前使用的坐标系输出代码。

5. 对刀具轨迹修改、重置和处理

一旦修改了几何模型的任何几何要素，原来的加工轨迹就不能再用。为了简化计算，系统具有刀具轨迹的重置功能，方法是在轨迹树中先选择某轨迹名称，再右击鼠标，在弹出的菜单中选择【轨迹重置】命令，原有轨迹就会即刻更新，但设置的切削参数不变。

每种加工轨迹参数表对话框中都有【确定】、【取消】、【悬挂】三个按钮，如果填写完参数表后，单击的是【悬挂】按钮，就不会有计算过程，屏幕上不出现加工轨迹，仅在轨迹树上出现一个轨迹名称的新节点，这个新节点的文件夹图标上有一个黑点，表示轨迹还没有计算。在这个轨迹树节点上单击鼠标右键，会弹出一个菜单，运行【轨迹重置】可以计算这个加工轨迹。采用悬挂式方法生成刀具轨迹可以将很多计算复杂、耗时的轨迹生成任务准备好，直到空闲时再执行批处理计算。

在轨迹树中选择刀具轨迹后（此时每条轨迹名称前有符号√），右击弹出快捷菜单，如果选择【轨迹仿真】，系统将切换到轨迹仿真界面（如图 7-1），如果选择【工艺清单】，系统将按照预定的模板自动生成网页格式的工艺表格。

7.1.2　公共参数设置

参数设置可视为对工艺分析和规划的具体实施，即工艺分析和规划的结果在 CAM 软件上实施的过程，它构成了利用 CAD/CAM 软件进行自动编程的主要操作内容。参数设置主要包括切削方式设置，加工对象及加工区域设置以及加工工艺参数设置等。

1.【刀具参数】参数表

CAXA 制造工程师刀具设置主要针对数控铣和加工中心的模具加工。目前提供三种立铣刀的参数：球刀（$r=R$）、平底刀（$r=0$）和圆角刀（又称 R 刀、牛鼻刀）（$r<R$），其中 R 为刀具的半径、r 为刀角半径。刀具参数中还有刀杆长度 L 和刀刃长度 l，如图 7-3 所示。

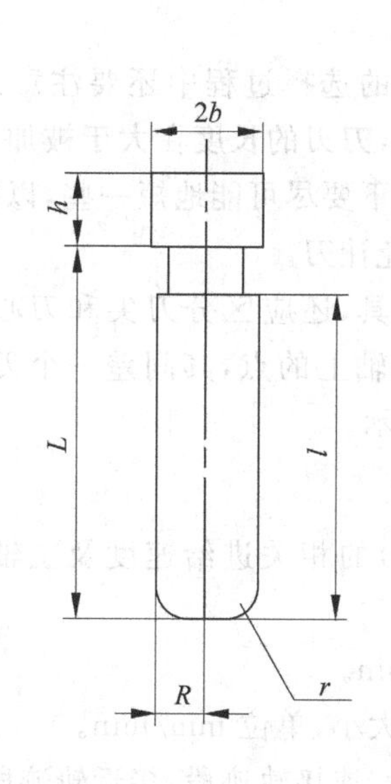

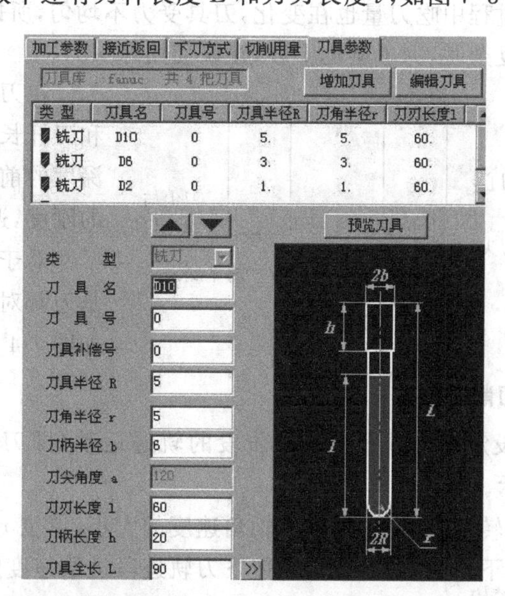

图 7-3　刀具参数示意

刀具库中能存放用户定义的不同的刀具,包括钻头,铣刀(球刀、圆角刀、平底刀),用户可以很方便地从刀具库中取出所需的刀具。

刀具主要由刀刃、刀杆和刀柄三部分组成。

【刀具名】 刀具的名称。

【刀具号】 刀具在加工中心里的位置编号,便于加工过程中换刀。

【刀具补偿号】 刀具半径补偿值对应的编号。

【刀具半径】 刀刃部分最大截面圆的半径大小。

【刀角半径】 刀刃部分球形轮廓区域半径的大小,只对铣刀有效。

【刀柄半径】 刀柄部分截面圆半径的大小。

【刀尖角度】 钻尖的圆锥角,只对钻头有效。

【刀刃长度】 刀刃部分的长度。

【刀柄长度】 刀柄部分的长度。

【刀具全长】 刀杆与刀柄长度的总和。

在两轴、两轴半加工中,由于加工对象以平面居多,所以刀具在加工过程中吃刀量比较均匀且刀具受力相对稳定,为了提高效率应尽量采用平底刀。在两轴加工中,为提高效率建议使用平底刀,因为相同的参数,球刀会留下较大的残留高度。

平面铣削最好用不重磨硬质合金端铣刀或立铣刀,一般走刀两次。第一次最好用平底铣刀连续粗铣(提高效率),吃刀宽度可达铣刀直径的 0.75 倍左右;第二次最好选用直径比较大的铣刀精铣(保证精度),铣刀的直径最好能够包容加工面的整个宽度。

平面零件的周边轮廓铣削,一般采用立铣刀。刀具半径应小于零件轮廓的最小曲率半径,一般取最小曲率半径的 0.8～0.9 倍。零件 Z 方向的吃刀深度,不要超过刀具半径。

在三轴加工中,平底刀和球刀的加工效果有明显区别。当曲面形状复杂有起伏时,建议使用球刀,适当调整加工参数可以达到好的加工效果。选择刀刃长度和刀杆长度时请考虑机床的情况及零件的尺寸以避免发生干涉。加工曲面和变斜角轮廓时,由于曲面的变化,刀具在加工过程中吃刀量也在变化,刀具受力不均匀,所以刀具常用球头刀和圆角刀。特别是曲面形状复杂时,为了避免干涉,建议使用球头刀。

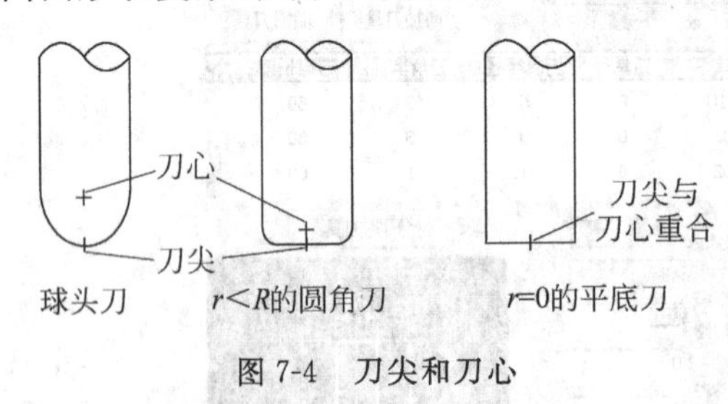

图 7-4 刀尖和刀心

在刀具的选择过程中还要注意刀刃长度和刀杆长度,刀刃的长度在大于被加工部分的深度的前提下要尽可能地短一些,以提高刀具的刚度,避免让刀。

对于刀具,还应区分刀尖和刀心,两者均是刀具对称轴上的点,其间差一个刀角半径,如图 7-4 所示。

2.【切削用量】

用于设定加工过程中不同阶段的轨迹运动(即刀具)的相关进给速度及主轴转速,如图 7-5 所示。其中:

【主轴转速】 设定机床主轴角速度的大小,单位 r/min。

【慢速下刀速度】 设定慢速下刀轨迹段进给速度的大小,单位 mm/min。

【切入切出连接速度】 设定切入轨迹段、切出轨迹段、连接轨迹段、接近轨迹段、返回轨

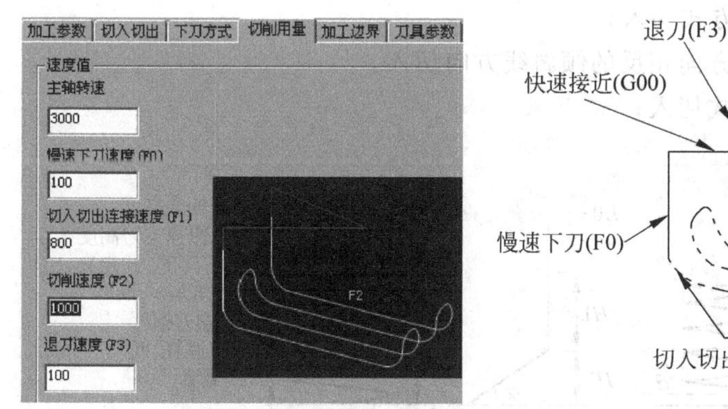

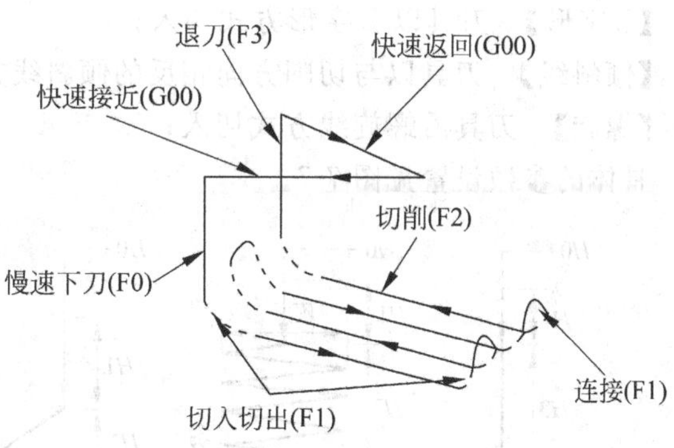

图 7-5　刀具运动轨迹的各种速度值

迹段的进给速度的大小，单位 mm/min。

【切削速度 】　设定切削轨迹段进给速度的大小，单位 mm/min。

【退刀速度】　设定退刀轨迹段进给速度的大小，单位 mm/min。

3.【下刀方式】

此参数表对话框主要规定刀具从高度方向切入零件时的轨迹，如图 7-6 所示。【下刀方式】参数表首先要设定进退刀时的距离，主要参数有：

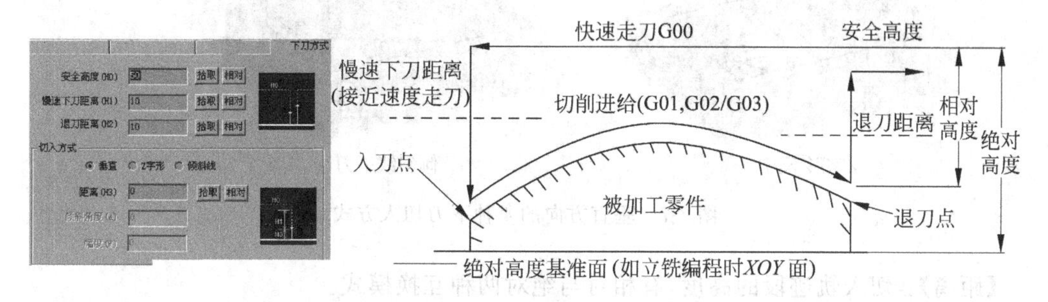

图 7-6　进刀退刀时的距离设置

【安全高度】　刀具快速移动而不会与毛坯或模型发生干涉的高度，有相对与绝对两种模式。单击【相对】或【绝对】按钮可以实现二者的互换，如选择【拾取】方式，则可以从绘图区选择任意位置作为高度点。

【慢速下刀距离】　在入刀点或切削开始前的一段刀位轨迹的长度，这段轨迹要设定慢速垂直下刀速度，选项内容同【安全高度】。

【退刀距离】　在退刀点或切削结束后的一段刀位轨迹的长度，这段轨迹要设定垂直向上退刀速度。选项内容同【安全高度】。

系统提供了 4 种通用的下刀切入方式，适用于几乎所有的铣削加工策略。铣削加工时有一些特殊加工策略（如 HSM 加工）其切入方式要在【切入切出】参数表中设定。如果在【切入切出】参数表里设定了特殊的切入切出方式，【下刀方式】中通用的切入方式将不会起作用。

四种通用的切入方式是：

【垂直】　刀具沿垂直方向切入；

【Z字形】 刀具以Z字形方式切入；

【倾斜线】 刀具以与切削方向相反的倾斜线方向切入。

【螺旋】 刀具沿螺旋线方式切入；

具体的参数设置见图7-7。

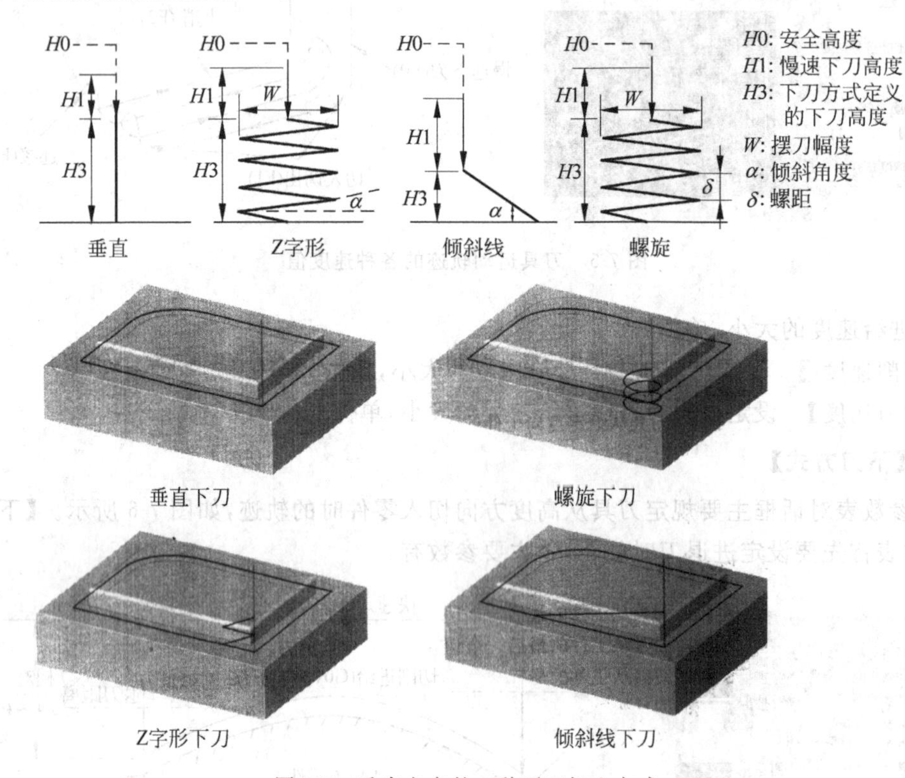

图7-7 垂直方向的4种下刀切入方式

【距离】：切入轨迹段的高度，有相对与绝对两种互换模式。

【幅度】：Z字形切入时摆刀的幅度，螺旋切入时螺旋直径。

【倾斜角度】：Z字形或倾斜线走刀方向与 *XOY* 平面的夹角。

【节距】：螺旋线下刀时的螺距。

刀具下刀方式的选择直接关系到加工质量和效率，如常用的平底立铣刀需要预打工艺孔才能快速直接下刀切削工件，为此可以选择如下方法来提高加工效率：

垂直下刀：在两个切削层之间从上一层高度直接切入毛坯。如果使用平底铣刀（刀头端面没有刀刃），并且在毛坯上没有钻孔情况下，一般直接切入时深度很小，否则可能撞坏刀具。

螺旋方式：从上一层高度沿螺旋线以渐近方式切入工件，直到下一层高度才开始切削材料。用户通过控制螺旋半径及节距来控制刀具切入毛坯的角度（决定切削力的大小）。在加工凹型腔时需要注意干涉问题。

倾斜方式：用户可以通过控制倾斜幅度和倾斜角度来控制刀具进入材料时的切削力大小。刀具在倾斜下刀时可以有两个控制角度，一个是垂直方向由倾斜角度决定的高度方向的角度，另一个是俯视方向（*XOY* 投影面上）的角度，如图7-8所示。对于螺旋下刀而言，刀具从上一层按给定长度和倾斜角度切入材料时，可以避免螺旋式下刀的干涉发生。

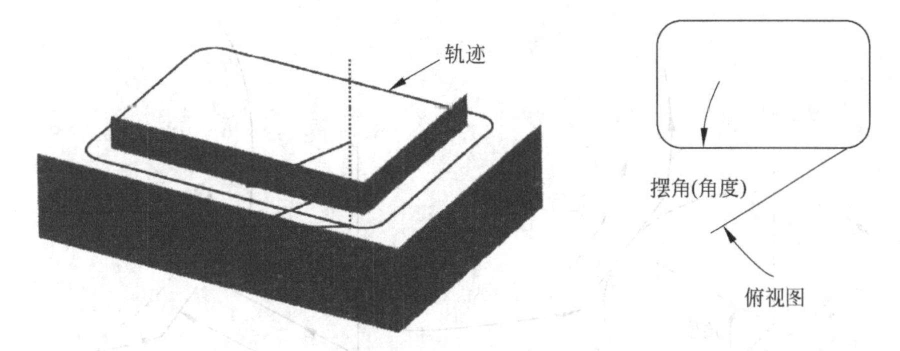

图 7-8　俯视方向倾斜线下刀角度

4.【切入切出】

上述【下刀方式】主要针对在高度方向刀具切入零件时的策略，而【切入切出】参数表用来设置高度方向和水平方向切入切出时的路径。

切入切出方式或进退刀方式对接刀质量、表面加工质量和避免加工干涉是十分重要的。在 2006 版中有种类较多的切入切出方式。随着 CAM 技术的进步，软件针对不同工艺条件或加工对象往往要采用不同加工策略，这种工艺策略做得越来越细，用户如果要对加工工艺进行不断的优化，就要掌握尽量多的高级加工策略。下面主要针对基本加工工艺用到的切入切出方式来讨论。

切入切出中基本方式有图 7-9 所示的 3 种常用轨迹方式和一种刀位点设置方式，分别是【XY 向】、【沿着形状】、【螺旋】和【接近点和返回点】。

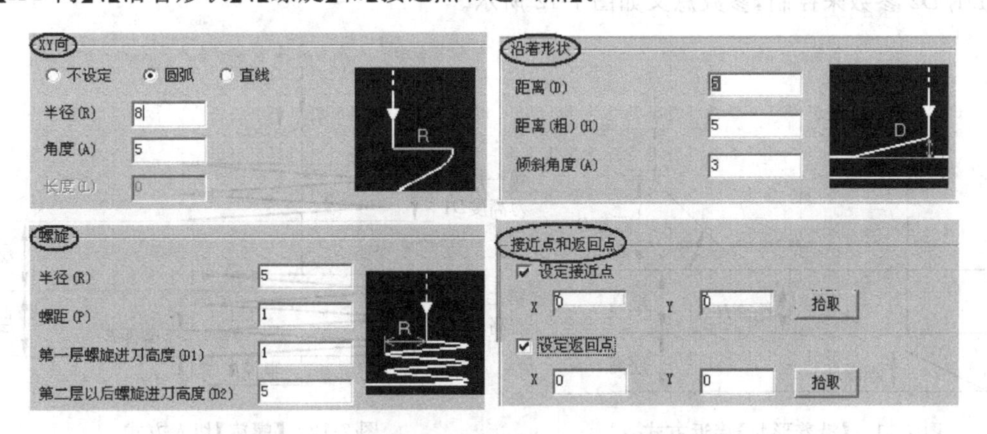

图 7-9　常用【切入切出】方式的参数设置选项

(1)【XY 向】切入方式

刀具先沿 Z 轴下降，然后在水平方向（XY 方向）接近零件，有 3 种水平切入方式。

【不设定】：不设定水平接近方式。

【圆弧】：指在轮廓加工和等高线加工等功能中，从切入点的切线方向以圆弧的方式接近工件。

【直线】：以直线方式水平切入零件。【半径】输入接近圆弧的半径。输入 0 时，不添加圆弧，有关【半径】、【角度】、【长度】参数意义见图 7-10。

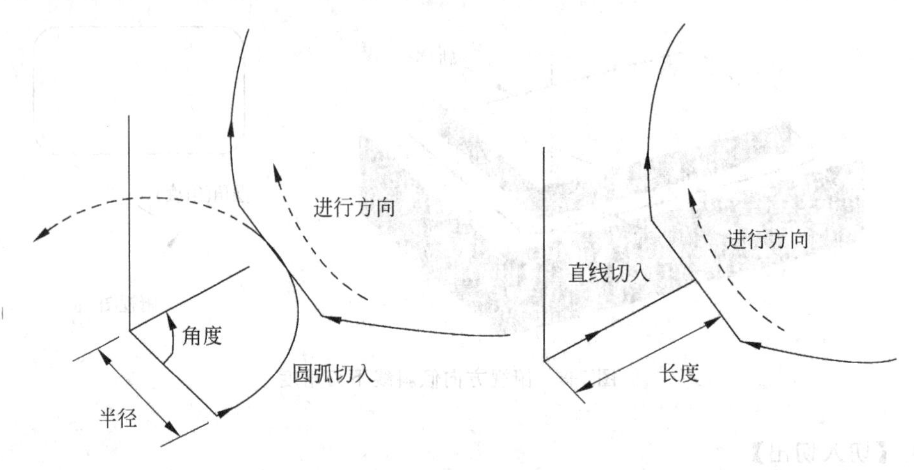

图 7-10　XY 平面上的【圆弧】和【直线】切入方式图

接近方式为【XY 向】时还可设置接近点，即输入 XY 坐标值，也可单击【拾取】按钮，直接在屏幕上拾取。

(2)【沿着形状】切入方式

为了避免加工干涉，同时保证切入时刀具负荷最小，可使刀具沿着零件形状接近零件。可以由【距离】和【倾斜角度】来控制刀具的切入，含义如图 7-11 所示。

(3)【螺旋】切入方式

刀具以螺旋下刀方式接近并切入零件，由【半径】、【螺距】、第一层及第二层以后进刀高度 $D1/D2$ 参数来控制，参数意义如图 7-12 所示。

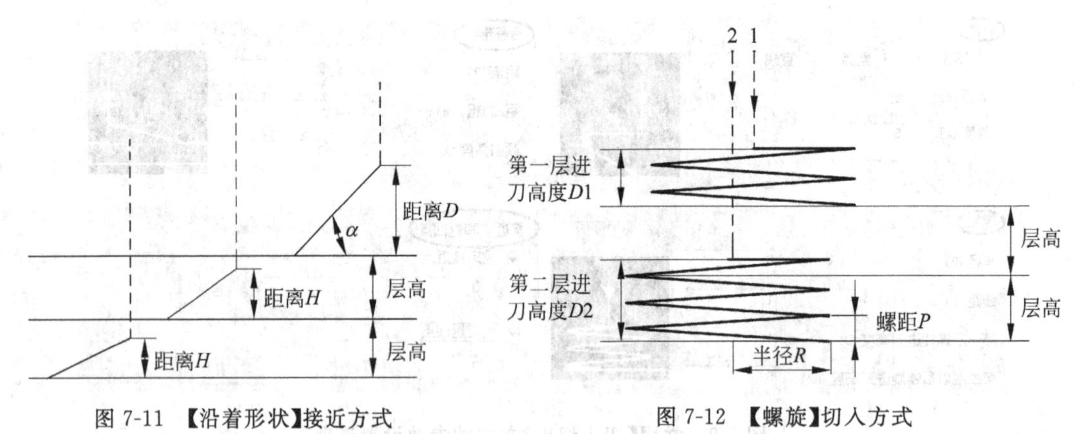

图 7-11　【沿着形状】接近方式　　图 7-12　【螺旋】切入方式

第二层进刀高度（切入深度）$D2$ 应大于层高，注意螺旋切入时系统不检查加工干涉，输入螺旋半径应保证不发生干涉。

(4)【接近点和返回点】

接近方式为【XY 向】时有效，用于选择是否设定接近点和返回点。根据模型或者加工条件，为避免发生进刀时干涉，接近点或者返回点可以更改，可直接输入坐标值或在屏幕上拾取合适的点。

- 【下刀点的位置】：对于螺旋和倾斜时的下刀点位置，提供两种方式。
- 【斜线的端点或螺旋线的切点】：选择此项后，下刀点位置将在斜线的端点或螺旋线的切点处下刀。
- 【斜线的中点或螺旋线的圆心】：选择此项后，下刀点位置将在斜线的中点或螺旋线的圆心处下刀。

(5)【3D 圆弧】切入切出方式

3D 圆弧切入切出方式适用于行间连接处和层间连接处，主要用来解决曲面高速加工时的轨迹平滑过渡问题，如图 7-13 所示。至于行间连接处应用圆弧还是直线，可根据用户设定的行距、插补最大半径、插补最小半径三者大小关系决定。

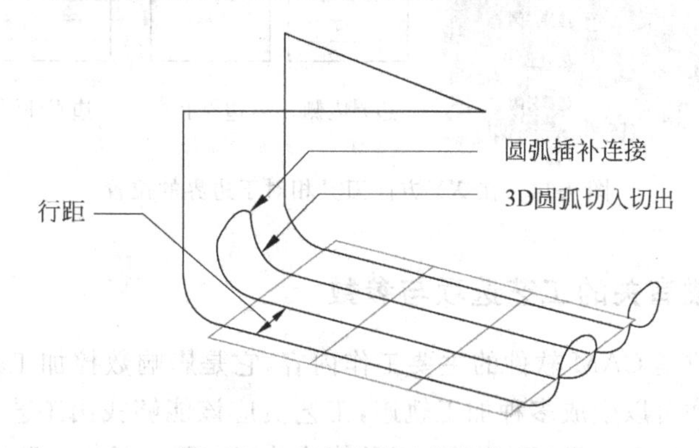

图 7-13 3D 圆弧切入切出方式

【添加】：设定是否添加 3D 圆弧切入切出连接方式。

【半径】：设定 3D 圆弧切入切出的半径。

另外，对于【平面区域粗加工】、【平面轮廓精加工】、【参数线精加工】的接近零件方式，有以下四种选择；

【不设定】：不设定切入切出方式。

【直线】：刀具按给定长度，沿直线垂直切入切出。设定的长度是指直线切入切出的长度，不使用角度。

【圆弧】：沿圆弧平滑切入切出，可设定切入切出圆弧的半径和圆心角。

【强制】：强制从指定点直线切入到切削点，或强制从切削点直线切出到指定点。可直接输入指定点的 X、Y、Z 坐标值。

5.【加工边界】

在 CAXA 制造工程师中，曲面边界和实体的棱边可以作为零件 Z 向和 XY 方向的加工边界来使用，需要时，可用相关线命令拾取相应的线，但高度方向边界可以由用户设定。

加工边界用来控制零件高度方向和 XOY 方向的轮廓控制限制范围。

- 【Z 设定】：设定毛坯的有效的高度范围。
- 【使用有效的 Z 范围】：设定是否使用有效的 Z 范围，是指使用指定的最大最小 Z 值所限定的毛坯的范围进行计算，否则使用定义的毛坯的高度范围进行计算。
- 【最大】：指定 Z 范围最大的 Z 值，可以采用输入数值和拾取点两种方式。
- 【最小】：指定 Z 范围最小的 Z 值，可以采用输入数值和拾取点两种方式。

参照毛坯　通过毛坯的高度范围来定义 Z 范围最大的 Z 值和指定 Z 范围最小的 Z 值。

- 【相对于边界的刀具位置】：在 XOY 平面方向上设定刀具相对于边界的位置（图 7-14）。
- 【边界内侧】：刀具位于边界的内侧。
- 【边界上】：刀具位于边界上。
- 【边界外侧】：刀具位于边界的外侧。

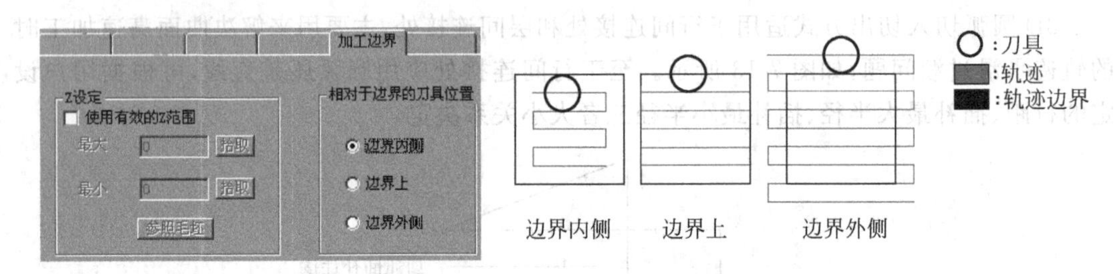

图 7-14　在 XY 方向刀具相对于边界的位置

7.1.3　与轨迹生成有关的工艺选项与参数

加工轨迹的生成是 CAM 软件的主要工作内容，它是影响数控加工效率和质量的重要因素。一个零件往往可以生成多种加工轨迹，工艺员应该能够找出工艺性最优的一种。加工轨迹的生成是由加工参数设置决定的，每种轨迹功能实际上反映一种工艺策略，理解并实践轨迹工艺参数表中的选项及参数设定将决定今后在实际工作中能够熟练应用软件来进行辅助编程与加工。

按加工轴数的不同通常可将刀具轨迹的形式分成如图 7-15 所示 3 种刀具轨迹的形式。

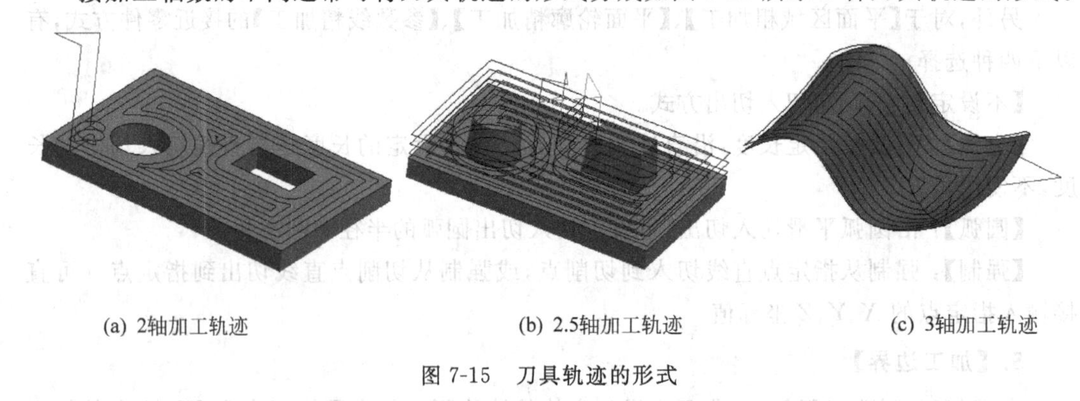

图 7-15　刀具轨迹的形式

图 7-15(a)(b)轨迹的分布呈平面状态，该种轨迹形式适于 2D 和 3D 造型，这是最简易且高效的一种加工方式。粗加工轨迹及平面的精加工轨迹均采用此方式，如区域式粗精加工、轮廓线粗精加工、等高线加工、扫描线粗加工、摆线式粗加工、插铣式粗加工和导动式加工等。

图 7-15(c)轨迹属于三轴曲面加工，该种轨迹生成必须以曲面或实体表面为模型。为了提高加工效率，该种轨迹主要用于曲面的精加工。常见的加工方法有：参数线精加工、扫描线精加工、浅平面精加工、导动线精加工、限制线精加工、三维偏置精加工、深腔侧壁精加工、曲面槽加工和清根加工等。

1. 轮廓

轮廓是一系列首尾相接曲线的集合,如图 7-16(a)所示。

在进行数控编程,交互指定待加工图形时,常常需要用户指定图形的轮廓,用来界定被加工的区域或被加工的图形本身。如果轮廓是用来界定被加工区域的,则要求指定的轮廓是闭合的;如果加工的是轮廓本身,则轮廓也可以不闭合。当轮廓被用来界定加工范围时,系统会将轮廓投影到与刀轴垂直的坐标平面,所以组成轮廓的曲线也可以是空间曲线,但要求指定的轮廓不应有自交点。

2. 区域和岛

区域指由一个闭合轮廓围成的内部空间,其内部可以有"岛"。岛也是由闭合轮廓界定的。区域指外轮廓和岛之间的部分。外轮廓和岛共同指定待加工区域,外轮廓用来界定加工区域的外部边界,岛用来屏蔽其内部不需加工或需保护的部分,如图 7-16(b)所示。

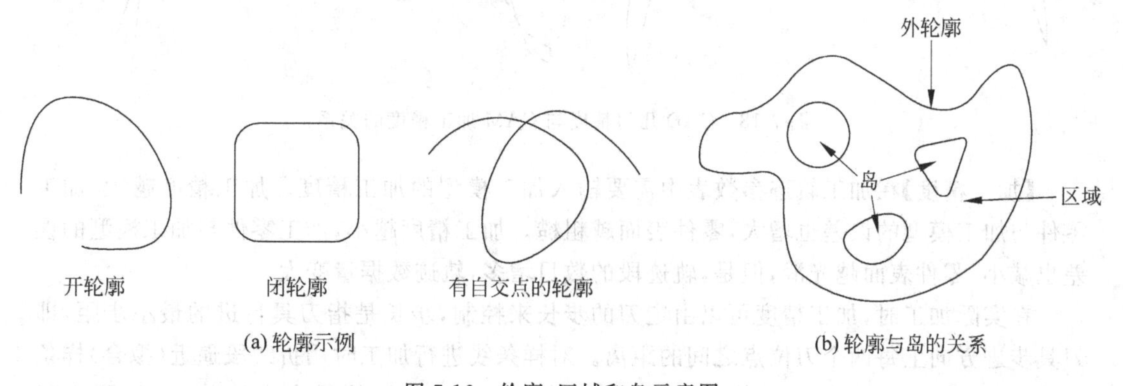

图 7-16 轮廓、区域和岛示意图

3. 刀具轨迹和刀位点

刀具轨迹是系统按给定工艺要求生成的、对给定加工图形进行切削时刀具行进的路线,如图 7-17 所示。系统以图形方式显示轨迹。刀具轨迹由一系列有序的刀位点和连接这些刀位点的直线(直线插补)或圆弧(圆弧插补)组成。系统的刀具轨迹是按刀尖位置来计算和显示的。

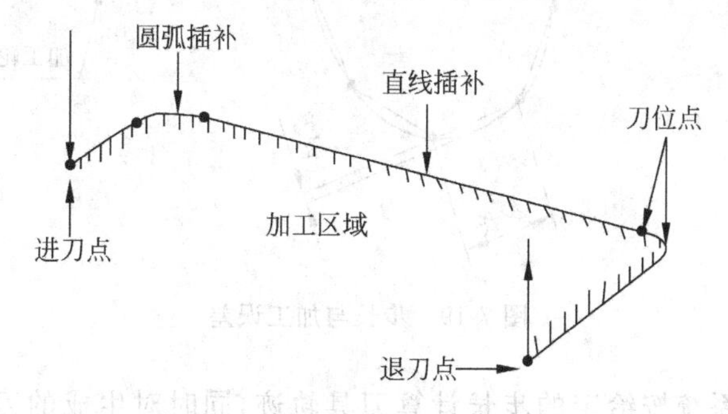

图 7-17 刀具轨迹和刀位点

4. 加工精度(误差)与步长

在 CAD 造型时,模型的曲面是光滑连续(法矢连续)的,如球面就是一个理想的光滑连续的面。这样的理想模型，我们称为几何模型。但CAM加工模型一般是由一系列三角片所构成的模型。加工模型与几何模型之间的误差，我们称为几何精度。加工精度是按轨迹加工出来的零件与加工模型之间的误差，当加工精度趋近于0时，轨迹对应的形状就是加工模型了（忽略残留量），见图7-18。

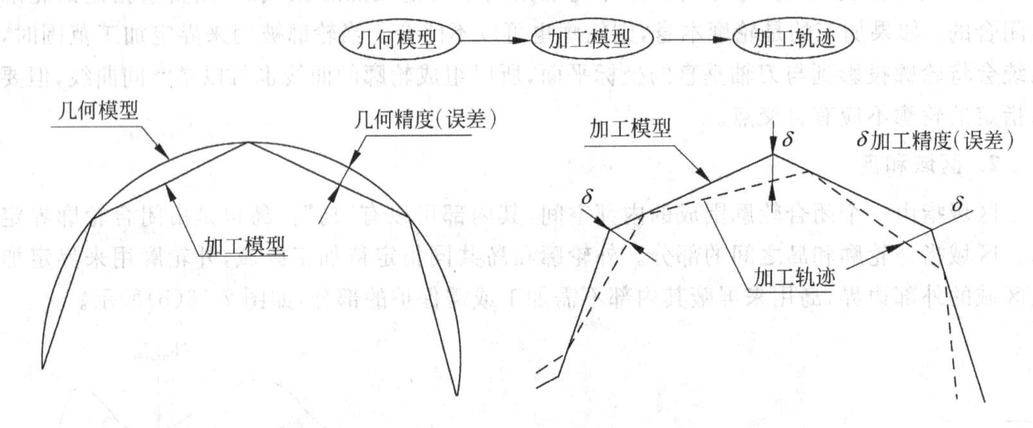

图7-18　CAD几何精度与CAM加工精度的关系

【加工精度】在加工轨迹参数表中需要输入加工模型的加工精度。加工精度越大，加工零件与加工模型的误差也增大，零件表面越粗糙。加工精度越小，加工零件与加工模型的误差也减小，零件表面越光滑，但是，轨迹段的数目增多，轨迹数据量变大。

在实际加工时，加工精度可以由走刀的步长来控制，步长是指刀具行进的最小步距，即刀具步进方向上每两个刀位点之间的距离。对样条线进行加工时用折线段逼近（拟合）样条时会产生加工误差。加工精度指刀具轨迹同加工模型之间的最大允许偏差，如图7-19所示。

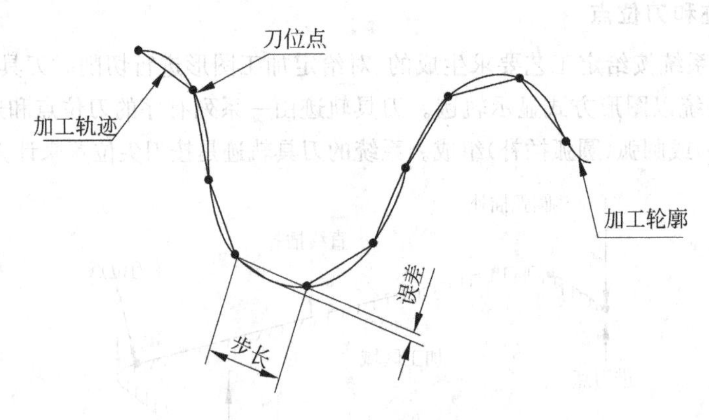

图7-19　步长与加工误差

在三轴加工中，系统按给定的步长计算刀具轨迹，同时对生成的刀具轨迹进行优化处理，删除处于同一直线上的刀位点，在保证加工精度的前提下提高加工的效率。用户给定的是加工的最小步距，实际生成的刀具轨迹中的步长可能大于用户给定的步长。可根据实际工艺要求给定加工误差。如在进行粗加工时，加工误差可以较大，否则加工效率会受到不必要的影响；而进行精加工时，需要根据表面要求等给定加工误差。加工精度越高，折线段越短，加工代码越长，加工效率越低。

5. 走刀方式

走刀方式用来定义刀具在切削工件时的行走方式。CAXA 制造工程师的走刀方式有平行线、环切线、扫描线、摆动线、插铣线 5 种。

(1) 环切线：指刀具围绕轮廓从里向外或从外向里循环去除材料的方式(见图 7-20(a))。

在加工同一层过程中不需要抬刀，具有较高的效率，并且可以将轮廓及岛屿边缘加工到位，但加工过程中振动较大，适合于区域内部有岛的不规则内腔零件的粗精加工。

(2) 平行线：分单方向和往复两种方式，如图 7-20(b)所示。其中单方向的刀具行进到加工边界后，抬刀到安全高度，再沿原路直线快速返回，走刀到下一行的起点，并沿着相同的方向进行下一刀位行的切削。刀具切削过程中始终朝一个方向进行切削加工。单向走刀有一致的走刀纹，表面质量较高。

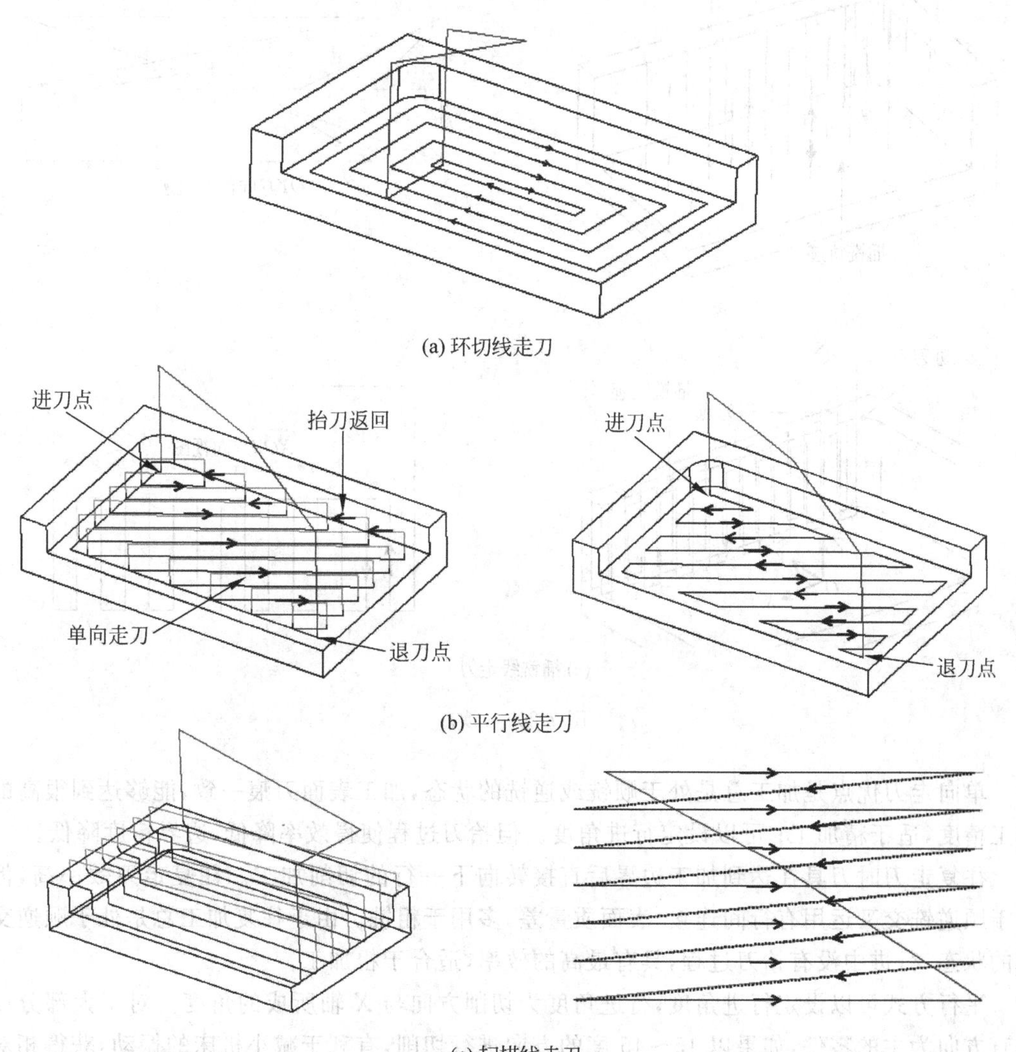

图 7-20 走刀方式

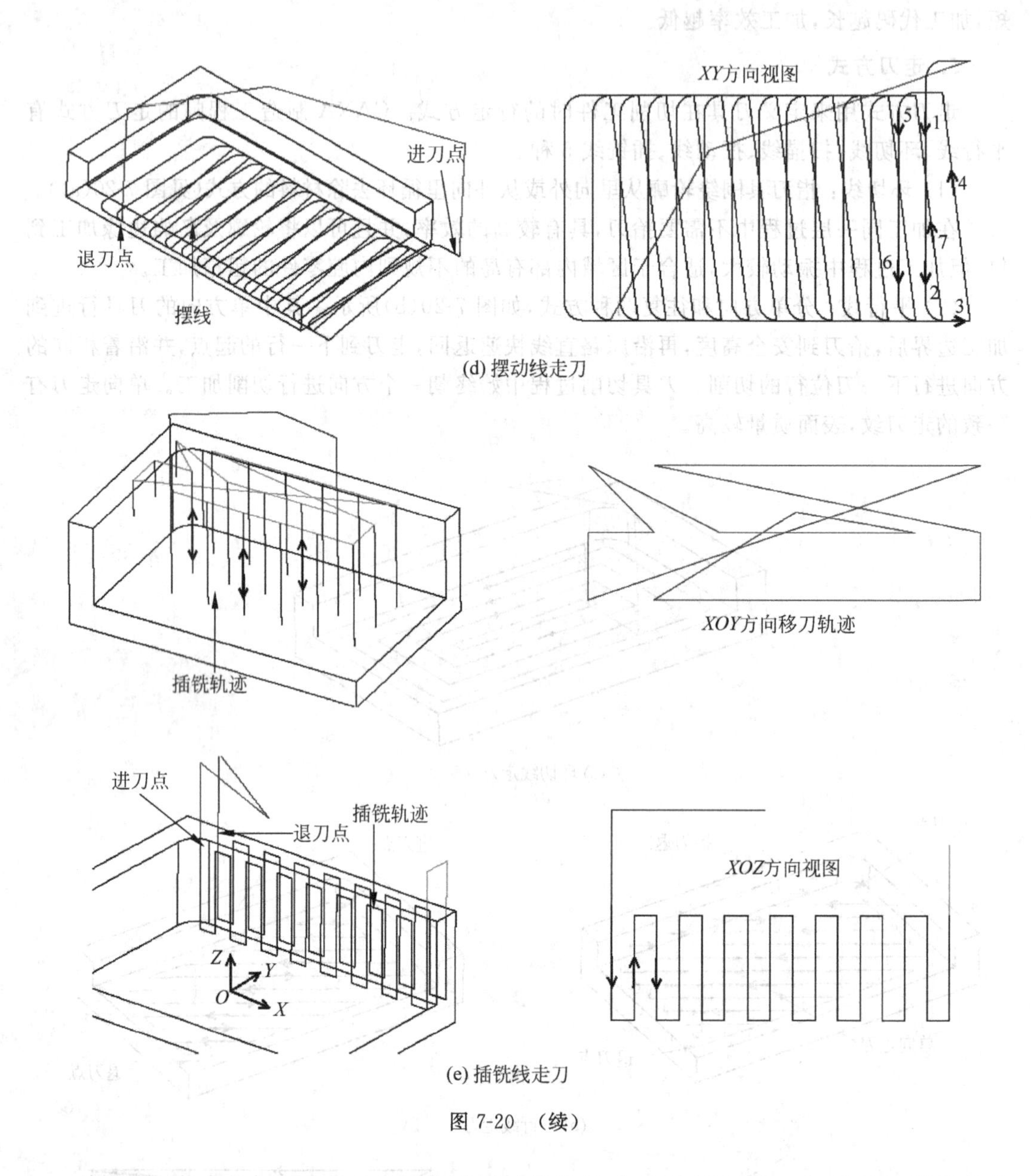

(d) 摆动线走刀

(e) 插铣线走刀

图 7-20 (续)

单向走刀优点是加工总是处于顺铣或逆铣的状态,加工表面刀痕一致,能够达到很高的加工精度,适于精加工;可以设定行进角度。但抬刀过程使得效率降低,边界精度降低。

往复走刀时刀具在达到加工边界后直接转向下一行的切削加工。往复走刀效率高,但由于顺逆铣交叉运用有行间连接,表面质量差,多用于粗铣。由于往复加工总是处于顺逆交替的状态,行进中没有抬刀过程,具有最高的效率,适合于粗加工。

平行方式可以设定行进角度,行进角度为切削方向与 X 轴所成的角度。对于大部分以平直方向为主的零件,如果以 15～45 度的方向进行切削,有利于减小机床的振动,获得相对较好的切削效果。

(3) 扫描线:如图 7-20(c)所示,也是按行距来进行切削,和平行线的主要区别是,相邻两行的起终点相接，具有区域识别和优化功能，在等高层切时可以根据曲面形状在高度方向变化轨迹，而平行或环切方式在等高层切时，在高度方向走刀方式不会变化，仍然是行切或环切。此扫描线轨迹属于高级的优化加工策略，粗精加工均可以用。

(4) 摆动线：如图 7-20(d)所示，可以沿 X 轴、Y 轴或 XY 轴三个方向前进，摆线轨迹属于高级的优化加工策略，主要用于高速粗加工工序。摆线切削有利于平衡或降低刀具切削力，提高高速走刀时的平稳性。

(5) 插铣线：刀具(通常必须有底刃)像钻削加工一样在 Z 轴方向重复升降切削零件，也有往复和单向两种切削方式(见图 7-20(e))，往复方式用于粗加工，在平面方面移刀的路径有专门规则，移刀的路径越短越好。而单向方式用于侧壁的精加工，插铣加工主要针对深腔和壁深的零件，可以弥补刀具周铣时刚性不足引起的刀具变形。

6. 行间走刀的连接方式

刀具轨迹行与行之间的连接方式有 4 种。

(1) 抬刀连接

刀具加工到一行刀位的终点后，抬刀到安全高度，再沿直线快速走刀(G00)到下一行首点所在位置的安全高度，然后按给定下刀方式进刀并沿着相同的方向进行加工。

(2) 直线连接

相邻两行间的刀位首末点直线连接。这种直接移刀方法使零件表面质量不佳，且进给速度不能太高，不能用于高速切削。

(3) 圆弧连接

相邻两行间的刀位首末点以圆弧方式连接。

(4) S形连接

相邻两行间的刀位首末点以 S 线形连接。

圆弧和 S 形连接方式可避免刀具方向的急剧变化，有利于保证零件表面质量，对刀具的磨损影响也较小，有利于高速切削。图 7-21 所示为环切加工时常用的三种连接方式。

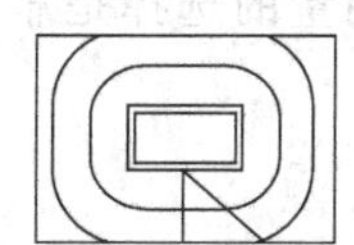
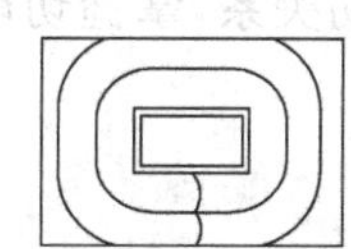
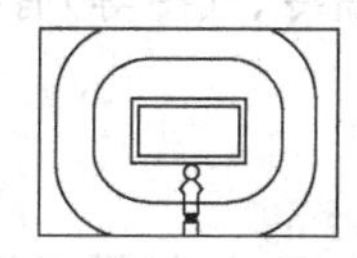

图 7-21 环切行间连接方式

走刀轨迹的拐弯半径对保证加工的平稳与效率也同样重要，它同样可以避免由于机床的运动方向发生突变而产生切削负荷的大幅度变化，同时也解决了由于机械惯性及切削阻力的关系。在路径拐角处较容易有过切的情况，拐角的设定常根据如下情况决定：

(1) 当轮廓的两边夹角大于 90°时，可以采用尖角过渡；

(2) 当轮廓的相交两边夹角小于 90°时，一般要选用圆角过渡。可以直接设定圆角半径，或者设定刀具半径/过渡半径比，系统自动算出实际过渡半径。

7. 切削用量的设置

有关层高、行距和残留高度的定义第 4 章已述。

(1) 切削层深度(a_p)

切削深度也称为背吃刀量,在机床、工件和刀具刚度允许的情况下,切削深度等于加工余量,增加切削深度是提高生产率的一个有效措施。软件通过参数表设定层高或残留高度两种方法可以控制切削深度的大小。

① 当加工的曲面曲率半径较大或精度要求不高时,建议使用层高来定义吃刀量,以提高运算速度;当加工的曲面曲率半径较小或精度要求较高时,建议使用残留高度定义吃刀量,以在较陡面获得更多的走刀次数。

② 对于加工曲面和斜面而言,较小的切深产生的加工层数较多,残留高度较小,表面加工质量较好,但刀具轨迹计算和加工时间都较长,效率低。而较大的切深则相反,效率较高,但是残留高度大,表面质量较差。在实际加工中应在满足加工质量的前提下,尽量加大切深以提高效率。

(2) 切削宽度(XY 切入)

在 CAM 软件中切削宽度称为行距,行距是加工轨迹相邻两行刀具轨迹之间的距离。行距的宽度与刀具直径成正比,与切削深度成反比。刀次是同一种加工轨迹在切削宽度方向上的重复次数,用同一把刀加工同样形状与大小的表面时,刀次越多,行距越小,残留高度越小,加工质量越好。

在粗加工中,行距取得大一些有利于提高加工效率。平底端铣刀的粗加工行距一般为(0.6～0.9)D(D 为刀具直径)。精加工时,行距的确定首先应考虑零件的精度和表面粗糙度,在满足加工精度要求的前提下,尽量加大行距。

(3) 加工余量

利用 CAM 软件生成加工轨迹的过程中,加工余量"可正可负"这一点在实际加工中很有意义,可以利用余量的"正"或"负"进行加工中的补偿,如余量、刀具磨损、让刀等的补偿问题。

读者应注意,切削用量的选择是一个综合因素作用的结果,它和机床(机床刚性、最大转速、进给速度等)、刀具(刀具几何规格、刀具材料、刀柄规格)、工件(材质、热处理性能等)、装夹方式、冷却情况(油冷、气冷等)有密切关系,掌握切削用量的选择是靠工作经验的积累获得的。

8. 干涉

在切削被加工表面时,如果刀具切到了不应该切的部分,则称为出现干涉现象,或者叫做过切。如在小角度拐弯处、进刀位置、层间行间连接处等常易干涉过切,而对于三维曲面加工,由于存在零件自身干涉的问题,必须依靠 CAM 技术来解决。在制造工程师系统中,解决自身干涉可以采用构造限制线和限制面的方式来避免过切,如图 7-22 所示。

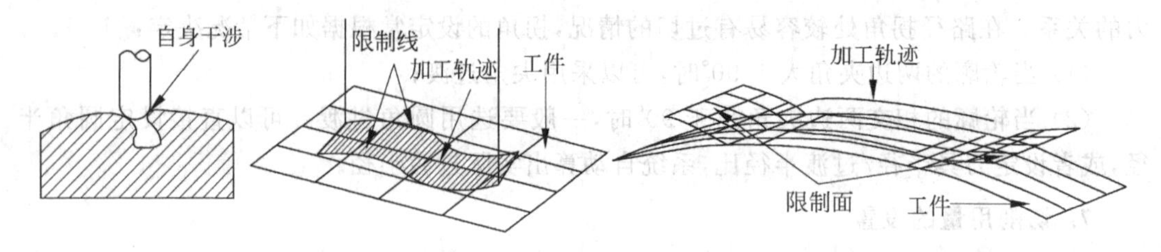

图 7-22　自身干涉与避免办法

9. 等高线加工轨迹的层降加工顺序

【XY优先】 也称“层优先”，系统不按凹凸部分的分区加工，而是按照 Z 进刀的统一高度顺序加工，如图7-23(a)所示。

【Z优先】 也称“高度优先”，是系统自动区分出零件的凹凸部分，按凹凸部位所构成的区域逐个进行由高到低的等高层降加工(如图7-23(b)所示。优化情况下也可以是由低到等高层升加工)。若零件水平断面为不封闭形状时，有时会变成 XY 方向优先。

针对特定零件选取不同顺序可以缩短代码长度，并可减少空走刀时间，提高加工效率。

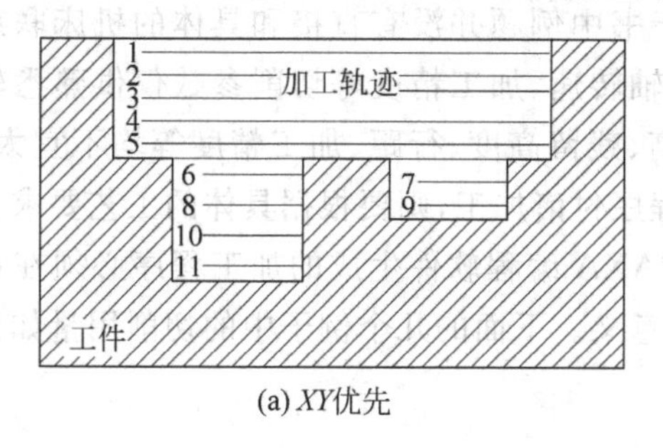

(a) XY优先

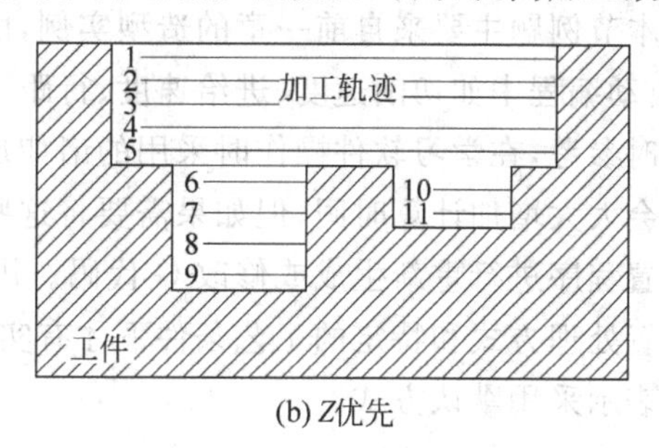

(b) Z优先

图7-23 等高线加工层降顺序

10. ON、TO、PAST与刀具补偿

针对轮廓加工方式时的轨迹生成，系统根据用户设定可以自动进行刀具半径补偿。可采用三种补偿选项。

【ON】 刀具中心线与轮廓重合，即不考虑补偿。

【TO】 刀具中心线不到轮廓，相差一个刀具半径。

【PAST】 刀具中心线超过轮廓一个刀具半径。

补偿是左偏还是右偏取决于加工的是内轮廓还是外轮廓，如图7-24所示。

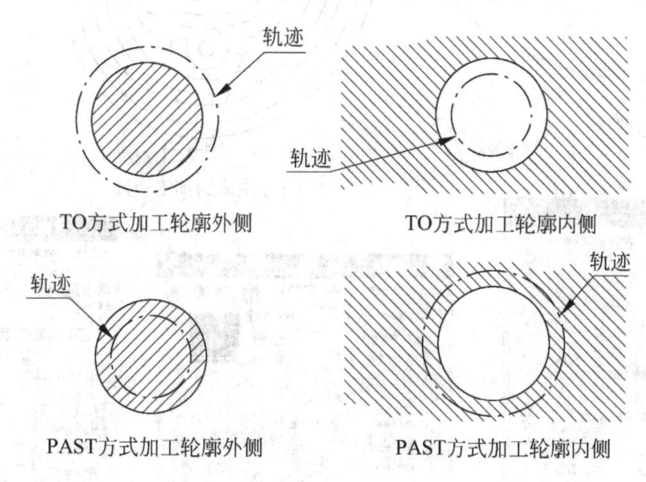

图7-24 轮廓的刀具半径补偿

【机床自动补偿】 选择该项机床自动偏置刀具半径，那么在输出的代码中会自动加上G41/G42(左偏/右偏)、G40(取消补偿)。输出代码中是自动加G41还是G42，与拾取轮廓时的方向有关。

7.2 基本加工功能及其应用实例

CAXA 制造工程师新版软件新增了较多的加工功能,这些新增功能重点是针对解决加工优化、高速切削或特定类型零件的加工策略的,但是基本的加工功能继承了原来版本的操作方式。初级工艺员只要能够掌握基本的功能应用就可满足课程大纲的一般性要求。

本节例题主要来自前一章的造型实例,由于书中例题并没有直接和具体的机床联系起来,自动编程中如切削速度、进给速度、行距、主轴转速、加工精度等切削参数仅供熟悉软件功能时参考,在学习软件操作时采用的诸如层高、残留高度、行距、加工精度等均不宜太小,否则会大大增加计算时间,但如果需要将这些程序付诸加工,则要根据具体的工艺要求和机床后置程序进行重新生成或修改 G 代码。用 CAXA 编程软件生成的加工程序必须在特定的后置处理方式和特定的工艺条件下才有实用意义。下面的几个例子中的切削用量如无说明均表示采用默认方式。

7.2.1 平面区域粗加工、平面轮廓精加工——凸轮零件的加工

图 7-25(a)是 6.5.1 节完成的凸轮渐开线外轮廓,轮廓余量+2mm,15mm 的余量+1mm,现使用一 $\phi16$ 的端面立铣刀就可对平面区域和渐开线轮廓进行加工,生成加工轨迹。

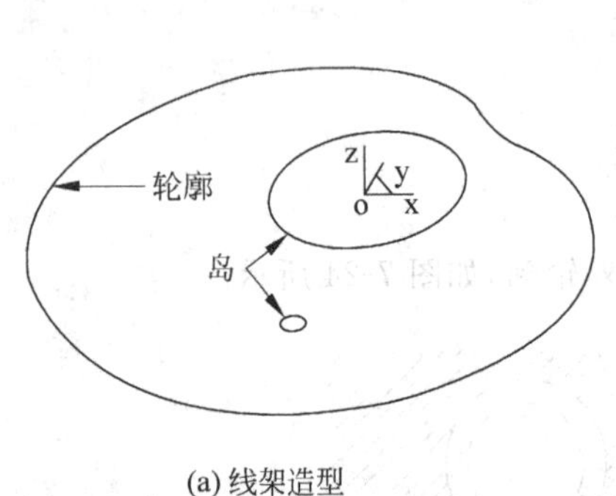

(a) 线架造型

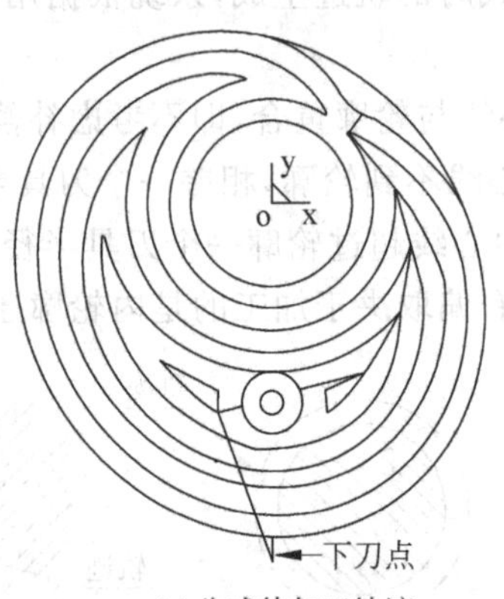

(c) 生成的加工轨迹

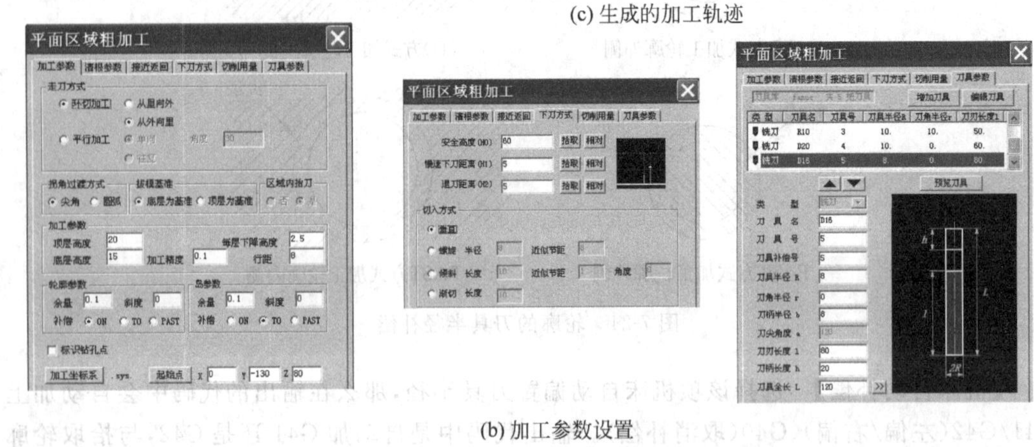

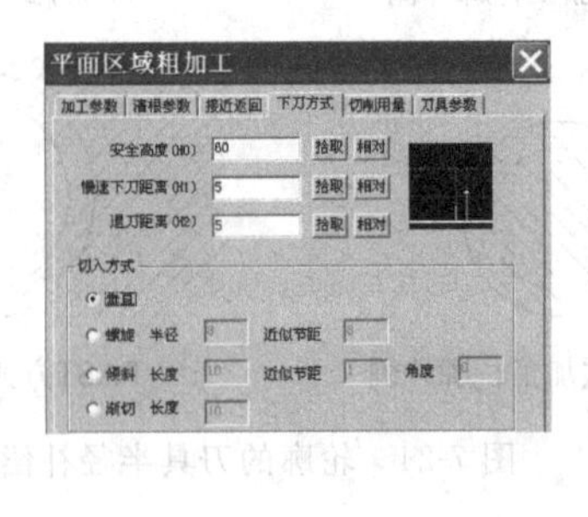

(b) 加工参数设置

图 7-25 平面区域加工轨迹生成

1. 平面区域粗加工

首先对 $Z=15$ 高度的平面进行加工。

(1) 选择【加工】|【粗加工】|【平面区域粗加工】命令，在弹出的如图 7-25(b)所示的对话框中，输入加工参数。

(2) 采用垂直下刀，但下刀点要选在零件轮廓的外部，进刀方向垂直轮廓线。

(3) 所有设置结束后，按确定按钮，系统提示【拾取轮廓和加工方向】，用光标拾取轮廓图形，系统提示【确定链拾取方向】，用光标选取顺时针箭头方向，系统再提示【拾取岛屿】，用光标指向图 7-25(a)中两个岛，并拾取顺时针箭头作为搜索方向，右击，系统将生成如图 7-25(c)所示的加工轨迹。

2. 平面轮廓精加工

平面轮廓线精加工是一种针对工件轮廓——一系列首尾相接曲线的集合，所进行的一种两轴联动加工，它主要用于加工零件的平面轮廓和槽，轮廓线加工属 2.5 轴加工，只需二维平面图即可生成刀具轨迹。此处选择凸轮的轮廓线(圆弧和公式曲线)为加工对象，采用圆弧进刀可以有效提高下刀处的表面精度。

(1) 选择【加工】|【粗加工】|【平面轮廓精加工】命令，在弹出的如图 7-26 所示的对话框中，输入加工参数。所有设置结束后，按确定按钮，系统提示【拾取轮廓和加工方向】，用光标拾取轮廓图形，系统提示【确定链拾取方向】，用光标选取顺时针箭头方向，系统再提示【拾取箭头方向】(选择加工外轮廓还是内轮廓)，用光标拾取指向凸轮外部的箭头。【拾取进刀点】，【拾取退刀点】可由系统自定，由于已经选择圆弧接近返回方式，自动得到图 7-26 所示的切入切出点，如果必要可以在【接近返回】对话框中强制设定，最后右击确定，系统将生成刀路轨迹。

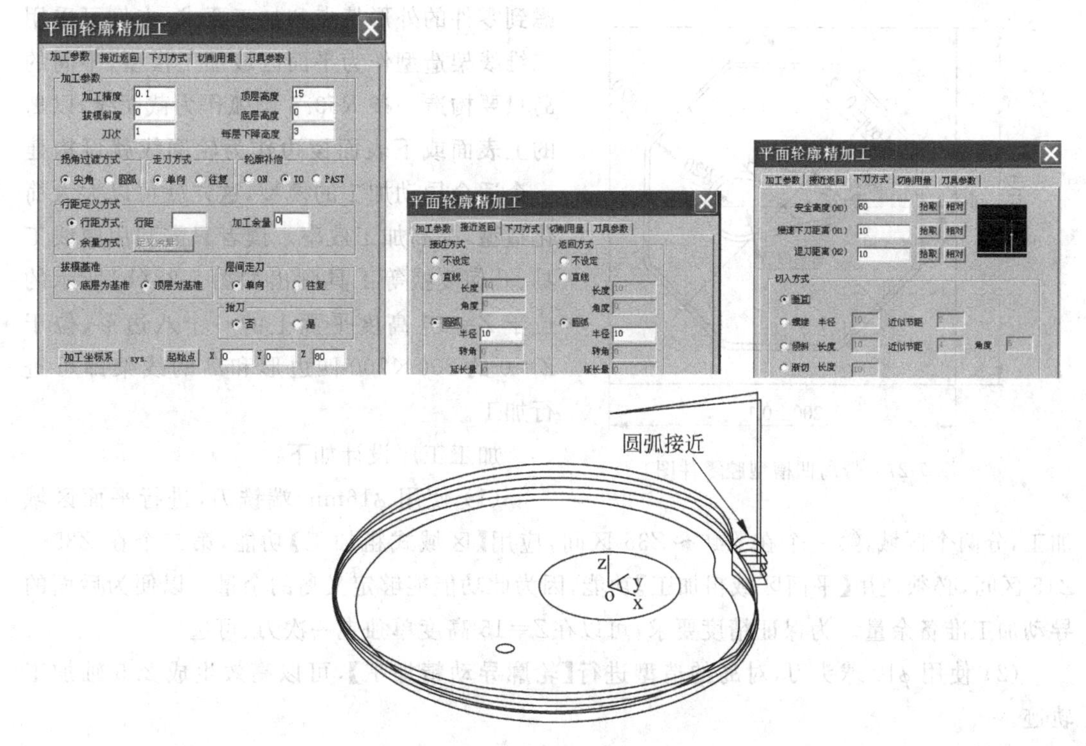

图 7-26 平面轮廓精加工轨迹

（2）由于每层内选择了圆弧切入切出，使层间下刀点已在毛坯外，所以这里使用垂直下刀方式没有问题。

在应用平面轮廓精加工时，在转角部位，特别是在较小角度转角部位，机床的运动方向发生突变，会产生切削负荷的大幅度变化，对刀具极其不利。软件提供两种过渡方式，以降低切削负荷。这两种插补方法是【圆弧插补】和【直线插补】。如选取【偏移】方式加工轮廓时，请注意加工方向的选择，因为它决定了轨迹的偏移方向。当 XY 向加工余量较大时，可以输入刀次，进行多刀加工。

铣削封闭轮廓时，起始点最好不要设置在转角附近的位置，以免由于挤压造成下刀点处零件表面质量下降。在生成轨迹的过程中，当系统提示拾取轮廓线时，按空格键，可以根据需要选择轮廓线的拾取方式（链拾取、限制链拾取和单个拾取）。

7.2.2 区域加工、平面区域精加工、轮廓导动线精加工——带岛凹槽型腔零件加工

带岛凹槽型腔零件的尺寸如图 7-27 所示，毛坯尺寸为 200×200×40，岛的 R20 和 R10 圆心呈中心对称。

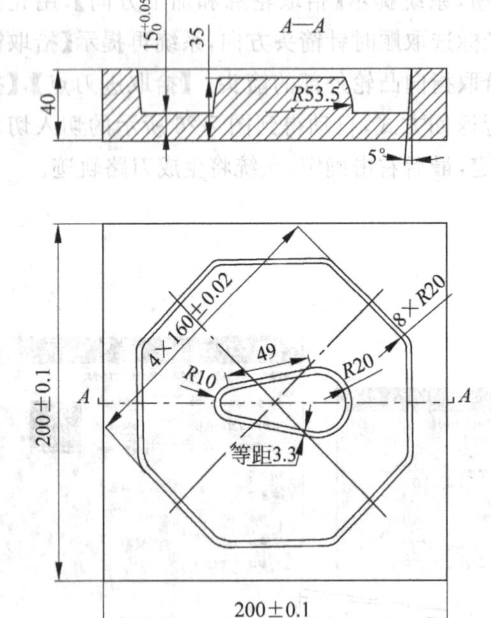

图 7-27 带岛凹槽型腔零件图

此零件属于型腔类零件，具有带岛封闭凹槽结构。凹槽部分实际可用平面区域方法加工，但中间的岛的侧表面为截面线 R53.5 圆弧的曲面，如果先进行实体造型（如图 7-28(a)所示），然后生成刀具轨迹，造型的时间较多。考虑到零件的外形特点和加工要求，本例可采用二维线架造型作为平面区域加工模型，中间的岛只要构造一条 R53.5 圆弧作为截面线，以岛的上表面或下表面棱边作为轮廓线就可构建一个适合导动加工的模型，这样就可以大大简化造型，提高加工效率。读者只需利用曲线工具、几何变换等工具画出如图 7-28(b)所示的位于 Z=40 高度平面上的一个八边形、位于 Z=0 的 200×200 四边形和岛的线架即可进行加工。

加工工序设计如下：

（1）使用 ϕ16mm 端铣刀，进行平面区域加工，分两个区域，第一个在 Z40～Z35 区间，应用【区域式粗加工】功能，第二个在 Z35～Z15 区间，必须使用【平面区域粗加工】功能，因为此功能能够定义岛的余量。以便为后面的导动加工准备余量。为保证精度要求，可以在 Z=15 高度单独走一次刀（可选）。

（2）使用 ϕ10 球头刀，对岛的造型进行【轮廓导动精加工】，可以高效生成 2.5 轴加工轨迹。

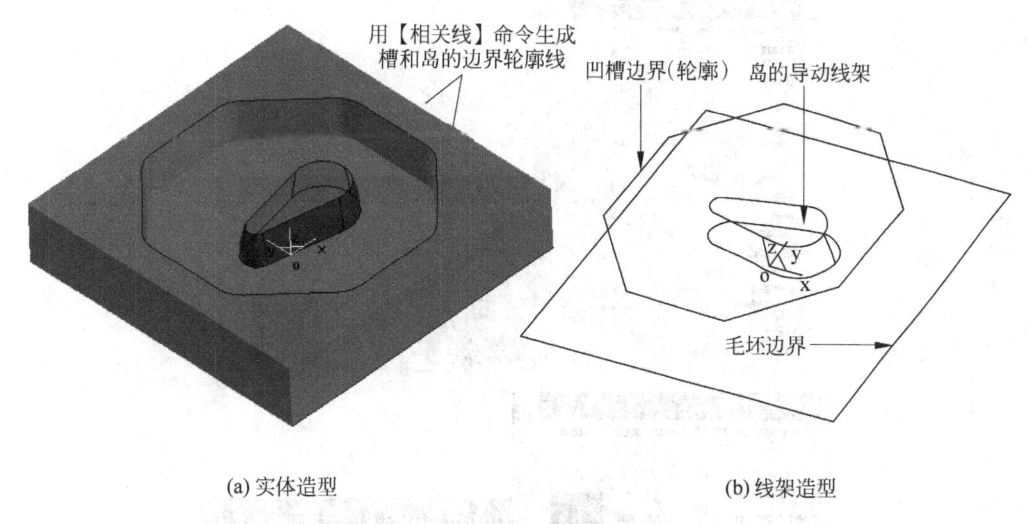

图 7-28 带岛凹槽型腔零件两种造型方式

1. 应用区域式粗加工

(1) 选择【加工】|【粗加工】|【区域式粗加工】命令,在弹出的如图 7-29(a)所示的对话框中,输入加工参数。

(2) 选择环切方式,在【加工边界】中设置 Z 的范围为 40～35,采用垂直下刀(最好预做下刀孔)。

区域式粗加工是根据给定的轮廓和岛屿,生成分层的加工轨迹(图 7-29(b)),其特点是移除封闭区域里的材料,主要用于型腔的加工。它与轮廓加工最大的区别是:区域式粗加工是大量地去除一个封闭轮廓内的材料,而轮廓线精加工通常是除去零件侧面的一层材料。尽管当毛坯余量较大时,通过多刀次的设定,轮廓线精加工也可以除去较大余量的材料,但它不适合毛坯余量不均匀的轮廓。

2. 应用平面区域式粗加工

(1) 选择【加工】|【粗加工】|【平面区域粗加工】命令,在弹出的如图 7-30(a)所示的对话框中,输入加工参数。

(2) 为避免端铣刀在下刀时的顶刀现象,切入方式采用螺旋方式。

(3) 平面区域式粗加工可以单独设置轮廓和岛的拔模斜度和加工余量,同时进行刀具半径补偿。如果考虑在 $Z=15$ 高度上要留一刀精铣,可在【加工参数】中的【底层高度】中输入 15.1,即留 0.1mm 余量。

(4) 中间凸台的外轮廓线作为“岛”拾取。

生成的加工轨迹如图 7-30(b)所示。

3. 应用轮廓导动精加工

轮廓导动精加工是一种针对 3D 曲面的高效加工方式,它的特点是生成轨迹方式简单,支持残留高度模式,生成轨迹速度快。

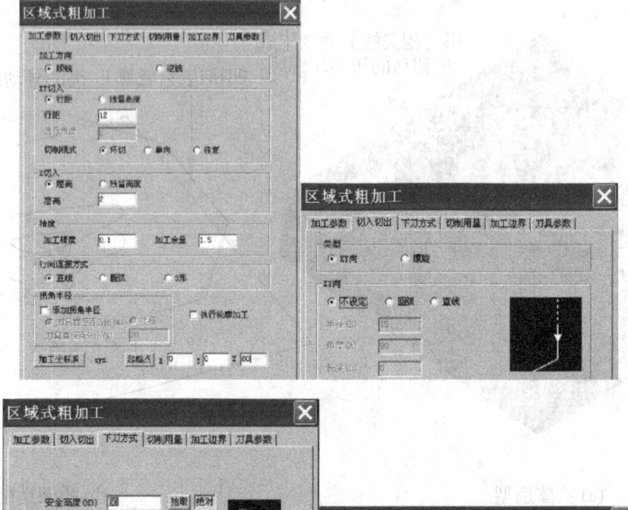

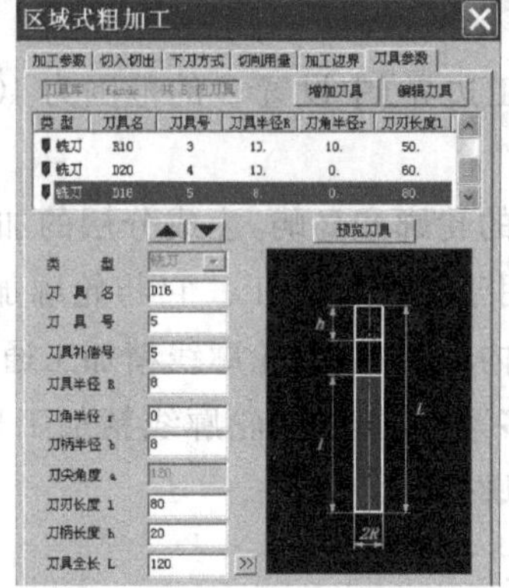

(a) 加工参数设置对话框

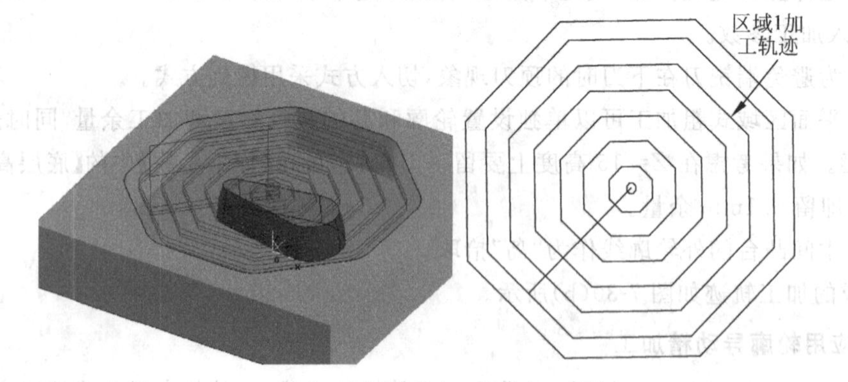

(b) 区域1(Z40～Z35) 加工轨迹

图 7-29　区域式加工参数设置和轨迹生成

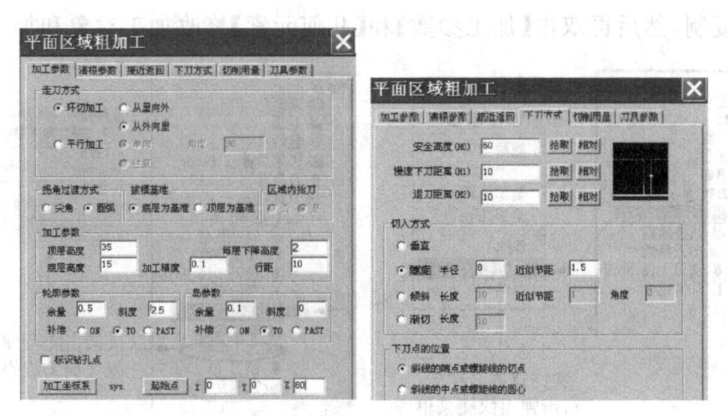

(a) 加工参数设置对话框

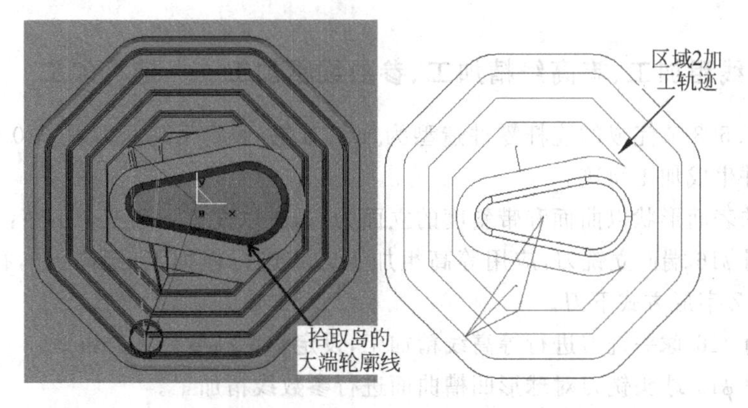

(b) 区域2(Z35～Z15)的加工轨迹

图 7-30　平面区域粗加工参数设置和轨迹生成

选择【加工】|【精加工】|【轮廓导动精加工】命令，弹出如图 7-31 所示的对话框，输入加工参数，按提示分别拾取导动截面线和轮廓线，其箭头指示如图 7-31 所示，最终生成的轨迹见图 7-31 右图。

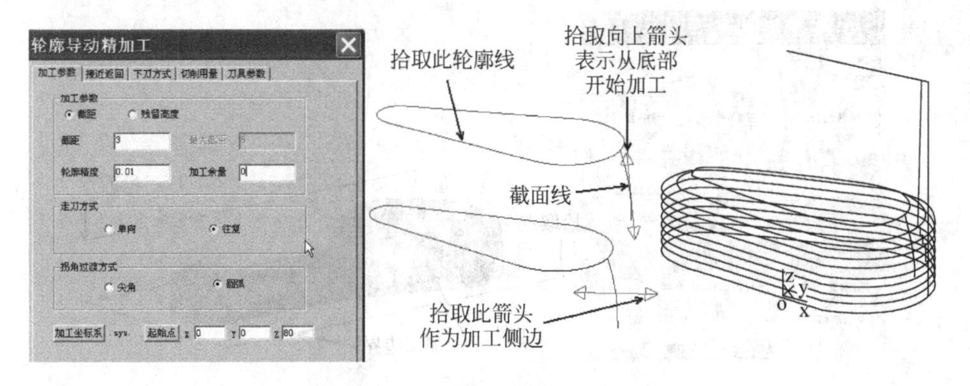

图 7-31　轮廓导动精加工参数设置和轨迹生成

如果一个零件多次应用已有的加工轨迹，可以按图 7-32 方式在轨迹树上操作，直接对已有轨迹进行复制，然后再双击【加工参数】和【几何元素】修改加工对象和加工参数。

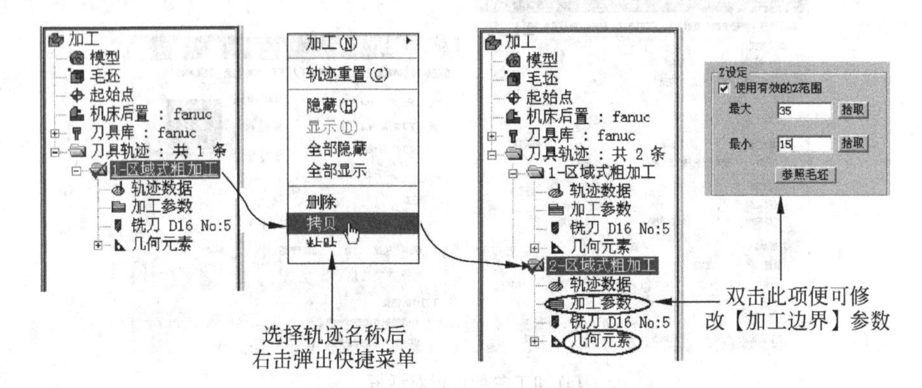

图 7-32　对轨迹的复制和再编辑

7.2.3　等高线粗加工、等高线精加工、参数线精加工——连杆加工

本例以 6.5.3 节完成的连杆零件造型为加工对象，假定毛坯尺寸是 220×100×30，进行粗精加工并生成加工轨迹。

本零件的表面形状以曲面和带斜度的立面为主，所以安排下列三个工序：

(1) 使用 ϕ16 端面立铣刀，应用等高粗加工方式进行粗加工，层高＝3，行距＝8，余量 1mm，Z 向以 Z 字形方式下刀。

(2) 使用 ϕ16 球头铣刀进行等高线精加工，设定残留高度＝0.1mm。

(3) 使用 ϕ10 球头铣刀对球形凹槽曲面进行参数线精加工。

1. 等高线粗加工

(1) 首先定义毛坯，见图 7-33，将编程原点设定在零件底面中心（即 XY 平面），过 XY 平面 4 点(－115，－50)，(105，－50)，(105，50)，(－115，50)绘制矩形线框，再过(105，50，30)，(－115，50，30)两点绘制一条直线，选择【定义毛坯】命令中的【拾取两点】，对应图 7-32 中两箭头所指位置，即可生成一个毛坯模型，作为粗加工对象。

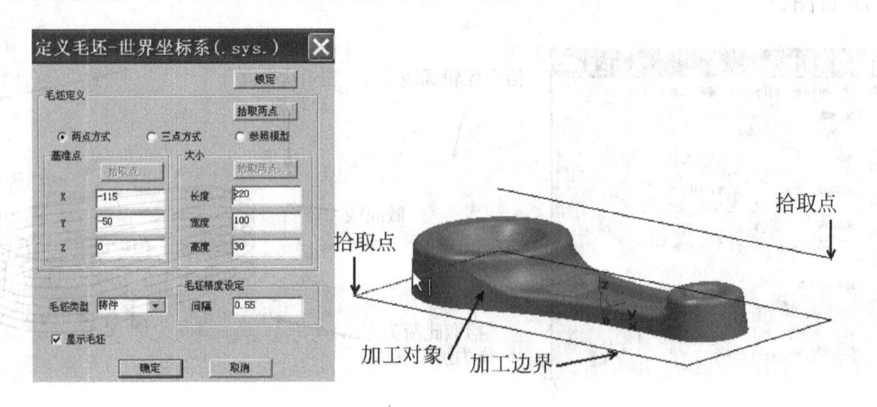

图 7-33　粗加工前要先做出毛坯模型(线架)

(2) 选择【加工】|【粗加工】|【等高线粗加工】命令，在参数表中输入合理的参数，【加工参数 2】不选【稀疏化加工】，【区域切削类型】选【仅切削】，参见图 7-34。

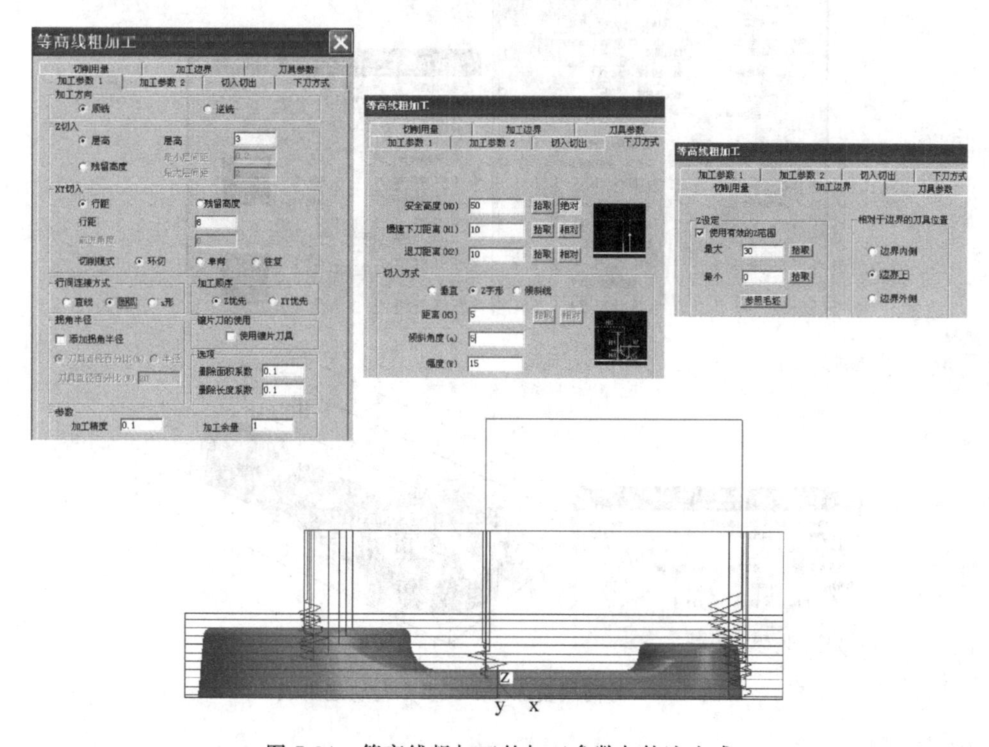

图 7-34 等高线粗加工的加工参数与轨迹生成

(3) 拾取连杆为加工对象，矩形线框为加工边界，系统自动生成轨迹。

注意，【加工参数 2】中的【稀疏化加工】和【区域切削类型】两选项必须在切削模式为【环切】下才能应用。

2. 等高线精加工

等高线精加工应用非常广泛，用于大部分直壁或者斜度不大的侧壁精加工。如果限定高度值，只作一层切削，可以进行局部等高加工、清角加工。可通过输入角度控制对平坦区域的识别和加工顺序。

精加工时在层高平面上切入时采用圆弧方式，可以避免过切。对于不同斜度的表面，可以使用【最大层间距】和【最小层间距】分别控制轨迹密度(见图 7-35)。【加工参数 2】的路径生成方式选【不加工平坦部】。

对重要参数解释如下：

等高线粗加工的【加工参数 1】中的参数解释如下。

【Z 切入】：指刀具沿垂直方向以相同的切入量(层高)切入，是等高线粗加工的加工特征。Z 向切入深度的设定有【层高】和【残留高度】两种方式。

【层高】：Z 向每加工层的切削深度。

【残留高度】：以残留高度来定义层高，它是通过输入【残留高度】值的方式间接地给定

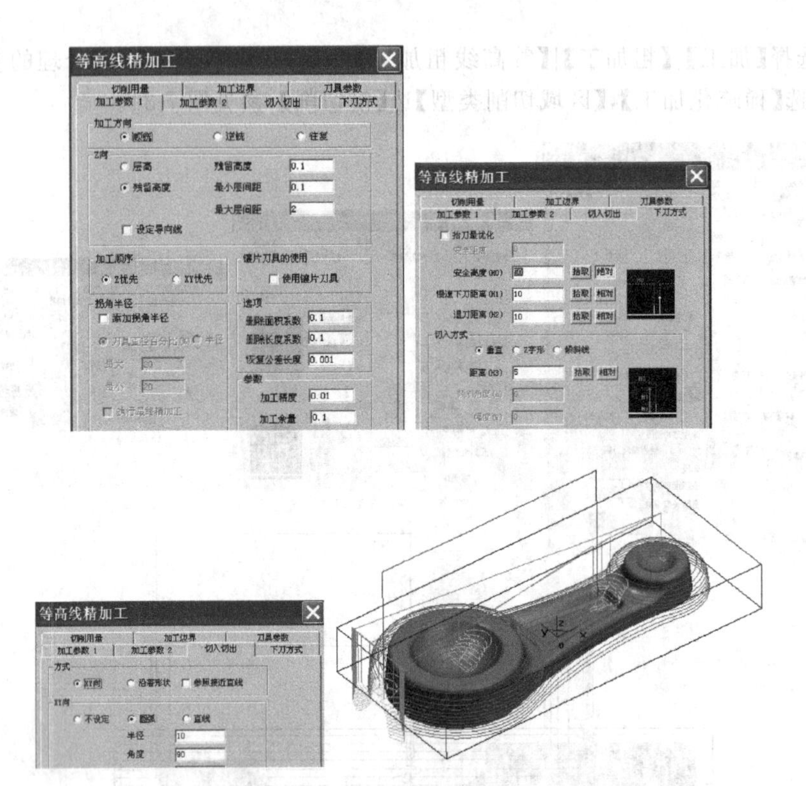

图 7-35　等高线精加工加工参数与轨迹生成

层高值,系统会根据残留高度的大小计算 Z 向层高,并以对话框提示。

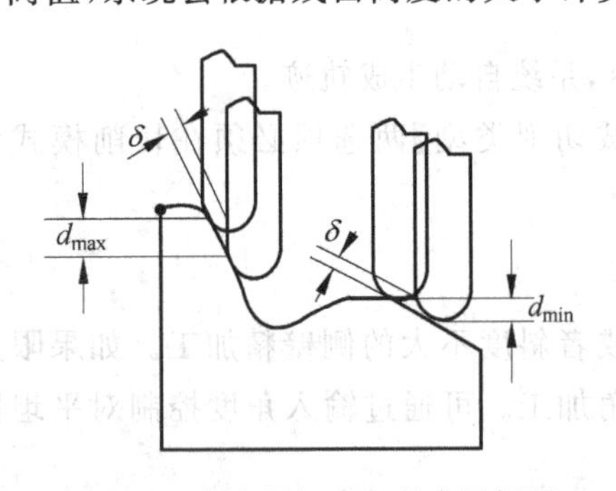

图 7-36　最大层间距与最小层间距

用【残留高度】高度来定义 Z 向切入深度时,在较陡或较平坦处可能出现层高过大或过小的现象,如图 7-36 最大层间距与最小层间距所示。图中,δ=残留高度,$d_{\max}$=最大层间距,$d_{\min}$=最小层间距。采用同样大小的残留高度加工同一曲面,较陡面处层高要比在较平坦面处大很多,为了避免这种现象,可用设定最小层间距和最大层间距的方法加以限制,使层高值在一个合理范围之内。

3. 参数线精加工

参数线精加工功能即生成沿曲面参数线 UV 方向的加工轨迹,这种加工方式允许选取数个曲面作为加工对象,加工出的零件具有表面光滑的特点。此方式所选择的多个曲面必须是相接的,而且其参数方向最好保持一致,以保证产生的刀具轨迹是连续的。

选择【加工】|【精加工】|【参数线精加工】命令,在【加工参数】输入参数如图 7-37 所示,【接近返回】中输入圆弧接近 $R10$,选 $R5$ 球刀。

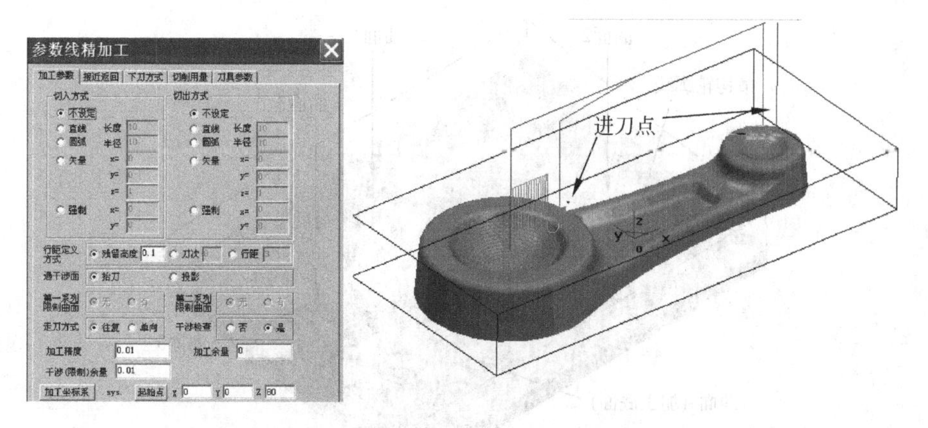

图 7-37 曲面参数线精加工的参数设置和轨迹生成

7.2.4 参数线精加工、投影线精加工、笔式清根加工——吊钩曲面的精加工

以 6.5.2 节完成的吊钩曲面造型(对原图纸的曲面进行镜像就可变成凸模零件)为加工模型,为了便于显示,本题对原曲面模型已适当放大,将构成此加工模型的 5 张曲面作为加工对象,并将吊钩和底面的曲面交线生成吊钩的轮廓线作为精加工区域范围,线框部分表示毛坯轮廓,现拟对吊钩曲面部分进行精加工。假定前面等高粗加工留有 0.5mm 余量,此曲面是一个典型的需要三轴铣削加工的零件,不存在限制曲面。为了防止底面过切,可以将底面作为干涉面。曲面和底面(平面)交界处非圆弧过渡,故须进行清根加工,可以采用两种精加工方案。

方案 1

(1) 采用 $\phi8$ 球刀,设定残留高度为 0.1,生成参数线精加工;

(2) 采用 $\phi4$ 球刀进行笔式清根加工;

(3) 采用 $\phi16$ 平底端铣刀沿曲面根部轮廓线走一刀可以保证过渡处形状(略讲)。

方案 2

(1) 设定行距 1.5,以吊钩底面轮廓线为加工区域,用环切方式,生成平面区域加工轨迹;

(2) 采用 $\phi8$ 球刀,将上步生成的轨迹投影到吊钩型面上生成投影线加工轨迹;

(3) 采用 $\phi4$ 球刀进行笔式清根加工;

(4) 采用 $\phi16$ 平底端铣刀沿曲面根部轮廓线走一刀可以保证过渡处形状(略讲)。

1. 参数线精加工

根据第 6 章所述的造型步骤可知此吊钩型面是由曲面 1、2、3 组成,曲面 4(平面)作为基准底面,曲面 5 可以忽略不管。对于参数线精加工,为了减少程序计算工作量,提高表面精度,需要事先将图 7-38 所示的 1～3 段曲面应用【曲面缝合】命令两次拟合成一张曲面。

单击参数线精加工图标按钮 ,在加工参数表中设置参数(如图 7-39 所示),安全高度设为 30,以圆弧方式切入。

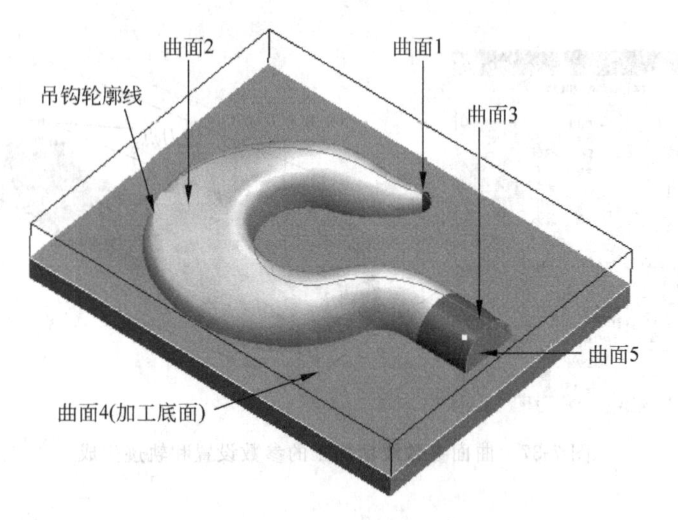

图 7-38　建立加工曲面造型

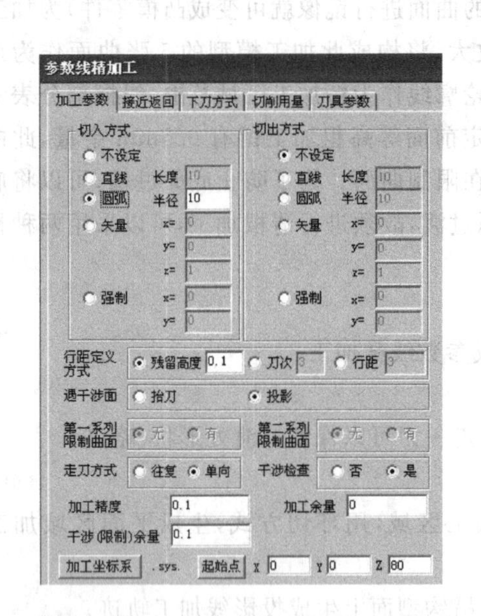

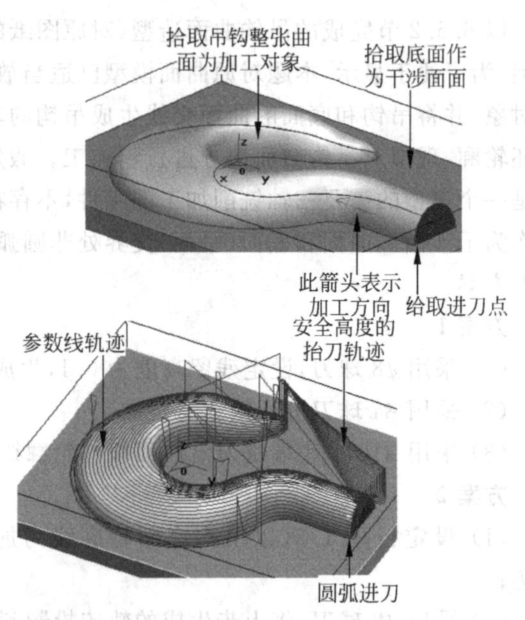

图 7-39　参数线精加工

2. 笔式清根加工

笔式清根加工生成笔式清根加工轨迹，它是一个补加工。一般来说，由于刀具和机床刚度的影响，当加工较深腔且吃刀量较大时，会产生让刀，在轮廓及岛周围形成不必要的斜度，此时就需要清根处理。另外它也可清除曲面交角处的材料，在交角处产生一致的半径。

笔式清根加工的【加工参数】与加工轨迹如图 7-40 所示。

【沿面方向】　笔式清角加工刀具路径沿面方向的分布由【切削宽度】、【行距】和【加工方向】三个因素所决定。【切削宽度】的定义如图 7-41 所示，清角刀具路径的分布情况由图 7-40【沿面方向】选项所决定。

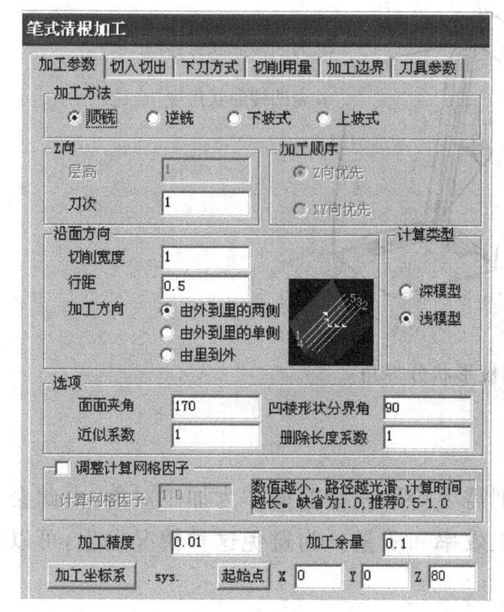

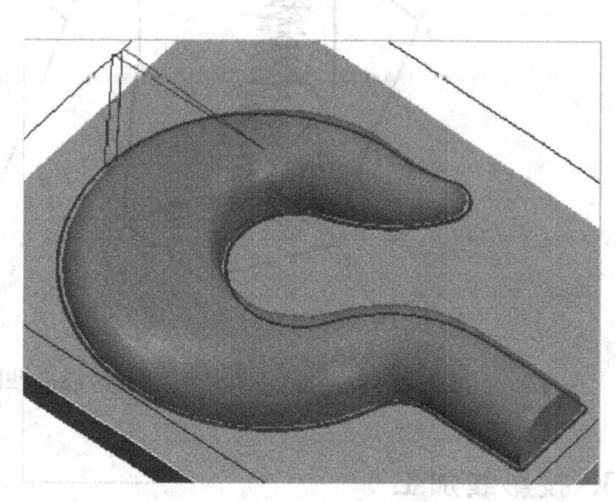

图 7-40　生成笔式清根加工轨迹

如果【切削宽度】设为零，只有一个刀次的清角，即可见一条刀具轨迹。

【选项】　笔式清角加工是一个补加工，实施这种补加工无疑要增加加工时间，所以实际加工过程中，可依据加工对象加工精度的要求，通过设定【选项】中的【面面夹角】的方法，确定是否进行补加工。

【面面夹角】　如图 7-42 面面夹角所示，图中 β 为面面夹角，当系统计算出的面与面之间的实际夹角 β 小于给定的面面夹角值时，系统将生成加工轨迹。面面夹角的范围为 $0° \leqslant \beta \leqslant 180°$。

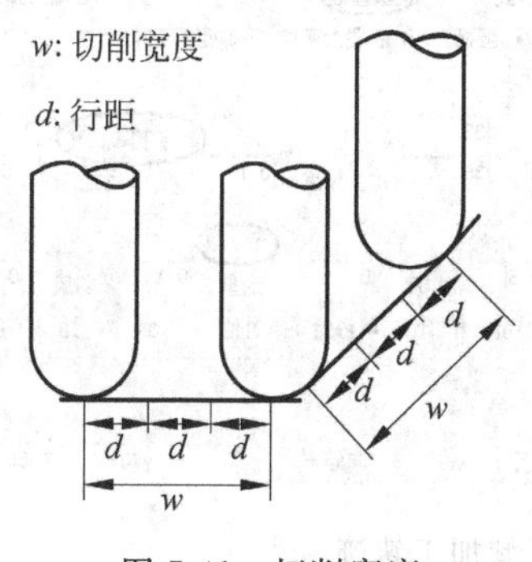

图 7-41　切削宽度

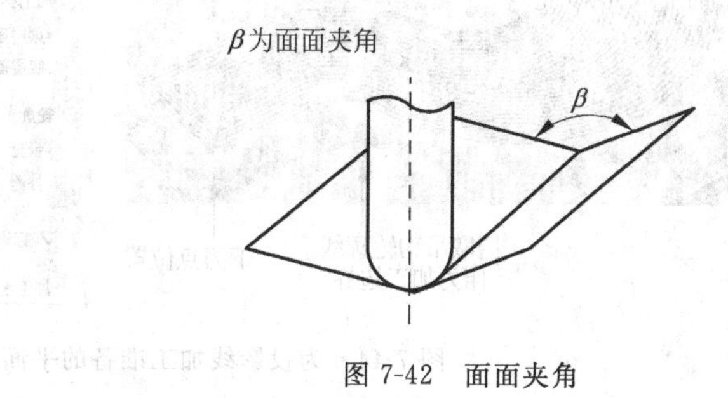

图 7-42　面面夹角

依据补加工区域的平坦与陡峭程度，笔式清角加工又将补加工区域分成平坦区和垂直区两种，不同类型的区域有不同的轨迹形式。平坦区与垂直区的划分要通过【凹棱形状分界角】来设定。

【凹棱形状分界角】　如图 7-43 所示，图中 α_s 为凹棱形状分界角，α 为凹棱形状角度，当满足如下条件时，系统生成不同的补加工轨迹。凹棱形状分界角的范围为 $0° \leqslant \alpha_s \leqslant 90°$。

当 $\alpha > \alpha_s$ 时，补加工区域为垂直区，生成等高线加工轨迹；

当 $\alpha < \alpha_s$ 时，补加工区域为平坦区，生成类似于三维偏置的加工轨迹。

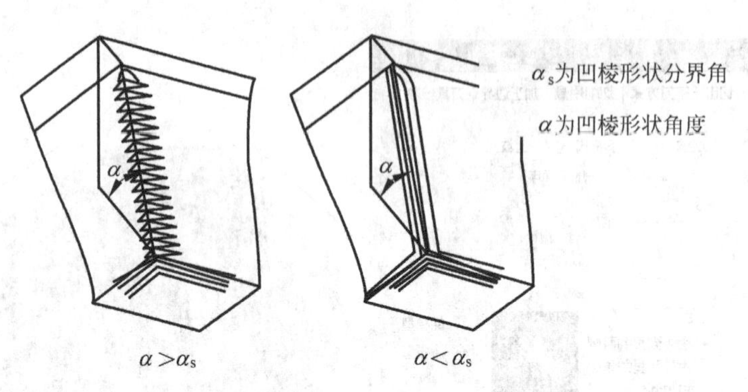

图 7-43　凹棱形状分界角

3. 投影线加工

如果不将曲面 1、2、3 缝合成一张曲面，则需要拾取三张曲面作为加工对象，由此会引起轨迹抬刀和连接计算工作量的增加，减低加工效率和质量。为避免这种情况发生，可以采用投影线加工，操作方法如下。

(1) 先针对吊钩的轮廓曲线围成的区域生成仅一层平面区域的加工轨迹，生成的轨迹高度可以自定，其参数和图形如图 7-44 所示。

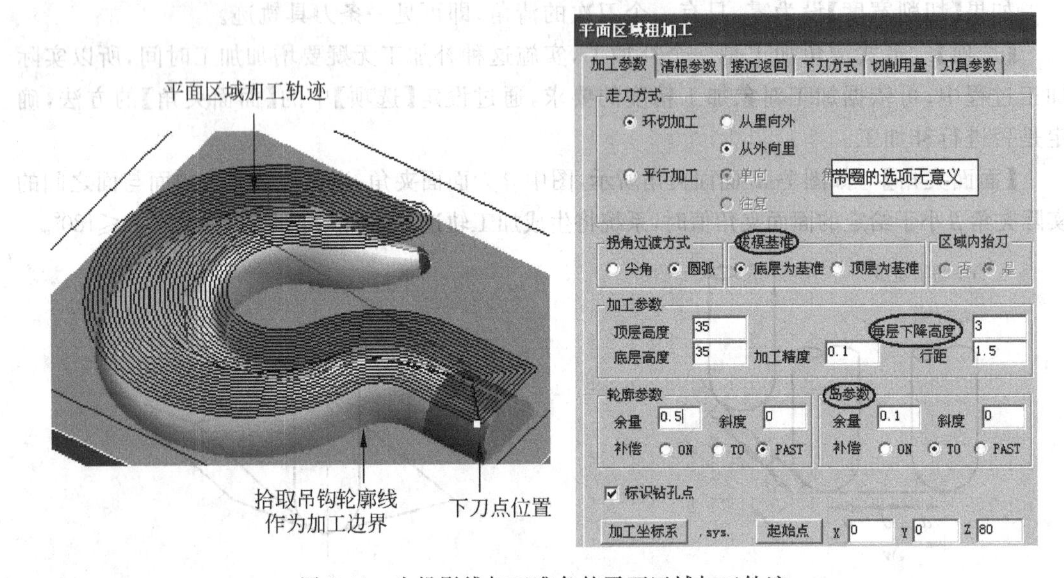

图 7-44　为投影线加工准备的平面区域加工轨迹

(2) 生成投影线加工轨迹。在轨迹树中选择【平面区域加工轨迹】后右击，再选择弹出菜单中的【加工】|【精加工】|【投影线精加工】命令，输入图 7-45 所示的参数，按系统提示拾取平面区域加工轨迹，拾取吊钩底面轮廓作为投影区间，投影轨迹的行距由平面区域加工轨迹行距决定。

在轨迹树选择投影线加工轨迹后右击，在弹出的快捷菜单中选择【轨迹仿真】，可以动态显示投影线加工轨迹的刀具路径，结果发现出现两处过切，这时必须返回到加工环境中，针对产生过切问题的刀位点(图 7-46)应用【删除刀位点】和【两刀位点间抬刀】轨迹编辑功能

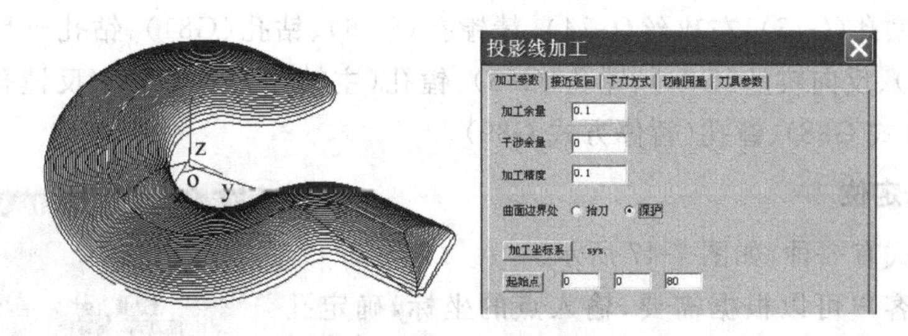

图 7-45　生成投影线加工轨迹

修改过切部分轨迹，应使图中圈内的刀位点之间抬刀连接，不能直接连接。轨迹编辑方法参见 7.4.2 节。

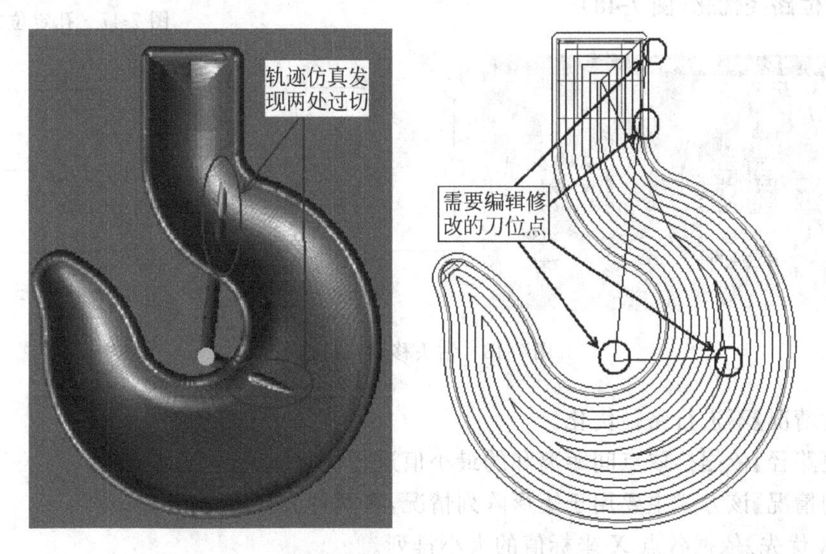

图 7-46　根据仿真显示的过切位置编辑刀位点轨迹

方案的比较：使用投影加工不必考虑有几个曲面需要拾取，而参数线加工在拾取多曲面后会出现抬刀较多的现象，影响加工效率。本例使用曲面缝合功能来减少曲面数量，如果不使用曲面缝合功能，在应用参数线方式对型面进行加工时需要拾取三张曲面的法向矢量，加工完成后可能会发现在曲面相接处会有不平滑的现象，这是由于曲面造型的误差所致，当然通过钳工的后期型面修磨可以弥补缺陷，但显然会增加零件的加工工时。另外，减少曲面的数量有利于优化代码计算，提高编程效率。

7.2.5　孔加工

选择主菜单【加工】|【其他加工】命令可以进入孔的加工轨迹生成，可按下列步骤来创建孔的加工轨迹：

孔加工设置→孔加工定位→点位路径优化→选择工艺孔类型(孔工艺模板)→设定孔加工参数

1. 孔加工设置

共提供 12 种孔加工方式：

高速啄式钻孔(G73)、左攻丝(G74)、精镗孔(G76)、钻孔(G81)、钻孔+反镗孔(G82)、啄式钻孔(G83)、反向攻丝(G84)、镗孔(G85)、镗孔(主轴停方式 G86)、反镗孔(G87)、镗孔(暂停+手动方式 G88)、镗孔(暂停方式 G89)。

2. 孔加工定位

孔定位方式有 3 种,如图 7-47 所示。

【输入点】客户可以根据需要,输入点的坐标,确定孔的位置。

【拾取点】客户通过拾取屏幕上的存在点,确定孔的位置。

【拾取圆】客户通过拾取屏幕上的圆,确定孔的位置。

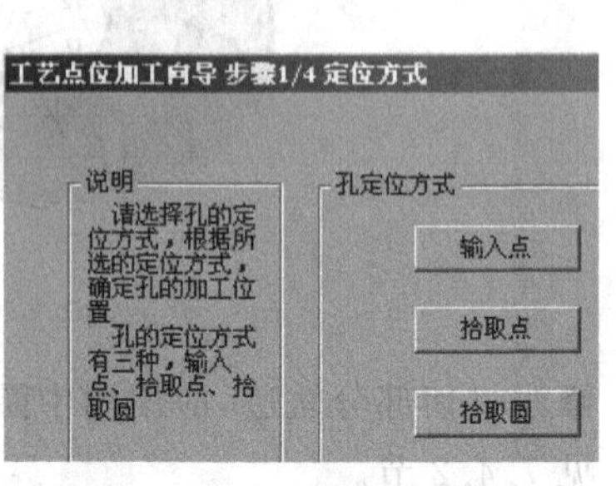

图 7-47 孔定位方式

3. 点位路径优化(图 7-48)

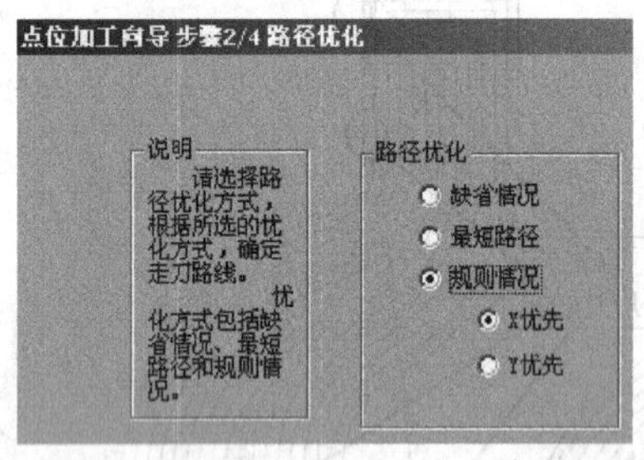

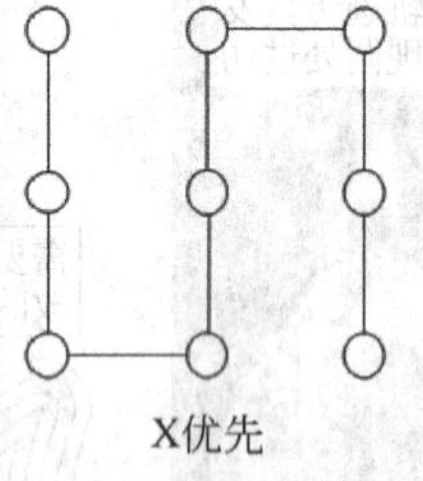

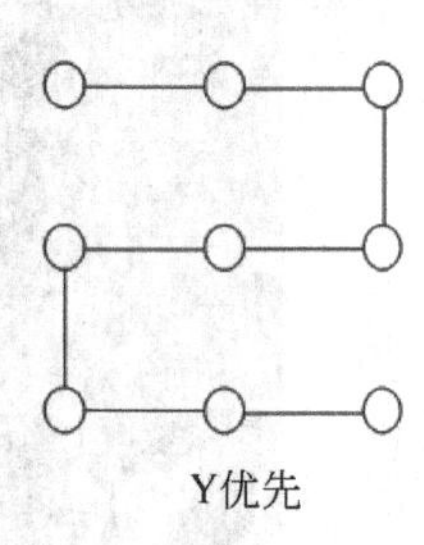

图 7-48 钻头移动路径选择

【缺省情况】不进行路径优化。

【最短路径】依据拾取点间距离和的最小值进行优化。

【规则情况】该方式主要用于矩形阵列情况,有两种方式:

- 【X 优先】依据各点 X 坐标值的大小排列。
- 【Y 优先】依据各点 Y 坐标值的大小排列。

4. 选择工艺孔类型(孔工艺模板,见图 7-49)

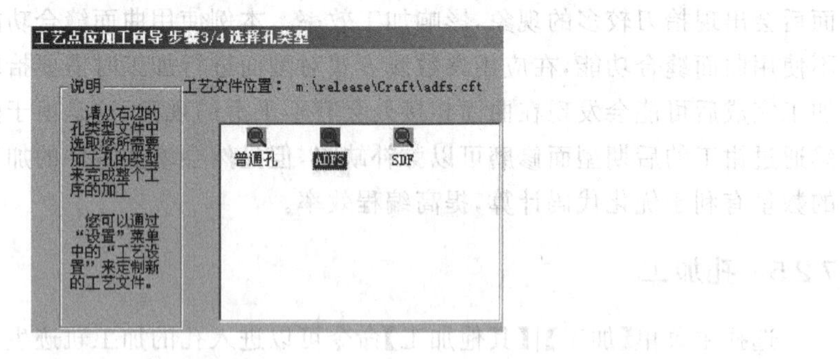

图 7-49 孔工艺模板类型

5. 设定孔加工参数(图 7-50)

【安全高度】刀具在此高度以上任何位置,均不会碰伤工件和夹具。

【主轴转速】机床主轴的转速。

【起止高度】刀具初始位置,对应于老版本 ME 中钻孔的初始位置,在本版本中,该值无效。

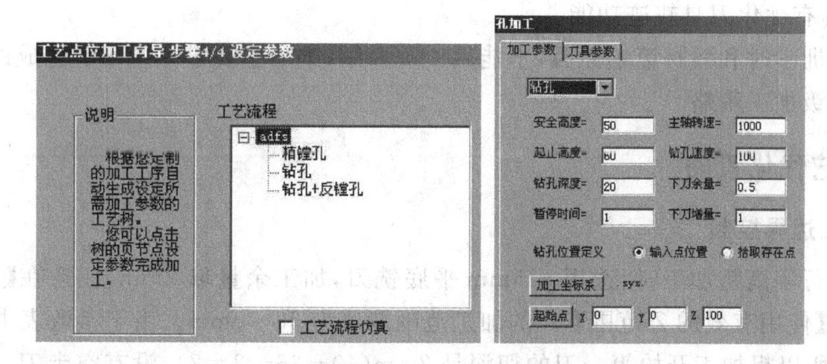

图 7-50 根据钻孔方式选择工艺参数

【钻孔速度】钻孔刀具的进给速度。

【钻孔深度】孔的加工深度。

【下刀余量】钻孔时,钻头快速下刀到达的位置,即距离工件表面的距离,由这一点开始按钻孔速度进行钻孔。

【暂停时间】攻丝时刀具在工件底部的停留时间。

【下刀增量】钻孔时每次钻孔深度的增量值。

【钻孔位置定义】钻孔位置定义有以下两种选择方式。

- 【输入点位置】客户可以根据需要,输入点的坐标,确定孔的位置。
- 【拾取存在点】拾取屏幕上的存在点,确定孔的位置。

【加工坐标系】生成轨迹所在的局部坐标系,单击该按钮可以从工作区中拾取。

【起始点】刀具的初始位置和沿某轨迹走刀结束后的停留位置,单击该按钮可以从工作区中拾取。

*7.3 高级加工策略

CAXA 制造工程师 2006 版软件的加工部分增加了不少高级加工策略,其目的主要是为了适应高速加工及进一步优化加工质量和效率。目前的高速铣削工艺除了必须有机床系统的支持外,还需要具有高速加工功能的 CAM 软件支持。高速加工关键要保证三点:第一是保持切削载荷平稳;第二是最小的进给率损失;第三是最大的程序处理速度。所以不管是何种软件,其操作层面上的功能具有如下的共同特点:

(1) 很窄的公差带;

(2) 浅切削(切削深度一般不大于刀具直径的 10%);

(3) 高的切削速度(达到机床极限);

(4) 用斜坡、Z 字形或螺旋式进刀,有多种下刀方式;

(5) 大量采用分层加工;

(6) 轮廓加工采用小的粗糙度;

(7) 多用球头刀;

(8) 切除率尽量保持常数;

(9) 防止产生切削的二次切断;

(10) 具有优化刀具轨迹功能。

限于培训学时和教材篇幅原因，不能做一一介绍，本节主要以 6.5.4 节完成的零件为例介绍一些高级加工策略。

7.3.1 工艺优化策略

1. 加工边界控制

如在进行等高粗加工时，选用 ϕ15mm 平底铣刀，加工余量取 2mm，注意在【加工边界】参数表中选【使用有效的 Z 范围】，Z 的加工范围取值为 36～0mm。由于参数表中取 Z 向层高为 5mm，所以粗加工开始第一刀的切深是 2mm(40－36－2＝2)，没有空走刀，如果在【加工边界】参数表中选【参照毛坯】，Z 的加工范围实际是 40～0mm，会出现一层(位于顶面)的空切走刀。使用等高方法加工需要注意的是：对于不需加工部分，如对类似本题凹模模型顶面部分，加工范围的 Z 最大值设定为模型的 Z 最大值减去层高；反之，若需要对凹模模型上面部分加工时，加工范围的 Z 最大值可以设定比模型的 Z 最大值更高。还有，对凸模模型的底面部分不想加工时，加工范围的 Z 最小值可以设定为与模型的底面一样的高度；对凸模模型的底面部分加工时，加工范围的 Z 最小值可以设定为比模型的底面更低。

通过拾取毛坯的两个角点(按图 7-51 所示的两个箭头，与顺序、位置无关)来定义毛坯，系统会显示毛坯轮廓。基准点系统默认在编程坐标系中的左下角点。

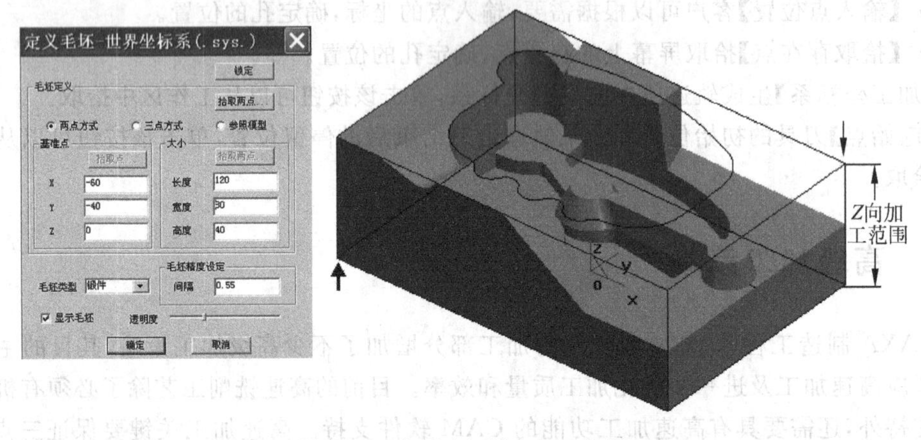

图 7-51 参照毛坯设定加工范围

2. 特征自动识别

(1) 等高粗加工

如图 7-52 所示，选择环切方式，【加工参数 2】选择【抬刀切削混合】方式。由于刀具是直径为 ϕ15mm 的平底铣刀，零件左端的导动凹槽未切到，【切入切出】方式选【沿着形状】，距离选 5mm，角度 3°。由于软件具有特征自动识别功能，对于开放型腔部分(Z40mm～Z20mm)，都是垂直下刀，对于封闭凹腔部分(Z20mm～Z0)，刀具就会从高度 Z＝23mm 开始进行 Z 字形(沿着形状)切入铣削(图中圈出部分)。

对于某些特殊要求，如毛坯材料较软，或零件的塑性较大或要尽量使切削载荷均匀化时，应该考虑用稀疏化加工方式来优化轨迹。【加工参数 2】中的【稀疏化】选项是指对等高

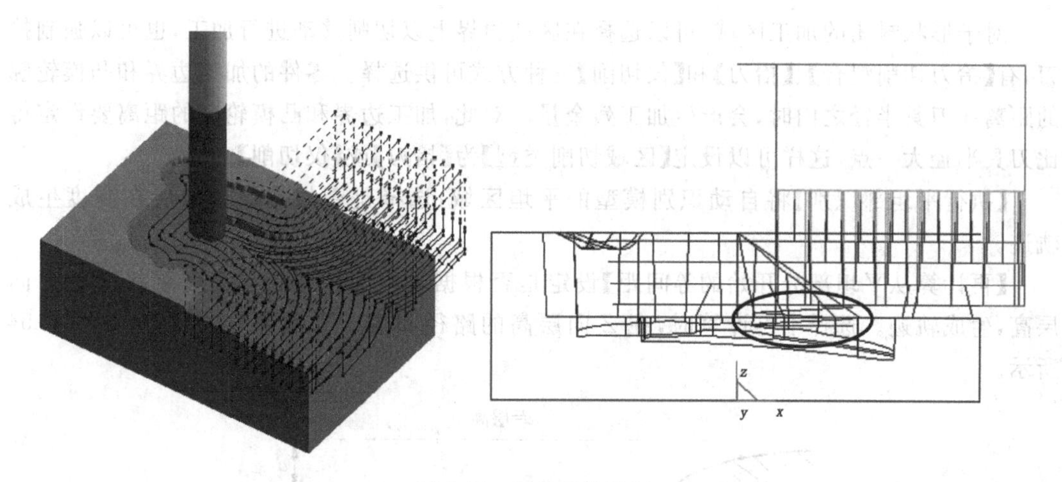

图 7-52 粗加工轨迹图

粗加工后的残余部分，用相同的刀具从下往上生成加工路径，例如对于本题来讲，如图 7-53 所示，如果未选则【稀疏化】则按常规等高加工，逐层下降(1→2→3→4→5)，而一旦选择【稀疏化】，根据间隔层数 2，等高加工层降顺序变成图 7-53(b)所示的情况。

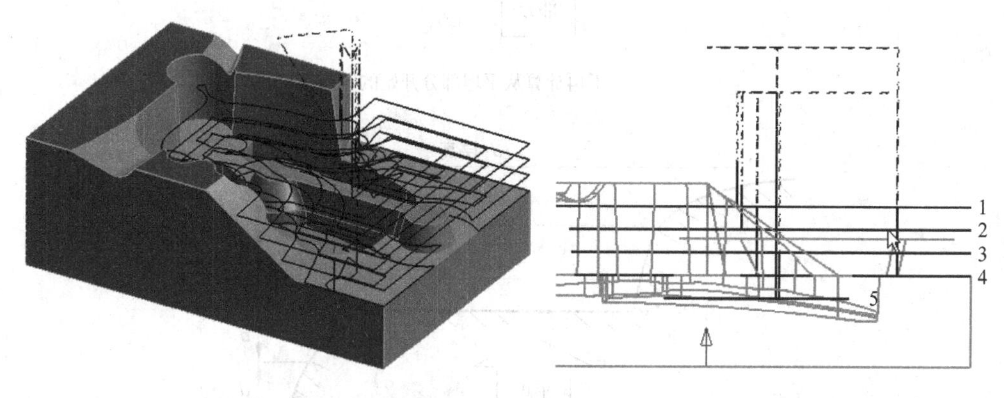

(a) ϕ20mm球刀，残留高度1mm，层高5mm时等高加工轨迹

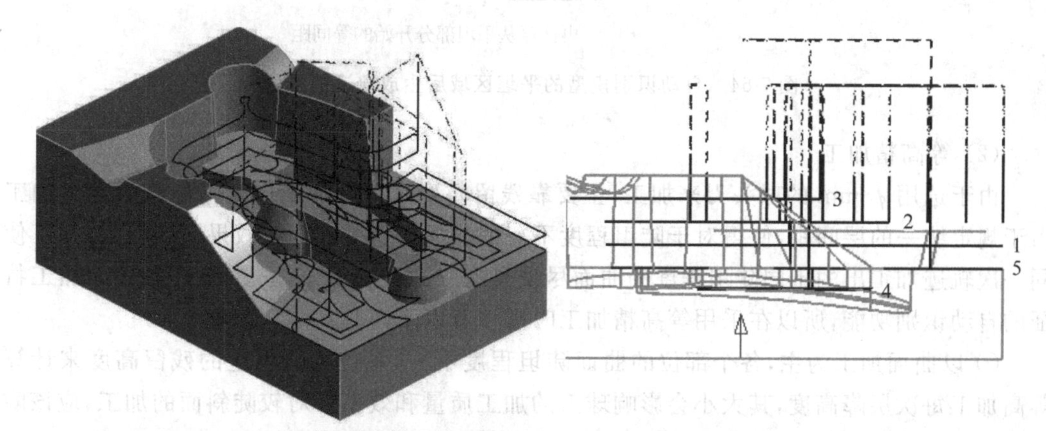

(b) 选择【稀疏化】，间隔层数2，残留高度1mm时优化的等高加工轨迹

图 7-53 等高加工的稀疏化选择

对于形状封闭的加工区域,可以选择在区域边界上以切削移动进行加工,也可以强制抬刀,有【抬刀切削混合】、【抬刀】和【仅切削】三种方式可供选择。零件的加工边界和凸模轮廓的距离在刀具半径之内时,会产生加工残余量。对此,加工边界和凸模轮廓的距离要设定得比刀具半径大一点,这样可以设定【区域切削类型】为【抬刀】或【仅切削】。

【执行平坦部识别】将自动识别模型的平坦区域,选择是否根据该区域所在高度生成轨迹。

【再计算从平坦部分开始的等间距】设定是否根据平坦部区域所在高度重新度量 Z 向层高,生成轨迹。选择不再计算时,在 Z 向层高的路径间插入平坦部分的轨迹,如图 7-54 所示。

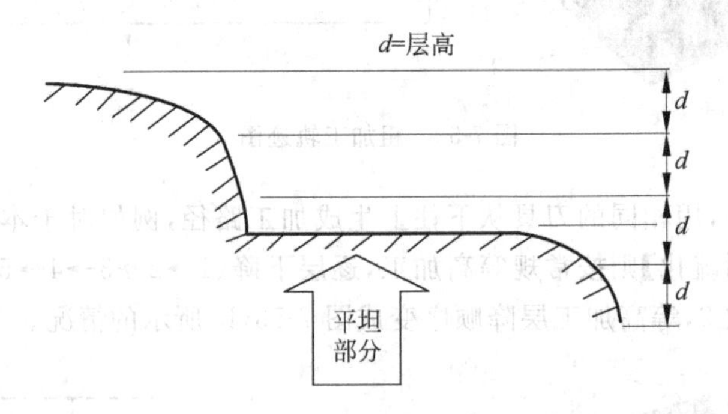

不再计算从平坦部分开始的等间距

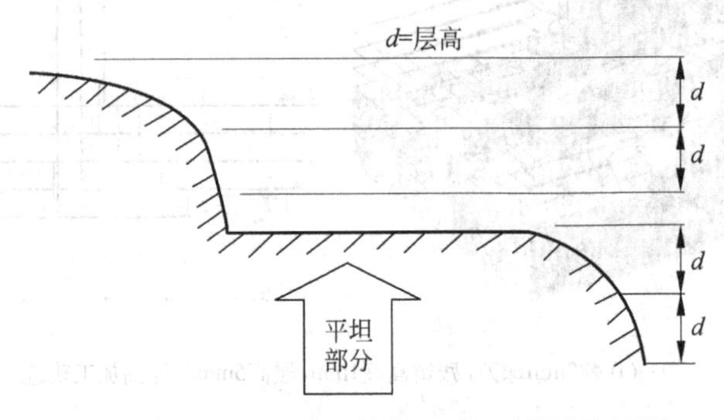

再计算从平坦部分开始的等间距

图 7-54 自动识别模型的平坦区域后生成轨迹的区别

(2) 等高精加工

由于选用 ϕ8mm 的球头刀来加工,主要靠残留高度来控制加工质量。传统的等高加工由于规定统一的层间距,使得对于陡坦程度不一的曲面或斜平面加工效果区别较大,为了使同一次轨迹加工出的不同陡坦程度的曲面尽量具有一致的表面质量,系统具有表面加工特征的自动识别功能,所以在采用等高精加工时需注意以下问题:

① 以曲面加工为主,各个部位的曲面陡坦程度不一,系统根据设定的残留高度来计算等高加工每次层降高度,其大小会影响球刀的加工质量和效率。对较陡斜面的加工,应该防止层降过大,对平坦面应该防止层降过小,为此需要限定层降高度范围(0.2~1.5mm)。图 7-55 指出了两处典型的对比曲面(实际是由同一放样面生成)。

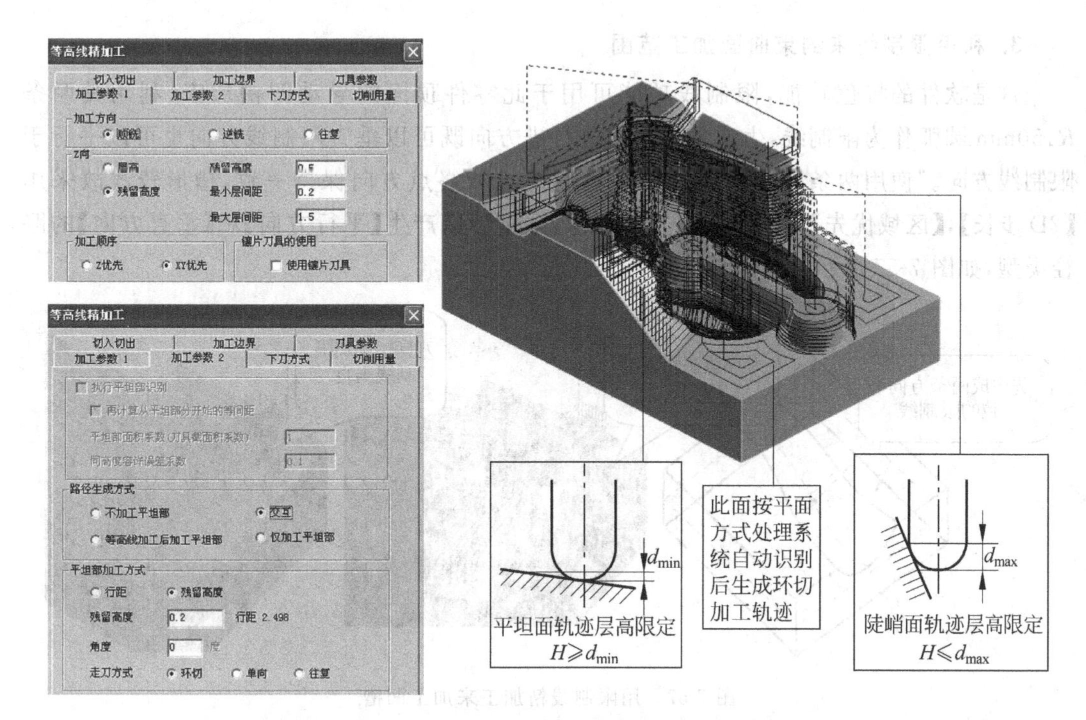

图 7-55 具有特征识别功能的等高精加工轨迹

可以做到陡峭面用 Z 向等高线层切法加工,在平坦面采用表面轮廓或区域轨迹加工。

② 对于平面部分的加工工艺,应和曲面部分有所区别。软件具有自动区分平坦部分的功能,这一部分的残留高度可以单独设置(0.2mm)。

③ 很难用一种加工策略兼顾所有表面时,可以考虑后续单独提取曲面进行补加工。

【加工参数 1】的 Z 向高度选择【残留高度】时,【加工参数 2】的【执行平坦部识别】功能不可用。等高线精加工方式中【加工参数 2】的设置有【平坦部角度制定】|【最小倾斜角】,如果设定【最小倾斜角】,可以对平坦部位强制约定,如图 7-56 所示,在小于指定值(即最小倾斜角)以下的面被认为是平坦部,对零件平坦部区域应用等高加工是不合理的工艺,所以此部分不生成等高线刀具轨迹路径,而生成扫描线(参数线)路径。图 7-56 所示表示先设定一个【最小倾斜角】α,系统将加工平面的倾斜角和 α 对比即可判定哪些是平坦面。

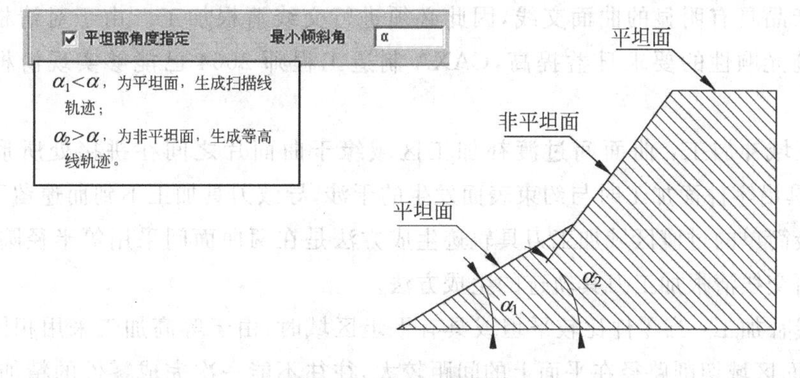

图 7-56 平坦面的判定

3. 利用限制线来约束曲面加工范围

这是软件的特色功能，限制线功能可用于此零件顶面的导动凹槽加工，利用其两条 $R150$mm 圆弧作为限制线，生成的刀具轨迹行进方向既可以垂直限制线方向也可以平行于限制线方向。使用两条限制线时必须注意起始点和终点方向保持一致，槽形较浅故采用【2D 步长】，【区域优先】和【截面优先】都一样，分别可以产生【平行方向】和【垂直方向】的路径类型，如图 7-57 所示。

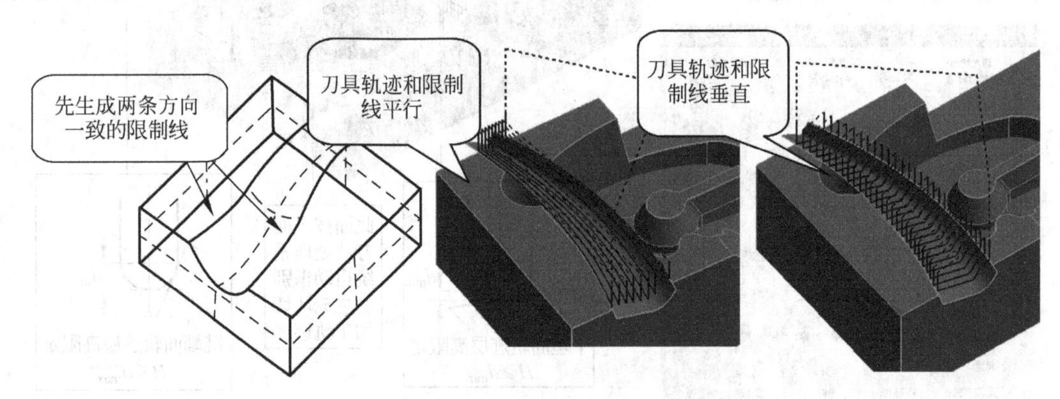

图 7-57　用限制线精加工来加工凹槽

4. 区域补加工＋笔式清根加工

此部分轨迹的目的主要是针对前面等高加工部分和造型相比还有剩余未加工的部分，所以选用的刀具直径一定要比等高加工刀具直径小，否则系统无法生成补加工轨迹。由于要针对挖槽区域进行补加工，所以需要在高度 Z＝40mm 的平面上生成槽的最大轮廓线，用来限制轨迹的区域，如图 7-58 所示。

根据补加工刀具轨迹行数的多少，补加工可分为区域补加工和交线清根加工两类。根据区域补加工形成的原因，补加工区域又可分为曲面间过渡补加工区域、曲面局部内凹补加工区域和等高线补加工区域。以下对各类补加工进行具体的分析。

交线清根补加工：虽然大多数的曲面产品设计时在曲面相交处都留有一定的过渡圆角，但曲面加工时由于切削效率的要求，采用较大半径的刀具而留下过渡部分欠加工区域，也有部分产品具有明显的曲面交线，因此必须进行交线清根加工。由于对清根加工轨迹生成和轨迹光顺性的要求日益提高，CAXA 制造工程师 2004 已能够实现清根加工的自动化。

过渡区域补加工：曲面间过渡补加工区域缘于曲面片之间在拼接处所形成的夹角 $<180°$，刀具沿零件面加工时与约束表面发生的干涉，导致刀具加工不到而遗留下来的欠加工区域。最简单的过渡区域加工刀具轨迹生成方法是在两曲面间采用等半径圆弧过渡，直接采用曲面交线清根加工刀具轨迹的生成方法。

等高线补加工：当零件比较平坦或具有平坦区域时，由于等高加工采用相同的深度加工，在浅平面区域切削路径在平面上的间距较大，往往不能一次完成零件的精加工，在零件的平坦区域会留下较多的余量，这些待切除余量的区域称为等高线加工的欠切区域。等高线补加工就是要根据等高线加工轨迹和加工曲面的形状自动确定残留面积过大的区域，实现对未加工区域的补加工。

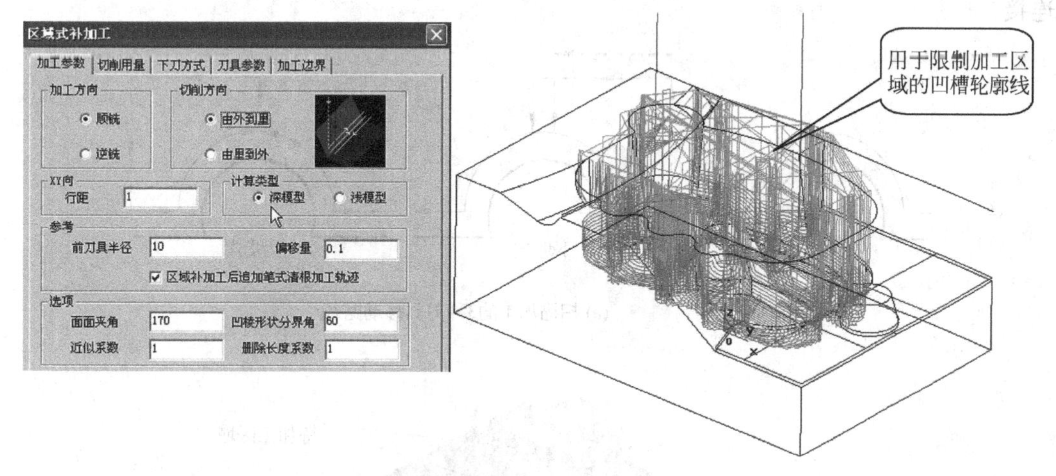

(a) 对挖槽部分进行区域补加工

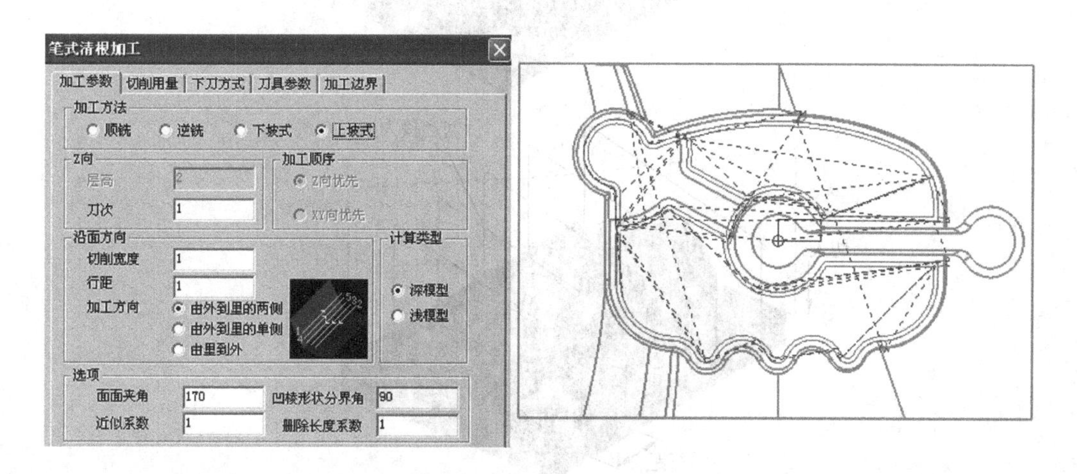

(b) 对凹槽的侧壁和底部曲面的交角处进行笔式清根加工

图 7-58 区域补加工与笔式清根加工

5. 扫描线精加工(含半精加工)

扫描线加工提供了多种优化加工方法。在实际加工场合，应该根据零件几何特点和质量要求来选用加工参数表中的细节内容，例如扫描线精加工参数表中的【加工方式】、【行间连接方式】、【未精加工区加工】等选项就可以针对不同情况来生成优化加工效果。

【通常】生成通常的单向扫描线轨迹，未优化，如图 7-59(a)所示。

【下坡式】生成下坡式的扫描线精加工优化轨迹，加工表面受力均匀一致，表面质量好。

【上坡式】生成上坡式的扫描线精加工优化轨迹，尤其适合加工表面较软、塑性大、易变形表面。

如果每一行的端点要参与材料切削，则需要优化行间连接方式，如图 7-59(b)【抬刀连接】通过抬刀、快速移动、下刀完成相邻切削行间的连接；【投影连接】在相邻行间生成切削轨迹,通过切削移动(即行间的连接处有切削动作)来完成行间连接,需要先设定【投影距离】。当行间连接距离(XY向)≤最大投影距离时,采用投影方式连接,否则,采用抬刀方式连接。

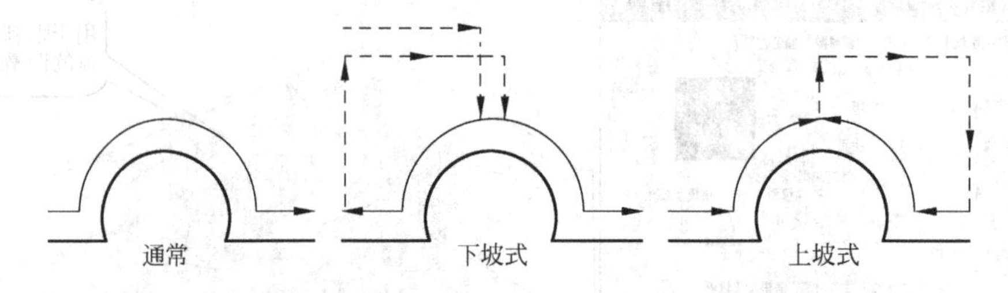

(a) 扫描加工的3种刀具移动路径

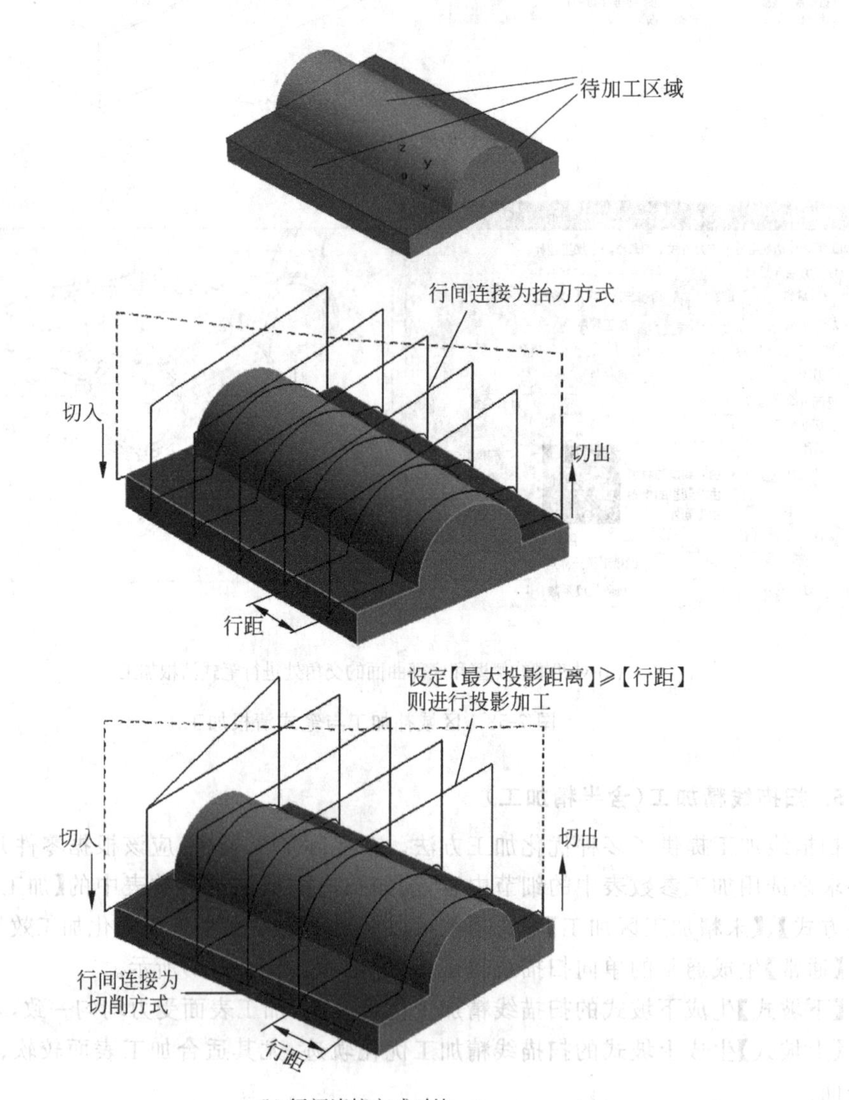

(b) 行间连接方式对比

图 7-59 扫描线加工参数表中有关重要优化选项的意义

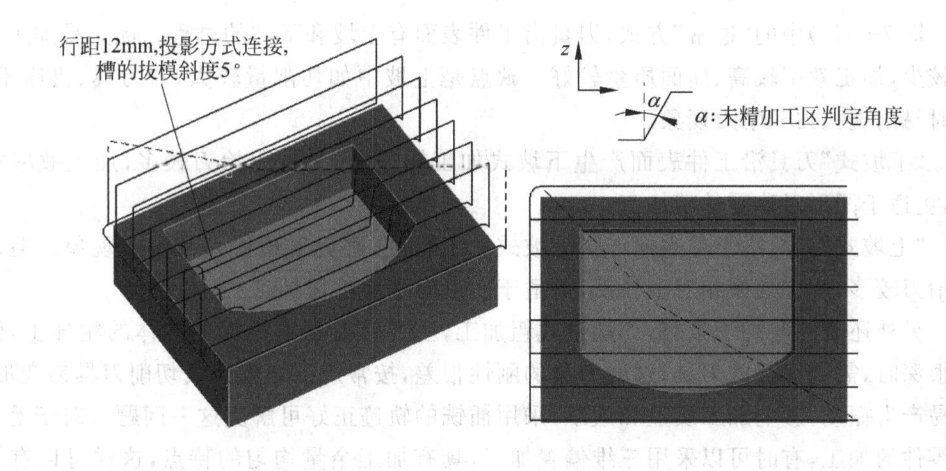

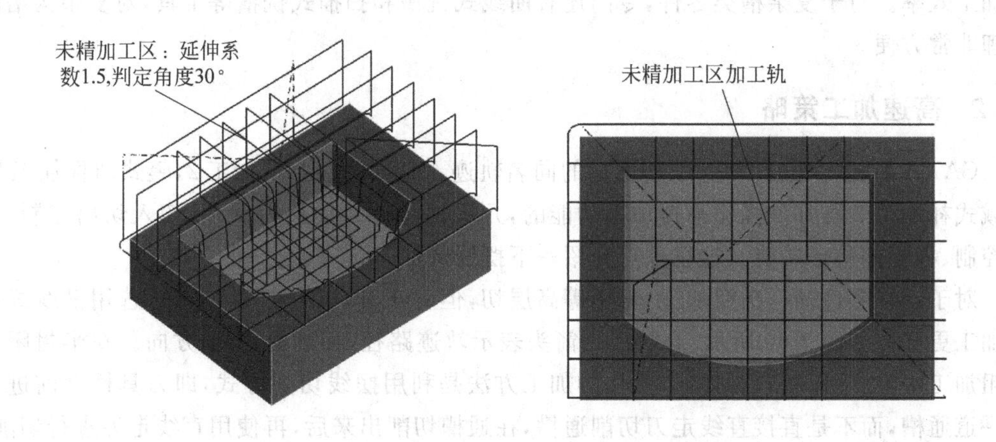

(c) 扫描线加工区和未精加工区的对比

图 7-59 （续）

使用扫描线精加工方式时，系统可以根据已经设定的行距和曲面坡度来自动识别零件上和扫描方向垂直的未精加工区，并可根据需要决定是否对识别出的未精加工区进行(扫描线)加工。未精加工区与行距及曲面的坡度有关，行距较大时，行间容易产生较大的残余量，达不到加工精度的要求，这些区域也会被视为未精加工区；坡度较大时，行间的空间距离较大，也容易产生较大的残余量，这些区域也会被视为未精加工区。未精加工区是由行距及未精加工区判定角度(由用户设定)联合决定的。未精加工区的轨迹方向与扫描线轨迹方向成90°夹角，行距相同。是否加工未精加工区有以下 4 种选择：

【不加工未精加工区】只生成扫描线轨迹。

【先加工未精加工区】生成未精加工区轨迹后再生成扫描线轨迹。

【后加工未精加工区】生成扫描线轨迹后再生成未精加工区轨迹。

【仅加工未精加工区】仅仅生成未精加工区轨迹。

一旦输入未精加工区判定角度(判定未精加工区的倾斜程度)，系统将倾斜角度小于此值范围内的曲面视为未精加工区生成轨迹。例如图 7-59(c)凹槽四周面的斜度(和垂直中心线夹角)为 5°，所以和原扫描线轨迹垂直的两个面被当作未精加工区，从而生成相同行距的轨迹。

图 7-59(a)中的“通常”方式，刀具沿工件表面有上坡和下坡的过程。优点是加工过程抬刀较少，加工效率较高、曲面质量较好。缺点是上坡中如切削量较大，对刀具、机床不利，下坡时易出现让刀和啃刀现象。

“下坡式”刀具沿工件表面产生下坡式加工轨迹，加工过程抬刀较多，加工效率相对较低，更适于凹形对称零件精加工。

“上坡式”刀具沿工件表面产生上坡式加工轨迹，避免出现让刀和啃刀现象。但加工过程抬刀较多，加工效率相对于较低，更适于凸形对称零件精加工。

另外还有一些加工策略，如插铣式粗加工，主要针对深度很深的腔体的粗加工，因为腔体很深时，需要很长的刀具，这时刀具的刚性很差，按常规的切削路线切削刀具易变形，而且也易产生振动，影响加工质量和效率，采用插铣的轨迹正好可解决这一问题。对于毛坯为铸造零件的加工，有时可以采用三维偏置加工，具有加工余量均匀的特点，这样可以有效地提高加工效率。对于复杂槽类零件，专门还有曲线式铣槽和扫描式铣槽等工具，对复杂沟槽的处理非常方便。

7.3.2 高速加工策略

CAXA 制造工程师 2006 版新增加的同名轨迹，如等高线粗/精加工 2，笔式清根加工 2，区域式补加工 2 等都是强化高速加工功能的，几乎都支持自动抬刀优化、切入切出控制、边界控制、等距偏移等功能。这里重点介绍一下摆线式加工。

对于毛坯零件的一次粗加工，常用等高层切，但对于高速铣削来讲，有时选用摆线式层切加工更好。如图 7-60 所示，有数字的箭头表示轨迹路径，切削沿 X 轴方向。在半封闭凹槽粗加工中，当下刀切入工件后，优化的加工方法是利用摆线切削方式，即刀具摆动前进切开一道通槽，而不是直接直线走刀切削通槽，在通槽切削出来后，再使用直线走刀进行切削。这样就有效地避免了全刃径的前进切削，使得整个曲面切槽加工的每刀的切削负荷更加平均了。另外在转弯处也增加了摆线接近和附加圆弧转角，使得刀路更加平滑了。但当遇到圆形或近似圆形的槽时，摆线切削路径的空切削将会很多，这时可以采用等高螺线层切方式。螺线路径也可有效地避免全刃径的切削。

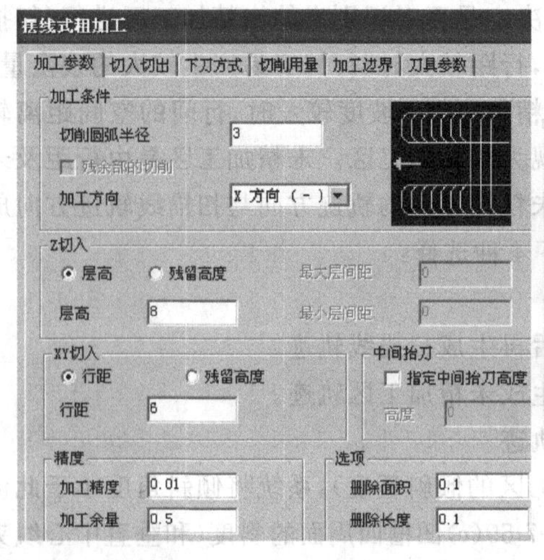

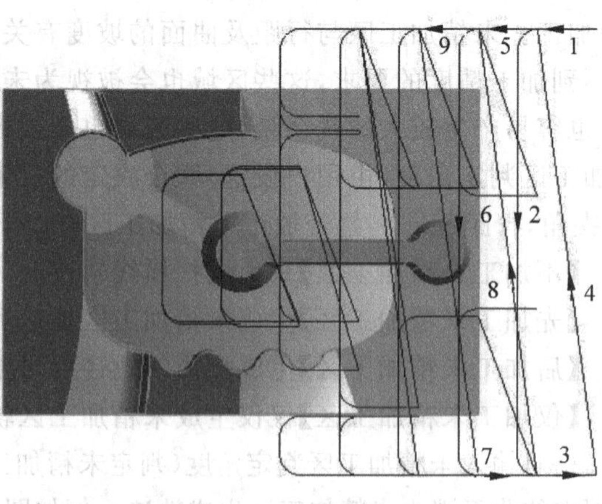

图 7-60 摆线式粗加工

几乎可以在 XY 平面方向的任意角度规定进给方向，系统可以自动识别加工特征。

参数表中：

【切削圆弧半径】 输入切削圆弧的半径。

【指定中间抬刀高度】 指定在摆线加工时的中间抬刀高度。

【高度】 输入中间抬刀高度。高度通常为相对值。

上述选项可以有效地保证摆线路径的安全，防止干涉和过切的发生，这些选项的具体含义如图 7-61 所示。

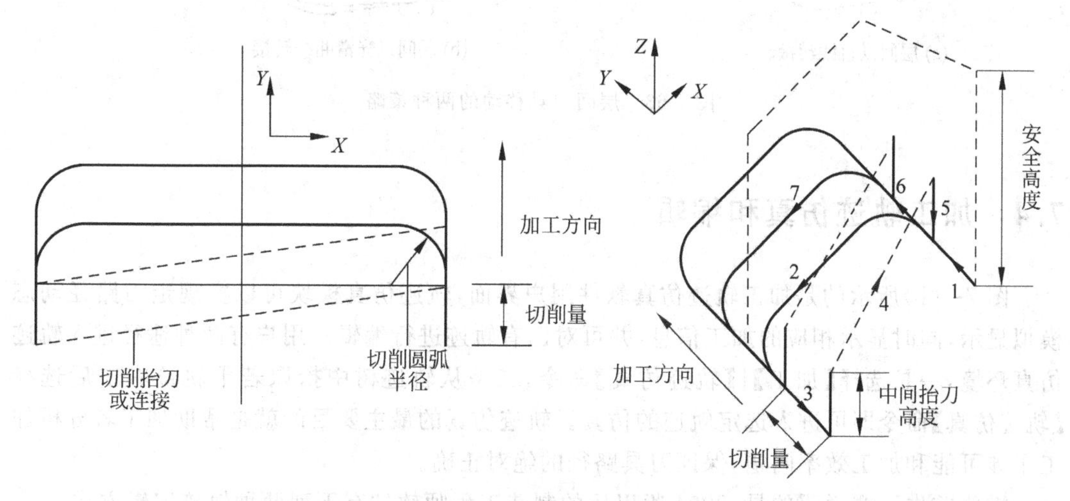

图 7-61 摆线加工轨迹的俯视和轴测分解图

再如，等高线精加工 2 也具有路径自动优化，支持高速加工，它不再像传统等高加工方式那样一层一层垂直地下降，它可以以倾斜路线下降，这在高速切入时可以有效减缓速度和载荷的变化，如图 7-62 所示。

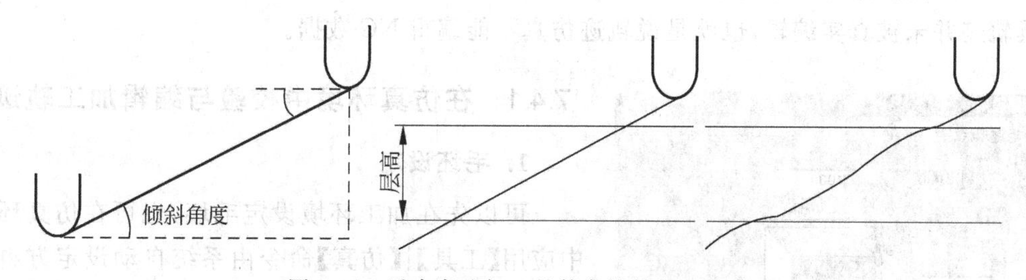

图 7-62 适合高速加工的等高线精加工轨迹

【切入角度】 相对于 XY 平面的斜切入倾斜角度，范围是大于 0 度，小于 90 度。

【使用接线切入】 对等高线加工方式，刀具沿切线路径形状切入零件，由于是光滑路径，故可承受高速进刀加工。

另外在 Z 高度的截面上观察，也可以看出其加工特色。

【截面间连接】 指定等高线断面步距间移动的形状，断面间连接方法有以下两种选择。

【直线】 每层上的轮廓路径以直线进行连接，如图 7-63(a)所示。

【沿形状】 从上一层以指定的切入角度接近下一层，尽量沿曲线切入。由于没有锐角拐弯，层间移刀光滑，刀具速度的变化当然平缓，如图 7-63(b)所示。

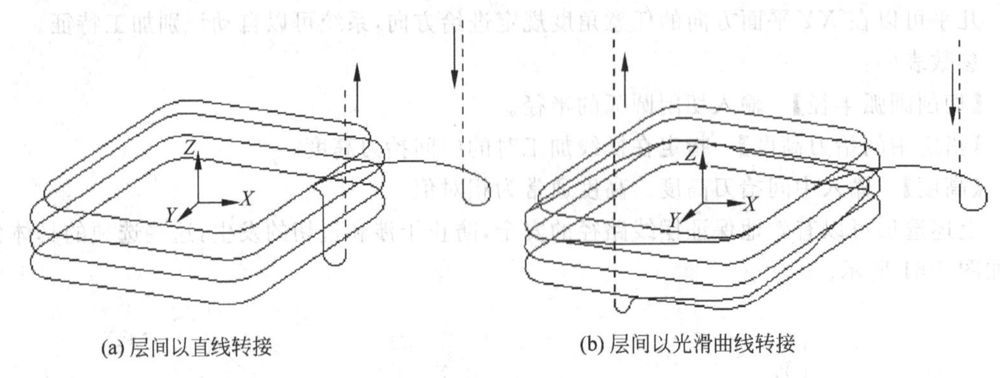

(a) 层间以直线转接　　(b) 层间以光滑曲线转接

图 7-63　层间刀具移动的两种策略

7.4　加工轨迹仿真和编辑

图 7-1(b)所示的是加工轨迹仿真软件用户界面,轨迹仿真模块可以实现走刀路径动态模拟显示,同时显示相应的加工信息,并可对已有轨迹进行编辑。用户有两种途径进入轨迹仿真环境,一是选择【加工】|【轨迹仿真】命令,二是从轨迹树中拾取若干轨迹右击后选择【轨迹仿真】命令即可进入选定轨迹的仿真。轨迹仿真的最主要目的就是帮助加工者分析加工干涉可能和加工效率问题,保证刀具路径的绝对正确。

需要首先强调说明的是,2004 版以后的制造工程师软件有下列两种轨迹编辑方式:

(1) 在造型和加工环境中进行的轨迹编辑。这种编辑方式要求对经过编辑后的轨迹重新运算(即执行【轨迹重置】命令),经过重置后的轨迹如果经过后置处理,其输出的 NC 代码当然和重置前是不一样的。

(2) 在轨迹仿真环境中进行的刀具轨迹编辑。仅用于仿真观察和分析优化刀具路径,刀具轨迹并未被真实编辑,也就是说轨迹仿真不能编辑 NC 数据。

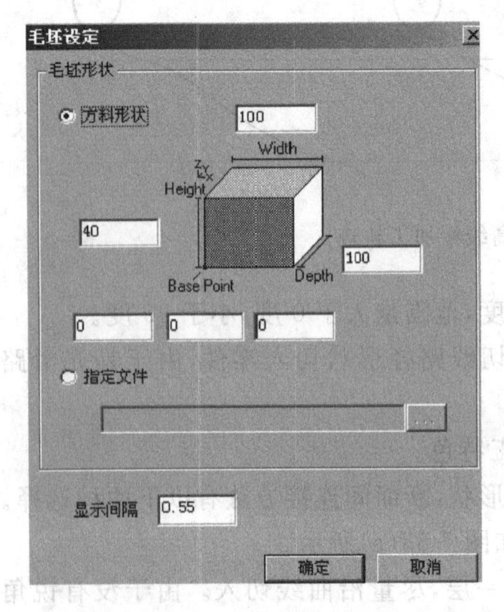

图 7-64　设定毛坯

*7.4.1　在仿真环境中校验与编辑加工轨迹

1. 毛坯设定

可以先在加工环境设定毛坯,也可在仿真环境中应用【工具】|【仿真】命令由系统自动设定方料形状的毛坯,一般可在图 7-64 所示的【毛坯设定】对话框中按长、宽、高设定毛坯,特殊形状毛坯需要事先建立指定格式的文件,如 STL 文件(.stl)、材料文件(.dmf)、加工形状文件(.fx),选中【指定文件】选项可以读入毛坯模型。这种方法可以用于加工模型和设计模型的比较。

选择【文件】|【打开】命令,系统可以读入的文件格式包括刀具轨迹文件(.hzs 等)、加工范围文件(.xbf)、加工形状文件(.fx)、NC 数据文件(.nt)、

STL 文件(. stl)、SAT 文件(. sat)、毛坯文件(. dmf)、加工工程设计文件(. pdd)。系统能将 SAT 文件(. sat)转化为加工形状文件(. fx)。

【显示间隔】用来设定的毛坯显示精度。设定值越小，显示精度越高，但是显示的响应速度将减慢。在指定了方料形状、文件格式为 STL 文件和加工形状文件时有效。当指定了毛坯文件(. dmf)时，不能设定毛坯精度。

2. 轨迹仿真显示基本功能

选择仿真命令或单击加工仿真图标按钮后系统进入加工仿真过程演示状态。如图 7-65 所示，图中播放器控制栏中的按钮主要控制演示速度、进/停状态、切削阶段控制、干涉信息选择；显示方式选择栏中的按钮可以对刀具、夹具、毛坯显示方式，轨迹和毛坯尺寸设定，信息显示等多种演播方式进行切换；仿真轨迹列表区内的每条轨迹可以单独操作(选择轨迹后右击即可)，如进行计算或暂停等；加工信息显示区是和轨迹动画播放同步的，实时显示位置、抬刀、插补步数等加工信息；交互界面的左上角和右下角还可分别用色谱显示层降高度和加工模型与毛坯模型对比，通过模型对比可以看出过切和少切的部位。

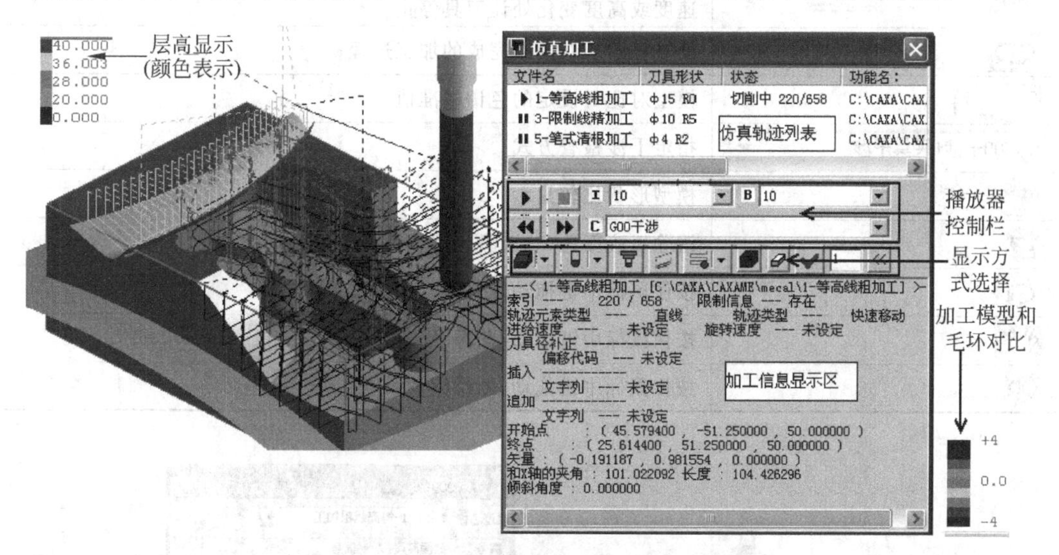

图 7-65 仿真演示用户操作界面

常用的图标按钮作用和仿真功能见表 7-2。

表 7-2 轨迹显示与控制常用按钮的含义

图 标 按 钮	操 作 含 义
	显示轨迹切削部分的路径，不显示快速走刀路径
	显示轨迹刀位点
	用颜色区分显示进刀速度
	等高线加工时，在每个指定的高度显示轨迹，如图 7-66 所示
	单步或按指定步数显示轨迹，如图 7-67 所示

续表

图标按钮	操作含义
	选择刀具显示模式(渲染、半透明、不显示、线形)
	切换刀柄的显示/不显示
	刀具轨迹生成时涂抹表面代替轨迹线型区域
	快退到加工起始点
	快进到加工结束点
	按给定步距(如单步)进给到下一个刀位点
	按给定步距(如单步)返回到上一个刀位点
	选择是否显示刀具轨迹线
I 1000	切削显示步数,数值越大,单位时间内切削步数越多
B 10	设定切削停止位置,如输入1可表示单步插补后刀具停止。还可在速度或高度变化处让刀具停止
	反复显示从开始到完成的加工过程
2 >>	模型对比时设定的色谱基准值
C G00干涉+夹具干涉	指定干涉检查方式
	模型形状比较显示
	清除轨迹颜色(轨迹颜色默认为绿色)
	按住鼠标中键拖动,图像绕中心旋转
	按住鼠标中键拖动,图像平移
	按住鼠标中键拖动,图像缩放

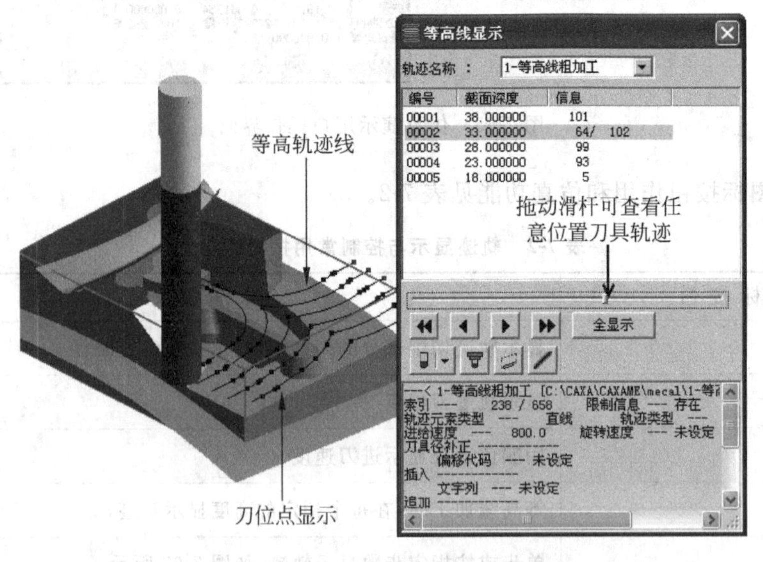

图 7-66　等高线轨迹显示

3. 形状的比较

对于切削零件形状和毛坯形状比较，用色谱来表示切削残余量的多少，系统会在界面的右下角显示色谱的基准值。比较结果表示：相同形状是为绿色，切削残余多呈冷色系，切入量多为暖色系。

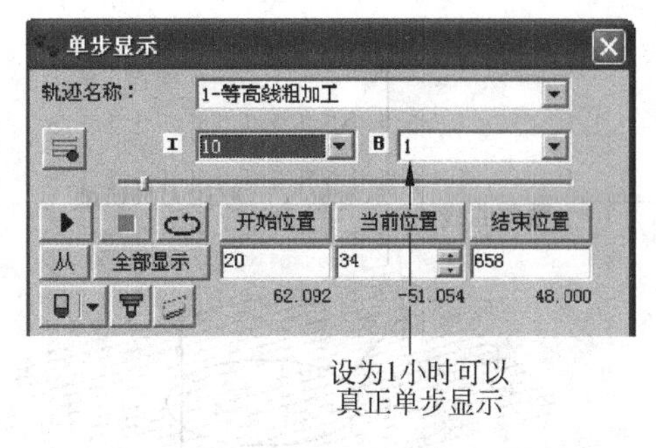

图 7-67　轨迹的单步显示功能

4. 加工轨迹裁剪与编辑

轨迹裁剪和编辑功能是对已生成的由刀位行或刀位点组成的刀具轨迹进行增加、删剪、变形等处理，目的是用来分析走刀的合理性，避免加工错误。经过修改的轨迹并不能返回到加工环境中，也就是不能对 NC 代码产生影响。

对轨迹编辑，可在仿真环境中单击【修改】主菜单进入各个轨迹编辑项目，或者从图 7-68 所示的【轨迹裁剪】和【轨迹编辑】工具条中选择各个功能按钮。轨迹编辑和裁剪内容较多，具体内容可参考软件用户手册。在轨迹仿真环境中进行的修改对加工环境中的轨迹运算没有影响。

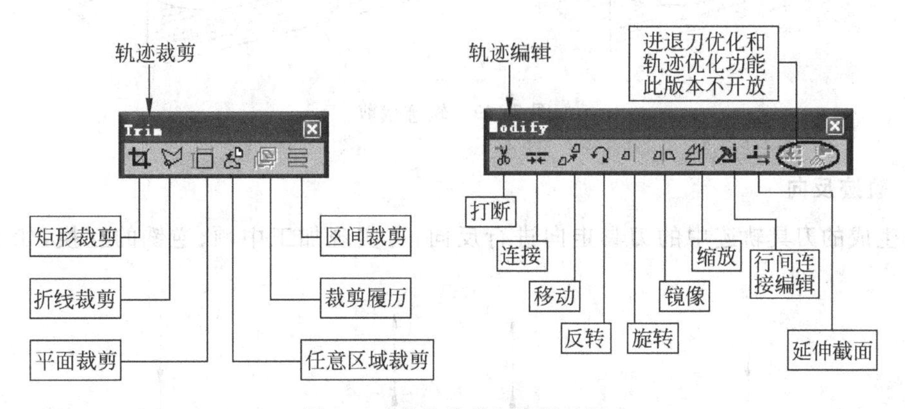

图 7-68　轨迹裁剪和编辑工具

7.4.2　在加工环境中编辑加工轨迹

在加工环境中，单击【加工】|【轨迹编辑】命令即可选择轨迹编辑、轨迹反向、插入刀位点、删除刀位点、两刀位点间抬刀、清除抬刀、轨迹打断、轨迹连接共 8 种方式来对已有轨迹进行修改。经过编辑的加工轨迹如果符合要求，需应用【轨迹重置】命令使修改后的轨迹生效。

1. 线裁剪

可绘制裁剪曲线对 *XY* 面、*ZX* 面和 *YZ* 面上的刀具轨迹进行裁剪。轨迹裁剪边界形式有三种：在曲线上、不过曲线、超过曲线。裁剪后刀具通过裁剪区通常会产生抬刀动作，以避免某些干涉，如图 7-69 轨迹裁剪所示。

裁剪曲线可以是封闭的，也可以是不封闭的。对于不封闭的裁剪曲线，系统会自动将其变成封闭曲线。

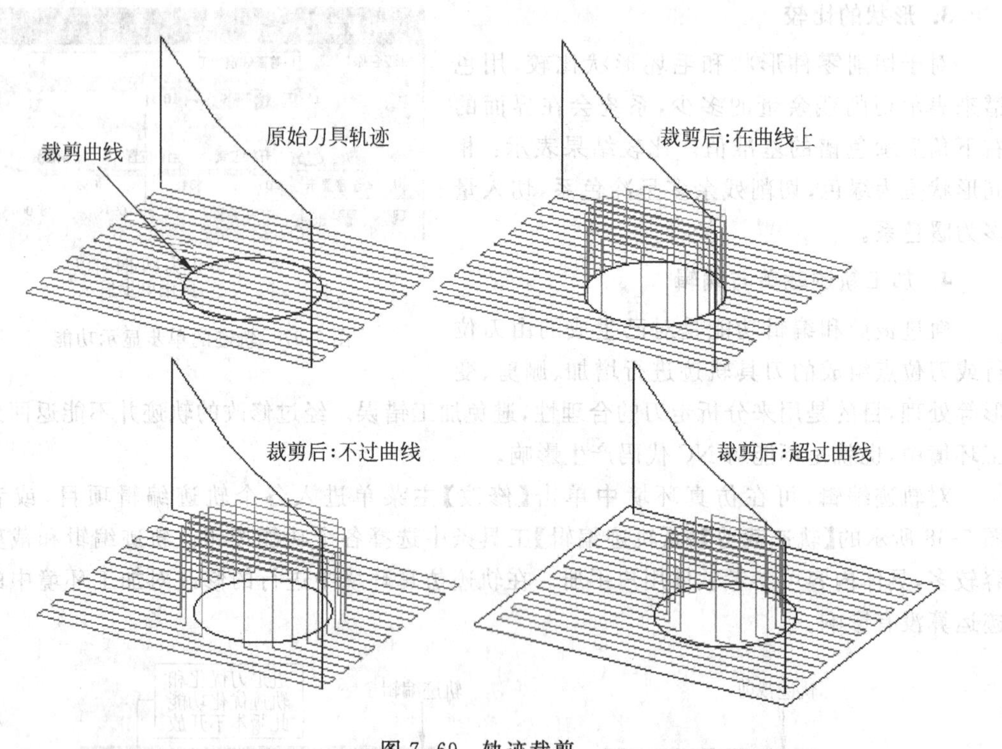

图 7-69 轨迹裁剪

2. 轨迹反向

对生成的刀具轨迹中的刀具走向进行反向，可实现加工中顺、逆铣的互换，如图 7-70 所示。

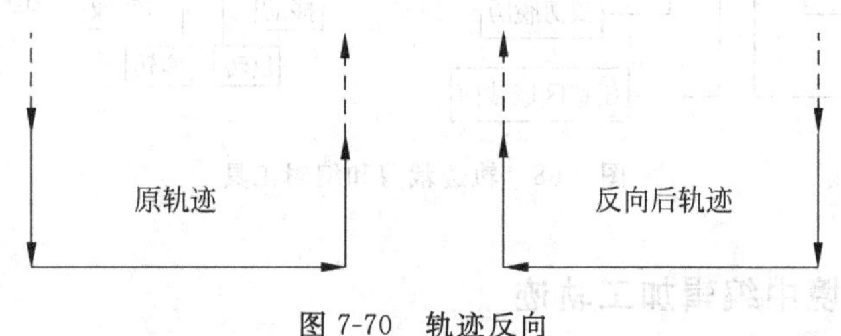

图 7-70 轨迹反向

编程时，由于刀具轨迹的方向与拾取曲面轮廓的方向、岛的方向以及加工时的进给方向等都有很大的关系，常有生成的刀具轨迹在实际加工过程中方向不合理的现象，利用“轨迹反向”功能可方便地实现刀位的反向。不过，刀具反向会导致进刀点的变化，编程时应引起重视。

系统默认情况下，刀具进刀是粉红色，退刀是红色。轨迹反向后两线颜色互换，也就是进刀点与退刀点互换。

3. 插入刀位点

插入一个刀位点，可使刀具路径发生变化。刀位点的插入方式有前和后两种，如图 7-71 所示。

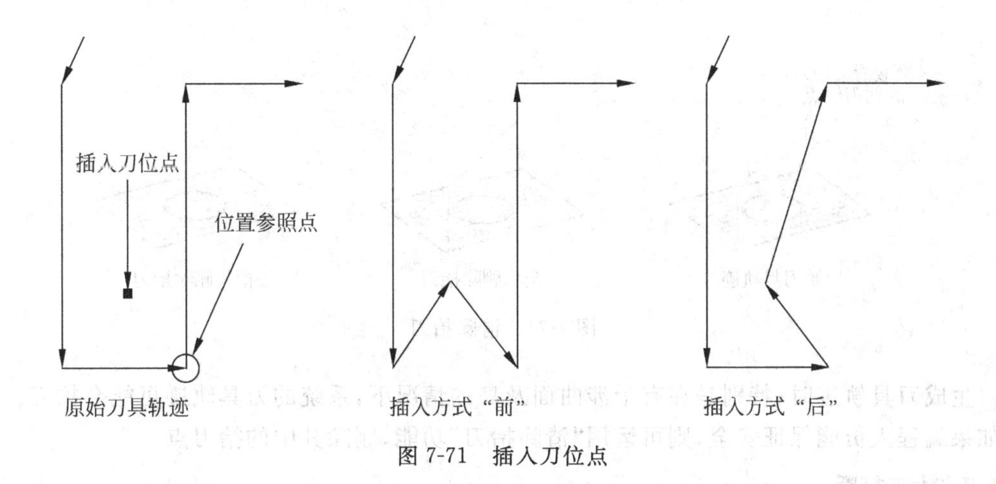

图 7-71 插入刀位点

选择插入刀位点后，系统提示的“拾取点”是新插入刀位点的参考点。对要插入刀位点的地方，要注意保证插入的刀位点不能发生过切。

4. 删除刀位点

即把所选的刀位点删除掉，并改动相应的刀具轨迹。删除刀位点后改动的刀具轨迹有两种选择，一种是抬刀，另一种是直接连接，如图 7-72 所示。

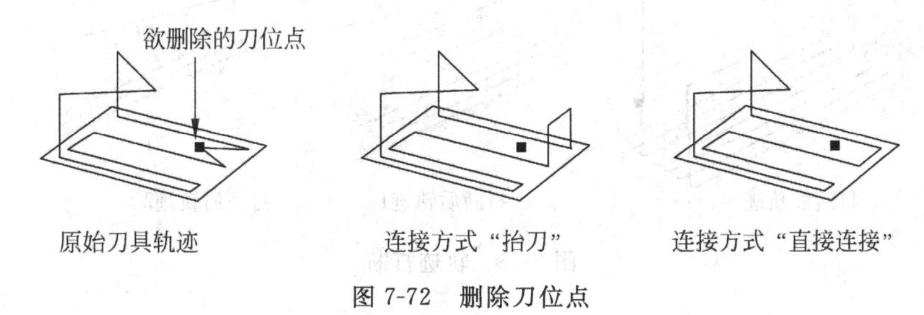

图 7-72 删除刀位点

5. 两刀位点间抬刀

选中刀具轨迹，然后按提示先后拾取两个刀位点，则将删除这两个刀位点之间的刀具轨迹，并抬刀连接拾取的两刀位点，如图 7-73 所示。

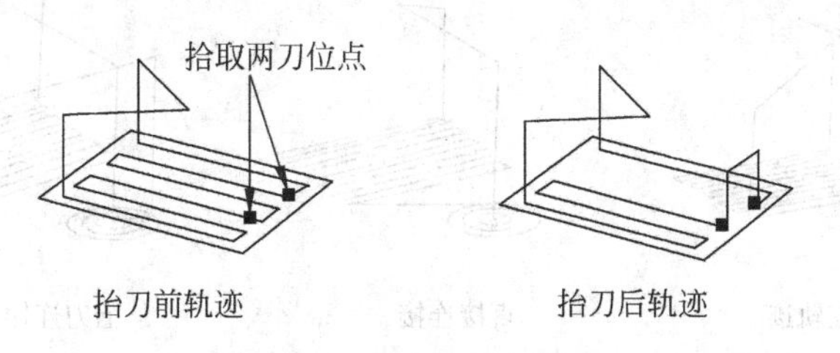

图 7-73 两刀位点间抬刀

两点间抬刀的高度以安全高度为基准。

6. 清除抬刀

清除刀具轨迹中的抬刀点。它有两种选择，一是全部删除，二是指定删除，如图 7-74 所示。

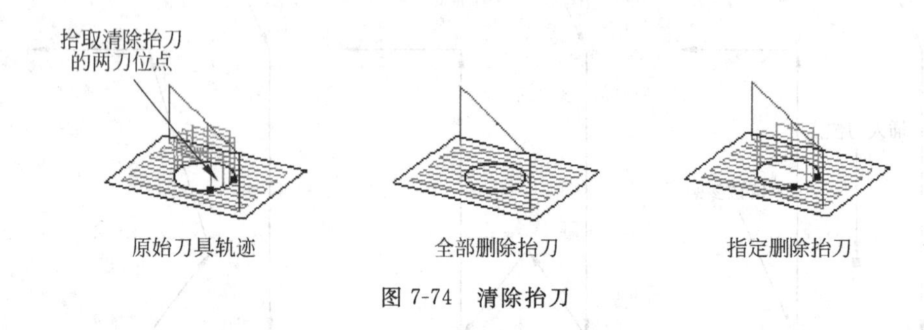

图 7-74 清除抬刀

生成刀具轨迹时，特别是在有干涉曲面及岛的情况下，系统的刀具轨迹可能会抬刀。这时如果编程人员能保证安全，则可运用“清除抬刀”功能，删除其中的抬刀点。

7. 轨迹打断

在被拾取的刀位点处把刀具轨迹分为两个独立部分，称为轨迹打断。首先拾取刀具轨迹，然后再拾取轨迹要被打断的刀位点，结果由一条轨迹变成两条独立轨迹，刀具起点未变，但进刀点和退刀点有变化，如图 7-75 所示。

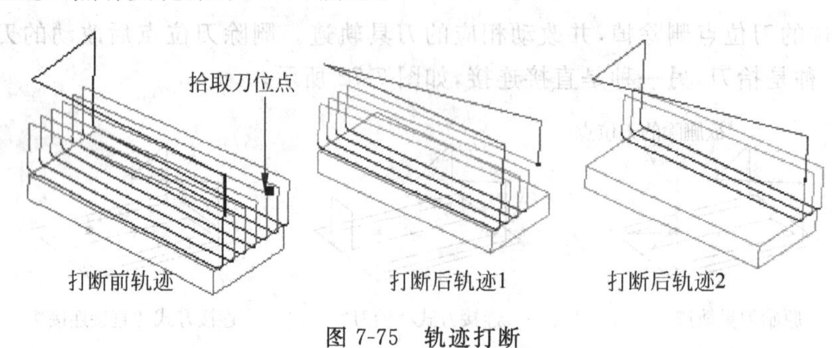

图 7-75 轨迹打断

8. 轨迹连接

就是把两条不相干的刀具轨迹连接成一条刀具轨迹。按照提示要拾取刀具轨迹。轨迹连接的方式有两种选择，如图 7-76 所示。

图 7-76 轨迹连接

直接连接：第一条刀具轨迹结束后，不抬刀就和第二条刀具轨迹的相近轨迹连接，其余的刀具轨迹不发生变化。因为不抬刀，很容易发生过切。

抬刀连接：第一条刀具轨迹结束后，首先抬刀，然后再和第二条刀具轨迹的相近轨迹连接，其余的刀具轨迹不发生变化。

轨迹连接的前提条件是：

(1) 所有轨迹使用的刀具必须相同；

(2) 两轴与三轴轨迹不能互相连接；

(3) 被连轨迹的安全高度应该一致，如果前一个刀具轨迹的抬刀高度低于后一个刀具轨迹的安全高度时，可能发生刀具与工件的碰撞。

7.5 后置处理与工艺模板

CAM的最终目的是生成数控机床可以识别的代码程序，数控机床的所有运动和操作是执行特定的数控程序的结果。自动编程软件生成的加工轨迹不是数控程序，因此需要把这些轨迹转换为机床能执行的数控程序。后置处理就是针对特定的数控系统把CAM刀具轨迹转化成机床能够识别G代码指令，生成的G代码指令可以直接输入数控机床用于加工。CAXA制造工程师提供了简捷的后置设置功能，可以根据数控系统的不同编码格式要求，设置不同的机床参数和特定的程序格式。同时，可以自动添加符合编码要求的程序头、程序尾和换刀部分的代码段，以保证生成的G指令可以直接输入数控机床用于加工。

后置处理模块包括【后置设置】、【生成G代码】、【校核G代码】等功能。

CAXA制造工程师还具有工艺模板功能，用于记录用户已经成熟或定型的加工工序，这就是【知识加工】功能，可以将现有的工序内容以工艺模板方式继承下来，相当于继承了前人的加工知识经验，用于加工同一类型零件，这一功能对于实际生产是非常实用的。

7.5.1 后置处理

后置处理包括【机床信息】和【后置设置】两个对话框设置。CAXA制造工程师为满足各种机床控制系统的需要，提供了很多宏指令，宏指令格式为：$+宏指令串，系统提供的宏指令串见表7-3。可以根据机床的不同需求在【机床信息】菜单中设定，通常由用户修改程序的头、尾、换刀等宏指令，以获得代码的输出格式。

表7-3 CAXA后置设置宏指令表

指令含义	宏指令	指令含义	宏指令
当前程序刀具号	TOOL_NO	主轴速度	SP_SPEED
补零位的当前程序刀具号	TOOL_NO1	当前 *X* 坐标值	COORD_X
下一个程序刀具号	NTOOL_NO	当前 *Y* 坐标值	COORD_Y
补零位下一个程序刀具号	NTOOL_NO1	当前 *Z* 坐标值	COORD_Z
当前刀具补偿值	COMP_NO	当前后置文件名	POST_NAME
补零位当前刀具补偿值	COMP_NO1	当前日期	POST_DATE
下一个程序刀具补偿值	NCOMP_NO	当前时间	POST_TIME
补零位下一个程序刀具补偿值	NCOMP_NO1	当前程序号	POST_CODE

续表

指令含义	宏指令	指令含义	宏指令
当前刀具信息	TOOL_MSG	主轴正转	SP_CW
行号指令	LIE_O_ADD	主轴反转	SP_CCW
行结束符	BLOCK_ED	主轴停	SP_OFF
速度指令	FEED	主轴转速	SPN_F
刀具半径补偿取消	DCMP_OFF	冷却液开	COOL_ON
刀具半径左补偿	DCMP_LFT	冷却液关	COOL_OFF
刀具半径右补偿	DCMP_RGH	程序停止	PRO_STOP
刀具长度补偿	LCMP_LEN	换行指令	@
坐标设置	WCOORD		

1.【机床信息】(图 7-77)

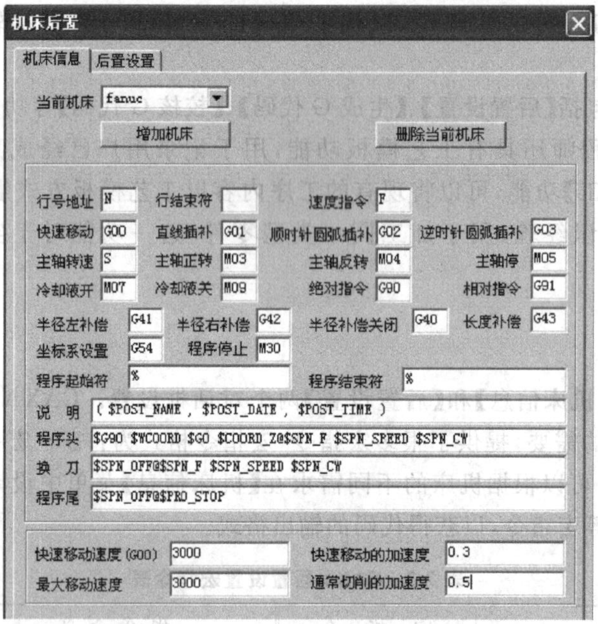

图 7-77 【机床信息】选项设置内容

单击【增加机床】按钮,可以输入新的机床名称,针对不同的机床与不同的数控系统,设置特定的数控代码、数控程序格式及参数,并生成配置文件。生成数控程序时,系统根据该配置文件的宏指令定义生成用户所需要的特定代码格式的加工指令。

下面以 FANUC 系统换刀和冷却液自动开关为例编写宏指令。

CAXA 制造工程师内置了 FANUC 系统后置代码,但是由于使用 FANUC 系统的机床种类繁多,不仅有数控铣床,还有各种带有刀具库的加工中心。为通用起见,CAXA 制造工程师内置的 FANUC 系统后置,没有将换刀指令和冷却液自动开关指令内置,但允许用户根据自己的机床情况添加这些指令。

(1) 程序说明部分举例

说明部分是对程序的名称、零件名称编号、编制日期和时间等有关信息的记录。程序说明部分是为了管理的需要而设置的,目的是方便进行管理,不进行计算。比如要加工某个零件时,只要从管理程序中找到对应的程序编号即可,而不必从复杂的程序中去一个一个地寻找需要的程序。

例如:程序说明(N126－60231,$POST_NAME,$POST_DATE,$POST_TIME),则在生成的后置程序中的程序说明部分输出如下说明:(N126－60231,O1261,2006,9,2,15:30:30)

(2) 程序开始部分举例

对特定的数控机床来说,其数控程序开始部分都是相对固定的,包括一些机床动作信息,如机床回零、工件零点设置、主轴启动以及冷却液开启等。

例如宏指令:$G90 $WCOORD $G0 $COORD_Z@G43H01@ $SPN_F $SPN_SPEED $SPN_CW

经后置处理可输出相应的程序开始部分为:

```
G90G54G00Z30.00
G43H01
S500M03
```

(3) 换刀指令举例

FANUC 系统完整的换刀过程如果为:调用刀库中刀具号为 12 的刀具,调用刀具长度补偿号为 12 并执行该调用指令。则上述过程指令为:T 12 G43H12 M06

其中 T 为调用刀具指令;T 后面的 12 为调用刀具的刀具号,该刀具号由用户选定;G43 为调用刀具长度补偿指令;H 后面的 12 为调用刀具长度补偿号,与刀具号必须对应。

用 CAXA 的宏指令写出上述过程为:T $TOOL_NO $LCMP_LEN H $COMP_NO M06

其中:$TOOL_NO 为 CAXA“刀具号”宏指令;

$LCMP_LEN 为 CAXA 刀具“长度补偿”宏指令,即默认的 G43;

$COMP_NO 为 CAXA 刀具“长度补偿号”宏指令;

某些机床在换刀前要求将主轴移动到换刀位置,这一般要使用机床系统的宏指令,如调用 G28。这样换刀语句可改为:G28 @ T $TOOL_NO $LCMP_LEN H $COMP_NO M06。

某些机床在换刀时要求准备下一个程序的刀具,换刀指令可写成:T $TOOL_NO $LCMP_LEN H $COMP_NO M06 T$NTOOL_NO $LCMP_LEN H $NCOMP_NO。

某些机床的系统要求刀具号不足两位的必须补零,如:T02G43H02,换刀指令可写成 T $TOOL_NO1 $LCMP_LEN H $COMP_NO1 M06。

(4) 冷却指令

如果在加工时,需要冷却液自动打开,在换刀前关闭,换刀结束后打开,程序结束时再关闭。可在相应位置加入 COOL_ON 和 COOL_OFF。

机床参数配置中有关速度和加速度设置选项值主要用于输出工艺清单上的加工时间的计算,必须符合具体的机床技术参数。

对于不同的程序指令格式，主要通过修改程序头、换刀、程序尾三处的宏指令来实现，表7-4给出了修改前后宏指令格式对比，读者可以分别将此两个宏指令应用于同一条轨迹，看看生成的加工程序有何区别。

表7-4　宏指令格式对比

对比项	修改前宏指令	修改后宏指令	修改目的
程序头	$G90 $WCOORD $G0 $COORD_Z @ $SPN_F $SPN_SPEED $SPN_CW	$G90 $WCOORD @ T $TOOL_NO $LCMP_LEN H $COMP_NO M06 @ $G0 $COORD_Z@ $SPN_F $SPN_SPEED $SPN_CW $COOL_ON	需要插入换刀指令并在结尾部加上冷却液打开宏指令
换刀指令	$SPN_OFF@ $SPN_F $SPN_SPEED $SPN_CW	$COOL_OFF $SPN_OFF @ T $TOOL_NO $LCMP_LEN H $COMP_NO M06 @ $SPN_F $SPN_SPEED $SPN_CW $COOL_ON	需要插入换刀和冷却液开指令
程序尾	$SPN_OFF@ $PRO_STOP	$COOL_OFF $SPN_OFF @ $PRO_STOP	加入冷却液关闭指令

注意：如果按照有些用户的习惯，第一段程序使用的刀具，每次都已经事先在主轴上安装好了，那么程序头中应当去掉换刀指令，只保留冷却液开项。如下：

$G90 $WCOORD @ $G0 $COORD_Z@ $SPN_F $SPN_SPEED $SPN_CW $COOL_ON

2.【后置设置】（图7-78）

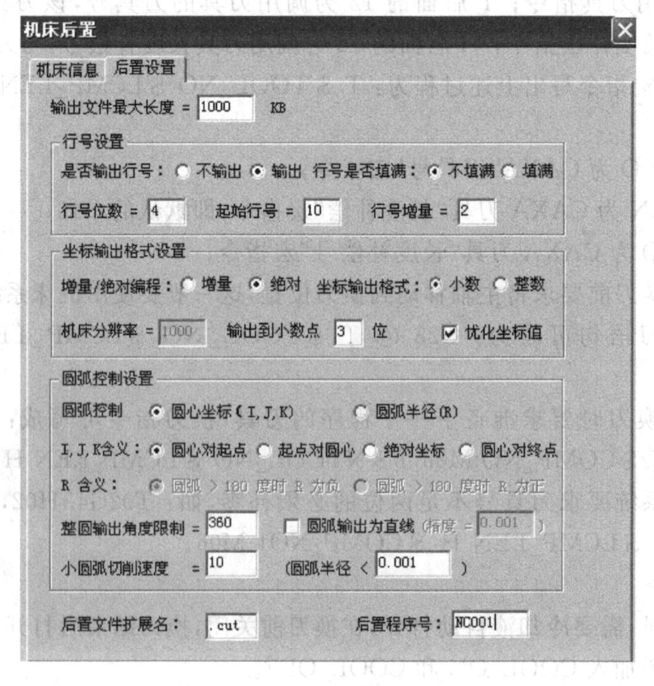

图7-78　机床后置

【输出文件最大长度】：输出文件长度可以对数控程序的大小进行控制，文件大小以KB为单位。当输出的代码文件长度大于规定长度时系统自动分割文件。例如，当输出的G代码文件test.cut超过规定的长度时，就会自动分割为test0001.cut，test0002.cut，test0003.cut……

【行号设置】：在输出代码中控制行号的一些参数设置。【行号是否填满】是指行号不足规定的【行号位数】时是否用0填充。对于【行号增量】，建议用户选取比较适中的递增数值，这样有利于程序的管理。

【坐标输出格式设置】：决定数控程序中数值的格式是小数输出还是整数输出；【机床分辨率】就是机床的加工精度，如果机床精度为0.001mm，则分辨率设置为1000，以此类推；输出小数位数可以控制加工精度，但不能超过机床精度，否则是没有实际意义的。【优化坐标值】指输出的G代码中，若坐标值的某分量与上一次相同，则此分量在G代码中不出现。

【圆弧控制设置】：主要用于设置控制圆弧的编程方式，即是采用圆心编程方式还是采用半径编程方式。要特别注意的是：用R来编程时，不能输出整圆，因为过一点可以做无数个圆，圆心的位置无法确定。所以在用R编程时，一定要将【整圆输出角度限制】设为小于360度。

【后置文件扩展名】和【后置程序号】：【后置文件扩展名】用于设置所生成的数控程序文件名的扩展名。有些机床对数控程序要求有扩展名，有些机床没有这个要求，应视不同的机床而定。【后置程序号】是记录后置设置的程序号，不同的机床其后置设置不同，所以采用程序号来记录这些设置，以便于用户日后使用。

7.5.2 G代码生成与校核

所谓代码生成就是按照当前机床类型的配置要求(即后置格式)，把已经生成的刀具轨迹转化生成CNC数控程序。

单击主菜单中【加工】|【后置处理】|【生成G代码】命令，系统弹出【选择后置文件】对话框，输入要保存的文件名和保存路径，单击【保存】按钮。系统提示【拾取加工轨迹】，拾取要生成G代码的轨迹，右击，系统弹出【记事本】文字编辑程序，显示加工程序的NC代码，如有必要可以用文字编辑方式进行修改。

所谓校核G代码是指将已经生成的G代码文件反读过来，生成刀具轨迹，以检查生成的G代码的正确性。

单击主菜单中【加工】|【后置处理】|【校核G代码】，系统弹出【选择后置文件】对话框，输入要打开的文件名，单击【打开】按钮，即可将G代码文件反读，显示所选文件的刀具轨迹。此刀具轨迹可以被仿真程序编辑以生成新的轨迹，然后再应用【生成G代码】命令生成新的G代码。校核G代码时，如果在程序中存在圆弧插补，则后置设置应选择对应的圆心的坐标编程方式，否则会导致出错。

7.5.3 自动生成工艺表单

为便于机床操作者以及车间其他人员对零件加工数据的管理，选择【加工】|【工艺清单】命令可以生成HTML格式和TXT格式(纯文本)的加工工艺表单。表单由系统提供了一

套关键字机制,用户以网页方式制作。合理使用系统提供的关键字,就可以生成各式各样风格的模板。在安装文件夹\CAXAME \camchart\Template 内的有系统默认的模板文件,可通过更换模板文件中的关键字来修改工艺参数内容并可输出到指定文件夹,例如,根据模板可以生成整个加工的毛坯、模型、轨迹清单、切削参数、刀具和工时定额。在加工内容较多时一般可先做出一个引导网页 index. htm,将引导网页和内容网页如刀具清单、轨迹清单、毛坯设置等链接起来就可形成一个完整的工艺表单,用于网上发送传输。高级表单可用 Word,Dreamweaver,FrontPage 等编辑。

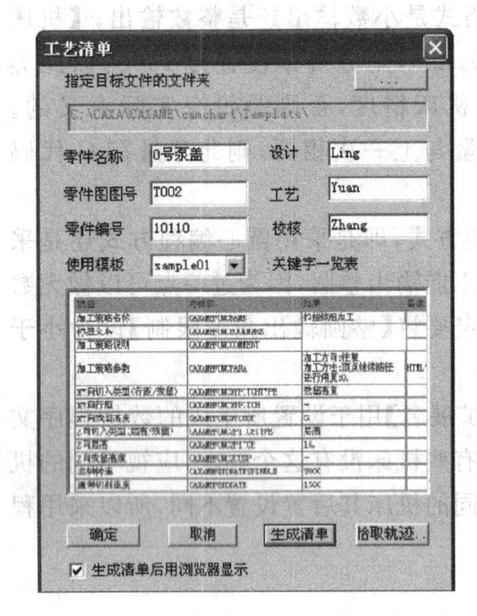

图 7-79 工艺清单

也可以生成加工统计汇总清单。单击【加工】|【工艺清单】,系统弹出【工艺清单】对话框,如图 7-79 所示。如下填写各参数。

(1)【指定目标文件的文件夹】 设定生成工艺清单文件的位置。

(2)填写【零件名称】、【零件图图号】、【零件编号】、【设计】、【工艺】、【校核】参数。

(3)【使用模板】。系统提供了 8 个模板供用户选择。

sample01:关键字一览表,提供了几乎所有与生成加工轨迹相关的参数的关键字,包括明细表参数、模型、机床、刀具起始点、毛坯、加工策略参数、刀具、加工轨迹、NC 数据等。

sample02:NC 数据检查表,几乎与关键字一览表同,只是少了关键字说明。

sample03~sample08:系统默认的用户模板区,用户可以自行制定自己的模板。

(4)【拾取轨迹】。单击【拾取轨迹】按钮后,可在绘图区内拾取相关的若干条加工轨迹,然后右击重新弹出工艺清单对话框。

(5)【生成清单】。单击【生成清单】按钮后,系统会自动计算,生成工艺清单。

7.5.4 知识加工与工艺模板

CAXA 制造工程师 2006 可将某类零件的加工步骤、使用刀具、工艺参数等加工条件保存为工艺模板,形成类似工艺知识库的文件,以后类似的零件的加工只要通过调用此工艺模板进行轨迹重置就可完成。这有利于经验的继承和避免重复工作,从而提高工作效率。

现用等高精加工加工一个球面为例加以说明。

(1)【生成模板】

针对造型零件,选择【加工】|【知识加工】|【生成模板】菜单命令,系统提示【拾取轨迹】,单击轨迹树中等高精加工轨迹,右击,弹出存储对话框,输入文件名(*.cpt),单击【保存】,如图 7-80(a)所示。

(2)【应用模板】

现有一顶部削平的球体零件,选择【加工】|【知识加工】|【应用模板】菜单命令,在弹出的对话框中找到刚才保存的 *.cpt 文件并打开,注意此时轨迹树中出现一条没有运算的同名轨迹,选择轨迹后右击,选择【轨迹重置】命令,此时在新零件上生成新的加工轨迹,如图 7-80(b)所示。

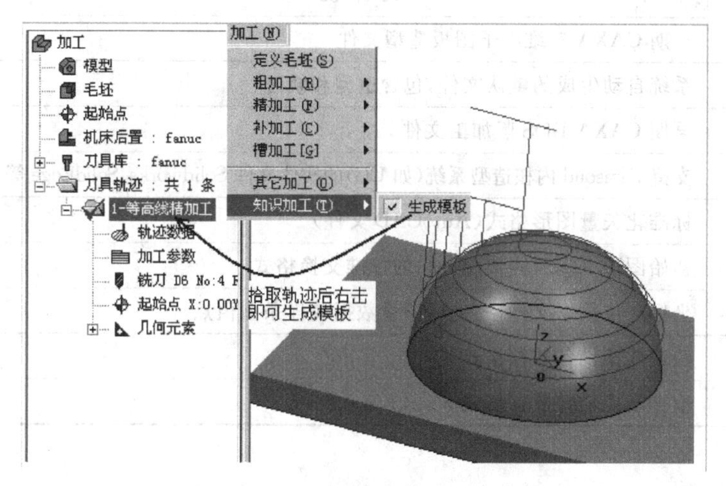

(a) 生成加工模板

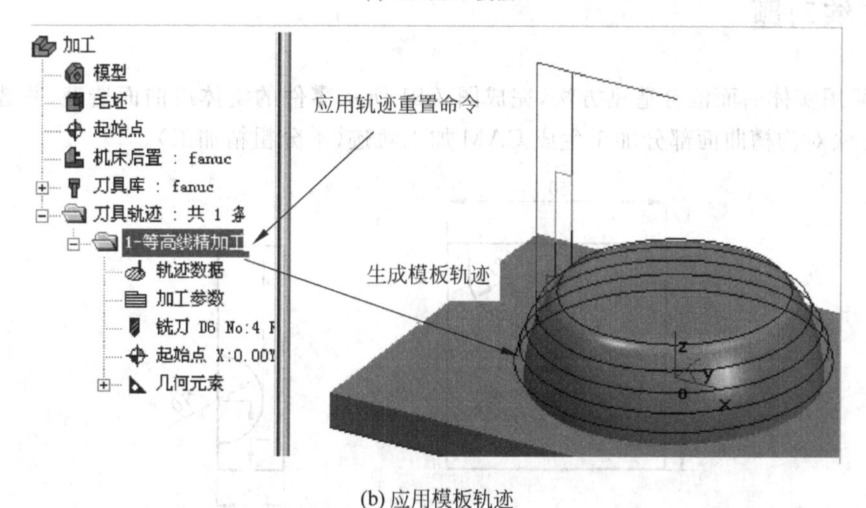

(b) 应用模板轨迹

图 7-80 知识加工过程

7.5.5 数据接口

CAXA 制造工程师是一个开放的设计与加工工具,提供了丰富的数据接口:可直接读取市场上流行的三维 CAD 软件如 CATIA,Pro/E 的数据接口;基于曲面的 DXF 和 IGES 标图形接口,基于实体的 STEP 标准数据接口;Parasolid 几何核心的 X-T、X-B 格式文件;ACIS 几何核心的 SAT 格式文件;面向快速成型设备的 STL 以及面向 Internet 和虚拟现实的 VRML 等接口。这些接口保证了与世界流行的 CAD 软件进行双向数据交换,使企业可以跨平台和跨地域与合作伙伴实现虚拟产品的开发和生产。

CAXA制造工程师系统生成默认文件以MXE作为文件扩展名，系统支持的其他文件格式见表7-5。

表7-5 CAXA制造工程师支持的文件格式

文件扩展名	文件说明	读入	输出
EPB	早期CAXA三维电子图板造型文件	有	有
MXE	系统自动生成的默认文件，包含造型和轨迹		
CSN	早期CAXA DOS版加工文件	有	—
X_T、X_B	支持Parasolid内核造型系统（如UG）的实体文件Solidworks、SolidEdge等	有	有
DXF	标准化矢量图形格式（AutoCAD文件）	有	有
IGS	初始图形IGES（线架/曲面）的标准交换格式	有	有
DAT	坐标点位数据文件，三坐标测量数据或样条型值点	有	—
STL	快速成型设备数据格式	有	有
WRL	虚拟现实文件数据格式	—	有

思考与练习题

1. 采用实体曲面混合造型方法，完成图7-81所示零件的实体或曲面造型，并选用合适的加工方法对沟槽曲面部分加工生成CAM加工轨迹（不分粗精加工）。

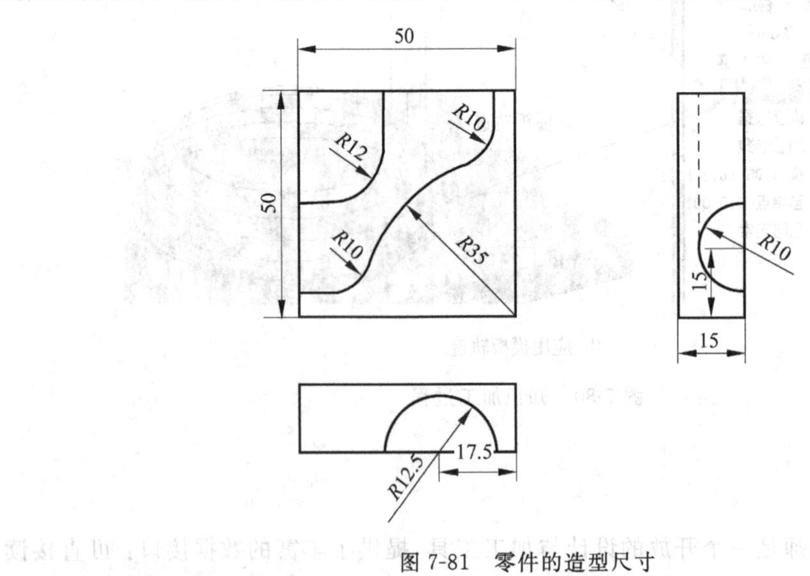

图7-81 零件的造型尺寸

2. 图7-82示零件已完成粗加工（目前留有0.2mm余量），请完成柱面A，平面B和C三个面的精加工轨迹。

3. 根据图7-83数据，完成下列圆柱凸轮的实体造型，并生成3～4种曲面的加工轨迹，

通过加工仿真来检查并修改轨迹，并分析轨迹的加工合理性。（提示：先构建空间基圆曲线，然后用扫描面裁剪实体）

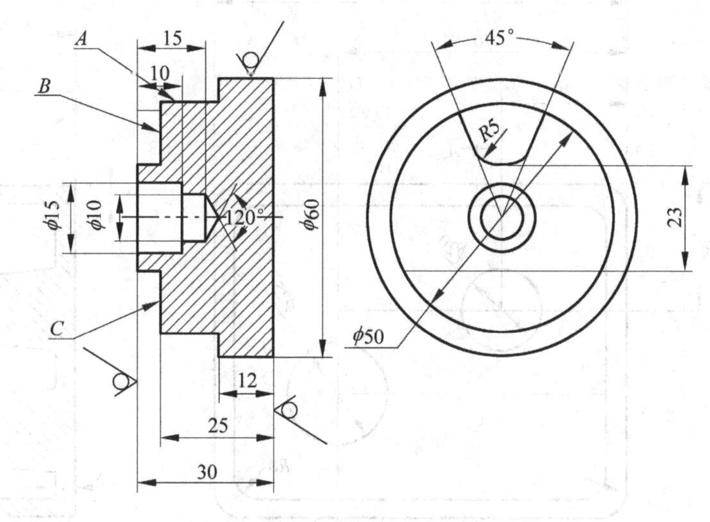

图 7-82　已完成粗加工的零件尺寸

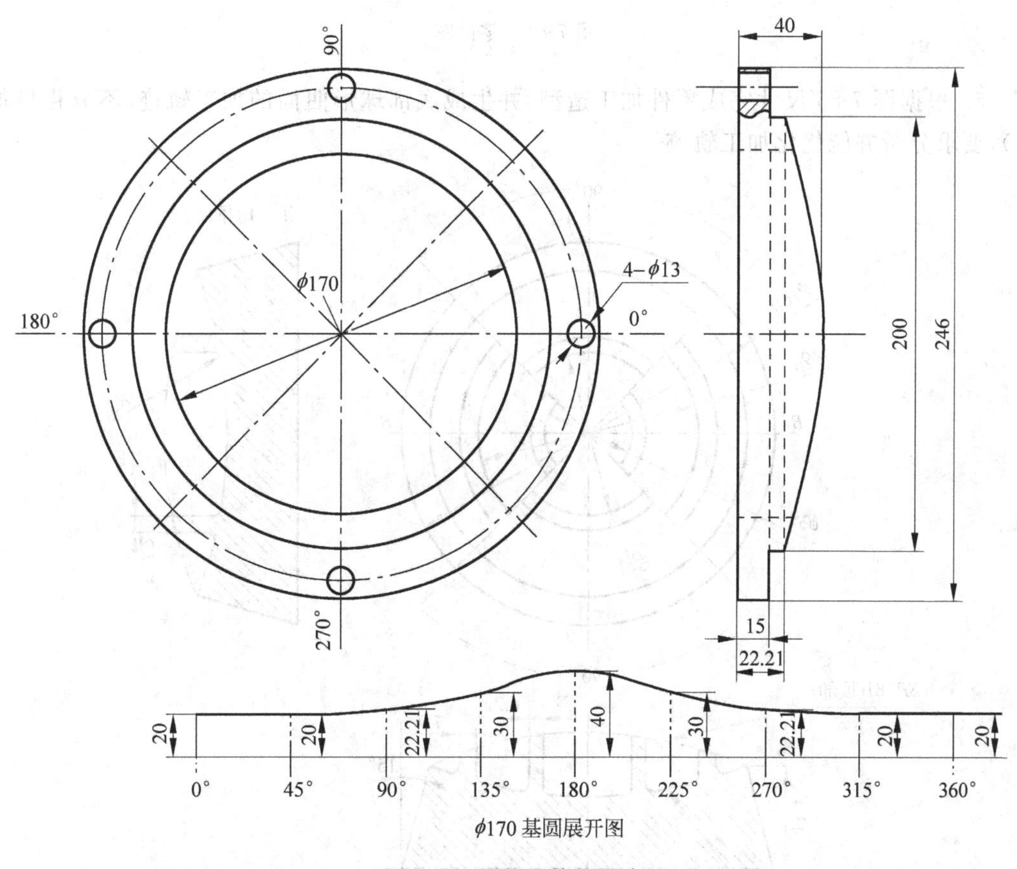

图 7-83　圆柱凸轮的尺寸

4. 应用平面区域加工和平面轮廓加工功能，加工如图 7-84 所示的零件，毛坯尺寸为

80×100×35，右图为槽深及拔模斜度示意图。

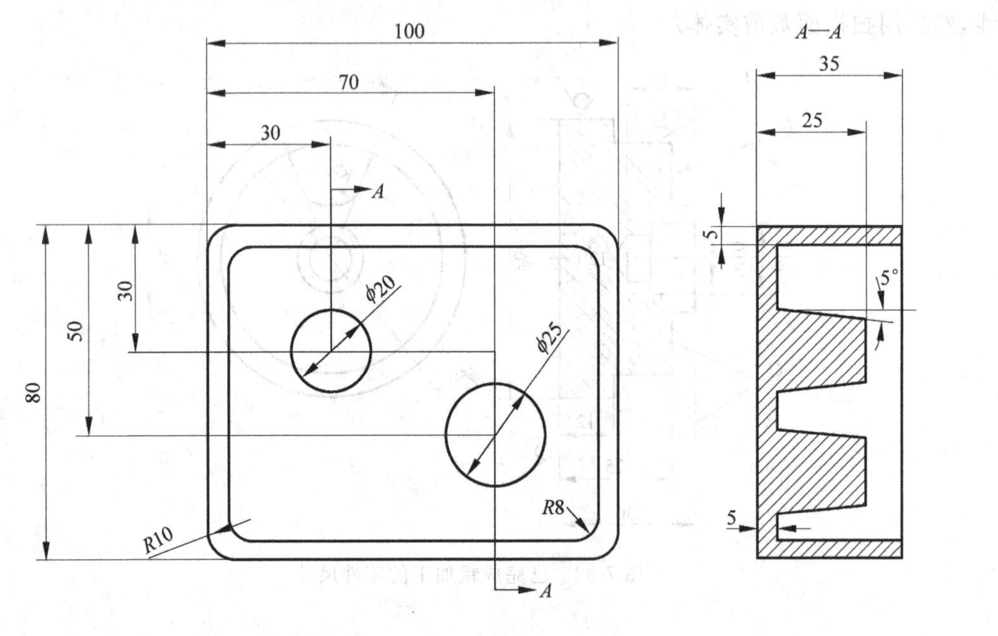

图 7-84　零件图

5. 根据图 7-85 尺寸完成零件加工造型，并生成底部球形曲面的加工轨迹（不分粗精加工），要求分析并能优化加工轨迹。

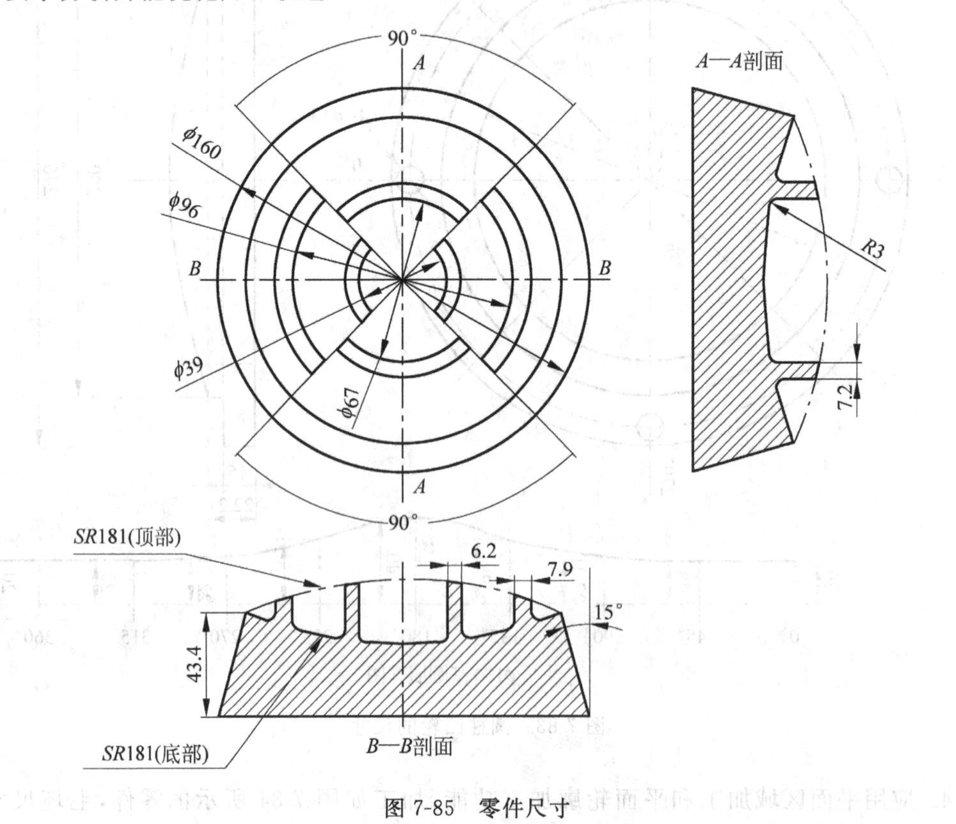

图 7-85　零件尺寸

第8章 机床操作

数控铣床/加工中心经常进行钻孔、扩孔、铰孔、镗孔、攻丝等孔系加工，以及铣平面、斜面、轮廓、槽、曲面等多工序复合加工，加工操作内容主要包括工具系统(刀具、夹具、量具)的使用，数控装置操作面板的使用，机床本体的操作。其中刀具/刀柄的使用和带 CRT 操作面板的使用是核心技能。

8.1 机床操作安全与故障诊断

由于数控机床属于机电一体化的高技术金属加工设备，在设备组成和结构上比普通机床要复杂得多，一旦出现操作事故，引起的损失很大。故操作者必须严格按照操作规程操作，才能保证机床正常运行。操作机床前，必须了解加工零件的要求、工艺路线、机床特性后，方可操作机床完成各项加工任务。另外还需要在机床空闲时对机床进行必要的维护和保养。为了保证正确合理地使用数控机床，保证数控机床的正确运转，必须制定比较完整的数控机床操作规程。

8.1.1 机床操作安全与保养

1. 数控车间安全规定

(1) 严格遵守劳动纪律，不迟到、不早退、工作中不打闹，坚守岗位；上班前和工作中不饮酒。

(2) 进入岗位前必须按规定穿戴好劳动保护用品，进入作业现场不准穿高跟鞋、拖鞋、凉鞋、短裤，不准戴头巾和围巾；不准赤脚、赤膊，不准敞衣工作。

(3) 认真执行岗位责任制，严格遵守操作规程，集中精力做好本职工作，不做与本职无关的事。

(4) 非本岗操作者、维护使用人员，未经批准不得进入或触动机床及辅助设备。

(5) 严格执行交接班制度，交接班记录完整。

(6) 下班前必须清理现场，切断电源，关闭门窗等。

(7) 实行定期维护和保养制度，保证机床安全运行。

(8) 一旦发生事故，应立即采取措施防止事故扩大，保护现场，同时报告有关部门。

2. 工件进行加工前的注意事项

(1) 查看工作现场是否存在可能造成不安全的因素，若存在应及时排除。

(2) 检查液压系统油标是否正常；检查润滑系统油标是否正常；检查冷却液容量是否

正常；按规定加好润滑油和冷却液；手动润滑的部位先要进行手动润滑。

(3) 检查工作台上工件是否正确夹紧、可靠。

(4) 检查刀具安装是否正确，回转是否正常。

3. 数控铣/加工中心安全操作规程

(1) 操作人员应熟悉所用数控铣床的组成、结构以及规定的使用环境，并严格按机床操作手册的要求正确操作，尽量避免因操作不当而引起的故障。

(2) 按顺序开、关机。先开机床再开数控系统，先关数控系统再关机床。

(3) 开机后进行返回机床参考点的操作，以建立机床坐标系。

(4) 手动操作沿 XY 轴方向移动工作台时，必须使 Z 轴处于安全高度位置，移动时应注意观察刀具移动是否正常。

(5) 正确对刀，确定工件坐标系，并核对数据。

(6) 程序调试好后，在正式切削加工前，再检查一次程序、刀具、夹具、工件、参数等是否正确。

(7) 刀具补偿值输入后，要对刀补号、补偿值、正负号、小数点进行认真核对。

(8) 按工艺规程要求使用刀具、夹具、程序。执行正式加工前，应仔细核对输入的程序和参数，并进行程序试运行，防止加工中刀具与工件碰撞，损坏机床和刀具。

(9) 装夹工件，要检查夹具是否妨碍刀具运动。

(10) 试切进刀时，进给倍率开关必须打到低档。在刀具运行至工件表面 30～50mm 处，必须在进给保持下，验证 Z 轴剩余坐标值和 X、Y 轴坐标值与加工程序数据是否一致。

(11) 刃磨刀具和更换刀具后，要重新测量刀长并修改刀补值和刀补号。

(12) 程序修改后，对修改部分要仔细计算和认真核对。

(13) 手动连续进行操作时，必须检查各种开关所选择的位置是否正确，确定正负方向，然后再进行操作。

(14) 开机后让机床空运转 15 分钟以上，以使机床达到热平衡状态。

(15) 加工完毕后，将 X、Y、Z 轴移动到行程的中间位置，并将主轴速度和进给速度倍率开关都拨至低挡位，防止因误操作而使机床产生错误的动作。

(16) 机床运行中，一旦发现异常情况，应立即按下红色急停按钮，终止机床的所有运动和操作。待故障排除后，方可重新操作机床及执行程序。

(17) 卸刀时应先用手握住刀柄，再按换刀开关；装刀时应在确认刀柄完全到位后再松手。换刀过程中禁止运转主轴。

(18) 出现机床报警时，应根据报警号查明原因，及时排除。

(19) 加工完毕，清理现场，并做好工作记录。

4. 数控铣床日常维护及保养

(1) 保持良好的润滑状态。定期检查、清洗自动润滑系统，添加或更换油脂、油液，使丝杠、导轨等各运动部件始终保持良好的润滑状态，降低机械的磨损速度。

(2) 精度的检查调整。定期进行机床水平和机床精度的检查，必要时进行调整。

(3) 清洁防锈。

(4) 防潮防尘。油水过滤器、空气过滤器等太脏，会出现压力不够、散热不好等现象并造成故障，因此必须定期进行清扫卫生。

(5) 定期开机。数控铣床工作不饱满或较长时间不用，应定期开机让机床运行一段时间。

8.1.2 机床常见简单故障诊断

1. 故障的诊断方法

在故障检测过程中，应充分利用数控系统的自诊断功能，如系统的开机诊断、运行诊断以及PLC的监控功能。同时在检测故障过程中还应掌握以下原则：

(1) 先外部后内部。数控机床的检修要求维修人员掌握先外部后内部的原则，即当数控机床发生故障后，维修人员应先用望、听、闻等方法，由外向内逐一进行检查。

(2) 先机械后电气。先机械后电气就是在数控机床的维修中，首先检查机械部分是否正常，行程开关是否灵活，气动液压部分是否正常等。在故障检修之前，首先注意排除机械的故障。

(3) 先静后动。维修人员本身要做到先静后动，不可盲目动手，应先询问机床操作人员故障发生的过程及状态，阅读机床说明书及图纸资料，进行分析后，才可动手查找和处理故障。

(4) 先公用后专用。只有先解决影响一大片的主要矛盾，局部的、次要的矛盾才可迎刃而解。

(5) 先简单后复杂。应首先解决容易的问题，后解决难度较大的问题，常常在解决简单故障过程中，难度大的问题也可变得容易，或者在排除简易故障时受到启发，对复杂的故障的认识更为清晰，从而也有了解决办法。

(6) 先一般后特殊。在排除某一故障时，要首先考虑最常见的可能原因，然后再分析很少发生的特殊原因。

根据经验，总结出以下4个故障的诊断方法。

(1) 观察检查法：它指检查机床硬件的外观、特性连接等直观及易测的部分，检查软件的参数数据等。

(2) PLC程序法：借助PLC程序分析机床故障，这要求维修人员必须掌握数控机床的PLC程序的基本指令和功能指令及接口信号的含义。

(3) 接口信号法：要求维修人员掌握数控系统的接口信号含义及功能，PLC和NC信号交换的知识。

(4) 试探交换法：适用于对某单元、模块进行故障判断时。要求维修人员确定插拔这些单元和模块可能造成的后果(如参数丢失等)，事先采取措施，确定更换部件的设定，交换后应将设定设置得与交换前一致。

2. 故障形式

(1) 进给伺服的故障形式

当进给伺服系统出现故障时，通常有3种表现形式：一是在CRT或操作面板上显示报警内容或报警信息；二是进给伺服驱动单元上用报警灯或数码管显示驱动单元的故障；三是运动不正常，但无任何报警。进给伺服的常见故障有以下几种。

① 超程：超程分软件超程、硬件超程和急停保护3种。

② 过载：当进给运动的负载过大、频繁地正反向运动以及进给传动润滑状态和过载检测电路时不良时，都会引起过载报警。

③ 窜动：在进给时出现窜动现象一般是由于测速信号不稳定，速度控制信号不稳定或受到干扰，接线端子接触不良，反响间隙或伺服系统增益过大所致。

④ 爬行：发生在起动加速段或低速进给时，一般是由于进给传动链的润滑状态不良、伺服系统增益过低以及外加负载过大等因素所致。

⑤ 振动：应分析机床振动周期是否与进给速度有关。

⑥ 伺服电机不转：数控系统至进给单元除了速度控制信号外，还有使能控制信号，使能信号是进给动作的前提。

⑦ 位置误差：当伺服运动超过允许的误差范围时，数控系统就会产生位置误差过大报警，包括跟随误差、轮廓误差和定位误差等。主要原因有系统设定的允差范围过小，伺服系统增益设置不当，位置检测装置有污染，进给传动链累积误差过大，主轴箱垂直运动时平衡装置不稳。

⑧ 漂移：当指令为零时，坐标轴仍在移动，从而造成误差。可通过漂移补偿或驱动单元上的零位调整来消除。

⑨ 回基准点故障：机床不能返回基准点，一般有 3 种情况。

- 偏离基准点一个栅格距离。造成这种故障的原因有 3 种：减速板块位置不正确；减速挡块的长度太短；基准点用的接近开关的位置不当。该故障一般在机床大修后发生，可通过重新调整挡块位置来解决。
- 偏离基准点任意位置，即偏离一个随机值。这种故障与下列因素有关：外界干扰，如电缆屏蔽层接地不良，脉冲编码器的信号线与强电电缆靠得太近；脉冲编码器用的电源电压太低(低于 4.75V)或有故障；数控系统主控板的位置控制部分不良；进给轴与伺服电机之间的联轴器松动。
- 微小偏移。其原因有两个：电缆连接器接触不良或电缆损坏；漂移补偿电压变化或主板不良。

⑩ 机床在返回基准点时发出超程报警。这种故障有 3 种情况。

- 无减速动作。无论是发生软件超程还是硬件超程，都不减速，一直移动到触及限位开关才停机。可能是返回基准点减速开关失效，开关触头压下后，不能复位，或减速挡块处的减速信号线松动，返回基准点脉冲不起作用，致使减速信号没有输入到数控系统。
- 返回基准点过程中有减速，但以切断速度移动(或改变方向移动)到触及限位开关而停机。表现为减速后，返回基准点标记指定的基准脉冲不出现。其中，一种可能是光栅在返回基准点操作中没有发出返回基准点脉冲信号，或返回基准点标记失效，或由基准点标记选择的返回基准点脉冲信号在传送或处理过程中丢失；或测量系统硬件故障，对返回基准点脉冲信号无识别和处理能力。另一种可能是减速开关与返回基准点标记位置错位，减速开关复位后，未出现基准点标记。
- 返回基准点过程有减速，且有返回基准点标记指定的返回基准脉冲出现后的制动到零速的过程，但未到基准点就触及限位开关而停机。该故障原因可能是返回基准点的返回基准点脉冲被超越后，坐标轴未移动到指定距离就触及限位开关。

(2) 软件故障发生的原因

① 误操作。在调试用户程序或修改机床参数时，操作者删除或更改了软件内容或参数，从而造成软件故障。

② 供电电池电压不足。为RAM供电的电池电压经过长时间的使用后，电池电压降低到监测电压以下，或在停电情况下拔下为RAM供电的电池、电池电路断路或短路、电池电路接触不良等都会造成RAM得不到维持电压，从而使系统丢失软件和参数。这里要特别注意：应对长期闲置不用的数控机床定期开机，以防电池长期得不到充电，造成机床软件丢失，实际上机床开机也是对电池充电的过程；当为RAM供电电池出现电量不足报警时，应及时更换新电池。

③ 干扰信号引起软件故障。有时电源的波动及干扰脉冲会窜入数控系统总线，引起时序错误或造成数控装置停止运行等故障。

④ 软件死循环。运行复杂程序或进行大量计算时，有时会造成系统死循环，引起系统中断，造成软件故障。

⑤ 操作不规范。这里指操作者违反了机床操作的规程，从而造成机床报警或停机现象。

⑥ 用户程序出错。由于用户程序中出现语法错误、非法数据，运行或输入过程中出现故障报警等现象。

(3) 与PLC有关的故障特点

① 与PLC有关的故障首先要确认PLC的运行状态，判断是自动运行方式还是停止方式。

② 在PLC正常运行情况下，分析与PLC相关的故障时，应先定位不正常的输出结果，定位了不正常的结果即故障查找的开始。

③ 大多数有关PLC的故障是外围接口信号故障，所以在维修时，只要PLC有些部分控制的动作正常，都不应该怀疑PLC程序。如果通过诊断确认运算程序有输出，而PLC的物理接口没有输出，则为硬件接口电路故障。

④ 硬件故障多于软件故障。例如当程序执行M07(冷却液开)，而机床无此动作，大多是由于外部信号的问题或执行元件的故障，而不是CNC与PLC接口信号的故障。

另外还有主轴单元的故障，主要现象是：主轴不转，电动机转速异常或转速不稳定，主轴转速与进给不匹配，主轴异常噪声或振动，主轴定位抖动。

8.2 镗铣加工操作

数控机床和数控系统种类很多，在加工前要首先熟悉每台机床的操作面板和机床部件。每种机床和数控系统都有各自的操作和编程说明，这是引导操作者工作的具体依据，本书仅能对一般共性的操作方法作一简述。在进行正式加工前，要根据加工程序和工艺要求准备好加工用的刀具和夹具，刀具的选择关系到加工的效率、表面质量和经济性。刀具系统(刀柄+刀具)目前基本已经通用化、标准化和系列化。另外，机床夹具的选用会直接关系到零件的正确定位和加工的安全性。

8.2.1 数控铣床的一般操作方法

1. 数控铣床的操作面板

数控铣床的操作主要通过操作面板来进行。一般数控铣床的操作面板由显示屏、手动数据输入、机床操作等三部分组成。

(1) 显示屏主要用来显示相关的坐标位置、程序、图形、参数、诊断、报警等信息。

(2) 手动数据输入部分主要包括字母键和数值键以及功能按键等，可以进行程序、参数以及机床指令的输入。

(3) 机床操作面板主要进行机床调整、机床运动控制、机床动作控制等。一般有急停、模式选择、轴向选择、切削进给速度调整、快速进给速度调整、主轴的起停、程序调试功能及其他 M、S、T 功能等。

2. 开、关机操作

(1) 开总电源开关。

(2) 开稳压器、气源等辅助设备电源开关。

(3) 开数控铣床控制柜总电源。

(4) 开操作面板电源。

关机顺序和开机顺序相反。若开机成功，则显示屏显示正常，无报警。

3. 手动回零操作

一般在以下情况进行回零操作，以建立正确的机床坐标系：

(1) 开机后。

(2) 机床断电后再次接通数控系统电源。

(3) 过行程报警解除以后。

(4) 紧急停止按键按下后。

回零操作方法：

(1) 将功能键置于手动回零模式。

(2) 调整适当快速进给速度。

(3) 先将 Z 轴回零，然后 X 或 Y 轴回零，最后是回转坐标回零，即按 $+Z$、$+X$、$+Y$、$+A$ 的顺序操作。

(4) 当坐标零点指示灯亮时，表示回零操作成功，此时坐标显示中的机械坐标均为零。

4. 数控铣床坐标轴运动的手动操作

手动操作一般有微调操作和快进(点动)两种方式。微调操作通过手动脉冲发生器进行，主要用于微量而精确地调整机床位置，如对刀时调整刀具位置。快进操作则是用快速进给速度移动机床，到达所需的位置。快进操作应选择适当的速度，保证运动方向正确。

(1) 微调操作方法

① 进入微调操作模式，再选择移动量和要移动的坐标轴。

② 按正确的方向摇动手动脉冲发生器手轮。

③ 根据坐标显示确定是否达到目标位置。

(2) 快进操作方法

① 进入快速移动操作模式,再选择进给速度。

② 确定要移动的坐标轴和方向。

③ 按正确的坐标方向键。

5. 程序编辑

数控铣床都具有手工输入程序和通过RS232接口将手工或CAM编程生成的程序传送到机床的功能。当机床的存储空间大于程序大小时,可以传输后调出程序执行;当机床的存储空间小于程序大小时,应采用在线加工方式,可以分段传输。

(1) 程序的输入

在编辑模式状态,按功能键的【程序】,使显示屏显示程序画面,使用键盘中的插入键或输入键就可输入程序。

(2) 程序的修改

在编辑状态下,使用插入、更改和删除按键来修改程序。

(3) 程序的调出

一般在编辑模式下,输入程序名,按光标移动键即可调出程序。

(4) 程序的删除

在编辑状态下,输入程序名,按删除键。

(5) 程序的存储

在程序编辑状态下,输入程序存储名称,在传送软件的传输状态下,设定好端口、代码标准、波特率及其他参数后,找到所要传送的程序后确认。

(6) 在线加工

首先将数控铣床设置成"在线加工"状态,在自动运行模式下,按加工开始键,在传送软件的传输状态下,设定好端口、代码标准、波特率及其他参数后,找到所要传送的程序后确认。

6. 程序的调试

程序的调试就是在数控铣床上运行该程序,根据机床的实际运动位置、动作以及机床的报警等来检查程序是否正确。一般可以采用两种:

(1) 利用机床的程序预演功能

程序输入完以后,把机械运动、主轴运动以及M、S、T等辅助功能锁定,在自动循环模式下让数控铣床静态地执行程序,通过观察机床坐标位置数据和报警显示判断程序是否有语法、格式或数据错误。

(2) 抬刀运行程序

向$+Z$方向平移工件坐标系,在自动循环模式下运行程序,通过图形显示的刀具运动轨迹和坐标数据等判断程序是否正确。

7. 对刀操作

对刀操作目的是确定工件坐标系在机床坐标系中的位置,并将对刀数据输入到相应的存储位置,步骤如下:

(1) 根据现有条件和加工精度要求选择对刀方法。可采用试切法、机内对刀仪对刀、寻边器对刀、自动对刀等。

(2) 使用刀具或对刀工具确定 X、Y 和 Z 方向的对刀数据。

(3) 将以上数据输入机床，一般使用 G54～G59 代码存储对刀参数。

8. 刀具补偿值的输入和修改

(1) 刀具长度补偿

将程序中所使用的刀具长度补偿号和通过对刀确定的刀具长度补偿值，输入到刀具补偿页面相应的补偿地址中。

(2) 刀具半径补偿

将程序中所使用的刀具半径补偿号和刀具半径值，输入到刀具补偿页面相应的补偿地址中。

9. 首件试切加工

在通过程序试运行检查了程序没有错误后，可以进行工件的试切加工。在实际加工状态中应进一步检查工艺和程序设计的正确性和合理性，一般可采用两种方法。

(1) 沿 $+Z$ 方向平移工件坐标系 2～5mm，执行程序，观察刀具的运动轨迹和机床动作，通过坐标轴剩余移动量判断程序及参数设置是否正确，同时检验刀具与工装、工件是否有干涉。

(2) 将工件坐标系平移回原位，执行程序，同时适当减小进给速度，观察加工状态，随时注意中断加工，直到加工完毕。

在程序运行中，要重点观察显示屏上的几种显示信息。

- 坐标显示　可了解目前刀具运动在机床坐标系及工件坐标系中的位置和剩余移动量。
- 工作寄存器和缓冲寄存器显示　可了解正在执行程序段各状态指令和下一段程序的内容。
- 主程序和子程序　可了解正在执行程序段的内容。

首件加工后进行检验，如果有不合格的部位要查明原因，修改后再进行试加工，直至符合加工要求。

当工件加工有一定批量，在经过首件试加工后，确认加工工艺、刀具轨迹、加工程序、工装、刀具、加工参数正确无误后，就可以在自动加工模式下，按循环启动键对工件进行加工。若是模具零件等单件加工，首件试加工就是正式加工，应通过多种措施保证加工成功。

8.2.2 BV-75 立式加工中心操作简介

由北京机电研究院高技术股份有限公司生产的 BV-75 立式加工中心是 2004 年全国数控技能大赛决赛使用的机床，可以选择配备 FANUC 0*i* MB、Sinumerik 802D 和华中数控世纪星 HNC-21M 三种数控系统。下面介绍该加工中心的一些操作要点。

1. BV-75 的特点

BV-75 系列立式加工中心在机械结构上采用全封闭的防护结构，三轴全部采用德国 STAR 的滚动导轨和双螺母结构，有效地消除了反向间隙。为了提高工作台的稳定性，Y 轴导轨跨度采用了超宽设计，达到 889mm。换刀结构使用的是四连杆结构的直接换刀形式。

在电气方面配备了三种不同型号的数控系统，这三种数控系统档次相当，功能相仿，所采用的都是全数字伺服系统，都具有可靠的硬件，且均具有高效加工、高精度加工、高速加工、强有力的通信能力及丰富的控制功能。在实现数据的输入和输出方面，加工程序的刀具轨迹可以进行图形模拟，加工时的刀具轨迹可以实时显示，使用8.4英寸彩色TFT LCD，可使图形显示丰富色彩并具有伺服波形显示功能。智能型数字式伺服系统由于采用了高分辨率位置检测器和高速微处理器及软件伺服控制功能，可实现高速、高精度及伺服控制。这三种系统的操作方法基本相似。机床整体外型如图8-1所示。

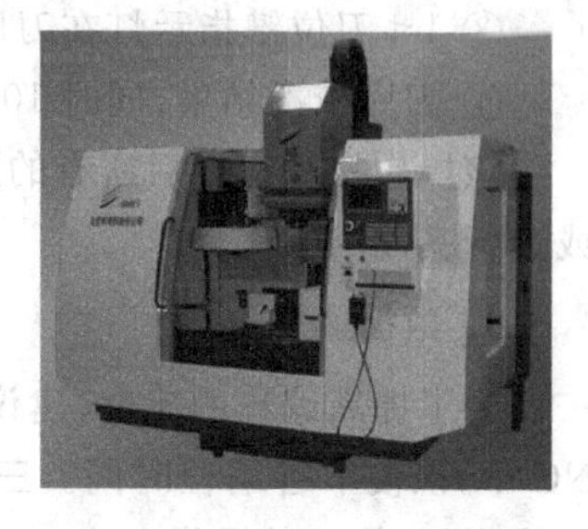

图8-1 BV-75立式加工中心

BV系列立式加工中心根据用户需求，可选配多种数控系统，基本配置为X、Y、Z三轴联动，主电机为伺服电机，可进行各种铣削、镗孔、攻丝、旋切大螺纹孔和各种曲面加工。该机有多种固定循环，如端铣、钻深孔、钻台阶孔、锪孔、铰孔、镗孔、反镗等供用户选用。该机换刀、加工等均由预设程序自动控制，且换刀过程中伴随有主轴中心吹气，以保持刀柄及主轴锥孔清洁，自动化程度高，适应面广，可在一次装夹中完成多种工序的粗、精加工。根据用户需求，可在主机基础上选择增加数控转台及其他形式运动部件，实现四轴联动，并可选择增加闭环控制系统、大流量自动冷却排屑系统、主轴油气润滑、主轴测头及刀具测头系统、主轴中心出水系统等，刀库型式可任选盘式及机械手式。

2. 操作使用指南

（1）机床回参考点

每次开机后必须执行返回参考点的操作后才能执行其他的操作，有三种返回参考点的方式。

- 如果X、Y、Z轴均在零点附近，可在选择轴回零方式(REF)下，分别选择“$+X$”、“$+Y$”、“$-Z$”使三轴分别返回零点，而不用将轴手动移至零点附近才回零；
- 如果X、Y、Z轴所处位置不在零点附近时，在轴回零方式(REF)下，按下“三轴回零”键时，三轴按Z、Y、X的顺序依次回零位；
- 当X、Y、Z轴所在位置不在零点附近时，也可在轴回零方式(REF)下，进行X、Y、Z、4th轴分别回零，即单独按下“X轴回零”键、“Y轴回零”键、“Z轴回零”键和“A轴回零”键，对各轴单独进行回零操作。

三轴返回参考点后，建立了默认的G54坐标系，这时，为了安全起见还要对刀库一号位进行校准确认。

（2）刀库校准

盘式刀库及圆盘式刀库校准必须在三轴回零后才可在JOG方式下进行。

① 确认三轴校准键(AXIS HOME)已被点亮，如果未被点亮请重复回参考点的操作步骤；

② 在JOG方式下，确认刀库缺口处当前是第一号刀，如果不是，请利用刀库正转键(DRUM CW)或刀库反转键(DRUM CCW)将第一号刀套号对准刀库缺口处；

③ 按刀库1＃刀位键(DRUM ZERO)，校准灯被点亮(在JOG方式下有效)；

④ 刀库校准结束，同时1001号报警自动消除。

链条式机械手刀库校准，必须在REF方式下进行。

① 选择REF方式；

② 按一下1＃刀位键，刀库自动按最短路径方向转动到1号刀套处并停止；

③ 1＃刀位键指示灯在刀库确认1号刀位后自动点亮；

④ 刀库校准结束，同时1001号报警自动消除。

该操作执行完成后所有的警告信息消失，机床处于准备好状态，这时可以运行加工程序或进行其他的操作。

3. 数据通信

为了提高编程的速度，建议操作者在计算机上编程，编好程序后通过通信端口传输到NC中，以便节省编程时间。三种数控系统都提供了RS232C标准接口。下面以FANUC系统为例，简述其操作方法。

(1) 机床侧参数设定

① 在MDI方式下，[SETTING OFFSET]→[SETTING]，将PWE设置为1。

② [SYSTEM]→[参数]。

NO.0000＝00000010（数据输出时的代码为ISO代码）

NO.0020＝0（选用0通道进行数据输入/输出）

NO.0100＝00101000

NO.0101＝00001001（停止位为2位）

NO.0102＝0（选用RS232C进行通信）

NO.0103＝10（波特率为4800）

(2) 计算机侧参数设定

计算机侧需设置为用COM1口进行通信，并将相关的通信参数重新设定、确认。

波特率：4800（机床侧最快可设达19200）；数据位：8位；停止位：2位；奇偶校验：NONE；流控制：Xon/Xoff。

(3) 通信操作方法

机床在通电前，将计算机COM1口与机床电柜侧的RS－232C接口用传输线连接好。注意，以上严禁带电操作，以免将接口烧坏。

机床接收程序：

① NC应先处在接收状态。释放机床急停开关后校准机床，消除所有报警并打开程序保护开关。进入EDIT方式，[PROGRAM]→[操作]→[READ]，输入即将接收的程序文件名称后，按[ESC]键，屏幕右下角有“标头 SKP”在闪烁，说明机床处于接收状态。

② 在计算机中打开通信软件，选择“发送文件”命令，选择正确路径下的正确文件并单击，按[打开]键，执行文件的发送。

③ 机床屏幕右下角闪烁的“标头 SKP”变成“输入”，传输结束后机床侧闪烁的字符也同时消失。其他数据的输入操作与此类同，详细操作步骤可参见《操作说明书》里的相关章节。

4. 机床操作面板各键简要说明

配FANUC系统的机床操作面板各键的简要说明，如表8-1所示。

表 8-1 操作面板按键说明

符　号	按 键 的 意 义
	程序重启动。由于刀具破损或节假日等原因自动操作停止后，程序可以从指定的程序段重新启动
	AUTO 方式选择信号，设定自动运行方式
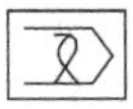	EDIT 方式，设定程序编辑状态
	选择 MDI 方式
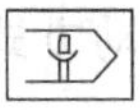	选择 DNC 方式
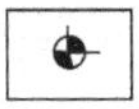	返回参考点
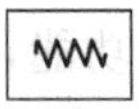	设定 JOG 进给方式
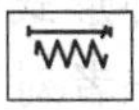	设定步进进给方式
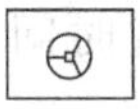	手轮进给方式
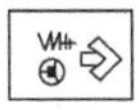	手轮示教方式
	一段一段执行程序，该键用来检查程序
	程序段删除（可选程序段删除）
	程序停（只用于输出）。自动操作中用 M00 停止操作时，该按钮灯亮
	机械锁住。自动方式下按下此键，各轴不移动，只在屏幕上显示坐标值的变化
	循环启动。自动操作开始
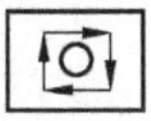	循环停止。自动操作停止
F0 F25 F50 F100	快速进给倍率为 0% 快速进给倍率为 25% 快速进给倍率为 50% 快速进给倍率为 100%
X Y Z 4 5 6	手动进给轴选择。在手动进给方式或步进进给方式下，由这些键选择移动方向
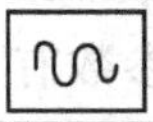	快速进给。按下此开关后，执行手动进给
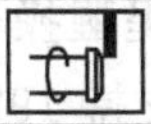	主轴正转。使主轴电机正方向旋转
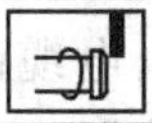	主轴反转。使主轴电机反方向旋转
	主轴停。使主轴电机停转

5. 换刀操作注意事项

为了提高系统的安全性，BV系列立式加工中心都加入了刀具检测功能，能够检测当前主轴上是否有刀具。所以，如果操作者手动把主轴上的刀具卸走，而又没有将主轴上的刀具号清除就进行换下一把刀的话，就会出现警告信息，并中止当前的换刀动作。因此，操作者必须先恢复原状或手动清除主轴刀号。

(1) 按SYSTEM键，进入PMC画面，进入PMCPRM菜单中的DATA；

(2) 键入420，按SYSTEM查找D420参数；

(3) 查看D420参数上的数据内容，若主轴上当前无刀，请将D420参数的内容置0。若主轴上当前有刀，而D420参数的内容为非0的数据，请将主轴上的刀具用手动方式松下，重新放置于刀库中，并将D420参数的内容置0。

6. 使用程序重启动功能

在加工中难免要重复调试加工程序，如果在调试中能熟练使用程序重启动功能，对已经加工过的程序可以跳过，可节省大量的时间。对于FANUC系统，提供了两种形式的程序重启功能，即P型和Q型，该两种功能各有特点，应注意灵活使用。如果操作者对程序熟悉，还可以使用更灵活的“任意启动的方式”跳到任意地方执行，可大大节省时间。对于SIEMENS系统，同样提供了多种重启方法，操作方法与FANUC系统相似。

7. 熟练使用系统的运算功能

NC本身是一个很好的计算器，有许多麻烦的运算可以由NC自己完成。例如，在设置零点时可以直接输入当前的坐标值，让NC自己计算出当前的机械坐标系，又快又准确。在设置刀具长度时也可以直接在机床上对出刀长，而不用在对刀仪上对刀。

8. 使用手轮中断功能

在粗加工的过程中，由于毛坯的切削余量过大或编程疏忽，会出现一些残余的“小岛”或是“小边”没有被完全切除，这时操作者可以不用停下来修改程序，可以直接用进给保持键或单段运行模式暂停程序，然后切换到手动模式用电子手轮直接移动想要移动的轴到相应位置，再切换到自动模式继续加工。

9. 使用DNC模式

在加工一些复杂的曲面时需要使用CAM软件。使用CAM软件生成的程序一般较长，需要通过DNC模式运行。要使用DNC功能，必须预先设置阅读/纸带机接口的参数。对于FANUC系统，机床在出厂前，其备份参数均设置为：波特率(Baudrate)：4800；数据位(Data bits)：8；停止位(Stop bits)：2；奇偶检验(Parity)：None。

如果操作者对系统参数比较熟悉也可以修改系统参数使其与计算机的参数一致。但是笔者不建议操作者修改系统参数，理由有二：一是前面的操作者修改了系统参数有可能影响后来的操作者；二是毕竟修改PC参数要比修改NC参数快捷省事。需要提醒操作者的是，一般RS232C可支持的最高比特率为38400，但是，一般的数控系统最大支持19200，波特率受电源情况、PC主板质量、PC接地情况、通信电缆长度、电缆屏蔽特性、电缆制作工艺、周围环境等因素影响，按我们的经验4800可以满足绝大多数程序运行的要求，不会出现通信速度制约加工速度的情况。

10. 熟练使用刀具补偿功能

铣轮廓时,使用刀具半径补偿功能可以起到事半功倍的效果。加工前可以故意将刀具半径加大 0.2mm,加工一次后测量实际尺寸,然后根据实际误差修正刀具半径补偿值,重新加工一次,这样既可以保证加工成功又可以提高加工精度,非常方便。

8.2.3 刀柄的用法

数控铣床的通用刀柄如图 8-2 所示,分为整体式和组合式两种。为了保证刀柄与主轴的配合与连接,刀柄与拉钉的结构和尺寸均已标准化和系列化,在我国应用最为广泛的是 BT40 和 BT50 系列刀柄和拉钉。

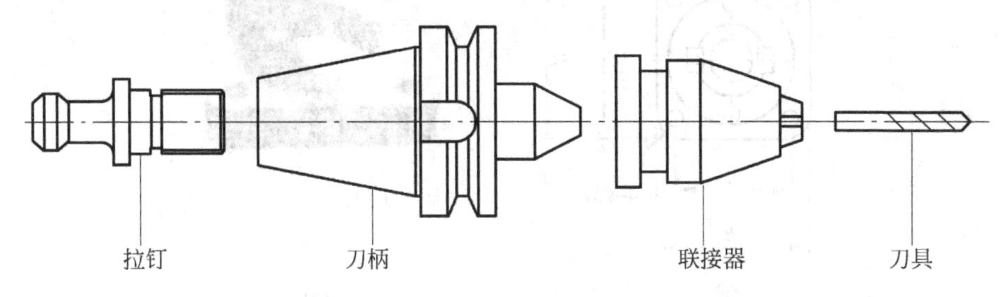

图 8-2 刀具组成

1. 刀柄在主轴上的装卸方法

刀柄和刀具的装夹方式很多,主要取决于刀具类型。不同的刀具类型和刀柄的结合构成一个品种规格齐全的刀具系统,供用户选择和组合使用。使用刀具时,首先应确定数控铣床要求配备的刀柄及拉钉的标准和尺寸,根据加工工艺选择刀柄、拉钉和刀具,并将它们装配好,然后装夹在数控铣床的主轴上。目前,刀柄在数控铣床主轴上大多采用气动装夹方式。

手动在主轴上装卸刀柄的方法如下:

(1) 确认刀具和刀柄的重量不超过机床规定的许用最大重量。

(2) 清洁刀柄锥面和主轴锥孔,主轴锥孔可使用主轴专用清洁棒擦拭干净。

(3) 左手握住刀柄,将刀柄的缺口对准主轴端面键垂直伸入到主轴内,不可倾斜。

(4) 右手按换刀按钮,压缩空气从主轴内吹出以清洁主轴和刀柄,按住此按钮,直到刀柄锥面与主轴推孔完全贴合后,放开按钮,刀柄即被拉紧。

(5) 确认刀具确实被拉紧后才能松手。

(6) 卸刀柄时,先用左手握住刀柄,再用右手按换刀按钮(否则刀具从主轴内掉下,可能会损坏刀具、工件和夹具等),取下刀柄。卸刀柄时,必须要有足够的动作空间,刀柄不能与工作台上的工件、夹具发生干涉。

2. 弹簧夹头刀柄的使用方法

在中小尺寸的数控铣床上加工时,经常采用整体式或机夹式立铣刀进行铣削加工,一般使用弹簧夹头刀柄装夹铣刀。当铣刀直径小于 16mm 时,一般可使用普通 ER 弹簧夹头刀柄夹持,当铣刀直径大于 16mm 或切削力很大时,应采用侧固式刀柄、强力弹簧夹头刀柄或液压夹头刀柄夹持。铣刀的装卸可在专用卸刀座上进行,如图 8-3 所示。

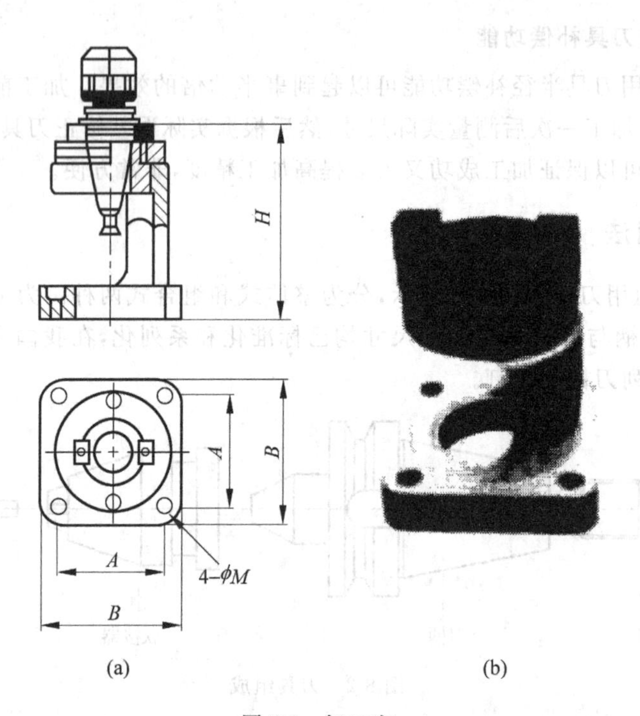

图 8-3 卸刀座

弹簧夹头刀柄的装刀方法如下，其构成如图 8-4 所示。

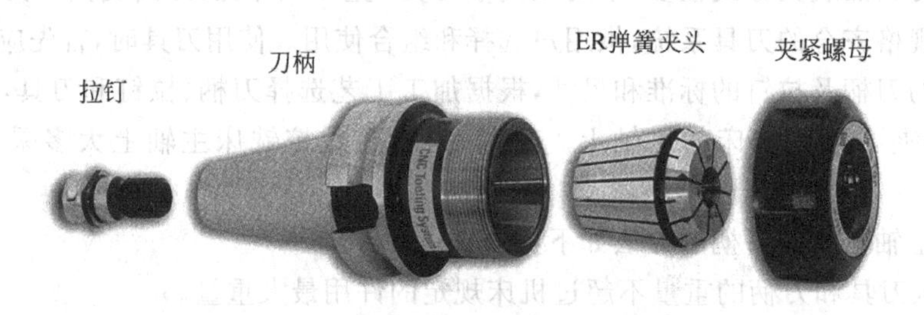

图 8-4 弹簧夹头刀柄的装刀

(1) 将刀柄放入卸刀座并卡紧。

(2) 根据刀具直径尺寸选择相应的卡簧，清洁工作表面。

(3) 将卡簧按入锁紧螺母。

(4) 将铣刀装入卡簧孔中，并根据加工深度控制刀具伸出长度。

(5) 用扳手顺时针锁紧螺母。

(6) 检查。

莫氏锥度刀柄的装刀方法如下。

(1) 根据铣刀直径尺寸和锥柄号选择相应的刀柄，清洁工作表面。

(2) 将刀柄放入卸刀座并卡紧。

(3) 卸下刀柄拉钉。

(4) 将铣刀锥柄装入刀柄锥孔中，用内六角螺钉从刀柄中锁紧铣刀。

(5) 装上刀柄拉钉并锁紧。

(6) 检查。

8.2.4 对刀及定位装置

1. Z 轴设定器

Z 轴设定器主要用于确定工件坐标系原点在机床坐标系的 Z 轴坐标,或者说是确定刀具在机床坐标系中的高度。Z 轴设定器有光电式和指针式等类型,通过光电指示或指针判断刀具与对刀器是否接触,对刀精度一般可达 0.005mm。Z 轴设定器带有磁性表座,可以牢固地附着在工件或夹具上。Z 轴设定器高度一般为 50mm 或 100mm,如图 8-5 和图 8-6 所示。

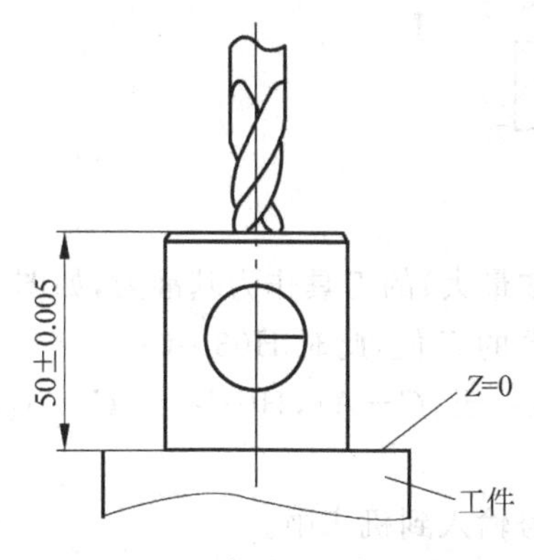

图 8-5 立式对刀 Z 轴设定器

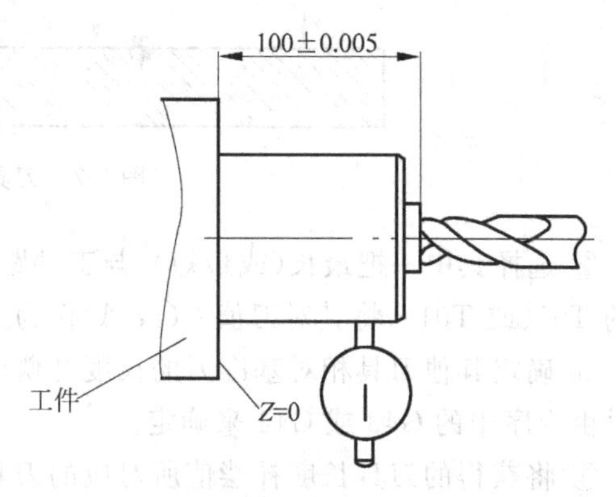

图 8-6 卧式对刀 Z 轴设定器

Z 轴设定器的使用方法如下:

(1) 将刀具装在主轴上,将 Z 轴设定器附着在已经装夹好的工件或夹具平面上。

(2) 快速移动工作台和主轴,让刀具端面靠近 Z 轴设定器上表面。

(3) 改用微调操作,让刀具端面慢慢接触到 Z 轴设定器上表面,直到 Z 轴设定器发光或指针指示到零位。

(4) 记下此时机械坐标系中的 Z 值。

(5) 在当前刀具情况下,工件或夹具平面在机床坐标系中的 Z 坐标为此值再减去 Z 轴设定器的高度。

(6) 若工件坐标系 Z 坐标零点设定在工件或夹具的对刀平面上,则此值即为工件坐标系 Z 坐标零点在机床坐标系中的位置,也就是 Z 坐标零偏值,应输入到机床相应的工件坐标系存储地址中。

如果对刀精度要求不高,也可以用固定高度的对刀块来设定 Z 坐标。

2. 刀具长度补偿值的确定

加工中心上使用的刀具很多,每把刀具的长度和到 Z 坐标零点的距离都不相同,这些距离的差值就是刀具的长度补偿值,在加工时要分别进行设置,并记录在刀具明细表中,以供机床操作人员使用。一般有两种方法。

(1) 机内设置

这种方法不用事先测量每把刀具的长度,而是将所有刀具放入刀库中后,采用 Z 向设定器依次确定每把刀具在机床坐标系中的位置。

① 将所有刀具放入刀库，利用 Z 向设定器确定每把刀具到工件坐标系 Z 向零点的距离，如图 8-7 所示的 A、B、C，并记录下来。

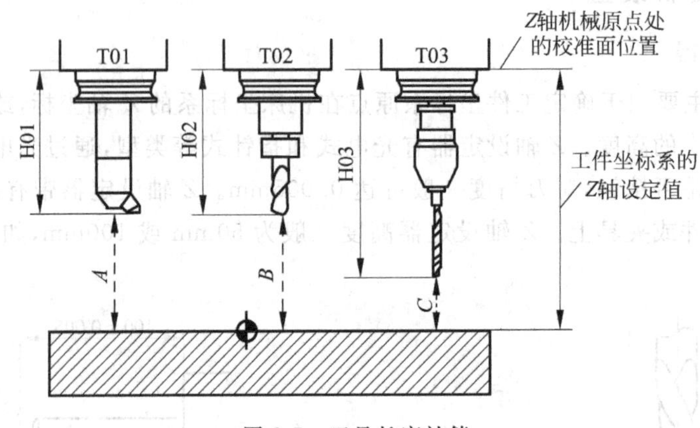

图 8-7 刀具长度补偿

② 选择其中一把最长（或最短）、与工件距离最小（或最大）的刀具作为基准刀，如图 8-7 中的 T03（或 T01），将其对刀值 C（或 A）作为工件坐标系的 Z 值，此时 H03＝0；

③ 确定其他刀具相对基准刀的长度补偿值，即 $\mathrm{H01}=\pm|C-A|$，$\mathrm{H02}=\pm|C-B|$，正负号由程序中的 G43 或 G44 来确定。

④ 将获得的刀具长度补偿值所对应的刀具和刀具号输入到机床中。

这种方法对操作简便，投资少，但工艺文件编写不便，对生产组织有一定影响。

（2）机外刀具预调结合机上对刀

这种方法是先在机床外利用刀具预调仪精确测量每把在刀柄上装夹好的刀具的轴向和径向尺寸，确定每把刀具的长度补偿值，然后在机床上用其中最长或最短的一把刀具进行 Z 向对刀，确定工件坐标系。这种方法对刀精度和效率高，便于工艺文件的编写及生产组织。

3. 寻边器对刀

寻边器主要用于确定工件坐标系原点在机床坐标系中的 X、Y 值，也可以测量工件的简单尺寸。有偏心式和光电式等类型，如图 8-8 所示。

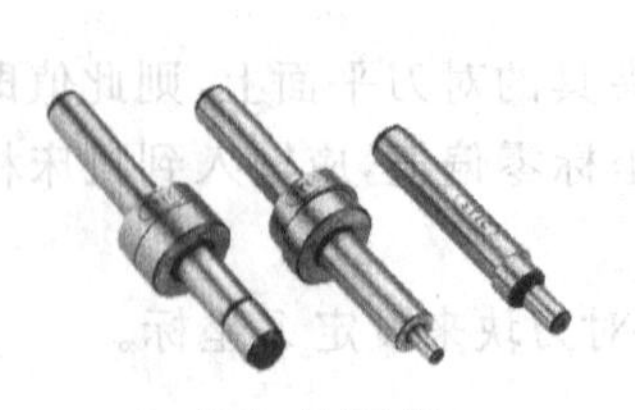

(a) 偏心式寻边器

(b) 光电式寻边器

图 8-8 寻边器

（1）偏心式寻边器的使用方法

偏心式寻边器是利用可偏心旋转的两部分圆柱进行工作的，当这两部分圆柱在旋转时调整到同心，此时机床主轴中心距被测表面的距离为测量圆柱的半径值。偏心式寻边器的使用方法如下：

① 将偏心式寻边器用刀柄装到主轴上。

② 启动主轴旋转，一般取 50r/min 左右。

③ 在 X 方向手动控制机床使偏心式寻边器靠近被测表面并缓慢与之接触。

④ 进一步仔细调整位置，直至偏心式寻边器上下两部分同轴。

⑤ 此时被测表面的 X 坐标为机床当前 X 坐标值加(或减)圆柱半径。

⑥ Y 方向同理可得。

(2) 光电式寻边器的使用方法

光电式寻边器的测头一般为 10mm 的球，用弹簧拉紧在光电式寻边器的测杆上，碰到工件时可以退让，并将电路导通，发出光信号。通过光电式寻边器的指示和机床坐标位置可得到被测表面的坐标位置。利用测头的对称性，还可以测量一些简单的尺寸。如图 8-9 所示为一矩形零件，其几何中心为工件坐标系原点，现需测出工件的长度和工件坐标系在机床坐标系中的位置。具体测量方法如下。

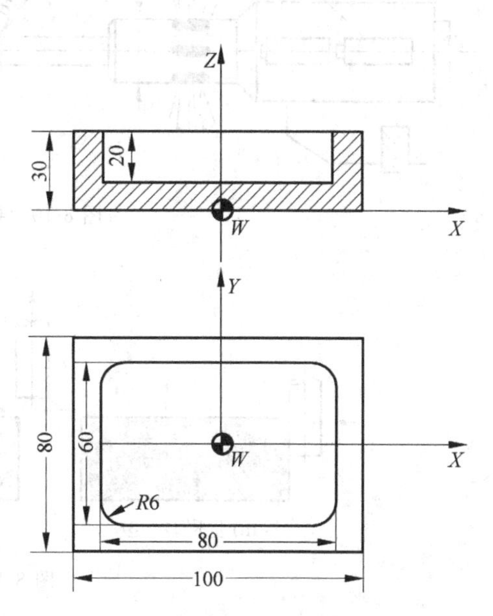

图 8-9 带内轮廓型腔矩形零件

① 将工件通过夹具装在机床工作台上，装夹时，工件的四个侧面都应留出寻边器的测量位置。

② 快速移动主轴，让寻边器测头靠近工件的左侧，改用微调操作，让测头慢慢接触到工件左侧，直到寻边器发光。记下此时测头在机械坐标系中的 X 坐标值，如－358.500。

③ 抬起测头至工件上表面之上，快速移动主轴，让测头靠近工件右侧，改用微调操作，让测头慢慢接触到工件右侧，直到寻边器发光。记下此时测头在机械坐标系中的 X 坐标值，如－248.500。

④ 两者差值再减去测头直径，即为工件长度。测头的直径一般为 10mm，则工件的长度为 $L=-248.500-(-358.500)-10=100\text{mm}$。

⑤ 工件坐标系原点在机械坐标系中的 X 坐标为 $X=-358.5+100/2+5=-303.5$，将此值输入到工件坐标系中(如 G54)的 X 即可。

⑥ 同样，工件坐标系原点在机械坐标系中的 Y 坐标也按上述步骤测定。

工件找正和建立工作坐标系对于数控加工来说是非常关键的。而找正方法也有很多种，用光电式寻边器来找正工件非常方便，寻边器可以内置电池，当其找正球接触工件时，发光二极管亮，其重复定位精度在 2.0μm 以内，图 8-10 为其应用(测量孔径、阶台高、槽宽、直径及四轴加工时工件坐标系设定)图示。

4. 采用刀具试切对刀

如果对刀精度要求不高，为方便操作，可以采用加工所用的刀具直接进行对刀，如图 8-11 所示。

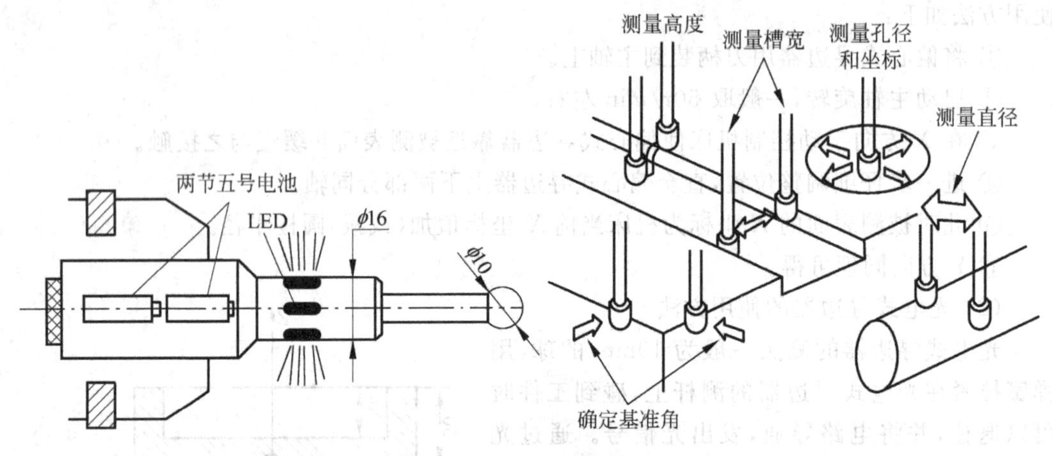

图 8-10　寻边器结构和应用

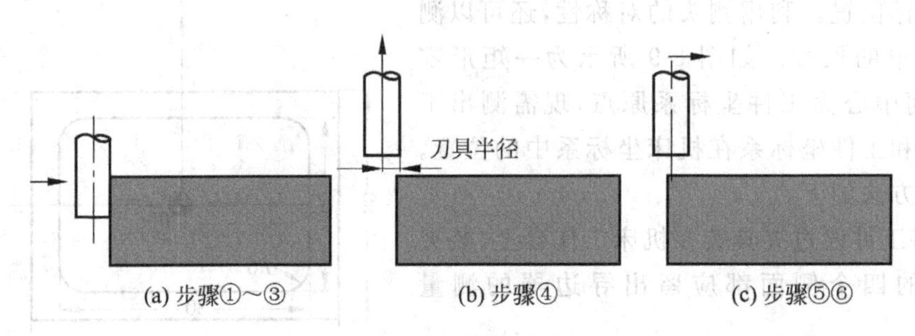

(a) 步骤①～③　(b) 步骤④　(c) 步骤⑤⑥

图 8-11　试切对刀

其操作步骤为：

(1) 将所用铣刀装到主轴上；

(2) 使主轴中速旋转；

(3) 手动移动铣刀靠近被测边，直到铣刀周刃轻微接触到工件表面；

(4) 将铣刀沿 $+Z$ 向退离工件；

(5) 将机床相对坐标 X(或 Y)置零，并向工件方向移动刀具半径的距离；

(6) 此时机床坐标的 X(或 Y)值即被测边的 X(或 Y)坐标；

(7) 沿 Y(或 X)方向重复以上操作，可得被测边的 Y(或 X)坐标。

这种方法比较简单，但会在工件表面留下痕迹，且对刀精度较低。为避免损伤工件表面，可以在刀具和工件之间加入塞尺进行对刀，这时应将塞尺的厚度减去。以此类推，还可以采用标准芯轴和块规来对刀。

5. 采用杠杆百分表(或千分表)对刀

如图 8-12 所示，其操作步骤为：

(1) 用磁性表座将杠杆百分表粘在机床主轴端面上；

(2) 利用手动输入 M03 S10 指令，使主轴低速旋转；

(3) 手动操作使旋转的表头依 X,Y,Z 的顺序逐渐靠近被测表面；

(4) 移动 Z 轴，将表头压在被测表面约 0.1mm；

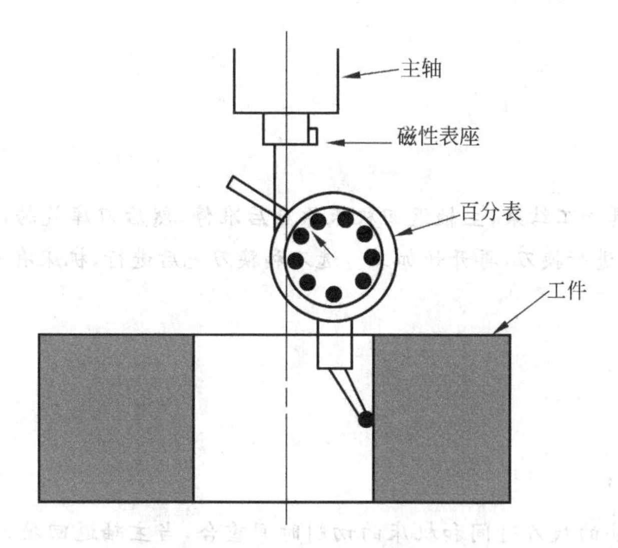

图 8-12 用百分表(或千分表)对刀

(5) 逐步降低手动脉冲发生器的移动量,使表头旋转一周时,其指针的跳动量在允许的对刀误差内,如 0.02mm,此时可认为主轴的旋转中心与被测孔中心重合;

(6) 记下此时机床坐标系中的 X,Y 坐标值。

这种方法操作比较麻烦,效率较低,但对刀精度较高,对被测孔的精度要求也较高,最好是经过铰或镗加工的孔,仅粗加工后的孔(如钻)不宜采用。

8.2.5 加工中心换刀

加工中心的自动换刀功能包括选刀和换刀两部分内容。

选刀是把刀库上被指定的刀具自动转到换刀位置,为换刀作准备。这个动作是通过 T 选刀指令来实现的。

换刀是指刀库上位于换刀位置的刀具与主轴上的刀具进行自动交换。这个动作是由 M06 换刀指令来实现的。

为节省时间,选刀动作应安排在换刀之前。一般可利用切削时间选刀,或紧跟在本次换刀动作后为下一次加工换刀。由于换刀动作必须在主轴停转的状态下进行,因此,应安排在用新刀具进行加工的程序段之前。而下一把刀具的选刀指令 T 可安排在这次换刀指令 M06 所在的程序段中。与 M06 同在一个程序段中的 T 指令,是在换刀结束后才执行的,这样可以避免由于执行换刀指令而占用加工时间。

不同的加工中心,其换刀程序是不同的,通常选刀和换刀分开进行。换刀完毕启动主轴后,方可执行后面的程序段。选刀可与机床加工重合起来,即利用切削时间进行换刀。多数加工中心都规定了换刀点位置,主轴只有运动到这个位置,机械手或刀库才能执行换刀动作。一般立式加工中心规定的换刀点位置在机床 Z 轴零点处,卧式加工中心规定在机床 Y 轴零点处。

1. 有机械手的自动换刀程序

有机械手的自动换刀程序,根据选刀的时间不同,其自动换刀程序的编制,一般有两种方法。

方法一

```
G91 G28 Z0 T02;
M06;
```

说明：一把刀具加工结束，主轴返回机床原点后准停，然后刀库旋转，将需要更换的刀具停在换刀位置，接着进行换刀，再开始加工。选刀和换刀先后进行，机床有一定的等待时间。

方法二

```
G01 X_ Y_ Z_ T02;
⋮
G91 G28 Z0 M06;
G01 X_ Y_ Z_ T03;
```

说明：这种方法的找刀时间和机床的切削时间重合，当主轴返回换刀点后立即换刀，因此整个换刀过程所用的时间比第一种要短一些。在单机作业时，可以不考虑这两种换刀方法的区别，而在柔性生产线上则有实际的应用。

2. 无机械手的自动换刀程序

无机械手换刀，是由刀库和机床主轴的相对运动实现的刀具交换。换刀时，必须首先将用过的刀具送回刀库，然后再从刀库中取出新刀具，这两个动作不可能同时进行，因此换刀时间长，其具体程序编制如下：

```
G91 G28 Z0;
T2 M06;
⋮
G91 G28 Z0;
T5 M06;
```

说明：无机械手的自动换刀，选刀和换刀指令通常放在一个程序段中，它必须先换回主轴中的刀具，然后再调用要用的刀具。由于它的机械结构所限，提前选刀没有意义。另外，有的加工中心，不必定义 G91 G28 Z0 程序段，只要遇到 T2 M06 程序段，系统自动返回换刀位置进行换刀。

8.2.6 加工要素的测量

铣削零件的加工要素主要是平面、曲面、孔系、轮廓等，对于零件长度、孔径孔深、平面夹角等常见的最基本的单一要素的测量，一般利用卡尺、百分尺/千分尺、量角台等手工量具量仪就可以直接测量，对于具有形位公差的关联要素的测量，有一些经验方法可以借鉴。而对于精度高、约束关系多的要素，尤其是具有空间位置关系的要素应该用三坐标测量机进行自动测量。本节重点介绍几个常用的形位公差手工测量操作方法，目的是提高学员的检测技能。

1. 用百分表测量平面类零件

(1) 平面度检测操作步骤

① 将图 8-13 所示零件用三点支承在平板上，调整支承，使被测表面与平板平行。调整

被测表面与平板平行，一般使用两种方法：一种是对角线法(四点法)，即调整支承，使被测表面对角线两端等高，1点与2点等高，3点与4点等高；另一种是三点法，即调整支承，使被测表面最远三点等高。最远三点的取法有多种情况(图中仅举出两例)，因此按三点法评定的误差值不是唯一的。

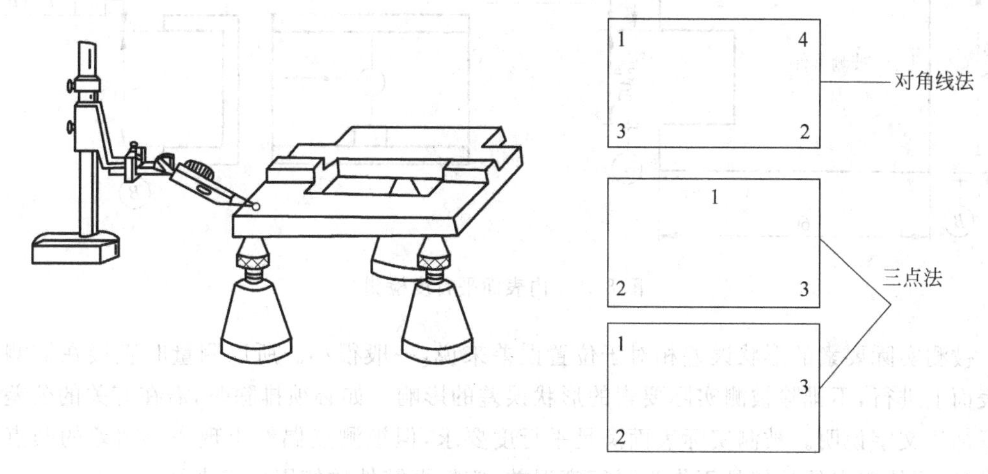

图 8-13 平面度检测

用三点法调整比较方便，先校准三顶尖附近的高度，以此为理想平面，再测平面的其余部分并与之比较，差值即为平面度误差。而用对角线法反映误差数值较准确。这两种方法比较接近最小条件，但不一定符合最小条件。

② 用一定的布点方法测量被测表面，同时记录读数。

③ 一般可用指示器最大与最小读数的差值近似地作为平面度误差。必要时按最小条件计算平面度误差。

平面度既控制平面形状误差，同时也控制被测要素的直线度误差，对于窄长平面(龙门刨导轨面)的平面度误差可以用直线度控制。

(2) 平行度检测操作步骤

① 将图 8-14 所示的零件放在检验平板上，平板的上表面(基准平面)就是测量基准，它体现了基准的理想形状的位置。

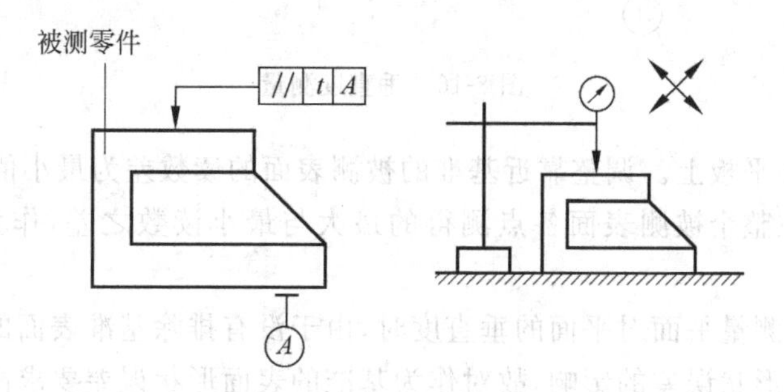

图 8-14 外表面平行度检测

② 用指示器在整个被测表面上按一定的测量线进行测量，取指示器的最大值与最小值之差作为该零件的平行度误差。图 8-15 所示为直接以被测零件的基准实际要素作为测量

基准进行测量的方法。用指示器沿着被测表面进行测量，取指示器的最大值与最小值之差作为该零件的平行度误差。

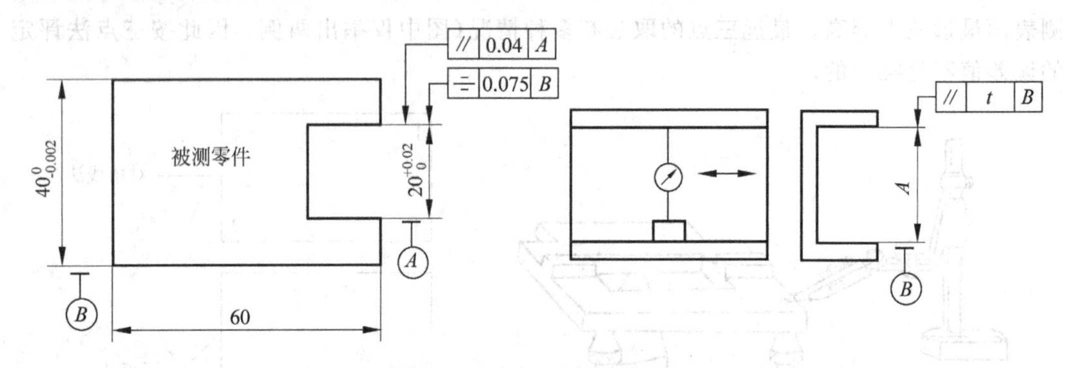

图 8-15　内表面平行度检测

被测实际要素的形状误差相对于位置误差来说，一般很小。所以测量时直接在被测实际表面上进行，不排除被测实际要素的形状误差的影响。如必须排除时，需在有关的公差框格下加注文字说明。被测实际表面满足平行度要求，但被测点偶然出现一个超差的凸点或凹点时，这特殊点的数值是否作为平行度误差，应根据零件的使用要求来处理。

(3) 垂直度测量操作步骤

① 将图 8-16 所示的零件固定在直角座(或方箱)上，直角座的侧平面作为基准平面，从而排除了基准表面的形状误差。

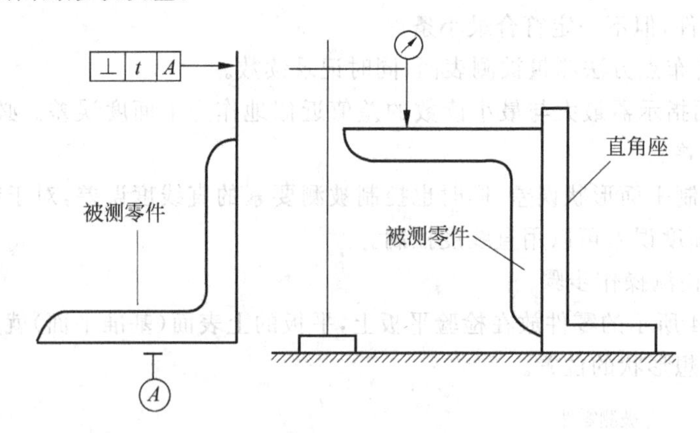

图 8-16　垂直度测量

② 直角座放在平板上。调整靠近基准的被测表面的读数差为最小值。

③ 取指示器在整个被测表面各点测得的最大与最小读数之差，作为该零件的垂直度误差。

直接用直角尺测量平面对平面的垂直度时，由于没有排除基准表面的形状误差，测得的误差值受基准表面形状误差的影响，故对作为基准的表面形状误差要求高些。

(4) 对称度测量操作步骤

① 将图 8-17 所示的零件放在平板上。

② 测量被测表面与平板之间的距离。

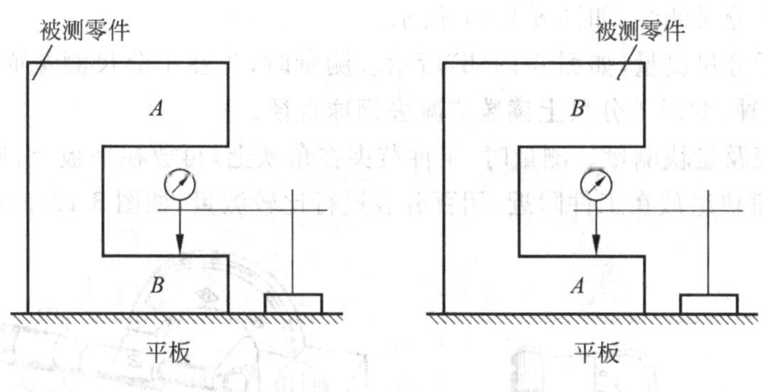

图 8-17 对称度测量

③ 将被测零件翻转后，测量另一表面与平板间的距离。取测量截面内对应两测点的最大值作为该零件的对称度误差。

对称度误差是在被测要素的全长上进行测量，取测得的最大值作为误差值。

2. 孔系的检测

(1) 孔的直径的检测

精度低的孔径，可用游标卡尺测量。精度高的孔径，可用内径千分尺或用内卡钳和外径千分尺配合检测，也可用内径量表(俗称摇表)和标准套规配合检测，或用塞规来检验等。用内径量表和三爪内径千分尺的检测情况如图 8-18 所示。

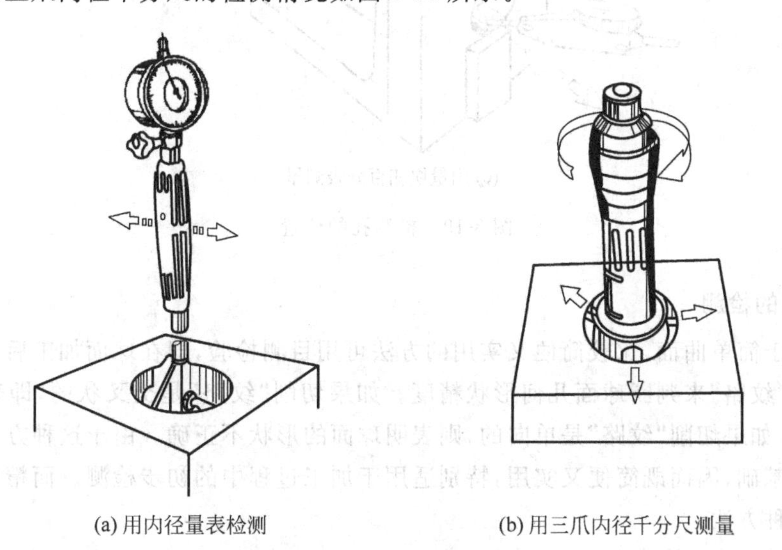

(a) 用内径量表检测　　(b) 用三爪内径千分尺测量

图 8-18 测量内孔

(2) 孔的圆度的检测

检测孔的圆度，可用内径千分尺或内径量表，在孔周上测量各点的直径，各直径间的差值，即是孔的圆度误差。为了避免出现两点直径测量的误差，最好用三爪内径千分尺检测。精度高的孔，可用圆度仪检测。

(3) 孔的位置精度的检测

精度较低时，可用游标卡尺测量。对位置精度较高的孔的检测方法有：

① 用壁厚千分尺测量，如图 8-19(a)所示。

② 用改装千分尺测量，如图 8-19(b)所示。测量时，先在千分尺测量面上，用铜管或塑料管套上一粒钢球，此时千分尺上读数应减去钢球直径。

③ 用百分表及量块测量。测量时，工件装夹在角铁上，再放在平板上，底面与平板相接触，将计算出的量块组放在工件附近，用百分表进行比较测量，如图 8-19(c)所示。

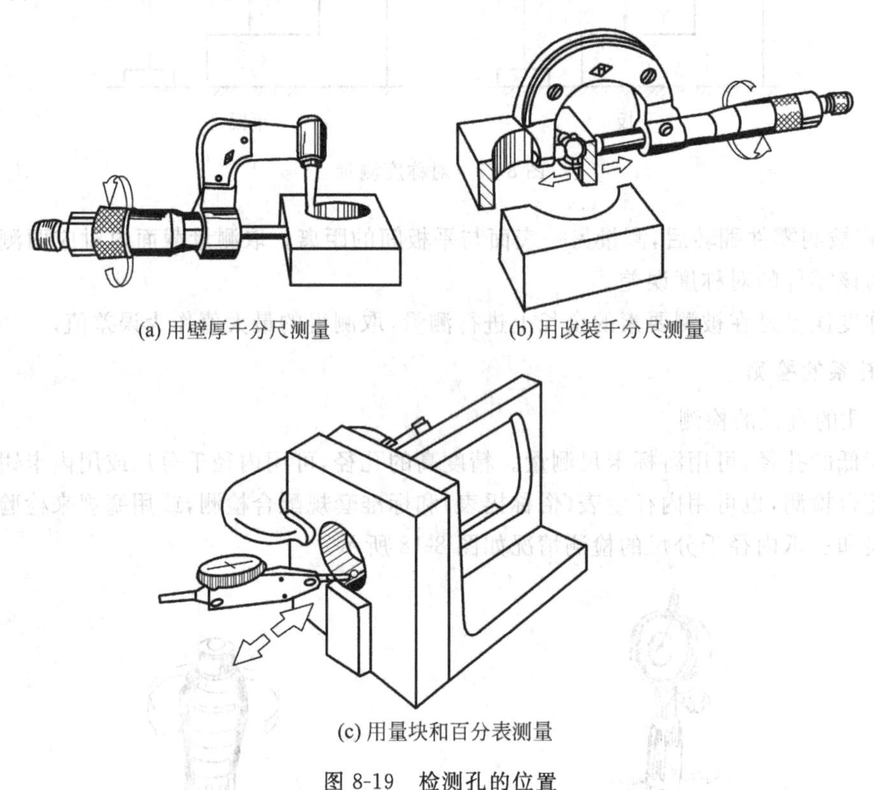

(a) 用壁厚千分尺测量　(b) 用改装千分尺测量

(c) 用量块和百分表测量

图 8-19　检测孔的位置

3. 球面的检测

球面属于简单曲面，比较简便又实用的方法可用目测检验，即在球面加工后根据已加工表面的切削“纹路”来判断球面几何形状精度。如果切削“纹路”是交叉状的，即表明球面形状是正确的，如果切削“纹路”是单向的，则表明球面的形状不正确。由于这种方法是以球面加工原理为基础，因而既简便又实用，特别适用于加工过程中的初步检测。而精度较高的检测有如下几种方法。

(1) 用圆孔端面检测

在实际生产中，可用小于球径的垫圈或套筒来检测球面的几何形状。检测时，可将垫圈或套筒端面的内圈(外圈)与外球面(内球面)的测量部位贴合，并观察其缝隙大小，便可较简便地测出球面的形状精度，如图 8-20(a)所示。垫圈的直径不宜过小，一般可取球面直径的 1.5 倍左右。

(2) 用样板检测

用样板检测球面的方法如图 8-20(b)、(c)所示，检测时，应注意使样板中平面通过球心，以减少测量误差。用样板检测也是以样板测量面与球面之间的缝隙大小来判断球面的

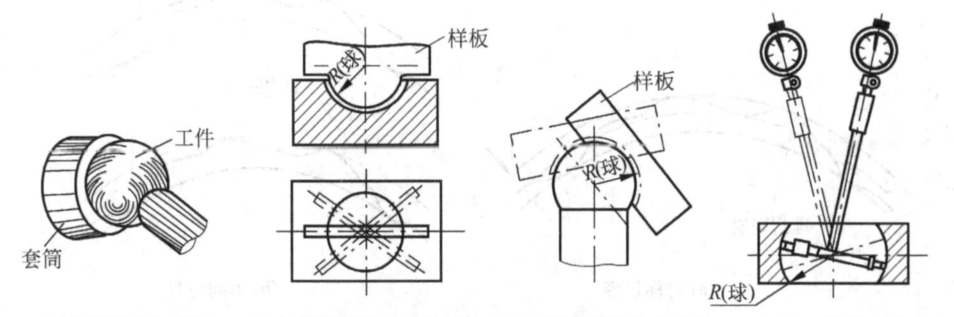

(a) 用套筒测量外球面 (b) 用样板测量内外球面 (c) 用样板测量内外球面 (d) 用内径量表测量内球面

图 8-20 球面检验方法

精度。

(3) 用内径量表(或千分尺)检测

用内径量表测量球面的方法如图 8-20(d)所示。如果被测球面各个方向的直径都相等,显然球面形状是正确的;若测得的数据偏差较大,则表明球面形状不正确。采用这种方法,在检测球面形状的同时也测量了球面直径的实际尺寸。用千分尺测量外球面情况也如此。

(4) 测量球面的位置

球面位置的测量一般在测量球面形状和直径之后进行。当球面位置精度要求不高时,可用游标卡尺等常用量具检测。检测时,需根据球面位置的不同限制条件进行测量。例如测量内球面,应通过测量球面深度和端面截形圆与工件侧面基准的距离来检测球面位置。对于单柄的外球面,应通过测量球面与柄部的同轴度以及与柄部相交处的直径来进行检测。

4. 曲面类零件测量

曲面类零件的测量主要是测零件的轮廓度。轮廓度有线轮廓度和面轮廓度之分,轮廓度测量是平面曲线和空间曲面的测量。测量的方法主要是与理想要素比较和测量坐标值,包括直角坐标值和极坐标值。

轮廓度(包括线、面轮廓度)误差是被测实际轮廓对其理想轮廓的变动量,在轮廓的法向计值。按国家标准规定,轮廓度的公差带是相对理想轮廓作双向等距对称配置,所以评定轮廓度误差时,可用双向等距的最小包容区域的宽度 f 来表示,见图 8-21(a)。在生产中,有时要求工件上的实际轮廓只能向理想轮廓的一侧偏离,或外延或内缩。这时,公差带只能相应地作单向配置,被测要素的理想轮廓(用理论正确尺寸标注)即为构成最小区域的一个边界,见图 8-21(b)。

对给定有基准的轮廓度,如图 8-22 所示,其理想轮廓的位置要受基准的约束,包容实际轮廓的最小区域为定位最小区域。

曲面轮廓度测量应采用三坐标测量机自动测量,手工方法可以采用样板检具和专门检测夹具进行。

(1) 间隙法测量线轮廓度的操作方法简介

① 用对合式样板

对合式样板的工作轮廓与被测轮廓的凹凸情况恰好相反,测检时,它可与被测轮廓对

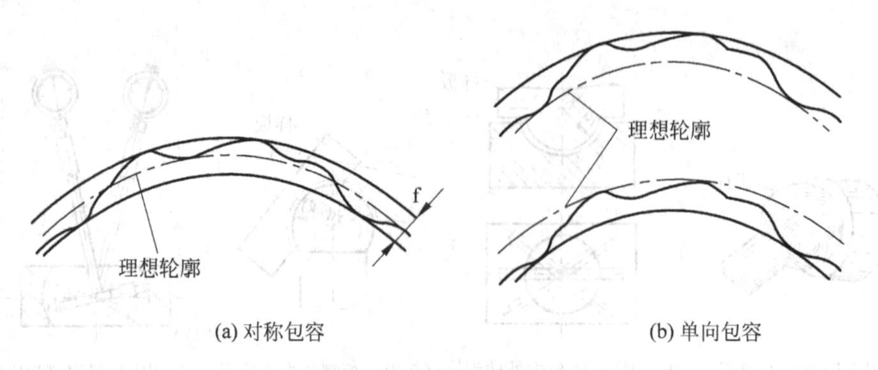

(a) 对称包容　　(b) 单向包容

图 8-21　轮廓度的测量

合，见图 8-23。对合后从垂直于被测轮廓的方向观察光缝，光源在样板与被测件的后方，照明要均匀。如观看缝隙呈蓝色，缝隙宽度约 0.8μm，呈红色为 1.5μm 左右，超过 2.5μm 呈白色。当缝隙较大时，可用塞尺来判断（即所谓“塞隙法”），塞尺的宽度应尽量小一些。还可用量块与平晶组成标准光隙来对比。为了提高检测精度，样板工作轮廓的工作面宽度宜为 0.5～0.7mm，工作面应有一面侧角或两面侧角，侧角的角度一般为 30°。

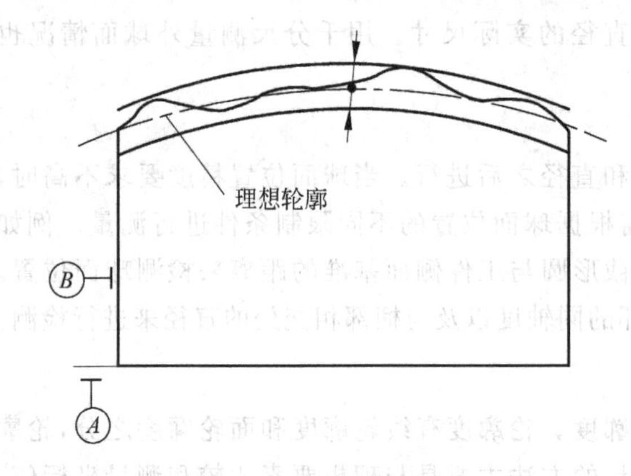

图 8-22　曲面最小区域法

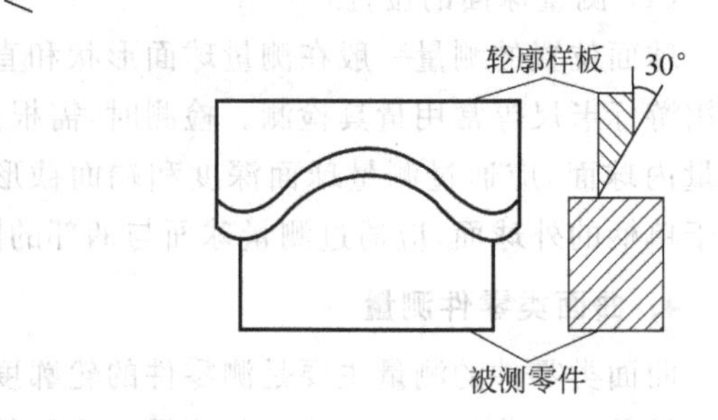

图 8-23　对合式样板线轮廓度测量

② 用极限样板

对被测线轮廓比较简单的测件，如线轮廓呈中凸或中凹的弧形的测件，可用极限样板来检验，如图 8-24 所示有上、下极限的轮廓样板各一块，上、下极限轮廓样板分别按被测的最大、最小实体轮廓来制造，即两样板的公称轮廓为被测的最大和最小实体轮廓。检验合格的标志是：上极限样板中部与被测轮廓接触，两侧有间隙；下极限样板两侧与被测轮廓接触，中间有间隙，见图 8-24(a)和图 8-24(b)，否则为不合格。

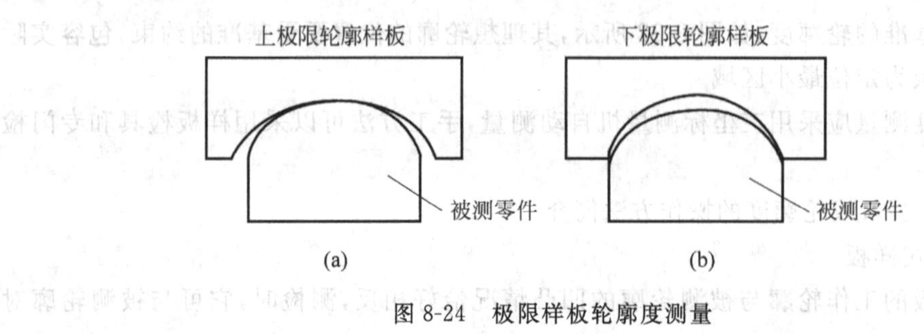

(a)　　(b)

图 8-24　极限样板轮廓度测量

(2) 打表法测量线轮廓度的操作方法简介

打表法要用专门设计的检测夹具，这种方法适合检测批量生产的大型零件。见图 8-25，将标准轮廓样板放在夹具安置被测件的位置上，按标准样板将各个测位上的指示表都调到零位，用被测件换下标准样板，在同样的位置上记下指示表的读数，其中最大读数绝对值的两倍即为所测的线轮廓度误差值。夹具上置放被测件和标准样板的工作台可在夹具体的导轨上移动，并由定位器定位。安装指示表的表夹与夹具体固定在一起，指示表测头的测量方向要垂直于被测轮廓，即测量应在被测轮廓的法线方向上进行。

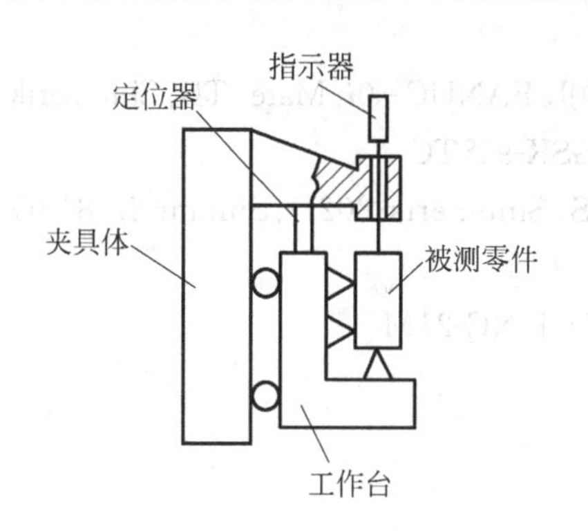

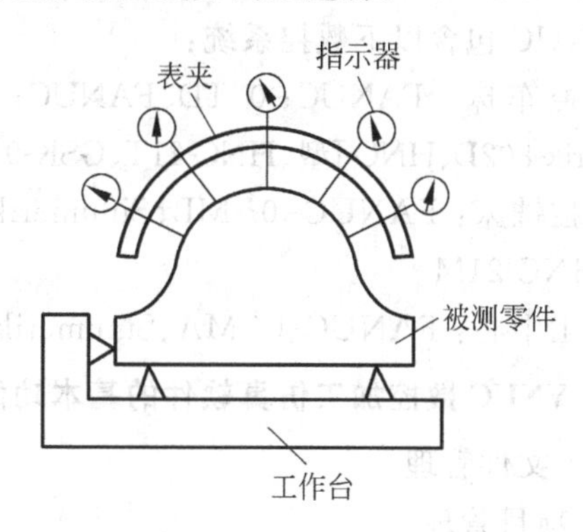

图 8-25 打表法线轮廓度测量

(3) 截面轮廓样板法测量面轮廓度的操作方法简介

截面轮廓样板检测叶片见图 8-26。截面轮廓样板按各被检截面的理想尺寸来设计制造。检验时，将各截面样板插放在相应的定位槽中，用间隙法(观察光隙或用塞尺检测缝隙)检测各截面的线轮廓度误差，再取其中的最大值作为面轮廓度误差值。

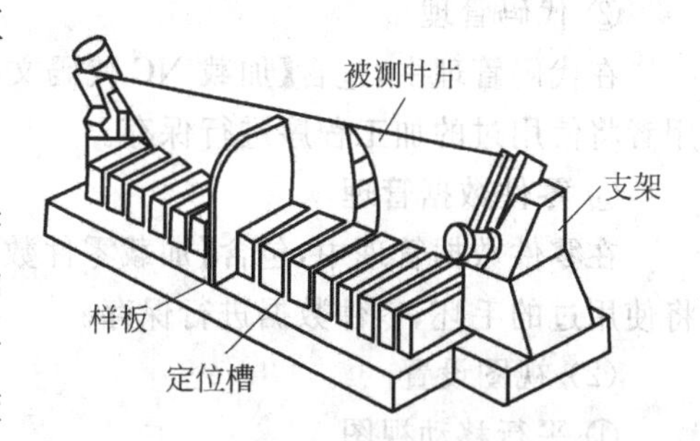

图 8-26 截面轮廓样板法面轮廓度测量

5. 箱体类、型腔/型芯类零件测量

箱体类、型腔/型芯类零件大都比较复杂，需要测量的要素较多，属于复合测量，即量具测量和量仪测量并用，直接测量和间接测量并用。由于用常规手工量具测量的要素有限，而且测量比较繁琐，计算工作量较大，误差也大，因此，许多企业都开始用三坐标测量机对箱体、型腔/型芯类零件的空间角度孔、曲面、空间点位等难测要素进行自动测量。三坐标测量机一般需要专门人员操作，作为工艺员应该知道其测量基本原理和方法。

8.2.7 数控铣加工仿真

1. 数控加工仿真软件概述

(1) 数控加工仿真软件的基本原理和作用

数控加工仿真软件利用计算机虚拟动画技术来模拟实际的加工过程，并用它来验证数控加工程序的正确性。按照软件的开发基础分为几何仿真和力学仿真。

数控加工仿真软件的作用主要是预测切削过程的正确性，减少工件的试切，提高生产效率。

(2) 国内VNUC数控加工仿真软件的介绍

VNUC数控加工仿真软件是根据劳动与社会保障部《关于开展现代制造技术数控工艺员等远程培训试点项目工作的通知》要求,配合全国现代制造技术培训计划,立足学校的教育教学的实际情况进行研发的。VNUC仿真软件的开发是让学生在操作真正机床前先充分掌握安装了不同类型数控系统的机床的加工仿真操作,同时通过仿真演示积累一定的数控加工实际加工操作经验。

VNUC包含以下数控系统:

数控车床:FANUC-0 TD、FANUC-0 TDⅡ、FANUC-0i Mate-TB、Sinumerik-802S、Sinumerik-802D、HNC-Ⅰ型、HNC-21T、GSK-980T、GSK-928TC

数控铣床:FANUC-0i MB、Sinumerik-802S、Sinumerik-802D、Sinumerik-810D、HNC Ⅰ型、HNC-21M

加工中心:FANUC-0i MA、Sinumerik-802D、HNC-21M

2. VNUC数控加工仿真软件的基本功能

(1) 文件管理

① 项目管理

在项目管理中,包含【新建项目】、【打开项目】、【保存项目】和【项目信息】,主要作用就是方便使用者将操作中所选用的毛坯、刀具、数控程序等状态保存下来,在以后的使用中如遇到相同情况,只需调用对应的项目文件就可以进行加工,而不必再重新进行设置,提高了效率。

② 代码管理

在代码管理中,包含【加载NC代码文件】和【保存NC代码文件】,主要作用就是方便使用者将使用过的加工程序进行保存。

③ 零件数据管理

在零件数据管理中,包含【加载零件数据】和【保存零件数据】,主要作用就是方便使用者将使用过的毛坯、零件数据进行保存。

(2) 视图设置

① 平行移动视图

单击 使得该区域颜色由灰色变成亮色,将光标移动到机床三维视图区域,按住鼠标左键并向目的方向拖动鼠标,机床三维视图即实现移动效果。

② 局部放大视图

单击 使得该区域颜色由灰色变成亮色,将光标移到机床三维视图区域,按住鼠标左键并拖动鼠标,此时将出现一个方框,鼠标拖动距离越远方框越大,松开鼠标,方框区域就会显示局部放大效果。

③ 旋转视图

单击 使得该区域颜色由灰色变成亮色,将光标移到机床三维视图区域,按住鼠标左键并向任意方向拖动鼠标,则机床三维视图区域实现旋转效果。

④ 拉伸放大和拉伸缩小

单击 使得该区域颜色由灰色变成亮色，将光标移到机床三维视图区域，按住鼠标左键并向下方轻轻拖动(扩大)，或者按下鼠标左键，按住并向上方轻轻拖动(缩小)，至满意大小时松开鼠标。

3. VNUC数控加工仿真软件的操作使用

双击桌面图标 ，进入登录界面，如图8-27(a)所示。输入用户名和授权的密码即可进入软件主控制界面，如图8-27(b)所示。

(a) 登录界面

(b) 主界面

图8-27 软件的用户界面

(1) 机床的选择

单击主菜单【选项】，再单击【选择机床和系统】，弹出【选择机床与数控系统】对话框，如图8-28所示。如可以根据需要选择机床类型为【3轴立式加工中心】，并通过示意图区观察外型，确定机床参数，再选择数控系统的类型为【FANUC-0*i* MA】。

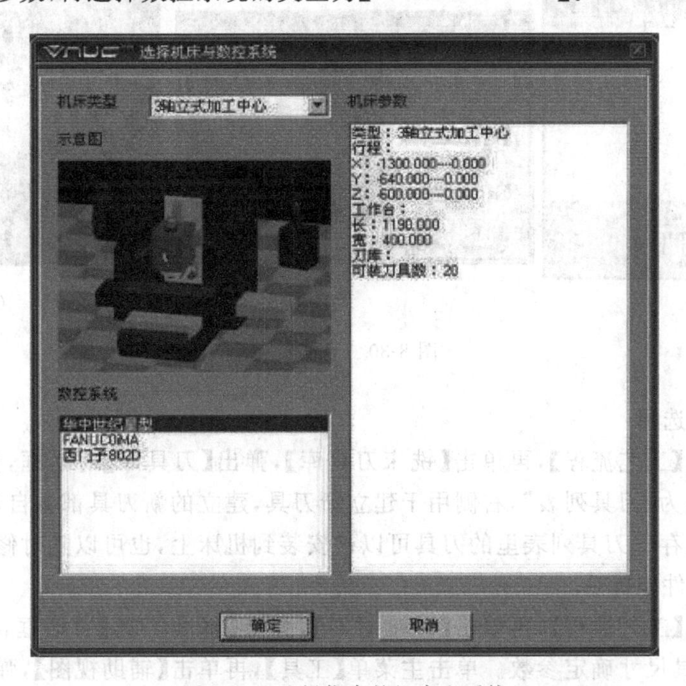

图8-28 选择仿真的机床和系统

（2）基本操作

单击机床面板上的系统启动键，接通电源，显示屏由原先的黑屏变为有文字显示，如图 8-29 所示，使急停键弹起。

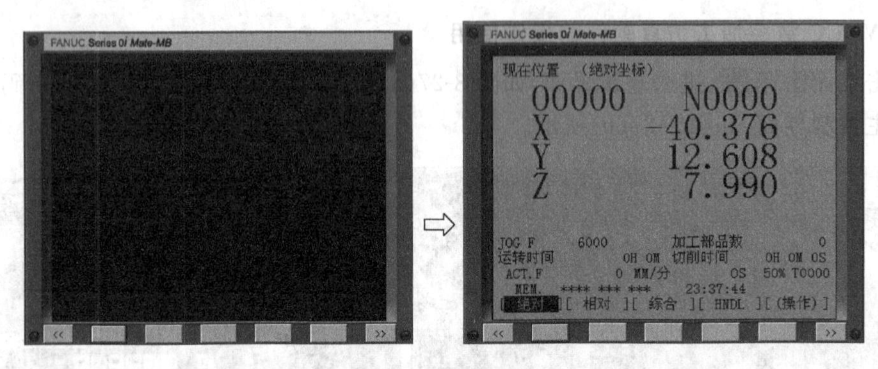

图 8-29　启动后显示

单击返回参考点键，单击 X 键，再单击＋键，X 轴返回参考点；依上述方法，依此按下 Y 键、＋键、Z 键、＋键，Y、Z 轴返回参考点。

（3）毛坯与装夹

单击主菜单【工艺流程】，再单击【毛坯】，弹出【毛坯零件列表】对话框，如图 8-30(a)所示。单击【新毛坯】，弹出【铣床毛坯】对话框，如图 8-30(b)所示，根据模拟加工的需要输入相关的毛坯尺寸参数和材质，再选择【夹具】确定装夹工具，最后安装到机床工作台上，如图 8-30(c)所示。

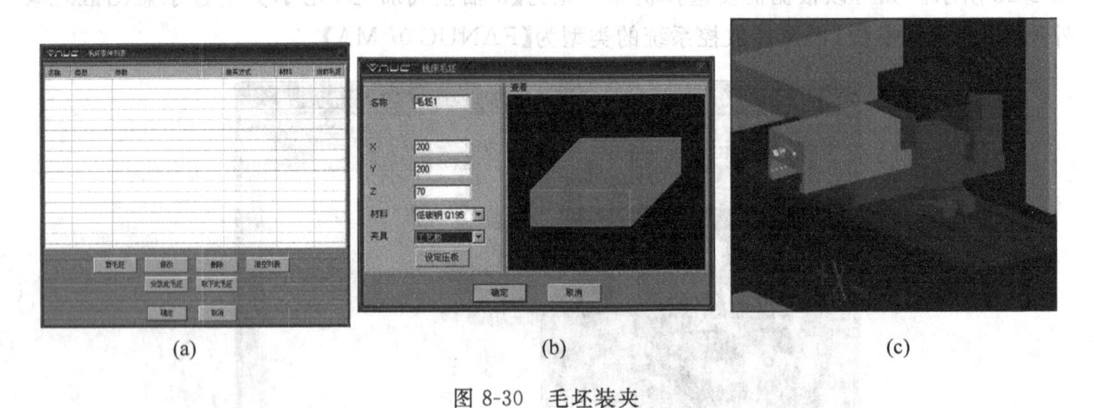

图 8-30　毛坯装夹

（4）刀具的选择

单击主菜单【工艺流程】，再单击【铣床刀具库】，弹出【刀具库】对话框，如图 8-31 所示。刀具库窗口左侧为“刀具列表”，右侧用于建立新刀具，建立的新刀具都会自动添加到左侧的刀具列表里并保存。刀具列表里的刀具可以被安装到机床上，也可以随时修改属性。

（5）确定工件坐标系

单击主菜单【工艺流程】，再单击【基准对刀】，弹出【基准工具】对话框，如图 8-32(a)所示，根据所选刀具尺寸确定参数。单击主菜单【工具】，再单击【辅助视图】，弹出【辅助视图】，如图 8-32(b)所示，与基准工具配合使用实现对刀，确定工件坐标系。

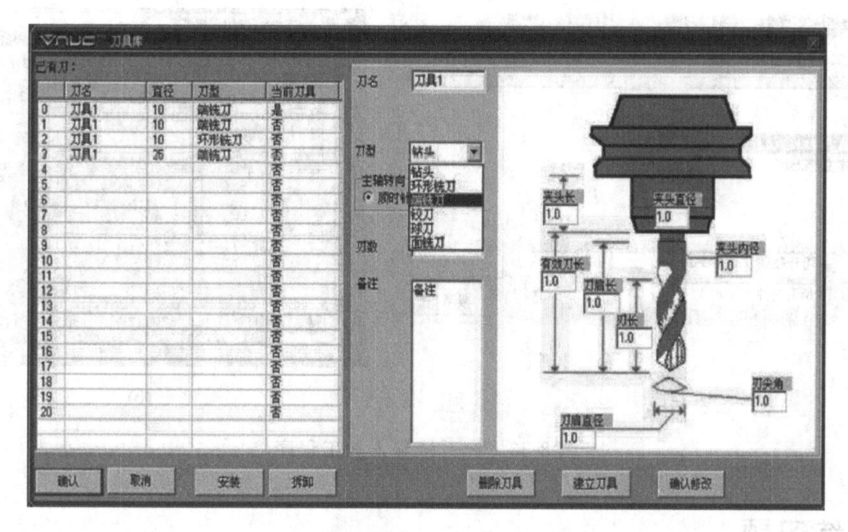

图 8-31 设置刀具

单击【OFFSET SETTING】,再单击【坐标系】,LCD 显示屏如图 8-32(c)所示;单击方向键 使光标移动到 G54 位置,输入所对应的坐标系数值,最终确定工件坐标系。

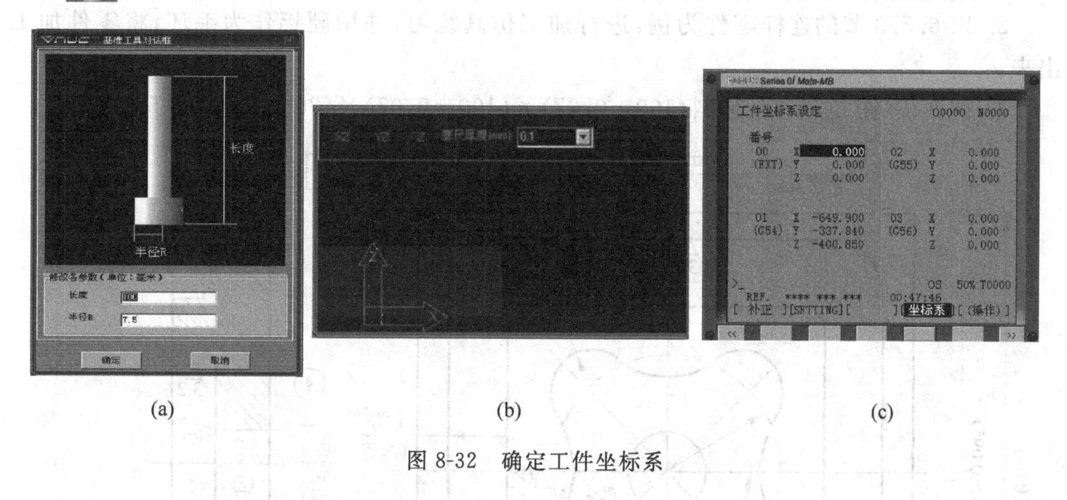

(a) (b) (c)

图 8-32 确定工件坐标系

(6) 导入加工程序

单击【PRGRM】,出现 LCD 显示屏的【程式】界面;选择主菜单【文件】|【加载 NC 代码文件】命令,系统弹出【打开】对话框,如图 8-33(a)所示,选择加工程序加载到数控系统中,“程式”界面出现程序段,如图 8-33(b)所示。

(7) 自动加工

检查倍率和主轴转速,单击【AUTO】,使机床处于自动状态,最后单击【循环启动】,虚拟机床模拟执行加工程序的自动加工。

4. 注意事项

(1) 数控加工仿真应该遵从零件的工艺设计要求;

(2) 所要使用的加工程序,应该符合所选择的数控系统的编写规则。

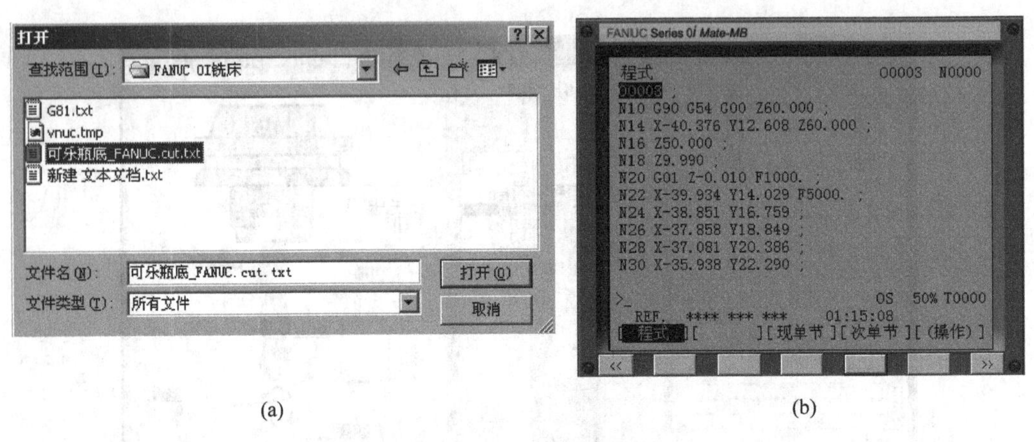

(a) (b)

图 8-33 向系统导入加工程序

思考与练习题

1. 以 6.5.2 节的吊钩零件为例，进行加工仿真练习，并用蜡模作为毛坯，将模型加工出来。

2. 以 6.5.3 节的连杆零件为例，进行加工仿真练习，并用硬铝作为毛坯，将零件加工出来。

3. 铣凹模（图 8-34），毛坯料（100±0.07）×（100±0.07）×（20±0.065），45 钢。

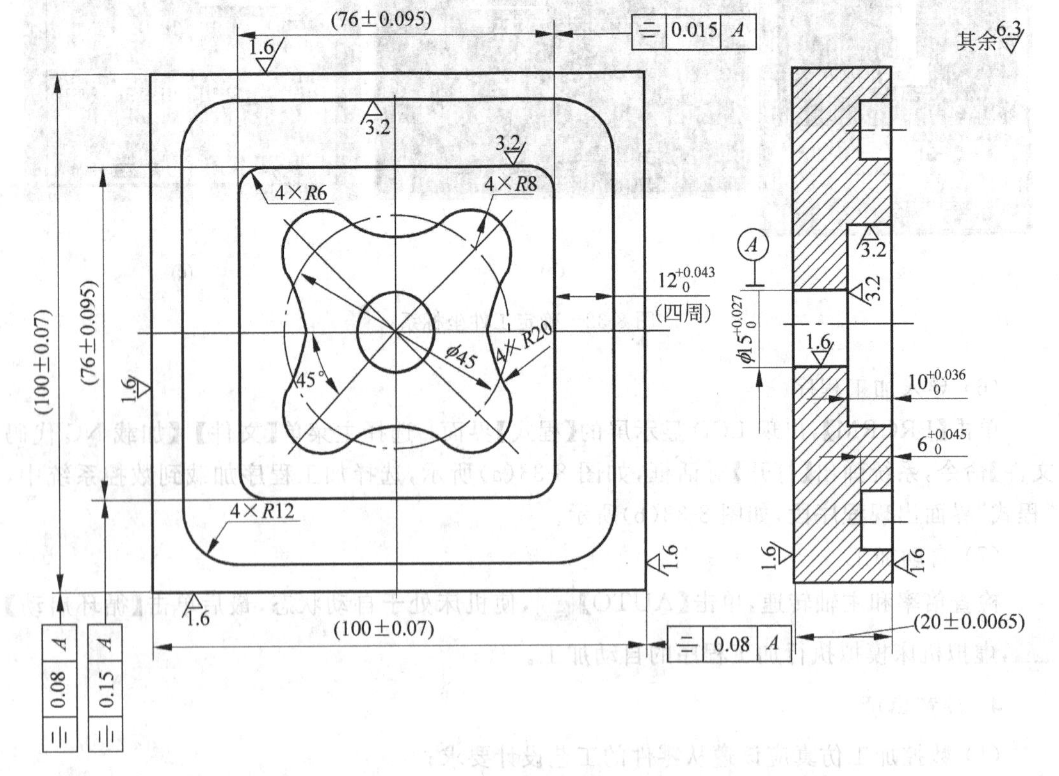

图 8-34 凹模

附录　数控工艺员国家职业培训考试真题

培训单位	准考证号	姓　　名	职业名称
			数控工艺员

………考………生………答………题………不………准………超………过………此………线………

国家职业培训统一考试

数控工艺员(数控铣部分)理论测试试卷

注意事项

1. 请在试卷的标封处填写您的姓名、准考证号和培训单位
2. 请仔细阅读题目的要求后回答,保持卷面整洁,不要在标封区内填写无关内容

题号	一	二	三	总分
分数				

得分	评卷人

一、选择填空题(共15分,每空0.5分)

1～20考题内容是针对图1所示的零件的,请根据图纸和工艺卡片(表1)的要求选择。

表1　数控铣加工工艺卡片

序号	工步名称	工步内容	刀具号	刀具名称和规格	主轴转速 r/min	进给量 mm/min
1	铣四个侧面	毛坯尺寸为155×155,按图纸要求加工四个侧面到尺寸150×150	T01			
2	铣上平面	精铣上平面,厚度到尺寸50	T02			
3	铣台阶以及台阶侧面	铣台阶侧面保证两侧面到*A*面尺寸分别为100和50	T03	ϕ20三刃高速钢立铣刀		
4	钻6-ϕ16通孔	钻6-ϕ16通孔以及3-ϕ30H7底孔	T04	ϕ16麻花钻头	300	70
5	粗钻3-ϕ28通孔	扩钻3-ϕ28通孔,作为精镗ϕ30H7底孔	T05	ϕ28麻花钻头	300	50
6	精镗3-ϕ30H7通孔	精镗3-ϕ30H7通孔,粗糙度达到*Ra*1.6	T06	硬质合金ϕ30H7倾斜型微调镗刀	1000	80

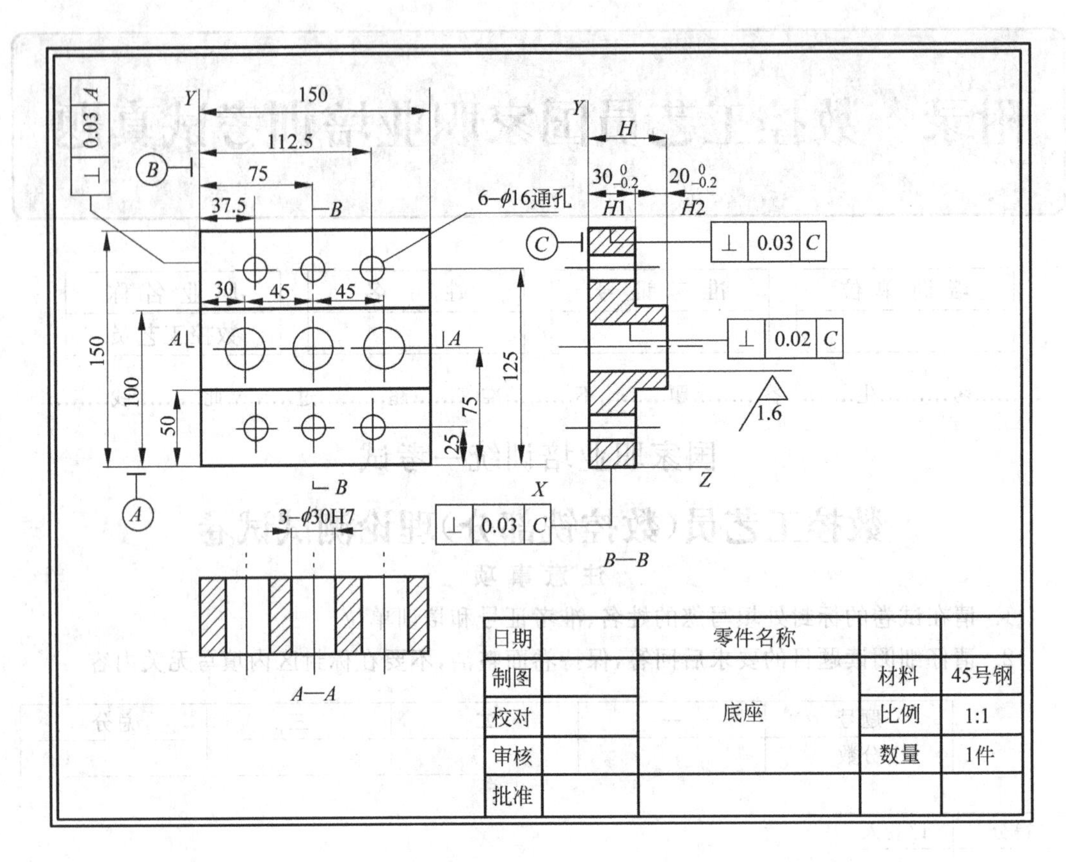

图 1

1. 在零件图的左视图中 $H1$ 为 $30_{-0.1}^{\ 0}$，$H2$ 为 $20_{-0.2}^{\ 0}$，那么 H 尺寸及其公差是（　　）。

A. $50_{-0.2}^{-0.1}$　　B. $50_{-0.3}^{\ 0}$　　C. 50±0.15　　D. $50_{\ 0}^{+0.3}$

2. 图 2 中形位公差符号表示（　　）。

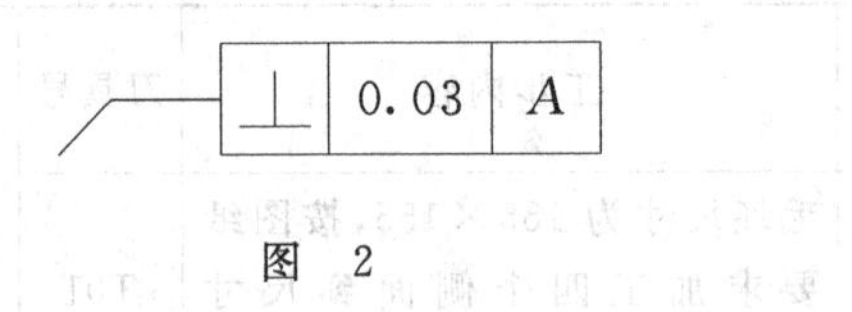

图 2

A. A 面垂直度为 0.03　　B. 被测面的垂直度为 0.03

C. 被测面与基准面 A 的垂直度为 0.03　　D. A 面与基准面垂直度为 0.03

3. 对于图纸上的零件，下列热处理中最适合加工是（　　）。

A. 正火　　B. 淬火　　C. 渗氮　　D. 时效

4. 对于图纸上的零件，下列夹具中最适合使用的是（　　）。

A. 三爪卡盘　　B. 平口钳（钳口宽 175mm）

C. 电磁吸盘　　D. 四爪卡盘

5. 三爪卡盘属于（　　）。

A. 专用夹具　　B. 组合夹具　　C. 真空夹具　　D. 通用夹具

6. 完成第 2 工步时，从图 3 中选出最合适的刀具(　　)。

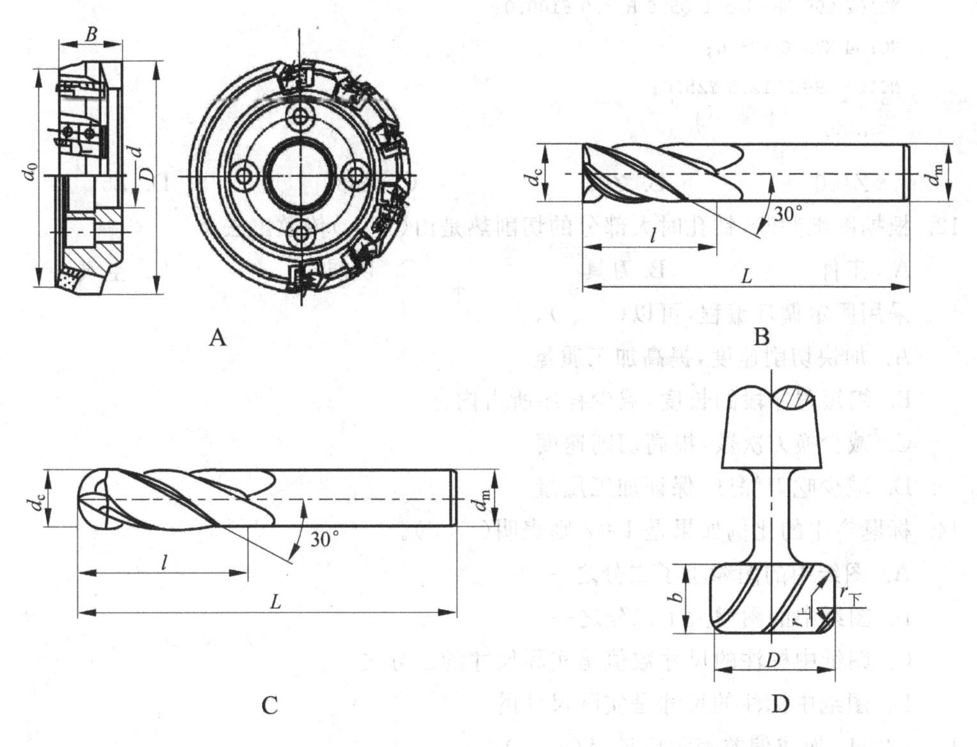

图　3

7. 如果用 ϕ20 三刃高速钢立铣刀铣削台阶侧面，高速钢的切削速度是 25m / min，切深 5mm，切削厚度 5mm，合理的主轴转速大约是(　　)。

A. 100r/min　　B. 400r/min　　C. 800r/min　　D. 1250r/min

8. 按照第 7 题的转速计算，如果每齿进给量是 0.1mm，合理的进给速度大约是(　　)。

A. 50mm/min　　B. 400mm/min　　C. 120mm/min　　D. 1000mm/min

9. 如果要保证此零件台阶侧面有质量比较好的表面粗糙度，在最后的精铣加工时，应该采用(　　)

A. 顺铣　　B. 逆铣　　C. 周铣　　D. 大余量铣削

10. 在第 4 工步钻 6-ϕ16 通孔时用到钻孔循环，其指令是 G90 G99 G83 X37.5 Y25.0 Z-5.0 Q5.0 R33.0 F100.0 ；指令当中的 R33.0 的意思是(　　)。

A. 孔的直径是 33mm　　B. 孔的半径是 33mm

C. 钻头刀尖每次返回到 33mm 处　　D. 钻孔深度是 33mm

11. 下面是第 4 工步钻 6-ϕ16 通孔时的一段程序。其中第 N0106 语句中，当钻完 X112.5 Y25.0 孔时，钻头抬出的高度应该是(　　)。

```
……;
N0098 G90 G00 X0 Y0 Z100.0;
```

```
N0100 X37.5 Y25.0 Z55.0;
N0102 G99 G83 Z-5.0 Q5.0 R33.0 F100.0;
N0104 X75.0 Y25.0;
N0106 G98 X112.5 Y25.0;
 ......
```

A. Z100　　B. Z55　　C. Z33　　D. Z5

12. 根据图纸判断，钻孔时大部分的切削热是由(　　)传散出去。

A. 工件　　B. 刀具　　C. 切屑　　D. 空气

13. 采用固定循环编程，可以(　　)。

A. 加快切削速度，提高加工质量

B. 缩短程序段的长度，减少程序所占内存

C. 减少换刀次数，提高切削速度

D. 减少吃刀深度，保证加工质量

14. 标题栏中的比例如果是 1∶2 则表明(　　)。

A. 图纸中的图缩小了二分之一

B. 图纸中的图增大了二分之一

C. 图纸中标注的尺寸数值是实际尺寸的二分之一

D. 图纸中标注的尺寸是实际尺寸的二倍

15. ϕ30H7 换成偏差表示应该是(　　)。

A. $\phi 30 \pm 0.011$　　B. $\phi 30 \pm 0.021$　　C. $\phi 30_{-0.021}^{0}$　　D. $\phi 30_{0}^{0.021}$

16. 完成第 6 工步时应该使用的指令是(　　)。

A. G65　　B. G83　　C. G80　　D. G76

17. 从图 4 中选择，完成第 6 工步时应该使用的刀具是(　　)。

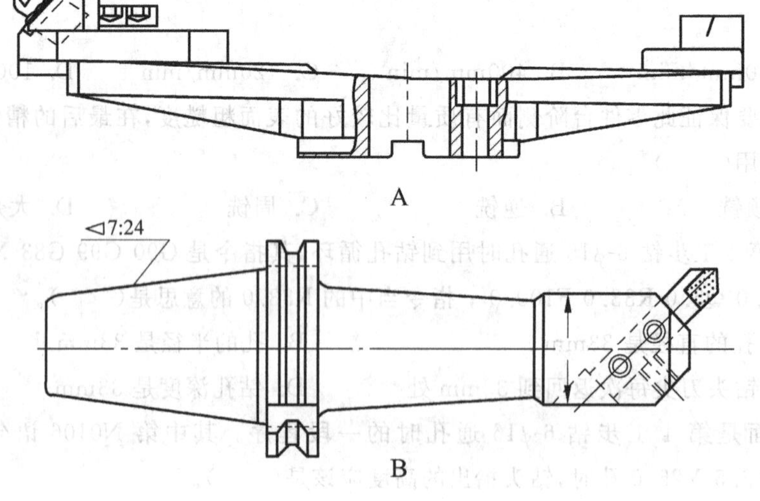

图　4

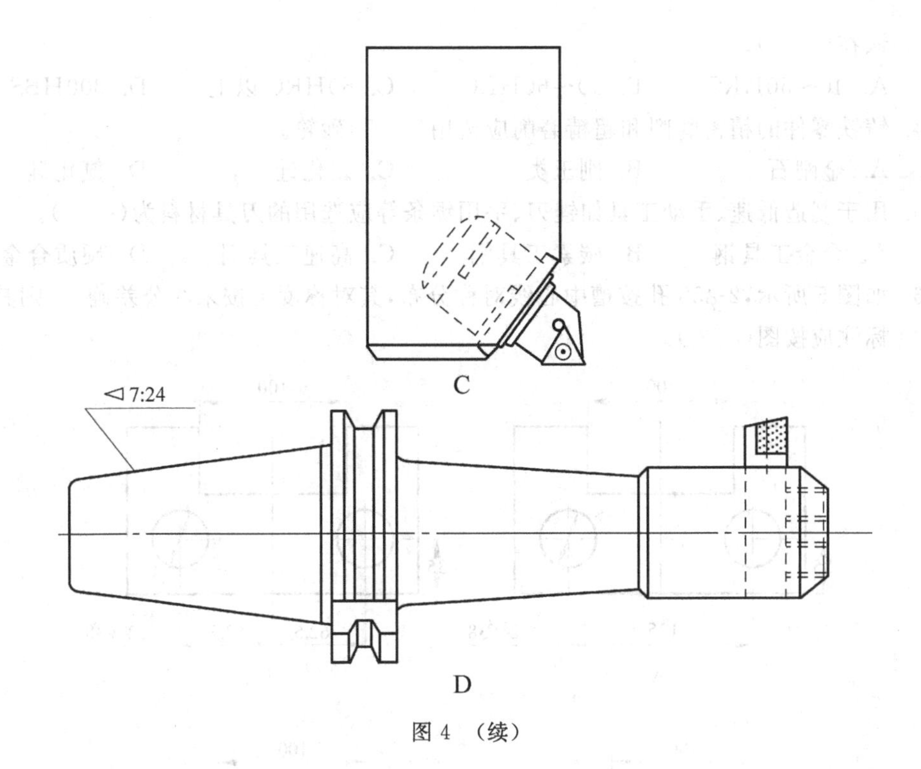

图 4 （续）

18. 在加工第 6 工步时，不能用精铣的方法来加工。因为（　　）。
    A. 刀刃不够长，孔的直径小不利于排屑和散热
    B. 铣削切削力大，使圆孔变形
    C. 铣削出来有锥度，不能保证圆柱度，且表面粗糙度不如镗削
    D. 铣削速度慢，效率不高
19. 如果要精确测量 3-ϕ30H7 的直径，最好选用（　　）。
    A. 内径百分表　　B. 带表游标卡尺　　C. 游标卡尺　　D. 游标深度尺
20. 程序中的 G83 指令是（　　）。
    A. 非续效指令　　B. 宏指令　　C. 非模态指令　　D. 模态指令
21. 在循环加工时，当执行有 M00 指令的程序段后，如果要继续执行下面的程序，必须按（　　）按钮。
    A. 循环启动　　B. 转换　　C. 输出　　D. 进给保持
22. 绝大部分的数控系统都装有电池，它的作用是（　　）。
    A. 给系统的 CPU 运算提供能量。更换电池时一定要在数控系统断电的情况下进行
    B. 在系统断电时，用电池存储的能量来保持 RAM 中的数据。更换电池时一定要在数控系统通电的情况下进行
    C. 为检测元件提供能量。更换电池时一定要在数控系统断电的情况下进行
    D. 在突然断电时，为数控机床提供能量，使机床能暂时运行几分钟，以便退出刀具。更换电池时一定要在数控系统通电的情况下进行
23. 金属切削刀具切削刃部分的材料硬度要高于被加工材料的硬度，常温下其硬度应

该在(　　)。

A. 40～50HRC　　B. 50～60HRC　　C. 60HRC以上　　D. 300HBS

24. 铸铁零件的精密磨削和超精磨削应选用(　　)砂轮。

A. 金刚石　　B. 刚玉类　　C. 碳化硅　　D. 氮化硅

25. 用于制造低速、手动工具如锉刀、手用锯条等应选用的刀具材料为(　　)。

A. 合金工具钢　　B. 碳素工具钢　　C. 高速工具钢　　D. 硬质合金

26. 如图5所示,2-ϕ38孔按槽中心线对称分布,其对称度可按未注公差确定,则其尺寸标注应按图(　　)。

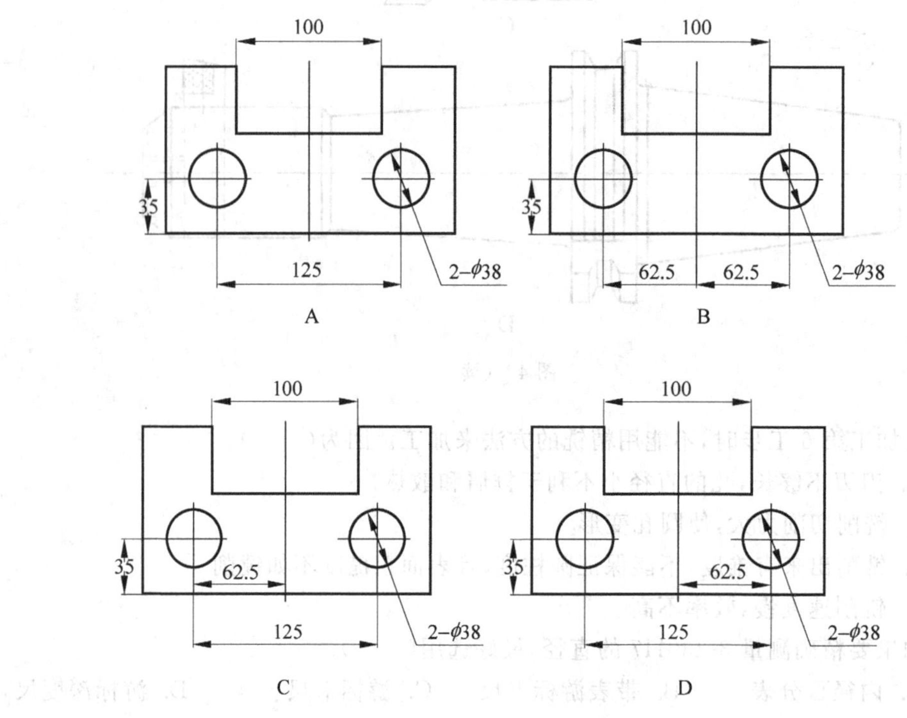

图 5

27. 步进电机转速突变时,若没有加速或减速过程,会导致电机(　　)。

A. 发热　　B. 不稳定　　C. 丢步　　D. 失控

28. 在开环的CNC系统中(　　)。

A. 不需要位置反馈环节　　B. 可要也可不要位置反馈环节

C. 需要位置反馈环节　　D. 除要位置反馈外,还要速度反馈

29. 对曲率变化较大和精度要求较高的曲面精加工,常用(　　)的行切法加工。

A. 两轴半坐标联动　B. 三轴坐标联动　C. 四轴坐标联动　D. 五轴坐标联动

30. 工件夹紧的三要素是(　　)。

A. 夹紧力的大小、夹具的稳定性、夹具的准确性

B. 夹紧力的大小、夹紧力的方向、夹紧力的作用点

C. 工件变形小、夹具稳定可靠、定位准确

D. 夹紧力要大、工件稳定、定位准确

得分	评卷人

二、填空题(共 8 分)

1. 面铣刀直径为 100mm,齿数为 10,铣削速度取 26m/min,每齿进给量取 0.06mm/齿,则铣床主轴转速________(r/min),铣削每分钟进给量________(mm/min)。(本题每空 1.5 分)

2. 如图 6 所示,已知燕尾槽的槽口宽度 $B1=30\text{mm}$,槽深 $H=20\text{mm}$,槽形角 $\alpha=60°$,选用直径为 $\phi10\text{mm}$ 的两根标准量棒辅助测量,试写出测量距离 M 的表达式________,并计算得到 $M=$________。(本题每空 1 分)

3. 如图 7 所示为锪孔加工,对孔底表面有粗糙度要求,刀具需要在孔底暂停 2.5 秒,写出①锪孔;②暂停;③退出 3 段程序。

① ________;② ________;③ ________;(本题每空 1 分)

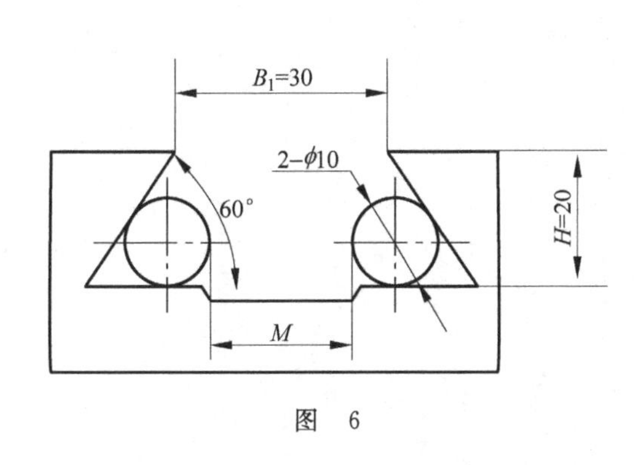

图 6

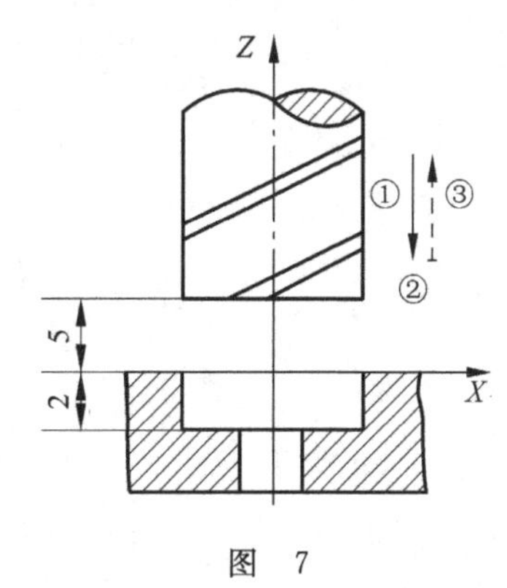

图 7

得分	评卷人

三、编程题(共 7 分,每空 1 分)

选择零件(图 8)编程原点在 O 点,刀具直径为 $\phi12\text{mm}$,铣削深度为 5mm,主轴转速为 600r/min,进给速度为 60mm/min,使用刀具补偿,刀补地址 D01,起刀点在(0,0,10),根据题目条件、零件图形和注释内容在括号内填写正确的指令语句。

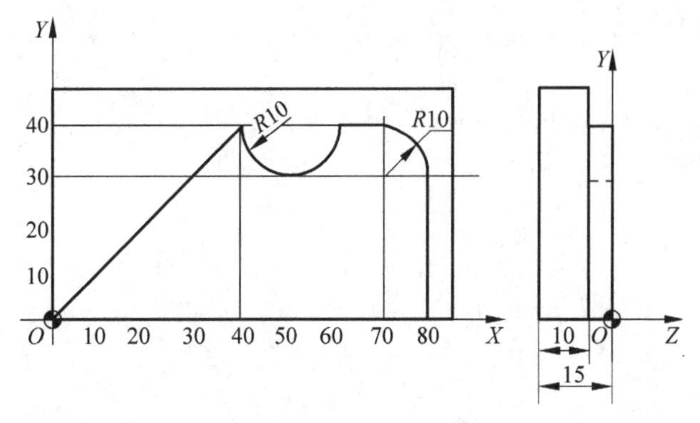

图 8

```
N10 G92 (      )M03
N20 (      )X-55Y-60                  * 快速移动到起点位置 *
N30 G00Z-5M08
N40 (      )                          * 从 O 点切入零件,进给速度 60mm/min *
N50 G91G01X40Y40
N60 (      )                          * 用 I、J 方式圆弧插补 *
N70 G01X10
N80 (      )I0J-10
N90 G01Y-30
N100 G01X-90
N110 (      )G01X-55Y-60M09
N120 G00Z10M05
N130 G00 X0Y0 (      )                * 加工结束并返回起始状态 *
```

培训单位	准考证号	姓　名	职业名称
			数控工艺员

………考………生………答………题………不………准………超………过………此………线………

国家职业培训统一考试

数控工艺员(数控铣)上机测试试卷

注意事项

1. 请在试卷的标封处填写您的姓名、准考证号和培训单位。考试时间共120分钟。

2. 特别提醒考生上机时随时保存文件,并请仔细阅读题目的要求,按要求保存并提交规定格式的文件。

题号	一	二	三	总分	评判人
分数					

一、根据图示尺寸,完成零件的实体造型设计,并以准考证号加 ma 为文件名保存为 .mxe 格式的文件(10 分)

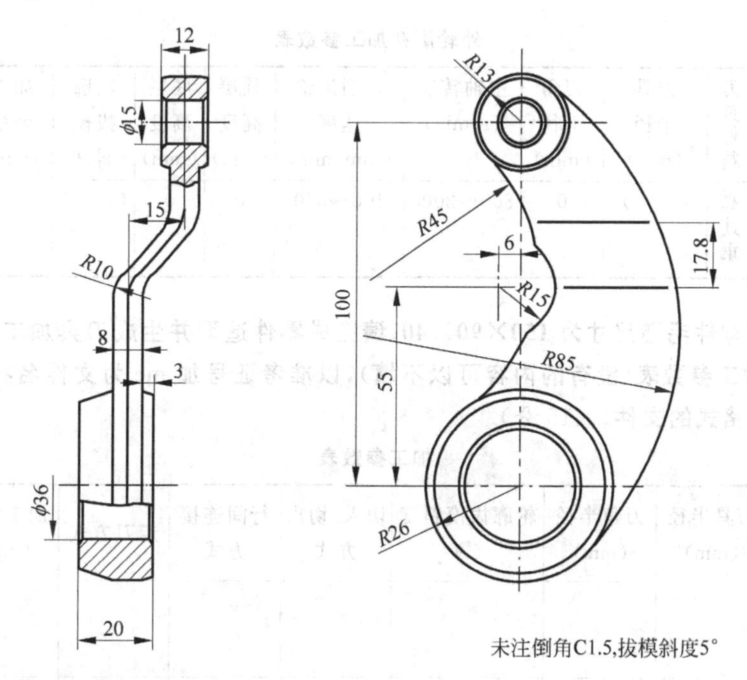

二、造型与加工具体要求如下(15 分):

1. 按照下图中的尺寸生成加工造型。(4 分)

2. 毛坯是一块 200×200×10 的 LY12 硬铝板,请问采用何种夹紧方式加工最稳定可靠且简单经济?请把答案填写在括号中。(　　)(1 分)

3. 加工时装夹位置是否需要改变?请在括号中填写“是”或“不是”。(　　)(1 分)

4. 生成外轮廓精加工轨迹。将造型和加工轨迹,以准考证号加 mb 为文件名保存为 .mxe 格式的文件。(5 分)

生成加工轨迹后请按工艺要求合理地补充参数表中括号里的内容。（4 分）

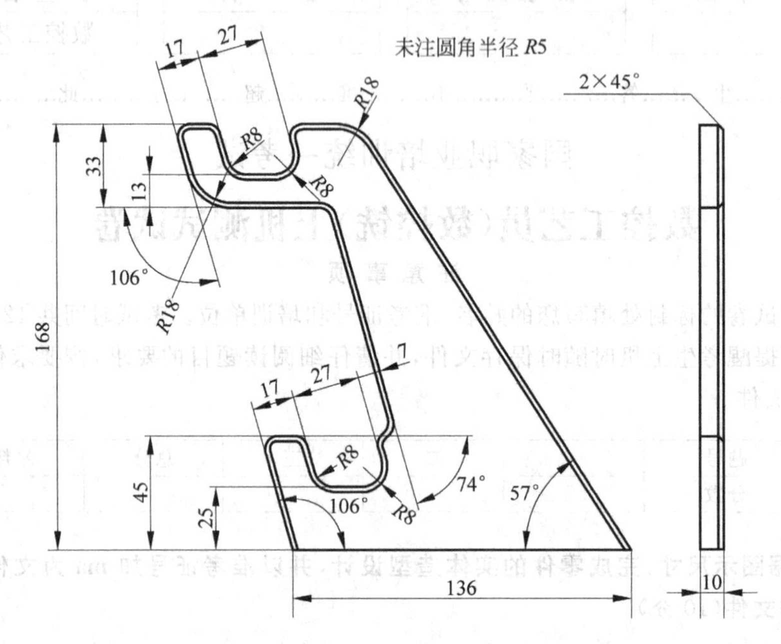

外轮廓精加工参数表

加工方式	刀具类型	刀具材料	刀具半径（mm）	刀角半径（mm）	主轴转速（r/min）	切削进给速度（mm/min）	顶层高度（mm）	底层高度（mm）	轮廓拔模斜度	加工余量（mm）	加工精度（mm）	刀次
（　）	立铣刀	高速钢	（　）	0	800～2000	100～300	0	0	（　）	（　）	0.01	1

三、已知零件毛坯尺寸为 150×90×40，请完成零件造型并生成刀具加工轨迹（分粗精加工），填写加工参数表（没有的内容可以不填），以准考证号加 mc 为文件名将造型和轨迹保存为 .mxe 格式的文件。（15 分）

加工参数表

加工方式	刀具类型	刀具半径（mm）	刀角半径（mm）	轮廓拔模斜度（°）	切入/切出方式	行间连接方式	走刀方式	加工行距（mm）	加工余量（mm）

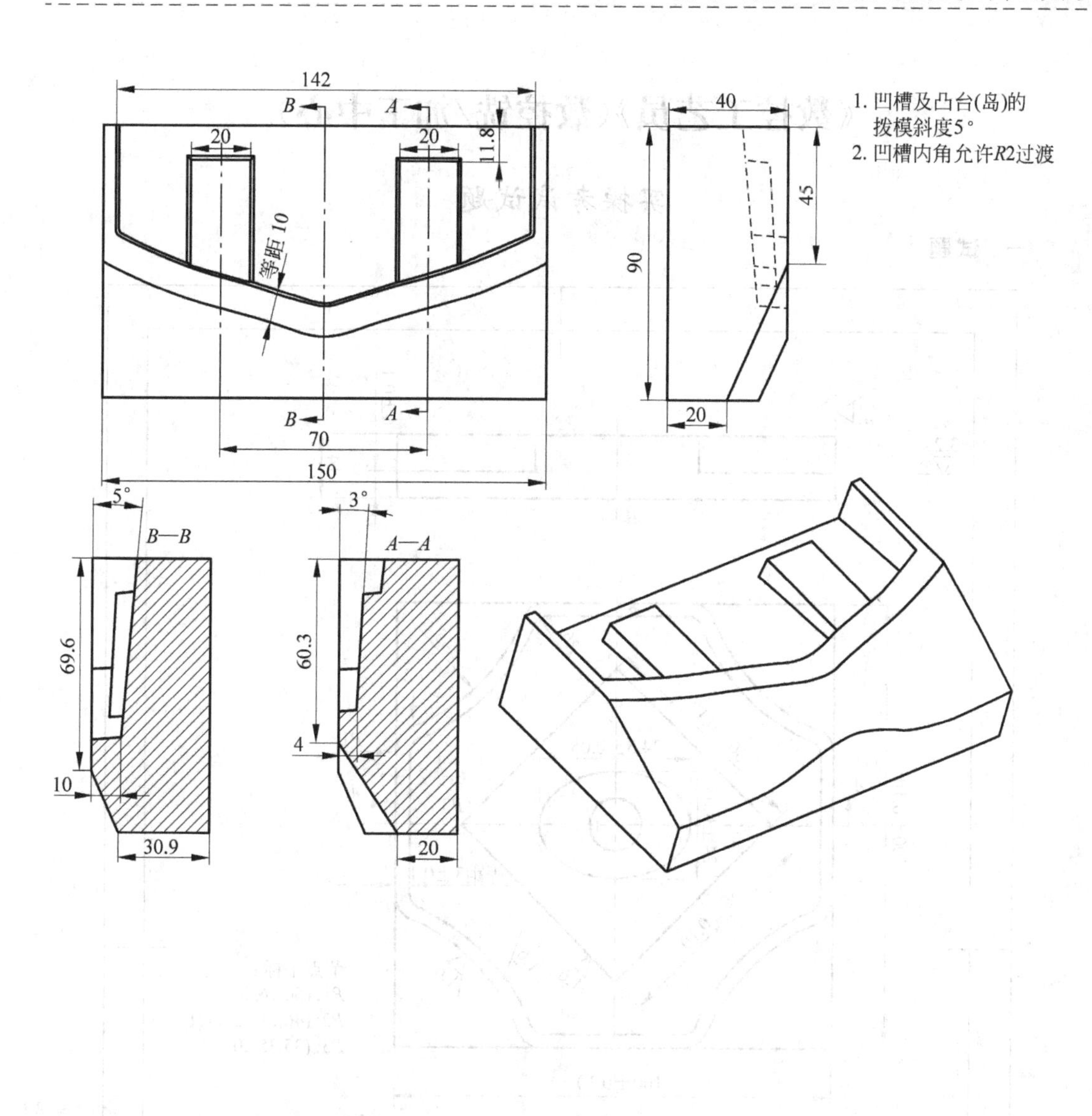
142
B
A
20
20
11.8
等距 10
B
A
70
150
40
45
90
20
1. 凹槽及凸台(岛)的
拔模斜度5°
2. 凹槽内角允许R2过渡
5°
B—B
69.6
10
30.9
3°
A—A
60.3
4
20

《数控工艺员》(数控铣/加工中心)

实操考试试题

一、试题

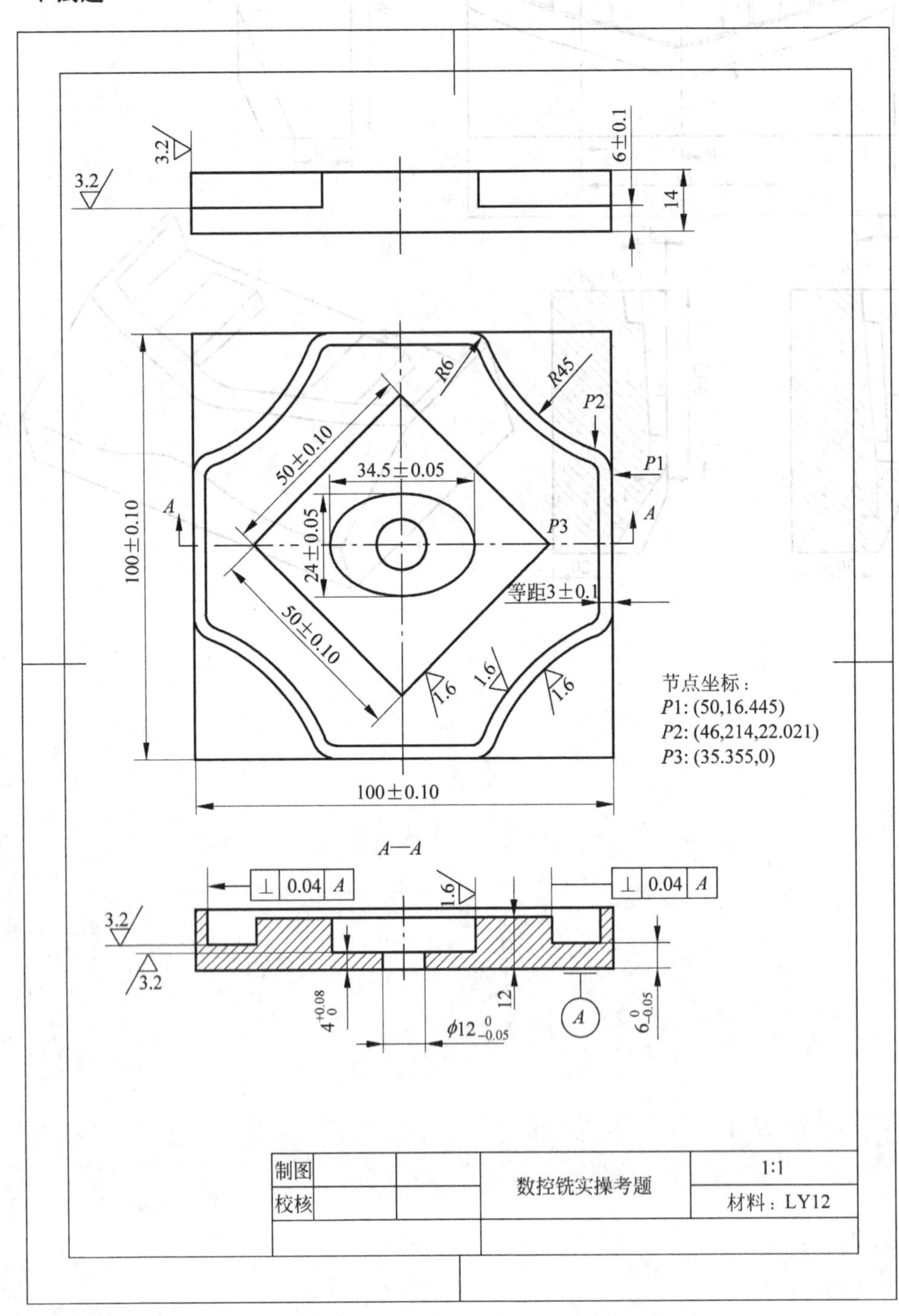

二、数控铣实操题评分标准

姓名		考号		考点名称		总得分			
序号	考核项目	考核内容及要求		评分标准	配分	检测结果	扣分	得分	备注
1	中心孔（10分）	$\phi 12_{-0.05}^{0}$	IT	超差0.02扣2分	7				
			R_a	降一级扣3分	3				
2	椭圆槽（20分）	(34.5±0.05)×(24±0.05)	IT	超差0.02扣2分	15				
			R_a	降一级扣3分	5				
3	围壁（40分）	$R6$	IT	超差0.02扣2分/处	6				
			R_a	降一级扣2分	4				
4		$R5$	IT	超差0.02扣3分/处	6				
			R_a	降一级扣2分	4				
5		壁厚3±0.1	垂直度	超差0.02扣3分/处	6				
			R_a	降一级扣2分	4				
6		$4_{0}^{+0.08}$	IT	超差0.02扣3分/处	6				
			R_a	降一级扣2分	4				
7	4方凸台（5分）	50±0.1	垂直度	超差0.02扣2分	2				
			R_a	降一级扣3分	3				
8	槽底（5分）	$6_{-0.05}^{0}$	IT	超差0.02扣5分	5				
9	安全文明生产（5分）	1. 操作规范，未受伤 2. 工件装夹、刀具安装、工量具的放置规范 3. 正确使用量具。 4. 清扫机床和环境卫生 5. 发生重大事故、严重违反操作规程取消考试			总扣5分。每违反一条酌情扣1分，扣完为止				
10	规范操作（3分）	机前的检查和开机顺序正确 正确对刀，回机床参考点建立工件坐标系 正确设置参数			总扣3分。每违反一条酌情扣1分，扣完为止				
11	工艺合理（6分）	1. 工件定位和夹紧不合理 2. 加工顺序不合理 3. 刀具选择不合理			总扣6分。每违反一条酌情扣2分，扣完为止				
12	程序编制（6分）	指令正确，程序完整 运用刀具半径和长度补偿功能 数值计算正确、程序编写表现出一定的技巧，简化计算和加工程序			总扣6分。每违反一条酌情扣2分，扣完为止				
监考教师				检验教师					

说明：1. 任何加工部位，只要完成粗加工即得部分分，完成精加工再得分，精度完全合格得该项目全分。

2. 实操部分成绩占全部总分的30%。

参考文献

1. 董玉红. 数控技术. 北京：高等教育出版社，2003
2. 李善术. 数控技术及其应用. 北京：机械工业出版社，2005
3. 吴文龙，王猛. 数控机床控制技术基础——电器控制基本常识，2004
4. 盛晓敏等. 先进制造技术. 北京：机械工业出版社，2000
5. 张伯霖. 高速加工技术在英国的最新发展. 制造技术与机床，1994(4)
6. 周正干，崔在成等. 高速加工的核心技术和方法. 航空制造技术，2000(3)
7. 中国就业培训技术指导中心. 加工中心操作工(高级技能). 北京：中国劳动社会保障出版社，2001
8. 章宗城. 整体立铣刀的合理选用(1～3). 机械工人(冷加工)，2005(3)，(4)，(5)
9. 北京发那克机电技术有限公司. FANUC-0*i* MA数控系统用户操作手册
10. 西门子中国有限公司运动控制部. Sinumerik 802D数控系统编程手册
11. 中国就业培训技术指导中心. 铣工(初级、中级、高级技能). 北京：中国劳动社会保障出版社，2005
12. 中国就业培训技术指导中心. 镗工(初级、中级、高级技能). 北京：中国劳动社会保障出版社，2005
13. 杨有君. 数控技术. 北京：机械工业出版社，2005
14. P N Rao. CAD/CAM Principles and Applications. 2th ed. McGraw-Hill，2004
15. 华茂发. 数控机床加工工艺. 北京：机械工业出版社，2000